BEITRÄGE ZUM AUSLÄNDISCHEN UND INTERNATIONALEN PRIVATRECHT

HERAUSGEGEBEN VOM

MAX-PLANCK-INSTITUT FÜR AUSLÄNDISCHES UND INTERNATIONALES PRIVATRECHT

Direktor: Prof. Dr. Hans Dölle

27

1 9 5 9

WALTER DE GRUYTER & CO.
BERLIN

J. C. B. MOHR (PAUL SIEBECK)
TÜBINGEN

INTERNATIONALES ARBEITSRECHT

(Arbeitsverweisungsrecht)

von

FRANZ GAMILLSCHEG

Göttingen

1959

DE GRUYTER & CO.
BERLIN

J. C. B. MOHR (PAUL SIEBECK)
TÜBINGEN

Printed in Germany
Satz und Druck: Buchdruckerei Eugen Göbel, Tübingen
Einband: Heinr. Koch, Großbuchbinderei, Tübingen

HANS DÖLLE

in dankbarer Verehrung gewidmet

VORWORT

Dieses Buch ist aus einem Forschungsauftrag hervorgegangen, den das Bundesministerium für Arbeit und Sozialordnung im Frühjahr 1954 dem Institut erteilt hat. Aus den für die Arbeit ursprünglich vorgesehenen drei Monaten sind fünf Jahre geworden, bis ich ihre Ergebnisse endlich vorlegen kann. Dem Ministerium und seinen Vertretern, Herrn Ministerialdirektor Professor Dr. Herschel und Herrn Ministerialrat Dr. Herbst, sei nicht nur für die dem Vorhaben zuteil gewordene finanzielle Unterstützung, sondern auch für die große Geduld gedankt, mit der sie mich haben gewähren lassen. Die Problematik des Themas liegt in der Natur des Arbeitsrechts als eines Gebiets, das privatrechtliche und öffentlichrechtliche Normen in einem nur schwer zu trennenden Ganzen enthält, während ihre Unterscheidung für den internationalen Bereich von größter Bedeutung ist. Rechtsprechung und Rechtslehre haben den Fragen bisher nur geringes Augenmerk geschenkt, wie sie sich aus der Verzahnung dieser beiden nach methodisch verschiedenen Grundsätzen zu behandelnden Arten von Normen ergeben; das meiste mußte selbst ersonnen werden. Eine unschätzbare Hilfe für diese theoretische Bastelarbeit war der Anschauungsstoff, den die Rechtsvergleichung geboten hat; ohne sie wäre der Mittelteil der Arbeit (Kap. 4) wahrscheinlich nicht zustande gekommen. Daß ich das Thema rechtsvergleichend behandeln konnte, verdanke ich in erster Linie dem Reichtum der Bibliothek des Instituts; aber die finanzielle Unterstützung durch das Bundesministerium für Arbeit und Sozialordnung hat es mir auch erlaubt, Fehlendes an anderer Stelle einzusehen. So habe ich sechs Wochen in der Bibliothek des Internationalen Arbeitsamts in Genf arbeiten können, wo man mir in hilfsbereiter Weise entgegengekommen ist. Ihrem Leiter, Herrn Haden, und allen Beteiligten sei an dieser Stelle hierfür herzlich gedankt. Ebenso danke ich Herrn Professor Sachers von der Universität Innsbruck für die freundliche Einräumung eines Arbeitsplatzes im Innsbrucker Juristischen Seminar.

Das Buch hat in seinen dem deutschen Recht gewidmeten Teilen der

Universität Tübingen als Habilitationsschrift vorgelegen. Sein Erscheinen fällt zeitlich mit meinem Ausscheiden aus dem Institut zusammen, dem ich in Tübingen und Hamburg sieben Jahre angehört habe. Wie sehr ich mich ihm verbunden fühle, soll die Widmung bezeugen.

Franz Gamillscheg

INHALT

1. Kapitel: Einleitung

2. Kapitel: Die allgemeinen Lehren des internationalen Privatrechts

3. Kapitel: Die Anknüpfungen

4. Kapitel

5. Kapitel: Die sachlichen Bereiche des privaten und des öffentlichen Rechts
Der Geltungsbereich der Arbeitsgesetze

6. Kapitel: Verfahren

1. Kapitel

Einleitung

§ 1

Name und Gegenstand

1. Den Gegenstand dieser Untersuchung bilden die Fragen, die sich aus der Auslandsberührung eines Arbeitsverhältnisses ergeben, nämlich einmal, nach welchem Recht sich seine privatrechtlichen Teile beurteilen, zum andern, welchen (räumlichen und persönlichen) Geltungsbereich die öffentlichrechtlichen Arbeitsgesetze beanspruchen.

Gewöhnlich bezeichnet man diesen Fragenkreis als *„internationales Arbeitsrecht"* oder als „internationales Privatrecht auf dem Gebiete des Arbeitsrechts". Der erste Ausdruck ist eingebürgert und empfiehlt sich auch durch seine Kürze, hat aber den Nachteil, seinen Gegenstand nicht eindeutig zu kennzeichnen; denn unter „internationalem Arbeitsrecht" versteht man heute in erster Linie das Arbeitsvölkerrecht, das diesen Namen auch mit größerem sprachlichen Recht beansprucht.

Wenn die Versuche, den Namen „internationales Privatrecht" durch eine andere Bezeichnung zu ersetzen, gescheitert sind, so lag das an seiner großen Handlichkeit. Die Möglichkeit, durch das vorgesetzte Wort „international" beliebige Zweige des Kollisionsrechts herauszuheben (z. B. internationales Familienrecht, internationales Wechselrecht usw.) bietet einen großen Vorteil. Aber daß dem so ist, setzt voraus, daß es ein wirkliches „internationales", d. h. überstaatliches Privatrecht bzw. Familienrecht usw. noch nicht gibt. Sobald mit dem Fortschreiten der Rechtsvereinheitlichung neben die nationalen auch einmal ein „internationales" Privatrecht treten wird, wird man für den Ausdruck internationales Privatrecht im Sinne von Verweisungsrecht einen Ersatz suchen müssen.

Der Ausdruck „Internationales Privatrecht auf dem Gebiete des Arbeitsrechts" ist wegen seiner Länge unschön und außerdem unrichtig, da wesentliche Teile der Untersuchung das internationale Verwaltungsrecht zum Gegenstand haben.

Im folgenden wird daher der Ausdruck „Arbeitsverweisungsrecht" gebraucht und zur Erörterung gestellt. Seine Wahl rechtfertigt sich durch die Überlegung, daß das Wort „Verweisung" den kennzeichnenden Vorgang des Kollisionsrechts, die Verweisung auf das in- oder ausländische Recht, wiedergibt und in den Ausdrücken „Rückverweisung", „Gesamtverweisung" u. a. bereits eingebürgert ist. Der hier vorgeschlagene Name ist auch den möglichen Bildungen „Arbeitskollisionsrecht" [1] oder „Arbeitskonfliktsrecht" vorzuziehen, die zu Verwechslungen mit dem Recht des Arbeitskampfes führen können.

2. Eine Reihe von Gegenständen, die trotz mancher Berührung nicht zum Arbeitsverweisungsrecht gehören, bleiben außerhalb der Darstellung. Es sind das:

das *Arbeitsvölkerrecht* oder internationale Arbeitsrecht im eigentlichen Sinne des Wortes.

Das Arbeitsvölkerrecht beruht, da es hier ein Gewohnheitsrecht nicht gibt, auf staatsvertraglicher Grundlage. Neben zweiseitigen Verträgen sind seine wichtigste Quelle die bisher (15. 5. 1958) 109 Übereinkommen der Internationalen Arbeitsorganisation in Genf, für die 1808 Ratifikationen durch 80 Staaten vorliegen [2];

– das *Arbeitsfremdenrecht.*

Vgl. für die Bundesrepublik § 43 AVAVG mit der Verordnung über ausländische Arbeitnehmer vom 23. 1. 1933 und Bekanntmachung über ihre Anwendung vom 22. 2. 1952 [3]. Allzuoft werden, namentlich auch im älteren ausländischen Schrifttum, Fremdenrecht und Verweisungsrecht zusammengeworfen, werden Anknüpfungen mit fremdenrechtlichen Argumenten begründet, vgl. etwa RAG 1. 3. 1933 (unten Nr. 309) oder LAG München 16. 5. 1950.

– das *internationale Sozialversicherungsrecht* [4].

Maßstab für diese Einschränkung des Untersuchungsgegenstandes ist der Umfang

---

[1] Diesen Ausdruck prägt FICKER 49 Anm. 87.

[2] Hierzu HUECK-NIPPERDEY I 91 ff.; NIKISCH I 74 ff.; International Labour Code (2 Bände 1951; eine spanische Ausgabe ist 1956 erschienen).

[3] Zum Fremdenrecht vgl. zuletzt WEICKEN, Vorschriften über die Beschäftigung ausländischer Arbeitnehmer, Betriebsberater 12 (1957) 260. Eine Sammlung der internationalen Verträge und der innerstaatlichen Fremdengesetzgebung wird vom Institut für die Vereinheitlichung des Privatrechts in Rom veranstaltet, vgl. die Anzeige von MAKAROV in RabelsZ 21 (1956) 391. Die Verordnung vom 23. 1. 1933 gilt auch in Österreich weiter, s. WAHLE-DITTRICH-VEIT I 656 ff. In den Abkommen der Internationalen Arbeitsorganisation sind zahlreiche Bestimmungen enthalten, die die Gleichstellung der ausländischen Arbeitnehmer vorsehen, s. die Zusammenstellung bei SIMON-DÉPITRE 9 ff.

[4] Auf dem Gebiet des internationalen Sozialversicherungsrechts ist die notwendigerweise einseitige Betrachtung (s. unten S. 9) in verhältnismäßig weitem Umfang durch zwischenstaatliche Regelungen überwunden.

der Sozialversicherung nach deutschem Recht. Damit bleibt an sich auch die Frage nach dem auf die Entschädigung für Arbeitsunfälle anwendbaren Recht außerhalb der Betrachtung; doch wird in den rechtsvergleichenden Teilen immer wieder auch auf solche Entscheidungen und Äußerungen zurückgegriffen werden, die zum internationalen Arbeitsunfallrecht ergangen sind; denn diese haben überall dort das Arbeitsverweisungsrecht mitbestimmt, wo die gesetzliche Unfallregelung im Bereich des Privatrechts verblieben ist;

– das *internationale Beamtenrecht.*

Die Qualifikation „Beamter oder Angestellter" gehört dagegen hierher (s. unten Nr. 42);

– das *internationale Recht des freien Dienstvertrags.*

3. Umgekehrt werden einige Gegenstände mitbehandelt, insbesondere werden Entscheidungen mit in die Waagschale geworfen, die, streng genommen, außerhalb des Themas liegen, die aber wegen ihrer Wesensverwandtschaft nicht übergangen werden dürfen. Es ist das in erster Linie das *internationale Handelsvertreterrecht,* auch wenn es hier häufig um freie Handelsagenten mit Kaufmannseigenschaft geht. Das rechtfertigt sich einmal dadurch, daß der kleine Handelsvertreter dem Handelsreisenden nicht nur wirtschaftlich, sondern vielfach auch rechtlich gleichgestellt oder zumindest angenähert wird [5]; zum andern dadurch, daß den einschlägigen Entscheidungen oft gar nicht entnommen werden kann, ob es sich um einen reisenden Handlungsgehilfen oder um einen selbständigen Agenten handelt.

Ebenso kann man mit Gewinn für das Arbeitsverweisungsrecht auf die Rechtsprechung und Lehre zu den *räumlichen Grenzen des Tarifvertrages* zurückgreifen.

Das Problem des „Betriebssitzes" als Beziehungspunkt für den Tarifvertrag ist das gleiche wie bei der Anknüpfung an den Betriebssitz im internationalen Bereich [6].

Schließlich gehört auch das *interlokale* und *interzonale Arbeitsrecht* in die Untersuchung. Die Fragestellung ist im wesentlichen dieselbe wie im internationalen Bereich, wenn auch der Einfluß öffentlichrechtlicher Gesetze im Verhältnis der Gliedstaaten zueinander anders als im Verhältnis zum Ausland zu behandeln ist (s. unten Nr. 177 a) [7]. Ebenso wie

[5] Vgl. § 92 a HGB, § 5 AGG und hierzu DIETZ-NIKISCH, Arbeitsgerichtsgesetz Bem. 62 zu § 5. Zur Qualifikation des Handelsvertreters im ausländischen Recht s. unten Nr. 35.

[6] Umgekehrt kann man auch die im Arbeitsverweisungsrecht gewonnenen Erkenntnisse für die räumlichen Abgrenzungen des Tarifvertrages nutzbar machen, ROUAST, Festschrift Pillet 199.

[7] Die deutsche Rechtsprechung zum interzonalen und interlokalen Recht ist voll-

man zur Lösung der interlokalen Probleme auf das internationale Privatrecht zurückgreift [8], können umgekehrt die interlokalen Fälle als Anschauungsstoff und als Wegweiser für das internationale Arbeitsverweisungsrecht verwertet werden. Dagegen würde es zu weit führen, auch die möglichen Rechtsanwendungsfragen im Verhältnis des Bundes zu den Ländern o. ä. zu untersuchen [9].

4. Das internationale Arbeitsrecht kann, wie überhaupt alles internationale Privatrecht, nicht auf der Grundlage allgemeiner Regeln, die a priori gelten und lediglich ihrer näheren Herausarbeitung harren, sondern nur in Anschauung und Abhängigkeit der zugrundeliegenden Normen des sachlichen Rechts entwickelt werden. Dabei ist – um ein Bild von BARTIN zu gebrauchen – eine Projizierung der Norm des inneren Rechts in die internationale Ebene geboten; freilich nicht mit dem Anspruch auf starre Unveränderlichkeit ihrer Natur, sondern unter Wahrung all der Biegsamkeit, die das Zusammentreffen mit Normen aus anderen Rechten verlangt; denn aus ihnen allen soll sich die sachgemäße Lösung des Einzelfalls ohne scharfe Kanten zusammenfügen lassen. Andererseits empfängt das Verweisungsrecht seine Impulse aus dem Bestreben, die Machtsphären der einzelnen Rechtsordnungen sachgemäß gegeneinander abzugrenzen. Auszugehen ist dabei davon, daß alle menschliche Erkenntnis begrenzt und die absolute Gerechtigkeit zu erreichen ihr verschlossen ist, daß mithin kein Recht den Anspruch erheben kann, absolute Maßstäbe aufzustellen, daß aber jeder Gesetzgeber sich bemüht, in seinen Normen dem Ideal der Gerechtigkeit, natürlich abhängig von Wesensart, Ort und Zeit, möglichst nahe zu kommen. Alle vergleichbaren Rechtsordnungen verfolgen letzten Endes die gleichen Ziele, nämlich die Ordnung in der Freiheit – im besonderen Bereich der abhängigen Arbeit: den Schutz des Schwachen, Ausgleich der Interessen, die Würde der Arbeit

ständig enthalten in der vorbildlichen Sammlung von DROBNIG, Sammlung der deutschen Entscheidungen zum interzonalen Privatrecht (1957) 2 Bde. (zit. IzRspr. 1945 bis 1953). Zum interlokalen Arbeitsrecht vgl. FREY, Interlokales Arbeitsrecht, AuR 3 (1955) 33 ff. Die Gleichheit der Fragestellung wie im internationalen Recht unterstreicht auch BEITZKE, Kollisionen A I 2.

[8] Die Heranziehung der Vorbilder des internationalen Privatrechts darf jedoch nicht starr und schematisch erfolgen: LAG Bremen 18. 4. 1951, LAG Hamburg 24. 4. 1952 (interlokal), LAG Stuttgart 16. 12. 1947, ArbG Braunschweig 18. 7. 1947 (interzonal) u. a.; schärfer LAG Frankfurt/M. 13. 4. 1948: das interlokale Recht könne „nur" nach den Grundsätzen des internationalen Privatrechts beurteilt werden.

[9] Solche Probleme stellen sich auch in anderen föderalistisch aufgebauten Staaten, vgl. den Bericht von SHARP: Conflict of laws in Labour Matters (Australia), zum 2. Internationalen Kongreß für Arbeitsrecht, Genf 1957.

herzustellen und zu wahren. Deshalb sind sie auch bis zum augenscheinlichen Beweis des Gegenteils – und eine vergleichbare Kultur- und Sozialstufe vorausgesetzt – als der lex fori gleichwertig anzusehen. Daß unser Arbeitsrecht im wesentlichen ein Arbeits„schutz"recht (im weitesten Sinne des Wortes) ist, kann also nicht dazu führen, im Zweifel immer die lex fori vorzuziehen. Es bedeutet keine Benachteiligung des Arbeitnehmers an sich, wenn statt der lex fori – oder auch statt des mit der lex fori in der Regel zusammenfallenden Rechts des Arbeitsorts – eine andere Rechtsordnung angewandt wird, von der wir doch zunächst annehmen müssen, daß sie in ihrer Gesamtheit, wenn auch vielleicht in anderer Weise, dem Arbeitnehmer einen gleichwertigen Schutz gibt. Vielmehr ist es eine Forderung einer der sachgerechten Lösung des Einzelfalls vorgelagerten und von ihr unabhängigen eigenständigen Gerechtigkeit, auf ein Rechtsverhältnis das Recht anzuwenden, in dem es wurzelt, wo es seinen „Schwerpunkt" hat, oder zu dem es zumindest, wenn eine eindeutige Verwurzelung nicht gegeben ist, am stärksten hinneigt [10]. Die Aufsuchung dieses Schwerpunktes ist die Aufgabe des Verweisungsrechts [11]. Wo geschriebene Normen bestehen, ist sie vom Gesetzgeber erfüllt worden; der Richter muß sich beugen, was aber nicht bedeutet, daß damit eine Erörterung auch der geschriebenen Verweisungsnormen ausgeschlossen wäre, man vergleiche die trotz der Normen des EGBGB nach wie vor lebendige Auseinandersetzung um die Frage Wohnsitz oder Staatsangehörigkeit. Wo, wie meist im Arbeitsverweisungsrecht, gesetzliche Regelungen fehlen, trifft den Richter – und mit ihm die Wissenschaft – die Aufgabe, den Schwerpunkt des Rechtsverhältnisses, seine *„ideale Anknüpfung"*, zu suchen. Freilich darf das Wort „Schwerpunkt" nicht dazu verleiten, an etwas tatsächlich „Schweres" zu denken; es handelt sich nur um ein Bild, das die Dichte der rechtlichen Beziehungen, also rein geistiger Erscheinungen, bezeichnet. Deshalb ist es möglich, daß der rechtliche Schwerpunkt eines Arbeitsverhältnisses in einem andern Recht liegt als dem Recht des Orts, wo die Arbeit tatsächlich geleistet wird, wie denn die Arbeit an einem *Ort* erfolgt, das Arbeitsverhältnis jedoch immer nur in einem *Recht* wurzeln kann. Es ist möglich, daß die ideale Anknüpfung durch eine persönliche Eigenschaft, wie etwa die Staatsangehörigkeit

[10] Vgl. Rabel I 90; Neumeyer II 464: „Ein allgemeiner Grundsatz ‚soviel Inlandsrecht als möglich' müßte jedes geordnete internationale Privatrecht unmöglich machen"; Dölle, Der ordre public im internationalen Privatrecht, Deutsche Landesreferate zum 3. internationalen Kongreß für Rechtsvergleichung (Tübingen 1950) 397 ff. (399).

[11] Sie ist nicht auf das internationale Schuldrecht beschränkt, wenn sich auch wegen des Fehlens gesetzlicher Vorschriften hier die Schwerpunktlehre entwickelt hat.

der Parteien, oder durch ein Willensmoment, etwa die Wahl eines Rechts, gegeben ist; das Verweisungsrecht würde verarmen und verkümmern, wollte es sich auf räumliche Anknüpfungsmomente beschränken [12].

Hat man die ideale Anknüpfung ermittelt, so ist damit auch die erste und wichtigste Voraussetzung geschaffen, dem praktischen Ziel des Kollisionsrechts, dem internationalen *Entscheidungseinklang*, näherzukommen. Es sollte auf einen Fall überall das gleiche Recht angewandt werden und nicht vom Zufall oder dem Geschick der Parteien abhängen, daß durch Wahl des Gerichts auch das maßgebliche Recht beeinflußt wird. Ob die Herstellung des Entscheidungseinklangs das letzte Ziel des Verweisungsrechts überhaupt ist oder nur die Frucht der Bemühungen um die ideale Anknüpfung und damit um die Verwirklichung der kollisionsrechtlichen Gerechtigkeit, will ich mich nicht zu entscheiden anmaßen; es bedarf einer Entscheidung auch nicht, da zu beiden Zielen die Wege nebeneinander laufen [13].

Wenn freilich eine sachgerechte Anknüpfung nur unter Störung oder Zerstörung des Entscheidungseinklangs möglich ist – als Beispiel vgl. etwa die für das Arbeitsverweisungsrecht abzulehnende, jedoch mehr oder weniger allgemein geltende Regel locus regit actum im Bereich der Form des Arbeitsvertrages und der Arbeitsrechtsgeschäfte, unten Nr. 89 – so muß der Zwiespalt zugunsten der idealen Anknüpfung gelöst werden; es bleibt die Hoffnung, daß sich die Einigkeit auf der Grundlage der neuen und als besser erkannten Regel wieder herstellt.

Der große Störenfried bei allen Bemühungen um die Entscheidungsharmonie ist der ordre public, der gerade im Arbeitsverweisungsrecht häufig und nicht immer zu Recht angerufen wird (vgl. unten Nr. 45 ff.). Es geht nicht an, daß die Arbeitsgerichte unter dem Deckmantel des ordre public das an sich maßgebliche ausländische Recht immer nur soweit gelten lassen, als es mit der lex fori übereinstimmt. Umgekehrt ist aber auch zugunsten

---

[12] Es ist deshalb auch irrig, wenn man vom internationalen Privatrecht als der Lehre von den „räumlichen Grenzen der Gesetze" spricht. Das Privatrecht hat keine räumlichen Grenzen, sondern es gilt auf der ganzen Welt, wird, abhängig freilich von je nach dem Verweisungsrecht der lex fori verschiedenen Anknüpfungsregeln, überall angewandt; räumliche Grenzen hat es nur in seiner Eigenschaft als lex fori. Umgekehrt gelten innerhalb dieser Grenzen alle Rechte der ganzen Welt – wiederum im Rahmen des Verweisungsrechts des forum. Die hartnäckig immer wiederkehrende Formel, man müsse in einem Fall mit Auslandsberührung untersuchen, welches der „örtlich geltenden" Rechte anzuwenden sei, ist leer. Auch ist es nicht die Respektierung fremder „Gebietshoheit" oder „Personalhoheit", schon gar nicht ihre Ausübung, die zur Anknüpfung an räumliche oder persönliche Momente führt, sondern die an solche völkerrechtliche Erwägungen nicht gebundene Suche nach der besten Lösung des (innerstaatlichen) Anknüpfungsproblems: gegen SCHNITZER I 118 ff.; vgl. hierzu FICKER 22. Anders ist es freilich im öffentlichen Recht, s. unten § 11.

[13] Zum Entscheidungseinklang als dem eigentlichen Ziel des internationalen Privatrechts vgl. FRANZ KAHN, Abhandlungen zum internationalen Privatrecht I (1928) 1 ff.; ZWEIGERT, Festschrift Raape (1949) 49 ff.

seiner Heranziehung ein Vorbehalt zu machen: *ob* ein Verstoß gegen die Grundlagen der sozialen Gerechtigkeit vorliegt, ist unter Ausschöpfung aller, gerade auch der auf das Ausland verweisenden Umstände zu prüfen [14]; *wenn* aber der Richter zu der Erkenntnis kommt, daß das maßgebliche ausländische Recht unerträglich unsozial und rückständig ist, dann muß er sich auch zum ordre public bekennen. Viel verderblicher als diese Berufung auf Art. 30 EGBGB wäre es für den Entscheidungseinklang, wenn der Richter stattdessen von der maßgeblichen Anknüpfungsregel abwiche und eine Anknüpfung ad hoc vornähme, die in concreto zur Anwendung eines inhaltlich besseren Rechts führt. Die Wahrheit der Anknüpfung ist wichtiger, als den Rückgriff auf die Vorbehaltsklausel zu vermeiden. Diesen Grundsatz haben die Gerichte in Arbeitsunfallsachen häufig außer acht gelassen und abweichend von den allgemeinen Regeln angeknüpft, um zur lex fori und damit zu einer Entschädigung für den Verletzten zu kommen [15] – vielfach unter Hinweis darauf, daß die Unfallregelung am ausländischen Arbeits- und Unfallsort ungenügend sei.

5. Die ideale Anknüpfung für „das Arbeitsverhältnis" zu suchen, würde der Vielfalt und Vielschichtigkeit des Arbeitsrechts nicht gerecht, ist ebenso unmöglich, wie etwa die Suche nach einer Regel für „das Familienverhältnis" oder „das Schuldverhältnis". Schon die Doppelnatur des Arbeitsrechts als eines Gebiets, das sich aus Teilen des privaten und des öffentlichen Rechts zusammensetzt [16], verbietet ein solches vereinfachendes Vorgehen.

Eine Norm gehört zum öffentlichen Recht, wenn sie durch Straf- und Zwangsdrohung verstärkt wird; zuweilen führt auch ihre Verbindung mit einer Meldepflicht zu dieser Einordnung; zuweilen schließlich ergibt sie sich aus dem Zweck der Norm oder ihrem weiteren Zusammenhang (etwa mit dem Wehrrecht, unten Nr. 295).

Die öffentlich-rechtlichen Normen schaffen eine Verpflichtung des Arbeitgebers gegenüber dem Staat, deren Durchsetzung von diesem in die eigene Hand genommen wird. Mit dieser Pflicht hat es dort sein Bewenden, wo sich der Gegenstand der Norm im Verhältnis zum Staat erschöpft, wie es etwa bei Vorschriften der Fall ist, die dem Arbeitgeber gebieten, Beamten der Gewerbeaufsicht Zutritt zu den Räumlichkeiten des Betriebs oder Einsicht in Urkunden zu gewähren, sich bei Einstellungen der Vermittlung des Arbeitsamtes zu bedienen usw. Wo die Arbeitsschutznormen dem Arbeitgeber jedoch Pflichten zugunsten des Arbeitnehmers auferlegen, unterscheiden sie sich inhaltlich nicht von entsprechenden privatrechtlichen Vorschriften; deshalb begründen diese Normen nicht nur eine Pflicht gegenüber dem Staat, sondern es sieht sich der Arbeitgeber hier *zwei* „Gläubigern" gegenüber: dem Staat, der bei Verletzung der Norm straft und zwingt, und dem Arbeitnehmer, der sich der privatrechtlichen Mittel bedient, wie sie jedem Gläubiger zur Verfügung stehen, dessen Schuldner seinen Verpflichtungen nicht

---

[14] Vgl. die kritischen Bemerkungen von RICHARD zu (ital.) Kassationshof 19. 5. 1939, unten Nr. 127, 128.

[15] Vgl. etwa Mailand 12. 12. 1930; franz. Kassationshof 26. 5. 1921, u. a., unten Nr. 219 f.

[16] Hierzu HUECK-NIPPERDEY I 6 mit Nachweisen; GAMILLSCHEG, RabelsZ 23 (1958) 821 ff. Zum ausländischen Recht s. unten Nr. 20 ff.

nachkommt. Der Arbeitnehmer kann, ohne vertragsbrüchig zu werden, seine Arbeitsleistung so lange zurückhalten, als die Verletzung andauert; der Arbeitgeber befindet sich einerseits im Annahmeverzug, schuldet mithin den Lohn auch ohne Arbeitsleistung, und ist andererseits für etwaigen Schaden des Arbeitnehmers bei Verschulden nicht nur nach § 823 II BGB, sondern auch aus dem Grundsatz der Schlechterfüllung ersatzpflichtig.

Die öffentlich-rechtlichen Gebote zum Schutz des Arbeitnehmers sind auch authentische Ausgestaltungen der den Arbeitgeber allgemein treffenden privatrechtlichen Fürsorgepflicht, und ihre Verletzung löst alle Folgen einer Vertragsverletzung aus. Solche öffentlich-rechtlichen Normen haben also einen privatrechtlichen Kern. Im innerstaatlichen Bereich ist diese Erkenntnis freilich nur selten von Belang, etwa wenn es bei Verletzung einer Arbeitsschutznorm durch einen Erfüllungsgehilfen des Arbeitgebers für die Haftung gemäß § 278 BGB bedeutsam wird, ob eine *vertragliche* Verpflichtung verletzt wurde; sie wird jedoch wichtig im internationalen Bereich, wenn Zwang und Strafe an den Landesgrenzen enden und jener private Kern plötzlich allein zur Wirkung kommt.

Die erste und wichtigste Einteilung, die das Arbeitsverweisungsrecht treffen muß, ist die Einteilung des Stoffes in die Sätze des privaten und des öffentlichen Arbeitsrechts. Der Unterschied führt nicht nur zu verschiedenen Lösungen, sondern er bedingt für die Bewältigung der verweisungsrechtlichen Problematik eine verschiedene *Methode.*

Für den Bereich des Privatrechts hat sich im internationalen Privatrecht ganz allgemein die Betrachtungsweise durchgesetzt, vom Rechtsverhältnis [17] ausgehend nach dem anwendbaren Recht zu fragen. Die Antwort gibt die – notwendigerweise allseitige – Verweisungsnorm. Das gilt auch für das private Arbeitsrecht. Wir fragen „Welchem Recht unterliegt diese arbeitsrechtliche Beziehung", die Antwort lautet: „diesem oder jenem"; deutet sie auf ein ausländisches Recht, so wendet unser Arbeitsgericht dieses an, Zweifel, ob das möglich ist, wie sie etwa das Kammergericht noch 1910 geäußert hat [18], sind längst verstummt.

Mit einseitigen Normen, die nur den Geltungsbereich der lex fori abgrenzen, im

[17] Es ist spitzfindig zu sagen, (so WOLFF 2; LEWALD, Recueil des Cours 69 [1939 III] 10 u. a.) nicht ein Rechts-, sondern ein Lebensverhältnis werde angeknüpft, da vor der Ermittlung des maßgeblichen Rechts noch gar kein Recht „da" sei, auf das sich die Bezeichnung als „Rechts"verhältnis stützen könne. Es ist schon da, wenn auch noch nicht erkannt. Die Fälle, wo sich wirklich einmal herausstellt, daß ein Lebensverhältnis nach der maßgeblichen Rechtsordnung keine rechtlichen Folgen hat (man denke etwa an ein Verlöbnis, eine faktische Ehe), können außer Betracht bleiben. Wie hier BEITZKE, Betrachtungen zur Methodik im Internationalprivatrecht, Festschrift Smend (1952) 7.

[18] KG 23. 11. 1910. Die eigene Zuständigkeit wegen der Maßgeblichkeit fremden Rechts verneinend ZG San Remo 2. 3. 1933 und ZG Monza 12. 5. 1937 (unten Nr. 352). Daß auf ein Arbeitsverhältnis mit Auslandsbeziehung „überhaupt kein Arbeitsrecht" anwendbar sein soll, hat bisher wohl erst *ein* Gericht behauptet: Gemischtes ZG Tanger (Berufungskammer), lt. WENGLER (unten Nr. 168) 193 Anm. 2.

übrigen aber das anwendbare Recht nicht bezeichnen, wäre nicht gedient: denn überall dort, wo sich das eigene Recht für unanwendbar erklärt, bleibt die Frage nach dem stattdessen maßgeblichen Recht offen; der Richter, den das Gesetz im Stich läßt, pflegt sich denn auch mit Analogien zu behelfen, die die einseitige Grenznorm in eine allseitige Verweisungsnorm umwandeln, wie es das Beispiel der einseitigen Normen des EGBGB zeigt. Sich auf die Anweisung an den Richter zu beschränken, er möge das Recht anwenden, das selbst angewandt werden will [19], ist zwar theoretisch möglich, praktisch aber durchaus untunlich.

Anders ist es im öffentlichen Recht. Hier tritt dem Einzelnen – im Arbeitsrecht in der Regel dem Arbeitgeber – der Staat mit Befehl und Zwang gegenüber. Das kann er nur innerhalb seiner Grenzen, woraus folgt, daß grundsätzlich das öffentliche Recht nur innerhalb der Grenzen des Erlaßstaates verwirklicht wird. Umgekehrt verbietet es der Charakter des öffentlichen Rechts als Werkzeug der Staatsmacht, daß ausländisches öffentliches Recht im Inland angewandt, das heißt von der Verwaltungsbehörde zur Richtschnur ihres Handelns gemacht wird. Die Frage: „Welches öffentliche Recht wende ich an", stellt sich deshalb nicht, sondern nur: „Wende ich *mein* öffentliches Recht auf *diesen* Sachverhalt an?" Die Antwort gibt die – notwendigerweise einseitige – Grenznorm; sie lautet „ja" oder „nein". Lautet sie nein, so tritt nicht etwa das entsprechende ausländische Gesetz in die Lücke, sondern eine Regelung, eine Tätigkeit der Behörde unterbleibt [20].

Wird etwa eine Straftat im Ausland verübt, so entscheidet das deutsche Strafrecht, ob im Inland eine Bestrafung erfolgen kann; ist die Frage zu bejahen, so wird eine Strafe nach dem Strafgesetzbuch verhängt; ist sie zu verneinen, dann unterbleibt die

---

[19] Der Ansicht, die nur einseitige Grenznormen zulassen will, liegt die Vorstellung zugrunde, die völkerrechtlich gebotene Achtung vor der Souveränität der anderen Staaten erlaube nur, den Anwendungsbereich des eigenen, nicht aber des fremden Rechts zu regeln. Darüber hat sich seit einem halben Jahrhundert ein ausgedehnter Meinungsstreit entwickelt, der noch nicht abgeklungen ist. Die Souveränitätslehre rührt an einen richtigen Kern: es wäre tatsächlich wünschenswert, ja der einzig befriedigende Zustand, wenn an die Stelle der vielen und inhaltlich verschiedenen einzelstaatlichen Verweisungsrechte ein einheitliches völkerrechtlich verbindliches internationales Privatrecht träte, der Anwendungsbereich der Rechtsordnungen vom Völkerrecht gegeneinander abgegrenzt würde. Doch ist dem heute noch nicht so, und deshalb ist es verfehlt, von der Formulierung allseitiger Verweisungsnormen Abstand zu nehmen; vgl. zu dem allem BONNICHON, La notion de conflit de souveraineté dans la science des conflits de lois, Revue critique de droit international privé 38 (1949) 615 ff., 39 (1950) 11 ff. [Besprechung in RabelsZ 17 (1952) 496 ff.]; BALOGH, Festschrift Streit I (1939) 82; NIEDERER 123 f.; BEITZKE, Festschrift Nipperdey (1955) 43; WIETHÖLTER, Einseitige Kollisionsnormen als Grundlage des IPR (1956) 90 ff. Die Lehre wird heute kaum mehr vertreten, hat aber in SCHNORR VON CAROLSFELD erneut einen Verfechter gefunden, vgl. GAMILLSCHEG, AcP 155 (1956) 52 f.

[20] Vgl. NEUMEYER IV § 14 und öfter; FICKER 68 ff.; ZWEIGERT, Süddt. JZ 5 (1950) 45.

Bestrafung, nicht wird etwa das entsprechende ausländische Strafrecht herangezogen, so wie der zivilrechtliche Schadenersatzanspruch des Verletzten nach dem ausländischen Recht des Tatorts zu beurteilen wäre. Unterliegt ein steuerlich erheblicher Sachverhalt nicht inländischem, wohl aber fremdem Steuerrecht, so wird nicht die Steuer nach dem fremden Recht erhoben, sondern die Besteuerung unterbleibt.

Daß das öffentliche Recht nur von den Behörden des Inlands verwirklicht wird, bedeutet nicht, daß ihr Tätigwerden ausgeschlossen ist, wenn der Sachverhalt zum Teil im Ausland wurzelt. Wann nun das öffentliche Recht eingreift, das bestimmt jede Norm selbständig; sie kann dabei ebenso an räumliche wie an persönliche oder sachliche Kriterien anknüpfen.

Im Arbeitsrecht wird als Grundsatz darauf abgestellt, ob die Arbeit – nicht nur flüchtig und vorübergehend – im Gebiet erfolgt (unten § 11). Grundsätzlich gilt also das deutsche öffentliche Arbeitsrecht, wenn die Arbeit innerhalb Deutschlands geleistet wird.

Das müßte an sich nicht so sein und ist keine Folge etwa völkerrechtlicher Schranken; ebenso wie das Wehrrecht auch Staatsangehörige im Ausland, das Steuerrecht steuerliche Vorgänge im Ausland erfaßt, so stünde es an sich dem Gesetzgeber frei, auch Arbeitsverhältnisse im Ausland – etwa wenn Inländer beteiligt sind – dem eigenen öffentlichen Arbeitsschutzrecht zu unterwerfen [21]. Zwar könnte die Achtung der Gesetze nur innerhalb des Inlands praktisch erzwungen werden, denn im Ausland kann die Gewerbeaufsicht nicht einschreiten, sind Zwangsmaßnahmen ausgeschlossen; aber die Fälle, wo die Beziehungen des Arbeitgebers zum Inland so eng sind, daß durch ein staatliches Einschreiten im Inland ein Verhalten des Arbeitgebers im Ausland erreicht werden könnte, wären noch zahlreich genug. Doch ist die Anknüpfung an den deutschen Arbeitsort – zumindest im Verhältnis zu Ländern mit einem vergleichbaren Schutzrecht – wohl die beste Lösung.

Wenn wir also davon ausgehen, daß im Inland nur das öffentliche Recht des Inlands, nie das öffentliche Recht des Auslands, daß andererseits das inländische öffentliche Arbeitsrecht nie bei Arbeiten im Ausland angewandt wird, so gilt das in dieser Strenge jedoch nur für die unmittelbare Verwirklichung des öffentlichen Rechts durch die Behörden der Arbeitsverwaltung und durch die Gerichte, soweit sie Verwaltungsaufgaben erfüllen. Soweit es sich hingegen um die Reflexwirkungen des öffentlichen Rechts auf die privatrechtlichen Beziehungen der Parteien des Arbeitsvertrags handelt, stellen wir im Gegenteil eine vielfache gegenseitige Beeinflussung fest, die von der Anwendung ausländischen öffentlichen Rechts als Recht über seine Beachtung als Tatsache zur Nichtbeachtung führt. Der Darstellung dieser Zusammenhänge ist unten § 11 gewidmet. Daß

---

[21] Deshalb ist die Entscheidung des belgischen Kassationshofs 18. 3. 1895, Clunet 22 (1895) 874, der einen belgischen Arbeitgeber auf Grund des belgischen Kinderschutzrechts bestraft hatte, weil er belgische Kinder unter Verletzung dieser Vorschriften innerhalb Deutschlands mehr als 12 Stunden täglich beschäftigt hatte, vom völkerrechtlichen Standpunkt aus nicht zu beanstanden und die Polemik von NEUMEYER II 296 gegen das Urteil verfehlt. Ebenso ist unrichtig, wenn RAG 1. 3. 1933 sagt, Arbeitsverhältnisse im Ausland seien „der Einwirkung des deutschen Gesetzgebers entrückt". Vgl. auch Art. 63 Buch II C. Trav. und dazu FREYRIA 19.

das ausländische öffentliche Recht für den Richter niemals als Recht, allenfalls als Tatsache bedeutsam werden kann, wie man es zuweilen hört, trifft für das ausländische Arbeitsrecht ebensowenig zu, wie die umgekehrte Forderung zu billigen ist, daß vorbehaltlich nur des Eingreifens des ordre public alles ausländische öffentliche Recht anzuwenden sei, soweit es nur selbst angewandt sein will und zum Sachverhalt eine genügend enge Bindung hat [22].

Wir haben also zwei Wege, zwei Methoden, um im gegebenen Fall die Bedeutung einer Auslandsbeziehung zu ermitteln. Wir können, vom Rechtsverhältnis ausgehend, nach dem anwendbaren – möglicherweise ausländischem – Recht fragen. Dieser Weg ist für die Anknüpfung des privatrechtlichen Arbeitsverhältnisses geboten, da die Gerechtigkeit die Anwendung des Rechts verlangt, in dem jenes wurzelt, dem Erwägungen der staatlichen Souveränität auch nicht entgegenstehen. Wir können andererseits, von der Norm ausgehend, fragen, ob sie auf den Sachverhalt Anwendung verlangt. Dieser Weg, untunlich für das Privatrecht, ist für das öffentliche Arbeitsrecht geboten. Zwischen den beiden Methoden besteht ein Wesensunterschied, der es verbietet, sich ihrer unterschiedslos zu bedienen.

Dies wird allzu häufig verkannt. Ein Satz wie: Das Recht des Arbeitsorts „... gilt stets ... für die Zulässigkeit der Beschäftigung von Frauen und Jugendlichen, für die Arbeitszeit und Sonntagsruhe ..." [23] erweckt den Anschein, als handelte es sich um die

---

[22] Zu dieser letzten Lehre s. unten Nr. 168. Auch auf anderen Gebieten des öffentlichen Rechts beginnt sich die starre Regel von seiner Beschränkung auf das Inland zu lockern, vgl. im allgemeinen Kegel, Begriffs- und Interessenjurisprudenz im internationalen Privatrecht, Festschrift Hans Lewald (1953) 269; Mann, Öffentlichrechtliche Ansprüche im internationalen Rechtsverkehr, RabelsZ 20 (1955) 1 ff.; Quadri, Leggi politiche e diritto internazionale privato, Giur. comp. d. i. p. 10 (1941) 185 ff.; Vasalli-Monaco 59 ff. Aus der Rechtsprechung in nicht arbeitsverweisungsrechtlichen Sachen vgl. beispielshalber OG Zürich 11. 11. 1942, Blätter für Zürcher Rechtsprechung 45 (1946) 127; Rechtsbank Hertogenbosch 16. 1. 1953, Nederlandse Tijdschrift voor Intern. Recht 1 (1953–54) 427 (Anerkennung kriegsbedingten öffentlichen Rechts eines befreundeten Staates).

Selbstverständlich können Staatsverträge die Anwendung ausländischen öffentlichen Rechts zur Pflicht machen, vgl. für das Devisenrecht das Abkommen von Bretton Woods: die Anerkennung des Devisenrechts eines Teilnehmerstaats durch die Gerichte eines Teilnehmerstaats ist damit vorgeschrieben; insoweit auch anderer Länder Devisenrecht von dieser mehr oder weniger allgemeinen Berücksichtigung fremden Devisenrechts Nutzen zieht, ist eine andere Frage. Doch scheint die Entwicklung in dieser Richtung zu gehen, so daß wir hier das Entstehen einer neuen Verweisungsnorm beobachten. Zum Abkommen von Bretton Woods vgl. LG München-Gladbach 16. 4. 1952, IPRspr. 1952-53 Nr. 239; Gold, Das Währungsabkommen von Bretton Woods vom 22. 7. 1944 in der Rechtsprechung RabelsZ 19 (1954) 601 ff.

[23] Beitzke, Kollisionen B II 2; ähnlich mehrdeutig Schnorr von Carolsfeld 54: „Das öffentliche Recht des Staates kann regelmäßig nur in dessen Gebiet gelten" (hierzu Gamillscheg, AcP 1956, 54); Kaufmann 7: „Öffentlichrechtliche Vorschriften sind

Aufstellung allseitiger Verweisungsnormen für das öffentliche Recht, während vom Standpunkt des Verweisungsrechts der lex fori nur jeweils die Aussage möglich ist, daß (bei räumlicher Anknüpfung) die lex fori für die Zulässigkeit der Beschäftigung von Frauen und Kindern, für die Arbeitszeit und Sonntagsruhe usw. in ihrem Gebiet gelte; während das Recht des – vom locus fori verschiedenen! – Arbeitsorts überhaupt nicht in diesem Sinne „gilt", daß seine Vorschriften vom forum, d. h. hier von der „autoritas", der entsprechenden Behörde, verwirklicht, seine Strafen eingetrieben und sein Zwang ausgeübt würden.

Eine schwere Verwechslung der beiden oben skizzierten methodischen Wege des internationalen Privatrechts findet sich auch vielfach in französischen und anderen Auslassungen. So schreibt etwa ROUAST, Festschrift Pillet 197: „Tout le contenu du livre II du Code du Travail ... est matière de police, donc soumise à l'application de la loi du lieu du travail". Der Denkfehler liegt darin, daß ROUAST vom zweiten Buch des Code du Travail, also von Normen des sachlichen Rechts spricht, um fortzufahren, daß „sie" – er meint hiermit jedoch die von solchen Normen geregelten einschlägigen Rechtsfragen, Rechtsverhältnisse – dem Recht des Arbeitsorts unterliegen! Wörtlich genommen hieße jener Satz, das zweite Buch des Code du Travail unterliege der lex loci! Diese Vermengung der methodischen Ausgangspunkte ist ein Fehler, den bereits vor 600 Jahren die Statutisten begangen haben [24].

Die Einseitigkeit öffentlichrechtlicher Grenznormen wird auch bei der Bestimmung der internationalen Zuständigkeit deutlich, bei der eine Norm immer nur sagen kann, ob ein Sachverhalt vor die eigenen Gerichte gehört, niemals, „welches" Gericht international zuständig ist [25].

Freilich ist dieser Unterschied im methodischen Ausgangspunkt kein starres Dogma. Er wird vielmehr nach beiden Seiten hin durchbrochen.

Im privaten Bereich wird die Frage nach dem Geltungsbereich einzelner Gesetze ebenfalls häufig gestellt: die Partei beruft sich auf einen ihr günstigen Rechtssatz, die Gegenpartei bestreitet sein Eingreifen. Die Entscheidung des Richters wird meist in eine Qualifikation (s. unten § 5) der angerufenen Norm münden, wenn sich ihr Gegenstand in eine der gewohnten Gruppen einordnen läßt. Aber es gibt auch Fälle, wo er den Bereich der privaten Norm selbständig feststellen muß: etwa bei den privatrechtlichen Hilfsnormen öffentlichrechtlicher Gesetze, die meist als privatrechtliche einen Teil des inländischen Arbeitsstatuts bei Arbeit auch im Ausland bilden, als Ergänzung

---

immer an den Arbeitsort gebunden"; DENECKE, Anm. 2 zu § 1 AZO; ROUAST, Festschrift Pillet 197 u. v. a.

[24] Vgl. GAMILLSCHEG, Der Einfluß Dumoulins auf die Entwicklung des Kollisionsrechts 72 ff.

[25] Vgl. RIEZLER 204 ff.; besonders sorgfältig im Ausdruck MORELLI, Lehrbuch 179 f., der nur von der „sogenannten Zuständigkeit des ausländischen Gerichts" spricht, soweit sie nach italienischem Recht Voraussetzung für Derogation oder Anerkennung des ausländischen Urteils ist. Als weiteres Beispiel für die Einseitigkeit öffentlichrechtlicher Grenznormen s. das bremische Arbeitnehmerkammergesetz und GALPERIN, Die Beitragspflicht der im bremischen Staatsgebiet von Dienststellen der Bundesrepublik beschäftigten Arbeitnehmer zur Organisation der bremischen Arbeitnehmerkammer, RdA 6 (1953) 5 ff. (6).

des öffentlichrechtlichen Schutzes jedoch bei Arbeit im Inland immer und unbeschadet des Arbeitsstatuts gelten (vgl. unten Nr. 170).

Umgekehrt ist auch die Frage, welches öffentliche Recht anwendbar sein soll, überall da berechtigt, wo vor Gericht die Reflexwirkungen öffentlichrechtlicher Vorschriften bei Beurteilung privater Rechtsfragen zur Sprache kommen. Nur handelt es sich hierbei wohl ausschließlich um das öffentliche Recht des Arbeitsorts, weshalb die Frage mit der anderen nach dem Einfluß dieser Rechtsordnung verschmilzt. Es wäre aber sehr wohl denkbar, daß auch das öffentliche Recht am (vom Arbeitsort verschiedenen) Sitz des Unternehmens auf das Arbeitsverhältnis einwirkt. Im einzelnen s. unten § 11.

6. Die verweisungsrechtliche Verschiedenbehandlung des privaten und des öffentlichen Arbeitsrechts steckt den Rahmen ab für den Gang der Untersuchung.

Die erste Aufgabe ist, die *Anknüpfungen* für die privatrechtlichen Teile des Arbeitsverhältnisses zu finden. Es wird sich dabei zeigen, daß es eine einheitliche Rechtsordnung für alle seine Teile nicht gibt, daß wir vielmehr, teils aus historischen, teils aus Gründen in der Natur der Sache, manche Frage gesondert anknüpfen. Doch das Hauptgewicht dieses Teils liegt bei der Aufsuchung des Rechts, nach dem sich die sachlichen Teile des Arbeitsverhältnisses beurteilen; ich nenne dieses Recht das *Arbeitsstatut*. Ihm sind die in concreto eingreifenden nachgiebigen wie zwingenden Vorschriften zu entnehmen, wobei die nachgiebigen anderslautenden Vereinbarungen der Parteien, auch Tarifverträgen weichen, während die zwingenden Normen nicht ausgeschaltet werden können. Was nachgiebig und was zwingend ist, bestimmt nicht die lex fori, sondern das Arbeitsstatut[26].

Das zwingende private Arbeitsrecht sollte nicht mehr mit dem öffentlichen Recht verwechselt werden, wie es immer wieder geschieht, vgl. RAG 1. 3. 1933: Das Kündigungsschutzgesetz für Angestellte von 1926 enthalte „eine zwingende und insofern öffentlichrechtliche Schutzvorschrift besonderer Art“[27]; LAG München 16. 5. 1950, das die beiden Begriffe mehrfach durcheinanderwirft; LAG Stuttgart 19. 3. 1952; AG Augs-

[26] Kaum zutreffend Schnorr von Carolsfeld, RdA 11 (1958) 203, der schreibt: „Wenn das Wirkungsstatut es erlaubt, können die Beteiligten vertraglich eine andere Rechtsordnung als für ihr Arbeitsverhältnis maßgebend wählen. Im allgemeinen wird das, sofern deutsches Recht in Frage steht, nicht zulässig sein, weil dieses sich auf dem arbeitsrechtlichen Sektor nicht mit der ihm als richtig erscheinenden Lösung des Interessenausgleichs verdrängen lassen will (s. die große Zahl zwingender Vorschriften), es sei denn, daß es sich um Nichtdeutsche handelt oder die Verschickung Deutscher ins Ausland in Frage steht“. Wenn deutsches Recht Wirkungsstatut ist – und davon scheint Schnorr von Carolsfeld doch auszugehen – so ist die Abdingung zwingender Vorschriften auch in den beiden genannten Fällen nicht möglich, was, soviel ich sehe, bisher auch von niemand noch bestritten worden ist.

[27] Dagegen Hueck, ARS 17, 407.

burg 18. 2. 1954 [28] u. a. JACOBI spricht von „der bekannten Verwechslung von öffentlichem und zwingendem Recht“ [29].

Eine Zwischenart stellt die von LENHOFF für die Zwecke des Arbeitsverweisungsrechts aufgestellte und so genannte Gruppe der „Exklusivnormen“ dar, deren Eigenart es sein soll, trotz ihrer privaten Natur bei inländischem Arbeitsort stets und unabhängig vom Arbeitsstatut einzugreifen [30]. Ihrer bedarf es aber wohl nicht, wenn es auch Rechtssätze gibt, die tatsächlich einen solchen doppelt bestimmten Anwendungsbereich besitzen, s. unten Nr. 170, 172.

Der Feststellung der Anknüpfungen im privaten Bereich hat eine Untersuchung über die Bedeutung der *allgemeinen Lehren des internationalen Privatrechts* für den Bereich des Arbeitsverweisungsrechts vorauszugehen. Ihr folgt die Bestimmung des *Anwendungsbereichs des öffentlichen Arbeitsrechts;* die bereits erwähnte Grundnorm, wonach das deutsche öffentliche Arbeitsrecht bei der Arbeit im Gebiet eingreift – eine Norm, der auch die Verweisungsrechte der anderen Länder folgen – ist hierfür nicht die Lösung, sondern nur der Ausgangspunkt der weiteren Untersuchung; denn um so problematischer sind die vielfachen Wechselwirkungen von öffentlichem Recht und Arbeitsstatut. Ihnen sind die Ausführungen in diesem Kapitel gewidmet, aus denen sich eine Art *Allgemeiner Teil des Arbeitsverweisungsrechts* herausschälen läßt, der die Besonderheiten dieses Zusammenspiels der beiden Normengruppen zu erfassen sucht und der damit vielleicht auch auf ähnliche Probleme im Internationalen Wirtschaftsrecht ein Licht werfen kann.

Praktisch anwendbar werden die so gewonnenen Erkenntnisse jedoch erst, wenn festgestellt wird, welche Vorschriften privat- und welche öffentlichrechtlicher Natur sind. Dies ist der notwendige zweite Schritt, ohne den der erste zu nichts führt. Da den Arbeitsgesetzen der Stempel

---

[28] AR in StW XIII Nr. 85 (nicht verweisungsrechtlich).

[29] Grundlehren 389. S. auch BEITZKE, Kollisionen A III 4; HUECK-NIPPERDEY 6; SCHNORR VON CAROLSFELD 10 ff. Daß die Scheidung oft nicht eindeutig und schwierig zu treffen ist, worauf NIKISCH I 38 ff. (41) zutreffend hinweist, ändert an ihrem theoretischen Vorhandensein nichts; die Aufgabe ist gestellt, sie muß – nicht nur wegen des Verweisungsrechts, vgl. unten zu Anm. 31 – angepackt werden.

Gegen die Verwechslung des öffentlichen mit dem zwingenden privaten Recht s. für *Österreich* HENRICH, Das österreichische Sozialrecht in der Kritik seiner Anwendung, ÖJZ 11 (1956) 32; für *Italien* unten Nr. 20 Anm. 8; für die *Niederlande* Molenaar II A 28.

[30] LENHOFF 776 im Anschluß an frühere Vorbilder, vgl. NIEMEYER, Das internationale Privatrecht des bürgerlichen Gesetzbuchs (1901) 93 ff. LENHOFF ist aber im Gebrauch dieses Ausdruckes nicht folgerichtig, da er auch öffentlichrechtliche Vorschriften und sogar einseitige Verweisungsnormen wie § 49 österr. SchauspG (unten Nr. 121) darunter zieht. Auch DE VOS II 583, 617 erkennt vielen Normen des Arbeitsrechts einen ähnlichen „caractère dualiste“ zu.

ihrer Rechtsnatur nicht aufgedrückt wird, diese vielmehr vielfach zweifelhaft ist, bedarf es der *Analyse* nicht nur jedes einzelnen Gesetzes, sondern *jeder einzelnen Vorschrift* nach Inhalt, Zweck und rechtlicher Ausgestaltung, um diese Zuordnung treffen zu können. Es wird sich zeigen, daß es Gesetze gibt, die eindeutig zum privaten, solche, die eindeutig zum öffentlichen Recht gehören, und andere, bei denen das von Bestimmung zu Bestimmung verschieden ist [31]. Im nächsten Kapitel wird demnach das Arbeitsrecht in sachlicher Gliederung auf seinen jeweiligen verweisungsrechtlichen Standort hin untersucht. Erst damit kann man hoffen, der Praxis Ergebnisse vorweisen zu können.

Die Einordnung hat Bedeutung nicht nur für das Arbeitsverweisungsrecht; ebenso hängt von ihr die Zuweisung vor die ordentlichen (Arbeits-) oder die Verwaltungsgerichte ab; in Staaten mit föderalistischem Staatsaufbau ist sie für die Gesetzgebungszuständigkeit von Bedeutung [32].

Freilich kann diese Analyse nicht auf jeden einzelnen Satz des Arbeitsrechts ausgedehnt werden: das würde nicht nur den Umfang der Arbeit sprengen, es ist auch unnötig, da es genügt, wenn durch Beispiele der Rahmen gespannt wird, den auszufüllen der Rechtsprechung vorbehalten bleiben muß. Auch mußte bei der Auswahl des Stoffes auf die Wahrscheinlichkeit verweisungsrechtlicher Fälle einige Rücksicht genommen werden, um nicht vollends unnötig zu theoretisieren. So habe ich in der Regel die Arbeit in der Landwirtschaft, in Bergwerken, die Heimarbeit und das Lehrverhältnis nicht aufgenommen, namentlich weil die Rechtsprechung keine Beispiele verweisungsrechtlicher Fälle bietet. Auch die einzelnen Seiten des Seearbeitsverhältnisses wurden um der nötigen Begrenzung des Stoffes willen nicht weiter besprochen.

So lautet das *Programm der Arbeit* nach dieser Einleitung (I) denn:

II. Allgemeine Lehren des internationalen Privatrechts (Qualifikation, Rückverweisung, ordre public);

III. Die Anknüpfungen (Geschäftsfähigkeit, Form, Inhalt des Arbeitsvertrages);

IV. Der Geltungsbereich des öffentlichen Rechts; Allgemeiner Teil des Arbeitsverweisungsrechts;

[31] Deshalb sind Sätze wie: „Das deutsche Arbeitszeitgesetz findet auf das Arbeitsverhältnis des Klägers in der Schweiz keine Anwendung" (RAG 28. 5. 1932) zu allgemein und damit unrichtig. Ebenso durfte RAG 1. 7. 1931 nicht aus einigen öffentlichrechtlichen Vorschriften des SchwerbeschädigtenG schließen, daß dieses in allen seinen Teilen öffentlichrechtlich ist.

[32] Vgl. die Vorlagebeschlüsse des BAG über die Verfassungswidrigkeit der Urlaubsgesetze von Hamburg, Schleswig-Holstein und Württemberg-Baden, jeweils AP Nr. 1 zu den betr. Gesetzen; hierzu Köttgen, BB 1956, 441 ff.; Hueck-Nipperdey I 396. Das Bundesverfassungsgericht hat die Verfassungsmäßigkeit jener Gesetze bejaht, Beschluß vom 22. 4. 1958, NJW 1958, 1179, m. E. im Ergebnis zu Recht (s. unten Nr. 245 Anm. 162), aber mit zum Teil bedenklicher Begründung.

Das gleiche Problem stellt sich in der Schweiz, wo den Kantonen Gesetzgebungszuständigkeit nur für das öffentliche Recht gegeben ist, s. unten Nr. 20.

V. Die sachlichen Bereiche des privaten und des öffentlichen Arbeitsrechts.

Den Abschluß bilden Untersuchungen über den Tarifvertrag, die Betriebsverfassung und im VI. Kapitel das internationale Zivilprozeßrecht.

7. Nach dem Vorbild von BATIFFOL und RIEZLER bedient sich diese Arbeit der *rechtsvergleichenden Methode.*

a) Das ist selbstverständlich, soweit es bedeutet, daß auch das ausländische *Schrifttum zum Arbeitsverweisungsrecht* nach Möglichkeit verwertet worden ist.

Freilich hat das Arbeitsverweisungsrecht wie in Deutschland [33] so auch im Ausland noch nicht die Aufmerksamkeit gefunden, die es wohl verdiente.

Am eingehendsten befaßten sich mit dem Thema die italienischen Forscher. Angeregt durch zahlreiche Beispiele aus der Rechtsprechung, ist die Rechtslehre bald auf das Problem aufmerksam geworden und hat ein eigenes Arbeitsverweisungsrecht entwickelt; als seine Begründer sind BALDONI zu nennen [34], der aus der ständischen und damit stark öffentlichrechtlich gefärbten Natur des italienischen Arbeitsrechts die Folgerung gezogen hat, das Arbeitsverweisungsrecht aus dem allgemeinen internationalen Vertragsrecht auszuklammern; weiter GEMMA mit einem eigenen Lehrbuch ‚Il diritto internazionale del lavoro' (1938) [35] und BALLADORE PALLIERI, der dem Arbeitsverweisungs- und dem Arbeitsvölkerrecht im Rahmen eines größeren Lehrbuchs [36] je eine längere Abhandlung gewidmet hat; nicht zu vergessen sind aber auch die Lehrbücher und Grundrisse des internationalen Privatrechts, die sich stärker als anderswo mit dem Arbeitsrecht befaßt haben. Diese Beschäftigung hat auch nach dem Krieg nicht nachgelassen. Neben den einschlägigen Kapiteln oder Abschnitten in den Lehrbüchern von VASSALLI-MONACO, VENTURINI, MONACO, MORELLI, der Neuauflage der Abhandlung von BALLADORE PALLIERI (oben Anm. 36) ist insbesondere auf die Arbeiten von RICCARDO RICHARD hinzuweisen, die das Arbeitsverweisungsrecht wesentlich gefördert und dazu beigetragen haben, es aus der Vernebelung unklarer Schlagworte zu befreien. So ist es auch heute in Italien „ein besonderer Zweig des IPR" [37], und es fehlt auch der Hinweis nicht, daß es noch einer zusammenfassenden Untersuchung aller Elemente des Arbeitsrechts,

---

[33] Hierzu s. auch die kurze Übersicht AcP 155 (1956) 49 ff.

[34] BALDONI, Il contratto di lavoro nel diritto internazionale privato, Riv. d. i. 24 (1932) 346 ff.; ders., La sfera di applicazione della legge italiana sull'impiego privato e la clausola compromissoria per arbitrato estero, ebda. 26 (1934) 563; ders., La législation corporative en Italie et le droit international privé, Revue critique de d. i. p. 31 (1936) 21 ff.

[35] Ein Lehrbuch gleichen Namens hatte GEMMA bereits 1912 vorgelegt; es hat mit dem genannten nur diesen Namen gemeinsam. Die Ausführungen zu den einzelnen Fragen des Arbeitsverweisungsrechts leiden jedoch darunter, daß GEMMA immer wieder den Arbeitsvertrag als solchen (und nicht das Arbeitsstatut) der lex loci executionis oder lex loci contractus gegenüberstellt.

[36] Trattato di diritto del lavoro, herausgegeben von BORSI und PERGOLESI, Bd. V, erste Auflage 1938, zweite Auflage 1954.

[37] VASSALLI-MONACO 246.

„un' analisi particolare di ogni elemento" bedürfe [38], zu der es allerdings bisher noch nicht gekommen ist.

Wesentlich geringere Aufmerksamkeit hat das Arbeitsverweisungsrecht in den anderen Ländern gefunden. Aus dem französischen Schrifttum ist bemerkenswert der Aufsatz von ROUAST in der Festschrift Antoine Pillet [39]. Auch ROUAST sieht schon, daß eine gründliche Behandlung des Stoffes eine ins einzelne gehende Untersuchung der Arbeitsgesetze verlangen würde, eine Aufgabe, die im Rahmen des Festschriftbeitrages vorzunehmen er sich jedoch für außerstande erklärt (209). Ein Lehrbuch von RAYNAUD, Droit international ouvrier (1933), widmet dem Arbeitsverweisungsrecht nur wenige Seiten (178 ff., die überwiegend den bei Arbeitsunfällen auftauchenden Problemen gewidmet sind), behandelt im übrigen aber eingehend das Arbeitsvölkerrecht und Arbeitsfremdenrecht. Dagegen ist hinzuweisen auf die Pariser Dissertation von KRONHEIM, Les conflits de lois en matière de contrat de travail (1938), und auf die an rechtsvergleichendem Material reiche Untersuchung von BATIFFOL, Les conflits de lois en matière de contrats (1938) 266 ff.

Aus dem österreichischen Schrifttum ragen zwei Aufsätze monographischer Art heraus: LAUTNER, Arbeitsvertrag und Abfertigungsanspruch nach IPR, und LENHOFF, Zwischenstaatliches Arbeitsrecht, beide erschienen im Zentralblatt für die Juristische Praxis 1933 bzw. 1936. LAUTNER 839 stellt bereits die Aufgabe, bei jeder einzelnen zwingenden Bestimmung des Arbeitsrechts zu untersuchen, „ob sie zu der Gruppe der Vorschriften gehören, die territorial begrenzt sind oder zu der Gruppe, die zwingende Anwendung für Inländer im Ausland verlangen", und zeichnet damit das Programm dieser Arbeit, wenn auch in einer anderen Fragestellung, auf.

Eine eingehende Darstellung des Arbeitsverweisungsrechts mit zahlreichen rechtsvergleichenden Hinweisen finden wir endlich bei RABEL, The Conflict of Laws III (1950) 181 ff. Der verhältnismäßig schmale Band von LANFRANCHI, Derecho internacional privado del trabajo (Cordoba [Argentinien] 1955) ist überwiegend dem internationalen Sozialversicherungsrecht gewidmet; das Buch bewegt sich in den dem Arbeitsverweisungsrecht gewidmeten Teilen in den gewohnten Bahnen, bietet aber wertvolle Aufschlüsse für das argentinische Arbeitsrecht [40].

Zu den Arbeiten des Instituts für internationales Recht und der International Law Association s. unten Nr. 8 a. E.

Im übrigen sind wir auf das wenige angewiesen, was die Lehrbücher des internationalen Privatrechts und des Arbeitsrechts zu unserem Thema bringen; allzuoft begnügen sie sich auch mit allgemeinen Formeln, die ihrer Bewährung am Fall erst noch harren. Es ist zu hoffen, daß die beiden internationalen Kongresse für Arbeitsrecht (Triest 1951

---

[38] VASSALLI-MONACO 251; ähnlich RICHARD, Ordine pubblico.

[39] Die gleichen Thesen wie hier entwickelt ROUAST auch im Traité 48 ff. (unten Nr. 20 Anm. 10); sie wurden von CALEB, Répertoire de droit international Bd. V 202 ff. übernommen.

[40] Vom Standpunkt des argentinischen Rechts beleuchtet unser Thema auch der Aufsatz von LEVI DEVEALI, „Contrato de Trabajo" y „Relacion de Trabajo" en el derecho internacional privado, Riv. comp. lav. 1 (1953) 67 ff.

Wenig förderlich für die Erkenntnis des spanischen Rechts ist hingegen der dem Arbeitsverweisungsrecht gewidmete dritte Abschnitt des Aufsatzes von LEÑERO, Derecho internacional de trabajo, Revista española de derecho internacional 3 (1950) 68 ff.

und Genf 1957), namentlich der zweite, bei dem das internationale Privatrecht des Arbeitsrechts Kongreßthema war, und der internationale Kongreß für Sozialrecht, Brüssel 1958, der Beschäftigung mit dem Arbeitsverweisungsrecht neuen Anstoß geben mögen. Die wertvollen Länderberichte namentlich von BEITZKE, KAHN-FREUND und FREYRIA und der ausführliche Sammelbericht von Frau SIMON-DÉPITRE sind hierfür ein guter Anfang.

b) Auch die *ausländische Gesetzgebung* und *Rechtsprechung* zum Arbeitsverweisungsrecht mußten Gegenstand rechtsvergleichender Betrachtungen sein. Sie bilden wertvolles Anschauungsmaterial für Fälle, die vielleicht im Inland noch nicht oder anders entschieden wurden [41]; ohne ihre Anschauung kann man nicht hoffen, zu den leitenden Grundsätzen zu stoßen, die den Gegenstand beherrschen und deren Herausarbeitung den Weg zu größerer Rechtssicherheit bahnen soll.

Freilich darf man bei dieser vergleichenden Betrachtung die positivrechtliche Ausgangslage, von der aus die Entscheidungen gefällt wurden, nicht außer acht lassen [42]. Italienische Entscheidungen aus der Zeit des faschistischen Ständestaates (s. unten Nr. 24, 127), spanische Entscheidungen (s. unten Nr. 20 Anm. 6) oder österreichische, die im Bereich des § 36 ABGB ergangen sind (s. unten Nr. 119), dürfen als Vorbilder nicht unbesehen verwertet werden. Es wäre eine Verfälschung der Gewichte, wollte man sie zugunsten der lex loci executionis oder der lex loci contractus in die Waagschale werfen, gehen sie doch von anderen gesetzlichen und theoretischen Voraussetzungen aus. Ebenso sind solche Entscheidungen für das Verweisungsrecht nicht als Vorbild brauchbar, die offensichtlich von der Suche nach einem materiell gerechten Ergebnis getragen sind; das gilt für viele Entscheidungen zum Arbeitsunfallrecht, wo das Bestreben, dem verunglückten Arbeiter zu einer Entschädigung zu verhelfen, oft alle anderen Erwägungen überschattet (vgl. oben Nr. 4 a. E.); ganz abgesehen davon, daß das Unfallrecht eigene Verweisungsnormen verlangt. Erwägungen, wie sie in solchen Fällen angestellt werden, können nicht verwertet werden, wenn es etwa darum geht, ob einem Hoteldirektor Überstunden zu bezahlen sind. Im übrigen dürfte jedoch einem vorsichtigen Gebrauch auch ausländischer Vorbilder nichts entgegenstehen.

Aber man darf auch nicht zu vorsichtig sein. KAHN-FREUND hat auf dem 2. internationalen Kongreß für Rechtsvergleichung, Brüssel 1958, die Meinung vertreten, Rechtsvergleichung dürfe im Bereich des Arbeitsrechts nicht an Hand von Gesetzestexten getrieben werden, sondern man müsse stets das gelebte Recht zugrunde legen; das Fehlen eines Textes bedeute nicht Rückständigkeit, wenn eine entsprechende tarifliche Praxis das Gesetz entbehrlich mache, umgekehrt nütze der schönste Text nichts,

---

[41] Weil sie Anschauungsmaterial sein sollen, wurden die ausländischen Entscheidungen etwas ausführlicher dargestellt als manche inländische, dem Leser leichter zugängliche.

[42] Ebensowenig darf man übersehen, daß sich hinter der Übersetzung eines rechtstechnischen Ausdrucks inhaltlich etwas anderes verbergen kann, als dem Ausdruck im Deutschen entspricht, vgl. hierzu SCHREGLE, Gedanken zur internationalen Rechtsvergleichung im Arbeitsrecht, in: Festschrift Sitzler (1956) 367 ff. (372 ff.).

wenn er nur auf dem Papier stehe. Das ist richtig, soweit es um die reine Erkenntnis geht; die Ansicht verführt aber bei der Rechtsanwendung zu falschen Schlüssen. Wenn der Arbeitnehmer auf Grund des Arbeitsgesetzbuchs von Ecuador einen Anspruch gegen seinen Arbeitgeber hat, so kann der Beklagte nicht damit gehört werden, die Anspruchsgrundlage stehe nur auf dem Papier, das Gesetz werde nicht befolgt; der Beklagte müßte denn nachweisen, daß es auf Grund eines derogierenden Gewohnheitsrechts außer Kraft gesetzt wurde, und dieser Nachweis wird mit Sicherheit an der mangelnden communis opinio scheitern.

c) Eine andere Aufgabe ist den Hinweisen auf das *ausländische sachliche Arbeitsrecht* zugedacht. Sie sollen die Probleme des Arbeitsverweisungsrechtes verdeutlichen, mit Gestalt und Farbe erfüllen und aus dem blutlosen Schema des „Staates A" und des „Staates B" herausführen, wobei es allerdings aus Raumgründen meist dem Leser überlassen sein wird, die Fälle selbst zu bilden, die sich beim Zusammentreffen dieser verschiedenen Normen ergeben können. Weiter sollen die Angaben zum ausländischen Arbeitsrecht bei der praktischen Arbeit am Fall für die weitere Behandlung die ersten Hinweise auf Gesetzgebung und Schrifttum geben. Darüber hinaus haben sie keine Aufgabe; vor allem darf man nicht dem Irrtum verfallen, daß diese, in der Auswahl vielfach zufälligen Bemerkungen die einschlägigen Darstellungen des ausländischen Arbeitsrechts ersetzen könnten. Gerichtsentscheidungen, die es bei der Ermittlung ausländischen Rechts mit den Hinweisen oder Fußnoten in Lehrbüchern des internationalen Privatrechts genug sein lassen, verkennen ebenso deren Aufgabe wie die Ermittlungspflicht des erkennenden Richters. Ein inländischer Verfasser ist bei der Darstellung ausländischen Rechts niemals vor Irrtümern und Auslassungen sicher, da er niemals die gleiche Sachkenntnis besitzt wie die Forscher des Landes, deren Recht er darstellt. Dies gilt besonders für die in den näher verglichenen Rechten versuchte Einordnung in die Gruppen des privaten und öffentlichen Rechts, war ein solches Vorhaben doch auch schon für das deutsche Recht mühsam und voller Klippen. Soweit sie dennoch unternommen wurde, beruht sie auf manchen Äußerungen der ausländischen Internationalisten, aber auch auf Äußerungen, die von Arbeitsrechtlern in einem andern Zusammenhang und zu anderen Zwecken (etwa zur Abgrenzung der Gesetzgebungszuständigkeit) getan wurden[43]. Eigene Vorschläge wie für das deutsche

[43] Aus Qualifikationen, die nicht für das internationale Privatrecht getroffen wurden, kann man zwar keine sicheren Rückschlüsse für das Verweisungsrecht ziehen, aber man kann sie doch bis zum Beweis des Gegenteils verwenden; denn eine Qualifikation

Recht mußten hier allerdings unterbleiben: sie zu machen ist Sache der Forscher des betreffenden Landes.

d) Jede Rechtsvergleichung muß sich bescheiden. Im Arbeitsrecht sind Kollisionen der Rechtsordnungen von Nachbarländern wahrscheinlicher als solche von weit entfernten Staaten. Deshalb wurde systematisch untersucht das Recht von Österreich, der Schweiz, Italien, Frankreich, Belgien, den Niederlanden und England; andere Rechtsordnungen wurden nur gelegentlich gestreift.

§ 2

Quellen des Arbeitsverweisungsrechts

8. *Völkerrechtliche Quellen.* Von den *allgemeinen Regeln des Völkerrechts,* die gem. Art. 25 GG [1] Teil der inländischen Rechtsordnung sind, gehört in unser Gebiet wohl nur der Satz, daß inländische Behörden der Arbeitsverwaltung im Ausland keine Tätigkeit entfalten, keine Verwaltungsakte setzen können (unten Nr. 161). Was sie dagegen im Inland mit Wirkung auf Arbeitsverhältnisse am ausländischen Arbeitsort unternehmen, dürfte innerhalb der vom Völkerrecht gezogenen Schranken verbleiben [2].

Darüber hinaus sind völkerrechtliche Normen ebensowenig wie sonst im internationalen Privatrecht [3] nachweisbar. Allenfalls könnte man als im Völkerrecht verankert den Satz ansehen, daß jeder Staat allein darüber befindet, ob eine Person in seinen Diensten Beamtenstatus genießt, ähnlich wie jeder Staat allein über Verleihung oder Entziehung seiner Staatsangehörigkeit befindet.

Einige Arbeitsverweisungsnormen beruhen auf *zwischenstaatlichen Verträgen.*

---

ist nicht bloße Anbringung eines Etiketts, das man wechseln kann, ohne den Inhalt zu berühren, sondern Ausdruck des Wesens der rechtlichen Institution. So sind Qualifikationen für andere Zwecke eine Hilfe für das internationale Privatrecht, vgl. Batiffol, Traité 348 f.

[1] Ähnlich Art. 10 der *italienischen* Verfassung von 1947, Art. 13a der *niederländischen* Allgemeene Bepalingen (unten Nr. 16).

[2] Unbegründet ist auch die Ansicht des Reichsverkehrsministers, Erlaß vom 10. 5. 1921, mitgeteilt in RAG 4. 11. 1933 (unten Nr. 344), „mangels völkerrechtlicher Staatsverträge" könne das Betriebsverfassungsrecht im Ausland nicht gelten. Was wird es dem Gaststaat ausmachen, wenn eine Dienststelle des Deutschen Reichs – die zudem vielfach Exterritorialität genießt – eine Betriebsvertretung nach deutschem Recht einrichtet und damit nur ihre eigenen Machtbefugnisse zugunsten der Belegschaft einschränkt?

[3] Vgl. Wolff, Internationales Privatrecht 7 ff. Zum Verhältnis des Völkerrechts zum Internationalen Verwaltungsrecht Neumeyer IV 436 ff.

Vgl. Art. 7 des zwischen den Parteien des Brüsseler Vertrags abgeschlossenen Grenzgängerabkommens vom 17. 4. 1950 [4]: „Lohn, Prämien und Entschädigungen werden dem Grenzgänger in der Währung des Arbeitsorts ausgezahlt."

Die Maßgeblichkeit des Rechts der Flagge bzw. des Registrierungsorts für die Seearbeitsverhältnisse ist in mehreren Abkommen der Internationalen Arbeitsorganisation niedergelegt [5]. Wenn auch in diesen Vorschriften nur gesagt ist, daß die Vorschriften der Abkommen anwendbar sind, wenn das Schiff die Flagge eines Unterzeichnerstaats führt, so führen die in dem Abkommen enthaltenen häufigen Verweisungen „auf das nationale Recht" eben zur Anwendung des Rechts der Flagge.

Zur Anwendung des deutschen Rechts auf Rechtsgeschäfte der sowjetischen Handelsvertretung in Berlin s. Art. 7 II des deutsch-sowjetischen Vertrags vom 12. 10. 1925 (RGBl. 1926 II 14), hierzu KG 19. 10. 1928.

Auf die zahlreichen mehr- und zweiseitigen Abkommen zur gegenseitigen Abgrenzung des Sozialversicherungsrechts kann hier nicht eingegangen werden [6]. Zu Abkommen über die Gleichstellung von Ausländern s. unten Nr. 18.

Das Institut für internationales Recht hat nach eingehenden Vorarbeiten auf seiner Luxemburger Tagung 1937 einen Entwurf zu einem einheitlichen Gesetz über die Rechtskollisionen im Arbeitsrecht ausgearbeitet [7], der jedoch in keinem Lande Gesetz geworden ist; seine dogmatische Starrheit macht ihn auch dazu kaum geeignet. Auch der Entwurf eines internationalen Abkommens zur Vereinheitlichung verschiedener Regeln des internationalen Privatrechts, den die International Law Association 1926 in Wien vereinbart hat und der auch die Frage des Dienstvertrags berührt (im folgenden Wiener Entwurf [8]), ist nicht Gesetz geworden.

9. *Innerstaatliche gesetzliche Quellen.* Eine gesetzliche Norm für das auf das Arbeitsverhältnis anzuwendende Recht gibt es im deutschen Arbeitsverweisungsrecht ebensowenig wie für das internationale Vertragsrecht überhaupt. Die Ermittlung des Arbeitsstatuts ist damit Lehre und Rechtsprechung überlassen. Die sonst so ergiebige Überlieferung ist dabei wegen der jungen Natur des Arbeitsrechts von geringer Hilfe; dagegen können die Erkenntnisse einiger Nachbargebiete (s. oben Nr. 3) mit Nutzen herangezogen werden.

---

[4] Simon-Dépitre 41.

[5] Abkommen Nr. 21 (1926) Art. 3, 5, 7, (Recht der Flagge); Nr. 22 (1926) Art. 1; Nr. 23 (1927) Art. 1; Nr. 53–57 (1936) jeweils Art. 1 I; Nr. 68–70 (1946) jeweils Art. 1 I; Nr. 71 (1946) Art. 1; Nr. 72, 73, 75, 76 (1946) jeweils Art. 1 I; Nr. 93 (1949) Art. 2 (Recht des Registerhafens); lt. Simon-Dépitre 48 Anm. 2.

[6] Vgl. die Angaben zu den Abkommen der Internationalen Arbeitsorganisation bei Simon-Dépitre 42 ff.

[7] S. unten S. 411; Annuaire 1937, 273 ff.; Kronheim 149 ff.; Vorentwurf Annuaire 1936 I 464 ff.

[8] BlfIPR 2 (1927) 15.

Eine Grenznorm für das Arbeitsverhältnis auf Schiffen unter deutscher Flagge enthält § 1 des SeemannsG vom 26. 7. 1957 (s. unten Nr. 115), Verweisungsnormen für die Geschäftsfähigkeit zum Abschluß des Arbeitsvertrages enthält Art. 7 EGBGB (s. unten Nr. 62), für seine Form Art. 11 EGBGB (unten Nr. 87).

10. *Rechtsvergleichung*. Ausdrückliche Vorschriften über das Arbeitsstatut enthalten nur wenige Rechte; es sind das Art. 8 Nr. 7 des *polnischen* Gesetzes über das internationale Privatrecht vom 2. 8. 1926 [9] und § 46 Z. 4 des *tschechoslowakischen* IPR-Gesetzes vom 11. 3. 1948 [10].

An den Ort der Niederlassung knüpft § 13 Z. 5 des *österreichischen Entwurfs* von 1913 an, der auf die Rechtsentwicklung in den Nachfolgestaaten der Donaumonarchie großen Einfluß genommen hat [11]; der *ungarische Entwurf* eines IPR-Gesetzes von 1949/50, §§ 20, 57 Z. 4 erklärt wiederum das Recht des Staates, auf dessen Gebiet die Arbeit zu leisten ist, für maßgeblich [12].

In den hier näher untersuchten Nachbarstaaten liegt wie im deutschen Recht das Hauptgewicht auf Lehre und Rechtsprechung. Von ihnen hat nur Italien eine neue gesetzliche Regelung des internationalen Privatrechts; veraltete und damit sogar vielfach lästige Normen enthält das österreichische Recht. Eine Bestimmung für das Arbeitsstatut fehlt, abgesehen von Vorschriften über das Seearbeitsverhältnis, überall; für einige Sonderfragen des Arbeitsrechts bestehen jedoch einseitige Grenznormen.

11. *Österreich* [13]. Das ABGB enthält Vorschriften über die Geschäftsfähigkeit (§§ 4 und 34, s. unten Nr. 65) und über die Verträge (§§ 36 und 37, s. unten Nr. 93); zu erwähnen ist weiter § 18 der 4. Durchführungsverordnung zum (reichsdeutschen) Ehegesetz vom 25. 10. 1941, der

---

[9] Art. 8 Nr. 7 lautet: „Haben die Parteien das anzuwendende Recht nicht bezeichnet, so ist anzuwenden ... 7. auf Werkverträge zwischen Arbeitnehmern und gewerblichen, Handels- und Bergwerkunternehmen – das Recht des Orts, an welchem das Werk ausgeführt wird", MAKAROV, Quellen, Polen 8. Entsprechend Art. 10 Nr. 7 G. v. 8. 8. 1926 über das interlokale Privatrecht, MAKAROV ebda. 30. Eine Rechtswahl ist jedoch in den Schranken des Art. 7 IPR-Gesetz zulässig.

[10] § 46 Z. 4: „Arbeits- und Lehrverträge [richten sich] nach der Rechtsordnung des Ortes, an dem sich der Betrieb des Arbeitgebers befindet"; die Wahlfreiheit der Parteien wird nur materiellrechtlich anerkannt (s. unten Nr. 91). Vgl. MAKAROV, Tschechoslowakei 16; KORKISCH, RabelsZ 17 (1952) 442, 462.

[11] KORKISCH (vorige Anm.) 414; MAKAROV, Österreich 34.

[12] MAKAROV, Ungarn 28.

[13] Österreichisches Schrifttum zum IPR: BOLLA, Grundriß des österreichischen IPR (1952); EHRENZWEIG, System des österreichischen allgemeinen Privatrechts Bd. I/1: Allgemeiner Teil (2. Aufl. 1951); WALKER, Internationales Privatrecht (5. Aufl. 1934); WALKER-VERDROSS-DROSSBERG-SATTER, in: Klangs Kommentar zum ABGB Bd. I (2. Aufl. 1949) §§ 33–37.

eine dem Art. 30 EGBGB gleichlautende Norm eingeführt hat, und § 49 Schauspielergesetz, s. unten Nr. 121. Damit ist das internationale Privatrecht ganz überwiegend der Rechtsprechung und Rechtslehre, die sich stark an das westdeutsche Vorbild anlehnen, überlassen.

12. *Schweiz*[14]. Das Schweizer internationale Privatrecht hat als geschriebene Rechtsquelle nur das „Bundesgesetz betreffend die zivilrechtlichen Verhältnisse der Niedergelassenen und Aufenthalter" (NAG) vom 25. 6. 1891, das die interkantonalen und internationalen Verhältnisse im Personen-, Familien- und Erbrecht regelt und für unser Gebiet nur eine Norm für die Geschäftsfähigkeit bereithält (s. unten Nr. 66). Eine einseitige Verweisungsnorm für den Handlungsagenten enthält Art. 418 b II OR (s. unten Nr. 124). Damit spielt auch hier Rechtsprechung und Überlieferung die erste Rolle. Die richterliche Praxis hat gemäß Art. 1 ZGB den Rang einer Rechtsquelle[15].

13. *Italien*[16]. Das italienische internationale Privatrecht hat eine recht ausführliche Kodifizierung in den dem Codice civile vorangestellten „Be-

[14] Schweizer Schrifttum zum IPR: FRITZSCHE, Die örtliche Rechtsanwendung auf dem Gebiete des Obligationenrechts, ZSchwR 44 (1925) 220 ff.; GIESKER-ZELLER, Beiträge zum Schweizerischen IPR, SJZ 14 (1917) 61 ff.; 133 ff., 171 ff.; MOSER, Vertragsabschluß, Vertragsgültigkeit und Parteiwille im internationalen Obligationenrecht (St. Galler Wirtschaftswissenschaftliche Forschungen Bd. 6 1948); NIEDERER, Einführung in die allgemeinen Lehren des Internationalen Privatrechts (2. Aufl. 1956); NUSSBAUM, American-Swiss Private International Law (1951); SCHNITZER, Handbuch des IPR (4. Aufl. 1957); ders., Le droit international privé suisse, Revue hellénique de droit international 7 (1954) 143 ff.; SECRÉTAN, L'évolution récente de la jurisprudence suisse relative aux conflits de lois en matière de contrats, Rev. hellénique de droit intern. 7 (1954) 137 ff.

[15] Vgl. SCHNITZER I 80 f.

[16] Italienisches Schrifttum zum IPR: D'AMELIO, Codice Civile, Commentario, Libro primo (Persone e famiglia), Disposizioni sull'applicazione delle leggi in generale Art. 6–21, von BALLADORE PALLIERI (1940); ANDREOLI, Le norme di diritto intern. privato in rapporto ai contratti di lavoro, Mass. giur. lav. 9 (1933) 25 ff.; BALDONI (s. oben Nr. 7 Anm. 34); BALLADORE PALLIERI, Diritto internazionale privato (2. Aufl. 1951; zitiert: Lehrbuch); ders., Diritto internazionale del lavoro (vgl. oben Nr. 7 Anm. 36) Bd. V (2. Aufl. 1954) 315 ff.; BETTI, Problematica del diritto internazionale (1957); Bosco, Corso di diritto intern. privato (3. Aufl. 1939); CANSACCHI, Il contratto di impiego privato nel diritto intern. privato italiano, Riv. lav. 6 (1937) Supplemento giuridico 15 ff.; ders., Gli stranieri, i contratti collettivi di lavoro e l'inquadramento sindacale in Italia, Dir. lav. 13 (1939) 102 ff.; FEDOZZI, Il diritto internazionale privato, teorie generali e diritto civile (2. Aufl. 1939); GEMMA, Diritto intern. del lavoro (1938); GIULIANO, Rapporti di lavoro e diritto intern. privato, Rivista giuridica di lavoro 3 (1952) 1 ff.; MASSART, La tutela economica del lavoratore nel diritto intern. privato italiano, Archivio di Studi Corporativi 11 (1940) 391 ff.; MONACO, Manuale di diritto internazionale pubblico e privato (1950; zitiert: MONACO; s. auch VASSALLI-MONACO); MORELLI, Diritto processuale civile internazionale (2. Aufl. 1954; zitiert: Lehrbuch);

stimmungen über das Gesetz im allgemeinen", den sogenannten disposizioni preliminari (d. p.), erhalten.

Art. 17 d. p. behandelt die Geschäftsfähigkeit (s. unten Nr. 67); Art. 25 I die Verträge im allgemeinen (s. unten Nr. 95), Art. 25 II die Verpflichtungen, die aus dem Gesetz allein erwachsen (s. unten Nr. 95), Art. 26 die Form der Rechtsgeschäfte (s. unten Nr. 88), Art. 27 das Verfahren (s. unten Nr. 366), Art. 28 die Straf- und Polizeigesetze (vgl. unten Nr. 48), Art. 31 die Vorbehaltsklausel (s. unten Nr. 46). Art. 29 besagt, daß Staatenlose in den Fällen, wo an das Heimatrecht der Person angeknüpft wird, nach dem Recht ihres Aufenthalts beurteilt werden. Art. 30 schließt eine Rückverweisung ausdrücklich aus (s. unten Nr. 44).

Der Arbeitsvertrag der Seeleute, Binnenschiffer und des fliegenden Personals hat eine Verweisungsnorm in Art. 9 des Codice della navigazione vom 30. 3. 1942 gefunden (s. unten Nr. 155).

Abgesehen von dieser Regelung im Codice civile ist auch hier die (reiche) Überlieferung und Rechtsprechung bestimmend.

14. *Frankreich*[17]. Die Grundlage des französischen Kollisionsrechts bildet Art. 3 C. c.[18], aus dem neben dem Begriff des „Polizei- und Sicher-

ders., Elementi di diritto internazionale privato italiano (4. Aufl. 1955); De Nova, La jurisprudence italienne en matière des conflits de lois de 1935 à 1949, Revue critique d. i. p. 39 (1950) 159 ff., 341 ff.; Pergolesi, Diritto comparato, diritto commune e diritto internazionale del lavoro, Riv. comp. lav. 2 (1955) 3 ff.; Richard, Osservazioni in tema di ordine pubblico internazionale e diritto privato del lavoro, Dir. lav. 25 (1951) 122 ff. und Atti del primo congresso internazionale del lavoro (1952; zitiert: Ordine pubblico); ders., Sull'applicabilità della legge italiana ad un rapporto di lavoro fra stranieri eseguito in Italia, Dir. lav. 24 (1950) II 120 ff. (zitiert: „Anmerkung"); ders., Rassegna di giurisprudenza su questioni di diritto internazionale (1930–1950), Riv. dir. lav. 3 (1951) II 1 ff. (zitiert: Rassegna); Vassalli, Trattato di diritto civile italiano, Teil 1 Bd. IV: Monaco, L'efficacia della legge nello spazio (diritto internazionale privato) (1952; zitiert: Vassalli-Monaco); Venturini, Diritto internazionale privato – Diritti reali ed obbligazioni (1956; zitiert: Lehrbuch); ders., La disciplina di diritto internazionale privato del rapporto di lavoro, in: Studi Parmensi 1950, 327 ff.

[17] Französisches Schrifttum zum IPR: Batiffol, Traité élémentaire de droit international privé (2. Aufl. 1955); ders., Les conflits de lois en matière de contrats (1938; zitiert: Contrats); Kronheim, Les conflits de lois en matière de contrat de travail (1938); Lerebours-Pigeonnière, Précis de droit intern. privé (5. Aufl. 1948); Niboyet, Traité de droit international privé français, 6 Bde. (1938–1950); Rouast, Les conflits de lois relatifs an contrat de travail, in: Festschrift Pillet (1929); ders., La loi sur les comités d'entreprise et la société étrangère, Droit social 10 (1947) 67 ff.; Savatier, Cours de droit international privé (2. Aufl. 1953).

[18] Art. 3: „Die Polizei- und Sicherheitsgesetze gelten für alle Personen, die sich im Staatsgebiet aufhalten. (Abs. 2 betrifft Grundstücke).

Den Gesetzen über den Personenstand und die Geschäftsfähigkeit sind auch die Franzosen unterworfen, die sich im Ausland aufhalten"; vgl. Makarov, Quellen, Frankreich S. 8.

heitsgesetzes" (s. unten Nr. 48) nur eine Norm für die Geschäftsfähigkeit abgeleitet wird. Alles andere ist Rechtsprechung und Überlieferung überlassen; neben der Praxis haben auch die Lehrbücher des internationalen Privatrechts großen Einfluß auf die Entwicklung genommen. Der in den letzten Jahren ausgearbeitete Entwurf eines IPR-Gesetzes [19] spricht sich über den Arbeitsvertrag nicht aus. Leider ist auch die Rechtsprechung zu unserer Frage sehr spärlich. Im Bereich des interlokalen Privatrechts Frankreich–Elsaß-Lothringen bestimmt Art. 7 des Gesetzes vom 24. 7. 1921 [20], daß sich die Wirkungen der Verträge nach dem Recht bestimmen, das die Parteien anwenden wollen; fehlt es an einer ausdrücklichen oder stillschweigenden Rechtswahl, dann ist das Recht des Erfüllungsorts maßgeblich.

15. *Belgien* [21]. An geschriebenen Quellen kennt das belgische Recht ebenfalls nur den Art. 3 C. c. Eine einseitige Verweisungsnorm enthält Art. 17 des Gesetzes vom 5. 6. 1928 über den Seearbeitsvertrag (s. unten Nr. 155), eine öffentlichrechtliche Grenznorm für das Urlaubsrecht Art. 1 des Urlaubsgesetzes vom 9. 3. 1951 (s. unten Nr. 250). So ist auch hier die Rechtsprechung die hauptsächlichste Quelle des Verweisungsrechts; sie hat sich, bei aller verständlichen Anlehnung an französische Vorbilder, doch ihr eigenes Gesicht bewahrt. Bemerkenswert sind insbesondere einige Entscheidungen auch der unteren Gerichte zum Arbeitsverweisungsrecht, die durch Klarheit und Folgerichtigkeit angenehm hervorstechen. An Zahl lassen die belgischen Entscheidungen die französischen hinter sich [22].

16. *Niederlande* [23]. In den Niederlanden ist das internationale Privatrecht, soweit gesetzlich normiert, in dem „Gesetz über die allgemeinen Be-

---

[19] Abgedruckt bei MAKAROV, Frankreich 14 ff. [20] MAKAROV, Frankreich 30.

[21] Belgisches Schrifttum zum IPR: DE VOS, Le problème des conflits de lois, 2 Bde. (Brüssel 1947); POULLET, Manuel de droit international privé belge (3. Aufl. 1947); SCHOTTLAENDER, Die belgische Rechtsprechung auf dem Gebiete des IPR 1936–1954 im Vergleich mit der französischen Praxis (Tübinger maschinenschriftliche Dissertation 1955); SPANOGHE, Examen de jurisprudence: Droit international privé, Revue critique de jurisprudence belge 4 (1950) 338 ff.; 8 (1954) 49 ff.; VROONEN, Le Code Civil, Titre préliminaire u. a. in: Les Novelles, Droit civil I (1938).

[22] Die Rechtsprechung zum Arbeitsrecht der Jahre 1922–1948 ist in der von GEYSEN zusammengestellten Sammlung (s. unten Nr. 20 Anm. 12) enthalten, in der jedoch einige das Arbeitsverweisungsrecht betreffende Entscheidungen fehlen.

[23] Niederländisches Schrifttum zum IPR: VAN BRAKEL, Grondslagen en Beginselen van Nederlands Internationaal Privaatrecht (3. Aufl. 1953); HAAN, De jurisdictie van den nederlandschen Rechter in privaatrechtelijke Aangelegenheden (1930); VAN HASSELT, Droit international privé des Pays-Bas, Répertoire de droit international, herausg. von NIBOYET u. a., Bd. VI 592 ff.; KOLLEWIJN, American-Dutch private international

stimmungen der Gesetzgebung des Königreichs" vom 15. 5. 1829 – Algemeene Bepalingen (A. B.) – enthalten; hier finden sich Vorschriften über die Handlungsfähigkeit, Art. 6 (s. unten Nr. 69), und über die Form der Rechtsgeschäfte, Art. 10 (s. unten Nr. 88). Im übrigen bildet eine reiche und hochstehende Rechtsprechung für das Arbeitsverweisungsrecht die hauptsächlichste Quelle, für das die Rechtsverschiedenheit zwischen den Niederlanden und Niederländisch-Indien eine große Rolle gespielt hat.

17. *England*[24]. Das englische internationale Privatrecht ist, ebenso wie das Arbeitsrecht, Fallrecht; geschriebene Normen fehlen im Arbeitsverweisungsrecht wie auch sonst. Einschlägige Entscheidungen sind äußerst spärlich; das ist um so mehr zu bedauern, als die sonst reiche und hochstehende international-privatrechtliche Lehre sich über unsere Frage ebenfalls nur sehr wenig äußert.

18. *Unechte Quellen.* Keine Verweisungsnormen sind alle die Vorschriften, in denen ein Teil des Tatbestands durch ein ausländisches Moment gebildet wird. Solche Merkmale mögen räumlicher oder persönlicher Art sein: so etwa, wenn die §§ 68 II HGB, 133 ab II GewO den Kündigungsschutz der §§ 67 HGB, 133 aa GewO ausschließen, wenn die Annahme zu Diensten in einer außereuropäischen Niederlassung erfolgte und die Kosten der Rückreise vom Arbeitgeber getragen werden[25]; wenn

---

law (1955); KOSTERS, Het internationaal burgerlijk Recht in Nederland (1917); LEON-VAN PRAAG, Literatuur en Rechtspraak betr. de niet in de Wet houdende Algemeene Bepalingen opgenomen Regelen van Internationaal Privaat-, Proces- en Faillissementsrecht (1928); MULDER, Inleiding tot het Nederlandsch Internationaal Privaatrecht (2. Aufl. 1947); De Nederlandsche Rechtspraak betr. het Internationaal Privaatrecht, Rechtspraak en Literatuur (1936) mit erster Ergänzung 1938 und 2. Ergänzung 1952 (zitiert: NR IPR); VAN OVEN, Partijautonomie en Localiseering van Overeenkomsten, Weekblad voor Privaatrecht, Notarisambt en Registratie Nr. 3915–3917; STAR BUSMANN, Hoofdstukken van burgerlijke Rechtsvordering.

[24] Englisches Schrifttum zum IPR: BRESLAUER, Agency in private international law, Juridical Review 50 (1938) 282 ff.; CHESHIRE, Private International Law (5. Aufl. 1957); ders., International Contracts (1949); DICEY's Conflict of Laws (7. Aufl. 1958), besorgt von MORRIS, PARRY, KAHN-FREUND u. a.; FALCONBRIDGE, Essays on the Conflict of Laws (2. Aufl. 1954; kanadisch); GRAVESON, The Conflict of Laws (3. Aufl. 1955); ders., Cases on the Conflict of Laws (1949); HALSBURY, The Laws of England Bd. 7 (3. Aufl. 1954); University of Michigan, The Summer Institute of International and Comparative Law, Lectures on the conflict of laws and international contracts (1951); WOLFF, Private International Law (2. Aufl. 1950).

[25] „Annahme für eine außereuropäische Niederlassung" liegt bei bloß vorübergehender Verwendung in Übersee nicht vor: so RAG 23. 11. 1929.

Wurde für ein außereuropäisches Arbeitsverhältnis ausdrücklich die Geltung deutschen Rechts einschließlich seines Kündigungsschutzes vereinbart, so ist es eine Frage der Auslegung, ob damit §§ 68 II HGB, 133 ab GewO nicht ausgeschaltet werden soll-

§ 92 c HGB die Schutzvorschriften für den Handelsvertreter dann für abdingbar erklärt, wenn der Handelsvertreter seine Niederlassung im Ausland hat (unten Nr. 116); oder wenn der Anwendungsbereich des Heimkehrer- bzw. des Schwerbeschädigten-Gesetzes schon durch die Begriffsbestimmung der Worte „Heimkehrer" bzw. „Schwerbeschädigter" in den §§ 1 der Gesetze auf deutsche Staatsangehörige bzw. Personen mit Wohnsitz im Bundesgebiet u. ä. begrenzt wird usw. Damit diese Vorschriften zum Zuge kommen, muß erst einmal – und damit an Hand anderer Kriterien – feststehen, daß deutsches Recht überhaupt berufen ist. Erst wenn beispielsweise auf Grund des Verweisungsrechts feststeht, daß der Vertrag des Handelsvertreters mit Wohnsitz im Ausland deutschem Recht unterliegt, greift § 92 c HGB ein; unterliegt er aber ausländischem Recht, dann kommt es gar nicht dazu, daß § 92 c und die andern Vorschriften des HGB herangezogen werden[25a].

Keine Verweisungsnormen sind die (fremdenrechtlichen) Vorschriften, in denen Ausländer den Inländern gleichgestellt werden.

Ein Beispiel liefert das (aufgehobene) *italienische* Tarifvertragsgesetz von 1926, kraft dessen der Ausländer in einigen besonderen, für die Arbeitsverfassung wichtigen Beziehungen gegenüber dem Inländer zurückgesetzt wurde, während für die große Masse der arbeitsrechtlichen Schutzvorschriften volle Gleichbehandlung vorgeschrieben war. Daraus, daß der Schutz des italienischen Arbeitsrechts auch den ausländischen Arbeitnehmern zugute kommen sollte, konnte man nicht entnehmen, daß deshalb bei Arbeit in Italien als Absicht des Gesetzes die Geltung italienischen Arbeitsrechts zu vermuten wäre[26].

Deshalb ist auch stets genau zu prüfen, ob Bestimmungen in völkerrechtlichen Verträgen, in denen die Gleichstellung des ausländischen Arbeitnehmers festgelegt wird, den Charakter einer Verweisungsnorm tragen.

---

ten. Der Kündigungsschutz der §§ 67 HGB, 133 aa GewO würde dann als (freilich abdingbarer) Vertragsinhalt gelten.

[25a] S. unten Nr. 116 zu Anm. 104. Für § 68 II HGB steht auf demselben Standpunkt bereits Jitta, La Substance des obligations en droit international privé I (1909) 195; ebenso Adler-Höller 182 Anm. 27.

A. A. Schnorr von Carolsfeld, RdA 11 (1958) 204, der in § 75 b HGB eine „indirekte" Andeutung dafür sieht, der Gesetzgeber halte sich bei der vorliegenden Kollision zur Regelung des Rechtsverhältnisses für zuständig. Aber aus dieser Vorschrift ist nur zu entnehmen, *daß* ein Wettbewerbsverbot auch bei einer Tätigkeit des Handlungsgehilfen außerhalb Europas den Beschränkungen des HGB unterliegen kann; *wann* dies der Fall ist, ist aus ihr nicht zu ersehen.

In § 137 Seemannsgesetz eine versteckte Kollisionsnorm zu sehen, erübrigt sich angesichts der ausdrücklichen Vorschrift des § 1 a.a.O. (unten Nr. 115).

[26] So Richard, Ordine pubblico 330 gegen Baldoni (oben Nr. 7 Anm. 34).

Dies ist z. B. m. E. bei Vorschriften wie Art. 6 des Grenzgängerabkommens vom 18. 1. 1952 zwischen der Bundesrepublik und Belgien (BGBl. II S. 709)[27] nicht der Fall. Sie enthalten nicht eine Verweisung auf das Recht des Arbeitsorts – in Abweichung vom allgemeinen Arbeitsverweisungsrecht des Landes – sondern das Verbot, den Angehörigen des Vertragsstaates wegen seiner Ausländereigenschaft schlechter zu stellen. Wenn tatsächlich in solchen Grenzgängerfällen in der Regel das Recht des Arbeitsortes anwendbar ist, so nicht auf Grund des Abkommens, sondern auf Grund der allgemeinen Norm, wonach bei Fehlen abweichender Rechtswahl angenommen wird, daß die Parteien das Recht des Arbeitsortes gewählt hätten (s. unten Nr. 105). Ihnen jedoch, die – allgemein offenstehende – Möglichkeit einer abweichenden Rechtswahl zu nehmen, ist nicht erforderlich. Das sozialpolitische Interesse solcher Abmachungen geht nicht dahin, das Recht des einen oder anderen Staates in den Vordergrund zu schieben, sondern zu verhindern, daß dem Arbeitnehmer Vergünstigungen des einen Rechts – des Rechts des Arbeitsorts – wegen seiner Ausländereigenschaft genommen werden, ohne daß er deshalb auf die entsprechenden Vergünstigungen seines eigenen Rechts zurückgreifen könnte.

Keine echten Verweisungsnormen sind schließlich die häufigen Verweisungen auf „örtliche Gebräuche".

Gem. § 6 des *österreichischen* AngG bestimmen sich bei Fehlen von Abmachungen Art und Umfang der geleisteten Dienste und das Entgelt nach dem Ortsgebrauch, der für die betreffende Art der Unternehmung besteht, ähnl. § 3 HausgehG. Art. 17 des *italienischen* AngestelltenG nennt als Rechtsquelle die „örtlichen Gebräuche", die dann eingreifen, wenn sie dem Angestellten günstiger als die allgemeine gesetzliche oder tarifliche Regelung sind. Für *Frankreich* vgl. Art. 21 Buch I C. Trav., der für die Dauer des Arbeitsvertrages auf die „usages des lieux" verweist, und Art. 23 II Buch I a.a.O., wonach sich Bestehen und Dauer der Kündigungsfrist nach den „usages pratiqués dans la localité et dans la profession" richten.

In der Regel sind bei solcher Verweisung die Gebräuche am Arbeitsort gemeint: so für die genannten Vorschriften des Code du Travail französischer Kassationshof 20. 5. 1930[28], ebenso ausdrücklich Art. 36 II des Arbeitsgesetzbuchs von Ecuador. Das muß jedoch nicht immer so sein: § 10 I des *österreichischen* AngG, der dem Angestellten, der Anspruch auf Provision für von ihm vermittelte Geschäfte hat, mangels abweichender Vereinbarung die für den betreffenden Geschäftszweig „am Ort der Niederlassung", für die er tätig ist, übliche Provision zuerkennt, erklärt nicht den Tätigkeitsort, sondern den Sitz des Unternehmens für maßgeblich[29].

Der erwähnte Art. 17 des *italienischen* AngG wird überwiegend in dem Sinn aus-

---

[27] Art. 6 lautet: „(1) Die Grenzgänger sollen bei gleicher Arbeit das gleiche Arbeitsentgelt erhalten wie die eigenen Staatsangehörigen in dem gleichen Beruf und in der gleichen Gegend.

(2) Die Grenzgänger genießen bei der Anwendung der Gesetze, Vorschriften und Gebräuche hinsichtlich des Unfall- und Gesundheitsschutzes sowie der Arbeitsbedingungen in jeder Weise die gleiche Behandlung wie die Staatsangehörigen des Landes, in dem sich der Arbeitsort befindet."

Ähnlich zahlreiche andere Abkommen.

[28] Vgl. Durand-Jaussaud I 204; Rouast, Festschrift Pillet 199 Anm. 1. Zu den „Gebräuchen" im allgemeinen Durand-Jaussaud I 136 ff.

[29] Wahle-Dittrich-Veit II 44 Fußnote 2 zu § 10 AngG.

gelegt, daß das Gesetz die Gebräuche am Arbeitsort im Auge hatte, und zwar auch dann, wenn dieser im Ausland liegt. Es wurde aber auch entschieden, daß bei ausländischem Arbeitsort die günstigeren Gebräuche am italienischen Sitz des Arbeitgebers heranzuziehen seien [30]. Unter den Begriff „Gebräuche“ wurden auch ausländische Gesetze gezogen [31]. Auf die Gebräuche des Orts, wo der Vertrag geschlossen wurde, verweist der (dem Art. 1159 franz. C. C. entsprechende) Art. 1382 des *niederländischen* BW für die Auslegung mehrdeutiger Verträge. Andererseits verweist Art. 1639 BW auf die „Gebräuche“ zur näheren Umschreibung der Arbeitspflicht (unten Nr. 200), und hier denkt man wiederum an die Gebräuche des Arbeitsorts [32].

Solche Vorschriften sind keine echten Verweisungsnormen. So ist etwa Art. 17 des *italienischen* AngG zu beachten, *wenn* italienisches Recht – etwa als gemeinsames Heimatrecht der Parteien – Arbeitsstatut ist; nicht wird dadurch die allgemeine Verweisungsnorm für Verträge durch eine eigene Norm – Anknüpfung an den Tätigkeitsort – ersetzt. Die Anwendung örtlicher Gebräuche macht dort Halt, wo es sich nicht mehr um (wenn auch kodifizierte) Gebräuche, sondern um Arbeitsgesetze handelt [33]; namentlich wenn sie mit den Bestimmungen des Arbeitsstatuts, dem die Verweisung entnommen wurde, in Widerstreit geraten [34]. Gleiches gilt von § 6 des *österreichischen* AngG: erst muß auf Grund anderer Kriterien festgestellt sein, daß überhaupt österreichisches Recht Arbeitsstatut ist, bevor die Frage der Anwendbarkeit des § 6 AngG aufgeworfen werden kann [35]. Entsprechendes gilt für die genannten französischen Vorschriften.

19. Die im vorigen Abschnitt genannten Vorschriften, die wir nicht zu den Verweisungsnormen rechnen, stehen jedoch nicht beziehungslos zu ihnen; sie können im Wege der Auslegung zu echten Verweisungsnormen

---

[30] So Mailand 10. 6. 1936, Rivista dell' impiego privato, 1936, 348 lt. BASSANO, Riv. d. i. 29 (1937) 412 Anm. 1.

[31] Triest 10. 11. 1936; dagegen ausdrücklich BASSANO, Rivista dir. intern. 29 (1937) 411 ff.; unterscheidend danach, ob es sich um einen Brauch handelt, der lediglich der Form nach zum Gesetz erhoben wurde, RICHARD, Rassegna 21 f.

[32] MOLENAAR II A 115. Aus Art. 1382 BW hat KOSTERS 747 ff. für das niederländische Internationale Privatrecht die allgemeine Regel entnehmen wollen, daß auf Verträge bei Stillschweigen der Parteien das Recht des Abschlußorts anwendbar sein soll; eine Ansicht, die jedoch mehr Kritik als Beifall gefunden hat; dagegen mit Recht MEIJERS, N. J. 1927, 323; VAN OVEN Nr. 3916; MULDER 88.

[33] So für Italien ausdrücklich BASSANO gegen Triest 10. 11. 1936 (oben Anm. 31).

[34] Ob solche Verweisungen sich im Ergebnis wie eine Weiterverweisung auswirken dürfen (vgl. den Fall Triest 10. 11. 1936, oben Anm. 31) ist deshalb zumindest zweifelhaft; vgl. zu einem ähnlichen Problem FICKER 33.

[35] So ausdrücklich LENHOFF 773; LAUTNER 837 Anm. 12. Dagegen stützt sich die Entscheidung OGH 6. 3. 1929 auch auf § 6 AngG, um die Anwendbarkeit des Rechts des Arbeitsorts zu begründen, s. unten Nr. 119.

fortgebildet werden. Auch können räumliche, auf das Inland bezogene Tatbestandsmerkmale dazu führen, daß eine Erstreckung auf Sachverhalte, die sich im Ausland abspielen, ausgeschlossen ist. Doch ist bei alledem große Vorsicht zu wahren; voreilige Schlüsse im Sinne einer Festlegung auf eine bestimmte Anknüpfung rechtfertigen sich nicht, werden durch die vielgestaltigen Lösungen der Praxis widerlegt und sind bei der Vielfalt der Erscheinungen im Grunde auch gar nicht wünschenswert.

§ 3

Natur und Quellen des Arbeitsrechts

20. *Natur des Arbeitsrechts.* Das sachliche Recht ist die Grundlage und der Ausgangspunkt des Verweisungsrechts; das gilt, wie oben Nr. 4 dargelegt, im deutschen wie im ausländischen Recht für das Arbeitsverweisungsrecht im besonderen Maße. Da Rechtsvergleichung nur sinnvoll ist, wenn man Vergleichbares vergleicht, oder bei der Darstellung fremden Rechts, das von anderen Voraussetzungen ausgeht, sich dessen auch bewußt ist, ist es nötig, einige Hinweise auf die Natur und Quellen der Rechtsordnungen zu geben, mit denen sich die Untersuchung näher befaßt.

Wie in Deutschland, so setzt auch in den Nachbarländern die Entwicklung des neuzeitlichen Arbeitsrechts in der zweiten Hälfte des vorigen Jahrhunderts ein und empfängt seine stärksten Impulse nach dem ersten Weltkrieg. Den kontinentalen Ländern ist dabei gemeinsam, daß neben das private das öffentliche Arbeitsrecht tritt; die Grenzziehung schwankt jedoch von Land zu Land, wie sie sich ja auch zeitlich innerhalb der Rechtsordnung ändert. Diese Doppelnatur des Arbeitsrechts ist für *Österreich*[1] und die *Schweiz*[2] unbestritten; insbesondere in der Schweiz war die Schei-

[1] Österreichisches Schrifttum zum Arbeitsrecht: ADLER-HÖLLER in Klangs Kommentar zum ABGB V (2. Aufl. 1954) §§ 1151 ff.; HÄMMERLE, Grundriß des Arbeitsrechts, Bd. I: Arbeitsvertrag (1949); ders., Bericht aus Österreich, Riv. comp. lav. 1 (1953) 640 ff.; HENRICH, Kollektive Regelungen der Arbeitsverhältnisse in der 2. Republik, JBl. 77 (1953) 289; PIGLER, Neuerungen im Arbeitsrecht, ÖJZ 10 (1955) 37 ff., 11 (1956) 119 ff., 12 (1957) 283 ff., 13 (1958) 286 ff. (fortlaufende Berichte); SACHERS, Das Arbeitsrecht Österreichs, Riv. comp. lav. 1 (1953) 359 ff.; STANZL, Österreichische Arbeitsrechtsprechung 1954, RdA 10 (1955) 274; WAHLE-DITTRICH-VEIT, Das Angestellten- und Arbeiterrecht, Bd. X der Manz'schen Ausgabe der Österreichischen Gesetze (Große Ausgabe) I (1953) mit Nachtrag (1955), II (1955).

[2] Schweizer Schrifttum zum Arbeitsrecht: EICHHOLZER, Kommentar zu den Bundesvorschriften über die Arbeit in den Fabriken (1937); Entwurf = Vorarbeiten für ein Bundesgesetz über die Arbeit in Industrie, Handwerk, Handel, Verkehr und verwand-

dung von öffentlichem und privatem Recht mehrfach Gegenstand eingehender Erörterungen, da der föderalistische Staatsaufbau dieses Landes den Kantonen die Gesetzgebungszuständigkeit nur für das öffentliche, nicht für das bürgerliche Recht gewährt [3]. Die Gesetze enthalten meist Vorschriften beider Bereiche, doch ist die Rechtslehre um die Scheidung bemüht [4], die, wie im deutschen Recht, danach vollzogen wird, ob der Staat durch seine Organe selbst für die Beachtung der Vorschriften sorgt, oder ob ihre Durchsetzung dem Vorgehen des Einzelnen überlassen bleibt.

Für das *italienische* Arbeitsrecht [5] bedeutete der Verlust des letzten Krieges und das Ende des faschistischen Ständestaates einen merklichen

---

ten Wirtschaftszweigen (Arbeitsgesetz), Gesetzesentwurf und Bericht des Bundesamts für Industrie, Gewerbe und Arbeit; GYSIN, Arbeitsrecht (1943); OSER-SCHÖNENBERGER, Kommentar zum Schweizerischen Zivilgesetzbuch Bd. V/1 und 2: Obligationenrecht (2. Aufl. 1936); SCHÖNENBERGER, Das Verhältnis des Arbeitnehmerschutzes zum Dienstvertrag, Verhandlungen des Schweizerischen Juristenvereins 1933; SCHWEINGRUBER, Das Arbeitsrecht der Schweiz (2. Aufl. 1951; zitiert: SCHWEINGRUBER); ders., Die Entwicklung des Dienstvertragsrechts durch die Gerichtspraxis, Zeitschrift des bernischen Juristenvereins 68 (1932) 201 ff.; ders., Kommentar zum Dienstvertragsrecht des Schweizerischen Obligationenrechts (1951) (zitiert: SCHWEINGRUBER, Kommentar); ders., Sozialgesetzgebung der Schweiz; ders., Le droit du travail en Suisse, Riv. comp. lav. 1 (1953) 282 ff.; TSCHUDI, Neue Entwicklungen im Schweizerischen Arbeitsrecht, SJZ 43 (1947) 33 ff., 56 ff.

[3] Vgl. oben Nr. 6 zu Anm. 32.

[4] Vgl. insbes. SCHÖNENBERGER, Verhandlungen des Schweizer. Juristenvereins (1933); SCHWEINGRUBER 149 ff.; SCHERRER, Öffentliches und privates Recht im Arbeitsschutz (Winterthur 1946).

[5] Italienisches Schrifttum zum Arbeitsrecht: BARASSI, Il diritto del lavoro, 3 Bde. (1957); ders., Elementi di diritto del lavoro (6. Aufl. 1954); BATTAGLINI, Diritto penale del lavoro, Trattato V 215 ff.; CHIARELLI, Gli organi di elaborazione, di applicazione e di controllo del diritto del lavoro, in: Trattato III 3 ff.; D'EUFEMIA, L'orario di lavoro ed i riposi, ebda. III 157 ff.; GUIDOTTI, Il lavoro delle donne e dei fanciulli e la tutela delle lavoratrici madre, ebda. III 209 ff.; JAEGER, Diritto processuale del lavoro (controversie individuali), ebda. V 127 ff.; LEGA, Il contratto d'opera, ebda. I 395 ff.; LEVI, La tutela dell'igiene e della sicurezza del lavoro, ebda. III 297 ff.; DE LITALA, Contratti speciali di lavoro, ebda. II 317 ff.; MAZZONI, Il contratto di lavoro nel sistema del diritto italiano del lavoro (1942; zitiert: MAZZONI); ders., La disciplina della domanda e dell'offerta di lavoro e dell'emigrazione, in: Trattato III 47 ff.; PAROLI, La législation italienne du travail depuis la guerre, Riv. comp. lav. 1 (1953) 216 ff.; PERGOLESI, Introduzione al diritto del lavoro, in: Trattato I 3 ff.; ders., Diritto del lavoro (3. Aufl. 1949); RIVA SANSEVERINO, Il contratto individuale del lavoro, in: Trattato II 1 ff.; dieselbe, Commentario del Codice Civile; libro quinto: Del lavoro Art. 2060–2246, herausg. von SCIALOJA u. a. (1943); Trattato = Trattato di diritto del lavoro, herausg. von BORSI und PERGOLESI, 2. Aufl. I (1955) II (1953) III (1953) IV (1954) V (1954).

Eine gut unterrichtende Übersicht über die Rolle des Staates und der Verbände im italienischen Arbeitsrecht gibt PINTO, Il ruolo dello stato nella regolamentazione del lavoro in Italia, Riv. dir. lav. 10 (1958) 97 ff.

Einschnitt. Kennzeichnend für die faschistische Zeit war die Durchdringung des privaten Arbeitsvertragsrechts mit öffentlichrechtlichen Elementen, die ihren Höhepunkt in der ständischen (korporativen) Ordnung erreichte, wie sie in der (programmatischen) sogenannten Carta del Lavoro von 1927 Ausdruck gefunden hat und in dem (inzwischen überholten, s. unten Nr. 46) Art. 31 II d. p. ausdrücklich als Teil der italienischen öffentlichen Ordnung anerkannt wurde. Auch die Tarifverträge hatten öffentlichrechtlichen Charakter, sie galten, vergleichbar den Tarifordnungen des AOG, unmittelbar zwingend für alle Arbeitsverhältnisse des erfaßten Tätigkeitszweiges (s. unten Nr. 330). So konnte die h. M. für die damalige Zeit mit Grund den Arbeitsvertrag und das Arbeitsverhältnis als öffentlichrechtlich ansprechen [6]. Auch die Verfassung von 1947 steht im Zeichen des staatlichen Eingriffs in die Arbeitsrechtssphäre zum Schutz des Arbeitnehmers. Aber die begriffliche Unterscheidung in privates und öffentliches Recht und das selbständige Vorhandensein eines privatrechtlichen Bereichs wird heute überwiegend nicht mehr geleugnet; die Meinung von der öffentlichrechtlichen Natur des Arbeitsrechts überhaupt

[6] Vgl. etwa Kassationshof 12. 5. 1934; 28. 7. 1934. Die amtliche Begründung zum Codice civile sagt (lt. PERGOLESI, Trattato I 95) nach Hinweisen auf die „enge gegenseitige Durchdringung von öffentlichem und privatem Recht": „Die Aufgabe des Codice civile kann nicht mehr die gleiche sein wie die der Gesetzbücher der vergangenen Jahrhunderte, die auf der Voraussetzung aufbauten, daß das private und das öffentliche Recht zwei einander fremde Welten seien."

Ein Beispiel für eine ständisch-autoritäre Arbeitsverfassung bietet das der faschistischen Ordnung nachgebildete *spanische* Recht. Sie beruht auf dem „Fuero del Trabajo" vom 9. 3. 1938, der später zu einem Grundgesetz des spanischen Staates erklärt wurde und die beiden Prinzipien aufstellt:

a) Jeder Zweig der gewerblichen und industriellen Arbeit wird durch eine Arbeitnehmer und Unternehmer zusammenfassende Einheitsorganisation mit automatischer Mitgliedschaft vertreten; innerhalb der Organisation verfügt jede Gruppe über die gleiche Zahl (gewählter) Interessenvertreter.

b) Der Staat hat das Monopol der Festsetzung der Arbeitsbedingungen. Tarifverträge bestehen nicht, sondern Tarifordnungen, die der Arbeitsminister nach Anhörung der Vertreter des Einheitssyndikats und im Einvernehmen mit dem Ministerrat erläßt: Gesetz vom 16. 10. 1942. Die Tarifordnungen waren bis zu einem Gesetz vom 6. 6. 1956 auch Höchsttarife, deren Überschreitung verboten war; nunmehr ist dem einzelnen Unternehmen die Freiheit wiedergegeben, durch betriebliche oder einzelvertragliche Abmachungen über die gesetzlichen Tarife hinauszugehen.

Vgl. BAYÓN-CHACÓN, Bericht zum 2. intern. Kongreß für Sozialrecht in Brüssel 1958; PERGOLESI, Trattato I 208 ff.; PALANCAR, La legislacion laboral española en sus quince ultimos años, Riv. comp. lav. 1 (1953) 242 ff.; PEREZ BOTIJA, Derecho commun del trabajo en España, Atti 218 ff.

Auch *Portugal* hat eine ständische Arbeitsverfassung ähnlicher Art, vgl. SILVA PEREIRA, Sintesa da legislaçâo do trabalho em Portugal, Riv. comp. lav. 1 (1953) 666 ff.

ist weitgehend aufgegeben[7], auch die vielfach noch auftauchende Verwechslung des zwingenden privaten mit dem öffentlichen Arbeitsrecht (vgl. oben Nr. 6) wird in wachsendem Maße beanstandet[8]. Dabei trifft man die Abgrenzung zwischen privatem und öffentlichem Recht ähnlich wie bei uns: zum ersteren gehören die Rechte und Pflichten der Parteien gegeneinander, zum letzteren die Rechte und Pflichten gegenüber dem Staate bzw. der öffentlichen Körperschaft. Die öffentlichrechtlichen Vorschriften werden vom Staat unmittelbar durchgesetzt, die Verwirklichung der privatrechtlichen Ansprüche hängt dagegen, ungeachtet ihres unabdingbaren Charakters, letztlich vom Willen des Einzelnen ab[9].

In *Frankreich*[10] zeigt bereits der Aufbau des Code du Travail die Zweiteilung an, und zwar bleibt „das Wesentliche in den Beziehungen zwischen Arbeitgeber und Arbeitnehmer" im Bereich des Arbeitsvertrags[11]. Freilich ist eine saubere Trennung für den Außenstehenden schwer, wenn nicht unmöglich, da die Rechtsprechung die Neigung hat, Arbeitsgesetze als „lois d'ordre public" oder als Polizeigesetze (s. unten Nr. 47, 48) zu bezeichnen, worunter sich auch häufig öffentlichrechtliche Elemente verbergen. Wenn eine Vorschrift durch Strafbestimmungen gesichert ist, dann ist ihre Qualifikation als „loi d'ordre public" (und damit bei Arbeitsort in Frankreich ihre Anwendbarkeit ungeachtet des Arbeitsstatuts) festgelegt (vgl. unten Nr. 49).

Auch in *Belgien*[12] und in den *Niederlanden*[13] herrscht die Auffassung

---

[7] VENTURINI, Lehrbuch 227 und Studi Parmensi 325; BARASSI, Lehrbuch I 21 ff., und öfter; BALLADORE PALLIERI, Trattato V 319: „... alla legislazione di lavoro appartengono anche (d. h. neben öffentlichrechtlichen Normen), e forse in modo prevalente, norme di diritto privato".

[8] So beanstandet etwa BALLADORE PALLIERI, Trattato V 319 f. die Entscheidung Mailand 15. 5. 1933 und die Anmerkung von BALDONI hierzu, die die Unterscheidung vermissen lassen; ähnlich GIULIANO 7; CANSACCHI, Riv. lav. 6 (1937) supplem. giur. 17 f. Das zwingende Privatrecht ist auch nicht mit den „leggi di polizia" zu verwechseln: so MASSART (unten Nr. 128).

[9] Vgl. BALLADORE PALLIERI, Dell'efficacia territoriale della legge italiana sull'impiego privato, Giur. comp. d. i. p. 3 (1938) 54; RICHARD, Ordine pubblico 329.

[10] Französisches Schrifttum zum Arbeitsrecht: BRUN-GALLAND, Droit du Travail (1958); DURAND, Traité de droit du travail, Bd. I in Zusammenarbeit mit JAUSSAUD (1946), Bd. II mit VITU (1949), Bd. III mit VITU (1957); LYON-CAEN, Manuel du droit du travail et de la sécurité sociale (1955); MENESCLOU, Le droit et les conflits du travail (1956); RIVÉRO-SAVATIER, Droit du Travail (1956); ROUAST, Contrats civils, in: Traité pratique de droit civil français, begründet von Planiol und Ripert, Bd. 11 (2. Aufl. 1954; zitiert: ROUAST, Traité); ROUAST-DURAND, Précis de droit du travail (1957); SACHET-GAZIER, Traité théorique et pratique de la législation sur les accidents du travail et les maladies professionnelles, Bd. III (8. Aufl. 1937).

[11] ROUAST, Festschrift Pillet 196; s. auch DURAND-JAUSSAUD I 209 zu Anm. 3.

[12] Belgisches Schrifttum zum Arbeitsrecht: COLENS, La loi du 11 mars 1954 modifiant

von der sowohl privaten wie öffentlichrechtlichen Natur des Arbeitsrechts; gegen eine gewisse Überbewertung der Bedeutung des öffentlichen Rechts, wie sie sich etwa in einzelnen Äußerungen von GEYSEN [14] zeigen, haben sich neuerdings gewichtige Stimmen erhoben [15].

Die Bereiche, die jeweils dem privaten und dem öffentlichen Recht zukommen, entsprechen im großen und ganzen dem Zustand im deutschen Recht, während in Einzelheiten manche Verschiedenheit besteht (so ist z. B. die Zeugnispflicht in Frankreich öffentlichrechtlich, das Truckverbot in Italien privatrechtlich [d. h. tarifvertraglich] geregelt usw.); nur die Niederlande machen hier eine gewisse Ausnahme: der BBA (s. unten Nr. 27) hat tief in sonst dem Privatrecht vorbehaltene Gebiete (Lohnfestsetzung, Eingehung und Auflösung des Arbeitsvertrages u. a.) ein-

---

la loi du 7 août 1922 sur le contrat d'emploi, Journal des Tribunaux 69 (1954) 217 ff.; ders., Le contrat d'emploi (1957); DEMOL, Cours de droit social (o. D.); FRÉDÉRICQ, Traité de droit commercial belge I (1946); GEYSEN, Jurisprudence du travail (1922–1948) – Arbeidsrechtspraak (1922–1948) (1949); ders., Les Novelles: Corpus Juris Belgici, Droit social I (1953), zit. Novelles; ders., L'evoluzione della legislazione sociale nel Belgio, Riv. dir. lav. 6 (1954) 51 ff.; ders., Il contratto di lavoro degli impiegati e degli operai nel Belgio, Riv. dir. lav. 7 (1955) 169 ff; GOETHEM-GEYSEN, Droit du travail (1950); HAIDANT, Précis de législation industrielle et sociale (2. Aufl. 1939); TACQUET, La loi du 4 mars 1954 modifiant et complétant la loi du 10 mars 1900 sur le contrat de travail, Journal des Tribunaux 69 (1954) 453 ff.

[13] Niederländisches Schrifttum zum Arbeitsrecht: GEYSEN, Les Novelles (s. oben Anm. 12) Nr. 2302–2602; GRINTEN-HAAKMAN, Buitengewoon Arbeidsrecht (1949); GRINTEN, Arbeidsovereenkomstenrecht (1948); LEVENBACH, Het nieuwe burgerlijkrechtliche Ontslagsrecht (1954); ders., Fixation des salaires et organisation des relations industrielles aux Pays-Bas après la guerre, Riv. comp. lav. 2 (1955) 105 ff.; MOLENAAR, Arbeidsrecht Bd. I: Algemeen Gedeelte (1953); Bd. II a: Het geldende Recht (1957); VÖLLMAR, Nederlandsch Burgerlijk Recht Bd. III: Verbintenissen (1947); ders., Inleiding tot de studie van het Nederlands burgerlijk recht (3. Aufl. 1952).

[14] Vgl. etwa Riv. dir. lav. 6 (1954) 84: (La legislazione sociale belga) „attiene fin dalle sue origini al diritto pubblico, sia per il suo carattere regolamentare, sia perchè è imposta agli interessati e sanzionata da dispozizioni penali: leggi imperative e punitive, provvedimenti a tutela dei lavoratori salariati". Anders und wie im deutschen Recht jedoch bei GOETHEM-GEYSEN 6.

[15] Vgl. HORION, Les caractères actuels du droit social belge, Revue du travail 1950, 124 ff. (131 ff.), der unterstreicht, daß die privatrechtliche Sphäre im Arbeitsrecht nach wie vor von großer Bedeutung sei; insbes. sei nach wie vor die Lohnhöhe privater Abmachung überlassen, da nur sehr wenige Entscheidungen der commissions paritaires in Lohnfragen allgemeinverbindlich erklärt worden seien (hierzu vgl. unten Nr. 331). Der Verf. ist sogar der Ansicht, daß auch das Eingreifen des öffentlichrechtlichen Arbeitsschutzes vom Vorhandensein eines gültigen Arbeitsvertrags abhänge; „le droit privé domine toujours". GEYSEN selbst schreibt Novelles 69 Nr. 8, das ArbeiterG von 1900 enthalte lediglich bürgerlichrechtliche Vorschriften; auch wo sie zwingend seien, sei die Arbeitsaufsicht nicht berechtigt, über ihre Innehaltung zu wachen. Entsprechend GOETHEM-GEYSEN 53. Auch DE VOS II 612 meint, man solle die Bedeutung des verwaltungsrechtlichen Charakters des Arbeitsrechts nicht übertreiben.

gegriffen und diese damit in den Bereich des öffentlichen Rechts gerückt. Damit geht das niederländische Recht in der staatlichen Arbeitsmarktlenkung weit über das hinaus, was auch in den anderen Ländern an staatlicher Lenkung (insbesondere durch die Arbeitsvermittlung, s. unten Nr. 186) üblich ist. Wie lange diese aus der Not der Wirtschaftskrise vor dem Krieg und des Krieges selbst geborene Einflußnahme des Staates beibehalten bleiben wird, ist nicht vorauszusehen.

Das *englische* Recht läßt sich in das Schema nicht einordnen; es kennt die Unterscheidung zwischen öffentlichem und privatem Recht nicht und ist auch sonst von den kontinentalen Rechten sehr verschieden, da sein Charakter durch das Fallrecht geprägt wird [16].

Als Folge davon hat das englische Arbeitsrecht [17] nur fragmentarischen, bruchstückhaften Charakter, ist die Regelung spärlich und lückenhaft. Es setzt sich, wie das englische Recht überhaupt, aus den beiden Quellen, dem gemeinen Recht, „common law", und dem Gesetzesrecht, „statute law", zusammen, doch geben diese beiden Quellen erst im Zusammenhang mit den tarifvertraglichen Regelungen ein wirklichkeitsgetreues Bild. Die Grundlagen des Arbeitsrechts sind in dem am Fall ausgebildeten und erprobten common law enthalten. Die zahlreichen Arbeitsgesetze andererseits, das statute law, tragen vielfach den Stempel gesetzgeberischer Hilfsmaßnahmen zur Überwindung augenblicklicher Mißstände, denen man mit den langsameren Methoden des common law nicht beikommen konnte. Sie sind von einer für den kontinentalen Juristen ungewohnten Ausführlichkeit; ihre Normierungen gehen ins einzelne und bedienen sich umständlicher gesetzlicher Bestimmungen der verwendeten Begriffe. Es

---

[16] Zur Einführung in die Besonderheiten des englischen Rechts vgl. CURTI, Englands Privat- und Handelsrecht I (1927) 7 ff.; Das Zivilrecht Englands in Einzeldarstellungen I. Teil (1931) 4 ff., in: Zivilgesetze der Gegenwart, herausg. von Heinsheimer u. a.; Art. England in Rechtsvergleichendes Handwörterbuch.

[17] Englisches Schrifttum zum Arbeitsrecht: BATT-VAINES, The Law of Master and Servant (4. Aufl. 1950); COOPER, Outlines of Industrial Law (2. Aufl. 1954); ders., La responsabilità del datore di lavoro nel diritto inglese, Riv. dir. lav. 2 (1950) I 364 ff.; GEYSEN, Les Novelles (oben Anm. 12) Nr. 947 ff.; HALSBURY, The Laws of England Bd. 17 (3. Aufl. 1956); KAHN-FREUND, Caratteristiche fondamentali del diritto del lavoro in Gran Bretagna, Dir. lav. 25 (1951) 83 ff.; REDGRAVE-OWNERS, Factories, Trucks and Shops Acts (16. Aufl. 1945) mit Nachträgen 1948 und 1949; ROWNTREE, Common Law Liability for Accidental Injuries or Damage (7. Aufl. 1951); SAMUELS, Factory Law (5. Aufl. 1951 mit Nachtrag 1953); ders., The Law relating to Shops (2. Aufl. 1952); WELLS, La disciplina legislativa dei contratti collettivi di lavoro in Gran Bretagna, Riv. dir. lav. 3 (1951) 254 ff.

Auch das Arbeitsrecht in den *Vereinigten Staaten* ist mit kontinentalen Maßen nicht meßbar. Als Einführung vgl. LENHOFF, American Labor Law, Atti 226 ff.

hängt das mit der Neigung der englischen Gerichte zusammen, das gesetzte Recht zugunsten der common-law-Rechtsfindung einzuschränken, wogegen sich das Gesetz wiederum durch Aufzählung aller nur erdenklichen Möglichkeiten zu sichern sucht. Weder das common law noch das statute law haben es bisher vermocht oder sich auch nur darum bemüht, es zu einem System, einer gewissen Hauptlinie, zu bringen. Die eigentliche Seele des englischen Arbeitslebens, wenn auch nicht des Arbeitsrechts im strengen Sinn, bilden die Tarifverträge, s. unten Nr. 332.

Wenn mithin im englischen Recht die formelle Ausgestaltung eine andere ist, so dürfte man jedoch trotzdem der Wahrheit nahekommen, wenn man das in den „statutes" enthaltene Recht dem „öffentlichen Recht" nach kontinentalen Begriffen gleichstellt. Mag es sich mit den anderen Folgerungen, die sich aus der öffentlichen Natur einer Vorschrift sonst ergeben (z. B. für den Rechtsweg) verhalten wie es will, für das hier interessierende Gebiet des Anwendungsbereichs dieser Gesetze wird das statute law doch nicht anders als das öffentliche Recht zu behandeln sein [18].

21. *Quellen des Arbeitsrechts.* Die deutschen arbeitsrechtlichen Vorschriften hier aufzuzählen wäre müßig; auch von der Anführung von Belegstellen zu den Lehren des sachlichen deutschen Arbeitsrechts konnte in der Regel abgesehen werden. Wohl aber verlangen die ausländischen Arbeitsgesetze, aus denen das rechtsvergleichende Material entnommen wurde, über die im vorangegangenen Abschnitt gegebene allgemeine Kennzeichnung ihres Charakters hinaus eine kurze Aufzählung [18a]. Es zeigt sich, daß das Arbeitsrecht, abgesehen von England, im wesentlichen Gesetzesrecht ist, daß der Staat zudem die schutzwürdigsten Belange in das öffentliche Recht gezogen hat. Die Technik der Gesetzgebung ist verschieden. Neben Ländern, die auch das private Arbeitsrecht – ähnlich wie in Westdeutschland – überwiegend in Sondergesetzen belassen (Österreich, Belgien), stehen solche, die das private Arbeitsrecht in die bürgerlichrechtliche Kodifikation einbezogen haben (Schweiz, Italien, Niederlande); anders wiederum Frankreich, wo das Arbeitsrecht seinerseits in einem einheitlichen Gesetzbuch zusammengefaßt wird, die Einordnung in eine der beiden Gruppen im wesentlichen durch Aufnahme in das erste (privat-

---

[18] Ebenso in der Sache Kahn-Freund, Englischer Länderbericht zum 2. Internationalen Kongreß für Arbeitsrecht (Genf 1957) 11 ff.

[18a] Zu den Rechtsquellen in den Teilnehmerstaaten der Europäischen Gemeinschaft für Kohle und Stahl vgl. Vergleichende Studie der Quellen des Arbeitsrechts in den Ländern der Europäischen Gemeinschaft für Kohle und Stahl, Nr. 1 der Schriftenreihe der Hohen Behörde (Luxemburg 1957).

rechtliche) oder das zweite (öffentlichrechtliche) Buch des Gesetzes vollzogen wird.

22. *Österreich.* Das österreichische Arbeitsrecht ist ähnlich wie das westdeutsche zum Teil in der bürgerlichrechtlichen Kodifikation, dem ABGB von 1811, neugefaßt durch die dritte Teilnovelle von 1916 (§§ 1151 ff.), zum größeren Teil in Sondergesetzen enthalten, zu denen die Vorschriften des ABGB subsidiär gelten. Von den Sondergesetzen sind für die vorliegende Darstellung die wichtigsten: das Bundesgesetz vom 11. 5. 1921 über die den Dienstvertrag der Privatangestellten (Angestelltengesetz, AngG);

– Bundesgesetz vom 13. 7. 1922 über den Bühnendienstvertrag (Schauspielergesetz);

– Bundesgesetz vom 11. 2. 1920 über Rechtsverhältnisse der Journalisten (Journalistengesetz);

– Bundesgesetz vom 26. 12. 1920 über den Dienstvertrag der Hausgehilfen (Hausgehilfengesetz);

– Bundesgesetz vom 20. 12. 1928 über die Regelung des Dienstverhältnisses der Privatkraftwagenfahrer;

– Bundesgesetz vom 26. 2. 1947 über die Regelung von Arbeits- und Lohnbedingungen durch Kollektivverträge und Arbeitsordnungen (Kollektivvertragsgesetz);

– Bundesgesetz vom 28. 3. 1947 über die Errichtung von Betriebsvertretungen (Betriebsrätegesetz);

– Bundesgesetz vom 24. 7. 1946 über die Arbeitsgerichte (Arbeitsgerichtsgesetz);

– Bundesgesetz vom 16. 2. 1955 über den Pfändungsschutz für Arbeitseinkommen (Lohnpfändungsgesetz). Daneben stehen zahlreiche Gesetze über Einzelfragen des Arbeitsschutzes; sie alle werden ergänzt durch Tarifvertrag und Betriebsordnung und eine hochstehende Rechtsprechung, der neben der Auslegung die Lückenausfüllung obliegt.

23. *Schweiz.* Das Schweizer Arbeitsrecht hat von den hier behandelten Ländern die geringste Entwicklung erfahren; es mag das damit zusammenhängen, daß einige Materien kantonal geregelt sind.

Als Rechtsquellen sind zu nennen [19]: die Verfassung von 1874, in der der 1947 eingefügte Artikel 34 den Bund ermächtigt, Vorschriften über den Arbeitsschutz zu erlassen; auch enthält sie einen Katalog weiterer Befugnisse für die Sozialgesetzgebung, wobei jedoch die inhaltliche Gestaltung des künftigen Arbeitsrechts offengelassen wurde [20];

– das Obligationenrecht (OR) von 1912, dessen 10. Titel „Vom Arbeitsvertrag" die Hauptquelle des privaten Arbeitsvertragsrechts bildet;

– das Bundesgesetz betreffend die Arbeiten in der Fabrik vom 18. 6. 1914/27. 6. 1919 mit der hierzu ergangenen Vollzugsverordnung vom 3. 10. 1919, das hauptsächlich öffentliches, in den Art. 20–28 jedoch auch privates Recht enthält [21]; das Gesetz findet Anwendung auf jede industrielle Anstalt, der die Eigenschaft einer Fabrik zukommt, und die außerdem durch Verwaltungsentscheid dem Fabrikgesetz unterstellt worden ist [22];

– das Bundesgesetz über das Angestelltenverhältnis der Handelsreisenden vom 13. 6. 1941 [23];

[19] Vgl. die Übersicht bei SCHWEINGRUBER 17 ff. und Riv. comp. lav. 283 ff.; OSER-SCHÖNENBERGER V/2, 1123 ff.

[20] Vgl. SCHWEINGRUBER, Sozialgesetzgebung 81 ff.

[21] SCHWEINGRUBER 18 ff.; EICHHOLZER 41 ff.; GYSIN 95 ff.

[22] Vgl. im einzelnen EICHHOLZER 19 ff.; GYSIN 95 ff.

[23] Vgl. GYSIN 44 ff.

– das Bundesgesetz über die Allgemeinverbindlicherklärung von Gesamtarbeitsverträgen vom 28. 9. 1956.

Aus dem öffentlichen Arbeitsschutzrecht sind u. a. zu nennen das Bundesgesetz betreffend Lohnzahlungen und Bußenwesen vom 26. 6. 1902; das Bundesgesetz über die Beschäftigung von Jugendlichen und weiblichen Personen in den Gewerben vom 31. 3. 1922; das Bundesgesetz über die wöchentliche Ruhezeit vom 26. 9. 1931, und andere, die in der Darstellung noch begegnen werden.

Zum kantonalen Recht vgl. SCHWEINGRUBER 20 ff.

Der Entwurf eines Schweizer Arbeitsgesetzes von 1950 [24] faßt die öffentlichrechtlichen Arbeitsschutzbestimmungen zusammen, während das private Arbeitsrecht durch Neufassung der entsprechenden Artikel des Obligationenrechts auf einen moderneren Stand gebracht werden soll. Der Entwurf folgt damit der sogenannten „Trennungsmethode".

Eine weitere, nur dem Schweizer Recht eigentümliche Rechtsquelle bilden die „Normalarbeitsverträge": dies sind Rechtsverordnungen des Bundes oder der Kantone, durch die einzelne Arten von Dienstverträgen inhaltlich geregelt werden; ihre Vorschriften gelten zwingend, wenn sie nicht schriftlich abgedungen werden, Art. 324 OR [25].

24. *Italien.* Die oberste Quelle des Arbeitsrechts neben den allgemeinen Grundsätzen des Völkerrechts, denen sich gemäß Art. 10 der italienischen Verfassung das innerstaatliche Recht anzupassen hat [26], bildet die Verfassung vom 27. 12. 1947. Sie enthält schon in Art. 1 den Grundsatz, daß Italien eine demokratische, auf die Arbeit gegründete Republik sei; Art. 35 I bestimmt, daß die Republik die Arbeit in allen ihren Formen und Anwendungen schütze. Stärker ins einzelne gehend besagt Art. 36, daß der Arbeitnehmer Anspruch auf eine Entlohnung hat, die (nicht nur) nach Güte und Umfang der geleisteten Arbeit zu bemessen ist, (sondern auch) genügen muß, um ihm und seiner Familie ein freies und würdiges Dasein, „un'esistenza libera e dignitosa", zu sichern. Weiter wird dort ausgesprochen, daß die tägliche Arbeitszeit durch Gesetze zu begrenzen und wöchentlich ein Ruhetag zu gewähren sei und daß der Arbeitnehmer ein unverzichtbares Recht auf bezahlten Urlaub habe. Art. 37 I betrifft die Frau, ihre Gleichberechtigung und ihren Schutz, Art. 37 II und III den Schutz der Minderjährigen und das Höchstalter ihrer Zulassung zur Arbeit. Art. 38 handelt vom Recht auf Sozialversicherung und vom Anspruch der Schwerbeschädigten und Arbeitsunfähigen auf Umschulung bzw. Berufsausbildung; Art. 39 endlich regelt die Stellung der Gewerkschaften und (vorläufig noch programmatisch) die verbindliche Kraft der Tarifverträge.

Wie auch in anderen Verfassungen stehen sich hier Programmsätze und solche, die geltendes Recht begründen, gegenüber; die Scheidung ist nicht immer leicht und bietet Anlaß zu Meinungsverschiedenheiten [27]; so wird Art. 36 als geltendes Recht und nicht nur als Programmsatz angesehen; Arbeitsverträge, die eine das Lebensmindestmaß nicht mehr gewährleistende Entlohnung vorsehen, sind daher nichtig, der Richter kann gem.

[24] Vgl. die oben Anm. 2 angeführten Vorarbeiten.

[25] SCHWEINGRUBER 49 ff.; ders., Kommentar 31 ff.; GYSIN 52 ff.; OSER-SCHÖNENBERGER V/2, 1213 ff. Lt. SCHWEINGRUBER, Kommentar 31 f. haben bis zum Jahre 1951 21 Kantone und der Bund in 6 Fällen Normalarbeitsverträge erlassen; sie stellen den einzigen Fall kantonalen Privatrechts dar.

[26] Völkerrechtlichen Argumenten begegnet man zuweilen bei Erörterung der Frage, ob fremde Staaten von der inländischen Gerichtsbarkeit ausgenommen sind, vgl. ital. Kassationshof 21. 9. 1948 (unten Nr. 377 Anm. 15).

[27] Vgl. hierzu PERGOLESI, Trattato I 127 ff. (134 ff.); MAZZONI 139 ff.; SANTORO-

Art. 2099 (unten Nr. 255) einen angemessenen Lohn festsetzen, vgl. Pinto (oben Anm. 5) 106. Zu den Folgerungen für das Arbeitsverweisungsrecht s. unten Nr. 128.

Nach der Verfassung ist als Rechtsquelle der Codice civile von 1942 [28] zu nennen, dessen 5. Buch den Titel „Von der Arbeit" trägt. Er enthält grundsätzliche Normen für den Arbeitsvertrag, und zwar in den Art. 2096–2129 für die abhängige Arbeit, in den Art. 2130–2134 für das Lehrverhältnis, in den Art. 2239–2246 für die abhängige Arbeit außerhalb des Betriebes, insbesondere die Heimarbeit. Die Art. 2082, 2094 und 2095 enthalten Begriffsbestimmungen des Unternehmers (Arbeitgebers) und Arbeitnehmers. Wieder andere Bestimmungen betreffen die Arbeit in der Landwirtschaft.

Die Arbeitsverhältnisse der Schiffer, Binnenschiffer und des Personals der Luftfahrtgesellschaften sind im Codice della navigazione von 1942 geregelt.

Wichtigstes Gesetz nach dem Codice civile ist die (später zum Gesetz erhobene) Verordnung über den privaten Anstellungsvertrag vom 13. 11. 1924 Nr. 1825 (Angestelltengesetz); sie gilt heute noch, soweit dies mit dem Codice civile vereinbar ist.

Andere öffentlichrechtliche und privatrechtliche Sondergesetze sind in großer Zahl ergangen und werden im Laufe der Untersuchung begegnen. Auch Gesetze vor Erlaß des Codice civile sind insoweit aufrechterhalten, als ihm ihre Bestimmungen nicht widersprechen [29].

Zum Tarifvertrag s. unten Nr. 330; zu den Gebräuchen als Rechtsquelle s. oben N. 18.

25. *Frankreich.* Der größte Teil des französischen kodifizierten Arbeitsrechts findet sich im sog. Code du Travail (C. Trav.), einer Zusammenstellung der Arbeitsrechtsnormen in (bisher) 4 Büchern, die jedoch den Rang eines zusammenhängenden und durchdachten Arbeitsgesetzbuches nicht beanspruchen kann. Das erste Buch des Code du Travail ist dem Arbeitsvertragsrecht, das zweite Buch dem Arbeitsschutzrecht, das dritte Buch den Berufsverbänden und das vierte Buch der Arbeitsgerichtsbarkeit gewidmet. Der Code du Travail bietet damit ein Beispiel für die sog. Vereinigungsmethode (oben Nr. 21), die privates und öffentliches Recht in einem Gesetzbuch zusammenfaßt. Die Zählung der Artikel ist nicht durchlaufend, sondern beginnt in jedem Buch von neuem. Neben dem Code du Travail stehen manche Einzelgesetze, die in den Code nicht aufgenommen wurden. Als subsidiäre Rechtsquelle gilt daneben der Code civil; auch auf die örtlichen Gebräuche (s. oben Nr. 18) wird zuweilen verwiesen. Die Arbeit der Seeleute ist im Code du Travail maritime geregelt [30].

26. *Belgien.* Das belgische Recht, das sonst stark nach französischem Vorbild ausgerichtet ist, hat im Arbeitsrecht eigene Formen entwickelt. Das private Arbeitsrecht wird gekennzeichnet durch die systematische Dreiteilung in Arbeiter, Angestellte und höhere Angestellte, der sich auch die Rechtsquellen unterordnen. Der Arbeitsvertrag der Arbeiter unterliegt dem Gesetz über den Arbeitsvertrag vom 10. 3. 1900 (im folgenden Arbeitergesetz), der Arbeitsvertrag der Angestellten dem Gesetz über den Anstellungs-

---

Passarelli 16 ff.; Barassi, Elementi 13 ff.; Paroli 216 ff.; Mortati, Le travail dans la constitution italienne, Riv. comp. lav. 1 (1953) 523 ff. Eine Übersicht s. in Archivio giuridico 135 (1948) 168 ff.

[28] Pergolesi, Trattato I 91 ff.; Mazzoni 144 ff.

[29] Pergolesi, Trattato I 96 ff. mit Hinweisen über die Besonderheiten der autonomen Regionen (Sizilien, Sardinien, Südtirol u. a.); Mazzoni 147 ff. Siehe auch das vollständige Gesetzesverzeichnis im Registerband des Trattato (Anhang zu I) S. 4 ff.

[30] Vgl. zu den Quellen des französ. Arbeitsrechts im einzelnen Durand-Jaussaud I 116; Rouast-Durand 36 ff.; Rivéro-Savatier 33 ff.; Brun-Galland 57 ff.

vertrag vom 7. 8. 1922/20. 7. 1955 (Angestelltengesetz). Die Arbeitsverhältnisse der höheren Angestellten mit Gehältern über 120 000 bzw. 180 000 Franken jährlich gehen eigene Wege insofern, als auf sie nicht alle Schutzvorschriften des Angestelltengesetzes Anwendung finden. Arbeitergesetz und Angestelltengesetz wurden durch die Gesetze vom 4. 3. 1954 bzw. 11. 3. 1954 nicht unwesentlich geändert [31]. Hilfsweise greift der Code civil ein [32].

Daneben stehen die öffentlichrechtlichen Arbeitsschutzgesetze; deren wichtigste betreffen die Arbeitszeit (Gesetze vom 14. 6. 1921 und 9. 7. 1936), die Arbeit von Frauen und Kindern (Verordnung vom 28. 2. 1919 u. a.), den Betriebsschutz (Verordnung vom 11. 2. 1946/27. 9. 1947 u. a.), den Lohnschutz usw., die in der Darstellung noch begegnen werden, ferner die Sozialversicherung, Betriebsverfassung und Wirtschaftsverfassung. Sondergesetze gelten für Seeschiffer (Gesetz vom 5. 6. 1928) und Binnenschiffer (Gesetz vom 1. 4. 1936).

27. *Niederlande.* Das niederländische Recht hat eine eingehende bürgerlich-rechtliche Regelung des Arbeitsvertrages im Teil VII des Burgerlijk Wetboek (BW) gefunden, der durch Gesetz vom 13. 7. 1907/24. 12. 1927 neu gefaßt wurde. Durch ein Gesetz vom 17. 12. 1953 wurde das Kündigungsrecht (Art. 1639 e – 1639 x) umgestaltet. Die Artikel 75 a – 75 p Wetboek van Koophandel betreffen die Handelsvertreter, Art. 75 q bis 75 t die Handelsreisenden. Daneben sind etliche öffentlichrechtliche Arbeitsschutzgesetze von Wichtigkeit.

Die Verordnung vom 5. 10. 1945, der sogenannte „Außergewöhnliche Beschluß betreffend die Arbeitsverhältnisse" (Buitengewoon Besluit Arbeitsverhoudingen, BBA) unterstellt Eingehung und Auflösung des Arbeitsvertrages, Lohn, Arbeitsbedingungen und die Tarifverträge einer strafrechtlich gesicherten staatlichen Kontrolle und hat damit in das niederländische Arbeitsrecht einen starken öffentlichrechtlichen Zug gebracht, wodurch es sich von den anderen kontinentalen Rechten merklich unterscheidet. Die Strafvorschriften betreffen im allgemeinen nur den Arbeitgeber, Art. 21 ff. BBA; doch macht sich der Arbeitnehmer strafbar, der ohne Genehmigung der Behörde den Arbeitsvertrag beendet, Art. 21 II a.

28. *England.* Von den englischen Arbeitsgesetzen, dem „statute law" (vgl. oben Nr. 20 a. E.), sind als wichtigste zu nennen:

- die Factories Acts, 1937 und 1948;
- der Shops Act, 1950;
- die Truck Acts, 1831, mit mehrfachen Änderungen;
- die Wages Councils Acts, 1945 und 1948, und einige andere. Das statute law mißt sich meistens zwingende Bedeutung bei und wird durch Strafvorschriften gesichert.

Das Arbeitsgesetzbuch von *Ecuador* vom 5. 8. 1938 enthält eine sehr eingehende und arbeitnehmerfreundliche Regelung in 480 Artikeln. Es bietet ein Beispiel extremer Zusammenfassung sozialrechtlicher Vorschriften privaten und öffentlichen Charakters in einem einheitlichen Gesetzbuch, denn es enthält Vorschriften nicht nur über das private Arbeitsverhältnis und den Arbeitsschutz, sondern auch über Tarifverträge (Titel II), über die Versicherung gegen Arbeitsunfälle und Berufskrankheiten (Titel IV), über Gewerkschaften und Arbeitskampf (Titel V) und über die Arbeitsstreitigkeiten (Titel VI).

[31] Hierzu GEYSEN, Riv. comp. lav. 2 (1955) 168 ff.; TACQUET und COLENS (oben Anm. 12).

[32] Zu den Quellen des belgischen Arbeitsrechts vgl. GOETHEM-GEYSEN 53, 128, 174.

Wegen seiner zuweilen kühnen und eigenwilligen Lösungen wurde es für die rechtsvergleichenden Abschnitte mit herangezogen; wobei es Gegenstand der Rechtssoziologie bleibt festzustellen, wieweit die Normen des Gesetzes tatsächlich verwirklicht werden.

§ 4

Behörden der Arbeitsverwaltung

29. Das Verständnis des ausländischen Rechts verlangt einen kurzen Hinweis auf die Behörden der Arbeitsverwaltung. In allen Ländern sind eigene Gewerbeaufsichtsbehörden eingerichtet. Einige andere, minder wichtige Arbeitsbehörden werden im Laufe der Arbeit noch zu nennen sein.

In *Österreich* trägt die Gewerbeaufsicht den Namen *„Arbeitsinspektion"*. Sie ist geregelt im Gesetz vom 3. 7. 1947; zu ihren Aufgaben gehört die Überwachung der Vorschriften über Gefahrenschutz, Arbeitszeit, Jugendschutz, Lehrlingsausbildung, Lohnzahlung, Kollektivverträge (§ 2). Die Arbeitsinspektoren haben Eintritt in die Betriebe (§ 5) und können Personen vernehmen und Urkunden einsehen. In vielen Fällen können sie Verfügungen erlassen. Die Verhinderung oder Vereitelung ihrer Arbeit ist strafbar.

Die *Einigungsämter*, §§ 28 ff. Kollektivvertragsgesetz, sind ein Mittelding zwischen Arbeitsgericht und Verwaltungsbehörde: sie registrieren die Tarifverträge, Satzungen und Betriebsvereinbarungen und üben Rechtsprechungstätigkeit in Gesamt- und Einzelstreitigkeiten aus; insbesondere wirken sie bei der Kündigung und Entlassung von Betriebsräten und bei der Anfechtung von Kündigungn mit, vgl. unten Nr. 299, 346.

In der *Schweiz* liegt die Arbeitsaufsicht in den Händen des schweizerischen *Fabrikinspektorats* und kantonaler Behörden.

In *Italien* und *Frankreich* sind die entsprechenden Behörden das *Ispettorato del Lavoro* (eingeführt durch Gesetz vom 22. 12. 1912 Nr. 1361 mit zahlreichen späteren Änderungen; jetzige Fassung: Dekret vom 10. 8. 1945 Nr. 474[1]) bzw. die *Inspection du Travail*, Art. 93 ff. Buch II C. Trav.[2], mit ähnlichen Aufgaben und Rechten wie die Gewerbeaufsicht im deutschen Recht.

In *England* sind die Befugnisse der Inspektoren in Einzelgesetzen, wie dem Factories Act, 1937, s. 122, dem Coal Mines Act, 1911, s. 98 u. a. geregelt[3].

---

[1] S. Chiarelli, Trattato III 45 f.

[2] Rouast-Durand 106 ff.; Brun-Galland 115 ff.; für *Belgien* Goethem-Geysen 455 ff.

[3] Hierzu Cooper 151 f., 212 f., 225 f.

2. Kapitel

Die allgemeinen Lehren des internationalen Privatrechts

§ 5

Qualifikation

I. RECHTSVERGLEICHUNG

1. Allgemeines

30. Um zu wissen, welche Rechtsverhältnisse und Rechtsfragen von der Verweisungsnorm für „das Arbeitsverhältnis“, „die Form des Arbeitsvertrages“ usw. erfaßt werden, auf welche sachlichen Normen durch sie verwiesen wird, muß man jene in die Sammelbegriffe des Verweisungsrechts einordnen; man spricht hierbei von *Qualifikation*[1]. Solche Qualifikationsfragen sind kein Vorbehaltsgut des internationalen Privatrechts. Überall, wo es neben einem allgemeinen Recht ein Sonderrecht für gewisse Gruppen von Rechtsverhältnissen gibt, entstehen ähnliche Einordnungs- und Abgrenzungsfragen: man denke an das Sonderrecht des Kaufmanns. Im besonderen Maß gilt dies für das Recht der abhängigen Arbeit. So können wir im Arbeitsrecht auf eine reiche Rechtsprechung und Lehre zu diesen Abgrenzungen zurückgreifen. Sie sind jedoch von verschieden großem Interesse: manche Qualifikationen, wie etwa die Einreihung als Arbeiter oder Angestellter[2], ändern an dem anwendbaren Recht nichts;

---

[1] Zur Qualifikation s. die Lehrbücher des internationalen Privatrechts, zuletzt die Übersicht bei NIEDERER 389. Im folgenden kann zu den allgemein-verweisungsrechtlichen Problemen der Qualifikation nicht Stellung genommen werden; es wird nur der eigene Standpunkt dargestellt. So reich die Erörterung im allgemeinen ist, so arm ist sie für das Arbeitsverweisungsrecht.

[2] Im deutschen Arbeitsverweisungsrecht spielt die Unterscheidung Arbeiter–Angestellter nur für die leitenden Angestellten eine Rolle, s. unten Nr. 116. Zu ihrer Bedeutung im inneren deutschen Recht s. HUECK-NIPPERDEY I 61 ff.; NIKISCH I 108 ff.;

denn soweit dem Kriterium der Schutzbedürftigkeit Einfluß auf das Arbeitsverweisungsrecht zukommt, ist zwischen dem kleinen Angestellten und dem Arbeiter ein Unterschied nicht zu machen. Andere Abgrenzungen, wie die Unterscheidung zum familienrechtlichen Dienstverhältnis, sind in jedem Fall von Bedeutung, da von ihnen das anwendbare Recht stets abhängt. Wieder bei anderen, wie bei der Abgrenzung zum Gesellschafter- oder Handelsvertreterverhältnis, ist das Interesse an der Qualifikation von Recht zu Recht verschieden: es ist um so stärker, je stärker sich das Arbeitsverweisungsrecht gegenüber den Regeln des internationalen Vertragsrechts verselbständigt hat; es ist geringer in den Rechten, die, wie das englische Recht, den Arbeitsvertrag verweisungsrechtlich nicht anders als sonstige schuldrechtliche Verträge behandeln.

31. Worin das Merkmal der *Arbeitnehmereigenschaft* allgemein zu suchen ist, ist im ausländischen Recht [3] in gleicher Weise wie im deutschen Recht Gegenstand des Meinungsstreits. Meist sieht man es – wenn eine

---

Schnorr von Carolsfeld 101 f. Sie ist auch im ausländischen inneren Recht vielfach von großer Wichtigkeit, insbesondere in den Ländern, die, wie Österreich und Italien, eigene Angestelltengesetze haben, oder die, wie Belgien, das Arbeitsrecht auf der Scheidung überhaupt aufbauen.

In *Österreich* wird die Abgrenzung des Angestellten zum Arbeiter ähnlich wie in der Bundesrepublik vorgenommen; maßgeblich ist dabei die tatsächlich geleistete Arbeit, in Grenzfällen jedoch die vertragliche Qualifikation, vgl. hierzu Hämmerle 62 ff.; Sachers 367 f.; Nachweise bei Wahle-Dittrich-Veit II 2 Anm. 2 zu § 1 AngG.

Die *italienische* Rechtslehre hat das Merkmal der Zusammenarbeit mit dem Arbeitgeber, der „collaborazione", herausgearbeitet, das sich auch im Art. 1 AngG von 1924 findet; die hier versuchte Begriffsbestimmung des Angestellten wurde jedoch allgemein als unbrauchbar verworfen; die Rechtslehre hat sich selbständig um sie bemüht. Vgl. Riva Sanseverino, Trattato II 36 ff. und Kommentar 183 ff.; Mazzoni 282 ff.; Santoro-Passarelli 79 ff. Zum früheren Rechtszustand vgl. die Rechtsprechungsübersicht in RabelsZ 10 (1936) 255 und 12 (1938/39) 192. Die von der Rechtslehre zu Art. 1 AngG gewonnenen Erkenntnisse sowie die hierzu ergangene Rechtsprechung sind auch heute nicht ohne Erkenntniswert, da die Unterscheidung nach wie vor gemäß Art. 1 AngG zu treffen ist, soweit nicht Gesetz oder Tarifvertrag ein anderes bestimmen, Art. 95 der Einführungsvorschriften zum Codice civile.

Für das *belgische* Recht bedeutet die Unterscheidung nicht nur wie erwähnt Unterstellung unter verschiedene Gesetze, sondern auch Zuständigkeit verschiedener Kammern der Arbeitsgerichte. Gemäß Art. 3 des Arbeitsgerichtsgesetzes von 1926 wird nun als Arbeiter angesehen, wer mit körperlicher Arbeit beschäftigt ist; ihm werden eine Reihe von namentlich aufgezählten Berufsgruppen gleichgestellt, vgl. Frédéricq I 368 ff.; Goethem-Geysen 20, 54 ff., 129; Colens Nr. 1 ff. S. 20 ff.; Braas 277 ff. Nicht zu den „Arbeitern" im Sinne des ArbeiterG von 1900 zählen die Hausbediensteten und Heimarbeiter, Goethem-Geysen 22. Für *England* ist der Unterschied nur in einzelnen Hinsichten herausgearbeitet, vgl. etwa unten Nr. 279 a. E.

[3] Zum deutschen Recht statt aller Hueck-Nipperdey I 33 ff.; Nikisch I 79 ff.; Schnorr von Carolsfeld 2.

vereinfachende Formel erlaubt sein soll – in der Unterordnung, Weisungsgebundenheit des Arbeitnehmers [4].

In den *Niederlanden* sagt Art. 1637 a BW, daß Arbeitnehmer ist, wer auf Grund eines Arbeitsvertrages gegen Lohn abhängige Arbeit verrichtet; es wird also vorausgesetzt, daß die vom Arbeitnehmer geleistete Arbeit entgeltlich ist [5]. Dagegen sieht Art. 1 BBA von diesen drei Erfordernissen ab, erfaßt damit z. B. auch den kleinen Handelsagenten [6]. Trägt ein Vertrag die Kennzeichen des Arbeitsvertrages und eines anderen Vertragstyps – etwa des Auftrags – so sind gem. Art. 1637 c BW die Vorschriften für beide Verträge anzuwenden, doch überwiegen bei Unvereinbarkeit die Bestimmungen über den Arbeitsvertrag: eine interessante Möglichkeit, die Qualifikationskonflikte im inneren Recht zu lösen, die jedoch für das Kollisionsrecht, wo eine Kumulierung von Anknüpfungen untunlich ist, keine Hilfe bringt. Andere Rechte erreichen ein entsprechendes Ergebnis vielfach dadurch, daß sie den Bereich des arbeitsrechtlichen Schutzes über den Kreis der eigentlichen Arbeitnehmer hinaus erweitern. Ob aus den besagten niederländischen Regeln der Schluß zu ziehen ist, daß im niederländischen Arbeitsverweisungsrecht bei Zweifeln die für den Arbeitsvertrag geltende Verweisungsnorm heranzuziehen ist, kann von hier aus nicht entschieden werden.

Im *englischen* Recht taucht die Qualifikation eines Rechtsverhältnisses als Arbeitsverhältnis vielfach in Gestalt der Frage auf, ob jemand „servant", Arbeitnehmer ist. Dabei wird vor allem darauf abgestellt, ob die Arbeit beaufsichtigt wird; entscheidend ist das „power of control"; nicht dagegen, daß der Arbeitnehmer, wie es in vielen Familienbetrieben der Fall ist, keinen Lohn bekommt [7]. In der Arbeitslosenversicherung kehrt die Unterscheidung von servant und nicht-servant als solche von „employed" und „self-employed" wieder: „The real question is one of the degree of control exercised" [8].

Große Bedeutung haben im englischen Recht für das Eingreifen der Arbeitsschutzgesetze die gesetzlichen Begriffsbestimmungen, wodurch die Bedeutung des Begriffs „Arbeitsverhältnis" zum Teil in den Hintergrund gedrängt wird. So ist etwa der Begriff „factory" für die Anwendung des Factories Act, 1951 ein „Betrieb der Industrieproduktion, der zur Herstellung oder Bearbeitung von Dingen oder zu ihrer Herrichtung zum Verkauf dient", sowie unabhängig von dieser allgemeinen Kennzeichnung ein Betrieb, in dem eine Reihe von genau bezeichneten Tätigkeiten ausgeübt wird, s. 151 a.a.O. [9]; nach s. 74 (1) Shops Act, 1950, ist Geschäft, „shop", ein Betrieb des Wieder-

---

[4] Für *Österreich* vgl. HÄMMERLE 42; für die *Schweiz* SCHWEINGRUBER, Kommentar 18 ff. mit Beispielen; für *Italien* statt aller RIVA SANSEVERINO, Trattato II 16 ff.; für *Frankreich* DURAND-VITU II 240 ff., ROUAST-DURAND 389 ff.; für *Belgien* GOETHEM-GEYSEN 20.

[5] Vgl. MOLENAAR II A 90. Die Entgeltlichkeit der Arbeit ist auch für viele andere ein Merkmal des Arbeitsvertrages, vgl. Art. 2094 Codice civile; DURAND-VITU II 223; KRONHEIM 6; Art. 1 *belgisches* ArbG; RABEL III 182 u.a.

[6] GRINTEN-HAAKMAN 3 f.

[7] Vgl. *R. v. Faulkes* (1875) L. R. 2 C.C.R. 150, COOPER 4 ff. Weitere Beispiele für Grenzfragen bei BATT-VAINES 10 f., ROWNTREE 81 ff., KAHN-FREUND, Dir. lav. 25 (1951) 97 f.

[8] Vgl. *Gould v. Minister of National Insurance*, [1951] K. B. 731; COOPER 274.

[9] Vgl. die Beispiele bei COOPER 138 ff.; REDGRAVE-OWNERS 371 ff.

verkaufs von Waren. Die Lösung des Schweizer Rechts, (s. oben Nr. 23 zu Anm. 22) – Unterstellung des Betriebes unter das Fabrikgesetz nur bei Verfügung durch die Behörde – wäre in einem so stark industrialisierten Land wie England nicht möglich gewesen.

2. *Abgrenzungen des Arbeitsverhältnisses von anderen Rechtsverhältnissen*

32. *Arbeitsverhältnis–Gesellschaftsverhältnis.* Wer Arbeitnehmer ist, kann nicht gleichzeitig Gesellschafter sein: so die h. M. in Deutschland[10] und auch im Ausland[11]. Doch wird man auch hier differenzieren müssen; es gibt Gesellschafterformen, wie etwa die Figur des Kommanditisten[12], die mit der Stellung eines Arbeitnehmers durchaus vereinbar erscheinen.

Ob ein Arbeitsverhältnis anzunehmen ist, entscheidet sich in der Regel nach dem tatsächlichen Zuschnitt der Verhältnisse; so in *Frankreich*, wenn die Bezahlung nach dem Umsatz erfolgt oder wenn die Gewinnbeteiligung nur zusätzlich zum Gehalt gewährt wird; ein Gesellschaftsverhältnis wird angenommen, wenn die Einkünfte des Betreffenden sich ausschließlich als Gewinnbeteiligung darstellen. An die Parteibestimmung ist der Richter nicht gebunden; wenn die Parteien irrig oder bewußt eine falsche Bezeichnung gewählt haben – etwa als Gesellschaftsverhältnis, um der Sozialversicherungspflicht

---

[10] Vgl. HUECK-NIPPERDEY I 42 f.; NIKISCH I 104; DERSCH, RdA 4 (1951) 214; JACOBI 60 Anm. 69; einschränkend SCHNORR VON CAROLSFELD 3 f.

[11] In *Österreich* wird die Vereinbarkeit von der Rechtslehre verneint; vgl. HÄMMERLE 36, ADLER-HÖLLER, Anm. I zu § 1152; von der Rechtsprechung zuweilen bejaht, vgl. VerwGH 5. 7. 1927 und 10. 11. 1931, lt. WAHLE-DITTRICH-VEIT I 706 Anm. C 1 zu § 1151 ABGB; dort auch eine entgegengesetzte Entscheidung des Landesgerichts Graz. Umgekehrt ist der am Gewinn beteiligte Arbeitnehmer, der sog. commis interessé, nicht Gesellschafter: OGH 1. 3. 1950, SZ 23 (1950) 109 Nr. 48, WAHLE-DITTRICH-VEIT II 48 Anm. 1 zu § 14 AngG.

In *Italien* läßt dagegen die Rechtslehre eine gewisse Neigung verspüren, Arbeitsverhältnis und Gesellschafterfunktion für vereinbar anzusehen, während die Rechtsprechung die beiden Aufgaben vielfach für völlig unvereinbar hält. Aber auch die Rechtsprechung macht zuweilen Ausnahmen für den einen oder anderen Fall. Für die Vereinbarkeit vgl. die bei RIVA SANSEVERINO, Trattato II 25 Anm. 5 genannten Verfasser; dagegen MAZZONI 208 f., SANTORO PASSARELLI 73 ff. Aus der Rechtsprechung vgl. die bei RIVA SANSEVERINO a.a.O. Anm. 6 und 7 und die in Giur. comp. lav. 1 (1938) 243 angegebenen Entscheidungen. Bejahend neuestens Kassationshof 24. 3. 1956, F. I. 1956. I. 703; abweichende Rechtsprechung noch in der Anmerkung der Schriftleitung ebda. Verneinend wieder kürzlich ZG Mailand 16. 4. 1956, Temi 32 (1956) 604 mit Anm. von CESSARI.

Für *Frankreich* vgl. DURAND-VITU II 274 f.; der Kassationshof 28. 4. 1955, J.C.P. 1955. IV (Tableaux de Jurisprudence) 86 bejaht die Vereinbarkeit neuerdings. Anders und wie in Deutschland die h. M. in *Belgien*, vgl. GOETHEM-GEYSEN 27 mit Nachweisen, Novelles 444 Nr. 8; und anscheinend in *England*, vgl. BATT-VAINES 12 f. (ohne Nachweis).

[12] Vgl. DAHNS, Der Kommanditist als Arbeitnehmer der Kommandit-Gesellschaft, RdA 4 (1951) 368.

zu entgehen, als Arbeitsverhältnis, um den Gesellschafter vor dem persönlichen Konkurs zu bewahren – so bleibt ihm unbenommen, dies von sich aus zu berichtigen [13]. Im *englischen* Recht entscheidet hingegen der Wille der Parteien über die Qualifikation [14].

33. *Arbeitsvertrag – Auftrag* (Mandat): insbesondere Stellung als Vorstandsmitglied einer Aktiengesellschaft oder Geschäftsführer einer Gesellschaft mit beschränkter Haftung. Ob das Vorstandsmitglied einer AG oder der Geschäftsführer einer GmbH Arbeitnehmer sein kann, steht mit der eben besprochenen Frage in einem engen Verhältnis. Dementsprechend sind auch hier die Ansichten geteilt.

Für das deutsche Recht halte ich die vermittelnde Ansicht von NIKISCH I 86 ff. für zutreffend. Die Abhängigkeit des Vorstandsmitglieds – der „Organperson" – von der Hauptversammlung, aber auch von Treuhänder, Konkursverwalter usw. ist, namentlich im Bereich von Lohn und Kündigung (Abberufung), nicht zu leugnen.

In *Österreich* ist die Frage strittig [15]. Für *Italien* gilt das gleiche wie zum Verhältnis Arbeitnehmer/Gesellschafter [16] (oben Anm. 11). Im Fall Rom 20. 7. 1936, Wirth./.Mecheri hat diese Qualifikationsfrage für das anwendbare Recht unmittelbare Bedeutung erlangt [17]:

Der Schweizer Staatsangehörige Wirth war lange Jahre hindurch Direktor zweier römischer Hotels gewesen, die einer Schweizer Handelsgesellschaft mit Betrieben in der Schweiz, Italien und Ägypten gehörten; im Laufe der Zeit war er zum Mitglied und schließlich zum Vorsitzenden des Verwaltungsrats aufgestiegen. Das Gericht entschied, dieser Umstand habe ihn nicht seiner Angestellteneigenschaft beraubt, solange der Bereich seiner Tätigkeit auf die Verwaltung der beiden römischen Hotels beschränkt geblieben sei. Mit der Bejahung der Arbeitnehmer-Eigenschaft mußte das Gericht nach der damals herrschenden Meinung das italienische Recht als Recht des Arbeitsorts anwenden (s. unten Nr. 127), während sonst das Schweizer Recht als gemeinsames Heimatrecht der Parteien und als Recht des Ortes des Vertragsschlusses hätte herangezogen werden sollen (und vom Erstrichter auch herangezogen worden war). –

Nach *französischem* Recht wird der Generaldirektor einer Gesellschaft, der ihr gesetzlicher Vertreter ist, nicht als Arbeitnehmer angesehen [17a]; dagegen kann der technische Direktor Arbeitnehmer sein, und die beiden Funktionen können sich in einer Person vereinigen [18]. Nach *belgischer* Auffassung kann der Verwalter (administrateur) einer

[13] Ein Beispiel aus der *belgischen* Rechtsprechung: BerArbG Brüssel, Revue de droit social 22 (1951) 129 = Riv. comp. lav. 1 (1953) 301.

[14] Im einzelnen s. COOPER 12 f.

[15] *Vorstandsmitglied einer AktG:* bejahend ADLER-HÖLLER Anm. VIII 2 f. zu § 1151; OGH 14. 12. 1949, SZ 22 (1949) 448 Nr. 196, WAHLE-DITTRICH-VEIT II 4 Anm. 10 zu § 1 AngG; verneinend HÄMMERLE 111 Anm. 6. Vgl. die zusammenfassende Darstellung bei KASTNER, ÖJZ 4 (1949) 7 ff. *Geschäftsführer einer GmbH:* bejahend ADLER-HÖLLER ebda.; zweifelnd HÄMMERLE 116 Anm. 3. Die Rechtsprechung ist uneinheitlich, vgl. die Nachweise bei WAHLE-DITTRICH-VEIT II 4 Anm. 11 zu § 1 AngG.

[16] S. die Nachweise oben Anm. 11.

[17] Vgl. CANSACCHI, Riv. lav. 6 (1937) suppl. giur. 20 Anm. 17.

[17a] Abweichend allerdings Kassationshof 20. 6. 1957, J. C. P 1958. II. 10 773; dagegen unter Hinweis auf die h. M. MOTULSKY in der Anmerkung ebda.

[18] Vgl. Kassationshof 25. 2. 1957, Journal des Sociétés 78 (1957) 138 Nr. 6118 =

Gesellschaft auch ihr Arbeitnehmer sein [19]. Wer Generalvollmacht hat, ist nach Art. 217 des Arbeitsgesetzbuches von *Ecuador* Beauftragter und nicht Arbeitnehmer; sein Rechtsverhältnis beurteilt sich nach allgemeinem bürgerlichen Recht.

34. *Arbeitsvertrag – Freier Dienstvertrag.* Bei Journalisten kann die Abgrenzung zweifelhaft sein, vgl. für *Österreich* Journalistengesetz vom 11. 2. 1920 § 1, wonach „Journalist" nur ist, wer seine Tätigkeit hauptberuflich ausübt und mit festen Bezügen angestellt ist [20]; für *Frankreich* siehe die Definition in Art. 29 b Buch I C. Trav.; in *Italien* ist die Begriffsbestimmung im maßgeblichen Tarifvertrag enthalten [21].

In *Belgien* scheinen die Journalisten allgemein nicht als Arbeitnehmer zu gelten; jedenfalls ist bei GOETHEM-GEYSEN 344 einige Rechtsprechung angeführt, die die Zuständigkeit der Arbeitsgerichte bei Streitigkeiten von Journalisten verneint.

Bühnenkünstler mit Einfluß auf Stoffwahl und Arbeitszeit zählen nach Ansicht italienischer Gerichte (vgl. ZG Rom 15. 2. 1939 [22]) nicht zu den Arbeitnehmern; entsprechend in einer Strafsache der französische Kassationshof 11. 6. 1953 [23], weil es bei den Spitzenkräften der Bühne am Merkmal der Unterordnung fehle.

Zur Frage Beamter oder Kommissionär vgl. ZG Rom 28. 6. 1935 (unten Nr. 377); hier entschied die Qualifikation sogar über die internationale Zuständigkeit.

35. *Handelsvertreter.* Wohl die wichtigste Abgrenzung ist zwischen dem selbständigen Handelsvertreter, Handlungsagenten, agent commercial, und dem abhängigen Handlungsreisenden zu treffen. Der Unterschied, der in seinen Auswirkungen zuweilen durch die Zwischenfigur der arbeitnehmerähnlichen Person verwischt wird, ist allen Rechten geläufig; er ist nicht nur für das Verweisungsrecht (s. unten Nr. 115, 156), sondern auch für das innere Recht von Bedeutung; man denke an den Rechtsweg vor den ordentlichen oder den Arbeitsgerichten [24], an das Eingreifen der

---

D. 1958, 1 mit einschränkender Anm. von RIPERT, und im übrigen DURAND-VITU II 264 ff.

[19] Vgl. BerArbG Antwerpen 19. 2. 1951, Revue de droit social 22 (1951) 116. Zur Abgrenzung zum „mandat" s. GOETHEM-GEYSEN 23 f. Zur Abgrenzung zum *Werkvertrag* vgl. für Belgien GOETHEM-GEYSEN 25 ff. mit Nachweisen der Rechtsprechung in Anm. 1; für die *Niederlande* Art. 1637 BW; für *England* COOPER 4 ff. Zum Dienstverhältnis französischer Zivilarbeiter während des Krieges in Deutschland vgl. ZG Seine 6. 11. 1943 und 25. 11. 1943, Gaz. Pal. 1944. I. 117 und NIBOYET, Traité VI/1 434 Anm. 5.

[20] Die Zweifel an der Weitergeltung des JournalistenG (vgl. HÄMMERLE 70 ff., WAHLE-DITTRICH-VEIT II 191 Fußnote 1 zu § 1 JournG) sind durch die Novelle (Bundesgesetz vom 20. 7. 1955, BGBl. Nr. 158) ausgeräumt.

[21] Vgl. DE LITALA, Trattato II 517 ff.; ital. Kassationshof 12. 6. 1939, Giur. comp. lav. 3 (1943) 332 Nr. 209.

[22] Giur. comp. lav. 3 (1943) 333 Nr. 210.

[23] S. 1954. 1. 61 mit Anm. BROUCHOT = Revue trimestrielle de droit civil 52 (1954) 514 mit Anm. CARBONNIER. Es handelte sich darum, ob der Impresario der Künstlerin gegen ein Verbot der Stellenvermittlung verstoßen hatte.

[24] Für die *Schweiz* vgl. SCHWEINGRUBER, Kommentar 21; SCHLAEPFER, Handelsreisende – Agenten – Vertreter (Zürich 1957).

Versicherungspflicht und von Konkursvorrechten, an die steuerliche Veranlagung [25] usw.

Für das deutsche Recht möchte ich auf das Schrifttum verweisen [26]; ich glaube, daß es bei allen Bemühungen um die Herausarbeitung des Begriffs des abhängigen Arbeitnehmers nicht so sehr darauf ankommt, das unterscheidende Merkmal zu suchen, als vielmehr, von Fall zu Fall zu prüfen, ob die Norm, deren Eingreifen von der Bejahung der Arbeitnehmereigenschaft abhängig gemacht wird, unabhängig hiervon ihrem Sinn und Zweck nach Anwendung verlangt; ist dem so, dann sollte man aber auch mit der Arbeitnehmer-Ähnlichkeit Ernst machen und sich nicht damit begnügen, schneidiges Handelsrecht vor den Arbeitsgerichten anzuwenden.

Für *Österreich* stellt HÄMMERLE 65 auf eine dauernde abhängige Arbeitsleistung ab; die Rechtsprechung hat sich mit der Abgrenzung häufig beschäftigt, wobei die tatsächlich geleistete Arbeit, nicht die im Vertrag zwischen den Parteien gewählte Bezeichnung als maßgebend erklärt wurde [27]. Für das *Schweizer* Recht ist die Abgrenzung deshalb bedeutsam, weil für den Handelsreisenden das Gesetz vom 13. 6. 1941, für den selbständigen Handelsvertreter dagegen das Gesetz vom 4. 2. 1949 maßgeblich ist. Die Abgrenzung erfolgt meist danach, ob das Moment der Unterordnung gegeben ist, ob der Reisende mithin überwiegend abhängige Arbeit leisten muß [28].

Der *italienische* Kassationshof hat zur vorliegenden Frage entschieden, der Handelsreisende sei dann Angestellter, wenn in seiner Person nicht nur die Merkmale der Zusammenarbeit (s. oben Anm. 2), sondern auch der Abhängigkeit und der Unterordnung verwirklicht seien und wenn seine Arbeit für den Geschäftsherrn eine ständige und fortlaufende sei [29]. Das Gesetz stellt den Handelsvertreter in einiger Hinsicht dem Arbeitnehmer gleich: so gewährt ihm Art. 1751 C. c. bei von ihm nicht zu verantwortender Auflösung des Handelsvertreterverhältnisses eine Entschädigung ähnlich der Kündigungsentschädigung. Aber im allgemeinen trägt der Handelsvertreter das Risiko seiner Arbeit selbst, und die Rechtslehre ist wenig geneigt, ihn dem Arbeitnehmer gleichzustellen [30].

Sehr weit geht umgekehrt das *französische* Recht in dieser Gleichstellung, vgl. die durch Gesetz vom 18. 7. 1937 in den Code du Travail Buch I eingefügten Art. 29 k–29 r,

---

[25] Vgl. BFinH 16. 1. 1952, RdA 1953, 78 (Hueck); Nikisch I 86.

[26] HUECK-NIPPERDEY I 41 f., 52; NIKISCH I 84 ff., 117 ff.; KASKEL-DERSCH 36; SCHNORR VON CAROLSFELD 28 Anm. 3; SCHRÖDER in: GESSLER-HEFERMEHL-SCHRÖDER, Kommentar zum HGB (3. Aufl. 1956) Bem. 2 ff. zu § 84.

[27] Vgl. die Nachweise bei WAHLE-DITTRICH-VEIT II 21 ff. zu § 1 AngG.

OGH 17. 12. 1957, JBl. 80 (1958) 316, sieht das Unterscheidungsmerkmal in der persönlichen Abhängigkeit, die bei einem Einfirmenvertreter – trotz Anmeldung bei der Krankenkasse und Zahlung von Lohnsteuer – verneint wurde, da der Agent seine Reisetätigkeit frei bestimmte und ihn auch, da er nur Provision erhielt, das volle Unternehmerrisiko traf.

[28] GYSIN 17 mit Nachweisen in Anm. 5; SCHWEINGRUBER, Der Dienstvertrag und seine Beziehungen zum Arbeitslosenversicherungsrecht, ARAlf. 2 (1954) 124 f.; Appellationsgericht Basel-Stadt 27. 3. 1952, SJZ 48 (1952) 363.

[29] Vgl. ital. Kassationshof 18. 1. 1932, 6. 2. 1932, 12. 2. 1932 in Giur. comp. lav. 1 (1938) 236 ff.; Rom 3. 1. 1938.

[30] Vgl. SANTORO PASSARELLI 86 f.; ohne rechte eigene Stellungnahme LEGA, Trattato I 427 ff.

teilweise neugefaßt durch Gesetz vom 7. 3. 1957. Hier gibt es nunmehr drei Arten von Handelsvertretern [31]: den selbständigen Handlungsagenten, agent commercial, für den es an einer – allerdings seit langem geforderten – gesetzlichen Regelung noch fehlt; den Handelsvertreter im eigentlichen Sinn, „voyageur, représentant, placier" („VRP"), der als Arbeitnehmer gilt und die Vorteile der gesetzlichen Regelung, des sog. „Statuts", genießt, in seiner Arbeit jedoch unabhängig ist; und den abhängigen Handelsreisenden, der wie die anderen Handlungsgehilfen behandelt wird [32]. Ob der Handelsvertreter in die Gruppe der „VRP" fällt, ist nicht vom Vertrag und seiner Formulierung abhängig, sondern richtet sich selbst entgegen einer abweichenden vertraglichen Bestimmung nach dem tatsächlichen Zuschnitt seiner Tätigkeit. Vorausgesetzt wird, daß er für Rechnung eines oder mehrerer Arbeitgeber (dieser braucht nicht mehr wie früher der Industrie oder dem Handel anzugehören) arbeitet, diese seine Tätigkeit tatsächlich ausschließlich und ständig ausübt, keine Eigengeschäfte tätigt, und daß die Art und Weise seiner Dienstleistung oder der von ihm verkauften oder gekauften Waren, der räumliche oder fachliche Tätigkeitsbereich und die Höhe der Vergütung durch Abmachungen festgelegt worden sind (Art. 29 k). Art. 29 l, der für den Handelsvertretervertrag bisher Schriftform vorsah, wurde durch das Gesetz von 1957 dahingehend abgeändert, daß eine Form nicht mehr verlangt wird; umgekehrt kann nunmehr die Vermutung, daß der Handelsvertreter in den Bereich des „Statuts" fällt, nur durch einen schriftlichen Vertrag beseitigt werden – etwa dann, wenn der Handelsvertreter Wert darauf legt, weiter als selbständiger Agent zu gelten. Es wird der Arbeitgeber also, um unliebsame Überraschungen zu vermeiden, gut daran tun, wenn er sich statt an Einzelreisende an Gesellschaften oder solche Agenten wendet, die bereits an Ort und Stelle eingesessen sind und deren Qualifikation als selbständige Kaufleute jedem Zweifel entrückt ist [33].

Eine ähnliche Gleichstellung kennt das *belgische* Recht nicht; hier wird die Unterscheidung, wie in Österreich und der Schweiz, nach dem Band der Unterordnung getroffen, das beim Arbeitnehmer, nicht aber beim selbständigen Handelsvertreter gegeben ist [34]. Allerdings hat die Rechtsprechung dem kleinen Handelsvertreter bei willkürlicher Auflösung des Handelsvertretervertrages durch den Prinzipal einen Schadenersatzanspruch zuerkannt, der ihn im Ergebnis dem Arbeitnehmer hinsichtlich der Kündigungsentschädigung annähert; aber die Unterscheidung bleibt für andere Fälle wichtig (Konkursvorrechte, Zuständigkeit der Arbeitsgerichte, verschiedene Verjährungsfristen u. a.).

Geringer ist die Sicherung des Handelsvertreters im *englischen* Recht: er gilt für die Sozialversicherung nicht als „employed", hat keinen Anspruch auf den Schutz durch den Truck Act (s. unten Nr. 279) und keinen Anspruch auf Einhaltung einer Kündigungsfrist, vgl. hierzu *Levy v. Goldhill* [1917] 2 Ch. 297. Als Unterscheidungsmerkmal

---

[31] Vgl. zum früheren Recht Durand-Vitu II 257 ff.; Rouast-Durand 393 f.; Rouast, Traité 20; Laufke, RabelsZ 17 (1952) 26 ff.; zum neuen Recht Brun-Galland 268 ff.; zum Gesetz vom 7. 3. 1957 Bohn, S. 1957. 2. 117 ff.; Camerlynck, J. C. P. 1957. I. 1369; Duretesté, D. 1957. Leg. 299; Issele, G. P. 1957. I. Doctrine. 48; Gamillscheg, RiW 3 (1957) 119 f.; Coudy-Despierres, Le représentant de commerce (1957; berücksichtigt das Gesetz vom 7. 3. 1957 in einem Anhang).

[32] Der „VRP" deckt sich also nicht mit dem „kleinen Handelsvertreter" des § 92 a HGB!

[33] So Camerlynck (oben Anm. 31) zu Anm. 30.

[34] Vgl. Frédéricq I 296, 361 ff. mit Nachweisen.

gilt die Selbständigkeit des Handelsvertreters, insbesondere seine freie Wahl von Zeit und Ort der Arbeit [35].

36. *Heimarbeit.* Wenn auch meines Wissens verweisungsrechtliche Entscheidungen, in denen die Heimarbeit Gegenstand der Anknüpfung gewesen wäre, nicht bekannt geworden sind, so sind solche Fälle – man denke an die Vergabe von Heimarbeit „über die Grenze" – nicht ausgeschlossen, und so seien doch einige Hinweise über Regelung und Qualifizierung des Heimarbeiterverhältnisses gegeben.

Für die Bundesrepublik vgl. HeimarbG vom 14. 3. 1951; der Heimarbeiter gilt als arbeitnehmerähnliche Person [36]. Für *Österreich* s. HeimarbG vom 10. 3. 1954; hier ist bemerkenswert, daß der Begriff „Zwischenmeister" eine andere Bedeutung hat als nach dem Reichsgesetz von 1939 [37]. Für die *Schweiz* vgl. HeimarbG vom 12. 12. 1940; nach Art. 2 ist der Zwischenmeister (dort „Fergger" genannt) im Verhältnis zum Arbeitgeber Heimarbeiter, im Verhältnis zum Heimarbeiter Arbeitgeber [38]. In *Italien* ist die Einordnung des Heimarbeiters als Arbeitnehmer oder als kleiner Unternehmer fraglich, da es bei ihm vielfach an der Unterordnung, subordinazione, fehlt. Doch erklärt Art. 2128 C. c. die Schutznormen der Art. 2096–2127 auf die Heimarbeit insoweit für anwendbar, als sie sich mit ihren Besonderheiten vereinbaren lassen [39]. Auch das *französische* Recht enthält Schutzbestimmungen unabhängig von der Qualifikation als Arbeitnehmer oder kleiner Unternehmer, Art. 33–33 h Buch I C. Trav., G. v. 26. 7. 1957 [40]. Sehr spärlich ist die Regelung im *englischen* Recht [41].

3. Abgrenzung des Arbeitsverhältnisses vom familienrechtlichen Dienstverhältnis

37. Ob ein Arbeitsverhältnis vorliegt, kann trotz Arbeitsleistung bei familienrechtlichen Verhältnissen fraglich sein: so bei der *Mitarbeit* des einen *Ehegatten* im Betrieb des andern (§ 1356 BGB), der *Kinder* im Betrieb der Eltern (§ 1617 BGB), des einen *Verlobten* im Betrieb des andern Verlobten u. a. [42]. Auch hier wird man die Lösung nicht vom Begrifflichen

---

[35] Vgl. Batt-Vaines 7 mit Nachweisen; s. auch Cooper 11.

[36] Vgl. Hueck-Nipperdey I 49 ff.; Nikisch I 114 ff.; Kaskel-Dersch 35.

[37] Vgl. Wahle-Dittrich-Veit II 600 ff.

[38] Hämmerle 74 und Schnitzer II 629 rechnen ihn zu den selbständigen Gewerbetreibenden.

[39] Vgl. Riva Sanseverino, Trattato II 34 ff.; Mazzoni 355 f.; Santoro-Passarelli 71 f., 154, 156.

[40] Vgl. Durand-Vitu II 251 ff.; 824 ff.; Rouast-Durand 390 f., 494 ff.; Brun-Galland 462 ff.; Bizière, La loi du 26 juillet 1957 modifiant le statut des travailleurs à domicile, J. C. P. 1958. I. 1433. Für *Belgien* vgl. Goethem-Geysen 116 ff.

[41] Hierzu Cooper 192 f.

[42] Zum deutschen Recht s. Hueck-Nipperdey I 46 ff.; Nikisch I 95 ff.; Kaskel-Dersch 28; BFinH 17. 2. 1955, AP Nr. 1 zu § 611 BGB mit Anm. Hueck; LAG Düsseldorf 26. 5. 1955, Betrieb 8 (1955) 731.

her suchen müssen – vielmehr kann diese Methode zur Behauptung absurder Prämissen des gewünschten Ergebnisses zwingen [43] –, sondern von erweiternder Auslegung der Norm, deren Eingreifen an sich das Bestehen eines Arbeitsverhältnisses voraussetzt.

Im Vordergrund stehen hierbei nicht mehr die Fragen des Gläubigerschutzes, dem im wesentlichen durch § 850 h II ZPO genügt wird, und auch nicht mehr so sehr der gerechte Ausgleich bei Scheitern der Ehe, um den sich die Reform des ehelichen Güterrechts bemüht, als vielmehr die Fragen des Steuer- und Sozialversicherungsrechts; das Bestehen von Arbeitsverhältnissen wird vielfach nicht vom betroffenen Familienmitglied, sondern von einer dritten Stelle, etwa einer Sozialversicherungskasse (vgl. unten Anm. 49) behauptet.

Auch in den Rechten unserer Nachbarländer sieht man die Arbeit kraft familienrechtlichen Verhältnisses oder im Familienverband überwiegend nicht als auf Grund eines (wenn auch stillschweigend abgeschlossenen) Arbeitsvertrages geleistet an.

In *Österreich* ist die Ehefrau nach § 92 ABGB verpflichtet, dem Mann in der Haushaltung und Erwerbung nach Kräften beizustehen. Durch diese ihre Mitarbeit wird ein Arbeitsverhältnis in der Regel nicht begründet, sie hat keinen Entgeltanspruch, die Früchte ihrer Tätigkeit fließen dem Manne zu [44]. Bei Diensten des Ehemannes für die Ehefrau gilt diese Vermutung der Unentgeltlichkeit jedoch nicht. Kinder, die im elterlichen Betrieb mitarbeiten, haben einen Lohnanspruch nur bei ausdrücklicher oder mindestens stillschweigender Vereinbarung, obwohl das österreichische Recht eine Bestimmung ähnlich wie § 1617 BGB nicht kennt. Anders liegt es nur bei Pflegekindern, die kein gesetzliches Erb- und Pflichtteilsrecht haben [45].

Die *Schweizer* Praxis ist bei der Annahme eines Dienstverhältnisses zwischen Gliedern der Hausgemeinschaft (Ehefrau, mündige Kinder) ebenfalls zurückhaltend. Zwar gilt Art. 320 II OR, wonach das Vorhandensein eines Dienstvertrages vermutet wird, wenn die Leistung der angenommenen Dienste, „nach den Umständen" nur gegen Lohn zu erwarten war, auch in der Familien- und Hausgemeinschaft; doch verlangt man besondere Umstände, um das Vorhandensein eines Dienstvertrages bejahen zu können [46]. Das Bundesgericht hat indessen nach Scheidung dem Ehemann gegen die Ehefrau (BGE 66 II [1940] 233) und nach Auflösung der Hausgemeinschaft dem Stiefkinde gegen den Stiefvater dienstvertragliche Ansprüche zuerkannt [47]. Auch greift die Ver-

[43] Treffend Nikisch (vorige Anm.).

[44] OGH 5. 5. 1951, SZ 24 (1951) 222 Nr. 124, ÖJZ 6 (1951) 272 Nr. 216; Hämmerle 207 Anm. 6; Adler-Höller, Anm. I zu § 1152 ABGB; Kapfer, Anm. 13 zu § 92 ABGB, alle mit Nachweisen. Gleiches soll sogar von der „Lebensgefährtin" gelten: so LG Wien 20. 12. 1935, Arb.Entsch. 14 (1936) Nr. 4597.

[45] Hämmerle 30; Adler-Höller, Anm. I zu § 1152 ABGB mit Nachweisen.

[46] Vgl. Oser-Schönenberger V/2, 1157 ff.; Gysin 55 f.; Schweingruber, Zeitschrift des bernischen Juristenvereins 205 ff.; ders., Kommentar 25; ders., RdA 11 (1958) 173.

[47] Zum Lohnanspruch eines Pflegekindes vgl. Kantongericht Graubünden 14. 6. 1948, SJZ 45 (1949) 141.

mutung des Art. 320 II OR bei nicht zur Familie gehörigen Hausgenossen ein. Statt eines Lohnanspruches gewährt Art. 633 ZGB den mündigen Kindern, die den Eltern im gemeinsamen Haushalt ihre Arbeit oder Einkünfte zugewendet haben, bei Teilung des Nachlasses einen Anspruch auf billigen Ausgleich. Dies kann dann zu Angleichungsschwierigkeiten führen, wenn Erbstatut und Wirkungsstatut der Tätigkeit auseinanderfallen.

Ähnliches wie in den besprochenen Ländern gilt auch von *Italien*. Die Arbeit der Familienmitglieder im gemeinschaftlichen häuslichen Betrieb wird im allgemeinen nicht als Ausfluß eines Arbeitsverhältnisses angesehen, und dies zwar nicht nur bei minderjährigen, sondern auch bei erwachsenen Familienmitgliedern, es sei denn, es wurde ein Arbeitsvertrag ausdrücklich geschlossen. Die Vermutung, daß die Dienste nicht auf Grund eines Arbeitsvertrages, sondern auf Grund des familienrechtlichen Verhältnisses geleistet werden sollten, wird auch durch die Tatsache der Entlohnung nicht entkräftet: denn um das Vorhandensein eines Arbeitsvertrags annehmen zu können, müßte die Höhe der Entlohnung vom Ertrag des Familienunternehmens unabhängig sein. So spricht im allgemeinen die Vermutung für die Unentgeltlichkeit der geleisteten Arbeit [48].

Einzelne Arbeitsschutzgesetze wie das Gesetz vom 22. 2. 1934 Nr. 370 über die Wochenruhe u. a. schließen die Familienangehörigen, „confamiliari“, ausdrücklich aus; die Verordnung über die Zwangsversicherung gegen Arbeitsunfälle und Berufskrankheiten vom 17. 8. 1935 Nr. 1765 (Art. 18) dagegen ausdrücklich ein. Als Familienmitglieder zählen hiernach jedoch nur der Ehegatte, die Eltern und die Verwandten bis zum dritten Grad, nicht die sonstigen Hausgenossen.

Nach *französischem* Recht, Art. 213 C. c., hat die Frau zur Sicherung der Familie beizutragen. Dies würde, wenn sie im Betrieb des Mannes mitarbeitet, für die Verneinung eines Arbeitsverhältnisses sprechen; doch hängt alles von den Umständen ab, und überwiegend entscheidet man sich doch für seine Annahme [49]. Ein Sozialversicherungsgesetz vom 14. 4. 1952 Art. 16 bestimmt, daß ein Arbeitsverhältnis dann vorliegt, wenn

[48] So RIVA-SANSEVERINO, Trattato II 47 ff.; BARASSI, Elementi 170; MAZZONI 295 und dort in Anm. 1 genannt Kassationshof 28. 1. 1947, 29. 7. 1947 und 16. 8. 1948. SANTORO-PASSARELLI 79 scheint die Möglichkeit einer vertraglichen Beziehung überhaupt abzulehnen; die Arbeit im Haushalt entspreche einer Verpflichtung, die durch die Gewährung des Lebensunterhaltes durch den Haushaltsvorstand begründet werde.

Ob bei Arbeitsleistungen einer Lebensgefährtin die Vermutung für die Unentgeltlichkeit der geleisteten Dienste spricht, kann nur von Fall zu Fall beantwortet werden: so Kassationshof 20. 1. 1955, F. I. 1956. I. 226.

[49] Vgl. DURAND-VITU II 277 ff.; ROUAST-DURAND 398 f.; BRUN-GALLAND 351 ff.; ROUAST, Traité 44 f.; franz. Kassationshof 8. 11. 1937, G. Pal. 1938. I. 43. Dijon 7. 2. 1928 verneint das Vorliegen eines Arbeitsverhältnisses bei zwei im Konkubinat lebenden Personen, D. 1928. 2. 169 mit ablehnender Anm. von VOIRIN; dagegen auch ROUAST, Traité 45 Anm. 3.

Interessant ist auch die *belgische* Entscheidung Friedensrichter Wavre 19. 1. 1956, Journal des Tribunaux 72 (1957) 377, die das Verhältnis eines durch eine öffentliche Wohlfahrtsorganisation vermittelten Pflegekindes zu seinem Pflegevater ungeachtet einer monatlichen Entlohnung und des Bestehens einer Arbeitsunfallversicherung nicht als Arbeitsverhältnis, sondern als ein Verhältnis ansieht, das einem „unbenannten Vertrag mit Wohltätigkeitscharakter“ entspringe. Streitig war die Frage nicht zwischen Pflegevater und -kind, sondern zwischen jenem und der örtlichen Sozialversicherungskasse, die den Pflegevater zu Beiträgen heranziehen wollte.

dauernde Mitarbeit der Frau und eine Entlohnung gegeben ist, die nicht unter dem garantierten Mindestlohn liegt. Daß umgekehrt der Ehemann Arbeitnehmer seiner Gattin sein kann, wird vielfach als mit seiner Stellung als Familienoberhaupt unvereinbar geleugnet [50].

In den *Niederlanden* erklärt Art. 1637 i BW Arbeitsverträge zwischen Ehegatten für nichtig [51].

4. *Qualifikation einzelner Rechtsfragen*

38. Das Arbeitsverweisungsrecht bietet noch eine Fülle verschiedenster Qualifikationsprobleme, die jedoch nicht hier, sondern im sachlichen Zusammenhang dargestellt werden sollen: zur Qualifikation der Arbeitsvertragsfähigkeit (nach italienischem Recht) s. unten Nr. 67; zur Geschäftsfähigkeit der Ehefrau s. unten Nr. 75; zu gewissen Formvorschriften s. unten Nr. 181; zum Lohnanspruch bei nichtigen Verträgen s. unten Nr. 183; zur Verjährung des Lohns s. unten Nr. 267; zu den Ansprüchen aus Arbeitsunfällen s. unten Nr. 218; zur Vererblichkeit der Abfindung (nach österreichischem Recht) s. unten Nr. 305; zu den Ansprüchen aus ungerechtfertigter Entlassung s. unten Nr. 324; zu den Vorschriften über den Zeugenbeweis s. unten Nr. 368.

Eigene Probleme stellt die Einordnung in das private oder öffentliche Recht, etwa im Bereich staatlich gelenkter Löhne, im Urlaubs- und Sozialversicherungsrecht usw.

5. *Qualifikation der Anknüpfungspunkte*

39. Auch den Anknüpfungspunkten wie Wohnsitz (zum englischen Wohnsitzbegriff s. unten Nr. 70 Anm. 42) und Arbeitsort wird vielfach verschiedene Bedeutung beigelegt. Freilich handelt es sich hier wohl nicht um Fragen der Qualifikation, sondern der Auslegung der Verweisungsnorm [52].

II. QUALIFIKATION: ANWENDBARES RECHT

40. Eingeordnet wird, so sagt die herrschende deutsche Lehre [53] nach den Begriffen der *lex fori*, aber unter Berücksichtigung des Umstands, daß die Begegnung mit dem ausländischen Recht zu Zugeständnissen an seine Begriffswelt nötigt. D. h.: ob das streitige Verhältnis als arbeits- oder

[50] Vgl. Durand-Vitu II 277 ff.; zweifelnd auch Rouast, Traité 44. Anfechtbar die Stellungnahme von Cornu, Revue trimestrielle de droit civil 51 (1953) 474.

[51] Vgl. Molenaar II A 49 f.

[52] Ebenso Wolff, Lehrbuch 44.

[53] Vgl. hierzu die Lehrbücher des internationalen Privatrechts und die Übersicht über das Schrifttum bei Niederer 389 f.

familienrechtliches Verhältnis, ob der Schadenersatzanspruch als arbeitsvertraglich oder deliktsrechtlich anzusehen ist usw., entscheidet sich für das Verweisungsrecht, so wie es sich nach dem inneren Recht des angerufenen Gerichts entscheiden würde.

Gleiches gilt für *Österreich* [54], für die *Schweiz* [55] und für die h. M. in *Italien* [56], die jedoch unterstreicht, daß bei der Qualifikation lege fori ein internationaler Geist obwalten sollte, was auch der Kassationshof neuerdings ausgesprochen hat [57].

Die gleiche Ansicht führt weiter in *Frankreich* [58], *Belgien* [59], den *Niederlanden* [60] und *England*. Englische Entscheidungen haben sich mit der Frage der Qualifikation verhältnismäßig häufig auseinandergesetzt, ohne das Problem als solches jedoch immer herauszustellen. Die überwiegende Meinung will die Begriffe der lex fori in einem weiten internationalen Sinn auslegen [61].

Die von MARTIN WOLFF vertretene Lehre von der Qualifizierung nach dem *Wirkungsstatut* – das anzuwendende Recht bestimme selbst, auf welche Rechtsfragen es sich erstrecke – [62] hat sich bislang nicht durchsetzen können; freilich wohl nicht aus dem Grunde, den man gewöhnlich gegen sie anführt: daß es nämlich logisch unmöglich sei, nach einem Recht zu qualifizieren, das man noch gar nicht kenne, weil erst die Qualifikation das anwendbare Recht, d. h. das Wirkungsstatut, bezeichne. Man kennt zwar dieses Recht noch nicht, aber doch das „präsumtive“ Wirkungs-

---

[54] WALKER 108; BOLLA 14 f.

[55] Vgl. BGE 76 II (1950) 35; SCHNITZER I 94 ff. mit Nachweisen 105 f.; NIEDERER 241 zu Anm. 16.

[56] Vgl. statt aller VASALLI-MONACO 38; FEDOZZI, Lehrbuch 183 ff.; GIULIANO 4; GEMMA 151.

[57] Kassationshof 17. 3. 1955 Riv. d. i. 38 (1955) 380 (nicht arbeitsverweisungsrechtlich): „La qualifica di un provvedimento straniero non si deve desumere soltanto dal diritto dello Stato da cui proviene, ma deve rispondere alle caratteristiche che, secondo i concetti communi ai diversi ordinamenti, sono proprie delle varie categorie di atti.“ Die richtige Qualifikation ist in der Kassationsinstanz nachprüfbar. Vgl. auch den (nicht arbeitsverweisungsrechtlichen) Fall ZG Turin 27. 7. 1948, Giur. it. 1949. I. 2. 273.

[58] Vgl. statt aller BATIFFOL 342 ff.; Entwurf eines IPR-Gesetzes Art. 22.

[59] Vgl. DE VOS II 885; POULLET 396; SPANOGHE 1950, 338; SCHOTTLAENDER 7.

[60] Vgl. VAN BRAKEL 61 ff. (64). Ebenso für *Argentinien* LANFRANCHI 26.

[61] DICEY-MORRIS 55 f.; CHESHIRE 49 ff. mit weiteren Nachweisen zum Schrifttum; FALCONBRIDGE 70: „The ultimate question of subsumption ... must be answered in accordance with the law of the forum ... A conflict rule should however be construed sub specie orbi, that is from a cosmopolitan or world-wide point of view.“

[62] WOLFF, Lehrbuch 49 ff.; Private International Law 146 ff.; SELB, AcP 157 (1958) 341 ff. Vgl. die negative Qualifikation nach dem Wirkungsstatut in der (kanadischen) Entscheidung *Dupont* v. *Quebec Steamship Co* (1896), 11 Queb.S.C. 188, angeführt nach HANCOCK, Torts in the conflict of laws (1942) 207 f.

statut: selten werden es die Parteien verfehlen, sich auf ihnen günstige Sätze des ausländischen Rechts zu berufen, und dann ist der Richter gezwungen, sie zu qualifizieren, um festzustellen, ob sie zum Wirkungsstatut gehören. Auch wird praktisch nach der Wolffschen Lehre immer dann verfahren, wenn Rechtsinstitute einzuordnen sind, die dem heimischen Recht überhaupt unbekannt sind; daß diese nach der lex fori qualifiziert würden, trifft nicht zu. Wohl ist aber gegen die Wolffsche Lehre einzuwenden, daß sie überall da, wo ein Qualifikations*konflikt* vorliegt, das Problem nicht löst, sondern nur in das Gebiet verschiebt, das WOLFF „Normenmangel" und „Normenhäufung" nennt [63]. – Die Anknüpfungspunkte, wie Wohnsitz, Abschlußort usw. sind auch nach Ansicht von WOLFF nach der lex fori zu qualifizieren.

In Italien vertritt BALLADORE PALLIERI eine Meinung, die der Wolffschen stark angenähert ist [64]; sie schlägt sich auch in seinen Ausführungen zum internationalen Arbeitsrecht nieder, wo gesagt wird, der ausländischen Gesetzgebung über Arbeitsverhältnisse werde „territoriale Wirksamkeit zuerkannt" (d. h. sie soll anwendbar sein), wenn die Arbeit im Ausland geleistet werde, auch wenn das ausländische Arbeitsrecht weitere Gebiete umfasse als das italienische Recht und Rechtsverhältnisse unter seine Regelung ziehe, die das italienische Recht nicht als zum Arbeitsrecht gehörig ansehe [65].

Eine dritte Schule, von ERNST RABEL begründet, versteht die Begriffe des Verweisungsrechts nicht im Sinne der – manchmal engen – lex fori, sondern im Sinne einer *„autonomen"*, durch Rechtsvergleichung zu gewinnenden *übernationalen Auslegung* [66].

Die Rabelsche Lehre ist in ihrer Tendenz richtig; und in manchen Fällen bietet sie allein annehmbare Ergebnisse. Aber der Gegensatz zur Einordnung lege fori verliert

[63] Vgl. den Fall BGH 30. 7. 1954 und meine Anmerkung JZ 1955, 702.

[64] BALLADORE PALLIERI, Lehrbuch 63 ff. (70 ff.).

[65] Trattato V 333. Die Gründe überzeugen jedoch nicht. Ist es wirklich wahr, daß für den Begriff „abhängige Arbeit" das italienische Recht eine eigene Abgrenzung nicht bereit hält? BALLADORE PALLIERI hat offensichtlich nur den Fall im Auge, daß das Recht des ausländischen Tätigkeitsorts ein Rechtsverhältnis als Arbeitsverhältnis ansieht, das vom italienischen Recht nicht als solches qualifiziert wird; müßte die Qualifikation lege causae nicht aber auch im umgekehrten Fall eingreifen? Und warum sollte etwa das italienische Recht, angerufen von italienischen Parteien vor italienischen Gerichten, beispielsweise bei dem von den Parteien ausdrücklich italienischem Recht unterstellten Vertrag eines selbständigen, wirtschaftlich starken Handelsvertreters vor der Qualifikation des französischen Rechts zurückweichen, nur weil der Tätigkeitsbereich des Handelsvertreters in Frankreich liegt und das französische Recht die arbeitsvertragliche Qualifikation neuerdings (s. oben Nr. 35) über alle Maßen bevorzugt?

[66] RABEL I 49 ff.; NIEDERER 246 ff.; RABEL, Das Problem der Qualifikation, RabelsZ 5 (1931) 241.

das meiste von seiner Schärfe, wenn man sich vergegenwärtigt, daß eine nicht engherzig und unter Berücksichtigung der auslandsrechtlichen Besonderheiten gehandhabte Qualifikation nach der lex fori und eine autonome Qualifikation, die sich nicht ins Uferlose verliert, mehr Gemeinsames als Trennendes aufweisen.

Freilich setzt die Rabelsche Lehre wohl einen gewissen gemeinsamen Grundstock der Begriffe voraus, wie er sich in den „alten“ Rechtsgebieten herausgebildet hat, aus denen die Beispiele für und wider immer geschöpft werden. Das Arbeitsrecht ist jedoch eine junge Materie und zudem häufig Quelle von ganz ins einzelne gehenden Begriffsbestimmungen, die auch im Verweisungsrecht die Richtschnur abzugeben haben – zumindest in der Praxis wohl noch auf absehbare Zeit abgeben werden. Wenn z. B. der Kündigungsschutz im deutschen Recht zum Bereich des Arbeitsvertrags, nach französischer (wenn auch wohl kaum zutreffender, hier aber exempli gratia unterstellter) Auffassung zum Deliktsrecht, nach österreichischem Recht schließlich zur Betriebsverfassung gehört [67], so kann allenfalls der französische Richter von seiner heimischen Qualifikation zugunsten einer durch Rechtsvergleichung gewonnenen autonomen Einordnung (in das Arbeitsvertragsrecht) abweichen, weil die genannte französische Qualifikation Werk der Rechtswissenschaft und als solche nicht starr ist, aber kaum mehr der österreichische Richter angesichts der Verankerung des Kündigungsschutzes im österreichischen Betriebsräterecht. Oder wird der französische Richter einen Handelsvertreter, der unter den weiten Rahmen des Art. 29 k Buch I C. Trav. fällt und damit nach französischer Auffassung als Arbeitnehmer gilt, auf Grund einer autonomen Qualifikation doch als selbständigen Handlungsagenten ansehen, mit der Folge, daß er etwa, wie unten Nr. 156 vorgeschlagen, mangels einer Rechtswahl durch die Parteien dem – sagen wir: deutschen – Recht des Arbeitgebers statt dem französischen Recht des Arbeitsorts unterstellt werden wird? Ich glaube, daß man damit von der Einsicht der Praxis in die Notwendigkeit einer übernationalen Abstimmung der Qualifikationen zu viel verlangt; im Einzelfall wird der Richter sich immer nur vor der Wahl sehen, entweder die eigene oder die Qualifikation des andern beteiligten Rechts gelten zu lassen, und da wird er sich für die lex fori entscheiden.

Die Rabelsche Lehre versagt auch dort, wo die beteiligten Rechte gleich, aber abweichend vom Üblichen einordnen: im Verhältnis untereinander muß es bei dieser Qualifikation bleiben, eine autonome, auf die Mehrheit der Rechtsordnungen abstellende und damit abweichende Einordnung würde den Konflikt erst schaffen. Es wird also in einem Rechtsstreit, der nur England und Schottland berührt, der Richter die Verjährung als prozeßrechtlich und nicht autonom als Teil des Sachstatuts qualifizieren.

Eine im internationalen Sinn ausgelegte lex fori, die vor allen Dingen bei veralteten und zu engen Begriffen auch einmal einen beherzten Schritt weg von den überkommenen Vorstellungen gestattet, wird demnach für die Qualifikation im Arbeitsverweisungsrecht den besten Maßstab geben.

Es kann allerdings bei der Frage, ob ein Rechtsverhältnis als Arbeitsverhältnis anzusehen ist, recht mißlich sein, etwas, was nach dem Recht des Arbeitsorts vielleicht jahrelang als Arbeitsverhältnis angesehen wurde, durch eine unbeteiligte lex fori als beispielsweise familienrechtliches Verhältnis erklären zu lassen. Dagegen bietet keine der drei genannten Qualifikationslehren eine Hilfe, insbes. nicht die Qualifikation nach

[67] Vgl. auch LG Hamburg 24. 4. 1952.

dem Wirkungsstatut, wenn etwa das (mutmaßliche) Arbeitsstatut das Verhältnis als Arbeitsverhältnis, das (mutmaßliche) Familienstatut das Verhältnis als familienrechtliches beansprucht (Fall der „Normenhäufung"). Es ist daher die Frage erlaubt, ob man in solchen Fällen nicht einer Qualifikation nach dem Recht des Arbeitsorts den Vorzug geben sollte [68].

Die Qualifikation führt zur Verweisungsnorm, diese bezeichnet das anwendbare Recht. Einmal in dessen Bereich, ist eine erneute Qualifikation nicht ausgeschlossen. Diese erfolgt dann nach dem Wirkungsstatut, auch wenn sie von der ersten Qualifizierung abweicht [69]. Solche Fälle sind besonders häufig, wo Gegenstand der Einordnung die Rechtsfrage war, ob es sich um ein Arbeits- oder ein sonstiges Rechtsverhältnis handelte. Möglicherweise betrachtet das anwendbare Recht dieses Verhältnis doch wieder anders: dann sind ungeachtet der ersten Qualifikation seine Sätze des Familien-, Handelsvertreters-, Gesellschafts- usw. Rechts, nicht seine arbeitsrechtlichen Normen anzuwenden. Alles andere wäre eine Verfälschung des maßgeblichen Wirkungsstatuts.

Diese Umqualifizierung hat jedoch nicht zur Folge, daß aus ihr erneut wieder Folgerungen für das maßgebliche Recht gezogen werden müßten: auch wenn das Wirkungsstatut, das durch die lex fori nur deshalb als solches erklärt wurde, weil die Verweisungsnorm für das Arbeitsverhältnis auf dieses Recht hinwies, seinerseits eine Verweisungsnorm enthält, wonach dieses vom Wirkungsstatut als Familien- usw. Verhältnis angesehene Rechtsverhältnis der lex fori unterstünde, bleibt es bei seiner Anwendung: eine „Rückverweisung kraft abweichender Qualifikation" [70] ist nicht anzuerkennen [71].

41. *Qualifikation im öffentlichen Recht.* Gilt die allgemeine Regel, daß nach der lex fori zu qualifizieren ist, auch dann, wenn es sich um die

[68] Anklänge an diesen Gedanken, ohne daß ihm bisher Aufmerksamkeit geschenkt worden ist, in zwei Entscheidungen: Rom 3. 5. 1937: „È da risolvere l'ulteriore questione se il rapporto di cui si tratta, che è indubbiamente da qualificare secondo la lex loci un rapporto di lavoro, sia soggetta alla legge italiana." Sollte es lex fori heißen?

BerArbG Brüssel 22. 6. 1929: die Qualifikation eines Rechtsverhältnisses als Arbeits- oder Angestelltenverhältnis richte sich nach dem Recht des Arbeitsorts; Arbeitsort und Ort des forum waren jedoch zusammengefallen.

[69] „Qualifikation zweiten Grades" genannt, vgl. Niederer 238 ff. mit Nachweisen; Fedozzi, Lehrbuch 193 ff.

[70] Sie ist mit der Qualifikation zur Bestimmung des Umfangs einer Rückverweisung nicht zu verwechseln; hierzu Raape 69.

[71] Verneinend schon Franz Kahn, Abhandlungen zum IPR I 90; Wengler, Festschrift Martin Wolff (1952) 373 Anm. 41; Niederer 239 f., der in seinen Beispielen auf S. 265 und 275 allerdings eine Weiterverweisung kraft abweichender Qualifikation (eines Anknüpfungspunktes) für beachtlich ansieht.

Einordnung eines Rechtssatzes, einer Rechtsfrage in das öffentliche Recht handelt?

Die Frage ist vielschichtig. Man muß unterscheiden: Ob ein Rechtssatz zum eigenen öffentlichen Recht gehört, entscheidet natürlich dieses Recht. Im öffentlichen Arbeitsrecht sind es die Merkmale der unmittelbaren Durchsetzung der Norm mittels Verwaltungszwanges und die Strafdrohungen, die für die Mehrzahl der Fälle eine klare Einordnung ermöglichen.

Ebenso muß man es aber auch wohl dem ausländischen öffentlichen Recht zu entscheiden überlassen, welche Rechtsgebiete es zu seinem öffentlichen Recht zählt. Es geht deshalb schon die Fragestellung nicht dahin, ob „*das* Rechtsverhältnis X" privat- oder öffentlichrechtlich ist, sondern nur, ob es „nach dem Recht A" in die eine oder in die andere Gruppe gehört. Die Zuordnung ist mithin nur in Ansehung des sachlichen Rechts möglich. Sie fällt dahin, wo die Unterscheidung, wie im englischen Recht, nicht gemacht wird.

Anders MELCHIOR 130: für die Qualifikation sei maßgeblich, „ob wir unter Zugrundelegung der deutschen Systematik die Bestimmungen des fremden Rechts dem privaten oder öffentlichen Recht eingegliedert haben würden, wenn sie deutsches Recht wären"; „ob in dem fremden Land etwas als privates oder öffentliches Recht angesehen wird, ist für die Unterscheidung ... nicht mehr als ein Indiz". Ebenso NIBOYET [72]: ob die Einstellung von Franzosen in Frankreich durch einen fremden Staat als „acte de fonction", also öffentlichrechtlich anzusehen sei, entscheide sich nach dem Vorbild der lex fori, „il n'y aura acte de fonction que dans les cas où il en serait ainsi à l'egard d'un acte de l'administration française". Auch der italienische Kassationshof [73] ist der gleichen Ansicht: „La qualificazione giuridica dell'attività esplicata dallo Stato straniero (hier: des sowjetischen Staats) ai fini di ammettere o escludere il suo assoggettamento alla giurisdizione dello Stato in cui quell'attività è esplicata non può farsi in base ai criteri dell'organizzazione interno dello Stato straniero, ma unicamento attraverso i principii generali di diritto che regolerebbero quella medesima attività se compiuto dallo Stato nazionale" (vgl. unten Nr. 377). Auch SCERNI, Anmerkung zu ZG Genua 17. 2. 1931 [74], will gemäß der lex fori prüfen, ob ein Rechtsverhältnis öffentlichrechtlich oder privatrechtlich ist. Wenn der beklagte ausländische Staat den Bereich seines öffentlichen Rechts weiter fasse als das italienische – so wie es etwa die UdSSR durch Verstaatlichung ihres gesamten Außenhandels getan habe –, so sei das für die Qualifikation unerheblich. FEDOZZI [75] vertritt hingegen die Ansicht, es müsse sowohl die lex fori als auch das Recht,

[72] Revue critique d. i. p. 39 (1950) 155.

[73] Giur. ital. 1953. I/1. 449. In der (nicht arbeitsverweisungsrechtlichen) Entscheidung Kassationshof 21. 9. 1948 (s. unten Nr. 377 Anm. 15) wird die Zugehörigkeit von staatlichen Akten zum privaten oder öffentlichen Recht mangels völkerrechtlich bedeutsamer Übereinstimmung zwischen den Staaten nach den Kriterien beurteilt, die im inneren Recht für die Zulässigkeit des Rechtsweges aufgestellt worden sind.

[74] Riv. d. i. 23 (1931) 561 ff.

[75] Lehrbuch 195 ff. (200 ff.).

dem der zu beurteilende Vorgang entstamme, befragt werden; wenn ihn auch nur eine der beiden in Frage kommenden Rechtsordnungen als öffentlichrechtlich ansehe, entfalle die Anwendung der entsprechenden ausländischen Normen im Inland. FEDOZZI mißbilligt eine Entscheidung des italienischen Kassationshofes vom 2. 4./12. 6. 1925 [76], in der mittelbar ausgesprochen worden war, daß die Tätigkeit der sowjetischen Handelsvertretung handels- d. h. privatrechtlichen Charakter trage und mithin auch die Gerichtsfreiheit des sowjetischen Staates ausgeschlossen sei.

42. Die Frage *Beamtenverhältnis – Arbeitsverhältnis* ist im *italienischen Recht* mehrfach erörtert worden. Die überwiegende Meinung hat Dienstverhältnisse zu ausländischen Staaten – es handelte sich insbesondere um solche zur sowjetischen Handelsvertretung und zu Konsulaten, aber auch zu internationalen Organisationen wie der NATO oder dem internationalen landwirtschaftlichen Institut in Rom – als hoheitlich und damit der italienischen Gerichtsbarkeit überhaupt, oder zumindest als öffentlichrechtlich und damit der Zuständigkeit der ordentlichen Gerichte entzogen angesehen, vgl. u. a. italienischer Kassationshof 26. 2. 1931, 18. 1. 1933, 6. 2. 1933, 16. 6. 1934, 12. 5. 1947; Rom 1. 2. 1930 [77]; vgl. dagegen jedoch Mailand 23. 1. 1932; neuestens Kassationshof 24. 5. 1956 (s. unten Nr. 377). Entscheidend für die öffentlichrechtliche bzw. privatrechtliche Qualifikation war die Aufgabe, die der Bedienstete wahrgenommen hatte (Kassationshof 18. 1. 1933, 6. 2. 1933; Neapel 7. 4. 1931; ZG Livorno 3. 4. 1954 [78]; Kassationshof 24. 5. 1956 [79]), nicht, ob er eine Bestallung zum Beamten in Händen hatte; anders jedoch Prätur Venedig 25. 6. 1934: nur ein „atto di governo esecutivo e pubblico“ könne bewirken, daß das Dienstverhältnis dem Bereich des italienischen AngG von 1924 entzogen werde [80].

Mit der Qualifikation als öffentlichrechtlich ist jedoch erst der erste Schritt getan, dem der zweite – die Bestimmung des Anwendungsbereichs der so qualifizierten Norm – zu folgen hat. Darüber unten § 11.

---

[76] RabelsZ 1 (1927) 125.

[77] Hierzu die Anmerkung von SCERNI, Riv. d. i. 22 (1930) 420 ff.

[78] Gegen ZG Livorno mit m. E. überzeugenden Gründen MARAZZI in der Anm. Foro Padano 1954. I. 371 ff.: Während das Urteil nur darauf abstellt, daß die Tätigkeit des Klägers im Zusammenhang mit den öffentlichrechtlichen Aufgaben der NATO gestanden habe, ist für den Besprecher entscheidend, daß der Kläger eben keine Beamtenstelle innegehabt habe (Beweis: Bezugnahme auf italienisches Recht, keine Kündigungs- und Altersregelung u. a.).

[79] Ebenso GRAZIA SEVERINI in der Anm. F. I. 1956. I. 841.

[80] Unrichtig ist in dem Urteil allerdings die Annahme, weil ein Beamtenverhältnis nicht vorliege, sei das Arbeitsverhältnis zwischen dem Arbeitnehmer und dem Konsul persönlich (statt mit dem durch den Konsul vertretenen Deutschen Reich) zustandegekommen.

§ 6

Rück- und Weiterverweisung

43. Fragen der *Rück- und Weiterverweisung*[1] spielen im Arbeitsverweisungsrecht, abgesehen von der Anknüpfung der Geschäftsfähigkeit (s. unten Nr. 62), eine ganz geringe Rolle. Es liegt das daran, daß das Arbeitsstatut in der Regel auf Grund einer Rechtswahl der Parteien bzw. auf Grund ihrer mutmaßlichen Interessen oder nach Aufsuchen des Schwerpunkts des Arbeitsverhältnisses bestimmt wird; in solchem Falle ist aber eine Rückverweisung nicht anzunehmen. Hatten die Parteien ein Recht ausdrücklich gewählt, dann hatten sie seine sachlichen Vorschriften, nicht eine Gesamtverweisung im Auge[2]; wurde nach dem mutmaßlichen Parteiwillen oder an den Schwerpunkt angeknüpft, so ist ebenfalls kein Anlaß, von dieser „idealen Anknüpfung" keinen Gebrauch zu machen[3].

In der Entscheidung RAG 21. 12. 1932 wird das Rückverweisungsproblem nicht gesehen; das Gericht beläßt es bei der Anwendung sowjetischen Rechts auf einen in Berlin geschlossenen Arbeitsvertrag eines sowjetischen Staatsangehörigen mit der Handelsvertretung der UdSSR, ungeachtet § 7 des Zivilprozeßkodex der RSFSR[4], der auf die lex loci actus verweist; es begnügt sich mit dem Hinweis, das deutsche internationale Privatrecht sei anwendbar. Dagegen bejaht LAG Berlin 17. 11. 1930 die Möglichkeit einer Rückverweisung des kraft mutmaßlichen Parteiwillens anwendbaren sowjetischen Rechts; LAG Berlin 26. 10. 1931 läßt sie dahingestellt.

Ein Beispiel für Weiterverweisung bietet RG 30. 10. 1926: vom türkischen Recht, das (wohl) als Recht der Flagge anwendbar war (s. unten Nr. 114), war weiter auf „die Gebräuche am Ort des Dienstantritts" verwiesen worden.

44. Die Stellungnahme der hier näher untersuchten Nachbarländer zur Rückverweisung ist durchaus uneinheitlich: neben Ländern, die die Rückverweisung bejahen (Frankreich, England) – wenn sie auch für das Arbeitsverweisungsrecht so gut wie keine Rolle spielt – stehen solche, die sie ablehnen (Italien, Niederlande, wohl auch Österreich) und solche, deren Rechte eine eindeutige Antwort nicht geben (Schweiz, Belgien). Es zeigt diese an sich unscheinbare Frage, die zu entscheiden im wesentlichen zudem Sache der Rechtslehre sein sollte, wie verschieden die Lösung von Staat zu Staat auch in Bereichen ist, bei denen man am ehesten noch eine international einheitliche Haltung erwarten könnte. Sie zeigt, daß sich

---

[1] Zum deutschen Recht vgl. die Lehrbücher des internationalen Privatrechts und die Schrifttumsübersicht bei NIEDERER 391 ff.

[2] WOLFF, Lehrbuch 78; BATIFFOL, Traité 368.

[3] Ebenso *schweizerisches* BG 81 II 393; a. A. KEGEL 48 unter hh.

[4] S. MAKAROV, Quellen UdSSR 14.

„allgemeine Regeln", die für alle Länder passen, nicht aufstellen lassen, daß solche Regeln vielmehr notwendigerweise Verschiedenheiten verdecken müssen, die sich im Einzelfall auswirken und die an die Faustregel geknüpften Erwartungen enttäuschen können.

In *Österreich* ist die Rückverweisung nur für den Bereich des Familienrechts durch § 15 der 4. DVO zum EheG von 1938 gesetzlich anerkannt. Aus der Rechtslehre äußern sich WALKER 267 und EHRENZWEIG 101 f. übereinstimmend in dem Sinn, daß sie im allgemeinen nicht, wohl aber dann zu beachten sei, wenn das ausländische Heimat- auf das inländische Wohnsitzrecht zurückverweise. BOLLA 18 ff. enthält sich einer eigenen Stellungnahme.

In der *Schweiz* ist die Rückverweisung weder gesetzlich geregelt, noch hat die Rechtsprechung bisher eindeutig zu ihr Stellung genommen. Doch scheint es, daß im Bereich der Anknüpfung für die Geschäftsfähigkeit (s. unten N. 66) Rück- und Weiterverweisung anerkannt werden [5].

In *Italien* wird die Rückverweisung von der Rechtslehre fast einhellig verworfen. Dem trägt der neue Art. 30 d. p. Rechnung, wonach bei Verweisung auf ein ausländisches Recht durch eine Bestimmung der disposizioni preliminari eine etwaige Verweisung auf ein anderes Recht nicht zu beachten sei. Damit sind Rück- und Weiterverweisung ausgeschlossen [6].

Allerdings hat Kassationshof 29. 12. 1937 eine Weiterverweisung berücksichtigt [7]: es hatte sich um den Arbeitsvertrag eines österreichischen Staatsangehörigen mit einer österreichischen Firma, dem Lloyd Triestino, gehandelt, der in der Türkei zu erfüllen war. Eine ausdrückliche Rechtswahl lag nicht vor, so daß das Gericht zunächst auf das gemeinsame österreichische Heimatrecht der Parteien zurückgriff (s. unten Nr. 95, 126); bezogen wurde jedoch nicht das österreichische materielle Recht, sondern § 37 ABGB, der auf das Recht des Abschlußortes – hier das türkische Recht — verweist (s. unten Nr. 93); der Kassationshof hat diese Weiterverweisung angenommen und türkisches Recht angewandt. DE NOVA [8] nennt die Entscheidung „den Schwanengesang der Rückverweisung".

In *Frankreich* hingegen ist Rechtslehre und Rechtsprechung der Rück-

[5] SCHNITZER I 215 f.; AUBERT, Renvoi in Swiss Law, American Journal of Comp. Law 5 (1956) 478, insb. 486; Rück- und Weiterverweisung bejahend NIEDERER 282 f. Unentschieden BGE 77 II (1951) 115 ff. (nicht arbeitsverweisungsrechtlich); in BGE 61 II (1935) 18 (nicht arbeitsverweisungsrechtlich) sagt das Bundesgericht immerhin, daß in den europäischen Staaten die Rückverweisung überwiegend bejaht werde; in BG 81 II 393 wird sie abgelehnt, wenn das Vertragsstatut nach seinem Schwerpunkt ermittelt wurde.

[6] Vgl. VASSALLI-MONACO 64 ff.; MORELLI, Elementi 71.

[7] Ablehnend SPERDUTI in der Anm. Giur. comp. d. i. p. 7 (1941) 275.

[8] Revue critique d. i. p. 38 (1949) 167.

verweisung wohlgesonnen [9]. Unklar ist die Stellungnahme des *belgischen* Rechts; zahlreiche Entscheidungen sind für und wider ergangen [10]. In den *Niederlanden* wird die Rückverweisung überwiegend abgelehnt [11]. Die *englische* Rechtsprechung wiederum ist ihr überwiegend günstig gesinnt [12], doch gilt ihre Beachtung im internationalen Vertragsrecht als ausgeschlossen, wenn an den ausdrücklichen, stillschweigenden oder mutmaßlichen Willen der Parteien oder an den Schwerpunkt angeknüpft wird (s. unten Nr. 140): „zahllose Fälle des Vertrags-, Delikts-, Gesellschafts-, Wertpapier- usw. rechts sind ohne Berücksichtigung einer Rückverweisung nach dem sachlich anwendbaren Recht entschieden worden“ [13].

Wenn in den Abkommen der internationalen Arbeitsorganisation auf „das nationale Recht“ usw. verwiesen wird, so ist dies als Sach-, nicht als Gesamtverweisung zu verstehen; andernfalls könnte es dazu kommen, daß die Gerichte eines Unterzeichnerstaates kraft der Kollisionsnorm jenes „nationalen Rechts“ (und damit im Wege der Weiterverweisung) auf ein Arbeitsverhältnis das Recht eines dritten Staates anwenden, der das Abkommen nicht unterzeichnet hat und mithin seine Mindestbedingungen nicht einzuhalten verpflichtet ist: vgl. hierzu SIMON-DÉPITRE 50 ff.

§ 7

Ordre public

45. *Begriff und Name.* Erwägungen der öffentlichen Ordnung, des sogen. ordre public, spielen im Arbeitsverweisungsrecht eine große Rolle [1]. Der Ausdruck wird zur Bezeichnung verschiedener Dinge gebraucht.

Man versteht darunter einmal die jeder Verweisung auf ausländisches Recht innewohnende Einschränkung, daß die Anwendung der fremden

[9] Vgl. BATIFFOL 352 ff.; SAVATIER 244 ff.; LEREBOURS-PIGEONNIÈRE 320 ff.

[10] Vgl. im einzelnen POULLET 290, VROONEN 220 Nr. 156, die die Rückverweisung bejahen; DE VOS II 812 ff., der sie ablehnt; weiter SPANOGHE, Revue critique de droit belge 4 (1950) 344 f., 8 (1954) 57 f.; SCHOTTLAENDER 11 ff.

[11] Vgl. VAN BRAKEL 75 mit Nachweisen; KOSTERS 135 ff.; MULDER 94. A. A. (für die Rückverweisung) GINSBERGEN, N.J.B. 24 (1949) 848 Nr. 44 mit weiteren Stimmen für sie.

[12] Vgl. CHESHIRE 62 ff.; DICEY-MORRIS 64 ff.; WOLFF, Private International Law 192 ff.; GRAVESON 59 ff. Die englische Rechtsprechung folgt dabei der sogen. foreign-court-Theorie, die auf eine doppelte Rückverweisung dann hinausläuft, wenn auch der andere Staat, auf dessen Recht verwiesen wird, die Rückverweisung kennt.

[13] DICEY-MORRIS 73 f. und DICEY-KAHN-FREUND 721 f.; CHESHIRE 84 f.

[1] Vgl. zum ordre public im allgemeinen die Lehrbücher des internationalen Privatrechts, weiter: (immer noch aktuell) KAHN, Abhandlungen zum IPR I (1928) 161 ff.; DÖLLE (oben § 1 Anm. 10); NEUMEYER IV § 25; KRAMER, Ordre public und Arbeitsvertrag, Kölner Rechtswissenschaftliche Abhandlungen Heft 8 (1933).

Norm nicht zu einem im Einzelfall unerträglichen Ergebnis führen darf; insofern handelt es sich um eine Generalklausel, vergleichbar etwa den Formeln von Treu und Glauben oder vom Rechtsmißbrauch im inneren Recht. Diese Vorstellung vom ordre public als der Vorbehaltsklausel liegt Art. 30 EGBGB zugrunde. Sein Einschreiten bedeutet eine *Ausnahme von der Anwendung der an sich maßgeblichen Rechtsordnung*, in dem das Rechtsverhältnis seinen Schwerpunkt hat [1a].

Zum andern versteht insbesondere die romanische Wissenschaft unter ordre public auch eine *Eigenschaft bestimmter Sachnormen des forum*, durch die ihr Anwendungsbereich in Fällen mit Auslandsberührung in Abweichung von etwa bestehenden allgemeinen Verweisungsnormen bestimmt wird; meist in dem Sinn, daß die Norm wegen einer engen örtlichen Beziehung oder aus sonstigen Gründen, die ihrem Zweck entnommen werden, Anwendung verlangt. Hier spricht man vom ordre public in seiner positiven Funktion, eine solche Sachnorm heißt „loi d'ordre public", „règle d'ordre public" usw.

Diesen Sprachgebrauch, dem in seinen Ursprungsländern inzwischen von den besten Sachkennern abgeschworen worden ist, nachzuahmen, besteht kein Anlaß. Insbesondere bedarf es nicht der Anrufung des ordre public, um die Maßgeblichkeit öffentlichrechtlicher Vorschriften für die Arbeit im Gebiet (s. unten Nr. 164) zu begründen [2]. Ebensowenig besteht ein unlöslicher Zusammenhang zwischen dem ordre public und den zwingenden Vorschriften der lex fori [3].

Wenn in einem Zweig des Rechts eine gehäufte Berufung der Gerichte auf den ordre public zu beobachten ist, so handelt es sich dabei in Wahrheit häufig um die Herausarbeitung einer neuen Verweisungsnorm, um, wie FRANZ KAHN in seiner berühmten Formulierung sagte, den „unerkannten und unfertigen Teil des IPR". In solchen Fällen ist von dem mit der Berufung auf den ordre public sonst vielleicht verbundenen moralischen Werturteil keine Rede, es werden auch ausländische Normen, die mit den inländischen wesensgleich sind, zurückgedrängt [4].

Schließlich bezeichnet die romanische Fachsprache mit „ordre public interne" die Eigenschaft einer Norm als jus cogens, unabdingbares Recht. Mit dem Verweisungsrecht hat dies nichts zu tun.

[1a] Halt geboten wird einem im Einzelfall unerträglichen Ergebnis; ein Werturteil über die fremde Norm als solche oder gar über die fremde Rechtsordnung insgesamt wird nicht gefällt. Wenig glücklich formuliert deshalb SCHNORR VON CAROLSFELD, RdA 11 (1958) 203, den Gedanken des Art. 30 als Schranke für die vertragliche Vereinbarung fremden Rechts: unzulässig sei die Wahl einer Rechtsordnung, die „unserer sittlichen Grundanschauung völlig widerspricht".

[2] Vgl. GAMILLSCHEG, AcP 155 (1956) 55 Anm. 14; BEITZKE, Kollisionen A III 4.

[3] BEITZKE (vorige Anm.). [4] NEUMEYER IV 229; NUSSBAUM 64.

Die Italiener sprechen vom ordine pubblico, die Engländer von der public policy, die Niederländer vom openbare orde, dies ein Beispiel auch für uns, die Sprache nicht mit überflüssigen und dem Rechtsuchenden unverständlichen Fremdworten vollzupacken, wenn man ihrer so leicht wie im vorliegenden Fall entraten kann [5].

1. Der ordre public als Vorbehaltsklausel

46. Der ordre public in seiner Aufgabe als Vorbehaltsklausel, „Sicherheitsventil", gegenüber dem an sich anwendbaren ausländischen Recht, das im Einzelfall unerträgliche Ergebnisse zeitigen würde, ist allen Rechtsordnungen gemeinsam.

Das Recht des BGB enthält die ausdrückliche Norm des Art. 30 EGBGB. Im *österreichischen* allgemeinen internationalen Privatrecht fehlt zwar eine solche, doch haben Rechtsprechung und Rechtslehre den Begriff des ordre public in Anlehnung an § 81 Exekutionsordnung entwickelt. In § 18 der 4. Durchführungsverordnung zum Ehegesetz von 1938 ist dann eine dem Art. 30 EGBGB gleichlautende Bestimmung eingeführt worden, der als Ausdruck des allgemeinen Grundsatzes wohl auch über den Bereich des Familienrechts hinaus Bedeutung hat [6].

Auch in der *Schweiz* ist der ordre public nicht Gegenstand einer gesetzlichen Norm, hat aber in Lehre und Rechtsprechung im wesentlichen die gleiche Ausgestaltung erfahren wie im deutschen Recht [7].

Für *Italien* siehe Art. 31 d. p. [8]. In der italienischen Rechtslehre wird der ordre public, wie überall, eingehend behandelt [9]; in der Rechtsprechung wurde von ihm in reichlichem Maße, und zwar in den beiden (oben Nr. 45) genannten Bedeutungen, Gebrauch gemacht.

---

[5] Mit Recht wählt SCHNORR VON CAROLSFELD daher den Ausdruck „öffentliche Ordnung".

[6] Vgl. EHRENZWEIG 99; WALKER 280 ff.; WALKER-VERDROSS-DROSSBERG-SATTER 220 f.; BOLLA 21 ff.; SCHWIND, Der Begriff des ordre public im österreichischen Recht, Österr. Standesamt 5 (1951) 30 ff. (32).

[7] SCHNITZER I 226 ff.; OSER-SCHÖNENBERGER V/1 S. XL ff.; NIEDERER 284 ff.; NUSSBAUM, Lehrbuch 66 Anm. 3; GIESKER-ZELLER 133 ff.; GUTZWILLER, Der „ordre public" im schweizerischen Internationalprivatrecht, Festschrift Streit I (1939) 457 ff.

[8] Art. 31: „Ungeachtet der Bestimmungen der vorstehenden Artikel haben Gesetze und Akte eines fremden Staates, Satzungen und Rechtsgeschäfte irgendeiner Institution oder Vereinigung oder private Verfügungen und Vereinbarungen keine Wirkung im Staatsgebiet, wenn sie der öffentlichen Ordnung oder den guten Sitten widersprechen." Absatz 2: „Die korporative Ordnung ist integrierender Bestandteil der öffentlichen Ordnung" ist durch Dekret vom 14. 7. 1944 gestrichen worden (vgl. oben Nr. 20); MAKAROV, Quellen, Italien S. 8.

[9] VASSALLI-MONACO 74 ff.; MONACO, Lehrbuch 471 ff.; BALLADORE PALLIERI, Lehrbuch 116 ff.; MORELLI, Elementi 78 ff.; FEDOZZI, Lehrbuch 285 ff.; BOSCO 164 ff. und zahlreiches Sonderschrifttum, von dem RICHARD, Ordine pubblico, besonders erwähnt sei.

Die Rechtslehre sieht heute den ordine pubblico überwiegend als „die Grenze, die dem fremden Recht gesetzt ist" an, also als die Vorbehaltsklausel, deren Eingreifen nicht von dem Charakter der berufenen ausländischen (und schon gar nicht der ausgeschalteten inländischen) Norm abhängt, sondern von der nach Zeit und Ort verschiedenen Wirkung, die ihre Anwendung im Inland hervorrufen würde [10], wofern anderenfalls gewisse Grundlagen des staatlichen Daseins, „principi fondamentali", bedroht würden [11]. Die Vorbehaltsklausel soll nur in ganz beschränktem Umfang zur Ausschaltung des an sich anwendbaren Rechts führen [12], und zwar nur dann, wenn eine genaue Untersuchung des Einzelfalles ergibt, daß das Ergebnis sonst unerträglich wäre; nicht kommt es darauf an, ob die ausländische Norm als solche, in abstracto, einer italienischen grundlegenden Auffassung widerspreche. An die Stelle der in ihrer Wirkung anstößigen Norm trete die lex fori, aber nur soweit dies zur Vermeidung der Verletzung des ordre public nötig sei [13]. Bei der Beurteilung, ob eine Klausel des Arbeitsvertrages dem ordre public widerspricht, kommt es auf den Zeitpunkt der Entscheidung, nicht des Vertragsschlusses an [14].

Die Anwendung der lex fori auf Grund des ordre public darf nicht ihrerseits zu unbilligen Ergebnissen, insbesondere zur Häufung von Vor- oder Nachteilen auf seiten einer Partei führen: so etwa, wenn während der Dauer des Arbeitsvertrages im Hinblick

---

[10] Vgl. Vassalli-Monaco 77, wo der ordre public als „limite al funzionamento delle norme del d. i. p.", Giuliano 9, wo er als „Sicherheitsventil" bezeichnet wird; Balladore Pallieri, Lehrbuch 116 f.: „Der Begriff des ordre public, von dem wir hier reden ... hat nichts zu tun mit dem Begriff des ordre public, wie er dem Zivilrecht eigen ist... Dieser Begriff ist für unsere Zwecke völlig unverwertbar"; „nicht die fremde Norm als solche, sondern das Ergebnis, zu dem sie führt, kann mit unserem ordre public in Gegensatz geraten"; ders., Trattato V 318 f.: Gegen die Anwendung ausländischen Arbeitsrechts könne man sich nicht auf den ordine pubblico internazionale berufen, da man damit behaupten würde, daß die ausländische Norm die juristischen Fundamente des italienischen Staates verletzen würde. Ähnlich Morelli, Lehrbuch 12 und Elementi 78 ff., 155; Venturini, Lehrbuch 226 f.; Cereti, Dir. lav. 3 (1934) 793 f. (wenn auch in nicht ganz glücklicher Formulierung) u. a.

[11] Sehr klar Richard, „Anmerkung" 123 f.

[12] Anders Bosco 410, der als Gegengewicht gegen die von ihm zugestandene Unterstellung der privaten Teile des Arbeitsvertrags unter die allgemeinen Regeln des IPR an das „häufige Eingreifen" des ordre public erinnert.

[13] Vassalli-Monaco 78 mit weiteren Nachweisen in Anm. 2; Balladore Pallieri, Lehrbuch 120 f.; Richard, Ordine pubblico 345, 348; alle mit geringfügigen Abweichungen in der Formulierung.

[14] So Baldoni, Riv. d. i. 26 (1934) 564 f. gegen Mailand 15. 5. 1933, in welcher Entscheidung die Gültigkeit einer Schiedsabrede nach dem zur Zeit des Vertragsschlusses (1914, als Schiedsabreden unzulässig waren) und nicht nach dem im Zeitpunkt der Entscheidung (1933, als sich die Rechtslage durch den Beitritt Italiens zum Genfer Schiedsabkommen geändert hatte) maßgeblichen Recht beurteilt worden war.

darauf hohe Löhne bezogen wurden, daß eine Kündigungsentschädigung nach dem Arbeitsstatut nicht geschuldet werde, und wenn dann eine solche auf Grund des ordre public der lex fori doch zuerkannt wird. In solchen Fällen muß der Richter eine vergleichende Wertung aller der Leistungen vornehmen, die dem Arbeitnehmer zugeflossen sind, um festzustellen, ob der ordre public überhaupt einzugreifen hat [15].

Für *Frankreich* gilt Entsprechendes wie für Italien. An einer gesetzlichen Norm fehlt es. Die besten Sachkenner des internationalen Privatrechts sind seit längerem dazu übergegangen, mit „ordre public" nur mehr den Begriff der Vorbehaltsklausel zu bezeichnen. Das hindert nicht, daß insbesondere die Gerichte noch vielfach dem früher herrschenden Sprachgebrauch (s. unten Nr. 47 ff.) anhängen [16]. Gleiches gilt für *Belgien* [17].

Im *niederländischen* Recht ist der Begriff des ordre public derselbe wie im deutschen Recht [18]; man stützt sich zuweilen auf Art. 8 A. B. [19]. Bei Ausschaltung des fremden Rechts kraft ordre public tritt zunächst das ausgeschaltete Recht mit seinen anderen, nicht anstößigen Bestimmungen, erst hilfsweise die lex fori in die Lücke [20].

Auch der *englische* Begriff der „public policy" unterscheidet sich nicht von der deutschen Auffassung von der Vorbehaltsklausel. Die englische Rechtsprechung ist bei seiner Anrufung eher zurückhaltend [21].

2. *Die sogenannte „positive Funktion" des ordre public – Die „Polizeigesetze"*

47. Der ordre public in der Bedeutung, die ihm die frühere romanische Rechtslehre gegeben hat, hatte nicht die Aufgabe, fremdes anstößiges Recht auszuschalten, sondern entgegen der sonstigen Verweisungsregel die Anwendbarkeit einer eigenen Norm zu begründen, die damit den Namen eines „ordre public-Gesetzes", einer „loi d'ordre public", „legge di ordine pubblico", verliehen erhielt. Die Rede ist dabei, wohlgemerkt, von einer Norm des sachlichen Rechts – also hier des Arbeitsrechts –,

---

[15] So zutreffend Richard, Ordine pubblico 348 f.

[16] Niboyet, Traité III 488 ff. Nr. 1020 ff.; Batiffol, Traité 412 ff.; Kronheim 42; vgl. Art. 23 Entwurf und Makarov, Der allgemeine Teil des IPR im Entwurf des neuen französischen Kodifikationswerks, Festschrift Martin Wolff (1952) 258.

[17] De Vos I 31 ff.; Poullet 379 ff.; Schottlaender 14 ff.

[18] Van Brakel 83 f.; Mulder 69 ff.

[19] Art. 8: „Die Strafgesetze und die polizeilichen Verordnungen sind für alle, die sich auf dem Staatsgebiet befinden, verbindlich."

[20] Van Brakel 95.

[21] Dicey-Morris 12 ff.; Cheshire 150 ff.; Graveson 483 ff.; Wolff, Private International Law 176 ff. (180 ff.); Kahn-Freund, Reflexions on public policy in the English conflict of laws, Verhandlungen der Grotius Society 1958, 39 ff.

nicht von einer Norm des Verweisungsrechts. Daß sich hinter diesem Ausdruck eine Vielzahl verschiedener Erscheinungen, insbesondere Teile des öffentlichen Rechts und solche privatrechtlichen Vorschriften verbargen, für die eine gesonderte Anknüpfung angemessen erschien, hat bereits Franz Kahn erkannt, der, wie erwähnt, vom ordre public als dem unerkannten und unfertigen Teil des internationalen Privatrechts sprach. So ist das Wort vom „ordre public international" namentlich für die (insbes. italienischen und französischen) Gerichte ein beliebtes Mittel geworden, mit der man einer als richtig gefühlten Anknüpfung eine Begründung zu geben vermeint. Auch bei Schriftstellern findet es sich im Sinn von einer durch das gewöhnliche Kollisionsrecht nicht erfaßten Norm immer wieder [22].

Der Ausdruck ist nun unschädlich, solange man sich über den Unterschied zum Begriff des ordre public als Vorbehaltsklausel im klaren ist, aber er läßt den Grund der Anknüpfung ungenannt: auch eine „loi d'ordre public" greift in der Regel nur ein, wenn eine gewisse (örtliche oder persönliche) Binnenbeziehung gegeben ist, deren Klarstellung und Herausarbeitung durch die Anrufung des ordre public nicht entbehrlich wird. Im Arbeitsrecht ist dies ganz überwiegend der Arbeitsort im Inland; in sehr viel schwächerem Maße die Staatsangehörigkeit des Arbeitnehmers (Erstreckung inländischer Schutznormen auf Arbeitsverhältnisse von Inländern im Ausland, vgl. unten Nr. 57); noch seltener der Geschäftssitz des Arbeitgebers (Pflicht zur Einhaltung eines nicht unterschreitbaren Mindeststandards durch Arbeitgeber mit Sitz im Inland auch zugunsten von ausländischen Arbeitnehmern an ausländischem Arbeitsort).

48. Vielfach ungeschieden von der Formel des ordre-public-Gesetzes wird weiter der Begriff des sogen. *Polizeigesetzes,* loi de police et de sureté, legge di polizia, verwendet. Er geht hervor aus Vorschriften wie Art. 3 des französischen und belgischen Code civil, Art. 28 der italienischen disposizioni preliminari, Art. 8 Algemeene Bepalingen, wonach Sicherheits-, Straf- und Polizeigesetze alle die verbinden, die sich im Staatsgebiet befinden; im wesentlichen verbirgt sich hinter diesem Begriff das öffentliche Recht, aber allzu häufig gerät auch privates zwingendes

---

[22] Vgl. statt vieler Massart 410; Gemma 154; Durand-Jaussaud I 210: „Il serait pas plus exact de considérer que le droit français du travail est dans son ensemble d'ordre public international. La loi d'ordre public est une règle exceptionnelle de compétence ..." usw.

Recht, das man auf einen Sachverhalt mit enger Inlandsbeziehung angewandt sehen will, darunter.

Wieder um eine Schattierung verschieden hiervon ist der namentlich von ARMINJON herausgearbeitete Begriff des „politischen Gesetzes“ [23].

49. Gerade im Arbeitsrecht findet man häufig die Ansicht vertreten, daß die Arbeitsgesetze als „Gesetze der öffentlichen Ordnung“ unabhängig von sonstiger Anknüpfungsregel Anwendung finden. Dies gilt von der Rechtslehre des deutschen Rechtskreises nur in geringem, von der romanischen Lehre dagegen in sehr starkem Maße.

In *Österreich* und in der *Schweiz* finden sich gewisse Anklänge, vgl. für Österreich LENHOFF 777 ff.; zu weit geht es jedoch auch aus österreichischer Sicht, mit SCHWIND (oben Anm. 6) zu sagen, daß alle die ausländischen Gesetze dem österreichischen ordre public widerstreiten würden, die „arbeitsrechtliche oder soziale Schutzvorschriften ... mißachten“; tatsächlich würde dies in Abweichung von den allgemeinen Regeln und auf dem Umweg über den ordre public die Anwendbarkeit österreichischen Rechts (bei österreichischem Arbeitsort, wie zu ergänzen ist) bedeuten, vgl. unten Nr. 119 f.

Anklänge an den Gedanken von der positiven Funktion des ordre public in der Schweizer Rechtslehre und Rechtsprechung [24] sind es, wenn etwa OSER-SCHÖNENBERGER im Anschluß an GIESKER-ZELLER die Vorschriften des Schweizer Rechts für immer anwendbar erklärt, die „im Dienst der allerwichtigsten Interessen stehen“, „die zu den Grundpfeilern des öffentlichen Wohls gehören“, „ein Kardinalprinzip des Schweizer Rechts verkörpern“ [25]. Zwar hätten nicht alle zwingenden Vorschriften des Privatrechts solchen ausschließlichen Charakter, wohl aber einige Vorschriften des Dienstvertragsrechts, zu denen die Verfasser auch die Schweizer Vorschriften über Wettbewerbsabreden (s. unten Nr. 207 f.), über die Fürsorgepflicht des Arbeitgebers hinsichtlich des Gefahrenschutzes (s. unten Nr. 212, 214) und über das Recht zur fristlosen Kündigung des Dienstvertrages (s. unten Nr. 306, 322) zählen.

In *Italien* war in der faschistischen Zeit die Ansicht herrschend, daß die Arbeitsgesetze als „Polizei“- oder „ordre public-Gesetze“ auf alle Arbeit Anwendung finden, die in Italien geleistet wird; nunmehr will man jedoch den Begriff des ordre public wieder auf seine Abwehrfunktion als

[23] Vgl. zuletzt Annuaire de l'Institut de droit international 45 II (1954) 228 ff.

[24] Vgl. hierzu KUTTLER, Zur Frage der Beschränkung der Funktion des ordre public im internationalen Privatrecht, SJZ 47 (1951) 149 ff. (151).

[25] OSER-SCHÖNENBERGER (oben Anm. 7) im Anschluß an GIESKER-ZELLER 153 ff.

Vorbehaltsklausel beschränkt wissen [26]; mehrfach wird von italienischer Seite auch darauf hingewiesen, daß die Berufung auf den ordre public logischerweise dazu führen müsse, auch Arbeiten im Ausland unter das italienische Recht zu ziehen [27]. Freilich ist diese Beweisführung nicht stichhaltig: sie übersieht, daß die ordre-public-Eigenschaft einer Norm des Arbeitsrechts nicht schlechthin zur Anwendung als lex fori führt, sondern eine Binnenbeziehung voraussetzt, die bei Arbeit im Ausland nicht gegeben zu sein braucht.

Bei einigen Forschern ist die Neigung zu verzeichnen, die Berufung auf die Verfassung von 1947 an die Stelle der Berufung auf die Carta del Lavoro zu setzen, um damit zu im Wesen gleichen Ergebnissen zu gelangen, im einzelnen s. hierüber unten Nr. 128.

In *Frankreich* sind die Gerichte nach wie vor geneigt, unter der Sammelbezeichnung „loi d'ordre public" alle möglichen arbeitsrechtlichen Gesetze, auch solche des öffentlichen Rechts, zusammenzufassen, wenn sie Anwendung als lex fori oder lex loci verlangen [28]. Andererseits liegt den Entscheidungen, die sich auf den ordre public berufen, vielfach eine fremdenrechtliche Fragestellung zugrunde: es wird nicht gefragt, welches Recht anwendbar ist, sondern ob das – als anwendbar unterstellte – Gesetz auch Ausländer verpflichte oder begünstige.

Die *belgische* Rechtsprechung hat sich mit der Heranziehung des ordre public stark zurückgehalten; abgesehen von zwei vereinzelt gebliebenen Entscheidungen [29] wurde mehrfach gesagt, daß das belgische Arbeitsrecht als Ganzes nicht zum Bereich des „ordre public international" gehöre [30]. Ausgenommen hiervon sind solche Bereiche, die auch nach deutscher Auffassung im allgemeinen zum öffentlichen Arbeitsrecht zählen; De Vos II

---

[26] So Richard, Ordine Pubblico 337.

[27] Balladore Pallieri, Trattato V 318 f. (oben Anm. 10); Venturini, Studi Parmensi 323 ff. (324 f.); Richard, Ordine pubblico 334 f.; Morelli, Elementi 155.

[28] Vgl. Lerebours-Pigeonnière, Précis 280; Kronheim 42 und dort erwähnt ZG Seine 28. 11. 1931 und 27. 2. 1933, Clunet 61 (1934) 936 und 365, die Verträge als „ordre public-widrig" bezeichneten, die die Ausländergesetzgebung verletzten; Douai 5. 4. 1905: weil Art. 30 des Arbeitsunfallgesetzes von 1898 (s. unten Nr. 220) alle entgegenstehenden Parteiabreden für nichtig erkläre, handle es sich um eine „loi d'ordre public", mithin um eine „loi de police et de sureté" mit „territorialer" Wirkung.

[29] ArbG Antwerpen 23. 3. 1932: das Angestelltengesetz sei „d'ordre public international" und daher Teil des Realstatuts (!); dies ergebe sich aus der meist zwingenden Natur seiner Vorschriften (in dem zu entscheidenden Fall lag aber auch der Arbeitsort in Belgien); ArbG Antwerpen 18. 10. 1933.

[30] HandG Brüssel 19. 3. 1926; BerArbG Mons 6. 2. 1932; implicite HandG Antwerpen 9. 12. 1932; alle drei Entscheidungen betreffen Ansprüche aus ungerechtfertigter Kündigung nach dem AngG. Ebenso auch Dubois-Clavier, Clunet 63 (1936) 205 f.

710 zählt zu den „sozialpolitischen Gesetzen", „lois de police sociale", die zum „ordre public" gehören, die Vorschriften über: Zahlung des Lohnes in Geld, Betriebsordnung, Sicherheit und Hygiene der Arbeit, Messung des Arbeitsergebnisses, Arbeitsunfälle, Sonntagsruhe, Frauen- und Kinderarbeit, Arbeitszeit, Berufskrankheiten, Urlaub, Heimarbeit und Altersversicherung. Diese Vorschriften sollen nach Ansicht von De Vos für alle Arbeiten im belgischen Staatsgebiet gelten, aber auch in Arbeitsverträge eingehen, die im Ausland erfüllt werden, soweit sie belgischem Recht unterliegen. Hier wird man wohl aber auch für Belgien noch unterscheiden müssen. Nach Ansicht des HandG Brüssel 19. 3. 1926 gehört zum belgischen ordre public die (in Art. 27 strafrechtlich gesicherte) Vorschrift des Art. 26 AngG (seit dem Gesetz vom 20. 7. 1955: Art. 32 und Art. 33), daß das vom Arbeitnehmer geleistete Standgeld bei dort näher bezeichneten Kreditinstituten zu hinterlegen ist, vgl. unten Nr. 282.

Auch im *niederländischen* Recht arbeitet man mit dem ordre public in seiner positiven Funktion. Doch ist die Rechtsprechung hier ähnlich zurückhaltend wie in Belgien; insbesondere wurde entschieden, daß die Vorschriften des Burgerlijk Wetboek über den Arbeitsvertrag nicht insgesamt zum niederländischen ordre public gehörten, daß mithin die Anwendung ausländischen Arbeitsrechts auch dann möglich ist, wenn deshalb niederländische Vorschriften zwingenden Charakters zurücktreten müssen [31]. Ebenso wurde entschieden, daß die Vorschrift des Art. 75 b II Wetboek van Koophandel [32] zwar zwingend, aber nicht „d'ordre public" sei, was im gegebenen Fall zu ihrer Ausschaltung zugunsten des anwendbaren Schweizer Rechts führte [33].

Gehören die Vorschriften über die Vertragsstrafe zum niederländischen ordre public? Man möchte es meinen, wenn man die Gründe in Rb. Rotterdam 8. 12. 1913 liest: die Gültigkeit einer Vertragsstrafklausel in einem Arbeitsvertrag unter deutschem Arbeitsstatut wurde zwar nach deutschem Recht beurteilt, jedoch hinzugefügt, daß die Vertragsstrafe auch nach niederländischem Recht geschuldet würde.

Auch der *polnische* OGH 6. 4. 1932 [34] hat die Arbeitsgesetze als zum o. p. gehörig bezeichnet.

---

[31] Rb. Amsterdam 22. 12. 1911.

[32] Diese Norm bestimmt in Verbindung mit Art. 75 p zwingend, daß Provision geschuldet ist, wenn die Nichtausführung des vom Agenten vermittelten Geschäfts dem Unternehmer zuzurechnen ist; vgl. hierzu Laufke, RabelsZ 17 (1952) 42.

[33] Rb. Amsterdam 9. 1. 1952.

[34] Giur. comp. d. i. p. 6 (1940) 109 (Fenichel).

3. Einzelfälle

50. Der ordre public greift ein bei krasser *Zurücksetzung* einzelner Arbeitnehmer aus Gründen der *Rasse, Religion, Volkszugehörigkeit* usw. So hat das *Schweizer* BG 17. 9. 1937 [35] die Anerkennung einer Entlassung aus Gründen der deutschen Rassegesetzgebung verweigert; ebenso widerspricht die Auflösung des Arbeitsvertrags durch staatlichen (tschechischen) Eingriff nur wegen der (deutschen oder ungarischen) Volkszugehörigkeit des Arbeitnehmers dem *österreichischen* ordre public: OGH 3. 10. 1951 und 25. 10. 1955 [36]; ebenso die Entziehung des wohlerworbenen Pensionsanspruches wegen eines Auslandsaufenthaltes von längerer als dreimonatiger Dauer, wenn der Berechtigte als (ungarischer) politischer Flüchtling zur Emigration gezwungen ist: OGH 19. 12. 1956, anders dagegen die (wenig einsichtige) Unterentscheidung OLG Wien 3 R 328/56.

Das Eingreifen der Vorbehaltsklausel setzt hier wie sonst eine gewisse Binnenbeziehung voraus, die entweder durch die deutsche Staatsangehörigkeit oder Volkszugehörigkeit oder durch den Umstand vermittelt wird, daß deutsches Recht Arbeitsstatut war. Ob darüber hinaus die Vorbehaltsklausel auch eingreift, wenn außer der Tatsache der Klageerhebung im Inland keine Beziehung zur Bundesrepublik besteht, kann nur von Fall zu Fall entschieden werden. Vielfach werden dann auch Eingriffe von hoher Hand in das Arbeitsverhältnis nach Art der tschechoslowakischen Dekrete nicht anders als sonstige öffentlichrechtliche Vorschriften zu behandeln sein (hierzu unten § 11).

Wenn der ordre-public-Einwand durchgreift, wird es meist genügen, den Arbeitnehmer so zu behandeln, als bestünde die diskriminierende Eigenschaft nicht, also auf ihn das gemeine ausländische Arbeitsrecht anzuwenden. Nur wenn das nicht durchführbar ist, tritt an seine Stelle das Arbeitsrecht des Forum [37].

51. Der Grundsatz der *Gleichheit aller vor dem Gesetz* wird in den meisten Fällen ein grundlegendes Anliegen der Gerechtigkeit darstellen, so daß ein Verstoß gegen ihn dem ordre public widersprechen würde. Aber auch hier hängt alles vom Einzelfall ab, und keineswegs können die deutschen Gerichte sich für berufen erachten, den Gleichheitsgrundsatz auch in Fällen durchzusetzen, die zum deutschen Bereich in keiner Beziehung stehen.

Unterschiede, die wegen der Staatsangehörigkeit des Arbeitnehmers gemacht werden, werden vom Gleichheitsgrundsatz nicht getroffen. Ausländergesetzgebungen – die zum Fremdenrecht gehören und hier nicht zu

[35] Lt. KRONHEIM 44 f. [36] Zustimmend SCHWIND, JBl. 78 (1956) 133.
[37] Vgl. NEUMEYER IV 239; II 694 (bei Schlechterbehandlung als Ausländer).

untersuchen sind – sind vielen Rechten bekannt; hier ist es die fremde Staatsangehörigkeit, die die Zurücksetzung vor den einheimischen Arbeitnehmern rechtfertigt. Das ändert nichts daran, daß eine stärkere Freizügigkeit und Gleichstellung, zu der völkerrechtliche Ansätze bereits vielfach vorhanden sind, wünschenswert wäre und dem Zug der Zeit entspricht.

Auch eine *Ungleichbehandlung der Frau* im Arbeitsrecht gibt nur dann Anlaß zum Eingreifen des Art. 30 EGBGB, wenn eine genügend enge Binnenbeziehung gegeben ist und sonst das Ergebnis unerträglich wäre. Zur Lohngleichheit der Frau s. unten Nr. 260.

52. Das Schulbeispiel für ein ausländisches Recht, dessen Anwendung im Inland durch den ordre public verboten würde, bilden die Rechtssätze, die *lebenslängliche Bindung* des Arbeitnehmers gestatten würden (wie etwa im englischen Recht, vgl. unten Nr. 197) [38]. An die Stelle der Unauflöslichkeit tritt die Fünfjahresfrist des § 624 BGB.

Überschreitungen der Höchstdauer des Arbeitsvertrages, wie sie in § 624 BGB vorgesehen ist (s. hierzu unten Nr. 197) bilden hingegen noch nicht deshalb einen Verstoß gegen den ordre public (unten Nr. 198).

53. Übermäßige Verpflichtungen in *Wettbewerbsabreden* können Anlaß zum Eingreifen des ordre public bieten. Grundsätzlich gehört die Wettbewerbsabrede zum Bereich des Arbeitsstatuts (s. unten Nr. 208). Art. 30 EGBGB muß dann eingreifen, wenn die Bindung des Arbeitnehmers von unbilliger Dauer, gar lebenslang, oder mit unnötig drückendem Beiwerk verbunden sein sollte. Ob dies der Fall ist, ist unter Berücksichtigung der Auslandsbeziehung zu ermitteln. Keinesfalls bilden die deutschen gesetzlichen Schranken absolute Maßstäbe, die das deutsche Gericht immer oder immer, wenn es sich um Arbeit im Inland oder um einen deutschen Arbeitnehmer handelt, durchsetzen müßte. Auch hier sind es nur die krassen Fälle, denen mit dem ordre public zu begegnen ist, während bei geringeren Abweichungen die Regelung des Arbeitsstatuts anwendbar bleibt.

Dagegen hat OLG Hamburg 6. 4. 1907 [39] die Wettbewerbsbeschränkung mit dreijähriger Dauer, die ein Fettkoch in seinem französischem Recht unterliegenden Arbeits-

[38] Ebenso für *Italien* RICHARD, Ordine pubblico 353; für *Frankreich* SAVATIER 238; FREYRIA 21; für die *Niederlande* VAN BRAKEL 98. Dagegen überläßt es das Gericht erster Instanz Athen, 1934 Nr. 3718, Clunet 63 (1936) 682, dem ägyptischen Arbeitsstatut zu entscheiden, ob ein Arbeitsvertrag auf Lebenszeit gültig ist.

[39] Zustimmend NUSSBAUM 273 Anm. 1; LEWALD 244; KRONHEIM 40; ablehnend RABEL II 578 Anm. 100; BEITZKE, Kollisionen A III 4 nennt die Entscheidung „reichlich weitgehend".

vertrag eingegangen war, wegen Überschreitung der deutschen Höchstgrenze von zwei Jahren mit dem Hinweis auf den ordre public aufgehoben. Damit wird der Begriff des ordre public überspannt.

Auch in der *englischen* Entscheidung *Rousillon* v. *Rousillon* (1880), 14 Ch. D. 351 ff., wurde der ordre public zur Ausschaltung einer nach dem Arbeitsstatut wirksamen Wettbewerbsabrede berufen. Es handelte sich um das Arbeitsverhältnis des Handlungsreisenden einer französischen Champagnerfirma, der England, Schottland und (einmalig) auch Holland bereist hatte. Wohnsitz und Staatsangehörigkeit beider Parteien waren französisch, als Arbeitsstatut wurde französisches Recht angesehen, da der Arbeitsvertrag in Frankreich geschlossen worden war; es war ein zweijähriges Wettbewerbverbot nach Ausscheiden vereinbart worden, das vom Arbeitnehmer nicht eingehalten wurde. In der Entscheidung wurde gesagt, der englische ordre public stehe der Durchsetzung eines Vertrages entgegen, welcher die englischen Grundsätze über den „restraint of trade" (s. unten Nr. 207) verletze [40].

Die Entscheidung ist nicht ohne gewissen Widerspruch geblieben [41]. Nach CHESHIRE 152 sollen die englischen Grundsätze über den „restraint of trade" nur eingreifen, wenn die Wettbewerbshandlung auf englischem Boden, nicht jedoch, wenn sie im Ausland vorgenommen wurde. (S. im übrigen unten Nr. 208.)

Zu ähnlichen *Schweizer* Stimmen s. oben Nr. 49 und unten Nr. 208.

53 a. RG 30. 10. 1926 schaltete in einem Fall, wo deutsche Seeleute in der Türkei unter Drohungen zum Verzicht auf Ansprüche gezwungen worden waren, das (wohl als Recht der Flagge) maßgebliche türkische Recht mit dem Einwand des ordre public aus, weil es eine *Anfechtung wegen Drohung* nicht kannte; deutsches Recht wurde an seine Stelle gesetzt.

54. Fehlende oder ungenügende *Entlohnung* wegen Mängel des Arbeitsvertrages (in Abweichung von dem in Art. 2126 ital. C. C. niedergelegten Grundsatz) ist nach (zu billigender) Ansicht von RICHARD, Ordine pubblico 353 f. Anlaß zum Eingreifen des ordre public. Als Beispiel führt der Verfasser die langjährige französische Praxis an, eine Pflicht des Arbeitgebers zur Lohnzahlung dann zu verneinen, wenn der Arbeitsvertrag mit dem ausländischen Arbeitnehmer wegen Verstoßes gegen die Ausländerbestimmungen (Fehlen der Arbeitskarte) nichtig war.

55. Zur Hinterlegung des Standgeldes nach *belgischem* Recht, zum Ausgleichsanspruch des Handelsvertreters und zur *Vertragsstrafe* nach *niederländischem* Recht s. oben Nr. 49 a. E.

---

[40] „It seems to me almost absurd to suppose that the courts of this country should enforce a contract which they consider to be against public policy simply because it happens to be made somewhere else" sagt Richter FRY in der Entscheidung.

[41] DICEY-MORRIS 15 Anm. 46; ohne Kommentar bei WOLFF, Private Intern. Law 266 und GRAVESON 488.

56. Ein Recht, das dem *Ehemann* nicht gestattet, gegen die Tätigkeit seiner Frau in einem Varieté einzuschreiten, gefährdet die Autorität aller französischen Ehemänner und verstößt damit gegen den französischen ordre public: so ZG Seine 8. 4. 1930 [42]; s. unten Nr. 76.

57. Auch mangelnder *Kündigungsschutz* des ausländischen Rechts hat den ordre public auf den Plan gerufen. OLG Dresden 25. 1. 1907 will einem deutschen Handlungsgehilfen den Schutz des § 67 HGB kraft Art. 30 EGBGB auch dann zukommen lassen, wenn ausländisches Recht Arbeitsstatut ist und die Arbeit im Ausland geleistet wurde [43]; damit wird der Bogen allerdings wohl überspannt.

Auch daß Angestellte deutscher Zweigniederlassungen im Ausland den Schutz des Angestellten-Kündigungsschutzgesetzes von 1926 auf jeden Fall genießen sollen, weil die Anwendung ungünstigeren ausländischen Rechtes gegen den Zweck dieses Gesetzes verstoßen würde [44], geht in dieser Allgemeinheit zu weit und stellt eine petitio principii dar, da es ja gerade fraglich ist, ob das deutsche Gesetz den Schutz von Angestellten im Ausland bezweckt. Aus dem Gesetz selbst ist darüber nichts zu entnehmen. Haben sich die Parteien gültig einem fremden Recht – und zwar dem nächstliegenden, dem Recht des Arbeitsorts – unterworfen oder greift diese normale Anknüpfung ein, weil die Parteien etwas anderes zu verabreden versäumt haben, so hat auch der inländische Kündigungsschutz vor dem maßgeblichen fremden Recht zurückzutreten, es sei denn, dieses bliebe in seinen Schutzmaßnahmen gänzlich zurück. (Anders ist die Lage natürlich, wenn deutsches Recht Arbeitsstatut ist. Im übrigen vgl. unten Nr. 309.)

LAG Berlin 26. 10. 1931 bemüht den ordre public für den umgekehrten Fall, daß ohne sein Eingreifen ein Arbeitsverhältnis unkündbar wäre.

Der Kläger, ein Angestellter der sowjetischen Handelsvertretung in Berlin und sowjetischer Staatsangehöriger, war fristlos entlassen worden, weil er sich weigerte, in die UdSSR zurückzukehren. Nach Ansicht des Gerichts war das Arbeitsverhältnis sowjetischem Recht zu unterstellen, dieses habe aber eine fristlose Entlassung aus solchem Grunde überhaupt nicht gestattet, woraus das Gericht schloß, daß das Arbeitsverhältnis unkündbar gewesen sei. Die Unkündbarkeit widerspreche aber dem Zweck der Kündigungsbestimmungen des BGB und HGB, dem „Prinzip der nach deutschem Recht grundsätzlich bestehenden Lösbarkeit" des Arbeitsvertrages, weshalb doch deutsches Recht (§ 66 HGB) anzuwenden sei.

Ob die Auslegung, die das Gericht dem sowjetischen Recht gegeben hat, zutreffend war, kann hier nicht untersucht werden. War sie es, dann war die Unkündbarkeit m. E. zu berücksichtigen, denn BGB und HGB verfolgen ihre Zwecke nur bei deutschem Recht unterliegenden Arbeitsverhältnissen, und ob allgemeine Erwägungen grundsätzlich gegen die Unkündbarkeit eines Arbeitsvertrages sprechen, ist mehr als zweifelhaft (vgl.

---

[42] Zustimmend im Ergebnis, ablehnend in der Begründung NIBOYET, Traité VI/1 67 f.

[43] Zustimmend WOLFF, Lehrbuch 66 Anm. 20; ablehnend NUSSBAUM 274 Anm. 1.

[44] So SITZLER-GOLDSCHMIDT, Anm. 7 b zu § 1 und dort angeführt BAUM, Kommentar zum Gesetz über die Fristen für die Kündigung von Angestellten (1929) S. 32 (s. unten Nr. 309).

§ 16 IV TOA). Aber selbst wenn das zutrifft, hätte an die Stelle der Unkündbarkeit die sowjetische (und nicht die deutsche) ordentliche Kündigungsfrist treten müssen.

Belgische Entscheidungen (oben Anm. 30) haben sich mit der Anrufung des ordre public zur Ausschaltung ausländischen Kündigungsrechts stärker zurückhalten.

58. NIBOYET hält in seiner Anmerkung zu Paris 16. 3. 1925 (unten Nr. 129) die Anwendung des an sich maßgeblichen Rechts für einen Verstoß gegen den französischen ordre public, wenn es um die Entschädigung für einen *Arbeitsunfall* geht und das (maßgebliche) Recht des Unfallorts keine Arbeitsunfallgesetzgebung kenne.

59. Manche Entscheidungen erklären gewisse ausländische Rechtssätze als mit der inländischen öffentlichen Ordnung *vereinbar*. So verstieß nach Ansicht des RAG 21. 12. 1932 nicht gegen den ordre public die Anwendung eines gewissen Drucks, sowjetische Staatsanleihe zu zeichnen, was im Gegenteil „einer moralischen Pflicht" entsprochen habe; entsprechend LAG Dortmund 18. 12. 1936.

Nicht als dem *österreichischen* ordre public widerstreitend wurde angesehen, daß das anwendbare ausländische Recht die Aufwertung einer Gehaltsforderung nicht kannte (OGH 19. 12. 1928) oder Entschädigung für nicht ausgenützte Feiertage oder geleistete Überstunden nicht gewährte (OGH 16. 9. 1930) oder einen Ausgleichsanspruch für Kundschaft, die der Handelsvertreter dem Geschäftsherrn zugeführt hat, entsprechend § 25 Handelsagentengesetz versagte (OGH 28. 5. 1934 und 12. 2. 1935).

Als mit dem *französischen* ordre public vereinbar erklärt wurde schließlich vom HandG der Seine 26. 7. 1934 ein Eingriff von hoher Hand in bestehende Pensionsverpflichtungen; auf Grund der im Zuge der Sanierung der österreichischen Staatsfinanzen 1933 ergangenen allgemeinen Einschränkungsmaßnahmen war das Ruhegehalt eines leitenden Angestellten, des Wiener Zweigstellenleiters einer französischen Bank, dessen Arbeitsvertrag österreichischem Recht unterlag, gekürzt worden. Bei der Anerkennung dieses Eingriffs mag wohl der Gedanke mitgespielt haben, daß die Gesundung der österreichischen Wirtschaft vornehmlich im Interesse der Gläubigerländer, zu denen auch Frankreich zählte, liege[45].

---

[45] Hierzu KRONHEIM 42 f.

3. Kapitel

Die Anknüpfungen

§ 8

Geschäftsfähigkeit

1. Geschäftsfähigkeit, insbesondere Arbeitsvertragsfähigkeit des Minderjährigen

a) Rechtsvergleichung

60. Wenige Verträge des täglichen Lebens werfen so oft die Frage der Geschäftsfähigkeit auf wie die Arbeits- und Lehrverträge, sind dies doch die einzigen Dauerschuldverhältnisse, bei deren Abschluß die Mitwirkung von Minderjährigen häufig ist. Die Unterschiede in den einzelnen Rechtsordnungen sind hier erheblich.

Dies gilt nicht so sehr für die *allgemeine Mündigkeitsgrenze,* die in der Regel bei 21 Jahren liegt [1], als für die Fähigkeit zum selbständigen Abschluß eines Arbeitsvertrages *(Arbeitsvertragsfähigkeit)* oder anderer damit zusammenhängender Einzelabreden. In einigen Ländern gelten auch hier die allgemeinen Regeln über die Verträge von Minderjährigen, die jedoch in ihrer verkehrshemmenden Wirkung durch zum Teil mehr oder weniger weitreichende Vermutungen entschärft werden (Frankreich, Belgien, Österreich). Die Niederlande haben die Zustimmungsbedürftigkeit besonders geregelt, Italien, Argentinien, Mexiko, Ecuador die Arbeits-

[1] Vgl. für *Österreich* § 21 ABGB, für *Italien* Art. 2 C. c., für *Frankreich* und *Belgien* Art. 488 C. c., für die *Niederlande* Art. 353 BW. In *England* ergibt sich die Mündigkeitsgrenze von 21 Jahren aus dem Common Law. In der *Schweiz* wird man mit 20 Jahren, Art. 14 ZGB, in *Argentinien* mit 22 Jahren, Art. 128 Código civil, volljährig.

Heirat macht mündig in der *Schweiz* und in den *Niederlanden;* in *Frankreich* und *Belgien* steht der verheiratete Minderjährige einem Emanzipierten gleich, Art. 476 C. c.

vertragsfähigkeit überhaupt herabgesetzt. In England fehlt es an festen Normen.

Weitergehend ist vielfach die Fähigkeit der Minderjährigen, eine *Wettbewerbsabrede* einzugehen, eingeschränkt, s. unten Nr. 207.

61. In *Österreich* kann sich der Minderjährige ab 14 Jahren selbständig zu Dienstleistungen verpflichten, bedarf aber, wenn er in Gewalt und Verpflegung der Eltern steht, der ausdrücklichen oder stillschweigenden Zustimmung des Vaters; Vormund oder Vater können den vom Minderjährigen selbständig geschlossenen Arbeitsvertrag aus wichtigem Grunde lösen, §§ 152, 246 ABGB [2]. Minderjährige unter 18 Jahren bedürfen zur Eingehung eines *Bühnendienstvertrages* der Genehmigung des gesetzlichen Vertreters, § 3 SchauspielerG; diese Vorschrift wird von HÄMMERLE 137 und SACHERS 374 Anm 49 – wohl zu Unrecht – als „Formvorschrift" bezeichnet. Bei der Vereinbarung einer *Vertragsstrafe* sind auch ältere Minderjährige noch Beschränkungen unterworfen, siehe § 3 II SchauspielerG.

In der *Schweiz* sind besondere Bestimmungen für den Abschluß von Arbeitsverträgen nicht gegeben; für den Minderjährigen schließt an sich der gesetzliche Vertreter den Vertrag, doch kann der Minderjährige selbst ohne Mitwirkung des Inhabers der elterlichen Gewalt oder des Vormundes in ein Dienstverhältnis eintreten, wenn er urteilsfähig ist und seinem Verdienst mit Wissen und Willen der Eltern oder der vormundschaftlichen Behörde nachgeht, Art. 280, 295, 412 ZGB [3].

In *Italien* bestimmt Art. 3 C. c., daß der Minderjährige mit Vollendung des 18. Lebensjahres selbständig Arbeitsverträge eingehen und die sich daraus ergebenden Rechte geltend machen und Klagen erheben kann [4].

Bei Arbeitsverträgen, die vom gesetzlichen Vertreter für Minderjährige unter 18 Jahren abgeschlossen werden, verlangt ein Teil der italienischen Lehre die Zustimmung des Minderjährigen [5].

Das *französische* Recht kennt für den Abschluß des Arbeitsvertrags durch den Minderjährigen keine besonderen Vorschriften. Man nimmt an, daß er den Arbeitsvertrag selbständig, wenn auch nur mit Genehmigung seines gesetzlichen Vertreters, eingehen kann; diese wird vielfach sogar vermutet, wenn der gesetzliche Vertreter der Arbeitsleistung nicht widerspricht. Umgekehrt kann der gesetzliche Vertreter den Arbeitsvertrag nicht ohne Zustimmung des Minderjährigen schließen. Art. 110 C. Trav. marit. bestimmt, daß der Minderjährige nur für seinen ersten *Heuervertrag* der Zustimmung des gesetzlichen Vertreters, gegebenenfalls des Friedensrichters, bedarf [6].

[2] HÄMMERLE 125 f.; ADLER-HÖLLER, Anm. VIII zu § 1151 ABGB. Verpflichtungen des Minderjährigen von bedeutendem und unverhältnismäßigem Umfang müssen gem. § 233 ABGB vormundschaftsgerichtlich genehmigt werden: so etwa die Vereinbarung einer (in concreto) hohen Vertragsstrafe durch eine minderjährige Schauspielerin, OGH 12. 4. 1910, GLASER-UNGER N. F. 13 (1912) 310 Nr. 5029.

[3] SCHWEINGRUBER, Kommentar 23 f.

[4] Vgl. RIVA SANSEVERINO, Trattato II 93 f.; BARASSI, Elementi 84 f.; SANTORO-PASSARELLI 102 ff.

[5] RIVA SANSEVERINO 93 f. mit Nachweisen.

[6] Vgl. DURAND-VITU II 316 ff.; ROUAST-DURAND 400; BRUN-GALLAND 348 ff; RIVÉRO-SAVATIER 317 f., die darauf hinweisen, daß diese Vorschriften vielfach nur auf dem Papier stehen.

Nach *belgischem* Recht braucht der Minderjährige zur Eingehung des Arbeitsvertrages die ausdrückliche oder stillschweigende Genehmigung durch den gesetzlichen Vertreter; sie kann bei Verweigerung durch den Friedensrichter ersetzt werden, der auch dem Minderjährigen die selbständige Verwaltung des Lohns gestatten oder ihm hierfür einen Pfleger bestellen kann, Art. 34 ff. ArbeiterG, die über Art. 31 AngG auch für Angestellte anwendbar sind [7].

In den *Niederlanden* unterliegt der Abschluß des Arbeitsvertrages den allgemeinen Regeln der Art. 1356, 1366 f. BW; der Minderjährige, der den Arbeitsvertrag selbst schließt, muß im allgemeinen eine mündliche oder schriftliche Genehmigung vorweisen, und zwar gilt die mündliche Genehmigung nur in Ansehung eines bestimmten Arbeitsvertrages, muß in Anwesenheit des Arbeitgebers oder seines Stellvertreters erteilt werden und darf keine Bedingungen enthalten; eine schriftliche Genehmigung gilt allgemein; sie kann jedoch Einschränkungen enthalten, Art. 1637 g. Wenn der gesetzliche Vertreter der Meinung ist, daß der Arbeitsvertrag dem Minderjährigen nachteilig ist oder daß er nicht der Genehmigung entspricht, kann er sich an den Kantonsrichter des Kantons, wo der Minderjährige seinen „wirklichen Verbleib" (vgl. unten Nr. 349) hat, mit dem Antrag wenden, den Arbeitsvertrag des Minderjährigen aufzulösen, Art. 1639 m; die gleiche Befugnis hat die Staatsanwaltschaft, Art. 1639 n. Wird ein ohne Genehmigung geschlossener Arbeitsvertrag vier Wochen durch den Minderjährigen erfüllt, ohne daß der gesetzliche Vertreter Einspruch erhebt, so wird vermutet, daß er zu der Arbeit ermächtigt worden ist, Art. 1637 h [8].

In *England* fehlt es an besonderen gesetzlichen Vorschriften über die Verträge von Minderjährigen; nach common law sind Verträge, also auch Arbeitsverträge, von Minderjährigen unter 21 Jahren gültig, wenn sie ihm von Vorteil sind, sog. „necessaries"; ob dies der Fall ist, beurteilt sich nach der Gesamtheit der Vertragsbedingungen. Eine drückende und daher ungültige Bedingung kann den ganzen Vertrag zu Fall bringen; es ist aber auch schon entschieden worden, daß der Vertrag unter Streichung der drückenden Klauseln aufrechterhalten blieb, vgl. *Bromley* v. *Smith* [1909], 2 K. B. 235: Gültigkeit einer vom Minderjährigen eingegangenen Wettbewerbsabrede. Arbeitsverträge, die dem Minderjährigen abträglich sind, sind nicht eo ipso nichtig, sondern nur vernichtbar [9].

Das Recht von *Ecuador*, Art. 32 ArbGB, setzt die Arbeitsvertragsfähigkeit bei 18 Jahren fest; im Alter zwischen 14 und 18 Jahren bedarf der Minderjährige zum Abschluß des Arbeitsvertrags der ausdrücklichen Ermächtigung, die durch den gesetzlichen Vertreter, unter gewissen Voraussetzungen aber auch durch den Arbeitsinspektor erteilt wird.

Nach *mexikanischem* Recht hat der Minderjährige von 16 Jahren volle Arbeitsvertragsfähigkeit; im Alter zwischen 12 und 16 Jahren schließt er den Arbeitsvertrag selbst ab, bedarf aber der Zustimmung, die entweder vom gesetzlichen Vertreter oder von der Gewerkschaft oder von der örtlichen Schlichtungs- und Schiedsstelle oder von der örtlichen politischen Behörde erteilt werden kann [10].

Nach Art. 283 des *argentinischen* Zivilgesetzbuchs können Minderjährige ab 14 Jahren ihren Arbeitsvertrag selbständig abschließen, Lanfranchi 31 f.

---

[7] Vgl. Goethem-Geysen 58, 131. [8] Vgl. Molenaar II A 43 ff.

[9] Vgl. Cooper 26 ff.; Batt-Vaines 29 ff.; zu den Verträgen von Minderjährigen im allgemeinen neuestens s. Treitel, Law Quarterly Review 73 (1957) 194 ff.

[10] De la Cueva I 504.

b) Geschäftsfähigkeit: anwendbares Recht

62. Die Arbeitsvertragsfähigkeit des Minderjährigen ist Teil seiner allgemeinen Geschäftsfähigkeit und unterliegt daher, vorbehaltlich einer Rückverweisung, Art. 27 EGBGB, dem Recht des Staates, dem der Arbeitnehmer angehört, Art. 7 EGBGB [11]. Ausländer, die nach ihrem Heimatrecht volljährig oder arbeitsvertragsfähig sind, können sich demnach gültig verpflichten, auch wenn die Arbeit in Deutschland zu leisten ist und wenn sie es nach deutschem Recht nicht könnten.

Ein achtzehnjähriger Italiener kann also einen Arbeitsvertrag auch entgegen dem ausdrücklichen Verbot seines gesetzlichen Vertreters schließen.

Ausländer, die nach ihrem Heimatrecht nicht arbeitsvertragsfähig sind, können sich grundsätzlich auch im Inland nicht verpflichten. Doch wird dieser Grundsatz durch die Ausnahme des Art. 7 III EGBGB zugunsten des inländichen Verkehrs eingeschränkt; auch Arbeitsverträge fallen unter diese Vorschrift [12].

Wenn in Absatz III von „Vornahme eines Rechtsgeschäfts im Inland“ gesprochen wird, so scheint es allerdings geboten, dies auf den Ort der Arbeitsleistung zu beziehen, auch wenn der Arbeitsvertrag selbst anderswo geschlossen worden ist [13]; eine nicht ganz selbstverständliche Auslegung, die sich aber aus dem Gedanken rechtfertigt, daß Art. 7 III im Hinblick auf die Verkehrsgeschäfte des täglichen Lebens formuliert worden ist und daß das Schwergewicht bei Dauerschuldverhältnissen ungleich mehr beim Erfüllungsort als beim Abschlußort liegt. Wird also ein minderjähriger, nach deutschem Recht jedoch arbeitsvertragsfähiger Ausländer in Deutschland für eine ausländische Arbeitsstelle angenommen – man denke an eine Anwerbung in einem Ausländerlager –, so greift Art. 7 III EGBGB m. E. nicht ein, wohl aber dann, wenn derselbe Ausländer im Ausland für eine Arbeit in Deutschland angeworben wird.

Ausländer, die nach ihrem Heimatrecht minderjährig, nach deutschem Recht hingegen volljährig oder zur Eingehung von Arbeitsverträgen fähig sind, können sich demnach zur Arbeit in Deutschland wirksam verpflichten.

Für die allgemeine Mündigkeitsgrenze ist die Frage weitgehend gegenstandslos, da das vom deutschen Recht geforderte Alter von 21 Jahren ohnehin an der oberen Grenze liegt. Art. 7 III wird hier seine Bedeutung wieder erhalten, wenn auch in der Bundesrepublik das Mündigkeitsalter herabgesetzt werden sollte, wie es etwa in der sowjetischen Besatzungszone bereits der Fall ist.

---

[11] Vgl. hierzu die Lehrbücher des IPR; weiter namentlich PAGENSTECHER, Zur Geschäftsfähigkeit der Ausländer in Deutschland, RabelsZ 15 (1949/50) 189 ff.; BEITZKE, Kollisionen B IV 1; SCHNORR VON CAROLSFELD 53; KAUFMANN 6; OLG Düsseldorf 5. 5. 1909.

[12] Vgl. das Beispiel von PAGENSTECHER (vorige Anm.) 193.

[13] Zustimmend BEITZKE, Kollisionen B IV 1.

Dem Minderjährigen steht gleich, wer im Ausland aus einem Grund entmündigt wurde, den das deutsche Recht nicht kennt. So erhält nach Schweizer Recht (Art. 371 ZGB) einen Vormund, wer zu einer längeren Gefängnisstrafe verurteilt worden ist. Bricht der Gefangene aus dem Gefängnis aus und nimmt er in Deutschland eine Arbeit an, so steht seiner Berufung auf die Beschränkung seiner Geschäftsfähigkeit – etwa um eine Wettbewerbsabrede zu Fall zu bringen – Art. 7 III entgegen [14].

Im Bereich des Haager Entmündigungsabkommens vom 17. 7. 1905 ist Art. 7 III EGBGB unanwendbar; es bleibt bei der Maßgeblichkeit des Heimatrechts des Entmündigten. Das Abkommen ist zur Zeit im Verhältnis zu Schweden, Italien und den Niederlanden in Kraft [15].

Das Zusammenwirken von Art. 7 I und III hat mithin zur Folge, daß das jeweils verkehrsgünstigere Recht zum Zuge kommt. Art. 7 III gilt auch, wenn das ausländische Recht an eine dem Minderjährigen erteilte allgemeine Ermächtigung nach Art von § 113 BGB geringere Wirkungen knüpft, als sie dem deutschen Recht bekannt sind [16].

Die eben entwickelten Grundsätze betreffen die Arbeit von Ausländern in der Bundesrepublik. Sie lassen sich auf die Fähigkeit minderjähriger Deutscher zur Eingehung von Arbeitsverträgen im Ausland nicht übertragen. Diese beurteilt sich immer nach den deutschen Gesetzen. Zwar kennt auch das Ausland Bestimmungen zum Schutz des Verkehrs ähnlich Art. 7 III EGBGB, wie gleich (unten Nr. 64 ff.) darzustellen sein wird, doch wird die Ausdehnung des Sondersatzes des Art. 7 III zu einer allseitigen Verweisungsnorm von der Lehre abgelehnt [17]. Deutsche Gerichte müssen also einen minderjährigen Deutschen als minderjährig und damit nicht arbeitsvertragsfähig behandeln, auch wenn er in einem Lande kontrahiert bzw. – wenn man die obige Auslegung zugrundelegt – sich zur Arbeit in einem Lande verdingt hat, nach dessen Recht er volljährig wäre; und dies gilt auch für minderjährige Ausländer aus dritten Staaten.

Vom Standpunkt des geltenden Rechts ist gegen diese Lösung, obwohl sie dem Entscheidungseinklang Abbruch tut, wohl nichts zu sagen. Für die allgemeine Mündigkeitsgrenze wäre es freilich zu verantworten, wenn man die Geschäftsfähigkeit zur Eingehung des Arbeitsvertrags und sonstiger arbeitsrechtlicher Vereinbarungen nach dem Recht des Arbeitsorts beurteilen oder überhaupt aus Art. 7 III eine allseitige Verweisungsnorm machen wollte. Denn in den Grenzen von 18–21 Jahren, in denen die

---

[14] Beispiel von RAAPE, Kommentar 84.

[15] Vgl. PALANDT-LAUTERBACH, BGB (17. Aufl. 1958), Anhang zu Art. 8 EGBGB.

[16] RAAPE, Kommentar 83.

[17] RAAPE, Kommentar 84 mit Nachweisen älteren Schrifttums; ders., Lehrbuch 171; NUSSBAUM 120 Anm. 7; WOLFF, Lehrbuch 104 (mit Einschränkungen und Vorbehalten); irrig SCHNITZER I 281.

Mündigkeit im allgemeinen erreicht wird, spielt der Schutzgedanke keine Rolle mehr, erklären sich die Unterschiede der einzelnen Gesetzgebungen vielmehr nur geschichtlich. Dagegen hat der Schutzgedanke seine Berechtigung, sobald es sich um die besonderen Zugeständnisse handelt, die die Rechtsordnungen dem Minderjährigen zum Abschluß von Arbeitsverträgen machen. Gegenüber Rechten, die ihm hier weitergehende Fähigkeiten einräumen als das deutsche, muß sich der deutsche Minderjährige vor deutschen Gerichten auf sein Heimatrecht berufen können; der Schutz des ausländischen Verkehrs tritt demgegenüber zurück.

63. Auch wenn das Wirkungsstatut für die Eingehung eines Rechtsgeschäfts volle Geschäftsfähigkeit nicht vorsieht, entscheidet es das Heimatrecht, ob die Person sich wirksam verpflichtet hat; die abweichende Ansicht von RAAPE [18] verkennt den Schutzzweck des Art. 7 EGBGB. Ein minderjähriger Deutscher, der in England unter englischem Arbeitsstatut einen Arbeitsvertrag schließt, der sich als „necessary" (oben Nr. 61) darstellt, ist nur verpflichtet, wenn eine allgemeine Ermächtigung gem. § 113 BGB vorgelegen hat. Dagegen mag die Raapesche Ansicht dort ihr Gutes haben, wo der Schutzzweck der Minderjährigengesetzgebung nicht berührt wird: also etwa, wenn der Minderjährige seinerseits vertragliche Rechte geltend macht und der Arbeitgeber sich ihnen mit dem Hinweis auf die Unwirksamkeit des Vertrags nach dem deutschen Heimatrecht entziehen will.

64. Bei *rechtsvergleichender Umschau* sehen wir, daß die Frage, nach welchem Recht sich die Geschäftsfähigkeit – hier Arbeitsvertragsfähigkeit – des Arbeitnehmers richtet, in den verschiedenen Ländern auf verschiedene Weise beantwortet wird. Wir finden das reine Staatsangehörigkeitsprinzip ohne die Milderung zugunsten der lex loci bei Verkehrsgeschäften (Belgien, Niederlande), mit einer solchen, ähnlich wie in Art. 7 III EGBGB (Italien), mit einer nur bei gutem Glauben des Geschäftsgegners eingreifenden Ausnahme zugunsten der lex loci (Frankreich), wir finden weiter das Wohnsitzprinzip rein (Argentinien) und Mischformen zwischen Wohnsitz- und Staatsangehörigkeitsprinzip (Österreich, Schweiz) und zwischen Wohnsitzrecht und lex loci contractus (England), schließlich auch das reine Verkehrsprinzip (Vereinigte Staaten).

65. In *Österreich* sind sedes materiae für die internationalprivatrechtliche Behandlung der Geschäftsfähigkeit die §§ 4 und 34 ABGB. Aus § 4 [19] ist an sich die Geltung des Heimatrechts für Österreicher abzuleiten;

[18] Kommentar, Bem. A VI 2b zu Art. 7 und Lehrbuch 165; dagegen MELCHIOR 140 f.

[19] § 4: „Die bürgerlichen Gesetze verbinden alle Staatsbürger der Länder, für welche sie kundgemacht sind. Die Staatsbürger bleiben auch in Handlungen und Geschäften, die sie außer dem Staatsgebiet vornehmen, an diese Gesetze gebunden, insoweit als ihre persönliche Fähigkeit, sie zu unternehmen, dadurch eingeschränkt wird, und als diese Handlungen und Geschäfte zugleich in diesen Ländern rechtliche Folgen hervor-

ihre Rechtsgeschäfte im Ausland unterliegen daher in dieser Hinsicht österreichischem Recht. Doch ist dieser Grundsatz durch eine im Eherecht entwickelte Rechtsprechung des OGH dahingehend eingeschränkt worden, daß das österreichische Recht nur dann Anwendung verlangt, wenn die Parteien bei Abschluß des Geschäfts die Absicht hatten, daß es auch in Österreich selbst Rechtswirkungen hervorbringen solle [20]. Während diese Rechtsprechung jedoch durch die Einführung des EheG von 1938 und die damit zusammenhängenden Änderungen ihre Bedeutung für das Eherecht verloren hat, scheint sie für das sonstige Vertragsrecht weitergelten zu sollen. Das hätte zur Folge, daß die Fähigkeit eines Österreichers zur Eingehung eines Arbeitsvertrages, der im Ausland zu erfüllen ist, in der Regel nach dem Recht seines (ausländischen) Wohnsitzes zu beurteilen sein wird, da man kaum annehmen kann, daß ein im Ausland abgewickelter Arbeitsvertrag nach der Vorstellung der Parteien Wirkungen in Österreich zeitigen sollte. Wurde dagegen der Arbeitsvertrag des Österreichers im Ausland, aber im Hinblick auf eine Tätigkeit in Österreich geschlossen, so ist auf die Frage der Geschäftsfähigkeit österreichisches Recht anwendbar.

Die Geschäftsfähigkeit des Ausländers richtet sich dagegen nach seinem Heimatrecht. Dies wird, wenn auch etwas gewaltsam, aus § 34 ABGB [21] gefolgert, wobei man das Gewicht auf das Wort „Untertan" zu legen behauptet [22].

Eine gesetzliche Klausel entsprechend Art. 7 III EGBGB kennt das österreichische Recht nicht. Ob trotzdem eine Ausnahme zugunsten des Verkehrs zu machen ist, ist in der Rechtslehre strittig [23].

66. *Schweiz.* Die Geschäftsfähigkeit des Schweizers mit Wohnsitz im Ausland richtet sich gemäß Art. 28 NAG [24] nach Schweizer Recht, wenn

---

bringen sollen. Inwiefern die Fremden an diese Gesetze gebunden sind, wird in dem folgenden Hauptstück bestimmt." MAKAROV, Quellen, Österreich S. 6.

[20] Vgl. im einzelnen WALKER-VERDROSS-DROSSBERG-SATTER 223 ff.; WALKER 90 ff.; EHRENZWEIG 103 ff.

[21] § 34: „Die persönliche Fähigkeit der Fremden zu Rechtsgeschäften ist insgemein nach den Gesetzen des Ortes, denen der Fremde vermöge seines Wohnsitzes oder, wenn er keinen eigentlichen Wohnsitz hat, vermöge seiner Geburt als Untertan unterliegt, zu beurteilen; insofern nicht für einzelne Fälle in dem Gesetz etwas anderes verordnet ist." MAKAROV, Quellen, Österreich S. 6.

[22] WALKER 124 ff.; WALKER-VERDROSS-DROSSBERG-SATTER 225 f. mit Nachweisen aus der Rspr.; BOLLA 32; ADLER-HÖLLER, Vorbem. III 3 vor § 1153. Frühere Entscheidungen wandten noch das Wohnsitzrecht des Ausländers an.

[23] Dafür de lege lata ADLER-HÖLLER a.a.O., wohl auch BOLLA 32; de lege ferenda WALKER 130 ff. (136) und § 2 des Entwurfs eines österreichischen IPR-Gesetzes (vgl. oben Nr. 10); dagegen EHRENZWEIG 107.

das Kollisionsrecht des Wohnsitzlandes (wie etwa das deutsche) dem Heimatgrundsatz, nach dem Recht des Wohnsitzes jedoch, wenn es dem Wohnsitzgrundsatz folgt [25]. Die Geschäftsfähigkeit des Ausländers mit Wohnsitz in der Schweiz beurteilt sich nach seinem Heimatrecht, so Art. 10 II Gesetz betr. die persönliche Handlungsfähigkeit vom 22. 6. 1881, aufrechterhalten durch Art. 34 NAG [26]. Rück- und Weiterverweisung des ausländischen Rechts sind jedoch zu beachten [27].

Ähnlich wie Art. 7 III EGBGB bestimmt jedoch Art. 7 b I NAG, daß ein handlungsfähiger Ausländer, der in der Schweiz ein Rechtsgeschäft abgeschlossen hat, sich nicht auf seine Unfähigkeit berufen kann, wenn er nach Schweizer Recht zur Zeit des Abschlusses handlungsfähig gewesen wäre (ausgenommen sind von diesem Grundsatz Rechtsgeschäfte des Familien- und Eherechts und solche, die sich auf Grundstücke im Ausland beziehen).

Diese Einschränkung gilt nicht nur, wie man nach ihrem Wortlaut annehmen könnte, zuungunsten des Handlungsunfähigen, auch der Gegenkontrahent kann sich nicht auf die Handlungsunfähigkeit berufen, um vom Vertrage loszukommen. Ob beide Parteien Ausländer sind, spielt ebensowenig eine Rolle wie der gute oder böse Glaube des Vertragspartners, sofern nur das Rechtsgeschäft in der Schweiz zustandegekommen ist.

67. Nach *italienischem* Recht richtet sich die Geschäftsfähigkeit nach dem Recht des Staates, dem die Person angehört, jedoch mit einer Art. 7 III EGBGB entsprechenden Einschränkung zugunsten der lex loci, Art. 17 d. p. [28].

---

[24] Art. 28: „Soweit nicht Staatsverträge besondere Bestimmungen enthalten, gelten für die personen-, familien- und erbrechtlichen Verhältnisse der Schweizer, welche im Ausland ihren Wohnsitz haben, folgende Regeln:

1. Sind diese Schweizer nach Maßgabe der ausländischen Gesetzgebung dem ausländischen Recht unterworfen, so erstreckt sich die Anwendung des ausländischen Rechts nicht auf ihre in der Schweiz gelegenen Liegenschaften, es gilt vielmehr in bezug auf solche Liegenschaften das Recht und der Gerichtsstand des Heimatkantons.

2. Sind diese Schweizer nach Maßgabe der ausländischen Gesetzgebung dem ausländischen Recht nicht unterworfen, so unterstehen sie dem Recht und dem Gerichtsstand des Heimatkantons." Makarov, Schweiz S. 16; Nussbaum 121; Wolff, Lehrbuch 104.

[25] Schnitzer I 276 ff.; Oser-Schönenberger V/1 S. XLVI; Stauffer, Das IPR der Schweiz auf Grund des Bundesgesetzes betr. die zivilrechtlichen Verhältnisse der Niedergelassenen und Aufenthalter vom 25. 6. 1891/10. 12. 1907 (1925) 136. S. auch die Ausführungen in OLG Düsseldorf 5. 5. 1909.

[26] Art. 10 II: „Die persönliche Handlungsfähigkeit der Ausländer richtet sich nach dem Rechte des Staates, dem sie angehören." Makarov, Schweiz S. 18 Anm. 1. Über die (strittige) Frage der Weitergeltung des Art. 10 II vgl. Schnitzer a.a.O.; Oser-Schönenberger V/1 S. XLVI; Moser, Nach welchem Recht – Heimatrecht oder schweizerisches Recht – bestimmt sich seit dem 1. Januar 1953 die Handlungsfähigkeit des Ausländers in der Schweiz, SJZ 49 (1953) 72 ff.

[27] Schnitzer 277.

[28] Art. 17: „Der Personenstand, die Rechts- und Geschäftsfähigkeit der Personen

Die allgemeine Norm gilt auch für den Abschluß von Arbeitsverträgen[29] ebenso wie ihre Einschränkung durch Art. 17 II d. p.[30]. Für die Anwendung dieser Vorschrift kommt es nicht auf die Staatsangehörigkeit des anderen Beteiligten an, sie gilt auch im Verhältnis von Ausländern untereinander, die in Italien ein Verkehrsgeschäft schließen, guter Glaube an die Geschäftsfähigkeit des anderen wird nicht verlangt[31].

Die Fähigkeit, mit 18 Jahren einen Arbeitsvertrag zu schließen, ist nach h. M. in den Bereich der allgemeinen Geschäftsfähigkeit einzuordnen und damit gemäß Art. 17 d. p. anzuknüpfen; die andere Ansicht, die sie als „capacità speciale di agire" (vgl. auch unten Nr. 180) dem Wirkungsstatut – hier also dem Arbeitsstatut – einordnen wollte, wie dies mit anderen „besonderen Handlungsfähigkeiten" wie etwa der Fähigkeit, Erbe zu werden, einen Wechsel zu zeichnen usw., geschieht, scheint aufgegeben zu sein[32]. Arbeitet also ein 18jähriger Italiener, der den Arbeitsvertrag gegen den ausdrücklichen Willen seines gesetzlichen Vertreters (also ohne eine Ermächtigung gemäß § 113 BGB) geschlossen hat, in der Bundesrepublik und ist deutsches Recht Arbeitsstatut, so wird das italienische Gericht den Arbeitsvertrag wohl als gültig ansehen, indem es Art. 3 C. c. über Art. 17 d. p. anwendet. Die andere Qualifikation, die die Abschlußfähigkeit nach dem deutschen Arbeitsstatut beurteilt, würde zum entgegengesetzten Ergebnis kommen.

Schließt umgekehrt ein 18jähriger Deutscher ohne Ermächtigung seines gesetzlichen Vertreters einen Arbeitsvertrag in Italien und ist italienisches Recht Arbeitsstatut, so ist der Arbeitsvertrag für den italienischen Richter auf jeden Fall gültig zustandegekommen, da bei Qualifikation als Teil der Geschäftsfähigkeit Art. 17 II d. p. eingreift.

In den Bereich der allgemeinen Geschäftsfähigkeit, für den Art. 17 d. p. die Ver-

---

und die Rechtsverhältnisse der Familie werden vom Recht des Staates geregelt, dem diese angehören.

Doch wird ein Ausländer, der im Königreich ein Rechtsgeschäft vornimmt, für das er nach seinem Heimatrecht geschäftsunfähig ist, als geschäftsfähig betrachtet, wenn der Staatsangehörige nach italienischem Recht für ein solches Geschäft geschäftsfähig ist. Das gilt nicht, wenn es sich um Familienrechtsverhältnisse, Erbfolge, Schenkungen oder Verfügungen über im Ausland liegende Grundstücke handelt." Makarov, Quellen, Italien S. 6.

Vgl. Fedozzi, Lehrbuch 375 ff. (für das neue Recht 377 f.); Balladore Pallieri, Lehrbuch 143 f.; Vassalli-Monaco 110 ff. und Monaco, Lehrbuch 498 ff.; Morelli, Elementi 87 ff.

[29] Venturini, Lehrbuch 236 und Studi Parmensi 341; Betti 533; Baldoni, Riv. d. i. 24 (1932) 360; Gemma 152 f.; Massart 397, 421 f.; Balladore Pallieri, Trattato V 330 und Lehrbuch 241.

[30] Venturini, Studi Parmensi 343; s. auch Gemma 154 Anm. 2.

[31] Vassalli-Monaco 112; Monaco, Lehrbuch 498 ff.; Balladore Pallieri, Lehrbuch 152 f.

[32] Für die Einordnung in den Bereich der allgemeinen Geschäftsfähigkeit und damit Anwendbarkeit des Art. 17 d. p. Balladore Pallieri, Lehrbuch 145; Venturini, Lehrbuch 237; Richard, Ordine pubblico 352.

Für die Unterwerfung unter das Arbeitsstatut Venturini, Studi Parmensi 342 (entgegen seiner im Lehrbuch geäußerten Ansicht). Wieder anders Gemma 154 ff.

weisungsnorm bildet, gehören auch die Beziehungen des Arbeitnehmers zu seinem gesetzlichen Vertreter, Pfleger, die Zustimmungsbedürftigkeit seiner Rechtshandlungen [33].

Eine andere Qualifikationsfrage stellt die Zustimmung des Minderjährigen zu Arbeitsverträgen, die der gesetzliche Vertreter geschlossen hat (vgl. oben Nr. 61). GEMMA 154 hält Vorschriften, die sie erforderlich machen, als „leggi di polizia" (vgl. oben Nr. 48) stets für anwendbar, wenn die Arbeit in Italien geleistet wird. BALDONI [33a] ordnet sie sowohl in den Bereich der Geschäftsfähigkeit wie in den Bereich der Polizeigesetze ein mit der Folge, daß die Vorschrift anwendbar sein soll einmal, wenn ein Italiener beteiligt und zum anderen, wenn der Arbeitsvertrag in Italien geschlossen wurde (nicht dagegen in Fällen, in denen nur die Arbeit in Italien zu leisten ist).

68. Auch *Frankreich* folgt dem Staatsangehörigkeitsgrundsatz: die Geschäftsfähigkeit richtet sich nach dem Heimatrecht der Person. Dies folgert die Rechtslehre in erweiterter Auslegung aus Art. 3 C. c. Die Geltung des Heimatrechts wird eingeschränkt durch die vom französischen Kassationshof in der Entscheidung Lizardi vom 16. 1. 1861 erstmalig entwickelte Lehre, wonach der Ausländer sich nicht auf eine Unfähigkeit seines Heimatrechts berufen kann, wenn das Geschäft in Frankreich geschlossen wurde, der Ausländer nach französischem Recht geschäftsfähig gewesen wäre und der Geschäftsgegner hierüber in entschuldbarer Unkenntnis war; auf seiten des Geschäftsgegners muß also guter Glaube vorliegen [34]. Dies gilt auch für den Abschluß von Arbeitsverträgen [35]; KRONHEIM 71 läßt durchblicken, daß sich die französische Praxis bei ausländischen Minderjährigen über die Notwendigkeit elterlicher (bzw. bei Ehefrauen ehemännlicher) Ermächtigungen, insb. wenn sie einer Bestätigung durch ausländische Behörden bedürfen, wenig Gedanken macht.

69. *Belgien* folgt dem Heimatgrundsatz [36]; eine Ausnahme zugunsten von Verkehrsgeschäften wird nicht gemacht [37].

Ähnlich ist es in den *Niederlanden:* Art. 6 A. B. [38] wird zu einer allseitigen Verweisungsnorm des Inhalts erweitert, daß die Geschäftsfähig-

---

[33] VENTURINI, Studi Parmensi 343.

[33a] Riv. d. i. 24 (1932) 381 f.

[34] Vgl. BATIFFOL, Traité 471 ff.; NIBOYET, Traité V 500 ff.; de lege ferenda befürwortet NIBOYET, ebda. V 507 für den vermögensrechtlichen Bereich die Maßgeblichkeit der lex loci contractus.

[35] KRONHEIM 71 f.; DURAND-JAUSSAUD I 213.

[36] DE VOS I 70 f.; POULLET 280 ff.; SCHOTTLÄNDER 3 f.

[37] DE VOS I 78 mit Nachweisen, II 688; POULLET 296 f.; VROONEN 221 Nr. 157.

[38] Art. 6: „Die Gesetze über die Rechte, den Stand und die Geschäftsfähigkeit von Personen gelten für Niederländer, auch wenn sie sich im Ausland aufhalten.", MAKAROV, Quellen, Niederlande S. 4.

keit nach dem Heimatrecht der Person zu beurteilen ist [39]. Eine Ausnahme zugunsten von Verkehrsgeschäften wird in der Rechtslehre abgelehnt, während die Rechtsprechung sich hierzu, wie es scheint, noch nicht geäußert hat [40].

70. Im *englischen* Recht ist die Frage, nach welchem Recht die Fähigkeit zum Abschluß von Verkehrsgeschäften zu beurteilen ist, noch nicht Gegenstand einer bindenden Entscheidung geworden; dicta in anderen Entscheidungen widersprechen sich [41]. Vielfach wird die Ansicht vertreten, daß das Recht des Abschlußortes des Vertrages maßgeblich ist; es sind hier aber einige Unterscheidungen zu vermerken:

a) Ist jemand nach seinem Personalstatut, dem Recht seines Wohnsitzes [42], geschäftsunfähig, nach der lex loci contractus jedoch geschäftsfähig, so ist der Vertrag gültig; auf den guten Glauben des Geschäftsgegners kommt es nicht an. Dies gilt nicht nur bei Abschluß in England, sondern auch bei ausländischem Abschlußort, und zwar auch, wenn es sich um einen Engländer handelt, der nach dem Recht des Abschlußortes, nicht aber nach dem Recht seines englischen Wohnsitzes geschäftsfähig ist [43].

---

[39] VAN BRAKEL 176 f.; MULDER 32 f.

[40] VAN BRAKEL 226; MULDER 166. Der Benelux-Entwurf (Entwurf eines einheitlichen IPR-Gesetzes zwischen Belgien, den Niederlanden und Luxemburg [Benelux-Vertrag vom 11. 5. 1951], bei VAN BRAKEL 252 ff.) Art. 2 II will eine Regelung nach französischem Vorbild einführen.

[41] In *Sottomayor* v. *De Barros* (Nr. 1) (1877), 3 P. D. 1 (C. A.) = GRAVESON, Cases 149 ff., wird die Geltung des Rechts des Wohnsitzes als ein „well recognised principle of law" bezeichnet, in *Baindail* v. *Baindail,* [1946] P. 122 (126) = GRAVESON, Cases 136 ff. (140) heißt es hingegen: „it certainly is the view of authority here that capacity to enter in England into an ordinary commercial contract is determined not by the law of the domicil but by the lex loci." Beide Fälle betrafen jedoch Ehesachen. Vgl. CHESHIRE 221 ff.

[42] Anknüpfungspunkt für Rechtsfragen im Bereich des Personalstatuts ist im angloamerikanischen Recht der Wohnsitz, domicile. Der *englische Wohnsitzbegriff* unterscheidet sich wesentlich von dem der kontinentalen Rechte: Der Mensch erwirbt durch Geburt den Wohnsitz seines Vaters (bzw. der unverehelichten Mutter), der ihm als domicile of origin solange verbleibt, bis er durch Willensakt und Wohnsitznahme einen anderen Wahlwohnsitz, domicile of choice, erwirbt. Dieser bleibt wiederum solange beibehalten, als nicht ein neuer Wahlwohnsitz begründet wird. Wird das domicile of choice aufgegeben, ohne daß es zur Begründung eines neuen Wahlwohnsitzes kommt, so lebt das ursprüngliche domicile of origin wieder auf, da niemand ohne Wohnsitz sein, wie auch niemand mehr als einen Wohnsitz haben kann. Minderjähriger und Ehefrau teilen den Wohnsitz von Vater bzw. Ehemann. Vgl. im einzelnen DICEY-TREITEL 85 ff.; WOLFF, Private International Law 186 ff.; CHESHIRE 159 ff.; GRAVESON 73 ff.; NIEDERER 164 ff., 227 f.; WOLFF, Lehrbuch 39, 43. Zum Wohnsitz des Arbeitnehmers („servant") siehe DICEY-TREITEL 109 und dort in Anm. 1 genannt die (südafrikanische) Entscheidung *Moncrieff* v. *Moncrieff,* [1934] C. P. D. 208.

[43] WOLFF, Private International Law 283 ff.; GRAVESON 184 ff.

b) In der Rechtslehre umstritten ist jedoch, ob ein Vertrag gültig ist, wenn der Vertragschließende nach seinem Personalstatut, nicht aber nach der lex loci contractus geschäftsfähig ist [44].

c) Neuestens mehren sich in der Rechtslehre die Stimmen, die die Fähigkeit zum Abschluß eines Verkehrsgeschäftes dem gleichen Recht unterwerfen wollen, das auch den Inhalt des Verkehrsgeschäfts regelt, also dem sogenannten „proper law" des Vertrages; bei der Bestimmung dieses proper law wird allerdings der Parteiwille außer acht gelassen und auf das Recht abgestellt, zu dem der Vertrag die engste tatsächliche Beziehung hat [45]. Freilich ist diese Ansicht durch keinerlei Entscheidung gedeckt, und es dürfte zweifelhaft sein, ob die Gerichte einer so kühnen Neuerung Gehör verleihen [46].

In einem schottischen Fall *McFeetridge* v. *Stewards & Lloyds Ltd.*, [1913] S. C. 773 [47] wurde an den Abschlußort, der mit dem Arbeitsort zusammenfiel, angeknüpft. Ein 16jähriger Ire mit Wohnsitz in Irland hatte einen Arbeitsvertrag in Schottland geschlossen und dort einen Arbeitsunfall erlitten; er verglich sich mit dem Arbeitgeber über den Schadensausgleich und unterwarf seinen Anspruch dem Workmens Compensation Act, ohne Kenntnis davon, daß er nach Common Law weitergehende Ansprüche gehabt hätte. Später bestritt er die Wirksamkeit des Vergleichs mit der Begründung, sein Vater hätte als „Curator" dem Vertrag zustimmen müssen. Der Einwand wurde unter Zugrundelegung schottischen Rechts zurückgewiesen.

71. Nach *nordamerikanischem* internationalem Privatrecht beurteilt sich die Geschäftsfähigkeit nach der lex loci actus [48]; nach *argentinischem* Verweisungsrecht nach dem Recht des Wohnsitzes der Person, Art. 6 und 7 Código civil [49].

72. Der *Wiener Entwurf* [50] (oben Nr. 8 a. E.) wollte die Arbeitsvertragsfähigkeit nach dem Arbeitsstatut, d. h. vorbehaltlich einer abweichenden Rechtswahl durch die Parteien nach der lex loci executionis beurteilen.

Der *Entwurf des Instituts für internationales Recht* (oben Nr. 8 a. E.),

---

[44] Verneinend DICEY-KAHN-FREUND 772; bejahend WOLFF a.a.O. 283, CHESHIRE, International Contracts 48 f.

[45] CHESHIRE 223 f.; ders., International Contracts 45 ff.; FALCONBRIDGE 383 ff.; BRESLAUER 295; DICEY-KAHN-FREUND 772 f. (hier wohl nur zur Ausschaltung des Rechts eines nur zufälligen Abschlußorts). KAHN-FREUND bringt S. 773 Nr. 2 als (erdachtes, dem McFeetridge-Fall abgesehenes) Beispiel auch den Fall, daß der nach dem Recht seines englischen Wohnsitzes minderjährige X. mit einem schottischen Geschäftsmann einen Arbeitsvertrag zur Arbeitsleistung in Schottland schließt; die Fähigkeit hierzu solle sich nach schottischem Recht richten, ganz gleich, ob der Arbeitsvertrag selbst in England oder in Schottland geschlossen worden sei; fraglich sei die Lösung, wenn die Arbeitsleistung (als Handelsreisender) in England zu erbringen wäre.

[46] WOLFF, Private International Law 285.

[47] Vgl. DICEY-KAHN-FREUND 773 Nr. 3.

[48] RABEL I 183 f.; KRONHEIM 70.

[49] MAKAROV, Quellen, Argentinien S. 4; LANFRANCHI 30.

[50] Dazu SATTER 922.

Art. 1, ging von der grundsätzlichen Geltung des Personalstatuts des Arbeitnehmers aus, machte aber neben dem Vorbehalt der „verbietenden und polizeilichen Vorschriften des Rechts des Arbeitsorts“ – die systematisch gar nicht hierher gehören – die Einschränkung, daß auf die Geschäftsfähigkeit von Minderjährigen und Ehefrauen das Recht des Arbeitsorts anwendbar sein solle, solange der gesetzliche Vertreter bzw. der Ehemann einen nach ihrem Heimatrecht begründeten Widerspruch nicht eingelegt haben [51].

Der Vorschlag scheint mir recht unglücklich. Es wäre etwas Neues, die Anknüpfung in Statusfragen vom Willen eines Dritten abhängen zu lassen; zudem müßte richtigerweise nicht sein Personalstatut, sondern das Recht, das die persönlichen Ehewirkungen bzw. das Eltern-Kindverhältnis beherrscht, befragt werden.

In den Vorarbeiten des Instituts sprachen sich im einzelnen aus: für die Anwendung des Personalstatuts des Arbeitnehmers vorbehaltlich der Erfordernisse der öffentlichen Ordnung AUDINET, MAHAIM, DONNEDIEU DE VABRES, POULLET, Annuaire 1936 I 434, 454 f., 461, 462; gegen die Berücksichtigung des Rechts des Abschlußorts LEMONON, ebda. 450; für die Lösung des Art. 7 III EGBGB AUDINET, ebda. 435 f., allerdings mit der schwachen Begründung, der Arbeitgeber dürfe nicht „in seiner berechtigten Erwartung der Gültigkeit des Arbeitsvertrags enttäuscht werden“; denn ob die Erwartung berechtigt war, ist ja gerade die Frage; zudem kommt es in vielen Staaten auf den guten Glauben des Vertragsgegners nicht an. NEUMEYER, Annuaire 1936 I 440 befürwortet die Anwendung des Rechts des Arbeitsorts, will sich aber der überlieferten Meinung nicht unbedingt entgegenstellen.

2. *Geschäftsfähigkeit der Ehefrau*

a) Rechtsvergleichung

73. Die Ehefrau ist nach deutschem Recht bei der Eingehung von Arbeitsverträgen keinen Beschränkungen mehr unterworfen. Wohl stellt § 1356 I S. 2 BGB eine innere Schranke der Berufsausübung durch die Ehefrau auf, doch hat der Mann kein unmittelbares Eingriffsrecht in das Arbeitsverhältnis [52]. Im Ausland ist es noch mehrfach anders: freilich hat das für die unmittelbare Rechtsanwendung nur geringe Bedeutung, da der entsprechend erweiternd auszulegende Art. 7 III EGBGB (oben Nr. 62 zu Anm. 13, unten Nr. 75) die Ehefrau unter ausländischem Ehestatut bei Arbeiten innerhalb der Bundesrepublik der Inländerin gleichstellt. Trotzdem mag bei Auslandsfällen die Frage nach Berechtigung, Umfang und Folgen eines ehemännlichen Einspruchsrechts auch vor deutschen Gerichten einmal bedeutsam werden; denn Art. 30 EGBGB steht seiner Be-

---

[51] S. unten S. 411 LANFRANCHI 29 macht sich diesen Vorschlag zu eigen.

[52] HUECK-NIPPERDEY I 160; KASKEL-DERSCH 123.

rücksichtigung nicht in jedem Fall und ohne engere Binnenbeziehung entgegen (oben Nr. 51).

74. Die Frage, ob die Ehefrau selbständig Arbeitsverträge abschließen kann, wird in den hier vergleichend untersuchten Ländern verschieden beantwortet; vorherrschend ist heute bereits die völlige Unabhängigkeit der Ehefrau (Österreich, Italien, Belgien, Niederlande, England, Mexiko); andere Länder kennen ein Einspruchsrecht des Ehemannes, dem allerdings durch richterliche Entscheidung die Kraft genommen werden kann (Frankreich), andere wiederum die Zustimmungsbedürftigkeit des von der Frau geschlossenen Vertrages, wobei allerdings ebenfalls die verweigerte Zustimmung durch Richterspruch ersetzt werden kann (Schweiz, Haiti).

Nach *österreichischem* Recht ist die Ehefrau keinen Beschränkungen ihrer Geschäftsfähigkeit unterworfen; weder kommt es auf die Zustimmung des Ehemanns an, noch kann er kündigen. Eine gewisse Einflußnahme des Ehemanns auf die Kündigung der Darstellerin sieht § 31 SchauspielerG vor, s. unten Nr. 299.

Anders in der *Schweiz:* die Berufsausübung durch die Ehefrau bedarf der Zustimmung des Mannes, jedoch kann sie auf Antrag der Frau durch richterliche Entscheidung ersetzt werden, Art. 167 ZGB.

In *Italien* ist die Ehefrau wiederum frei; insbesondere hat der Ehemann kein Einspruchsrecht gegen ihre Berufsausübung, auch wenn die Frau damit grundlegende Pflichten aus der Ehe (z. B. zum ehelichen Zusammenleben, Art. 143 C. c.) verletzt [53].

Anders ist es in *Frankreich.* Hier hat zwar die Ehefrau durch die Reformen von 1938 und 1942 volle Handlungsfreiheit erhalten, doch kann gemäß Art. 223 C. c. der Ehemann der Berufsausübung durch die Ehefrau widersprechen; der Widerspruch hat zur Folge, daß ihm gegenüber die von der Frau übernommenen Verpflichtungen nichtig sind; ist der Widerspruch nicht durch die Interessen der Familie gerechtfertigt, so kann der Friedensrichter der Ehefrau gestatten, ihn beiseite zu schieben. Im einzelnen ist hier manches streitig [54].

Ähnlich war es in *Belgien.* Art. 29 ArbeiterG sah vor, daß die Ehefrau mit ausdrücklicher oder stillschweigender Genehmigung des Ehemannes einen Arbeitsvertrag schließen konnte; wurde sie verweigert, so konnte sie durch den Friedensrichter ersetzt werden [55/56]. Art. 7 § 17 des G. vom 30. 4. 1958 über die gegenseitigen Rechte und Pflichten der Ehegatten hat hier jedoch Wandel geschaffen; nunmehr ist die Ehefrau bei der Eingehung des Arbeitsvertrages und bei der Verwendung des Lohns völlig unabhängig.

In den *Niederlanden* sind durch ein Gesetz vom 14. 6. 1956 über die Aufhebung der Handlungsunfähigkeit der Ehefrau alle Beschränkungen weggefallen; insbesondere

[53] Riva Sanseverino, Trattato II 96. Ebenso in *Mexiko*, vgl. de la Cueva 505 f.; Lopez Aparicio, Bericht zum 2. intern. Kongreß für Sozialrecht, Brüssel 1958, S. 3, und nach Art. 32 III des Arbeitsgesetzbuchs von *Ecuador.*

[54] Vgl. Durand-Vitu II 321 ff.; Rouast-Durand 398; Rouast, Traité 30; Rivéro-Savatier 317 f.

[55] Ebenso Art. 6 Ic des Arbeitsvertragsgesetzes von *Haiti* vom 23. 9. 1952.

[56] Goethem-Geysen 57 f., 131.

wurde Art. 1637 f BW aufgehoben, der bei Arbeitsverträgen der Ehefrau die Genehmigung des Ehemanns unterstellt hatte [57]. Auch in *England* kann die Ehefrau Arbeitsverträge selbständig abschließen [58].

b) Anwendbares Recht

75. Bei der Frage, nach welchem Recht sich die genannten Beschränkungen der Geschäftsfähigkeit der Ehefrau beurteilen, ist vor allem strittig, wie sie einzuordnen, zu qualifizieren sind. Ursprünglich reihte man jene Einschränkungen in den Bereich der Geschäftsfähigkeit ein (so jetzt noch in Österreich, Frankreich, strittig in Italien); die Entwicklung führte jedoch zur Qualifizierung als Teil der persönlichen Wirkungen der Ehe, (so die h. M. in der Bundesrepublik, in Belgien DE VOS), die auch sonst die besten Stimmen der Rechtslehre auf sich vereinigt. Andere Rechte knüpfen selbständig an das Recht des ehelichen Wohnsitzes (Schweiz), wieder andere gar an die lex fori an (so anscheinend England).

Nach *deutschem* Recht gehören die Beschränkungen der Ehefrau zu den persönlichen Wirkungen der Ehe und werden gem. Art. 14 EGBGB angeknüpft. Doch greift Art. 7 III EGBGB entsprechend auch hier ein, da die der Frau im Interesse der Ehe auferlegten Beschränkungen nicht zu Lasten der Sicherheit des Verkehrs gehen können [59]. Für das Arbeitsverweisungsrecht gilt dies im Sinn der oben (Nr. 62) gegebenen Auslegungen, daß es nicht auf den Abschluß des Arbeitsvertrages als vielmehr auf die Arbeitsleistung im Inland ankommt.

76. In *Österreich* wird die Frage, ob die Ehefrau Rechtsgeschäfte ohne Zustimmung des Ehemannes abschließen kann, überwiegend in den Bereich des Personalstatuts eingeordnet und damit gleich der Geschäftsfähigkeit angeknüpft [60].

In der *Schweiz* bestimmt Art. 7 I NAG, daß die persönliche Handlungsfähigkeit der Ehefrau für die Dauer der Ehe durch das Recht des Wohnsitzes bestimmt wird, doch ist auch hier Art. 7 b NAG (oben Nr. 66) entsprechend anwendbar [61].

---

[57] MOLENAAR II A 42 f. [58] BATT-VAINES 32; GEYSEN, Novelles Nr. 961.

[59] RAAPE, Kommentar 69, Lehrbuch 168, 313; RABEL, RabelsZ 5 (1931) 266; NUSSBAUM 146 Anm. 5, WOLFF, Lehrbuch 198; DÖLLE, Die persönlichen Rechtsverhältnisse zwischen Ehegatten im deutschen IPR, RabelsZ 16 (1951) 376 f.; PAGENSTECHER, RabelsZ 15 (1949/50) 192 Anm. 1; SCHNORR VON CAROLSFELD, RdA 11 (1958) 204.

[60] OGH 13. 7. 1899, GLASER-UNGER NF 2 (1899) 394 Nr. 667; WALKER 124; WALKER-VERDROSS-DROSSBERG-SATTER 226; EHRENZWEIG 106, der jedoch in Anm. 16 die ehepersonenrechtliche Qualifikation vorzuziehen scheint.

[61] Nach Ansicht von SCHNITZER I 283 f. ist Art. 7 NAG jedoch bedeutungslos, da

Für *Italien* spricht GEMMA 153 in diesem Zusammenhang von Fragen der „capacità", Handlungsfähigkeit, während BALLADORE PALLIERI, Lehrbuch 151, die Beschränkungen der Frau als solche in das Statusrecht, die Beschränkungen der Ehefrau jedoch in das Recht der persönlichen Ehewirkungen einordnet. VENTURINI, Lehrbuch 146 will die in Art. 17 und 18 d. p. [62] bezeichneten Rechte häufend anwenden.

In *Frankreich* hat die Rechtsprechung in der Zeit vor den Reformen von 1938 und 1942 mehrfach die Beschränkungen der Geschäftsfähigkeit der Ehefrau ihrem Heimatrecht unterworfen [63], ohne jedoch immer klar zu trennen, ob dieses Recht nicht in seiner (gleichzeitigen) Eigenschaft als Recht der persönlichen Ehewirkungen berufen wurde. Heute scheint letztere Qualifikation zu überwiegen [64]; sie wird auch für *Belgien* von DE VOS I 75 bevorzugt.

Von gewissem Interesse ist der Fall ZG Seine 8. 4. 1930: Eine verheiratete Frau aus Illinois war in Paris gegen den Willen ihres Gatten als Spitzenstar einer Revue des „Music-Hall-Palace" aufgetreten. Das Recht von Illinois, Heimatrecht der Frau und Recht der persönlichen Ehebeziehungen der Gatten, sah ein Einspruchsrecht des Ehemannes nicht vor: es wurde ihm jedoch kraft ordre public zugesprochen, weil es dem Gericht als unerträglich erschien, daß die ehemännliche Autorität derart verletzt werden könnte [65].

In *England* ist die Frage noch nicht Gegenstand bindender Entscheidungen geworden. Soweit die Rechtslehre sich hierüber ausspricht, scheint die Neigung dahinzugehen, die lex fori, d. h. englisches Recht bei Klage in England, anzuwenden [66].

Der frühere *jugoslawische* Kassationshof wandte auf die Verpflichtungsfähigkeit der Frau (hier: zur Ausstellung von Schuldanerkenntnissen) im internationalen Bereich die (serbische) lex loci contractus, im interlokalen Bereich das Recht des Wohnsitzes der Frau an [67].

nicht anzunehmen sei, daß sich die Handlungsfähigkeit im allgemeinen nach Heimatrecht, die der Ehefrau jedoch nach Wohnsitzrecht richte.

[62] Gem. Art. 18 d. p. beurteilen sich die persönlichen Rechtsbeziehungen zwischen Ehegatten nach dem letzten Heimatrecht, das sie während der Ehe gemeinsam gehabt haben, oder in Ermangelung eines solchen nach dem Heimatrecht des Mannes zur Zeit der Eheschließung.

[63] Vgl. Chambéry 29. 11. 1934, Revue critique d. i. p. 30 (1935) 133; Paris 22. 7. 1933, ebda. 424.

[64] BATIFFOL, Traité 511 f.

[65] Vgl. oben Nr. 56. Da die beklagten Unternehmer der Revue damit Reklame gemacht hatten, daß die Ehefrau „gegen den Einspruch ihres Mannes" auf der Bühne stehe, stellt sich die dem Gatten zuerkannte Genugtuung jedoch als Schadenersatz für den Eingriff in sein Persönlichkeitsrecht dar.

[66] WOLFF, Private International Law 353.

[67] Entscheidungen vom 25. 10. 1937 und 29. 1. 1938, Giur. comp. d. i. p. 4 (1943) 63 und 68 mit Anmerkungen von EISNER und DE NOVA.

3. Verfahrensrechtliches

77. Für die Ersetzung der Zustimmung des gesetzlichen Vertreters bzw. des Ehemanns zur Eingehung eines Arbeitsvertrags sind m. E. nicht die Behörden des Arbeitsorts – die vielleicht einseitig zugunsten der inländischen Produktion eingestellt sein können –, sondern die Behörden am Wohnsitz des Minderjährigen bzw. der Ehefrau international zuständig, arg. § 36 FGG. Solche Akte sind im Inland anzuerkennen, wenn sie im Ausland von der zuständigen Behörde am Wohnsitz der Arbeitnehmers erlassen worden sind. Hat der Arbeitnehmer seinen Wohnsitz im Inland, so ist das deutsche Vormundschaftsgericht zur Ersetzung der Zustimmung von gesetzlichem Vertreter bzw. Ehemann berufen, auch wenn ihre Voraussetzungen und Folgen dem ausländischen Recht zu entnehmen sind; § 113 III BGB stellt dem Gericht wesensverwandte Aufgaben, und an den Einzelheiten der rechtlichen Ausgestaltung sollte die Anwendung ausländischen Rechts nicht scheitern [68].

Wie ist es, wenn das maßgebliche Recht eine Ersetzung der ehemännlichen Zustimmung nicht kennt? Zwar verlangen es die Erfordernisse des deutschen ordre public nicht, daß auch ausländische Frauen wegen des in Deutschland herrschenden Gleichberechtigungsgrundsatzes entgegen ihrem Heimatrecht oder dem Recht, das die persönlichen Wirkungen ihrer Ehe beherrscht, stets und gänzlich unabhängig sein sollen; doch dürfte in diesem Fall die Zustimmung des Ehemanns auf Grund von Art. 30 EGBGB zwar nicht völlig entbehrlich, jedoch durch Richterspruch ersetzbar sein [69].

4. Geschäftsfähigkeit des Arbeitgebers

78. Auch der Arbeitgeber mag zuweilen in seiner Geschäftsfähigkeit beschränkt sein. Hier gelten die allgemeinen Lehren des internationalen Privatrechts, das Arbeitsverweisungsrecht weist keine Besonderheiten auf. Arbeitgeber kann auch eine juristische Person sein, deren Rechtsfähigkeit wiederum besondere Probleme aufwirft, auf die hier nur hingewiesen sein soll [70].

---

[68] Vgl. unten Nr. 372; Raape, Kommentar 286 f.; Wahl, Zum internationalen Recht der freiwilligen Gerichtsbarkeit in Personen- und Familiensachen, RabelsZ 10 (1936) 40 ff.

[69] Ebenso für Frankreich Niboyet, Traité VI/1, 67.

[70] Vgl. hierzu die Lehrbücher des IPR, zuletzt Serick, Rechtsform und Realität juristischer Personen (1955); zu englischen Entscheidungen Batt-Vaines 33 f.

5. Rechtsfähigkeit des Betriebsrats

79. Auch Betriebsrat und Belegschaft treten als solche in der einen und anderen Weise im Rechtsverkehr auf.

Für das deutsche Recht ist strittig, ob die Belegschaft eine „juristische Teilpersönlichkeit" oder nur „Arbeitnehmergemeinschaft", demzufolge der Betriebsrat „Organ" oder „gesetzlicher Vertreter (im weiteren Sinne)" und beim Prozeß „Partei kraft Amtes" ist [71]. In *Frankreich* ist der Betriebsrat für die Rechtsgeschäfte geschäftsfähig, die die Wahrnehmung ihrer sozialen Aufgaben mit sich bringt; er ist auch vermögensfähig [72].

Vorausgesetzt, die lex fori anerkennt solche Zwischenstufen der Rechtspersönlichkeit, beurteilt sich die Fähigkeit des Betriebsrats nach dem Recht, nach welchem die Betriebsvertretung errichtet worden ist; welches dieses ist, ist unten Nr. 344 f. darzustellen. Denn „Teilrechtsfähigkeit" ist nur der Name für ein Bündel von Rechten und Pflichten der Arbeitnehmerschaft in ihrer betrieblichen Zusammenfassung; es ist von der Rechtsordnung, die diese Rechte gibt und Pflichten auferlegt, gar nicht zu trennen.

Zur Tariffähigkeit s. unten Nr. 333.

§ 9

Form

1. Rechtsvergleichung

80. Im deutschen wie in den ausländischen Rechten sind im allgemeinen weder der Abschluß des Arbeitsvertrages im ganzen, noch einzelne seiner Abreden formbedürftig [1]. Doch gibt es hiervon zahlreiche Ausnahmen, die zum Teil die Arbeitsverträge bestimmter Berufsgruppen (Handelsvertreter, Seeleute), zum Teil Arbeitsverträge mit bestimmten vom Normalen abweichenden Prägungen (Probearbeitsvertrag, Arbeitsvertrag auf Zeit, Arbeitsvertrag auf bestimmte Dauer), zum Teil nur einzelne Abreden (Konkurrenzklauseln, Abmachungen über Übertragung von Erfinderrechten, über Abweichungen vom Barzahlungsgrundsatz, über die Ansammlung eines Standgelds usw.) betreffen. Auch einseitige Erklärungen wie etwa die Kündigung sind zuweilen formbedürftig. Formen können auch in Tarifverträgen vereinbart werden.

Nicht zu den Formvorschriften im eigentlichen Sinn gehören Bestim-

---

[71] Vgl. Hueck-Nipperdey II 682 ff.; Dietz, BVG, Anm. 5 ff. zu § 1.

[72] Durand-Jaussaud I 499 ff.; Brun-Galland 817 ff.; Erdmann 49 ff.

[1] Vgl. Hueck-Nipperdey I 151 ff.; Nikisch I 154 ff.; Kaskel-Dersch 130.

mungen, wonach der Arbeitnehmer Anspruch auf Erteilung von schriftlichen Bescheinigungen über den Inhalt seines Arbeitsvertrages hat [2]. Die Nichterteilung läßt in solchen Fällen den Arbeitsvertrag unberührt.

Die *Folgen der Formverletzung* sind in der Regel Nichtigkeit der formbedürftigen Abrede, wobei jedoch der Arbeitsvertrag als solcher meist unberührt bleibt; an die Stelle der nichtigen Klausel tritt die gesetzliche Regelung bzw. der dem Arbeitnehmer günstigere Zustand.

Eine nur einseitige Nichtigkeit sieht Art. 37 des Arbeitsgesetzbuchs von *Ecuador* vor: nur der Arbeitnehmer kann sich auf die Nichtigkeit des Arbeitsvertrags berufen.

81. Grundsätzlich ist der Arbeitsvertrag als solcher formlos. Das gilt auch für *Österreich* [3], für die *Schweiz*, Art. 320 I OR, für *Italien* [4], für *Belgien*, Art. 4 ArbeiterG [5], für die *Niederlande*, argumentum aus Art. 1637 d BW [6], und nach common law für *England* [7].

In *Frankreich* bestimmt an sich Art. 19 Buch I C. Trav., daß „der Arbeitsvertrag den Regeln des gemeinen Rechts unterliegt und in den Formen festgestellt werden kann, die den Parteien belieben". Obwohl der letzte Halbsatz dem zu widersprechen scheint, bedeutet der Verweis auf das allgemeine Recht auch die Anwendbarkeit des Art. 1341 C. c., wonach bei einem Vertragsgegenstand im Wert von 5000 Franken und darüber der Zeugenbeweis ausgeschlossen ist [8], und von Art. 1325 C. c., der doppelte Ausfertigung des schriftlichen Vertrages verlangt. Im täglichen Leben überwiegt dagegen der formlose Abschluß. Die Rechtsprechung trägt dem dadurch Rechnung, daß sie die 5000-Frankengrenze nicht auf den Gegenstand des Arbeitsvertrages, sondern auf den Streitgegenstand bezieht oder über die Vorschrift überhaupt hinweggeht; ist der Arbeitsvertrag von seiten des Arbeitgebers ein Handelsgeschäft, so ist der Arbeitnehmer zudem in seinen Beweismitteln nicht beschränkt (Art. 109 C. Com.). Reformvorschläge sehen für den Arbeitsvertrag Beweis-(Form-)freiheit vor [9].

Zum *sowjetischen* Recht vgl. RAG 11. 2. 1933 unter II (ARS 17, 495).

---

[2] Vgl. etwa § 6 III *österreichisches* AngG, § 2 SchauspG, § 2 JournG, § 3 II HausgehG, wonach dem Arbeitnehmer ein Dienstschein auszuhändigen ist, der gewisse Angaben enthalten muß, ohne daß die Nichteinhaltung dieser Vorschrift für den Vertrag Wirkungen hätte.

[3] Hämmerle 135 ff.; Adler-Höller, Anm. IX zu § 1151.

[4] Riva Sanseverino, Trattato II 214 ff.

[5] Goethem-Geysen 60, 132. Für die anderen Gruppen der Arbeitnehmer ist die Beweis- d. h. Formfreiheit nicht ausdrücklich ausgesprochen, doch greift hier Art. 66 AGG ein, wonach im Verfahren vor dem Arbeitsgericht – und damit entsprechend vor dem Friedensrichter, s. unten Nr. 349 – der Zeugenbeweis vom Gericht zugelassen werden kann, vgl. Novelles 109 Nr. 283 ff.

[6] Vgl. Molenaar II A 33 f.

[7] Cooper 29 f. Arbeitsverträge über eine längere Zeit als 1 Jahr, die bisher der Schriftform bedurft hatten, sind nach Aufhebung von s. 4 Statute of Frauds (1677) durch den Law Reform (Enforcement of Contracts) Act, 1954, nunmehr formlos gültig.

[8] Diese Vorschriften sind trotz ihrer prozessualen Einkleidung als Form- und nicht als Verfahrensvorschriften zu qualifizieren, vgl. unten Nr. 368.

[9] Vgl. Durand-Vitu II 329 ff.; Rouast, Traité 40 f.; Rivéro-Savatier 321 f.; Brun-Galland 306 ff.

82. Die zahlreichen *Ausnahmen* vom Grundsatz der Formfreiheit betreffen zuweilen Verträge besonderer Gruppen von Berufen: so den Vertrag des Handelsreisenden (*Schweiz:* Schriftform, Art. 3 Gesetz vom 13. 6. 1941; die Nichtbeachtung der Form hat jedoch zur Folge, daß die gesetzliche Regelung eingreift); in *Frankreich* ist seit der Reform des Art. 29 l Buch I C. Trav. (oben Nr. 35) für den Handelsvertretervertrag Schriftform nicht mehr obligatorisch. Nach Art. 16 des Arbeitsgesetzbuchs von *Ecuador* vom 5. 8. 1938 bedürfen Arbeitsverträge, die technische Kenntnisse voraussetzen oder einen gewissen Wert übersteigen oder länger als ein Jahr dauern sollen, der Schriftform; Art. 18 legt den notwendigen Inhalt des Vertrags fest. Schriftform wird auch für die Verträge der Privatangestellten verlangt, Art. 218 ArbGB.

Auch der *Heuervertrag* des Seemanns verlangt vielfach besondere Formen: Zum deutschen Recht vgl. § 24 SeemG (Schriftform des Heuervertrags, Heuerschein); nach *italienischem* Recht muß er in öffentlicher Urkunde errichtet werden, und zwar in Italien vor der Seebehörde, im Ausland vor dem italienischen Konsul; ist ein solcher am Orte nicht vorhanden, so muß der Heuervertrag in Gegenwart zweier Zeugen schriftlich geschlossen werden, Art. 328 ff. Codice della navigazione. Das *französische* und das *belgische* Recht verlangen ebenfalls Schriftform, vgl. im einzelnen Art. 4 II C. Trav. marit. (Gesetz vom 13. 12. 1926), Art. 22 Gesetz vom 5. 6. 1928 über den Seearbeitsvertrag [10]; für *England* vgl. Merchant Shipping Act, 1894, ss 113–116 [10a].

83. Zuweilen betreffen Formvorschriften Verträge, die vom Normalfall des endgültig geschlossenen unbefristeten Arbeitsvertrages abweichen, wie etwa der *Arbeitsvertrag auf Probe:* nach *italienischem* Recht, Art. 2096 C. c., muß der Probevorbehalt schriftlich geschlossen sein [11], widrigenfalls er als nicht gemacht gilt [12]. Gleiches gilt für das *belgische* Recht, Art. 3 I AngG, Art. 5 bis ArbeiterG.

Entsprechendes gilt für *Arbeitsverträge auf Zeit* nach *italienischem* (wenn sich die Befristung nicht aus der Natur des Arbeitsverhältnisses ergibt, Art. 2097 C. c.) und *belgischem* Recht, Art. 2 AngG, Art. 5 bis ArbeiterG. Die Schriftform wird nach *belgischem* Recht weiter verlangt, wenn die Einstellung für ein *bestimmtes Arbeitsvorhaben* erfolgte; ebenso, wenn jemand als *Ersatz* für einen zum Wehrdienst einberufenen oder erkrankten Arbeitnehmer eingestellt wird, Art. 13 II AngG [13].

84. Stand bei der Gruppe von Arbeitnehmern im vorigen Abschnitt die Befürchtung im Vordergrund, daß der Arbeitnehmer zu rasch seiner Stellung wieder verlustig gehen könnte, so hat die umgekehrte Befürchtung zu den Bestimmungen geführt, die Arbeitsverträge über eine *bestimmte Dauer* nur dann für verbindlich erklären, wenn sie schriftlich geschlossen wurden: so etwa § 2 der vorläufigen Landarbeiterordnung; ähnlich § 6 II *österreichisches* Landarbeitergesetz vom 2. 6. 1948 (für Jahresdienstverträge), und Art. 22 Buch I C. Trav., (ebenso Art. 16 des *equatorianischen* Arbeitsgesetzbuchs,

[10] Vgl. Rivéro-Savatier 322; Brun-Galland 307; Goethem-Geysen 249 f. Schriftform verlangt das französische Recht auch für den Arbeitsvertrag des *fliegenden Personals* der zivilen Luftfahrtgesellschaften (G. v. 4. 4. 1953 Titel 3).

[10a] Cooper 30 f.

[11] Ausnahme: Bei Hausarbeitsverträgen werden die ersten 8 Tage als Probezeit vermutet, Art. 2241 C. c.

[12] Riva Sanseverino, Trattato II 115 f., 205 f.; Santoro-Passarelli 112 ff.

[13] Vgl. Novelles 447 ff. Nr. 26 ff.; Goethem-Geysen 60 f., 132 ff.

s. oben Nr. 82) wonach Arbeitsverträge über ein Jahr von Arbeitern der Schriftform bedürfen.

85. Der *Lehrvertrag* bedarf der Schriftform nach §§ 126 b GewO, 18 HandwO; ebenso im *österreichischen* Recht, § 99 I GewO, doch ist eine Verletzung der Formvorschrift ohne bürgerlichrechtliche Wirkung [14]. Umgekehrt droht Art. 2 Buch I C. Trav. bei Verletzung der Schriftform Nichtigkeit des Lehrvertrages an [15]. Das *belgische* Recht kennt für den Abschluß des Lehrvertrags keine Form [16].

86. Häufig sind auch Formen für den *Abschluß einzelner* mit dem Arbeitsvertrag zusammenhängender *Abreden* vorgesehen:

- so etwa für die *Wettbewerbsabrede*, die, wie nach § 74 I HGB, nach *Schweizer* (Art. 358 OR), *italienischem* (Art. 2125 und 2596 C. c.) und *niederländischem* (Art. 1637 x BW) Recht der Schriftform bedarf.
- die Übertragung von *Erfinderrechten:* Schriftform nach § 5 b *österreichisches* Patentgesetz von 1950;
- die *Kündigung*, vgl. die Kündigung von Bühnendienstverträgen, § 30 III *österreichisches* Schauspielergesetz; Art. 23 Buch I C. Trav., neugefaßt durch G. v. 19. 2. 1958, verlangt die Kündigung durch eingeschriebenen Brief mit Empfangsbestätigung, wenn sie vom Arbeitgeber ausgeht. Nach *belgischem* Recht muß bei Kündigung eines Angestellten dem Angestellten schriftlich mitgeteilt werden, wann die Kündigungsfrist beginnt und wann sie endet, Art. 14 III AngG. Auch Tarifverträge können die Kündigung Formen unterwerfen [17];
- für Abreden, mit denen *Ausnahmen vom Barzahlungsgrundsatz* vereinbart werden, vgl. § 6 II *österreichisches* LandarbeiterG vom 2. 6. 1948, s. 23 *englischer* Truck Act und den Fall *Pratt v. Cook, Son & Co. Ltd.*, unten Nr. 279;
- schließlich andere Abreden, wie die Vereinbarung der *Bestellung einer Kaution* durch den Arbeitnehmer, vgl. *österreichisches* KautionsschutzG vom 14. 7. 1938, unten Nr. 282, und viele andere.

Eine Formvorschrift, die in ihrer Feierlichkeit geradezu an das Testament erinnert, enthält Art. 24 a Buch I C. Trav.: damit eine *Ausgleichsquittung* Beweis erbringt, muß der Arbeitnehmer die Worte „pour solde de tout compte" eigenhändig geschrieben und die Quittung unterschrieben haben. Außerdem muß in ihr „in sehr sichtbaren Lettern" die Ausschlußfrist von zwei Monaten vermerkt sein.

2. *Form: anwendbares Recht*

87. Die Form des Rechtsgeschäfts beurteilt sich nach dem Recht, dem sein Gegenstand unterliegt, Art. 11 EGBGB, hier also nach dem Arbeitsstatut. Ist der Vertrag, die Abrede oder Erklärung nach dem Wirkungsstatut formfrei, so kann er überall formfrei abgeschlossen, sie überall formfrei vorgenommen werden [18].

---

[14] Hämmerle 137. [15] Durand-Vitu II 346. [16] Goethem-Geysen 107.
[17] Vgl. Riva-Sanseverino, Trattato II 233 Anm. 2.
[18] Zum Formstatut vgl. die Lehrbücher des IPR.

Irrig prüft RAG 11. 2. 1933, ob ein deutschem Recht unterliegender in Moskau geschlossener Arbeitsvertrag auch nach sowjetischem Recht hätte formlos abgeschlossen werden können. Auf die lex loci actus kam es nicht mehr an.

Daneben genügt nach geltendem Recht die Wahrung der Form des Orts, wo das Rechtsgeschäft vorgenommen wird, Art. 11 I S. 2 EGBGB. Es ist das die sog. Regel „locus regit actum" [19].

Bei Verträgen unter Abwesenden – im Arbeitsrecht allerdings ein seltener Fall! – hat jede Partei die Form des Orts zu wahren, an dem sie ihre Erklärung abgibt, damit Art. 11 I S. 2 eingreifen kann [20].

88. Geschichtlich bedingt, hat in vielen Nachbarstaaten die Regel locus regit actum den ersten Platz inne: Die Wahrung der Form des Vornahmeorts ist erforderlich und genügend. Sie ist jedoch freigestellt: ebenso reicht aus, wenn die Form des Wirkungsstatuts (Österreich, Schweiz, Belgien, Niederlande, England), oder die Form des gemeinsamen Heimatrechts der Parteien (Frankreich) eingehalten wird. Das italienische Recht stellt die Anwendung des Wirkungsstatutes, des Ortsstatuts, oder des durch die gemeinsame Staatsangehörigkeit bezeichneten Rechts zur Auswahl.

Nach *österreichischem* Recht unterliegt die Form eines Rechtsgeschäfts entweder dem Recht des Errichtungsorts oder dem Wirkungsstatut des Rechtsgeschäfts, hier also dem Arbeitsstatut [21].

Wenn jedoch Walker 224 im Anschluß an Helene Bertram, Gesetzesumgehung im internationalen Privatrecht 23 ff. die Regel locus regit actum auch dann gelten läßt, wenn die Beteiligten das Rechtsgeschäft in einem Gebiet mit erleichterten Formen um dieser Erleichterung willen vorgenommen haben, so wird man dem im Bereich des Arbeitsverweisungsrechts nicht allzu freien Lauf lassen dürfen.

Gleiches wie für Österreich gilt auch für die *Schweiz* [22].

Nach *italienischem* Recht genügt die Wahrung entweder der Form des Wirkungsstatutes oder der Form des Vornahmeorts oder der Form des Heimatrechts der Vertragschließenden, wenn es ihnen gemeinsam ist,

---

[19] Zur Kritik für das Arbeitsverweisungsrecht s. unten Nr. 89.

[20] So die zutreffende Spaltungstheorie von Zweigert, Zum Abschlußort schuldrechtlicher Distanzverträge, Festschrift Rabel I (1954) 631 ff. (650), der sich Raape, Lehrbuch 214 angeschlossen hat und die auch von Kegel bei Soergel, Anm. I 2 a. E. zu Art. 11 EGBGB vertreten wird. Es ist also weder nötig, daß jede Partei die Formvorschriften beider Vornahmeorte wahrt, was nur zur Anwendung der jeweils strengeren Formvorschrift führen würde, noch kommt es auf die Form des Orts an, an dem der Vertrag als zustandegekommen gilt (irrig deshalb Kaufmann 8).

[21] Walker 224; Walker-Verdross-Drossberg-Satter 263; Ehrenzweig 121 f.

[22] Niederer 183; Oser-Schönenberger V/1 S. XLIX.

Art. 26 d. p.[23]. Dies gilt auch für die Form von Arbeitsverträgen[24]. Dagegen gilt die für den Heuervertrag nach italienischem Recht geforderte Form (s. oben Nr. 82) immer, wenn das Schiff unter italienischer Flagge fährt[25].

Nach *französischem* Recht beurteilt sich die Form eines Vertrages nach dem Recht des Vornahmeortes[26], doch bleibt es den Parteien überlassen, sich auf ihr gemeinsames Heimatrecht zu beziehen[27]. Daneben wird, wenn auch mit minderer Stärke, die Meinung von der hilfsweisen Geltung des Wirkungsstatutes vertreten[28]. In *Belgien* wiederum überwiegt die Ansicht, daß entweder die Ortsform oder die Form des Wirkungsstatuts zu wahren ist[29]; ebenso in den *Niederlanden*[30].

In *England* fehlt es an neueren (bindenden) Präzedenzfällen; von der früher zuweilen in Entscheidungen vertretenen Ansicht, die Beachtung der lex loci sei zwingend vorgeschrieben, ist das Schrifttum einhellig abgerückt; notwendig ist, so sagt man, die Wahrung der Form des Wirkungsstatuts, hilfsweise des Ortsrechts[31].

---

[23] Art. 26: „Die Form der Rechtsgeschäfte unter Lebenden und der letztwilligen Verfügungen wird vom Recht des Ortes geregelt, an dem das Rechtsgeschäft vorgenommen wurde, oder von dem Recht, das den Inhalt des Rechtsgeschäfts regelt, oder vom Heimatrecht des Verfügenden oder der Vertragschließenden, soweit es ihnen gemeinsam ist." MAKAROV, Quellen, Italien S. 8. (Abs. 2 betrifft die Form von sachenrechtlichen Verfügungen).

Vgl. FEDOZZI, Lehrbuch 245 ff.; VASSALLI-MONACO 232 ff.; MONACO, Lehrbuch 598 ff.; BALLADORE-PALLIERI, Lehrbuch 158 ff.; MORELLI, Elementi 167 ff.; VENTURINI, Lehrbuch 154 ff.

[24] GEMMA 156; BALLADORE PALLIERI, Lehrbuch 241 und Trattato V 330; BALDONI, Riv. d. i. 24 (1932) 361, 383; VENTURINI, Lehrbuch 235 und Studi Parmensi 340; BETTI 533; MASSART 422.

[25] VENTURINI, Lehrbuch 238 f. und Studi Parmensi 341; nach Ansicht dieses Verf. ist die Unterstellung unter das Recht der Flagge als allseitige, auch bei Schiffen fremder Flagge geltende Verweisungsnorm aufzufassen.

[26] BATIFFOL, Traité 629 ff.; KRONHEIM 73 f.; DURAND-JAUSSAUD I 212; RAAPE, Lehrbuch 206; für zwingende Anwendung der lex loci actus zumindest de lege ferenda NIBOYET, Traité V 226 ff. Nur die Form des Vornahmeorts anerkennt anscheinend das *argentinische* Recht, Art. 12 und 950 Código civil, lt. LANFRANCHI 39 f.

[27] Vgl. zuletzt Kassationshof 17. 4. 1953, Revue critique 42 (1953) 796 mit Anm. LOUSSOUARN; LEREBOURS-PIGEONNIÈRE 304.

[28] BATIFFOL, Traité 630 f. mit einigen Nachweisen aus der Rechtsprechung.

[29] So DE VOS 690 ff.; POULLET 326 ff. und VROONEN 206 f. Nr. 159 ff. stehen auf dem Standpunkt der französischen Rechtsprechung.

[30] Nunmehr herrschende Meinung, vgl. Hoge Raad 2. 4. 1942, N. J. 1942 Nr. 468 (nicht arbeitsverweisungsrechtlich); KOSTERS 185; VAN BRAKEL 169 ff.; MULDER 38, 166; OFFERHAUS, The private international law of the Netherlands, Yale Law Journal 30 (1920/21) 116.

[31] DICEY-KAHN-FREUND 774 ff.; WOLFF, Private international Law 446 ff.; CHESHIRE 228 f.; GRAVESON 207.

89. Bei der Regel „locus regit actum" handelt es sich nicht nur um eine der ältesten Normen des internationalen Privatrechts überhaupt, sondern auch um eine der ganz wenigen Vorschriften, bei der die internationale Übereinstimmung Wirklichkeit ist. Eine Kritik, die ihre Berechtigung bestreiten will, muß sich deshalb auf ganz besonders schwerwiegende Gründe stützen. Ich glaube sie zu haben, wenn ich – zumindest de lege ferenda – Art. 11 I S. 2 für das Arbeitsverweisungsrecht für unanwendbar ansehe. Die beiden Gründe, denen die Regel locus regit actum ihre weltweite Verbreitung verdankt, nämlich die geschichtliche Überlieferung und die Erleichterung des Geschäftsverkehrs, können beide für das Arbeitsrecht nicht ohne weiteres anerkannt werden: Denn erstens ist das Arbeitsrecht, verglichen mit den ursprünglichen Hauptanwendungsbereichen der Regel locus regit actum, dem Kauf- und Testamentsrecht, ein junges Rechtsgebiet ohne zu uns reichende historische Vorgänger, und zum anderen ist hier eine „Zügigkeit" in der Eingehung und Auflösung von Verträgen und in der Abgabe der damit zusammenhängenden Erklärungen nicht nur nicht wünschenswert, sondern der Tendenz des heutigen Arbeitsrechts geradezu entgegengesetzt. Ihr widerstrebt es, die Formvorschrift, die nicht so sehr Beweis- als vielmehr Schutzzwecken dienen soll – und zwar nicht dem Schutz vor Übereilung, sondern dem Schutz des Schwachen [32] – ausschalten zu lassen, nur weil das Rechtsgeschäft an einem dritten Ort vorgenommen wurde.

Soll es dem österreichischen Arbeitgeber, der mit seinem Prokuristen die Frankfurter Messe besucht, gestattet sein, mündlich eine Kautionsabrede zu treffen? Soll der französische Arbeitnehmer auf deutschem Boden Saldoquittungen in jeder Form erteilen können? Soll eine Kündigung, die nach dem Arbeitsstatut der Form des eingeschriebenen Briefes bedarf, bei einem Auslandsaufenthalt sogar nur des Arbeitgebers [33] auch durchs Telefon erklärt werden können? Die Fragen stellen heißt sie verneinen.

Nussbaum 93 f. wendet sich in anderem Zusammenhang gegen die Vorschrift des Art. 11 I S. 2 EGBGB, wenn, wie bei § 15 GmbHGes., die vom Wirkungsstatut verlangte Form einen „Grundpfeiler" des von ihr erfaßten Instituts bilde; die Regel locus regit actum sei „nur dann zuzulassen, wenn diese (Form)vorschrift auf den für den Erlaß von Formvorschriften allgemein maßgebenden Erwägungen (Sicherung des Beweises, Verhütung von Übereilungen) beruht, nicht aber da, wo die Form noch durch

[32] Vgl. Nikisch I 185 Anm. 4. Daß Formvorschriften, die als Erschwerung für die Abänderung gesetzlicher Normalregelungen gedacht sind, diese Rolle nur sehr mangelhaft erfüllen können, ist eine andere Frage; vgl. dazu Schweingruber 69.

[33] Als einseitige Willenserklärung wird die Kündigung hinsichtlich ihrer Form nach dem Recht des Vornahmeorts beurteilt: so (für eine Vollmacht) KG, IPRspr. 1933, 42; Wolff, Lehrbuch 127; Kaufmann 7.

weitergehende wirtschaftliche oder staatspolitische Erwägungen im allgemeinen Interesse mitbestimmt ist".

Es ist mithin, wie ich glaube, die vom Arbeitsstatut vorgesehene Form zu wahren, die Wahrung der Form des Vornahmeorts genügt nicht, und schon gar nicht kann Formfreiheit, wenn sie am Vornahmeort gilt, eine vom Arbeitsstatut gebotene Form entbehrlich machen. Freilich steht das geltende Recht hierzu im Widerspruch; Sache der Gerichte wird es sein, in einschränkender Auslegung des Art. 11 EGBGB zu erträglichen Ergebnissen zu kommen.

Auch praktische Gründe sprechen für die hier vertretene Ansicht. Mit der Ausschaltung des Ortsrechts entgeht man ebenso einer Fülle von Qualifikationsschwierigkeiten – was gehört noch zur Form, was schon zum Inhalt? –, als auch einer gehäuften Anrufung des ordre public. Ist, wie meist, das Recht des Arbeitsorts Arbeitsstatut und kommt es dort zur Klage, so daß Arbeitsstatut und lex fori zusammenfallen, so wird es kaum einen Richter geben, der zwingende arbeitsrechtliche Formvorschriften seines Rechts durch das Recht des Vornahmeorts beiseiteschieben lassen wird; er wird sich entweder mit dem bequemen, aber der Klarheit abträglichen Mittel behelfen, die erwähnte Formvorschrift entgegen ihrem wahren Wesen als sachlichrechtlich zu qualifizieren, oder er wird sich auf Art. 30 EGBGB berufen und damit die alleinige Maßgeblichkeit des Arbeitsstatuts wieder herstellen.

Der Wiener Entwurf [34] und – im Ergebnis – auch der Entwurf des Instituts für internationales Recht, Art. 3, beurteilen die Form des Arbeitsvertrages nach dem Recht des Erfüllungsorts, d. h. dem Arbeitsstatut. Auch NEUMEYER [35] neigt zur selben Ansicht, will sich aber der h. M. des Instituts [36] nicht entgegenstellen.

Ist eine Form durch Tarifvertrag festgesetzt, so ist immer zu prüfen, ob damit nicht die Regel locus regit actum vertraglich ausgeschlossen sein soll.

Zu den Formvorschriften des öffentlichen Rechts s. unten Nr. 181.

§ 10

Arbeitsstatut

I. VERTRAGSSTATUT – PARTEIAUTONOMIE

90. Die Frage nach dem auf die sachlichen Voraussetzungen und Wirkungen des Arbeitsvertrags bzw. des Arbeitsverhältnisses anwendbaren Recht (Arbeitsstatut) wird von der Rechtsprechung in Deutschland wie in den hier näher behandelten Ländern überwiegend mit den Mitteln des

[34] SATTER 922. [35] Annuaire 1936 I 440 f.

[36] Für die Regel locus regit actum LEMONON, MAHAIM, POULLET, Annuaire 1936 I 451, 455, 462.

internationalen Schuldrechts gelöst, wobei die Grade der Verselbständigung des internationalen Arbeitsrechts gegenüber dem allgemeinen internationalen Vertragsrecht von Land zu Land verschieden sind. Am weitesten hat sich das Arbeitsverweisungsrecht in Italien, am wenigsten in England von ihm entfernt; die Rechtsprechung in den übrigen Ländern steht in der Mitte und sucht meistens eine den Eigenheiten des Arbeitsrechts entsprechende Anknüpfung mit den Mitteln des internationalen Schuldrechts zu finden. Deshalb ist zunächst auf dieses einzugehen.

91. Das internationale Schuldrecht steht in Deutschland im Zeichen der sog. Wahlfreiheit oder *Autonomie der Parteien*[1]. Bei einem Vertrag mit Auslandsberührung ist die Bestimmung des maßgeblichen Rechts den Parteien überlassen; das Verweisungsrecht enthält insoweit nur eine Blankovorschrift, die jene ausfüllen. Dabei sind die Parteien nicht auf die Wahl eines Rechts beschränkt, zu dem der Vertrag eine örtliche Beziehung (Abschlußort, Erfüllungsort usw.) aufweist, sondern ihre Wahl ist schon dann anzuerkennen, wenn sie durch irgendein sachliches Interesse getragen wird. Reine Phantasieanknüpfungen, Fälle einer „ungehörigen" Rechtswahl um des ästhetischen Vergnügens der Ausübung einer solchen Befugnis willen, sind nicht bekannt geworden und können außer Betracht bleiben. Die Parteien sind auch nicht gehindert, von einem einmal gewählten Recht zugunsten eines anderen wieder abzugehen (Wandelbarkeit des Vertragsstatuts). Solche Änderungen sind namentlich zu erwarten, wenn die Parteien an der Unterwerfung ihres Vertrags unter die lex fori interessiert sind, um damit die Revisionsfähigkeit der von ihnen angestrebten richterlichen Entscheidung zu sichern[2]. Die Rechtswahl bezieht sich nicht

---

[1] Vgl. die Lehrbücher des IPR; weiter HAUDEK, Die Bedeutung des Parteiwillens im internationalen Privatrecht (1931); MOSER, Vertragsabschluß, Vertragsgültigkeit und Parteiwille im internationalen Obligationenrecht (St. Gallen 1948); GAMILLSCHEG, Rechtswahl, Schwerpunkt und mutmaßlicher Parteiwille im internationalen Vertragsrecht, AcP 157 (1958) 303 ff. mit Nachweisen der deutschen Nachkriegsrechtsprechung.

[2] Vgl. BGH 6. 12. 1956, WM 11 (1957) 132 unter Aufgabe der früheren Ansicht, die Berufung der Parteien auf die lex fori im Prozeß sei nur ein Anzeichen dafür, daß die Parteien dieses Recht schon beim Vertragsschluß gewählt hatten; wie hier RAAPE, Lehrbuch 435 und Festschrift Boehmer (1954) 111 ff.; KEGEL bei SOERGEL 42, 47; FERID, Zum Abschluß von Auslandsverträgen (1954) 23.

Ebenso im *Schweizer* Recht, vgl. BGE 79 II 302, 80 II 50, 80 II 180, 81 II 176, 82 II 129, 82 II 552; STAUFFER, Festschrift Hans Lewald (1953) 395 ff.; SECRÉTAN, Revue hellénique de droit international 7 (1954) 138. Durch Nichtberufung auf das an sich anwendbare ausländische Recht verzichten die Parteien auf seine Anwendung und wählen stillschweigend das schweizerische Recht: so BGE 80 II 179. Je nach den kantonalen Verfahrensordnungen kann es in der höheren Instanz für die Berufung auf das (nur) auf das im Augenblick der Vereinbarung geltende Recht, sondern auf das bezeichnete Recht in seinem wechselnden Bestand, also einschließlich späterer Änderungen von Gesetzgebung und Rechtsprechung, auch wenn diese von den Parteien nicht vorhergesehen werden konnten, selbst wenn anzunehmen ist, daß die Parteien die Rechtswahl, Voraussicht der Änderung unterstellt, nicht getroffen hätten [3].

Die Rechtswahl ist Vertrag; sie kann ausdrücklich, aber auch stillschweigend durch schlüssiges Verhalten erfolgen. Dies ist etwa dann der Fall, wenn im Vertrag rechtstechnische Ausdrücke des bezogenen Rechts enthalten sind [4]; auch in der Vereinbarung eines Gerichtsstands oder eines institutionellen Schiedsgerichts wird angesichts einer langjährigen dahingehenden Praxis häufig bereits die stillschweigende Wahl des am Ort des Gerichts bzw. Schiedsgerichts geltenden Rechts gesehen [5]. Ist jedoch eine

---

ausländische Recht zu spät sein. Die Möglichkeit einer nachträglichen Rechtswahl im Prozeß wird auch von HAMBRO (unten Anm. 7) 601 bejaht.

Auf dem gleichen Standpunkt stehen der *französische* Kassationshof, vgl. die Nachweise bei BATIFFOL, Contrats 148 f. (auch Paris 21. 11. 1895, unten Nr. 129 gehört hierher), und einige *niederländische* Entscheidungen, Rechtsbank Maastricht 28. 5. 1931; 17. 3. 1949, N. J. 1951 Nr. 295 = NR IPR 2. Ergänzung 63 (nicht arbeitsverweisungsrechtlich); VENTURINI, Lehrbuch 133 und BALLADORE PALLIERI, Lehrbuch 237 f. lehnen die Rechtswahl im Prozeß ab, auch RABEL II 386 scheint an ihrer Möglichkeit zu zweifeln.

[3] Vgl. RAG 23. 11. 1929: „Mit Recht hat der Berufungsrichter daraus geschlossen, daß ... auf ihr Rechtsverhältnis die deutschen Gesetze anwendbar sein sollten. Dann liegt aber kein Grund vor, das zwingend in die gesetzlichen und vertraglichen Vereinbarungen eingreifende Kündigungsschutzgesetz, das zur Zeit des Abkommens (der Parteien) noch nicht erlassen war, von der Anwendung auszuschließen"; WOLFF, Lehrbuch 148; ZWEIGERT, RabelsZ 16 (1951) 323; ebenso für Italien VENTURINI, Lehrbuch 136 mit Nachweisen. Dies gilt jedoch nicht, wenn das Arbeitsverhältnis vor Einführung des neuen Rechts beendet wurde: ZG Venedig 26. 7. 1949.

[4] Vgl. *In Re Missouri Steamship Co.* (1889), 42 Ch. D. 321; dazu HAUDEK 56 f.; LORENZ (unten Anm. 37) 64 f. (Bezugnahme auf „the Queens Enemies"); Rechtsbank Amsterdam 7. 5. 1957 (Bezeichnung der 6-Wochen-Kündigungsfrist des § 622 BGB als „gesetzliche").

[5] Vgl. aus der Rechtsprechung *(Gerichtsstandvereinbarung):* RG 19. 6. 1906, JW 1906, 452; 24. 6. 1931, IPRspr. 1931 Nr. 34; BayObLG 16. 5. 1934, IPRspr. 1934 Nr. 25; OGHBrZ 4. 5. 1950, OGHZ 4, 138 = IPRspr. 1950/51 Nr. 18; LG Berlin 27. 9. 1951; LG Hamburg 23. 4. 1954, MDR 8 (1954) 422; abweichend RG 29. 10. 1927, RGZ 118, 283 (die Entscheidung rechtfertigt sich jedoch aus dem Gedanken der Rechtswahl im Prozeß); OLG Hamburg 22. 7. 1927, NiemZ 39, 294 (297); OLG München 20. 12. 1938, HRR 1939 Nr. 301 (Fakturengerichtsstand); neuestens auch BAG 5. 5. 1955; auch der BGH 19. 3. 1956, Betrieb 9 (1956) 473 mißt der Schiedsgerichtsklausel kein besonderes Gewicht bei. Bejahend NUSSBAUM 227 f.; RAAPE, Lehrbuch 258; WOLFF, Lehrbuch 142; ablehnend FRANKENSTEIN II 170; BEITZKE, AP 1952 Nr. 97 Anmerkung und Kollisionen B III 1 b; TRIESCHMANN, Betrieb 8 (1955) 968.

(Vereinbarung eines Schiedsgerichts): OLG München 5. 4. 1909; OLG Hamburg 29. 1.

Rechtswahl auch stillschweigend nicht erfolgt, haben die Parteien die Rechtswahl versäumt, so nimmt an ihrer Stelle der Richter die Anknüpfung vor; er läßt sich dabei von den ihm erkennbaren Interessen der Parteien leiten und entscheidet so, wie die Parteien, als vernünftige Menschen gedacht, entschieden hätten (sog. subjektive oder Theorie des mutmaßlichen Parteiwillens). Ein Recht, von dem anzunehmen ist, daß die Parteien es sicher nicht gewählt hätten, darf er ebenfalls nicht heranziehen, namentlich wenn dieses Recht den Vertrag oder die Abrede für nichtig erklären würde, vgl. die Beispiele ZG Léopoldville 8. 1. 1924 (unten Nr. 131) und Rechtsbank Amsterdam 3. 11. 1924 (unten Nr. 135)[6]. Welches von den Rechten, zu denen der Vertrag Beziehungen hat, der Richter positiv zu wählen hat, entscheidet sich entweder durch eine Häufung von Beziehungspunkten, die auf ein und dasselbe Recht hinweisen, oder, wenn alle sonstigen Erwägungen versagen, nach der Eigenart des Vertragstyps, um dessen Anknüpfung es geht.

Zu der hier vertretenen und grob skizzierten sog. subjektiven Lehre steht die herrschende Meinung in einem gewissen Gegensatz, die das Arbeiten mit dem hypothetischen Parteiwillen als fiktiv verwirft und statt dessen das Recht sucht, mit dem der Vertrag den engsten tatsächlichen Zusammenhang hat (objektive Lehre). Diese Lehre kommt im wesentlichen zu den selben Ergebnissen wie die subjektive, da beide in der Mehrzahl der Fälle aus dem gemeinsamen Vorrat an äußeren Kennzeichen wie Erfüllungsort,

---

1913, HGZ 1913, 131, bestätigt durch RG 8. 7. 1913, HGZ 1913, 282; RG 21. 3. 1919, Warn. 1919, 226; OLG Hamburg 31. 10. 1924, HGZ 1925, 63 = Inter. Jahrbuch für Schiedsgerichtswesen I, 278; abweichend RG 19. 11. 1929, JW 1930, 1862; RG 10. 6. 1933, IPRspr. 1933 Nr. 22.

Aus der *englischen* Rechtsprechung vgl. *Kwik Hoo Tong Handel Maatschappij* v. *James Finlay & Co.* [1927] A. C. 604 (608, 609); hierzu teils abweichend Wolff, Private International Law 422, 437 f.; Dicey-Kahn-Freund 731 f. *(Gerichtsstandsvereinbarung); Hamlyn & Co.* v. *Talisker Distillery Co.* [1894] A. C. 202; *Vita Food Products* v. *Unus Shipping Co.* [1939] A. C. 290 *(Schiedsgerichtsvereinbarung);* Cheshire 217 f.

Aus der *französischen* Rechtsprechung: Berufungsgericht Paris 21. 7. 1950, Revue critique de d. i. p. 41 (1952) 706 *(Gerichtsstandsvereinbarung);* Kassationshof 19. 2. 1930 und 27. 1. 1931, Sirey 1933, 41; Berufungsgericht Douai 18. 10. 1951, Revue critique d. i. p. 42 (1953) 422 *(Schiedsgerichtsvereinbarung);* aus der Rechtslehre namentlich Batiffol, Contrats 135 f. (mit weiteren Nachweisen) und Traité 645.

Aus der *Schweizer* Rechtsprechung: BGE 72 III 52 = RabelsZ 16 (1951) 611; BGE 60 II 302; erwähnt auch in BGE 82 II 553 *(Gerichtsstandsvereinbarung);* BGE 43 II 228; Kassationshof Zürich 8. 4. 1924, Int. Jb. f. Schiedsgerichtswesen II, 352 *(Schiedsgerichtsvereinbarung).* Auf dem gleichen Standpunkt stehen die nordischen Länder, s. *Hambro* (unten Anm. 7) 599, 606.

Ablehnend die *italienische* Rechtsprechung, vgl. Kassationshof 27. 12. 1948, Giurisprudenza italiana 1950. I. 130.

[6] Vgl. hierzu Gamillscheg (oben Anm. 1) 329 f. Ebenso Lordrichter Fry in der englischen Entscheidung *In Re Missouri Steamship Co.* (1889), 42 Ch. D. 331, 341.

Sprache des Vertrags, Staatsangehörigkeit und Wohnsitz der Parteien usw. schöpfen. Aber die objektive Lehre verengt in gewissem Sinne insoweit das Blickfeld, als sie es erschwert, erkennbaren Interessen der Parteien Rechnung zu tragen, die auf ein anderes Recht als das durch den Schwerpunkt (die Häufung der Anknüpfungspunkte) bezeichnete Recht hinweisen; verfehlt ist die objektive Theorie dort, wo sie nicht mehr den engsten tatsächlichen, sondern den engsten räumlichen Zusammenhang sucht; im einzelnen hierzu GAMILLSCHEG a.a.O.

Wenn sich die verschiedenen Merkmale, aus denen sich der sog. mutmaßliche Parteiwille sonst ableiten ließ, dergestalt die Waage hielten, daß keines der beteiligten Rechte für sich das Übergewicht der Kriterien buchen konnte, hatte die Rechtsprechung des Reichsgerichts in den letzten Jahren zu einer Ersatzanknüpfung greifen müssen, die durch den Erfüllungsort vermittelt wurde. Sie hatte den Nachteil, daß bei gegenseitigen Verträgen zwei Erfüllungsorte zu berücksichtigen waren, woraus sich die Spaltung des Vertragsstatuts in zwei Verbindlichkeitsstatuten ergab. Der Bundesgerichtshof hat diese Spaltung mit Recht aufgegeben; nur in vereinzelten Entscheidungen taucht sie noch auf.

92. Die Parteiautonomie herrscht in der Rechtsprechung aller hier näher untersuchten Länder vor [7], wobei Einschränkungen nur für Österreich zu machen sind, wo die unglückliche gesetzliche Regelung ihrer vollen Entfaltung entgegensteht. Dagegen ist die Rechtslehre keineswegs einhellig der Ansicht, daß den Parteien kollisionsrechtliche Verweisungsfreiheit zustehen solle: die Bedenken sind insbesondere in den Niederlanden noch nicht verstummt, und auch das Schweizer Schrifttum verharrt noch überwiegend auf einem ablehnenden Standpunkt. Die französische Rechtslehre ist in den letzten Jahren autonomiefreundlich geworden. Gleiches gilt für Italien, wo angesichts der Vorschrift des Art. 25 d. p. ein anderer Stand-

---

[7] Ebenso in den *skandinavischen* Staaten, s. LANDO, Scandinavian Conflict of Law Rules respecting Contracts, Amer. Journal of Comparative Law 6 (1957) 1 ff.; *Hambro*, Autonomy in the International Contract Law of the Nordic States, International Comparative Law Quarterly 76 (1957) 589 ff.

Dagegen ringt in den *Vereinigten Staaten* der Gedanke der Wahlfreiheit noch um seine Anerkennung. Eine Leitidee ist den Entscheidungen nicht zu entnehmen, die vielfach noch mit den überlieferten Anknüpfungsmerkmalen wie locus contractus und locus executionis arbeiten. Auch die Rechtslehre ist gespalten: Vgl. einerseits BEALE, A Treatise on the conflict of laws II (1935) 1079 ff.; GOODRICH, Handbook on the conflict of laws (3. Aufl. 1949) 325 ff.; STUMBERG, Principles of conflict of laws (2. Aufl. 1951) 236; andererseits NUSSBAUM, Principles of private international law (1943) 168 ff. und Conflict theories of contract: Cases v. Restatement, Yale Law Journal 51 (1942) 893 ff.; RABEL II 357 ff. Die neueste Übersicht über die Entscheidungen in: Conflict of laws: „Party Autonomy" in Contracts, Columbia Law Review 57 (1957) 553 ff., Zusammenfassung der Rechtsprechung auf S. 566; sie geht dahin, daß wenig Neigung zur Anerkennung der Parteiautonomie bestehe, auch verlange das gewählte Recht eine tatsächliche maßgebliche Verknüpfung zum Vertrag („substantial connection"). Der Schwerpunktlehre folgt neuestens *Auten* v. *Auten*, 308 N. Y. 155 (1954), hierzu SZASZ in Cornell Law Quarterly 40 (1955) 772.

punkt sinnvoll auch nicht eingenommen werden kann [8]. Ob die Rechtswahl unbeschränkt oder auf solche Rechte beschränkt ist, die schon von sich aus eine gewisse Nähe zu dem Vertrag aufweisen, ist strittig [9].

93. In *Österreich* ist das internationale Vertragsrecht in den §§ 36 u. 37 ABGB [10] in recht unglücklicher Weise geregelt. Danach entscheidet grundsätzlich die lex loci contractus. Abschlußort ist bei Verträgen unter Abwesenden der Ort, an dem die Annahmeerklärung zugeht, d. h. der Anbietende seinen Wohnsitz hat [11]. Dem Parteiwillen ist nur in Grenzen Einfluß eingeräumt, und zwar ergeben sich aus den §§ 36 und 37 die folgenden vier Fallgruppen: [12]

a) Verträge, die in Österreich zwischen Österreichern oder zwischen einem Österreicher und einem Ausländer geschlossen werden: hier gilt österreichisches Recht ohne die Möglichkeit einer abweichenden kollisionsrechtlichen Wahl durch die Parteien. Eine Vereinbarung ausländischen

---

[8] Ähnlich in *Griechenland*, wo Art. 25 ZGB besagt: „Die Schuldverhältnisse aus einem Vertrag richten sich nach dem Recht, dem sich die Vertragschließenden unterworfen haben. In Ermangelung eines solchen findet das Recht Anwendung, das dem Vertrag unter Berücksichtigung aller besonderen Umstände am angemessensten ist", MAKAROV, Quellen, Griechenland S. 10.

[9] Vgl. für *Österreich* zweifelnd WALKER-VERDROSS-DROSSBERG-SATTER 238; für *Italien* bejahen die uneingeschränkte Wahlfreiheit VASSALLI-MONACO 221 ff. mit Nachweisen; MORELLI Elementi 58; VENTURINI, Lehrbuch 134 f. Dagegen BALLADORE PALLIERI, Lehrbuch 238; VOLPE (unten Anm. 22) u. a.; die Praxis des *Schweizer* Bundesgerichts soll nach Ansicht von SECRÉTAN 138 Einschränkungen der Wahlfreiheit nicht mehr machen, vgl. die dort genannten Entscheidungen BGE 79 II (1953) 195 und 80 II (1954) 45, 49, 179, die jedoch, soweit ich sehe, keinen Anlaß hatten, sich zu dieser Frage auszusprechen.

[10] § 36: „Wenn ein Ausländer hierlandes ein wechselseitig verbindendes Geschäft mit einem Staatsbürger eingeht, so wird es ohne Ausnahme nach diesem Gesetzbuche; dafern er es aber mit einem Ausländer schließt, nur dann nach demselben beurteilt, wenn nicht bewiesen wird, daß bei der Abschließung auf ein anderes Recht Bedacht genommen worden ist."

§ 37: „Wenn Ausländer mit Ausländern oder mit Untertanen dieses Staates im Auslande Rechtsgeschäfte vornehmen, so sind sie nach den Gesetzen des Ortes, wo das Geschäft abgeschlossen worden, zu beurteilen, dafern bei der Abschließung nicht offenbar ein anderes Recht zugrunde gelegt worden ist, und die oben im § 4 enthaltene Vorschrift nicht entgegensteht."

[11] OGH 12. 2. 1935; WALKER 413; EHRENZWEIG 112, der jedoch folgende Einschränkung macht: wenn nur eine der Parteien das Geschäft erwerbs- oder berufsmäßig abgeschlossen hat, so soll der Ort als Abschlußort gelten, wo dieser Teil seinen Beruf ausübt; ebenso WALKER-VERDROSS-DROSSBERG-SATTER 239. In Wahrheit ist das ein Abgehen von der strengen Regel locus regit contractum, dem nur ein Auslegungsmäntelchen umgehängt ist.

[12] WALKER 407 ff.; WALKER-VERDROSS-DROSSBERG-SATTER 236 ff.; EHRENZWEIG 110 ff.; BOLLA 100 ff.

Rechts hat Kraft nur materiellrechtlich im Rahmen der zwingenden österreichischen Gesetze.

b) Verträge hingegen, die in Österreich zwischen Ausländern geschlossen werden, unterliegen dem österreichischen Recht des Abschlußorts, wenn nicht ein abweichender Parteiwille bewiesen wird.

c) Verträge, die im Ausland zwischen Österreichern oder zwischen einem Österreicher und einem Ausländer geschlossen werden, unterliegen dem Recht des Abschlußorts, wenn die Parteien nicht offenbar auf ein anderes Recht Bedacht genommen hatten. Die Rechtswahl kann ausdrücklich oder stillschweigend erfolgen, jedoch wird zumindest in der herrschenden Rechtslehre dem mutmaßlichen Parteiwillen kein Einfluß eingeräumt. Verträge jedoch, die in Österreich „rechtliche Folgen haben" sollen, insbesondere solche, die in Österreich zu erfüllen sind, sind nach der jetzt in der Rechtsprechung herrschenden Auslegung des § 4 ABGB, von der bereits oben Nr. 65 in anderem Zusammenhang die Rede war, wie Verträge zu behandeln, die in Österreich geschlossen wurden, d. h. sie unterliegen den zwingenden Vorschriften des österreichischen Rechts. Dies würde also dazu führen, daß Arbeitsverträge, die im Ausland geschlossen wurden und in Österreich zu erfüllen sind, nach österreichischem Recht zu beurteilen sind. Zu demselben Erfolg führt schließlich die Auslegung, die besagt, daß zwei Österreicher, die im Ausland einen in Österreich zu erfüllenden Vertrag schließen, hierbei offenbar auf das österreichische Recht Bedacht genommen, d. h. es stillschweigend gewählt haben: so WALKER 411.

d) Verträge, die im Ausland zwischen Ausländern geschlossen werden, unterliegen dem Recht des Abschlußorts, vorbehaltlich einer abweichenden Rechtswahl durch die Parteien.

Die Maßgeblichkeit der lex loci contractus wird dann verneint, wenn der Abschlußort rein zufällig ist, wenn alle anderen Umstände auf ein anderes Recht hinweisen [13]. Dort, wo dem Parteiwillen Einfluß eingeräumt ist, gilt nach Ansicht der Rechtsprechung bei Fehlen einer Rechtswahl das mutmaßlich gewollte Recht: dem österreichischen Recht dürfte die subjektive Theorie entsprechen [14].

94. Das *Schweizer* internationale Privatrecht enthält für das internationale Vertragsrecht keine gesetzliche Norm. Rechtsprechung und teilweise

[13] So kürzlich OGH 23. 1. 1952, SZ 25 (1954) 41 Nr. 17; ebenso EHRENZWEIG 111 ff., WALKER 410.

[14] So ABEL, JBl. 72 (1950) 371. Die Rechtslehre will vom mutmaßlichen Parteiwillen vielfach nichts wissen.

auch die Rechtslehre folgen bei der Anknüpfung schuldrechtlicher Verträge dem Grundsatz der Parteiautonomie, vgl. die Grundsatzentscheidung BGE 78 II (1952) 74 ff., ohne mehr, wie früher, zwischen der Entstehung des Vertrages (zu beurteilen nach der lex loci actus [15]) und seinen Folgen zu unterscheiden [16]. Die Wahl der Parteien ist eine kollisionsrechtliche, nicht nur materiellrechtliche Verweisung: so ebenfalls die neuere Rechtsprechung im Gegensatz zur Rechtsprechung vor dem Kriege, die die Parteiautonomie nicht anerkannt hatte, und zur auch heute noch überwiegenden Ansicht im Schrifttum [17].

Daß es sich um eine kollisionsrechtliche Verweisung handelt, wird mittelbar bestätigt durch Art. 3 I d des Gesetzes über das Anstellungsverhältnis der Handelsreisenden, wo den Parteien empfohlen wird, das anwendbare Recht und den Gerichtsstand im Anstellungsvertrag zu bestimmen, wenn sich der Wohnsitz einer der Parteien im Ausland befindet, vgl. BGE 79 II (1953) 29.

Fehlt es an einer ausdrücklichen Rechtswahl, so ist das Recht anzuwenden, zu dem das Streitverhältnis den „engsten räumlichen Zusammenhang" hat. Dieser ist dort zu suchen, wo die Partei die für den Vertrag charakteristische Leistung zu erbringen hat: vgl. BGE 79 II (1953) 298 [18]. Damit ist das Bundesgericht von der lange Jahre vertretenen Ansicht, bei Fehlen der Parteiwahl sei der mutmaßliche Parteiwille zu erforschen, abgegangen und hat als subsidiäre Anknüpfung das Recht des Erfüllungsortes mehr oder weniger starr festgelegt.

95. In *Italien* beruht das internationale Schuldrecht auf Art. 25 d. p. [19].

---

[15] Der Vertrag kommt an dem Ort zustande, wo die Annahmeerklärung abgesandt wird, entsprechend Art. 10 OR: BG 27. 2. 1945, SchweizJahrbuch für intern. Recht 5 (1948) 114.

[16] Vgl. die Übersicht über die Rechtsprechung bei Moser 8 ff. (Zusammenfassung 36 ff.); Niederer 188 ff. (200 ff.); Secrétan 141.

[17] Ablehnend insbes. Schnitzer, Lehrbuch I 170 ff (178) und öfter, vgl. Vertragsfreiheit und Rechtswahl, SJZ 49 (1953) 285 ff.

[18] In dem (nicht arbeitsverweisungsrechtlichen) Fall BGE 80 II (1954) 49 (51) wird allerdings von der charakteristischen Leistung, die in Frankfurt zu erbringen war, abgesehen und das Schweizer Recht als Recht der gemeinsamen Staatsangehörigkeit und lex loci contractus angewandt: alles unter der Flagge des „engsten räumlichen Zusammenhangs"! Vgl. hierzu Gamillscheg, AcP 157 (1958) 339 Anm. 140.

[19] Art. 25: „Schuldverhältnisse, die aus Vertrag entstehen, werden, wenn die Vertragschließenden ein gemeinsames Heimatrecht besitzen, von diesem geregelt, andernfalls vom Recht des Ortes, an dem der Vertrag geschlossen wurde. Der abweichende Wille der Parteien bleibt in jedem Falle vorbehalten.

Schuldverhältnisse, die nicht auf Vertrag beruhen, werden vom Recht des Ortes geregelt, an dem die Tatsache eingetreten ist, dem sie ihre Entstehung verdanken."

Dieser Vorschrift entsprach im alten Codice civile von 1865 Art. 9 der damaligen einleitenden Bestimmungen, während handelsrechtliche Verträge gemäß dem – inzwi-

Es gilt also der Grundsatz der Parteiautonomie [20]. Fehlt es an der Rechtswahl, so gilt das gemeinsame Heimatrecht der Parteien oder bei verschiedener Staatsangehörigkeit die lex loci contractus. Abschlußort ist bei Distanzverträgen entsprechend Art. 1326 C. c. der Ort des Zugangs der Annahmeerklärung [21]. Die Rangfolge der einzelnen Kriterien des Art. 25 ist nicht unstrittig, aber die wohl herrschende Lehre geht dahin, daß der Rechtswahl der Parteien der Vorrang gebührt und die beiden anderen Anknüpfungspunkte nur bei seinem Fehlen zum Zuge kommen [22]. Von der Figur des mutmaßlichen Parteiwillens wird in der Rechtslehre sehr viel weniger Gebrauch gemacht als im deutschen Recht [23]. Die Rechtsprechung lehnt sie überwiegend ab: „eine handgreifliche Verletzung" des Art. 9 d. p. (alt) (s. oben Anm. 19) nennt der Kassationshof 15. 7. 1938 (s. unten Nr. 127) die Ansicht des Untergerichts, Rom 7. 5. 1937, die Parteien hätten stillschweigend oder vermutlich (s. unten Anm. 26) das ita-

schen außer Kraft getreten – Art. 58 Codice di commercio dem gemeinsamen Heimatrecht der Parteien, bei verschiedener Staatsangehörigkeit der lex loci contractus unterworfen wurden, ohne daß hier ein Vorbehalt zugunsten einer abweichenden Rechtswahl gemacht wurde. Daher herrschte über das Verhältnis der beiden Bestimmungen viel Streit.

[20] Vgl. Fedozzi, Lehrbuch 700 ff.; Vassalli-Monaco 218 ff.; Monaco, Lehrbuch 589 ff.; Morelli, Elementi 150 ff; Balladore Pallieri, Lehrbuch 225 ff.; Venturini, Lehrbuch 120 ff.; Betti 479 ff.; Andreoli 25 f.

[21] Venturini, Lehrbuch 125 f. Vgl. Kassationshof 15. 7. 1938: der Arbeitsvertrag kommt am Sitz der ausländischen Zweigstelle, die den Arbeitnehmer einstellt, zustande, auch wenn im Innenverhältnis zur italienischen Zentrale noch deren Bestätigung eingeholt werden müsse. Vgl. dazu Richard, Rassegna 25. Die aufgehobene Entscheidung Rom 7. 5. 1937 hatte das nicht beachtet und als Abschlußort den Sitz der Zentrale in Rom angesehen und war so zur Anwendung italienischen Rechts gekommen. Anfechtbar scheint auch die Ansicht des römischen Gerichtshofs, die Bank sei wegen ihrer wirtschaftlichen Machtstellung bei einem Arbeitsvertrag allgemein als Anbietender und nicht als Nehmender anzusehen: es ist ein Beweis mehr für die Unbrauchbarkeit des locus contractus bei (wenn auch irrig dafür gehaltenen) Distanzverträgen, wenn es beim Arbeitsvertrag darauf ankommen soll, wer das Angebot gemacht hat. Die Anwendung italienischen Rechts hätte sich aber aus dem Gedanken gerechtfertigt, daß der Kläger leitender Angestellter mit Zeichnungsvollmacht gewesen und die Kündigung von Rom ausgegangen war.

[22] Vassalli-Monaco 221 f. mit Nachweisen; Monaco, Lehrbuch 592 f.; Bosco 384 f.; Morelli, Elementi 151; Volpe, Rilevanza della volontà delle parti nel nostro d. i. p., Giur. comp. d. i. p. 11 (1954) 79 ff. Dagegen: (die objektiven Kriterien des Art. 25 d.p. sind gegenüber dem Parteiwillen selbständig und nicht bloße vom Gesetz aufgestellte Vermutungen eines solchen): Betti, Riv. d. i. 22 (1930) 18 ff. und Lehrbuch 482 ff.; Balladore Pallieri, Lehrbuch 230 ff.; Venturini, Lehrbuch 120 f. Die Streitfrage hat mehr akademischen Charakter; ich sehe für das Arbeitsverweisungsrecht keine greifbare Bedeutung.

[23] Im ursprünglichen Art. 13 des Entwurfs zu den d. p. des neuen Codice civile war eine Verweisung auf den mutmaßlichen Parteiwillen enthalten, vgl. etwa Cansacchi, Riv. lav. 6 (1937) Suppl. giur. 18 Anm. 8.

lienische Recht gewählt, „se una tale affermazione non sia sorretta da una precisa dimostrazione che la volontà delle parti venne a tal fine diretta“ [24]. Statt dessen führen die Kriterien der gemeinsamen Staatsangehörigkeit oder des Abschlußorts zur Anknüpfung, wenn sich aus dem Parteiverhalten nicht eine (wenn auch stillschweigende, so doch vorhandene) Rechtswahl ergibt. Dies besagt auch die amtliche Begründung zur Neufassung der disposizioni preliminari [25]; aber es ist die Vermutung erlaubt, daß eben doch dort, wo die Parteien zwar nichts vereinbart haben, der Schwerpunkt des Vertrages aber auf ein anderes Recht als das der gemeinsamen Staatsangehörigkeit oder des Abschlußortes hinweist – und gerade beim Arbeitsvertrag ist das ja im besonderen Maße der Fall – ein entsprechender stillschweigender Parteiwille, insbesondere durch die Rechtsprechung „festgestellt“ werden wird [26].

Auch VASSALLI-MONACO 264 stellen mittelbar auf einen, wenn auch „typisierten“, mutmaßlichen Parteiwillen ab, wenn sie davon sprechen, gewisse Vertragsarten seien nach bestimmten Kriterien anzuknüpfen „per supplire alla mancanza della volontà“, wie denn überhaupt die von vielen Forschern aufgestellten Anknüpfungskataloge bei den verschiedenen Vertragsarten mit Art. 25 d. p. im Grunde nicht vereinbar sind [27].

[24] Vgl. auch Rom 3. 5. 1937, Morgan ./. United Press.

[25] Abgedruckt bei VASSALLI-MONACO 220 Anm. 3. Noch schärfer VENTURINI, Lehrbuch 133: „La volontà delle parti risulta pertanto utilizzabile come criterio di collegamento solo quando sia espressamente manifestata o comunque ricostruibile con sicurezza nel caso concreto dal contratto da regolare“; damit ist nicht nur die Suche nach dem mutmaßlichen Parteiwillen abgeschnitten, auch der stillschweigende kommt nur zum Zuge, wenn sein Schweigen zumindest beredt war; eine Gerichtsstands- oder Schiedsgerichtsklausel gilt, anders als im deutschen, französischen, englischen Recht (s. oben Anm. 3) noch nicht als Ausdruck einer Rechtswahl.

[26] Vgl. etwa Rom 7. 5. 1937, Saltiel ./. Banco di Roma, wo es zunächst heißt, die Parteien hätten stillschweigend, später, sie hätten mutmaßlich das italienische Recht dem türkischen vorgezogen, und zwar der Arbeitnehmer, weil jenes ihm günstiger gewesen sei, der italienische Arbeitgeber hingegen „per doveroso ossequio alla legislazione della Madre Patria“.

[27] Zu wenig Gewicht mißt ZELBI, Massimario Giur. lav. 15 (1939) 18 hingegen diesem Einwand bei, wenn er sagt, es sei offensichtlich, daß Streitigkeiten aus Arbeitsverträgen bei Fehlen einer ausdrücklichen Rechtswahl nach dem Recht des Arbeitsorts und nicht nach dem gemeinsamen Heimatrecht der Parteien oder der lex loci contractus zu beurteilen seien.

Daß eine starke Anknüpfung sich gegenüber gesetzlichen Vermutungen durchsetzt, zeigt auch die Entscheidung BerufungsG Athen 1934 Nr. 399, Clunet 63 (1936) 681; in Art. 6 des früheren griechischen Zivilgesetzbuchs von 1856 war bei Fehlen einer ausdrücklichen Rechtswahl der Parteien eine Vermutung zugunsten des Erfüllungsorts enthalten; das Gericht wendet trotzdem auf einen in Griechenland zwischen Griechen geschlossenen Arbeitsvertrag zur Leistung von Arbeit in England das griechische Recht an, indem es eine dahingehende stillschweigende Willenseinigung der Parteien „feststellt“.

Art. 25 II stellt eine Verweisungsnorm für Schuldverhältnisse aus Gesetz, ex lege, auf – etwa für Ansprüche aus Geschäftsführung ohne Auftrag, Bereicherung usw. Sie hat mit der Norm des Art. 27 d. p. (oben Nr. 48) nichts zu tun, was in den Entscheidungen nicht immer genügend geschieden wird.

96. In *Frankreich* fehlt es an einer gesetzlichen Norm, doch ist der Grundsatz der Parteiautonomie in der Rechtsprechung fest verankert, und die überwiegende Rechtslehre stimmt damit überein. Fehlt es an einer Rechtswahl, so hat sich aus Gründen der Überlieferung als wichtigster Anknüpfungspunkt der locus contractus behauptet; ihm wird neuerdings durch den Erfüllungsort der Rang streitig gemacht [28]. Der Kassationshof hat die Frage, wo ein Vertrag zwischen Abwesenden geschlossen worden ist, als Tatfrage angesehen [29].

In *Belgien* ist der Grundsatz von der Rechtswahl durch die Parteien unbestritten und einhellig anerkannt; bei Fehlen einer Rechtswahl sucht die Rechtsprechung nach dem mutmaßlichen Parteiwillen [30].

97. Dagegen hat in den *Niederlanden* die Parteiautonomie noch oder wieder um ihre Anerkennung zu kämpfen. Die neuere Rechtslehre lehnt die Möglichkeit einer Rechtswahl überwiegend ab; nach Ansicht der Verfasser ist Vertragsstatut das Recht, das mit dem Vertrag die engste tatsächliche Verbindung aufweist [31], so daß einer Rechtswahl durch die Parteien nur materiellrechtliche Bedeutung zukäme. Nicht ganz durchsichtig ist die Stellung der Rechtsprechung. Der Hoge Raad (H. R.) hat es bis-

---

[28] Vgl. hierzu im einzelnen BATIFFOL, Traité 635 ff.; LEREBOURS-PIGEONNIÈRE, Précis 472 ff.; MOSER 55 ff. Von den Gegnern der Parteiautonomie vgl. insb. NIBOYET, Traité V 1 ff. (36 ff.); SAVATIER 309 ff.; ARMINJON, Précis de droit international privé II (3. Aufl. 1958) 245 ff.

[29] BATIFFOL, Traité 637.

[30] Vgl. DE VOS II 544 ff.; BOURGIGNON, L'autonomie de la volonté dans le système belge de d. i. p., Revue de d. i. p. et de droit comparé 27 (1950) Sondernummer 42 ff.; VAN HECKE, Signification et limites du principe de l'autonomie de la volonté dans les contrats internationaux, Revue de droit international privé et de droit comparé 32 (1955) 81 ff.; SCHOTTLÄNDER 56 ff.

POULLET 340 ff. will hingegen nur eine materiellrechtliche Verweisungsfreiheit der Parteien anerkennen; sein Standpunkt, der 1927, dem Erscheinungsjahr der (in der 3. Auflage nur wenig geänderten) zweiten Auflage, der herrschende war, ist jedoch längst überwunden.

[31] VAN BRAKEL 237 ff.; MULDER 90; offenbar auch KOLLEWIJN, wie aus seinen Bemerkungen zu Kantonsgericht Hertogenbosch 10. 8. 1954, Clunet 84 (1957) 474 zu entnehmen ist; anders (für die Parteiautonomie): KOSTERS 747 ff.; OFFERHAUS, Rechtskeuze bij internationaale contracten, Ned. Tijdschrift voor Intern. Recht 1 (1953/54) 33 ff.

Ein eigenartiger und unglücklicher Kompromiß findet sich im Benelux-Entwurf.

her vermieden, eindeutig zur Parteiautonomie Stellung zu nehmen; sowohl ihre Gegner wie ihre Befürworter berufen sich auf ihn [32]. Dagegen bejaht die Rechtsprechung der Instanzgerichte überwiegend die Möglichkeit einer Rechtswahl durch die Parteien: anwendbar auf einen Vertrag ist danach das Recht, das die Parteien ausdrücklich oder stillschweigend gewählt haben; fehlt es daran, so ist das Recht anzuwenden, das die Parteien nach den Umständen mutmaßlich oder, wie andere Gerichte es glücklich formulieren, das Recht, das sie „redlicherweise" gewählt hätten [33]. Welches dieses Recht ist, dafür bestehen keine Vermutungen, wenn man auch zuweilen dem Recht des Abschlußortes einen besonderen Platz eingeräumt hat [34]. Die Scheidelinie zwischen stillschweigendem und mutmaßlichem Parteiwillen („redlicher Anknüpfung") wird nicht immer scharf gezogen [35].

Daß die „einhellige Meinung" dahin gehe, daß das Vertragsstatut unabhängig vom Parteiwillen ermittelt werde, wie Rechtsbank Rotterdam 24. 6. 1949 [36] behauptet, ist sicher nicht richtig.

97 a. *England.* Das englische Recht gibt den Parteien weitestgehende Freiheit zur Rechtswahl [37]. Daß das gewählte Recht eine sachliche Verknüpfung mit dem Sachverhalt haben muß, wird nicht verlangt [38]. Das

---

Art. 17 sieht vor, daß eine kollisionsrechtliche Parteiwahl ausgeschlossen ist, wenn der Vertrag eine so enge Beziehung zu einem bestimmten Land hat, daß er überwiegend der Rechtssphäre dieses Landes zugerechnet werden muß; zwingende Vorschriften dieses Rechts können dann nicht ausgeschaltet werden. Andere Verträge unterliegen dem Recht, das die Parteien bezeichnet haben; fehlt es daran, der lex loci contractus.

Es liegt auf der Hand, daß diese Bestimmung, wenn sie Gesetz wird, den Parteien jede Sicherheit nimmt, wenn sie ein anderes Recht als das des Arbeitsorts vereinbart haben. Es ist bezeichnend, daß VAN HECKE (oben Anm. 30) den Arbeitsvertrag als so eindeutig am Arbeitsort lokalisiert ansieht, daß hier eine abweichende Rechtswahl nicht in Frage komme!

[32] Vgl. VAN OVEN Nr. 3916; DONKER-CURTIUS, La position jurisprudentielle néerlandaise en matière de loi applicable aux contrats, Revue critique d. i. p. 39 (1950) 1 ff.

[33] MULDER 90 f.; VAN HASSELT Nr. 72 ff.; LEON-VAN PRAAG 101, alle mit Nachweisen; Rechtsprechungsübersicht NR IPR 170 ff., 2. Ergänzung 61 ff.

[34] KOSTERS, vgl. oben Nr. 18 Anm. 32. Abschlußort ist der Ort, an dem die Annahmeerklärung zugeht: VAN BRAKEL 175.

[35] Vgl. die Nachweise NR IPR 175.

[36] N. J. 1950 Nr. 538; = RabelsZ 17 (1952) 624 = Clunet 82 (1955) 882 (nicht arbeitsverweisungsrechtlich). Nach VAN OVEN Nr. 3917 soll auch der Hoge Raad der objektiven Theorie zuneigen.

[37] Vgl. DICEY-KAHN-FREUND 717 ff.; WOLFF, Private Intern. Law 451 ff.; CHESHIRE 205 ff.; GRAVESON 186 ff.; HALSBURY Bd. 7 S. 72 ff.; MOSER 72 ff.; LORENZ, Vertragsabschluß und Parteiwille im internationalen Obligationenrecht Englands (1957).

[38] So die – in der Rechtslehre vielfach bekämpfte – Entscheidung *Vita Food Products*

Vertragsstatut bezeichnen die Engländer mit einem treffenden Ausdruck als das „proper law of the contract". Wenn er in Entscheidungen gebraucht wird, so bedeutet er nichts anderes als Vertragsstatut, wie es in erster Linie durch den Willen der Parteien bestimmt wird. In der Rechtslehre wird hingegen der Ausdruck „proper law" teilweise zur Bezeichnung des Rechts verwendet, das zum Vertrag in engster tatsächlicher Beziehung steht, also im Sinne von (objektivem) „Vertragsstatut an sich" unter Ausscheidung des Parteiwillens (objektive Anknüpfung) [39].

Fehlt es an einer ausdrücklichen Rechtswahl, so greifen die üblichen Vermutungen zugunsten des Abschlußortes, des Erfüllungsortes, des vereinbarten Gerichtsstandes oder Schiedsgerichts usw. ein. Dabei hat der locus contractus stärkeres Gewicht als im deutschen Recht [40].

Verträge zwischen Abwesenden gelten an dem Ort als geschlossen, wo die Annahmeerklärung zur Post gegeben wurde, telefonische und durch Fernschreiber abgeschlossene Verträge jedoch dort, wo die Annahmeerklärung zugeht [41].

Im Gegensatz zum deutschen Recht gilt im englischen internationalen Vertragsrecht weiterhin der Grundsatz, daß der Vertrag auch nach dem Recht des Erfüllungsortes gültig sein muß [42]; damit ist eine stärkere Berücksichtigung – wie es scheint – auch fremden öffentlichen Rechts verbunden. Doch gilt dieser Satz nur für die Erfüllung der Hauptverbindlichkeit; ein nach dem proper law und nach dem Recht des Haupterfüllungsortes gültig zustande gekommener Vertrag ist nicht deshalb ungültig, weil irgendeine sonstige Erfüllungshandlung in einem dritten Staat erfolgen muß, der den Vertrag verbietet [43].

Inc. v. *Unus Shipping Co., Ltd.*, [1939] A. C. 277 = Graveson, Cases 299 ff. Dagegen Cheshire 219 f.

[39] Anklänge an ein solches objektiv zu ermittelndes Vertragsstatut finden sich auch in *Boissevain* v. *Weill*, [1949] 1 K. B. 482, dargestellt bei Abel, JBl. 73 (1950) 371. Hier hatten die Parteien jedoch eine ausdrückliche Rechtswahl nicht getroffen. Das „proper law" als „real lex causae" setzt auch Hambro (oben Anm. 7) 601 in Gegensatz zum gewählten Recht, der lex voluntatis. Als Vertragsstatut „an sich" definiert schließlich Cheshire 211 diesen Begriff. Vgl. neuestens eingehend Lorenz (oben Anm. 37) 107 ff.

[40] Dies in den Entscheidungen, weniger in der Rechtslehre. So sagt Kahn-Freund bei Dicey 740, daß die Vermutung zugunsten der lex loci contractus nur dann durchgreife, wenn der Vertrag auch sonst Verbindungen zu diesem Recht aufweise. Vgl. im übrigen Rabel III 184 ff.

[41] S. Graveson 198 mit Nachweisen; *Entores Ltd.* v. *Miles Far East. Corp.*, [1955] 2 All E. R. 493 = [1955] 3 W. L. R. 48 (C. A.).

[42] Neuestens wiederum durch das Oberhaus bestätigt in *Regazzoni* v. *K. C. Sethia, Ltd.* [1957] 3 All E. R. 286; Dicey-Kahn-Freund 788 ff. mit zahlreichen Nachweisen; Graveson 205; ablehnend Wolff, Private Intern. Law 445; Cheshire 235 ff. und International Contracts 71 ff., 86; Mann, Illegality and the conflict of laws, Modern Law Review 51 (1958) 130.

[43] Graveson 206 mit Nachweisen.

II. ARBEITSSTATUT: DEUTSCHES RECHT

1. Rechtswahl und Recht des Arbeitsorts

98. Die Rechtsordnungen, nach denen die Geschäftsfähigkeit der Parteien und die Form des Arbeitsrechtsgeschäfts zu beurteilen sind, wurden vorab untersucht, nicht weil zu einer gesonderten Anknüpfung ein zwingendes Bedürfnis bestünde, sondern weil diese Abspaltungen vom Wirkungsstatut im deutschen Recht und in vielen ausländischen Rechten Gesetz geworden sind. Nunmehr gilt es, das Recht zu ermitteln, das die sachlichen Voraussetzungen und Wirkungen des Arbeitsvertrages bzw. des Arbeitsverhältnisses beherrscht (*Arbeitsstatut*).

In einem späteren Kapitel wird der Bereich untersucht, der von der so gefundenen Verweisung erfaßt wird, wobei die Abgrenzung einmal gegenüber privatrechtlichen Fragen erfolgt, die eine Sonderanknüpfung verlangen und damit echte Abspaltungen vom Arbeitsstatut bilden, zum anderen gegenüber dem Bereich des öffentlichen Rechts zu ziehen ist, das seinen eigenen Gesetzen folgt und sich vielfach dem Arbeitsstatut, es gegebenenfalls verstärkend, lähmend oder aufhebend, überlagert.

Da eine gesetzliche Norm fehlt, ist das Arbeitsstatut an Hand von Rechtsprechung und Überlieferung zu ermitteln. Nach richtiger, namentlich in der Praxis vertretener Ansicht gelten die allgemeinen Regeln des internationalen Vertragsrechts, wie sie im vorigen Abschnitt dargestellt wurden, grundsätzlich auch für die Bestimmung des Wirkungsstatuts des Arbeitsvertrags. Die Parteien haben also die Möglichkeit, das Arbeitsstatut selbst zu bezeichnen. Die Wahlfreiheit ist nicht auf das nachgiebige Recht beschränkt [44], sondern gestattet eine echte kollisionsrechtliche Verweisung.

Die Heranziehung der Regeln des internationalen Schuldrechts darf jedoch nicht schematisch erfolgen; manches, was für den internationalen Handel und Verkehr erträglich sein mag, ist für das Arbeitsverhältnis untunlich. Dies gilt namentlich von der – heute überwundenen – Spaltung der Anknüpfung bei gegenseitigen Verträgen nach dem Erfüllungsort (s. oben Nr. 91) [45].

Eine solche Spaltung findet sich allerdings als Hilfsbegründung bei LAG Hannover 17. 10. 1947; der Leiter der Zweigstelle Meißen hatte Pensionsforderungen, die in der

---

[44] So jedoch Molitor, BB 1955, 381; Kaufmann 8; LAG München 16. 5. 1950.

[45] Vgl. Schnorr von Carolsfeld 52 Anm. 7; LAG Bremen 18. 4. 1951; LAG Hamburg 24. 4. 1952; ArbG Offenburg 17. 2. 1955. Die Rechtsprechung bezieht sich freilich häufig ohne Einschränkung auf „die Sätze des internationalen Privatrechts". – Daß im Arbeitsverweisungsrecht „das Prinzip der lex fori" gelte, wie manche Gerichte sagen, ist eine gedankenlose Formulierung.

Ostzone von hoher Hand enteignet worden waren, am Sitz der Zentrale in Braunschweig erhoben. Das Gericht stellt u. a. auch darauf ab, daß die Beklagte ihre Leistungen am Sitz des Unternehmens zu erbringen habe. Auch RG 22. 10. 1929 scheint die Möglichkeit einer spaltenden Anknüpfung des Vertrags eines Handelsvertreters nicht auszuschließen [46].

99. Gegen die Möglichkeit, daß die Parteien das Wirkungsstatut ihres Vertrags auch in Arbeitsverträgen selbst bestimmen, sind immer wieder Bedenken laut geworden [47]. Ich glaube nicht, daß sie berechtigt sind.

Mit den Besonderheiten und der Natur des Arbeitsverhältnisses läßt sich die Ablehnung der Parteiautonomie im Arbeitsverweisungsrecht nicht begründen. Es trifft zwar zu, daß das Arbeitsverhältnis kein schuldrechtliches Austauschverhältnis wie Kauf oder Werkvertrag ist; die langjährige Zugehörigkeit zu einem Betrieb, das Verwachsen mit ihm und der Betriebsgemeinschaft schaffen ein auf gegenseitiger Treue beruhendes Gemeinschaftsverhältnis, das viele Züge einer eigenständigen, mit manchen personen- und familienrechtlichen Instituten verwandten Institution aufweist [48]. Aber deshalb bleibt der Arbeitsvertrag doch systematisch ein schuldrechtlicher Vertrag, wie denn überhaupt – das Gesellschafts- und zum Teil auch das Mietnotrecht beweisen es – Schuldrecht und Gemeinschaftsbindung keine Gegensätze sein müssen, Schuldrecht nicht gleichzusetzen ist mit schneidigem Handelsrecht. Auch darf man den Gedanken der Gemeinschaft nicht überspannen: der Betrieb ist kein Mythos, der Arbeitgeber kein Patriarch. Auch dem Arbeiter wäre damit nicht gedient: denn je stärker die gegenseitigen Bindungen sind, um so stärker ist auch

---

[46] Zweifelnd OLG Hamburg 4. 6. 1930, s. unten Nr. 116; eine Spaltung faßt auch NEFLIN, Der Auslandsvertreter nach dem Handelsvertretergesetz, Betrieb 9 (1956) 589 f. ins Auge.

[47] Gegen die Rechtswahl im Arbeitsverweisungsrecht ROUAST, Festschrift Pillet 201; CALEB, Contrat de Travail, in: Répertoire de Droit international 5 (1929) 210 ff; KRONHEIM 14; AUDINET, Annuaire 1936 I 439; NUSSBAUM 272; SCHNORR VON CAROLSFELD 52 f. (hierzu GAMILLSCHEG, AcP 155 (1956) 60 f); ders., RdA 11 (1958) 203; FREY, Arbeit und Recht 3 (1955) 34 f. Weitere ausländische Stimmen s. unten Nr. 118 ff.

BEITZKE, der in früheren Stellungnahmen, zuletzt in der Anmerkung zu LAG Düsseldorf 12. 7. 1956, AP Intern. Privatrecht Nr. 1, die Parteiautonomie noch überhaupt verwirft (der Fall hatte allerdings keine ausdrückliche Rechtswahl zum Gegenstand) anerkennt in Kollisionen B III b nunmehr, daß sie in „atypischen" Fällen die Frage nach dem anwendbaren Recht „klären könne". Wann ein Fall atypisch ist, wird allerdings nicht gesagt, auch das Verhältnis einer in typischen Fällen erfolgten Rechtswahl zur vorgeschlagenen Regelanknüpfung an den Betriebssitz nicht erörtert. Aber sind nicht alle Fälle mit Auslandsberührung schon aus diesem Grunde gegenüber der Masse der reinen Inlandsfälle „atypisch"?

[48] Vgl. HUECK-NIPPERDEY I 116; KASKEL-DERSCH 113; NIKISCH I 31; BGH 11. 7. 1953, RdA 6 (1953) 477 f. mit Anm. HUECK.

seine Abhängigkeit. Bindung und Freiheit müssen sich im Arbeitsrecht die Waage halten, vor allem kann nicht auf der einen Seite nur Bindung, auf der anderen aber reichlich Freiheit sein.

Es ist weiter nicht zu befürchten, daß die bloße Möglichkeit einer eigenverantwortlichen Rechtswahl durch die Parteien den Schutzzweck des Arbeitsrechts vereitelt. Es ist zwar richtig, daß in den Frühzeiten des Arbeitsrechts die Vertragsfreiheit (im weiten, das innere Recht umspannenden Sinn) einseitig zu Ungunsten des schwächeren Teils, des Arbeitnehmers, mißbraucht worden ist. Aber davon ist heute keine Rede mehr. Die Arbeitnehmerschaft hat sich in ihren Organisationen mächtige Waffen geschmiedet, mit denen sie die Gewichte zurechtrückt, und eine gegenüber jeder Ausbeutung hellhörige Gesetzgebung und Rechtsprechung tut das Ihrige, um jeden Mißbrauch der Vertragsfreiheit zu unterbinden. Andererseits ist die Möglichkeit, das Recht selbst zu wählen, nach dem sich das Arbeitsverhältnis beurteilen soll, für den Arbeitnehmer auch Teil der Mitbestimmung am gemeinsamen Arbeitsbereich; sie wirkt sich häufig zu seinen Gunsten aus, wenn das gewählte Recht dem Arbeiter stärker entgegenkommt als das – bei objektiver Anknüpfung meist heranzuziehende – Recht des Arbeitsorts. Für den besonderen deutschen Bereich hat die Parteiautonomie überwiegend arbeitnehmerfreundliche Folgen: denn vor deutsche Gerichte kommen mit Vorliebe die Fälle, in denen deutsche Arbeitnehmer für die Arbeit im Ausland die Geltung des deutschen, an sich fortschrittlichen Arbeitsrechts vereinbart haben. Den Parteien die Möglichkeit einer Rechtswahl, sofern sie nur frei von Druck zustandegekommen ist, zu nehmen, ist also durch die Natur des Arbeitsverhältnisses nicht geboten und wäre eine unnötige Bevormundung. Es ist endlich auch eine Überschätzung der gewöhnlich anzutreffenden Rechtskenntnisse der Parteien, wollte man von vornherein annehmen, daß schon mit der Rechtswahl eine unbillige Benachteiligung des Arbeitnehmers bezweckt würde. Für solche Fälle ebenso wie für Vereinbarungen, die unter unzulässigem Druck getroffen wurden, genügen die Abwehrmittel, die das bürgerliche Recht aller Länder bereithält.

Man darf auch den Bereich, in dem die Rechtswahl eine Rolle zu spielen berufen ist, nicht aus den Augen verlieren. Es ist ja nicht so, daß der ausländische Arbeitgeber mit dem Arbeiter X einen Verweisungsvertrag schließt, um ihn anders, d. h. schlechter als die andern behandeln, entlohnen, kündigen zu können, während alle anderen Arbeitsverträge nach dem örtlichen Recht beurteilt würden; solches kommt nicht vor. Die Rechtswahl wird immer nur in bestimmten, typischen Fällen bedeutsam, wie denn überhaupt im Arbeitsverweisungsrecht die verschiedenen Gruppen der Arbeitnehmer (Berufsgruppen) zahlenmäßig ganz anders als im inneren Bereich vertreten sind: am stärksten ist die Gruppe der gehobenen Angestellten: der Zweigstellenleiter, Ingenieure und Techniker, Hoteldirektoren, Küchenchefs, Buchhändler, der Vertreter staatlicher Aufgaben des Außenhandels, die das Verbindungsglied des örtlichen Betriebs zum Mutterhaus bilden. Dann sind da die Berufe, für die das Reisen typisch ist: der Handelsreisende, Handelsvertreter, Schauspieler, Journalist; schließlich treffen wir häufig den einzelnen Montagearbeiter, für den der Auslandsaufenthalt meist Ausstrahlung eines heimischen Arbeitsverhältnisses sein wird, zuweilen die Betriebsgruppe auf Auslandsarbeit, seltener noch den einzelnen Facharbeiter [49].

Von den Gegnern der Parteiautonomie wird meist die unabänderliche Anknüpfung an den Arbeitsort, Betriebsort befürwortet, zumindest dann, wenn dieser im Inland gelegen ist; man sieht im Arbeitsort eine so starke Beziehung, daß man ihre Ausschaltung durch Wahl eines anderen Rechts nicht hinnehmen will. Aber ist das berechtigt? Es würde bedeuten, daß nur die Anknüpfung an den Arbeitsort die kollisionsgerechte, „ideale" Anknüpfung vermittelt. Wenn aber eine Mailänder Firma ihren Angestellten nach München entsendet, um die Ausfuhr italienischen Obstes in die Hände zu nehmen, wenn ein deutscher Chemiker in Brasilien die Zweigstelle seines Werkes aufbauen, ein Schweizer Hotelier in Rom ein Hotel seiner Schweizer Hotelgesellschaft leiten, ein deutscher Maurerpolier im Irak Bauarbeiten seiner deutschen Firma überwachen soll, wenn ein Amerikaner die Agentur United Press in Rom und ein österreichischer Journalist seine Zeitung in Bonn vertritt, dann sprechen mindestens ebensoviele Gründe dafür, den Schwerpunkt ihrer Tätigkeit im Recht des Entsendestaates zu suchen, als man für das Recht des Tätigkeitsorts anführen kann.

Es kommt, wie schon oben Nr. 4 dargelegt, darauf an, zu welchem *Recht* die engsten sachlichen, räumlichen und persönlichen Beziehungen bestehen, nicht, wo das für den Arbeitsvertrag charakteristische menschliche *Tun*, d. h. die Arbeit, stattfindet. Damit stimmt auch überein, wenn vielfach der Schwerpunkt als dort befindlich angesehen wird, wo die Arbeit ihren wirtschaftlichen Erfolg zeitigt (s. unten S. 119).

Unrichtig ist das Argument, die zwingenden Vorschriften des Arbeitsorts würden auf jeden Fall Anwendung verlangen, ganz gleich was die Parteien vereinbarten. Für die zwingenden Normen des Privatrechts gilt das nicht, wenn das Kollisionsrecht des forum die Verweisung auf ein anderes Recht anerkennt; insoweit setzt jenes Argument also die Frage nach

---

[49] Die Vorstellung, der Arbeitsvertrag sei ein reiner Adhäsionsvertrag, der der einzelvertraglichen Ausgestaltung keinen Raum lasse, trifft deshalb für die Fälle mit Auslandsberührung nur in den wenigsten Fällen zu; deshalb geht es auch nicht an, die Heranziehung der Regeln des internationalen Vertragsrechts aus diesem Grunde abzulehnen, wie es häufig geschieht, vgl. ROUAST, Festschrift Pillet; DEVEALI, Riv. comp. lav. 1 (1953) 69 u. a.

der Möglichkeit der Parteiautonomie, die es zu beantworten gilt, als verneint voraus. Öffentlichrechtliche Normen des Arbeitsorts werden freilich meist berücksichtigt werden müssen: ob dies aber als Recht oder nur als Tatsache – oder doch nicht – zu geschehen hat, das ist von Fall zu Fall verschieden und kann nicht einheitlich beantwortet werden. Daß aber möglicherweise die Gerichte des Arbeitsorts die Ausschaltung ihres Rechts durch eine abweichende Rechtswahl nicht anerkennen, sollte nicht dazu führen, daß nun auch die eigenen Gerichte sich zum Vollstrecker fremder Meinungen machen.

Daß das öffentliche Recht des Arbeitsorts dem Arbeitsverhältnis in vielen Dingen (Arbeitszeit usw.) unausweichlich seinen Stempel aufdrückt und in vielen anderen Dingen seine Beachtung tatsächlich erzwingen wird, und daß im Zusammenhang damit die Wahrung der Konkordanz von öffentlichem Recht des Arbeitsorts und Arbeitsstatut erstrebenswert ist, um Überschneidungen zu verhüten, ist nun nicht zu leugnen. Aber diese Übereinstimmung ist auch bei der Anknüpfung an den Betriebssitz gefährdet, wenn der tatsächliche Arbeitsort – etwa in den Fällen der Ausstrahlung oder bei wechselndem Arbeitsplatz, wie beim Bau über die Grenze – in einem anderen Rechtsgebiet liegt. Denn wenn auch die Hauptzüge des Arbeitsverhältnisses nach wie vor nach dem Recht des Betriebs beurteilt werden, behält doch der einzelne Arbeitsplatz – für Fragen des Gefahrenschutzes, der Sonntagsruhe usw. – seine Bedeutung, und es muß die fehlende Konkordanz zwischen Arbeitsstatut und Ortsrecht doch hergestellt werden. Es kommt dann dazu, daß neben den „Arbeitsort" (Betriebssitz), an den man anknüpft oder anzuknüpfen vorgibt, der „eigentliche" Arbeitsort tritt.

Wie verwirrend eine solche Ausdrucksweise werden kann, zeigt die Entscheidung des belgischen ArbG Mouscron 15. 11. 1928, das wiederum den Sitz des entsendenden Betriebs und nicht den Montageort als „vraie place du travail" bezeichnet!

Daß die einheitliche Anknüpfung an den Arbeitsort dem Unternehmer die Gleichbehandlung aller Arbeitnehmer erleichtert, unterliegt keinem Zweifel. Aber niemand zwingt ihn, mit einzelnen Arbeitnehmern etwas Abweichendes zu vereinbaren (und die Erfahrung zeigt, daß eine Rechtswahl bei anonymen Arbeitern nicht vorkommt, daß jene immer Zeichen einer besonderen Gestaltung des Arbeitsvertrags ist), und wenn er es dennoch tun will, so sollte es ihm nicht verwehrt werden. Es kann ja sein, daß etwa ein ausländischer Facharbeiter zur Bedingung seines Eintritts in den Betrieb stellt, daß er weiterhin die Vorteile seines ihm bekannten und möglicherweise fortschrittlicheren Rechts genießen kann; es besteht kein

Grund, dies an der Sorge um die einheitliche Behandlung aller Arbeitnehmer scheitern zu lassen und damit dem ausländischen Arbeiter so manche mangelhafte Regelung des deutschen Rechts aufzudrängen.

Die Meinung, die ohne Möglichkeit abweichender Rechtswahl an den Arbeitsort anknüpfen will, würde viele Fälle, in denen eine ausdrückliche Rechtswahl oder die Ermittlung des mutmaßlichen Interesses der Parteien auf das Recht des entsendenden Staats weisen, mit der Figur der „Ausstrahlung" (unten Nr. 157) im gleichen Sinne lösen. Aber damit müßte es zu einer Fülle von Abgrenzungsschwierigkeiten kommen, was noch „Ausstrahlung" und was schon „Wechsel des Arbeitsorts" mit entsprechendem Statutenwechsel ist. Und die Tatsache, daß es in vielen anderen Fällen zu einem Statutenwechsel kommen muß, ist eine der unerfreulichsten Folgerungen, die die Stetigkeitsinteressen des Arbeitnehmers mißachtet und die Dinge unnötig erschwert [50].

Mit der Anknüpfung an den Arbeitsort lassen sich die Fälle des Arbeitsverweisungsrechts überhaupt nicht lösen, in denen ein einheitlicher Arbeitsort nicht vorhanden ist, wo der Tätigkeitsbereich des Arbeitnehmers mehrere Rechtsgebiete umfaßt, ohne in einem derselben sein Schwergewicht zu haben. Man denke an den Handelsreisenden, der mehrere Rechtsgebiete bereist, den Schauspieler, der von Land zu Land zieht, aber auch den Schlafwagenschaffner, Revisor usw. In anderen Fällen sucht man eine von der Anknüpfung an den Arbeitsort abweichende Anknüpfung durch eine Umdeutung des Begriffs „Arbeitsort" zu erreichen: so wird vielfach vom Arbeitsverhältnis leitender Angestellter einer Zweigniederlassung gesagt, ihr Arbeitsort (zuweilen auch als „Erfüllungsort" bezeichnet) liege am Sitz der Zentrale, da dort ihre Arbeit zur Auswirkung komme.

Vgl. LAG Hannover 17. 10. 1947 (oben Nr. 98): Obwohl der Kläger, dessen Ruhegeldansprüche in der sowjetischen Zone von hoher Hand gestrichen worden waren, 35 Jahre bei der Zweigstelle Meißen gearbeitet hatte, entschied das Gericht, daß „Leistungsort" für den Angestellten der Ort seiner jeweiligen Tätigkeit sei; da dieser sich aber je nach den Weisungen des Unternehmens jederzeit ändern und an einen andern Ort verlegt werden könne, müsse als Erfüllungsort der Sitz des Unternehmens gelten.

---

[50] Vgl. zur Abgrenzung zwischen Ausstrahlung und Eintritt in einen neuen Betrieb bei Montagearbeitern Beitzke, RiW 1 (1954/55) 44, wo aber nicht berücksichtigt wird, daß Ausstrahlung und Eingliederung in den neuen Betrieb durchaus Hand in Hand gehen können; wenn etwa der Werkmeister, der den örtlichen Kollegen an der neuen Maschine unterweist, in den örtlichen Betrieb nach Arbeitszeit, Gefahrenschutz usw. eingegliedert ist, von dort entlohnt wird usw.

Richtigerweise hätte das Gericht entweder offen an den Sitz des Unternehmens anknüpfen sollen, weil es sich um einen leitenden Angestellten handelte (unten Nr. 114), oder bei Anknüpfung an das Recht des Meißener Arbeitsorts die Enteignung nach den Sätzen des interzonalen Enteignungsrechts mit Hilfe des Art. 30 EGBGB zurückschlagen müssen [51].

Aber diese Auslegung des Begriffs „Arbeitsort" ist ein unbrauchbarer Notbehelf, der die wahren Gründe der Anknüpfung verschleiert. Ihr liegt eine wirtschaftliche, nicht mehr rechtliche Argumentation zugrunde, die als solche nicht nur von der Arbeit der leitenden Angestellten, sondern aller Arbeitnehmer des Unternehmens gelten würde; und sie stellt den Sinn der Worte auf den Kopf. Wer die Zweigstelle Meißen oder Schorndorf leitet, arbeitet dort und nicht in Braunschweig oder Stuttgart [52]. Nimmt man dem Wort Arbeitsort seine tatsächliche Bedeutung und macht man aus ihm einen wandelbaren juristischen Begriff, so beraubt man sich gerade des Hauptgrundes für seine Heranziehung als Anknüpfung, der Ursprünglichkeit und Klarheit, und der Vorwurf der Fiktion, den man gegen die Lehre vom hypothetischen Parteiwillen erhebt, kehrt sich gegen ihn.

Keineswegs soll bestritten werden, daß dem Arbeitsort als Anknüpfungspunkt eine überragende Bedeutung zukommt, und daß es die rechtliche Beurteilung erleichtert, wenn das Recht des Arbeitsort und das Arbeitsstatut zusammenfallen. Aber das zwingt nicht, vom Primat des Parteiwillens abzugehen. Daß der Parteiwille in vielen Fällen auf die Wahl des Rechts des Arbeitsorts gerichtet ist, ist ebensowenig bestreitbar, wie umgekehrt, daß in vielen anderen Fällen ein anderes Recht zur Regelung des Sachverhalts „näherberechtigt" ist. Statt in solchen Fällen durch eine gekünstelte Auslegung des Begriffs Arbeitsort oder Erfüllungsort dasselbe Ergebnis zu erreichen, ist es einleuchtender und klarer, die passende Anknüpfung im Willen und in den Interessen der Parteien zu suchen. Und ganz allgemein sei gesagt, daß eine biegsame Regel in den meisten Fällen einer starren vorzuziehen ist und Ergebnisse erlaubt, die den Interessen des Einzelnen wie der Gesamtheit am nächsten kommen.

Weiter ist zu bedenken, daß, wer die Anwendung eigenen Arbeitsrechts bei Arbeiten im Ausland wünscht, auch fremdes Recht bei Arbeiten im Inland zulassen muß. *Daß* aber deutsches Recht bei Arbeiten im Ausland

---

[51] Die erste Instanz, ArbG Braunschweig 18. 7. 1947 knüpfte an den Ort der Zweigstelle an, übersieht aber die Ordre-public-Widrigkeit der sowjetischen Maßnahme.

[52] Vgl. LAG Hannover 17. 10. 1947; LAG Stuttgart 16. 12. 1947; wie im Text im Ergebnis BEITZKE, AP 1952 Nr. 97, S. 467.

gelten kann, setzt die Wahlfreiheit der Parteien voraus. Wenn nun deutsche Arbeiter, ganze Betriebsgruppen auf Jahre ins Ausland gehen, um Talsperren oder Autofabriken zu errichten, so ist es ein wesentliches Anliegen der Rechtspolitik, daß sie sich den Schutz des hochentwickelten deutschen Arbeitsrechts auch im Ausland sichern können und nicht dem andersartigen oder möglicherweise nicht bestehenden örtlichen Arbeitsrecht überantwortet werden [53]. Wenn sie die Geltung deutschen Rechts vereinbaren können, so bleiben sie unter dem Schutz gerade der zwingenden deutschen Normen, ja sogar u. U. der deutschen Betriebsverfassung (s. unten Nr. 345). Ebenso kann es im Interesse des Betriebsfriedens wünschenswert sein, der örtlichen Arbeiterschaft entnommene Ausländer der deutschen Stammannschaft rechtlich gleichzustellen, auch mit ihnen die Geltung des deutschen Rechts zu vereinbaren, wozu wiederum die Wahlfreiheit die Möglichkeit gibt.

Mit der Abrede, deutsches Recht solle als Bestandteil des Arbeitsvertrags im Rahmen des an sich maßgeblichen Rechts des Arbeitsorts gelten, ist der gleiche Erfolg nicht zu erzielen. Alle zwingenden Vorschriften dieser Rechtsordnung müßten trotzdem angewandt werden, was zu unerträglichen Überschneidungen und Doppelbelastungen führen würde; umgekehrt würde die Anwendung des zwingenden deutschen Rechts auch oft in Frage gestellt und müßte sich jedesmal am örtlichen zwingenden Recht messen lassen: wenn etwa nach deutschem Recht eine Entlassung aus wichtigem Grunde, nach dem örtlichen Recht jedoch nur aus abschließend aufgezählten Gründen möglich ist, könnte ein in dieser Aufzählung nicht enthaltener wichtiger Grund trotz materiellrechtlicher Verweisung auf das deutsche Recht nicht durchgreifen. Und selbst wenn beide Rechte übereinstimmen, muß ein gewissenhafter Richter dies vorher an Hand von Rechtsauskünften feststellen. Im Fall LAG Stuttgart 24. 1. 1956 (unten Nr. 103) hätte also, wenn man die kollisionsrechtliche Kraft der Wahl des deutschen Rechts leugnet, das Verhalten des Klägers erst nach irakischem Arbeitsrecht geprüft werden müssen! Und nicht nur das örtliche Recht, auch die Parteien selbst könnten die Anwendung des eigenen Rechts aushöhlen: denn eine vertragliche Übernahme des deutschen Rechts hat nicht mehr Kraft als jede andere Abrede, es könnten die Parteien also aus der als Recht zwingenden, als Vertragsteil jedoch nachgiebigen Regelung einzelne nicht genehme Teile (auch nachträglich) herauslösen. Auch das ist unerwünscht, denn der Arbeitnehmer muß zuweilen auch vor sich

---

[53] Lehrreich für eine solche Lage franz. Kassationshof 26. 5. 1921 (unten Nr. 129).

selbst geschützt werden[54]. Die Übernahme des deutschen Rechts in den Vertrag würde schließlich das Recht, wie es im Augenblick des Vertragsschlusses besteht, erfassen und das Mitgehen mit der weiteren Entwicklung, die erfahrungsgemäß zugunsten des Arbeitnehmers verläuft, verhindern. Gilt jedoch deutsches Recht als Recht, so hat das Arbeitsverhältnis teil an den künftigen Wandlungen.

Wenn endlich nicht einmal die deutsche Lehre die Möglichkeit der Vereinbarung deutschen Rechts anerkennt, so ist nicht zu hoffen, daß ein ausländisches Gericht, das mit dem Streit befaßt wird, dieses Recht beachtet.

100. Nicht als Argument gegen die Wahlfreiheit kann ich das „*Territorialitätsprinzip*" anerkennen. Wenige Schlagworte sind undeutlicher, verwaschener, unbrauchbarer als das von der „Territorialität" dieses oder jenes Zweiges des Rechts. Mit ihm begründet man ebenso die Anknüpfung eines Sachverhalts an örtliche Kriterien wie die Begrenzung des Anwendungsbereichs einer Norm auf ihr Erlaßgebiet. Mit dem „Territorialitätsprinzip" rechtfertigt man ebenso die Anwendung des ausländischen örtlichen privaten (Arbeits-, Schadenersatz- usw.)Rechts wie die Nichtanwendung des damit einhergehenden öffentlichen (Arbeits-, Straf- usw.)Rechts, das Eingreifen ebenso der lex loci wie der lex fori. Der Ausdruck ist deshalb unbrauchbar, mit ihm ist nichts ausgesagt, gerade deshalb läßt sich damit auch trefflich, wenn auch unfruchtbar, streiten. Er ist auch entbehrlich, wenn man sich nicht scheut, was man meint, in einem Satz, statt, was man fühlt, mit einem (Schlag)Wort, auszudrücken[55]. Allenfalls kann man mit

---

[54] Man wende nicht ein, daß die Parteien ja nicht gezwungen seien, deutsches Recht kollisionsrechtlich zu wählen. Die Rechtswahl steht in der Regel am Anfang des Arbeitsverhältnisses bzw. der Entsendung: die Wahl des eigenen bekannten Rechts wird dem Arbeitgeber in der Regel verlockend genug erscheinen. Die Frage der Ausschaltung einzelner, aus der Fürsorgepflicht entspringender Pflichten mag jedoch im Laufe der Arbeit ad hoc auftauchen: man denke daran, Arbeitgeber und Arbeitnehmer stimmen überein – wie es örtlich zulässig sei – 12 bis 14 Stunden zu arbeiten, um einen besonderen Arbeitsanfall zu bewältigen. Vor solchen Verführungen ist der Arbeitnehmer rechtlich nur geschützt, wenn deutsches Recht und damit die nach deutschen, wenn auch angepaßten Maßstäben zu berechnende Fürsorgepflicht als Recht und nicht nur als Vertragsinhalt gilt.

[55] Gegen das Schlagwort vom „Territorialitätsprinzip" – mit dem LAG München 16. 5. 1950 einen unerträglichen Kult treibt – Kahn, Abhandlungen zum internationalen Privatrecht (1928) I 241; Aubry, De la notion de territorialité en droit international privé, Clunet 1900, 689 ff.; 1901, 253 ff., 643 ff.; 1902, 209 ff.; Neumeyer II 464 Anm. 81 („drei oder vier Schablonen"); Cansacchi, Anm. zu Kassationshof 3. 1. 1939, Giur. comp. d. i. p. 8 (1942) Nr. 85 S. 164 ff., der zwar am Prinzip nicht rüttelt, ihm jedoch „risultati insoddisfacenti" und „consequenze nocive" zuschreibt; Beitzke, Anm. zu LAG Bremen 18. 4. 1951; Ficker 89 (der Ausdruck sei unentbehrlich und vieldeutig).

ihm den Gedanken bezeichnen, daß, wie im öffentlichen Recht, eine Norm nur, aber ausschließlich von den Gerichten und Behörden des Erlaßstaates gehandhabt und durchgesetzt wird [56].

101. Hat es Einfluß auf die Bestimmung des Arbeitsstatus, wenn man mit Nikisch das Eingreifen der arbeitsrechtlichen Normen nicht von dem (gültigen) Abschluß des Arbeitsvertrages, sondern von der Eingliederung in den Betrieb abhängen läßt? [57]

Es ist nicht zu verkennen, daß die hier vertretene, dem Parteiwillen den ersten Platz einräumende Ansicht sich fugenlos nur in die Vertragstheorie eingliedern läßt. Aber es sei daran erinnert, daß das Hauptanwendungsgebiet des Arbeitsverweisungsrechts ohnehin die „atypischen" Fälle bilden, während es bei dem an untergeordneter Stelle in den Betrieb eingegliederten Arbeitnehmer nur selten zu einer Rechtswahl oder zu einer vom Ortsrecht abweichenden Anknüpfung kraft mutmaßlichen Parteiwillens kommen wird. Der Meinungsstreit ist auch noch nie mit dem besonderen Blick auf das Arbeitsverweisungsrecht geführt worden; schließlich wäre es auch zu verantworten, für das Eingreifen der besonderen arbeitsrechtlichen Schutznormen die Eingliederung, für die Bestimmung des maßgeblichen Rechts hingegen den Vertrag oder seinen vom Richter vorzunehmenden Ersatz bestimmend sein zu lassen.

Mit der Lehre vom Arbeitsverhältnis als einem nicht mehr durch den Vertrag gekennzeichneten Rechtsverhältnis steht der Versuch einer neueren italienischen Lehre in einem gewissen Zusammenhang, die Zugehörigkeit des Arbeitsverweisungsrechts zum Bereich des internationalen Vertragsrechts unter Berufung auf die Verfassung zu leugnen (unten Nr. 128): ein Versuch, der jedoch keine Nachahmung verdient. Verfassungsbestimmungen zum Schutz der abhängigen Arbeit sind ebensowenig im Hinblick auf die (seltenen) Fälle mit Auslandsberührung gedacht und damit ebensowenig geeignet, die Normen des allgemeinen Verweisungsrechts außer Kraft zu setzen, wie dies bei den die Person, das Eigentum oder Erbrecht schützenden Verfassungsnormen der Fall ist. Auch die Sätze der Verfassung sind dem internationalen Privatrecht unterworfen, sind nicht schlechthin als lex fori und noch weniger als lex loci anzuwenden; wohl aber sind sie geeignet, den Begriff des ordre public zu gestalten und damit auf das anwendbare Recht mittelbar Einfluß zu nehmen.

[56] Vgl. RAG 1. 7. 1931; Quadri, Giur. comp. d. i. p. 10 (1944) 188.

[57] Dieser Streit ist zur famosissima quaestio des deutschen Arbeitsrechts geworden, vgl. statt aller Nikisch I 133 ff. und dort Anmerkungen. Starke Beachtung findet die Eingliederungstheorie bei Durand, Traité II 200 ff., und in der italienischen Lehre.

102. Wir können mithin als Ergebnis festhalten, daß zwingende Gründe, vom Primat des Parteiwillens abzugehen, nicht bestehen, im Gegenteil starke Gründe für die Beibehaltung der Parteiautonomie auch im Arbeitsverweisungsrecht sprechen. Dem entspricht auch eine zahlreiche Rechtsprechung, in der entweder eine von den Parteien getroffene Rechtswahl anerkannt wird [58], oder in denen auch ohne eine solche die Wahlfreiheit trotzdem als leitender Grundsatz für die Ermittlung des Arbeitsstatuts bezeichnet wird. Sie ist zu billigen [59].

2. *Die Anknüpfung bei Fehlen einer Rechtswahl*

103. Die Fälle, in denen die Parteien das anwendbare Recht selbst bezeichnen, sind selten. Meistens wird die Rechtswahl versäumt, und der Richter steht vor der Notwendigkeit, das maßgebliche Recht an Stelle der Parteien zu finden. Im folgenden soll das reiche Rechtsprechungsmaterial daraufhin geprüft werden, wie er diese Aufgabe bisher gelöst hat. Die

---

[58] Fälle, in denen die Parteien das Recht ausdrücklich bestimmt haben, kommen allerdings selten vor die Gerichte; immerhin vergleiche man LAG Berlin 6. 3. 1931 (in einem Zirkustarifvertrag wird die Geltung des Rechts des Orts, wo der Zirkus gerade gastiert, vereinbart); RAG 1. 10. 1932 (in dem Vertrag einer sowjetischen staatlichen Gesellschaft mit einem deutschen Ingenieur wird vereinbart, daß die Arbeit in Deutschland deutschem Recht und deutscher Gerichtsbarkeit, die Arbeit in der UdSSR sowjetischem Recht und sowjetischer Gerichtsbarkeit unterstehen solle); RAG 10. 12. 1932 (Ingenieur, sowjetisches Recht); RAG 1. 4. 1933 (deutsches Recht in Auslegung eines – doch wohl stillschweigenden – Parteiwillens); RAG 17. 2. 1934 (Bergbauangestellter – „Markscheider" –, Wahl des Rechts des Arbeitsorts); RAG 25. 5. 1935 (Organisationsleiter der Zweigstellen Amsterdam und Antwerpen; deutsches Recht); LAG Stuttgart 24. 1. 1956 (Maurerpolier, Arbeit im Irak, deutsches Recht). LAG Berlin 23. 4. 1929 sieht eine Wahl des deutschen Rechts in der Bezugnahme auf BGB und HGB; es handelte sich um einen in Berlin geschlossenen Anstellungsvertrag zur Arbeit in Argentinien.

In manchen Entscheidungen, wie RAG 1. 4. 1931, 1. 3. 1933, will das RAG dem Parteiwillen allerdings – bei ungenügender Scheidung zwischen zwingendem privaten und öffentlichem Recht – anscheinend nur materiellrechtliche Kraft beimessen.

[59] Die Parteiautonomie im Arbeitsverweisungsrecht hat in der Rechtslehre allerdings nicht viele Freunde: vgl. VOLKMAR, ARS 17, 27; KEGEL, unveröffentlichtes Gutachten zu LAG Düsseldorf 12. 7. 1956; (für den Handelsvertreter) NEFLIN, Betrieb 9 (1956) 589. Der Wiener Entwurf (hierzu SATTER 922) anerkennt die Rechtswahl, wenn die Einigung der Parteien einwandfrei feststehe.

Abzulehnen ist freilich die Übertreibung des Prinzips bei REBER, SJZ 46 (1950) 122, der den Parteien die Freiheit geben möchte, nicht genehme zwingende Bestimmungen des Arbeitsstatuts – hier: Vorschriften des gewählten Rechts über den Ausgleichsanspruch des Handelsvertreters gem. Art. 418 u OR – abzudingen. Damit gefährdet man nur die Rechtswahl und gibt ihren Gegnern nachträglich Recht (ähnlich zutreffend LORENZ [oben Anm. 37] 183 f.). Etwas anderes ist es selbstverständlich, wenn im Gesetz selbst beim Vorhandensein von Auslandsbeziehungen die Abdingbarkeit sonst zwingender Vorschriften ausgesprochen wird, wie das in § 92 c I HGB geschehen ist.

Untersuchung geht einmal von dem für die Anknüpfung ausschlaggebenden Merkmal aus; sie wird zeigen, daß es eine Einheitsanknüpfung – sie könnte nur an den Arbeitsort erfolgen – nicht gibt. Zum andern wird versucht werden, für einzelne Berufe typische Anknüpfungen herauszuschälen und damit zu Regeln zu kommen, auf die man zurückgreifen kann, wenn sich die Anknüpfungsmerkmale die Waage halten und auch die Abwägung der beiderseitigen Interessen eine eindeutige Bestimmung des Arbeitsstatuts nicht gestattet.

104. Die deutsche Rechtsprechung zog vor dem Krieg fast ausschließlich, nach dem Krieg noch überwiegend zur Ermittlung des Arbeitsstatuts den *hypothetischen Parteiwillen* als Hilfsfigur heran [60].

Einige neuere Entscheidungen sind unter dem Einfluß der Gegnerschaft

---

[60] Vgl. etwa: *Gewerbliche Arbeiter und Angestellte:*

RAG	21. 12. 1932	(sowjetisches Recht)
	11. 2. 1933	(deutsches Recht)
	1. 3. 1933	(deutsches Recht)
	1. 4. 1933	(deutsches Recht)
	8. 4. 1936	(sowjetisches Recht)
OLG Dresden	25. 1. 1907	(an sich englisches Recht)
OLG München	5. 4. 1909	(italienisches Recht)
KG	23. 11. 1910	(russisches Recht)
LAG Berlin	23. 4. 1929	(deutsches Recht)
	17. 11. 1930	(sowjetisches Recht)
	13. 5. 1931	(englisches Recht)
	13. 7. 1931	(deutsches Recht)
	26. 10. 1931	(sowjetisches Recht)
LAG Frankfurt/M.	23. 12. 1935	(sowjetisches Recht)
LAG Dortmund	18. 12. 1936	(sowjetisches Recht)
LAG Stuttgart	16. 12. 1947	(interlokal)
LAG Frankfurt/M.	13. 4. 1948	(interlokal)
	14. 3. 1951	(Recht von New York)
LAG Hessen	12. 5. 1949	(interlokal)
LAG Berlin	27. 9. 1951	(interlokal)
LAG Düsseldorf	12. 7. 1956	(niederländisches Recht)

Schauspieler, Artisten

RAG	27. 8. 1930	(deutsches Recht)
	20. 7. 1935	(Recht von Delaware)

Handelsreisende

RG	1. 12. 1911	(deutsches Recht)
	22. 10. 1929	(deutsches Recht)
	28. 10. 1932	(deutsches Recht)
OLG Hamburg	21. 5. 1889	(schottisches Recht)
	26. 6. 1909	(englisches Recht)

von Beitzke [61] von ihm abgerückt [62]. Auch die bisher einzige Entscheidung des BAG zum Arbeitsverweisungsrecht vom 5. 5. 1955 übergeht die Anknüpfung an den Parteiwillen völlig [63]. Doch glaube ich, daß man mit der biegsamen und den Gegebenheiten des Einzelfalls Rechnung tragenden subjektiven Lehre den Notwendigkeiten der Praxis am besten gerecht wird.

105. Untersucht man das reiche Material, das die Praxis beigestellt hat, so zeigt sich, daß dem *Recht des Arbeitsorts* erhebliches Gewicht zukommt. Das ist nicht zufällig. Die Anknüpfung an den Arbeitsort gewährleistet am besten den Gleichlauf von privatem und öffentlichem Arbeitsrecht, am Arbeitsort ist auch stets ein Gerichtsstand gegeben, so daß das Gericht den Vorteil hat, auf den Streit sein eigenes Recht anwenden zu können [64].

In zahlreichen Entscheidungen wird das Recht des Arbeitsorts als dem mutmaßlichen Parteiwillen entsprechend herangezogen:

Vgl. KG 23. 11. 1910: kaufmännischer Angestellter, Tätigkeit in Polen, kongreßpolnisches Recht als Recht des Arbeitsorts und Erfüllungsorts der Lohnforderung.

– LAG Berlin 13. 7. 1931: der Dienstvertrag eines aus der UdSSR ausgewiesenen Schriftstellers mit einem Moskauer Institut zur Leistung wissenschaftlicher Arbeit unterliegt dem deutschen Recht des (Berliner) Arbeitsorts und Wohnorts des Klägers;

– RAG 11. 2. 1933: für deutsches Recht sprach der Arbeitsort in Deutschland, der deutsche Wohnsitz des Arbeitnehmers und die Vereinbarung der Lohnzahlung in deutscher Währung gegenüber dem sowjetischen Abschlußort und der Verpflichtung, gelegentlich Reisen in die UdSSR zu unternehmen (Ingenieur);

– RAG 20. 7. 1935: die Ansprüche von Mitgliedern einer Passionsspielgruppe auf Gehalt und Spesenersatz unterliegen dem Recht von Delaware, da dort die Arbeitsleistung zu erbringen war und der Arbeitgeber dort seinen Sitz hatte; unmaßgeblich sei, daß der Vertrag in Deutschland geschlossen worden war;

– LAG Düsseldorf 12. 7. 1956: der Ort der Arbeitsleistung in den Niederlanden, die Urlaubsregelung nach niederländischem Recht, die Gleichbehandlung mit den Ortskräften und die Entlohnung außerhalb der TOA seien Anzeichen, daß die Parteien ihren Vertrag niederländischem Recht unterworfen hätten; auf deutsches Recht wiesen die Staatsangehörigkeit des Arbeitnehmers und der Umstand, daß Arbeitgeber die Bundesrepublik war. Die Entscheidung ermittelt den hypothetischen Parteiwillen unter Zuhilfenahme des Bildes vom Sitz des Arbeitsverhältnisses [65].

---

[61] Vgl. oben Anm. 47 und AcP 155 (1956) 58.

[62] Namentlich in interlokalen und interzonalen Fällen, vgl. LAG Bremen 18. 4. 1951; LAG Hamburg 24. 4. 1952; LAG Stuttgart 19. 3. 1952.

[63] Vgl. Gamillscheg, JZ 9 (1955) 513 f.

[64] Die normale Bedeutung des Arbeitsorts als Anknüpfungspunkt unterschätzt LAG Stuttgart 24. 1. 1956 (oben Anm. 58); die deutschen Parteien hatten für die Arbeit im Irak deutsches Recht ausdrücklich vereinbart; aber auch ohnedies bestehe, so sagt das Gericht, „kein Anknüpfungspunkt an die ausländische Rechtsordnung, die ihre Anwendung zu begründen vermöchte", da es sich um eine bloße Entsendung von Arbeitnehmern gehandelt habe.

[65] Die Rechtsprechung zum Handelsvertreterstatut s. unten Nr. 116.

In anderen Entscheidungen gestatteten Arbeitsort und Abschlußort zusammen die Ermittlung des mutmaßlich gewählten Rechts:

Vgl. OLG Dresden 25. 1. 1907: der im Ausland (England) geschlossene und dort zu erfüllende Arbeitsvertrag eines deutschen Handlungsgehilfen unterliegt englischem Recht, vorbehaltlich allerdings des Eingreifens von § 67 HGB (s. oben Nr. 57).

Manche Entscheidungen knüpfen jedoch an den Arbeitsort (Erfüllungsort) an, ohne dies mit dem mutmaßlichen Parteiwillen zu begründen:

Vgl. LAG Berlin 24. 7. 1931: Arbeitsvertrag eines Angestellten der sowjetischen Handelsvertretung in Berlin; deutsches Recht;

– LAG München 16. 5. 1950. Es handelte sich um die Arbeitsverträge von Angestellten und Arbeitern der Niederlassungen Passau und Regensburg der ungarischen staatlichen Donauschiffahrtsgesellschaft. Die Entscheidung, ein abschreckendes Beispiel schlechten und verworrenen Stils, beruft sich auf das Territorialitätsprinzip, sofern das Arbeitsverhältnis nur „seinen raumgebundenen Sitz" „im deutschen Raum" habe; aber die Argumentation ist fremdenrechtlich insofern, als sie eine unterschiedliche Behandlung der Arbeitnehmer wegen ihrer Staatsangehörigkeit verneint. Die Parteiautonomie habe nur Kraft, sofern nicht zwingendes deutsches (Kündigungs-)Recht entgegenstehe. Soweit es sich bei den Klägern um „pragmatische Angestellte" der Gesellschaft gehandelt hatte, wäre richtigerweise wohl ungarisches Recht anzuwenden gewesen. Das hätte jedoch das Ergebnis nicht zu beeinflussen gebraucht, denn die von ihnen eingeklagten Rückstände an Gehalt und Pension wären auch nach ungarischem Recht geschuldet gewesen, und inwieweit die Währungsumstellung von Pengö auf Forint auf die Ansprüche der Kläger eingewirkt hatte, war ohnehin unabhängig vom Arbeitsstatut nach eigenen Regeln zu entscheiden gewesen (vgl. unten Nr. 271).

– LAG Stuttgart 31. 3. 1955: ein in Italien zwischen zwei Deutschen geschlossener Arbeitsvertrag (höhere kaufmännische Dienste) zur Arbeit in Italien und anderswo unterliegt italienischem Recht.

In interlokalen und interzonalen Fällen ist die Anknüpfung an den Arbeitsort besonders häufig.

LAG Hessen 12. 5. 1949 beruft sich auf den mutmaßlichen Parteiwillen ebenso wie auf Erfüllungsort und Schwerpunkt;

– ArbG Braunschweig 18. 7. 1947 (vgl. oben Anm. 51) folgert hingegen aus der Unvorhersehbarkeit der innerdeutschen Rechtsspaltung, daß der Parteiwille im interzonalen Recht ausscheide. *Ebenso die folgenden Entscheidungen:*

– LAG Hamburg 11. 8. 1951. Hier wird die Frage, ob nach Entnazifizierung Wiedereinstellung verlangt werden kann, aus dem Arbeitsstatut beantwortet. Wohnsitz und Arbeitsort eines Gärtners der Landesversicherungsanstalt Hamburg lagen in Schleswig-Holstein: das Entnazifizierungsgesetz dieses Landes wurde angewandt. In Wahrheit war das keine arbeitsrechtliche Frage. Doch ist die Entscheidung im Ergebnis richtig: denn die Rückgängigmachung der aus Gründen der Entnazifizierung ausgesprochenen Maßnahmen kann nur dem Recht des Landes entnommen werden, in dem der Spruch ergangen ist. Dieser bringt mithin die jeweiligen Folgen seines Gesetzes hervor, die im interlokalen Bereich überall anzuerkennen sind;

– LAG Hamburg 24. 4. 1952: Eingehung des Arbeitsvertrags, Arbeitsleistung und Lohnzahlung führen zur Anwendung des Rechts von Niedersachsen;

– BAG 5. 5. 1955: Pensionsanspruch eines Zweigstellenleiters, keine Anwendung des Rechts am Sitz des Unternehmens;

– ArbG Heidelberg 28. 6. 1956: der Urlaubsanspruch eines Zweigstellenleiters richtet sich nicht nach dem Erfüllungsort, sondern dem Betriebsort; dieser sei bei selbständiger Organisation des Zweigbetriebs der Ort dieser Zweigstelle;

– KG 16. 12. 1957: Ruhegeldanspruch des Prokuristen der Danziger Zweigstelle einer Berliner Bank.

Auch in der Rechtslehre wird vielfach die Ansicht vertreten, daß der Arbeitsort (= Betriebssitz) Anknüpfungspunkt schlechthin oder immer dann sei, wenn die Parteien nicht ausdrücklich ein anderes Recht bezeichnet haben [66].

106. Wenn im vorigen Abschnitt vom „Arbeitsort" die Rede war, so ist damit der *gewöhnliche Tätigkeitsort* gemeint. Das ist bei der Eingliederung in einen Betrieb der Ort, an dem sich der Betrieb befindet, sonst

---

[66] Vgl. NEUMEYER II 456: „die Parteiautonomie als Bestimmungsgrund für das anzuwendende Recht ist nicht haltbar. Denn was die Parteien vereinbaren, ist rechtlich Luft, wenn nicht zuvor bereits eine Rechtsordnung maßgebend ist, aus der solche Abreden rechtliche Wirksamkeit schöpfen können. Die Rechtsordnung aber, die nach objektiven Merkmalen den Dienstvertrag beherrscht, ist ... die Gesetzgebung des Orts, von dem aus die Dienste geleistet werden"; BEITZKE, Kollisionen B III 1 und mehrfach: NIKISCH I 265; KASKEL-DERSCH 38 f.; (reichlich unklar auf Erfüllungsort und Sitz des Arbeitsverhältnisses abstellend) TRIESCHMANN, Betrieb 8 (1955) 968 ff.; wohl auch SATTER, Giur. comp. d. i. p. 5 (1939) 20. A. A. HUECK-NIPPERDEY I 95, der auf die Grundsätze des internationalen Schuldrechts verweist, wobei auf die Eigenarten des Arbeitsverhältnisses Rücksicht zu nehmen sei.

Im Wiener Entwurf (SATTER 922) ist die Maßgeblichkeit des Rechts des Arbeitsorts vorgesehen, wenn die Parteien nichts anderes vereinbart haben (wobei über die Grenzen der Wahlfreiheit nichts ausgesagt wird); enthält jedoch der Vertrag keine Bestimmung über den locus executionis, oder sollen die Dienste in mehreren Ländern geleistet werden, dann soll das „territoriale Recht" des Arbeitnehmers gelten.

Im Entwurf des Instituts für internationales Recht hat der Betriebsort (= „Erfüllungsort") nur Bedeutung neben anderen Anknüpfungen: Für das Zustandekommen des Arbeitsvertrages sollen im allgemeinen die lex loci contractus zusammen mit dem Recht des Sitzes oder Aufenthaltsorts des Arbeitgebers und dem Recht des Arbeitsorts (Art. 2), für seine Auslegung das von den Parteien bezeichnete Recht, gegebenenfalls das Recht, das die Wirkungen des Arbeitsvertrags beherrscht, maßgeblich sein (Art. 4 III; anders KOSTERS in der Diskussion, Annuaire 1937, 207: für die Auslegung solle „in erster Linie das Recht des Erfüllungsorts, erst mangels eines solchen das gemeinsame Heimatrecht, das Recht des Wohnsitzes, die lex loci actus gelten"). Die Wirkungen des Vertrages sollen unterliegen: je nachdem dem Recht des Unternehmens oder seiner Zweigstelle oder des Wohnsitzes des Arbeitgebers, in den Grenzen des Art. 2 dem von den Parteien gewählten Recht. Für die Anwendbarkeit der lex loci executionis sprechen sich aus: YANGUAS MESSIA, UNDÉN, MAHAIM, POULLET, Annuaire 1936 I 411, 448 f., 456, 462.

der Ort, an dem die Tätigkeit ihr Schwergewicht hat. Ein nur gelegentlich und vorübergehend außerhalb eingenommener Arbeitsplatz – der Knecht pflügt oder der Bauarbeiter baut jenseits der Grenze, der Vertreter für Frankreich macht gelegentlich Reisen nach Belgien – bleibt, wenn es auf den Arbeitsort ankommt, für die Anknüpfung außer Betracht [67].

Für die Bestimmung des Begriffs „Arbeitsort" kann u. U. auch die Rechtsprechung über den örtlichen Geltungsbereich des Tarifvertrags mit Gewinn verwertet werden.

107. Dem *Ort, an welchem der Vertrag geschlossen wurde,* wird im deutschen Recht nur sehr geringe Bedeutung beigemessen [68]: anders ist es in den romanischen Rechten und in England, wo er bei Fehlen einer Rechtswahl vielfach als Hilfsanknüpfung dient [69], wie unten Nr. 118 ff. darzustellen sein wird. Doch wird der Abschlußort dort, wo er mit dem die Anknüpfung entscheidenden Merkmal zusammenfällt, als verstärkendes Merkmal häufig genannt [70].

Keine Folge verdient LAG Berlin 15. 2. 1932, wo Arbeitsverträge, die von der sowjetischen Handelsvertretung in Berlin dortselbst mit deutschen Arbeitnehmern über Arbeiten in der UdSSR geschlossen wurden, ohne Begründung deutschem Recht unterstellt werden. Subjektive wie objektive Anknüpfung hätten auf sowjetisches Recht geführt. Wenn man Arbeitsverträge mit der UdSSR zuläßt, darf man seinem Arbeitsrecht nicht mißtrauen. Der ordre public wäre genügender Schutz gewesen.

Wenn an den locus contractus angeknüpft wird, dann ist es Sache der lex fori, zu bestimmen, wo er sich befindet. In einer allerdings wenig sachgerechten Übertragung der Regeln des BGB über den Zeitpunkt des Zustandekommens des Vertrages gilt der Vertrag zwischen Abwesenden dort zustandegekommen, wo die Annahmeerklärung zugeht [71].

108. Das Recht am *Sitz des Unternehmens („Recht des Arbeitgebers")* tritt für die Erforschung des mutmaßlichen Parteiwillens ebenfalls in den

---

[67] Vgl. Beitzke, Kollisionen B III 2 a; ArbG Göttingen 5. 8. 1949 (Brückenbau über den Fluß, der die Grenze zwischen Niedersachsen und Hessen bildet).

[68] So ausdrücklich RAG 20. 7. 1935; LAG Frankfurt 23. 12. 1935; Beitzke, Kollisionen B III 1 c.

[69] Die große Bedeutung, die in diesen Ländern dem locus contractus zukommt, spiegelt sich auch in den Arbeiten des Instituts für internationales Recht wieder. Nach Mahaim, Annuaire 1936 I 455 sollen Bedingungen, Entstehung, Gültigkeit und besonderen Auflösungsgründe des Arbeitsvertrages der lex loci contractus, vorbehaltlich des „ordre public international" des Arbeitsorts, unterliegen. Audinet, Annuaire 1936 I 437 will das überkommene Prinzip mit der als notwendig erkannten Anwendung des Rechts des Arbeitsorts dadurch verbinden, daß er dann, wenn Arbeitsort und Vertragsort auseinanderfallen, den Vertrag „als am Arbeitsort geschlossen" ansehen will.

Art. 2 I des Entwurfs unterwirft die „allgemeinen Voraussetzungen" des Arbeitsvertrags der lex loci contractus (s. unten S. 411).

[70] Vgl. OLG Dresden 25. 1. 1907 u. a.; Rabel III 184 f.

[71] Vgl. OLG München 5. 4. 1909, wo mit § 130 BGB begründet wird, daß der Vertrag in Mailand zustandegekommen sei.

Hintergrund. Es bietet sich da an, wo der Arbeitnehmer ständig in mehreren Rechtsgebieten arbeitet, ohne daß einem davon das Übergewicht zukommt; man denke an den Schlafwagenschaffner, den Revisor, der von Zweigstelle zu Zweigstelle wandert, den Reisebegleiter eines Globetrotters usw. Dem Interesse der Parteien an der Stetigkeit ihrer Rechtsbeziehungen entspricht die Anknüpfung an den Sitz des Unternehmens, von dem die Tätigkeit ihren Ausgang nimmt, also der Schlafwagengesellschaft [72], der Hauptverwaltung, der der Revisor Bericht erstattet; ebenso die Anknüpfung an den Wohnsitz des Weltreisenden usw. Eine große Rolle spielt dieses Recht für die Anknüpfung des Arbeitsvertrages des leitenden Angestellten (s. unten Nr. 114) und bei der Anknüpfung des Handelsvertretervertrags, hier ohne Unterschied, ob es sich um einen selbständigen oder um einen kleinen arbeitnehmerähnlichen Agenten handelt (s. unten Nr. 115). Schließlich hat in Erforschung des mutmaßlichen Parteiwillens das Recht am Sitz des Arbeitgebers auch zuweilen selbständig, wenn auch in Verbindung mit anderen Merkmalen, zur Anknüpfung geführt:

Vgl. LAG Berlin 3. 5 1929 (implicite: deutsches Recht ist anwendbar auf den Arbeitsvertrag eines für eine Arbeit in Kolumbien eingestellten Baggermaschinisten mit einer deutschen Firma);

– LAG Frankfurt 14. 3. 1951: zur Anwendung des Rechts von New York führten bei einem Angestellten, „Interessenvertreter", der amerikanische Sitz des Arbeitgebers, die Abrede der Entlohnung in Dollar, die Abfassung des Arbeitsvertrags in englischer Sprache sowie der Umstand, daß ein Wohnsitz in der Bundesrepublik nicht begründet wurde, gegenüber dem Umstand, daß der Aufenthalt und das Hauptarbeitsgebiet in der Bundesrepublik lagen. Das Gericht kommt zur Befragung des Parteiwillens aber erst nach der Feststellung, daß der „im internationalen Arbeitsrecht geltende Grundsatz, wonach in erster Linie das Recht des Betriebssitzes gilt", hier nicht in Betracht komme, da ein Betriebssitz in Deutschland nicht bestehe (aber doch wohl in New York?!). In der Begründung wird alles verwertet, was nur heranzuschleppen war: der mutmaßliche ebenso wie der stillschweigende Parteiwille, der Schwerpunkt des Schuldverhältnisses ebenso wie der wirtschaftliche („ergebnismäßige") Schwerpunkt und schließlich der Erfüllungsort.

109. Häufig hat sich die *gemeinsame Staatsangehörigkeit* der Parteien für die Ermittlung des mutmaßlichen Parteiwillens als entscheidend erwiesen. Freilich hat man die Bedeutung dieses Moments zuweilen überbewertet, vgl. RAG 27. 8. 1930, denn eine selbständige Anknüpfungs-

---

[72] Beitzke, RdA 3 (1950) 118; Gutzwiller 1621; vgl. auch Art. 5 II des Deutsch-Italienischen Sozialversicherungsabkommens vom 5. 5. 1953 (BGBl. 1956 II 4), wonach die Angestellten öffentlicher Verkehrsunternehmen der Sozialversicherung des Ausgangslandes unterliegen.

norm, wie sie etwa in Art. 25 der italienischen d. p. enthalten ist (oben Nr. 95), ist im deutschen internationalen Privatrecht auf dem Merkmal der gemeinsamen Staatsangehörigkeit der Parteien nicht aufzubauen [72a].

Abweichend will SCHNORR VON CAROLSFELD, RdA 11 (1958) 202, ein „Arbeitsverhältnis zwischen den Angehörigen des gleichen Staates ... regelmäßig dem gemeinsamen Heimatrecht ... unterstellen, da sich Personen gerade im Ausland unter dem Gesichtspunkt einer solchen Verbundenheit zusammenfinden". Dies könne allerdings dann nicht gelten, „wenn bei Abschluß des Arbeitsvertrages auf die gleiche Herkunft überhaupt kein Gewicht gelegt wurde". Damit stimmt SCHNORR VON CAROLSFELD der Sache nach mit dem hier vertretenen Standpunkt überein; ihm ist indessen entgegenzuhalten, daß dies eine typisch „subjektive", auf den mutmaßlichen Parteiwillen abstellende Betrachtungsweise ist, die sich mit der an gleicher Stelle ausgesprochenen Ablehnung der kollisionsrechtlichen Wahlfreiheit der Parteien nicht vereinbaren läßt. Denn wie könnte für eine objektive Anknüpfung von Bedeutung sein, ob die Parteien einander verbunden sind und ob sie auf die gemeinsame Herkunft „Wert gelegt" haben?

Aus der Rechtsprechung vgl. RAG 27. 8. 1930: ein in Dänemark geschlossener und in Argentinien zu erfüllender Arbeitsvertrag zwischen deutschen Staatsangehörigen (Artisten) unterliegt nach dem mutmaßlichen Parteiwillen deutschem Recht [73]. Die Argumentation wird dadurch entwertet, daß auf klägerischer Seite mehrere Personen beteiligt waren, die nicht alle die deutsche Staatsangehörigkeit hatten.

– RAG 1. 3. 1933: der Arbeitsvertrag einer deutschen Stenotypistin an der Gesandtschaft beim Heiligen Stuhl unterliegt deutschem Recht. Dies wird auch aus der gemeinsamen Berufung auf deutsches Recht im Prozeß gefolgert.

– OLG Hamburg 9. 6. 1916: Das Gericht spricht sich über das anwendbare Recht nicht aus, sondern legt dem Arbeitsvertrag zwischen deutschen Parteien zur Arbeit (als Handlungsgehilfe) in Indien ohne weiteres deutsches Recht zugrunde.

– LAG Berlin 2. 8. 1929: Arbeitsvertrag eines deutschen Angestellten mit einer Reichsbehörde, Arbeit in Paris, deutsches Recht maßgeblich.

Ist der Arbeitgeber eine juristische Person oder eine Behörde, so wird die Staatsangehörigkeit meist, wenn auch nicht immer nach ihrem Sitz bzw. ihrer Staatszugehörigkeit zu ermitteln sein [74].

Gemeinsame Staatsangehörigkeit, Sitz des Arbeitgebers und Abschlußort in ihrem Heimatstaat bilden zusammen das Kennzeichen für die sog. *„entsandten Kräfte"*; diese drei Kriterien zusammen verdrängen häufig

---

[72a] Vgl. BEITZKE, Kollisionen B III 1 f; gegen eine Überbewertung der gemeinsamen Staatsangehörigkeit als Anknüpfungsmerkmal auch LAG Düsseldorf 12. 7. 1956. Großes Gewicht legten hingegen manche Mitglieder des Instituts für internationales Recht (LEMONON, AUDINET, MAHAIM) diesem Umstand bei, vgl. Annuaire 1936 I 439, 450, 455.

[73] Ablehnend NUSSBAUM 230, 272 Anm. 3.

[74] Dagegen Durchgriff auf den sowjetischen Staat als Anteilseigner einer in den Formen des deutschen Rechts errichteten AG: LAG Frankfurt 23. 12. 1935; Dortmund 18. 12. 1936.

den Arbeitsort als Anknüpfungspunkt, wenn im entsendenden Staat geklagt wird.

Vgl. RAG 1. 4. 1933: der in Deutschland zwischen deutschen Parteien geschlossene Arbeitsvertrag zur Arbeit in Frankreich (Schachtmeister) unterliegt nach mutmaßlichem Parteiwillen deutschem Recht.

– LAG Berlin 23. 4. 1929: da der Anstellungsvertrag in Deutschland zwischen deutschen Parteien geschlossen und im Vertrag auf Vorschriften des BGB und HGB Bezug genommen worden sei, „gelte" die Anwendung deutschen Rechts als vereinbart (Arbeitsort war Buenos Aires).

Bei Arbeitsverträgen von Angestellten der sowjetischen Handelsvertretung in Berlin oder sowjetischer staatlicher Gesellschaften führten zur Anknüpfung an sowjetisches Recht: die gemeinsame sowjetische Staatsangehörigkeit und der Abschlußort gegenüber dem Erfüllungsort [75]; die gemeinsame sowjetische Staatsangehörigkeit und die Eigenschaft des Arbeitnehmers als Repräsentant des Arbeitgebers gegenüber seinem deutschen Arbeitsort und Aufenthaltsort [76]; die gleichen Umstände sowie, daß „das innerste Empfinden des Arbeitnehmers auf die Neuordnung in Rußland eingestellt" sei, gegenüber dem deutschen Arbeitsort und Abschlußort [77]; Abstammung, Geburt und Bekenntnis, die zum sowjetischen Staat hinwiesen, gegenüber der jetzigen rumänischen Staatsangehörigkeit des Arbeitnehmers einerseits, dem deutschen Arbeitsort und Abschlußort andererseits [78]; bei einem Angestellten einer sowjetischen staatlichen Handelsgesellschaft gab die gemeinschaftliche Staatsangehörigkeit beider Parteien und das Bekenntnis des Arbeitnehmers zur Sowjetunion den Ausschlag gegenüber dem Umstand, daß der Arbeitgeber die rechtliche Gestalt einer Gesellschaft des deutschen Rechts hatte, der Anstellungsvertrag in deutscher Sprache gehalten war und in Deutschland geschlossen wurde und darin sich eine Bezugnahme auf ein deutsches Gesetz (die Vorschriften des UWG über den Geheimnisverrat) befand [79].

Die ausländische *Staatsangehörigkeit* nur *des Arbeitnehmers* ist für die Anknüpfung in der Regel unerheblich, hat nur Interesse für das Eingreifen der (fremdenrechtlichen) Ausländergesetzgebung.

110. Der *Wohnsitz des Arbeitnehmers* spielt als selbständiges Anknüpfungsmerkmal keine Rolle [80], wird aber bei Ermittlung des mutmaßlichen Parteiwillens als bestärkendes Element ab und zu genannt [81].

[75] RAG 21. 12. 1932.

[76] LAG Berlin 17. 11. 1930. Der Kläger, Ingenieur, war jedoch in Moskau zur Verwendung nicht nur im Deutschen Reich, sondern auch in Österreich und Frankreich angenommen worden, so daß auch der Gedanke der Stetigkeit (s. oben Nr. 108) für die Anwendung des sowjetischen Rechts sprach.

[77] LAG Berlin 26. 10. 1931.

[78] LAG Frankfurt 23. 12. 1935; dazu RAG 8. 4. 1936.

[79] LAG Dortmund 18. 12. 1936; das Gericht stellt in einem obiter dictum die allgemeine Vermutung auf, es entspreche dem mutmaßlichen Parteiwillen, entsandte Kräfte nach dem Recht des Entsendestaats zu behandeln.

Nicht an das sowjetische Recht knüpfen an LAG Berlin 13. 7. 1931 (oben Nr. 105) und 15. 2. 1932 (oben Nr. 107).

[80] Ebenso Beitzke, Kollisionen B III 1 e; anders der Wiener Entwurf, Satter 922.

[81] Vgl. etwa LAG Berlin 13. 7. 1931 (oben Nr. 105).

111. Die Vereinbarung eines *Gerichtsstandes* hat auch im Arbeitsverweisungsrecht Bedeutung [82], auch wenn man hier nicht immer soweit geht, in ihr schon eine stillschweigende Rechtswahl zu sehen (vgl. oben Nr. 91) [83]. Dabei ist es für das Arbeitsstatut ohne Einfluß, ob es am prorogierten Forum oder vor einem anderen Gericht zur Klage kommt (etwa wenn dieses Gericht die Vereinbarung eines ausländischen ausschließlichen Gerichtsstandes nicht anerkennt). Auch dann kann obige Vermutung eingreifen, anwendbares Recht und Zuständigkeit sind insofern voneinander unabhängig.

112. Ein Satz, daß dann, wenn ein *Staat* oder eine staatliche Behörde *Arbeitgeber* ist, das Recht des Staates oder der Behörde anwendbar sein soll [84], ist nicht aufzustellen; eine innere Berechtigung einer solchen Ausnahmestellung ist nicht anzuerkennen, bewegt sich doch die Tätigkeit des Staates bei Abschluß von Arbeitsverträgen im fiskalischen Bereich.

Selbst als Indiz für den mutmaßlichen Parteiwillen ist die Eigenschaft des Arbeitgebers als Staat unerheblich; nicht daß er ein Staat, sondern daß er der Heimatstaat des Arbeitnehmers ist, war vielfach maßgeblich [85]. Eine Vermutung des Inhalts, wer einen Arbeitsvertrag mit einem Staat schließe, wolle dessen Recht vereinbaren [86], wird durch die Praxis widerlegt: der Kraftwagenführer eines ausländischen diplomatischen Vertreters, der kleine Angestellte des (staatlichen) Reisebüros eines ausländischen Staates usw. werden in der Regel nach dem inländischen Recht des Arbeitsorts zu behandeln sein. Gleiches gilt im interlokalen Bereich [87].

3. Sondernormen für einzelne Berufe

113. Bei *Arbeitern* und (kleinen und mittleren) *Angestellten* läßt sich, wie die ihnen gewidmete vorstehende Untersuchung zeigt, eine Einheitsanknüpfung, die bei Fehlen einer Rechtswahl eingreift, nicht ermitteln.

[82] Vgl. OLG München 5. 4. 1909; (etwas weitgehend) LAG Berlin 27. 9. 1951 und dazu ablehnend BEITZKE in der Anmerkung und in Kollisionen B III 1 b; zu eng dagegen BAG 5. 5. 1955.

[83] Nicht immer: aber warum nicht, wenn es sich z. B. um den Arbeitsvertrag eines Zweigstellenleiters mit juristischer und kaufmännischer Vorbildung handelt?

[84] So jedoch das polnische IPR-Gesetz Art. 8 Nr. 4, vgl. MAKAROV, Quellen. Polen S. 6, und SOERGEL-KEGEL 45; wie hier RABEL III 190 mit Nachweisen; BEITZKE, Kollisionen B III 2 c; LAG Düsseldorf 12. 7. 1956 und BEITZKE in der Anmerkung. Dieser Entscheidung ist auch zu entnehmen, daß die Praxis des Auswärtigen Amts dahin geht, Ortskräfte mangels besonderer Vereinbarung nach dem Ortsrecht zu behandeln. Daß der deutsche Arbeitgeber Exterritorialität genießt, steht dem nicht entgegen.

[85] Dies ist auch der Grund, warum die Arbeitsverträge von Angestellten, die selbst Exterritorialität genießen, meist nach dem Recht des Arbeitgeberstaates zu beurteilen sind, vgl. NEUMEYER, Annuaire 1936 I 445 f.

[86] Eine solche Vermutung stellt KRONHEIM 129 auf.

[87] Vgl. den Fall LAG Hamburg 11. 8. 1951 (oben Nr. 105).

Es wurden – teils selbständig, teils in Erforschung des mutmaßlichen Parteiwillens, der sich auch auf andere Kriterien häufend bezog – der Arbeitsvertrag eines Gärtners und eines Hauswarts [88] an den Arbeitsort, der Arbeitsvertrag eines Baggermaschinisten an das durch gemeinsame Staatsangehörigkeit und Sitz des Arbeitgebers [89], der Arbeitsvertrag von Artisten und eines Schachtmeisters an das durch die gemeinsame Staatsangehörigkeit und den Abschlußort [90] bezeichnete Recht angeknüpft. Für den Dienstvertrag eines Schriftstellers war der Arbeitsort entscheidend [91]. Alle diese Kriterien wurden auch bei der Ermittlung des Arbeitsstatuts von Angestellten verwendet [92].

Zum ausländischen Recht s. unten Nr. 153.

Eine eigene Untersuchung ist dem Arbeitsvertrag der *Bauarbeiter* zu widmen. Bei abgesonderten Baustellen von gewisser, wenn auch geringer organisatorischer Selbständigkeit ist in einigen interlokalrechtlichen Fällen streitig geworden, ob das örtliche Recht oder das Recht des entsendenden Betriebes bzw. wo ein solcher fehlte, des entsendenden Unternehmens anwendbar sei. M. E. ist zu unterscheiden, ob es sich um die Arbeitsverhältnisse des Stammpersonals handelt, das von Baustelle zu Baustelle wandert, oder um Ortskräfte, die für ein bestimmtes Bauvorhaben an Ort und Stelle eingestellt werden.

a) Die *Stammannschaft* unterliegt dem Recht des entsendenden Unternehmens bzw. Betriebes. Das hat zwar zur Folge, daß u. U. das öffentliche Recht des Arbeitsorts (etwa: Feiertagsrecht) und das Arbeitsstatut auseinanderfallen; doch würde eine andere Lösung das Interesse beider Parteien an der Stetigkeit der Anknüpfung ihrer Rechtsbeziehungen gröblich verletzen; mit Sicherheit ist anzunehmen, daß sie ihre Rechtsbeziehungen nicht dem wechselnden und in Zukunft noch ungewissen jeweiligen Ortsrecht unterwerfen würden.

b) *Ortskräfte* unterliegen hingegen dem Recht am Ort des Baubüros, von wo aus die technische Leitung erfolgt, wo das Material ausgegeben und der Lohn gezahlt wird; nicht kommt es darauf an, ob der örtliche Lei-

[88] Vgl. LAG Hamburg 11. 8. 1951.

[89] LAG Berlin 3. 5. 1929.

[90] RAG 27. 8. 1930; 1. 4. 1931.

[91] LAG Berlin 13. 7. 1931.

[92] So gaben den Ausschlag: der Arbeits-(Betriebs-, Erfüllungs-)ort in OLG Dresden 25. 1. 1907; KG 23. 11. 1910; LAG Berlin 24. 7. 1931; RAG 11. 2. 1933; OLG Hamburg 16. 7. 1936; LAG München 16. 5. 1950; LAG Hamburg 24. 4. 1952; LAG Stuttgart 31. 3. 1955; LAG Düsseldorf 12. 7. 1956, KG 16. 12. 1957; die gemeinsame Staatsangehörigkeit, häufig zusammen mit dem Sitz des Arbeitgebers oder dem Abschlußort OLG Hamburg 9. 6. 1916; LAG Berlin 3. 5. 1929; LAG Berlin 17. 11. 1930; LAG Berlin 26. 10. 1931; RAG 21. 12. 1932; RAG 1. 3. 1933; LAG Frankfurt 23. 12. 1935; LAG Dortmund 18. 12. 1936; LAG Frankfurt 14. 3. 1951.

ter selbständig einstellen und entlassen kann und ob es sich um einen Betrieb im Sinne der Betriebsverfassung handelt. An diesem Recht sind die Erwartungen der Ortskräfte ausgerichtet, an den von ihm gewährten Rechten und Pflichten messen sie bei der Einstellung das Gebotene. Sie würden unbillig enttäuscht, wenn ihnen das Recht des entsendenden Betriebs weniger gewähren würde; gibt ihnen das Ortsrecht hingegen weniger, so sind sie nicht beschwert, wenn sie sich damit begnügen müssen [93]. Freilich gilt dann im selben Betrieb für Stammannschaft und Ortsmannschaft zweierlei Recht. Aber es wird auch sonst zwischen diesen Gruppen Unterschiede geben, da die erstere in der Regel übergeordnete Aufgaben erfüllen wird; und würde man deswegen auch die Ortskräfte nach dem Recht des entsendenden Betriebs beurteilen, dann bestünde der Unterschied der Behandlung nunmehr zwischen ihnen und allen anderen Arbeitnehmern am Ort.

Wie hier die Mehrzahl der Entscheidungen: LAG Frankfurt/M. 13. 4. 1948: die Entscheidung stellt sinngemäß auf den mutmaßlichen Parteiwillen ab; hessisches Urlaubsrecht;
– ArbG Bremerhaven 24. 6. 1949: maßgeblich das Recht des bremischen Arbeitsorts, wo der Arbeitnehmer eingestellt worden ist; bremisches Feiertagsrecht (Art. 55 der brem. Verfassung);
– ArbG Göttingen 5. 8. 1949: der Schwerpunkt des Arbeitsverhältnisses liege am Ort des Baubüros, nicht am ständig wechselnden Arbeitsplatz; niedersächsisches Feiertagsrecht;
– ArbG Offenburg 17. 2. 1955: da ein hypothetischer Parteiwille nicht zu ermitteln sei (bei den „üblichen schematischen Einstellungen" seien kaum Feststellungen hinsichtlich des mutmaßlich gewollten möglich [93a]), sei auf den Erfüllungsort abzustellen; Urlaubsabgeltung;
– LAG Stuttgart 29. 4. 1955: Feiertagsbezahlung. Dagegen Beitzke in der Anmerkung; aber es geht hier nicht um die Anknüpfung Arbeitsplatz oder Betriebsort, sondern um den Gegensatz Arbeitsort – Sitz des Unternehmens.

Dagegen knüpft LAG Bremen 18. 4. 1951 an das Recht des entsendenden Betriebs an (hier ist jedoch zweifelhaft, ob der Arbeitnehmer nicht angesichts seiner mehrfachen Versetzungen überhaupt zur Stammannschaft gehört hat); bremisches Urlaubsrecht. Die Heranziehung des mutmaßlichen Parteiwillens wird abgelehnt; statt dessen spricht das Urteil vom Erfüllungsort für den gesamten Arbeitsvertrag, der sich nach dem wirtschaftlich-technischen Mittelpunkt des Arbeitsverhältnisses richte. Die Formel ist bedenklich, da der wirtschaftliche und der technische Mittelpunkt in solchem Falle meist gerade an verschiedenen Orten zu liegen pflegen: der wirtschaftliche Mittelpunkt – wenn dies Bild überhaupt einen Sinn haben soll – liegt am Sitz des Unternehmens, wo die Arbeit zur Auswirkung kommt, der technische am Ort des Baubüros.

[93] Wie hier Beitzke, Kollisionen B III 2 b; (für Tarifansprüche) Bundesrahmentarifvertrag für das Baugewerbe vom 6. 7. 1956 § 5 Z. 6; abweichend Molitor, BB 8 (1955) 381 (das Recht des entsendenden Betriebs sei anwendbar).

[93a] Zu dieser häufig anzutreffenden Verkennung des Wesens des hypothetischen Parteiwillens vgl. Gamillscheg (oben Nr. 91 Anm. 1) 325.

Wieder anders liegt der Fall LAG Stuttgart 19. 3. 1952: Auch diese Entscheidung lehnt die Heranziehung des mutmaßlichen Parteiwillens im interlokalen Recht ab, aber es handelte sich bei richtiger Erkenntnis gar nicht um das Arbeitsstatut, sondern um den Geltungsbereich eines öffentlichrechtlichen Gesetzes, das die Entlassung der behördlichen Genehmigung unterwarf. Die Entscheidung ist deshalb richtig, weil im interlokalen Bereich Gebote und Verbote soweit zu beachten sind, als sie das Rechtsverhältnis selber erfassen wollen, vgl. unten Nr. 177 a.

114. Für den Arbeitsvertrag des *leitenden Angestellten*, namentlich des Zweigstellenleiters, schält sich als überwiegende Anknüpfung der Sitz des Unternehmens heraus: [94]

Vgl. RG 16. 3. 1895: ein in London zwischen dort wohnhaften Parteien geschlossener Arbeitsvertrag über die Leitung der Zweigstelle Santos unterliegt nach mutmaßlichem Parteiwillen englischem Recht; der Arbeitnehmer war deutscher Staatsangehöriger gewesen;

– OLG München 5. 4. 1909; es handelte sich um den Vertrag des Leiters der Münchner Zweigstelle einer italienischen Obstausfuhrfirma; für italienisches Recht sprachen die gemeinsame Staatsangehörigkeit, die Vereinbarung eines Schiedsgerichts in Mailand, der locus contractus und die Sprache des Vertrags; unbeachtlich war demgegenüber der Arbeitsort in München und die Bemessung des Gehalts des Arbeitnehmers in deutscher Währung.

– LAG Berlin 13. 5. 1931: ein in Berlin wohnhafter Engländer wurde von einer Firma mit Sitz in London „zu einer Art Aufsichtstätigkeit" über die Berliner Zweigstelle angestellt; das Rechtsverhältnis unterliege englischem Recht, da nicht anzunehmen sei, daß die Parteien das ihnen unbekannte deutsche Recht hätten wählen wollen. Der Vertrag war in englischer Sprache abgefaßt, die Vergütung in englischer Währung bemessen worden.

Dies gilt ebenfalls, wenn auch nicht einhellig, für interlokale und interzonale Fälle, hat hier allerdings die Autorität des Bundesarbeitsgerichts und des Kammergerichts gegen sich: [95]

Vgl. LAG Hamburg 22. 3. 1947: der Wiedereinstellungsanspruch des Prokuristen der Berliner Zweigstelle einer Hamburger Firma richtet sich nach Hamburger Recht. (In Wahrheit ging es hier um die Anerkennung hoheitlicher Eingriffe einer anderen Besatzungsmacht).

– LAG Hannover 17. 10. 1947 (vgl. oben Nr. 99). Der vom Gericht gemachte Unterschied zwischen Leistungsort (am Ort der Zweigstelle) und Erfüllungsort (am Sitz des Unternehmens) verdient keine Nachahmung.

– LAG Stuttgart 16. 12. 1947: Lohnansprüche des Leiters der Schorndorfer Zweigstelle werden nach Stuttgarter Recht beurteilt. Auch hier geht es in Wahrheit um Eingriffe von hoher Hand, die man mit den Mitteln des IPR zu entschärfen trachtet. Das

[94] Ebenso Beitzke, Kollisionen B III 2 b und RdA 3 (1950) 117; wohl auch Rabel III 186; Schnorr von Carolsfeld, RdA 11 (1958) 202 Anm. 6.

[95] BAG 5. 5. 1955, hierzu Gamillscheg, JZ 9 (1955) 512; KG 13. 2. 1958. Doch erwägt auch das KG die Möglichkeit einer Anknüpfung an den Sitz der Zentrale in Fällen, in denen der Tätigkeitsbereich des leitenden Angestellten über die Zweigstelle hinausgreift.

Urteil spricht vom „Betriebsort“, meint damit aber tatsächlich den Sitz des Unternehmens.

– LAG Berlin 27. 9. 1951: die Begründung spricht sowohl vom Geschäftssitz des Unternehmens als auch vom Betriebsort. Es handelte sich um den Angestellten einer Berliner Anstalt, der zuletzt Leiter der Hamburger Verwaltungsstelle war, als ihn die Entlassung wegen seiner Parteizugehörigkeit ereilte. Als anwendbar wurde Berliner Recht erklärt.

Dagegen knüpfen neben BAG 5. 5. 1955 und KG 16. 12. 1957 und 13. 2. 1958 noch an den Ort der Zweigstelle an:

– ArbG Braunschweig 18. 7. 1947 (aufgehoben durch LAG Hannover 17. 10. 1947, oben Nr. 99);

— ArbG Heidelberg 28. 6. 1956: Die Urlaubsansprüche des Zweigstellenleiters beurteilen sich nach dem Recht der Zweigstelle, wenn diese eine selbständige Organisation aufweise.

Die Anknüpfung an den Sitz der Zentrale ist wohl begründet, denn der leitende Angestellte ist der Repräsentant des Unternehmens gegenüber der örtlichen Belegschaft und hat am Ort in der Regel keine Stelle über sich. Auch verlangt es die vielfach anzutreffende Versetzbarkeit solcher Angestellter, dafür zu sorgen, daß die gewählte Anknüpfung nicht immer wieder zu einem Statutenwechsel zwingt; dies würde die Stetigkeitsinteressen der beiden Teile gröblich verletzen. Wenn der Sitz der Zentrale vielfach auch locus contractus ist, so ist das kein Zufall, da solche Verträge üblicherweise dort geschlossen werden.

Zum ausländischen Recht s. unten Nr. 154.

115. *Seearbeitsvertrag.* Einen Unterfall des Grundsatzes von der Maßgeblichkeit des Rechts des Arbeitsorts bildet die Anwendung des *Rechts der Flagge* auf die Arbeitsverhältnisse auf Seeschiffen. Das gilt für Schiffe unter deutscher Flagge gem. § 1 SeemG vom 26. 7. 1957, ist aber als allseitige Verweisungsnorm anerkannt[96] und auch im Ausland weitverbreitete Norm (s. unten Nr. 155).

Unbedenklich ist diese Lösung allerdings nicht immer: man muß sich doch fragen, ob es angängig ist, daß ganze deutsche Schiffsbesatzungen unter der Flagge eines mittelamerikanischen oder afrikanischen Staates fahren und damit einem möglicherweise nicht bestehenden Arbeitsrecht überantwortet werden. Der Gedanke der fraus legis hilft auch nicht in

---

[96] Vgl. FRANKENSTEIN II 504; FICKER, Rvgl. HWB IV 477; NEUMEYER, Annuaire 1936 I 445; MAKAROV, RabelsZ 1949, 59; SCHNORR VON CAROLSFELD 52 Anm. 6; RG 28. 4. 1930 (tödlicher Unfall eines Matrosen auf amerikanischem Schiff; Recht der Flagge).

Aus der Entscheidung RG 30. 10. 1926 (oben Nr. 53 a) ist nicht ersichtlich, ob das Recht der Flagge kraft selbständigen Grundsatzes oder kraft vermuteten Parteiwillens berufen wird.

allen solchen Fällen: dann nämlich nicht, wenn die Wahl der Flagge nicht aus arbeitsrechtlichen, sondern aus steuer- oder gesellschaftsrechtlichen Gründen vorgenommen wurde, eine Umgehung gerade der arbeitsrechtlichen Schutzvorschriften mithin nicht beabsichtigt war. Auch für diesen Fall sollte man aber einer allzu schrankenlosen Herrschaft des Rechts der Flagge entgegentreten [97].

Statt an die Flagge kann man auch an das Recht des Orts anknüpfen, an dem das Schiff registriert ist; diese Regelung empfiehlt sich dort, wo Schiffe mit Registrierung in verschiedenen Rechtsgebieten eine einheitliche Flagge führen (wie früher die Schiffe aus dem Commonwealth); sie versagt andererseits bei den Schiffen, die – etwa wegen ihrer geringen Größe – einer Registrierungspflicht nicht unterliegen [98].

Die Anknüpfung an das Recht der Flagge bedeutet nicht, daß mit dem Wechsel der Flagge auch ein Statutenwechsel eintreten müsse [99]. Insoweit muß auch eine objektive Anknüpfung auf die Stetigkeitsinteressen der angeheuerten Seeleute Rücksicht nehmen.

Nach dem Recht der Flagge wird auch das Dienstverhältnis von Angestellten der Luftverkehrslinien beurteilt [100].

116. Eine eigene Untersuchung verlangt das Statut des *Handelsvertreters* und *Handelsreisenden*. Die zahlreiche Rechtsprechung ist nicht einheitlich.

Im folgenden sind allerdings auch Entscheidungen berücksichtigt, die nicht den „kleinen Handelsvertreter" als arbeitnehmerähnliche Person, sondern den nicht schutzbedürftigen selbständigen Kaufmann betreffen. Dies war nicht zu vermeiden, da sich

---

[97] Gamillscheg, AcP 155 (1956) 61; diese Bedenken werden von anderer Seite geteilt, vgl. Kahn-Freund in seiner Besprechung von Schnitzer in: Archiv des Völkerrechts 7 (1958) 215 und RabelsZ 23 (1958) 200; Simon-Dépitre 115 f. mit Hinweisen; Nachweise amerikanischer Rechtsprechung in *Lauritzen* v. *Larsen*, 345 U. S. 571 (587 Anm. 24), und liegen wohl auch der griechischen Praxis zugrunde, vgl. unten Nr. 155. Zu leicht macht sich Beitzke, Kollisionen B V 1 die Zurückweisung dieser Bedenken: sie könnten solange nicht erhoben werden, als es gestattet sei, im Ausland Beschäftigung zu nehmen oder ein fremdes Arbeitsstatut zu vereinbaren. Warum können sie nicht erhoben werden? Die Anwendbarkeit des Rechts der Flagge ist kein logisches Postulat, und wenn die ganze Besatzung deutsch (oder griechisch oder norwegisch) ist, scheint mir die „kollisionsgerechtere" Anknüpfung durchaus zum deutschen (griechischen, norwegischen) und nicht zum Recht von Panama oder Liberia zu weisen. Nur das eine Bedenken – das freilich Beitzke nicht erhebt – wiegt schwer: daß damit eine der wenigen fast internationalen Normen des Arbeitsverweisungsrechts zum Schaden des Entscheidungseinklangs zerstört wird: In *Lauritzen* v. *Larsen*, 345 U. S. 571 (584) nennt Richter Jackson die Regel von der Anwendbarkeit des Rechts der Flagge „perhaps the most venerable and universal rule of maritime law relevant to our problem", und deshalb kann man nicht leichtfertig an sie die Axt legen.

[98] Vgl. hierzu Simon-Dépitre 48 ff. [99] Beitzke, Kollisionen B V 1.

[100] Vgl. Ficker, Rvgl. HWB IV 487; Makarov, ZfgesLuftrecht 1 (1927) 181; Kronheim 139.

vielfach aus dem Tatbestand oder aus den Gründen nicht entnehmen läßt, zu welcher Gruppe der Betreffende gehört; es konnte auch verantwortet werden, da das Kriterium der Schutzbedürftigkeit, so wesentlich es für das sachliche Recht ist, doch für die Auffindung des maßgeblichen Rechts in den Hintergrund tritt.

Einige Entscheidungen sprechen sich bei Fehlen einer Rechtswahl für die Geltung des Rechts des *Arbeits-(Tätigkeits-)orts* aus:[101]

Vgl. RG 11. 10. 1893 (Recht des Wohnsitzes und Tätigkeitsorts);

– OLG Hamburg 26. 6. 1909: mangels abweichender Parteiabrede und besonderer Umstände ist englisches Recht anwendbar auf den in England geschlossenen Vertrag eines englischen Agenten mit einer deutschen Firma zur Vertretertätigkeit in England;

– OLG Hamburg 16. 7. 1936: Vertrag eines Verkaufsagenten, der in Hamburg zu erfüllen war; anwendbar ist deutsches Recht. Der hypothetische Parteiwillen wird in der Entscheidung nicht erwähnt.

Zum Tätigkeitsort des Handelsvertreters erklärt das RAG anläßlich der Abgrenzung des Geltungsbereichs von Tarifverträgen, ein allgemeinverbindlicher Tarifvertrag greife ein, wenn am Arbeitsort (Reisegebiet) „eine gewisse betriebliche Grundlage vorhanden ist“ (RAG 26. 11. 1940), wenn der Reisende „des Dienstes wegen“ dort wohne, dort ein Büro unterhalte usw. (RAG 4. 6. 1932; 7. 4. 1937).

Der Sache nach das gleiche ist es, wenn nicht auf den Tätigkeitsort, sondern auf die *Niederlassung des Handelsvertreters* abgestellt wird[102]. Doch ist das für die Anknüpfung Entscheidende m. E. nicht die Niederlassung, sondern die Tätigkeit, was dann bedeutsam wird, wenn beide auseinanderfallen.

An das *gemeinsame Heimatrecht*, das mit dem Recht am Wohnsitz (Sitz) des Geschäftsherrn zusammenfiel, knüpfen in Ermittlung des mutmaßlichen Parteiwillens an:

OLG Hamburg 30. 10. 1902; auf deutsches Recht verwiesen weiter der Charakter des Unternehmens als deutschnational, die Sprache des Vertrags, die ausbedungene Währung für die Vergütung, „das Interesse des Geschäftsherrn an der Anwendung seines eigenen Rechts“ (bedenklich); Tätigkeitsort und Wohnsitz des Handelsvertreters waren in Algier gelegen. Abzulehnen ist die Gleichstellung mit der verweisungsrechtlichen Behandlung der Ausstellung einer Vollmacht.

– OLG Hamburg 24. 2. 1919: es handelte sich um den Vertrag eines in Rumänien tätigen selbständigen deutschen Agenten einer deutschen Firma; deutsches Recht sei anwendbar, denn den Parteien sei das deutsche, nicht aber das rumänische Recht geläufig

---

[101] Für das Recht des Tätigkeitsorts Würdinger, in RGR-Kommentar zum HGB (2. Aufl. 1953) Vorbem. 4 vor § 84; Schröder, Recht des Handelsvertreters (2. Aufl. 1956) Anm. 3 zu § 92c; ders., RiW 2 (1956) 157 ff.; Wellmann, Die Abfassung von Handelsvertreterverträgen mit ausländischen Vertretern, RiW 1 (1954) 22. Vgl. auch Rabel III 197 Anm. 63: die dort genannten Entscheidungen RGZ 38, 194 und 51, 147 (149) betreffen allerdings nicht das Verhältnis des Agenten zum Geschäftsherrn, sondern seine Vollmacht gegenüber Dritten.

[102] Auf das Recht am *Wohnsitz des Handelsvertreters* stellt Schmidt-Rimpler, Der Handelsagent, in Ehrenbergs Handbuch des Handelsrechts V/1, 318, ab.

(Interessenabwägung!), der Vertrag „gravitiere nach Deutschland“ (Schwergewicht!), die getätigten Einkäufe sollten im Enderfolg dem deutschen Reich zugute kommen, der (rumänische) Tätigkeitsort des Agenten pflege für sein Verhältnis zum Geschäftsherrn keine Rolle zu spielen; auch der (rumänische) locus contractus blieb außer Betracht.

– RG 22. 10. 1929: gegenüber dem österreichischen Tätigkeitsort, an dem der Vertrag auch geschlossen worden war, gibt nach mutmaßlichem Parteiwillen die gemeinsame Reichsangehörigkeit und der Sitz des Geschäftsherrn den Ausschlag.

– BGH 19. 3. 1956: hier handelte es sich um den Vertrag zweier deutscher Firmen über die Vertretung des deutschen Unternehmens in Uruguay. Im Prozeß hatten sie auf die §§ 87 ff. HGB Bezug genommen, der Schriftwechsel war in deutscher Sprache geführt worden. Das Gericht stellt eine stillschweigende – also vorhandene – Rechtswahl fest. Demgegenüber fiel nicht ins Gewicht, daß der Tätigkeitsort in Uruguay lag, auch eine Schiedsgerichtsabrede blieb unberücksichtigt.

Häufig wird der Handelsvertretervertrag schließlich, sei es in Erforschung des mutmaßlichen Parteiwillens, sei es schlechthin dem Recht am *Sitz des Geschäftsherrn* unterworfen [103].

Viele der eben genannten Entscheidungen, die an die gemeinsame Staatsangehörigkeit anknüpfen, kann man auch hierher rechnen. Weiter sind zu vergleichen:

– OLG Hamburg 21. 5. 1889: der Vertrag einer schottischen Firma mit einem Deutschen, der hauptsächlich Deutschland, aber auch andere Länder des Kontinents zu bereisen hatte, unterliege nach dem mutmaßlichen Parteiwillen schottischem Recht. Wolle man dem nicht folgen, so gelte für jede Partei das Recht des Landes, wo sie handelt und sich verpflichtet; da es sich in casu um eine Verpflichtung des Geschäftsherrn handelte, wiederum schottisches Recht (gegen die Entscheidung Frankenstein II 334 Anm. 42).

– RG 1. 12. 1911: der Arbeitsvertrag eines Reisenden (Angestellten) für Italien mit einer deutschen Firma unterliegt nach dem mutmaßlichen Parteiwillen dem deutschen Recht des Geschäftsherrn, da seine Interessen denen des Arbeitgebers unterzuordnen seien (bedenkliche Begründung).

– RG 8. 1. 1929: Amerikaner als Alleinvertreter einer deutschen Firma; deutsches Recht wird ohne Begründung angewandt, vgl. hierzu Anmerkung der Schriftleitung JW 1929, 1291.

– OLG Hamburg 4. 6. 1930: es handelte sich um den Vertrag einer Bremer Firma mit ihrer Budapester Bezirksagentin. Die Entscheidung wendet deutsches Recht an, weil es sich um die in Bremen zu erfüllende Provisionszahlungspflicht der Firma handele (vgl. oben Nr. 91). Ein stärkeres, freilich nicht berücksichtigtes, Argument für die Anwendbarkeit deutschen Rechts war die Vereinbarung des Schiedsgerichts der Bremer Baumwollbörse gewesen.

Vgl. auch die Entscheidungen des LAG Berlin zum Bereich des Tarifvertrags, Ruben Nr. 238, 239, 242.

Der Anknüpfung an den Sitz des Geschäftsherrn ist – vorbehaltlich einer abweichenden Rechtswahl – m. E. der Vorzug zu geben. Sie drängt

[103] Aus der Rechtslehre vgl. Wolff, Lehrbuch 144; Würdinger (oben Anm. 101: wenn der Agent keine feste Niederlassung hat; ebenso Rabel III 186 f.). Beitzke, Kollisionen B V 2, 3 unterwirft entsandte Reisende dem Recht des entsendenden Betriebs, Handelsvertreter mit selbständigem festem Sitz dem Recht ihres Sitzes.

sich auf, wenn der Reisende mehrere Rechtsgebiete bereist; hat er ein Haupt- und ein Nebengebiet, so erspart sie die sonst auftretenden Abgrenzungsschwierigkeiten, für die insbesondere die Rechtsprechung zum Bereich des Tarifvertrags Beispiele bietet. Sie erscheint angemessen, wenn der („entsandte") Handelsvertreter die gleiche Staatsangehörigkeit oder den gleichen Wohnsitz wie der Geschäftsherr hat. Nur in den Fällen, in denen Tätigkeitsort, Staatsangehörigkeit und Sitz des Handelsvertreters zusammenfallen, mag die Anknüpfung an den Tätigkeitsort der idealen Anknüpfung eher entsprechen.

§ 92 c HGB steht all dem nicht entgegen: diese Vorschrift ist keine versteckte Verweisungsnorm, sondern setzt ihrerseits die Anwendbarkeit deutschen Rechts voraus (oben Nr. 18) [104].

Von der Anknüpfung des Handelsvertretervertrages ist das Verhältnis des Handelsvertreters zu Dritten zu scheiden. Der Umfang seiner Vollmacht bzw. gesetzlichen Ermächtigung (z. B. gem. § 91 HGB) unterliegt dem Recht des Orts, an dem von ihr Gebrauch gemacht wird [105].

Zum ausländischen Recht s. unten Nr. 156.

117. Als Ergebnis der bisherigen Untersuchungen zum Arbeitsstatut ist demnach festzuhalten: Arbeitsstatut ist in erster Linie das Recht, das die Parteien bezeichnet haben. Fehlt es daran, so ist anwendbar das Recht, das die Parteien mutmaßlich gewählt hätten, dessen Heranziehung ihren Interessen am besten gerecht wird. Weist eine Häufung von Anknüpfungsmerkmalen auf ein und dasselbe Recht, so ist dieses das Arbeitsstatut; halten sich die Merkmale die Waage, dann empfiehlt sich die Anknüpfung an den Arbeitsort, soweit sie nicht mit den Stetigkeitsinteressen der Parteien in Widerstreit gerät. Liegt der Arbeitsort ständig und nicht nur vorübergehend in mehreren Rechtsgebieten, von denen keines arbeitsmäßig das Übergewicht hat, so empfiehlt sich die Anknüpfung an das Recht am Sitz des Arbeitgebers. Diese Anknüpfung ist weiter angemessen für den Arbeitsvertrag der leitenden Angestellten und für das Rechtsver-

---

[104] Vgl. GAMILLSCHEG, Anm. zu LG Wuppertal 4. 2. 1958, JZ 13 (1958) 746. Ebenso MAIER, Der Ausgleichsanspruch des Handelsvertreters und Eigenhändlers und der ordre public, NJW 11 (1958) 1327; WÜRDINGER (oben Anm. 101); BEITZKE, Kollisionen B V 3; NEFLIN (oben Anm. 59); SCHRÖDER (oben Anm. 101); A. A. WELLMANN (oben Anm. 101).

[105] Vgl. letztens BGH 13. 7. 1954, NJW 7 (1954) 1561; 30. 7. 1954, JZ 8 (1955) 702; MAKAROV, Die Vollmacht im internationalen Privatrecht, Festschrift Perassi II (1957) 39 ff. (55 Anm. 61); WOLFF, Lehrbuch 124; RAAPE, Lehrbuch 466. Viel für sich hätte auch die Unterstellung der Vollmacht unter das Recht des mit dem Dritten geschlossenen Vertrags, doch ist das hier nicht zu erörtern.

hältnis des Handelsvertreters und Handelsreisenden – hier vielleicht die Fälle ausgenommen, in denen alle sonstigen Merkmale auf das Recht des Tätigkeitsorts hinweisen. Bei Seeleuten und Angestellten der Luftverkehrsgesellschaften gilt mit einem gewissen Vorbehalt das Recht der Flagge.

III. ARBEITSSTATUT: RECHTSVERGLEICHUNG

118. Im folgenden wird der Rechtszustand in den hier näher untersuchten sieben Nachbarländern der Bundesrepublik – mit Ausblicken auf andere Rechte – dargestellt. Es zeigt sich, daß zwar die Probleme häufig die gleichen und damit die Lösungen ähnlich sind, soweit die rechtliche Ausgangslage vergleichbar ist (vgl. oben Nr. 7 b), daß aber Einheitlichkeit im einzelnen nicht besteht. Die österreichische Praxis steckt in den Fesseln der Regelung der §§ 36 und 37 ABGB, der sie sich oft genug zu entwinden versucht hat, wobei Verlierer die lex loci contractus, Gewinner einmal die Parteiautonomie, zum anderen das Recht des Arbeitsortes waren: welche dieser verschiedenen Richtungen einmal zur endgültigen Norm erhoben werden wird, läßt sich heute noch nicht sagen. Italien und in schwächerem Maße Frankreich stehen unter der Vorstellung vom Arbeitsrecht als einem Teil der öffentlichen Ordnung, der Polizeigesetzgebung: und zwar gilt dies nicht nur von dem durch das ständische System des Faschismus bestimmten früheren italienischen Rechtszustand, auch zwei neuere italienische Entscheidungen stehen auf der gleichen Grundlage [106]. Die kleinen Länder dagegen – deren Rechtsprechung sich an Güte mit der der großen Länder durchaus messen kann, sie an leidenschaftsloser Sachlichkeit vielfach sogar übertrifft – bleiben im wesentlichen dem Grundsatz der Parteiautonomie mit ihrer Hilfsfigur des mutmaßlichen Parteiwillens treu, berufen sich daneben in schwächerem Maße auf den jeweiligen Schwerpunkt des Rechtsverhältnisses oder auch auf das eine oder andere der bekannten Anknüpfungsmerkmale. Damit geht Hand in Hand eine große Streuung der Entscheidungen, die je nachdem das Gewicht auf Arbeitsort, Abschlußort, gemeinsame Staatsangehörigkeit, Geschäftssitz des Arbeitgebers, Vereinbarung einer Schiedsrichterklausel oder eines Gerichtsstandes usw. – legen. Eine gewisse Neigung zur Bevorzugung der lex loci executionis zeigt dabei das Schweizer, der lex loci contractus das romanische Recht.

Die Rechtslehre will indessen die allgemeinen Regeln des internationa-

[106] ZG Rom 6. 10. 1949 und 17. 12. 1956, s. unten Nr. 127.

len Vertragsrechts vielfach ausschalten und das Recht des Arbeitsortes, sei es schlechthin, sei es dann, wenn die Arbeit im Inland erfolgt, anwenden. Als Vertreter der ersten Ansicht kann man – mit allem Vorbehalt, die eine solche Vereinfachung erfordert! – nennen für Österreich ADLER-HÖLLER und EHRENZWEIG, für die Schweiz SCHNITZER und OSER-SCHÖNENBERGER, für Italien AGO, GIULIANO, BALLADORE PALLIERI, BETTI, VENTURINI (zweifelnd FEDOZZI und BOSCO), für Frankreich NIBOYET, LEREBOURS-PIGEONNIÈRE, für Holland MULDER; zur zweiten Gruppe etwa für Österreich LENHOFF, WALKER-VERDROSS-DROSSBERG-SATTER, für Italien BALDONI u. a. Andere wiederum lassen es bei den allgemeinen Regeln des internationalen Schuldrechts, wie etwa in Österreich WAHLE, LAUTNER und SCHWIND, in Italien RICHARD, MONACO, MORELLI, in Frankreich (mit Einschränkungen) BATIFFOL usw.

Aus dieser vielfach gestaltlosen Masse von Entscheidungen und Äußerungen eine gemeinsame Regel, eine Richtlinie zumindest für andere Fälle und andere Länder zu gewinnen, ist eine sehr schwierige Aufgabe. Gewiß sind alle Fälle als Anschauungsmaterial willkommen; darüber hinaus ist eine vorsichtige Verwendung ausländischer Vorbilder dann möglich, wenn, wie erwähnt, die rechtliche Ausgangslage vergleichbar ist. Aber je stärker man in die Einzelheiten eindringt, um so klarer wird es, daß Faustregeln nicht aufgestellt werden können, die denn auch der Vielfalt des Lebens und seiner Ordnung nicht gerecht würden.

1. Österreich

119. Bei der Aufsuchung des Arbeitsstatuts hat sich die österreichische Rechtsprechung überwiegend an das Vorbild des internationalen Vertragsrechts gehalten, und zwar zum Teil unter Heranziehung der §§ 36 und 37 ABGB (siehe oben Nr. 93) [107], zum Teil unter Berufung auf die Parteiautonomie. Daneben stehen Entscheidungen, die an das Recht des Arbeitsortes schlechthin anknüpfen. Dieser neuerdings verstärkt bemerkbaren Neigung, das Arbeitsverweisungsrecht aus dem internationalen Schuldrecht herauszuheben und aus ihm einen selbständigen Teil des internationalen Privatrechts zu machen, ist der Oberste Gerichtshof letzt-

---

[107] Die enge Verbindung zum internationalen Vertragsrecht zeigt sich beispielsweise darin, daß der OGH auf Grund der Kritik von WAHLE an der das Dienstvertragsrecht betreffenden Entscheidung vom 6. 3. 1929 in einer das Kaufrecht betreffenden Entscheidung (OGH 31. 3. 1931, Rechtsprechung 13 [1931] 134) eine Schwenkung in seiner Auslegung des § 36 ABGB vorgenommen hat, und daß die neue Ansicht dann wiederum auf einen arbeitsverweisungsrechtlichen Fall (24. 1. 1933) übertragen wurde.

lich wieder entgegengetreten. Bei all dem ringt die Treue zum Buchstaben des Gesetzes mit dem Wunsch, den Arbeitsvertrag nach der nächstliegenden Rechtsordnung, dem Recht des Arbeitsortes, beurteilen zu können. So zeigt die Rechtsprechung ein wenig einheitliches Hin und Her. Im einzelnen ergibt sich folgendes Bild:

In der Zeit vor dem ersten Weltkrieg erging die Entscheidung OGH 18. 3. 1913, wo in einem obiter dictum gesagt wird, das Handlungsgehilfengesetz sei auf einen im Ausland bei einem ausländischen Unternehmer angestellten Dienstnehmer nicht anwendbar. Auf diese mehr beiläufige Bemerkung stützt sich EHRENZWEIG 113 für seine Ansicht, daß bei Dienstverträgen „regelmäßig" das Recht des Dienstortes maßgebend sein soll.

Schlechthin auf das Recht des *Erfüllungsortes* stellt auch die Entscheidung OGH 18. 9. 1934 (Urlaubsentschädigung, Abfertigung und Kündigungsfrist) ab [108], ohne die §§ 36 f. und die Parteiautonomie zu erwähnen [109]. Auf der gleichen Linie liegt wohl auch die Entscheidung OGH 18. 5. 1933 (Ansprüche eines Handelsvertreters), wo das Schwergewicht der Argumentation jedoch nicht auf dem Arbeitsort, sondern auf dem damit übereinstimmenden Wohnort des Handelsvertreters liegt.

Mehrere Entscheidungen führen zur Anwendung des Rechts des Arbeitsortes über einen dahingehenden *Willen der Parteien.* Dabei ist zu scheiden, ob der Arbeitsvertrag im Ausland oder im Inland geschlossen wurde, denn nur im ersteren Fall ist in § 36 ABGB österreichischen Staatsangehörigen Wahlfreiheit eingeräumt.

a) *Abschlußort im Ausland:* OGH 19. 12. 1928: Anwendbar ist das Recht des Arbeitsortes.

Ein Österreicher hatte im Ausland einen Vertrag zur Arbeitsleistung als Jäger auf dem slowakischen, damals ungarischem Recht unterliegendem Gut eines Reichsdeutschen geschlossen. Der OGH sagt: „Für die Beurteilung des Dienstverhältnisses ist . . . mangels einer ausdrücklichen Abrede das Recht des Dienstortes als vereinbart anzusehen."

Anders die beiden, Handelsvertreter betreffenden, Entscheidungen OGH 28. 5. 1934 und 12. 2. 1935, in denen das Recht des ausländischen Abschlußortes angewandt wurde. Gegenstand der Klage war in beiden Fällen ein Ausgleichsanspruch gemäß § 25 Handelsagentengesetz; die Klage wurde beide Male abgewiesen. „Ein im Ausland zwischen Ausländern abgeschlossener Agenturvertrag unterliegt gemäß § 37 ABGB dem Recht des Abschließungsorts. Der Umstand, daß die vertragliche Tätigkeit in Österreich lag, rechtfertigt noch keine Ausnahme zugunsten des Erfüllungsortes" . . . „rechtfertigt nach

---

[108] Ebenso GewG Wien 13. 5. 1932 (Angestellter, Abfertigung); LG Wien 4. 12. 1933 (Journalist – Betriebsleiter, Kündigungsfrist); LG Wien 30. 8. 1949; ArbG Wiener Neustadt 23. 7. 1947 (Küchenchef und Lebensmitteleinkäufer, gleichzeitig Personalsachbearbeiter; hier führten allerdings alle Anknüpfungspunkte zum Recht des Arbeitsorts).

[109] Gegen OGH 18. 9. 1934 WAHLE, Rechtsprechung 16 (1934) 186.

österreichischem Recht nicht, um anzunehmen, daß ... nach dem Parteiwillen das Recht des Erfüllungsorts maßgebend sein soll" [110].

b) *Abschlußort in Österreich:* Bei Arbeitsverträgen, die in Österreich geschlossen, im Ausland jedoch erfüllt werden, ist die Rechtsprechung des Obersten Gerichtshofes uneinheitlich. Zunächst wurde in zwei Entscheidungen vom 6. 3. 1929 und 16. 9. 1930, ungeachtet des Wortlauts des § 36 ABGB, das Recht des ausländischen Arbeitsortes als von den Parteien stillschweigend gewähltes Recht herangezogen.

OGH 6. 3. 1929 (es handelte sich um einen Anspruch auf die außerordentliche Kündigungsentschädigung laut Auslandsverlegungsverordnung von 1919 [s. unten Nr. 321], erhoben vom Bevollmächtigten einer Wiener Firma für Polen): „Dienstverträge unterliegen nach der herrschenden Lehre regelmäßig dem Recht des Erfüllungsortes, d. i. dem Recht des Dienstortes. Ein Anhaltspunkt, daß im vorliegenden Fall nach der Ansicht der Parteien nicht das Recht des Dienstortes, sondern das Recht des Ortes des Vertragsschlusses zur Anwendung kommen sollte, liegt nicht vor"; weiter verweist der OGH auch auf § 6 AngG (vgl. oben § 2 Nr. 18 zu Anm. 35).

OGH 16. 9. 1930 (es handelte sich um die nachträgliche Bezahlung von Überstunden und nicht ausgenützten Feiertagen; Kläger war Hoteldirektor): „Bei Dienstverhältnissen kann die Bestimmung des § 36 ABGB nicht angewendet werden, wonach der Beurteilung des Vertrages unter allen Umständen österreichisches Recht zugrunde zu legen ist. Die Unterwerfung der Parteien durch ausdrückliche oder stillschweigende Vereinbarung unter ein anderes Recht ist möglich und zulässig und bei Abschließung von Dienstverträgen für Dienste in ausländischen Betrieben regelmäßig anzunehmen ... Dabei macht es auch keinen Unterschied, daß es sich im gegebenen Fall nicht um einen gewöhnlichen Arbeiter, sondern um einen Hoteldirektor handelte."

Gegen diese Mißachtung des § 36 ABGB wandte sich WAHLE, Anmerkung zu OGH 6. 3. 1929 [111], gefolgt von KÖSSLER, Der Dienstvertrag mit ausländischem Dienstort nach österreichischem IPR [112], mit dem Hinweis, daß dem Parteiwillen in den Fällen des § 36, soweit ein Österreicher beteiligt ist, eine kollisionsrechtliche Bedeutung überhaupt nicht zukomme. Auf Grund dieser Kritik entschied sodann OGH 24. 1. 1933 in einem die Abfertigungsansprüche eines Angestellten betreffenden Fall, daß „nach der Bestimmung des § 36 ABGB" ein in Österreich zwischen einem Österreicher und einer Firma (ungenannter Staatszugehörigkeit) geschlossener Arbeitsvertrag österreichischem Recht unterliege, auch wenn die Arbeit im Ausland zu leisten sei [113].

---

[110] Ebenso OGH 13. 3. 1931 (Handesvertretervertrag, Abschluß in der Tschechoslowakei, Alleinvertretung für Österreich, anwendbar tschechisches Recht gem. § 37 ABGB).

[111] Rechtsprechung 11 (1929) 68 Nr. 116.

[112] Österreichische Anwaltszeitung 8 (1931) 51.

[113] Ebenso LG Wien 3. 12. 1935 (Arbeitsvertrag eines tschechoslowakischen Staats-

Später ist ein anderer Senat des OGH in der bereits erwähnten Entscheidung vom 18. 9. 1934 zur früheren Rechtsprechung – Anwendbarkeit des Rechts des Arbeitsortes – zurückgekehrt. Dabei ist es bis zu der jüngsten Entscheidung des OGH vom 22. 10. 1957 verblieben, in der sich das Gericht wieder der anderen Ansicht zugewandt hat [114].

Es handelte sich um den in Wien geschlossenen Vertrag zweier Österreicher über die Leitung des Bergwerks der Beklagten in Fünfkirchen (Ungarn). Der Kläger hatte Ungarn während des Krieges verlassen müssen; strittig war, ob das Arbeitsverhältnis durch die Zeitumstände und in gegenseitigem Einverständnis aufgelöst worden war. Obwohl nicht recht ersichtlich ist, welchen Einfluß die Frage nach dem anwendbaren Recht auf die Entscheidung hat, benützt der OGH den Fall, um ausdrücklich zur Anknüpfung an den österreichischen locus contractus gem. § 36 ABGB zurückzukehren. Allerdings ist der letzte Satz der kollisionsrechtlichen Ausführungen „Daß die Parteien ungarisches Recht hätten anwenden wollen, ist nicht erwiesen worden" angesichts der zwingenden Natur des § 36 ABGB verwirrend.

120. Die *Rechtslehre* neigt überwiegend zur Ausschaltung der §§ 36 f. ABGB und Anwendung des Rechts des Arbeitsortes. Im einzelnen sind hier jedoch manche Verschiedenheiten der Ansichten zu verzeichnen.

Adler-Höller, Vorbemerkung III 4 vor § 1153, stellen darauf ab, ob das Arbeitsverhältnis in einem Betrieb eingebettet ist oder nur einen einzelnen Dienstnehmer betrifft. Für Dienstverhältnisse in ausländischen Betrieben soll das österreichische Recht keine Geltung haben, auch wenn der Arbeitsvertrag in Österreich geschlossen wurde; umgekehrt gelte österreichisches Recht (immer) bei Arbeit in österreichischen Betrieben. Für einzelne, nicht in einen Betrieb eingegliederte Arbeitnehmer sollen jedoch die allgemeinen Regeln maßgebend sein.

Walker-Verdross-Drossberg-Satter 242 befürworten eine Regelung entsprechend § 49 SchauspielerG (unten Nr. 121): Anwendbarkeit des österreichischen Rechts stets bei österreichischem Arbeitsort. Ehrenzweig 113 erklärt das Recht des Dienstortes schlechthin für maßgeblich.

Lenhoff 783 f. stellt auf den Sitz des Betriebes, in den der Arbeitnehmer eingegliedert ist, ab; nicht komme es auf den Sitz des Unternehmens

---

angehörigen mit der Donaudampfschiffahrtsgesellschaft; Abschlußort Wien: anwendbar österr. Recht); OGH 9. 7. 1937 (Handelsvertreter). Arbeitsverträge mit der Donaudampfschiffahrtsgesellschaft wurden auch in zwei anderen Entscheidungen österreichischem Recht unterworfen (LG Wien 2. 2. 1934 und 27. 10. 1949), wobei man u. a. – m. E. in anfechtbarer Weise – den Betriebscharakter der einzelnen, im Ausland befindlichen Agentien leugnete. Vgl. zu ähnlichen Fällen auch OLG München 16. 5. 1950.

[114] Zustimmend Schwind, JBl. 80 (1958) 187, der die Gegenmeinung als abwegig bezeichnet. Nach einer privaten Auskunft von Wahle entspricht dies nunmehr der ständigen Rechtsprechung des OGH.

an. Gleiches gelte, wo die Arbeit von einem festen Punkt aus an verschiedenen Orten zu leisten sei (Revisor). Bei stets wechselndem Aufenthaltsort (Reisebegleiterin) ohne festen Ausgangspunkt gelte die lex loci contractus.

Anders WAHLE und KÖSSLER (oben Nr. 119 b). Auf dem Boden der §§ 36 f. bleiben auch die Ausführungen von LAUTNER 836 ff., der die Ansicht von EHRENZWEIG als allzu freirechtlerisch zurückweist. Wo die Anwendung österreichischen Rechts zwingend vorgeschrieben sei, könne die Bezugnahme auf ausländisches Recht nur als materiellrechtliche Verweisung gedeutet werden. Wo das Gesetz jedoch der „Bedachtnahme" der Parteien freien Raum lasse, sei das Recht am Ort der Niederlassung des Arbeitgebers – der „wenigstens im Regelfall" mit dem Arbeitsort übereinstimme – als stillschweigend vereinbart anzusehen. Fehle es an einem festen Arbeitsort, so gelte das Recht am Sitz des Unternehmens. Zur Ansicht von WALKER (Bedachtnahme auf österreichischen Erfüllungsort vermutet, wenn die Parteien im Ausland abschließen), s. oben Nr. 93.

LENHOFF betrachtet auch die einzelnen Arbeitsgesetze: für das Angestelltengesetz kommt er (auf S. 781), meines Erachtens zu weitgehend, zu dem Schluß, daß es nur auf Betriebe innerhalb Österreichs anwendbar sein soll; er schließt das aus den §§ 3, 4, 5, 6 II, 8 VIII, 33, 42 II u. a., wo jeweils entweder auf öffentlichrechtliche oder andere, auf ausländische Verhältnisse nicht übertragbare Gesetze, wie die Gewerbeordnung oder das Berggesetz, oder auf öffentliche Anstalten und ähnliches Bezug genommen wird. Gleiches nimmt LENHOFF für das HausgehilfenG, das PrivatkraftwagenführerG und die Hausbesorgerordnung an. LENHOFF bildet folgendes Beispiel: Wenn ein österreichischer Ingenieur vom Besitzer eines Goldbergwerks in Südafrika, der in Gastein zur Kur weilt, zur Arbeit in dem Bergwerk eingestellt wird, so könne, da auf dieses Bergwerk das österreichische Berggesetz keine Anwendung finde, auch das Anstellungsverhältnis nicht gemäß § 2 I Ziff. 9 AngG dem Angestelltengesetz unterworfen sein. Meines Erachtens ist das nicht richtig. Wenn die Unterstellung unter die allgemeinen Regeln unbefriedigend erscheint, so nicht, weil das Angestelltengesetz an sich wegen mancher Verweisung auf öffentliches Recht nicht auf Arbeitsverhältnisse im Ausland übertragbar wäre – denn man muß hier wie sonst das Zivilrechtliche und das Öffentlichrechtliche trennen –, sondern weil § 36 das Arbeitsverhältnis bei privatrechtlicher Qualifikation unentrinnbar österreichischem Recht unterstellen würde. Das geht natürlich zu weit. Die Lösung liegt deshalb nicht in einer Sonderbehandlung des privaten Arbeitsrechts, sondern in einer Modernisierung des österreichischen internationalen Vertragsrechts.

Rechtsprechung und Rechtslehre zeigen mithin eine gewisse, durch die §§ 36 und 37 ABGB allerdings immer wieder gehemmte Neigung, als Anknüpfungspunkt den Arbeitsort den anderen Merkmalen vorzuziehen. In dem Maß, in dem sie sich von den Fesseln jener veralteten Normen lösen werden, wird einmal die Parteiautonomie zu voller Entfaltung kommen, zum andern sich der Arbeitsort gegenüber dem locus contractus als Anknüpfungspunkt endgültig durchsetzen. Ob er schließlich auch die Wahlfreiheit und die auf ihr aufbauende subjektive Lehre verdrängen wird, kann nicht vorausgesagt werden [115].

121. Hinzuweisen ist noch auf die einseitige Verweisungsnorm des § 49 SchauspG [116], die bei Arbeiten an österreichischen Bühnen die Geltung österreichischen Rechts zwingend festlegt. Welches Recht bei Bühnendienstverträgen im Ausland anwendbar sein soll, bleibt offen. Ob § 49 zu einer allseitigen Norm auszuweiten ist, muß hier auf sich beruhen bleiben.

2. Schweiz

122. In der *Rechtsprechung* wird das Arbeitsstatut, wenn auch in der älteren Praxis nur im nachgiebigen Bereich, nach den Grundsätzen der Parteiautonomie bestimmt, vgl. die (allerdings ältere) Entscheidung BG 15. 5. 1914. Haben die Parteien das Arbeitsstatut ausdrücklich bestimmt, so wird dem wohl Folge gegeben. Wie sich allerdings die Abkehr des Bundesgerichts von der Figur des mutmaßlichen Parteiwillens (s. oben Nr. 94) bei Fehlen einer Rechtswahl auf die Auffindung des Arbeitsstatuts auswirken wird, läßt sich noch nicht voraussagen. Es ist anzunehmen, daß dem Arbeitsort überragende Bedeutung zukommen wird. Andererseits werden die Fälle, bei denen eine andere Anknüpfung geboten erscheint, dann wohl in die Gruppe der „stillschweigenden" Rechtswahl aufrücken, damit man zu befriedigenden Ergebnissen kommt. Die folgende Rechtsprechungsübersicht beruht noch auf dem biegsamen und allen Schattierungen des Falls gerecht werdenden Grundsatz von der Suche nach dem vermutlichen Parteiwillen.

a) Dieser führt vielfach, wenn auch keineswegs ausschließlich, auf das *Recht des Arbeitsorts,* meist Erfüllungsort genannt:

– BG 10. 10. 1891: Der in der Schweiz geschlossene Vertrag über die Vertretung einer deutschen Firma in Paris unterliegt französischem oder deutschem, jedoch nicht schweizerischem Recht (da ausländisches Recht nicht revisibel ist, bedurfte es der Feststellung des maßgeblichen Rechts nicht).

– BG 12. 7. 1912, wo Wohnsitz und Staatsangehörigkeit der Parteien und der hauptsächliche Erfüllungsort auf deutsches Recht wiesen, weshalb auch ein Konkurrenzverbot nach deutschem und nicht nach schweizerischem Recht beurteilt wurde.

---

[115] Deshalb dürfte auch der Ruf nach dem Gesetzgeber, den LENHOFF 789 Anm. 82 schon 1936 erhebt, auch heute noch verfrüht sein.

[116] § 49: „Die Bestimmungen dieses Gesetzes gelten auch für Verträge, die im Ausland geschlossen werden, wenn die Dienste ausschließlich an inländischen Bühnen zu leisten sind."

– BG 15. 5. 1914 (Angestellter): Der Arbeitsvertrag eines Schweizers mit einer deutschen Firma zur Arbeit in Deutschland unterliegt „in den der Parteiwillkür anheimgegebenen Wirkungen“ dem Recht, das die Parteien beim Abschluß des Vertrags „als maßgebend betrachtet haben oder dessen Anwendung sie doch vernünftiger- und billigerweise erwarten konnten und mußten. Insbesondere ist dabei auf das Recht des Erfüllungsortes abzustellen“ [117].

– BG 18. 9. 1934 (Handelsvertreter): Der Vertrag über die Generalvertretung einer Schweizer Firma in Frankreich unterliegt nach dem mutmaßlichen Parteiwillen dem französischen Recht des Erfüllungsortes; die Berufung der Parteien während des Prozesses auf das Schweizer Recht kann daran nichts ändern (zur Rechtswahl im Prozeß heute siehe jedoch oben Nr. 91).

– BG 25. 10. 1939 (Handelsvertreter): Auf den Handelsvertretervertrag findet das Recht des Ortes, wo der Handelsvertreter tätig wird, Anwendung; dies zumindest dann, wenn er schon vorher in diesem Lande wohnte und tätig war [118].

b) Andere Entscheidungen sehen jedoch vom Erfüllungsort ab. Von Bedeutung war die Vereinbarung eines *Gerichtsstandes* bzw. *Schiedsgerichts:*

– BG 1. 12. 1893: In dem Vertrag eines Handelsvertreters, der Amerika bereisen sollte, war die Zuständigkeit des HandG Aargau vereinbart worden; daraus, sowie aus einigen anderen Anzeichen (Abschlußort des Vertrages, Verhalten der Parteien) wurde auf den Willen zur Anwendung schweizerischen Rechts geschlossen.

– BG 22. 5. 1914: In dem Arbeitsvertrag eines Schweizers als Leiter der Schweizer Filiale eines französischen Handelshauses war die ausschließliche Zuständigkeit des Handelsgerichts Marseille vereinbart worden; französisches Recht wurde für anwendbar erklärt und die eigene Zuständigkeit verneint.

– BG 7. 3. 1950: Auf einen zwischen Schweizern geschlossenen Handelsvertretervertrag, der, mit Gerichtsstandsvereinbarung Genf, als Reisegebiet mehrere südamerikanische Staaten vorsah, ist nach dem mutmaßlichen Parteiwillen Schweizer Recht anzuwenden; zwar gelte im allgemeinen das Recht des Erfüllungsorts als mutmaßlich gewolltes Recht, doch könne diese Vermutung hier nicht Platz greifen, weil ein einheitlicher Erfüllungsort nicht vorgesehen gewesen war.

c) Verschieden erfolgt die Anknüpfung auch dort, wo mehrere Erfüllungsorte bestehen:

– BG 11. 12. 1891 unterwirft den Arbeitsvertrag eines Musikclowns ungarischem Recht als dem vermutlich gewählten Recht, da der Wohnsitz des Klägers, der im Vertrag vorausgesetzte künftige Wohnsitz des Beklagten und der erste Erfüllungsort in Ungarn gelegen waren.

---

[117] Vgl. Moser 26 f. und weiter: BG 4. 3. 1892 (ein bei vorübergehendem Aufenthalt in Deutschland erlittener Arbeitsunfall eines Montagearbeiters unterliegt Schweizer Recht); OG Zürich 5. 11. 1904 (ausdrücklicher oder stillschweigender Parteiwille; alle Anknüpfungspunkte wiesen auf französisches Recht); ZG Basel/Stadt 20. 3. 1929 (Das Arbeitsverhältnis eines Arbeiters der Staatsbahnen von Elsaß-Lothringen auf dem Bahnhof in Basel unterliegt Schweizer Recht); ebenso Appellationsgericht Basel 14. 5. 1929.

[118] Weitere Nachweise zum Handelsvertreterstatut bei Knapp, ZSchwR 60 (1941) 335 a Anm. 40; Schnitzer II 742 Anm. 299.

– Appellationshof Bern 12. 3. 1912 (Handelsvertreter): Der Handelsvertreter hatte Deutschland und die deutsche Schweiz als Reisegebiet; die Staatsangehörigkeit beider Parteien, der Sitz des Geschäftsherrn und der Abschlußort des Vertrages wiesen auf deutsches Recht; deutsches Recht wurde kraft Parteiwillens für anwendbar erklärt. Es ging um ein Konkurrenzverbot, das allerdings deshalb dem deutschen Recht unterworfen wurde, weil – nach ZITELMANN – das Heimatrecht der Person für anwendbar angesehen wurde.

– OG Zürich 22. 6. 1933: Die Kläger hatten sich der Firma Kreuger-Toll in Stockholm zur Leistung höherer Dienste (Förderung des Umsatzes) in mehreren europäischen Ländern, hauptsächlich in Deutschland, verpflichtet; für anwendbar wurde laut vermutetem Parteiwillen das schwedische Recht erklärt; daß die Kläger der schwedischen Sprache nicht mächtig waren, spielte dabei keine Rolle.

Zu BG 7. 3. 1950 s. oben unter b).

d) Die *Rechtswahl im Prozeß* war entscheidend für BG 9. 3. 1889, wo ein in Paris geschlossener und wahlweise in mehreren Ländern zu erfüllender Arbeitsvertrag eines Ingenieurs Schweizer Recht unterworfen wurde, auf das sich beide Parteien im Prozeß berufen hatten (vgl. oben Nr. 91).

123. Die *Rechtslehre* bevorzugt den Arbeitsort, Betriebssitz, so SCHNITZER II 712 ff., der allerdings Betrieb und Unternehmen nicht klar scheidet, und OSER-SCHÖNENBERGER V/1 S. LXXXII, die eine Parteiverweisung nur im Bereich des nachgiebigen Rechts anerkennen. Für Hausbedienstete soll nach Ansicht von SCHÖNENBERGER das Recht am Wohnsitz des Dienstherrn, für Arbeitnehmer mit wechselndem Arbeitsort jedoch das Recht am Geschäftssitz des Arbeitgebers, für Schiffer das Recht der Flagge gelten [119].

Für die Anwendbarkeit des Rechts des Arbeitsortes subsidiär zum Parteiwillen oder auch als ursprüngliche Verweisungsnorm im allgemeinen auch FRITSCHE 234a f. Anders BECKER [120] mit seiner, an ZITELMANN angelehnten Ansicht, daß auf das Heimatrecht des durch die einzelne Norm jeweils Berechtigten oder zu Schützenden abzustellen sei.

124. Die Meinung, die das Recht des Arbeitsorts anwenden will, findet in Art. 1 I des FabrikG eine gewisse Stütze, wonach das Gesetz „auf jede industrielle Anstalt" anzuwenden sei, der die Eigenschaft einer Fabrik zukomme; dazu sagt EICHHOLZER 18 unter Verweis auf eine Entscheidung in: „Verwaltungsbescheide der Bundesbehörden 1930 Nr. 115", das Fabrikgesetz gelte nur für innerhalb der Schweiz und Liechtenstein gelegene

---

[119] Erwähnt sei noch VISCHER, Zum Problem der kollisionsrechtlichen Parteiautonomie bei internationalen Verträgen, SJZ 52 (1956) 119, der die Wahlfreiheit „bei gewissen Dienstverträgen" überhaupt ausschließen will.

[120] Kommentar zum Schweizerischen ZGB, OR I (1934) 303 f., 431 f.

Betriebe, hier aber unbekümmert darum, welche Bindungen mit dem Ausland bestehen und ob im Ausland wohnendes Personal beschäftigt wird. Entsprechend bestimmt Art. 8 der Verordnung über den Vollzug des Bundesgesetzes betreffend die Arbeit in den Fabriken, daß die Schweizer Zweiganstalt eines auf ausländischem Gebiet gelegenen Geschäfts hinsichtlich der Anwendung des Gesetzes „für sich allein in Betracht gezogen" werde. Soweit das Fabrikgesetz öffentliches Recht enthält, entspricht dies der herrschenden Meinung (s. unten Nr. 164); dagegen wird man dem für den Bereich des privaten Arbeitsrechts eine das allgemeine internationale Vertragsrecht ausschaltende Verweisungsnorm nicht entnehmen dürfen; ein so weitgehender Schluß wird denn auch von der schweizerischen Lehre nicht gezogen.

Eine einseitige Verweisungsnorm ist auch in Art. 418 b II OR enthalten. Nach dieser Vorschrift unterliegt der Vertrag des Agenten (selbständigen Handelsvertreters) dem Schweizer Recht, wenn sich das Tätigkeitsgebiet des Agenten in der Schweiz befindet, andernfalls bleibt es bei den allgemeinen Grundsätzen. Ob Art. 418 b II OR zwingend oder doch nachgiebig ist, eine abweichende Rechtswahl also nicht hindert, ist nicht unstrittig [121].

3. Italien

125. Die italienische *Rechtsprechung* zu unserer Frage ist die reichste, aber auch die einseitigste. Sie hat sich, abweichend von einigen früheren Entscheidungen [122], in der faschistischen Zeit mehr oder weniger einhellig auf den Standpunkt gestellt, daß bei Arbeit in Italien ungeachtet der Verweisungsnorm des Art. 9 d. p. (heutiger Art. 25 d. p.) italienisches Arbeitsrecht anwendbar ist, und dies mit den Formeln von der Zugehörigkeit des Arbeitsrechts zum öffentlichen Recht, zum Bereich des ordre public (vgl oben Nr. 47) oder der Polizeigesetze (vgl. oben Nr. 48) begründet; dem haben sich die meisten Schriftsteller angeschlossen und wei-

---

[121] Vgl. die Bemerkung von Oftinger, SJZ 46 (1950) 358 Anm. *. Aus der Entscheidung BG 7. 3. 1950 entnimmt Gutzwiller, Schweiz. Jahrbuch für Intern. Recht 8 (1951) 256, daß die Vorschrift des Art. 418 b II zu einer allseitigen Verweisungsnorm ausgeweitet, aber vor einem entgegenstehenden Parteiwillen zurücktreten würde; vgl. auch Knapp, SJZ 50 (1954) 266.

[122] Vgl. etwa Kassationshof Neapel 24. 3. 1908: Es handelte sich um den Unfall eines Italieners auf einem österreichischen Schiff; da der Heuervertrag zwischen dem Seemann und dem italienischen Vertreter der österreichischen Reederei geschlossen worden war, wurde italienisches Recht (und damit auch das See-Unfallgesetz von 1904) als gemeinsames Heimatrecht der Parteien angewandt.

tere Argumente, so von der unlöslichen Verflechtung zwischen öffentlichem und privatem Recht oder zwischen den tarifvertraglichen Bestimmungen und dem privaten Recht hinzugefügt. Diese Argumentation wird auch heute noch zum Teil in etwas veränderter Gestalt, – so tritt etwa bei VENTURINI die Verfassung von 1947 an die Stelle der Carta del Lavoro – vertreten. Daneben steht die – wohl stärkere – Gruppe der Forscher, die versucht, das Arbeitsverweisungsrecht wieder in den Schoß der allgemeinen Regelung zurückzuführen.

126. Die geringsten Bedenken gegen die Anwendung der allgemeinen Regeln des Internationalen Vertragsrechts auch auf den Arbeitsvertrag bestanden in den Fällen, wo der *Arbeitsort im Ausland* lag. Hier scheute man sich auch nicht vor der Anwendung ausländischen Arbeitsrechts.

Zur Anwendung *italienischen* Rechts auf dem Wege über die Anknüpfung nach den allgemeinen Regeln kommt ZG Varese 17. 10. 1931 (kein erkenntlicher Parteiwille, verschiedene Staatsangehörigkeit der Parteien, Abschlußort des Vertrages in Italien: mitgespielt mag der Umstand haben, daß die Arbeit in mehreren Ländern, offenbar ohne erkennbaren Schwerpunkt, zu leisten gewesen war). Auch ZG Rom 29. 1. 1932 beruft sich auf die allgemeinen Vorschriften des internationalen Privatrechts, Prätur Venedig 25. 6. 1934 (vgl. auch oben Nr. 42 zu Anm. 80) auf die Regel locus regit actum. Zur Anwendung *ausländischen Rechts* führten ebenfalls einige Entscheidungen. So wurde vom Kassationshof 29. 12. 1937 (s. oben Nr. 44) ein in der Türkei zu erfüllender Arbeitsvertrag nach den allgemeinen Regeln türkischem Recht unterworfen; ebenso in der Sache Saltiel ./. Banco di Roma, Rom 7. 5. 1937 und Kassationshof 15. 7. 1938: der Arbeitsvertrag des ausländischen Klägers mit der türkischen Zweigstelle des Banco di Roma wurde mangels gemeinsamer Staatsangehörigkeit und erkennbaren Parteiwillens an den türkischen locus contractus angeknüpft [123].

ZG Monza 12. 5. 1937 in Sachen Said Medina ./. Ricci unterwirft einen in Spanien abgeschlossenen und erfüllten Arbeitsvertrag eines leitenden Angestellten (Zweigstellenleiters) dem spanischen Recht und verneint deshalb sogar seine Zuständigkeit [124]; ebenso ZG San Remo 7. 11. 1936; siehe weiter Triest 10. 11. 1936; Bosco in der Anmerkung zu ZG San Remo 2. 3. 1933 (s. folgende Nr.) [125].

Aus der Zeit nach dem Krieg ist hier Rom 29. 7. 1955 zu nennen, wo der Dienstvertrag eines Italieners mit einer Schweizer Erbengemeinschaft zur Leistung höherer Dienste (Verwaltung des in Ägypten befindlichen Vermögens) gem. Art. 25 d. p. an den ägyptischen locus contractus angeknüpft wird.

127. Nun ist die Meinung darzustellen, die – unbeschadet der etwaigen Geltung der allgemeinen Regeln für Arbeitsverhältnisse im Ausland –

[123] Zweifelnd zu der Entscheidung LUTZ RICHTER in der Anm. Giur. comp. lav. 3 (1943) 160.

[124] Ablehnend SALA in der Anm. Mag. lav. 6 (1937) 1182.

[125] Das Gericht hatte seine Zuständigkeit verneint (vgl. unten Nr. 127 u. 352 Anm. 34); Bosco, Riv. d. i. 25 (1933) 276 Anm. 2, hält gem. Art. 58 C. com. das französ. Recht für sachlich anwendbar.

diese für *Arbeitsverhältnisse in Italien* ausschließt und hier nur italienisches Recht anwendet [126]. Sie befindet sich in der starken Übermacht, wenn die Argumente der Gegenseite auch die wissenschaftlich besseren sind.

Zunächst sind Äußerungen und Entscheidungen zu vermelden, die das italienische Recht als *Recht des Arbeitsortes* schlechthin anwenden, ohne hierfür eine besondere Begründung zu geben.

So etwa ZG Mailand 15. 5. 1933 in Sachen Mazzi ./. Liebig AG. Es handelte sich um den 1913 in Belgien geschlossenen Anstellungsvertrag einer Italienerin mit der belgischen Firma Liebig als Sekretärin und Korrespondentin, in dem ausdrücklich die Geltung belgischen Rechts und die Zuständigkeit eines belgischen Schiedsgerichts vereinbart worden war; die Arbeit wurde in Italien geleistet. 1932 wurde Frl. Mazzi entlassen; sie klagte die Abfindung ein, die das italienische, nicht aber das belgische Recht ihr zusprach. Das Gericht erklärte, ein Anstellungsvertrag zwischen einem Italiener und einem Ausländer unterliege, wo immer auch er geschlossen werde, italienischem Recht, wenn er in Italien zu erfüllen ist [127].

Umgekehrt lehnt ZG San Remo 2. 3. 1933 die Anwendbarkeit italienischen Rechts und aus diesem Grunde (fälschlicherweise) sogar seine eigene Zuständigkeit in einem Falle ab, wo ein italienischer Angestellter gegen eine französische Schlafwagengesellschaft wegen Ansprüchen aus einem Arbeitsverhältnis klagen wollte, das sich in Frankreich abgewickelt hatte.

In gewisser Einschränkung, aber auf derselben Linie dieser Entwicklung liegt auch die Entscheidung Mailand 26. 11. 1932, wonach auf das Arbeitsverhältnis das italienische Recht des Arbeitsorts anwendbar sei, „wenn die Parteien verschiedener Staatsangehörigkeit" sind [128].

Dem entspricht in der Rechtslehre etwa die Ansicht, die Anwendung des Rechts des Arbeitsortes sei „più rispondente alla natura del rapporto" [128a], „una norma latente, spesso sott'intesa" [129].

Meist wird jedoch die Geltung italienischen Rechts bei Arbeitsverhältnissen mit italienischem Arbeitsort mit dem sogenannten *Territorialitäts-*

---

[126] Vgl. die Rechtsprechungsübersicht bei RICHARD, Rassegna 10 ff.

[127] Die Nichtbeachtung der Parteiwahl mag durch den Umstand beeinflußt worden sein, daß es sich um einen „handelsrechtlichen Arbeitsvertrag" (vgl. oben Nr. 95 Anm. 19) gehandelt hatte; es hätte dann aber die lex loci contractus herangezogen werden müssen.

[128] Vgl. weiter ZG Rom 8. 12. 1932; Triest 11. 4. 1930; BARASSI, Elementi 27, der sich jedoch nur sehr kurz zum Thema äußert und die Anwendbarkeit des Rechts des (italienischen) Arbeitsorts als communis opinio bezeichnet; mit Vorbehalten ders., Lehrbuch I 259 f. Nur hingewiesen sei auf Turin 6. 4. 1934; mit dem Leitsatz in Riv. d. i. 27 (1935) 416 ist nichts anzufangen.

[128a] AGO, Le norme di diritto internazionale privato nel progetto di codice civile, Riv. d. i. 23 (1931) 337. FEDOZZI, Lehrbuch 746 hält es ebenfalls für zweifelhaft, ob die Parteien selbst bei Arbeit im Ausland das Arbeitsstatut wählen können; ähnlich Bosco wegen der Neigung des Arbeitsvertrages, sich als öffentlichrechtlich der privaten vertraglichen Regelung zu entziehen; auf jeden Fall greife der ordre public häufiger als sonst ein (vgl. oben Nr. 46 Anm. 12).

[129] BALLADORE PALLIERI, Trattato V 329.

prinzip [130], mit der Natur der arbeitsrechtlichen Ansprüche und Verpflichtungen als außervertraglich, *ex lege* entspringend, mit der Eigenschaft der Arbeitsgesetze als *leggi d'ordine pubblico* oder als *Polizeigesetze* [131] oder mit der Zugehörigkeit des gesamten Arbeitsrechts zum *öffentlichen Recht* [132] oder mit mehreren oder allen diesen Umständen begründet. Die Rechtsprechung läßt es hierbei an starken Worten nicht fehlen.

Bei dem von Venedig 8. 8. 1931 entschiedenen Fall Wehdorn ./. Rohracher handelt es sich um einen in Österreich geschlossenen Vertrag zweier Österreicher, in dem die ausschließliche Zuständigkeit des Bezirksgerichts in Lienz vorgesehen war. Die Arbeit sollte in Italien geleistet werden – allerdings war es fraglich, ob es sich hierbei nicht überhaupt statt um einen Arbeits- um einen Gesellschaftsvertrag gehandelt hatte, (der Arbeitnehmer hatte dem Arbeitgeber auch ein Betriebsdarlehen gewährt).

Ungeachtet aller dieser Umstände, die den Kläger wenn nicht überhaupt aus dem Kreis der abhängigen Arbeitnehmer heraushoben, so doch zumindest in die Gruppe der am wenigsten schutzbedürftigen leitenden Angestellten einreihten, wandte das Gericht italienisches Recht an. Unter Hinweis auf die Carta del Lavoro wurde gesagt, die arbeitsrechtlichen Vorschriften gehörten zum *ordine pubblico*, geschaffen zur Verhinderung von Arbeitsunruhen „unseligen Angedenkens"; sie würden ein System der politischen und sozialen Vorbeugung bilden, das nicht dulden könne, daß ihm auf dem Staatsgebiet eine noch so kleine Zelle des Arbeitslebens entzogen werde.

Ähnlich der Kassationshof 12. 5. 1934 in der Kassationsentscheidung zu ZG Mailand 15. 5. 1933, Mailand 7. 9. 1933, in Sachen Liebig ./. Mazzi (oben S. 152): die Arbeitsgesetze seien *politische Gesetze* (alter Art. 11 d. p.), die Carta del Lavoro sei nicht nur im Interesse des Wohlbefindens des Einzelnen, sondern auch zur Stärkung der Macht des Staates erlassen worden; die Unterstellung eines Arbeitsvertrages, der in Italien erfüllt werde, unter ein ausländisches Recht sei deshalb wirkungslos. Der Kassationshof verwendet zudem das Argument von der *unlöslichen Verbundenheit von öffentlichem und privatem Arbeitsrecht;* „die verschiedenen Arbeitsgesetze sind in ihren gestattenden und verbietenden, befehlenden und strafenden Vorschriften so untrennbar zu einem einzigen organischen System verknüpft, das zum inneren öffentlichen Recht gehört, daß sie ... jede Arbeit in Italien erfassen [133]. Damit wurde der ausdrücklichen Vereinbarung belgischen Rechts jede Wirkung aberkannt. Gleichlautend Kassationshof 28. 7. 1934 Onorugnu ./. Mazzi, wo der Kassationshof durchblicken läßt, daß es sich um eine Frage nicht des Kollisionsrechts, sondern des „inneren öffentlichen Rechts" handle.

---

[130] Vgl. oben Nr. 100. Die Forscher, die sich lediglich auf die „Territorialität" des Arbeitsrechts berufen (vgl. kürzlich SINAGRA, Lo stato attuale del diritto internazionale del lavoro e le sue possibilità, Atti 368 ff.) bringen nicht immer zum Ausdruck, daß damit für die Anwendbarkeit des Rechts des Arbeitsortes nur eine andere Bezeichnung, keine Begründung gegeben wird.

[131] Übersicht und Widerlegung bei RICHARD, „Anmerkung" 121 ff.

[132] Vgl. oben Nr. 20.

[133] Zustimmend UDINA, La législation et la jurisprudence italiennes en matière de droit international privé de 1930 à 1934, Revue critique 30 (1935) 697; ders., La formazione del diritto internazionale del lavoro, Riv. dir. lav. 3 (1951) 130 f.; CERETI, Riv. lav. 3 (1934) 791 ff.

Weil die Vorschriften über die Kündigungsentschädigung „unmittelbar mit dem Schutz der arbeitenden Klassen“ verbunden und in der Carta del Lavoro eigens genannt sei, will Rom 20. 7. 1936 in Sachen Wirth ./. Meccheri (s. oben Nr. 32) die entsprechenden italienischen Vorschriften anwenden; auch deshalb, weil sie zwingend seien und deshalb vom (alten) Art. 9 d. p. nicht erfaßt würden, sondern *Verpflichtungen ex lege* darstellten, die dem Recht des Ortes unterliegen, an dem sie entstanden sind: der bekannte Schluß von der zwingenden Natur einer Vorschrift im inneren Recht auf die Ausschaltung der Rechtswahl im IPR!

Weiter sind hier namentlich zu nennen die beiden Entscheidungen Rom 3. 5. 1937 [134] und Kassationshof 19. 5. 1939 in Sachen Morgan ./. United Press. Morgan, ein amerikanischer Staatsbürger, war Direktor der römischen Zweigstelle des Nachrichtenbüros United Press und verlangte nach seiner Entlassung eine Kündigungsentschädigung nach italienischem Recht, die ihm nach dem gemeinsamen amerikanischen Heimatrecht der Parteien nicht zugestanden hätte. Beide Entscheidungen sprachen ihm dieselbe zu; das Berufungsgericht unter Hinweis auf die enge Verknüpfung der – auch in der Carta del Lavoro genannten – Kündigungsentschädigung mit der Arbeitslosenversicherung, wodurch der italienische *ordre public* direkt berührt werde (unter Ablehnung der Ansicht, die arbeitsrechtlichen Gesetze seien „Polizeigesetze“); der Kassationshof unter Hinweis auf die soziale Funktion der Arbeit, die enge Verbundenheit der verschiedenen Zweige der Volkswirtschaft, die Carta del Lavoro und die „innere Natur der arbeitsrechtlichen Institute“ [135].

Im gleichen Sinne und mit den gleichen Argumenten, bei denen die Verfassung von 1947 an die Stelle der Carta del Lavoro getreten ist, nach dem Krieg ZG Rom 6. 10. 1949 und 17. 12. 1956, zwei Entscheidungen, an denen die Diskussion um die Fragen des Arbeitsstatuts spurlos vorbeigegangen ist. Dagegen sagt ZG Venedig 26. 7. 1949 in einem Fall, der allerdings nur Anknüpfungspunkte an das italienische Recht hatte, es sei „kaum nötig“, Art. 25 d. p. dafür anzurufen, daß italienisches Recht hier eingreife.

128. Die *Rechtslehre* ist in ihren Ansichten gespalten [136]. Es konnte nicht ausbleiben, daß die in der genannten Rechtsprechung enthaltenen Übertreibungen [137] Widerspruch hervorrufen würden, der sich zum Teil nur gegen die Begründung unter Bejahung des Ergebnisses [138], zum Teil aber auch gegen das Ergebnis selbst richtet. So steht heute ein wichtiger, wenn nicht der überwiegende Teil der Rechtslehre auf dem Standpunkt, daß nach Abschaffung des faschistischen Ständestaates der Arbeitsvertrag

---

[134] Zustimmend DE AMICIS, Mag. Lav. 7 (1936) 1126 ff.

[135] Zustimmend SALVATORE MESSINA, Anm. in Giur. ital. 1939. I/3. 178; FEDOZZI, Lehrbuch 745. Ebenso die von VASSALLI-MONACO 247 Anm. 3 genannte Entscheidung ZG Mailand 14. 1. 1932.

[136] Vgl. die Übersicht über die Lehrmeinungen zuletzt bei VENTURINI, Lehrbuch 225 ff.

[137] RICHARD, „Anmerkung“ 129 nennt die Behauptung absurd, das Wohlergehen des italienischen Staates hänge davon ab, ob der amerikanische Staatsbürger X von seinem Landsmann Y zu dem nach amerikanischen Verhältnissen bemessenen Gehalt noch eine Kündigungsentschädigung dazubekomme. Den gleichen Einwand erhob mit Recht die bekl. Firma in dem Fall ZG Genua 8. 1. 1935, Moss ./. Dollar Steamship Lines.

[138] S. unten Text zu Anm. 144–147.

in seinen privatrechtlichen Äußerungen wieder nach den allgemeinen Regeln des IPR zu behandeln sei [139]. Gegen die Meinung der Rechtsprechung wird eingewandt, daß sich das Arbeitsverhältnis sehr gut in seine öffentlichen und privatrechtlichen Teile zerlegen lasse, so daß der Anwendung der allgemeinen Kollisionsnormen auf die letzteren nichts entgegenstehe [140]; außerdem würde die Berufung auf den ordre public nicht zur Anwendung des Rechts des Arbeitsorts, sondern der lex fori als solcher führen [141].

Richard [142] weist insbesondere darauf hin, daß der Staat selber in der Bewertung der Wichtigkeit seiner Arbeitsnormen Unterschiede mache: einige seien so grundlegend, daß er ihre Beachtung in die eigene Hand nehme und sie der Verfügung durch den Arbeitnehmer entziehe; den Schutz der anderen überlasse er hingegen dem Arbeitnehmer selbst, wie etwa die Durchsetzung von (an sich unverzichtbaren) Lohnansprüchen, die jedoch nur innerhalb von drei Monaten nach Beendigung des Arbeitsvertrages geltend gemacht werden könnten. Man könne die Vorschriften über die Arbeitszeit nicht mit denen über das Probearbeitsverhältnis auf eine Stufe stellen; daraus rechtfertige sich aber auch eine differenzierende Behandlung im Kollisionsrecht.

Die andere Gruppe der italienischen Rechtslehre steht – oder stand – auf dem gleichen Standpunkt wie die Rechtsprechung, kommt zu ihm aber auf einem anderen Wege.

In der Zeit der Geltung des Tarifvertragsgesetzes vom 3. 4. 1926 (s. unten Nr. 330) war hauptsächliche Begründung für die Maßgeblichkeit des italienischen Rechts auf Arbeitsverhältnisse in Italien die enge *Verflechtung der Arbeitsgesetze mit den Tarifnormen*, die den gleichen Bereich regeln und auf alle Arbeitsverhältnisse im örtlichen Geltungsbereich zwingend anwendbar waren. Aus der – wegen Art. 509 Codice penale

---

[139] Vassalli-Monaco 245 ff.; Monaco, Lehrbuch 608 (es bestehe keine Notwendigkeit, das Arbeitsverweisungsrecht aus dem allgemeinen internationalen Privatrecht auszuklammern und eine eigene Problematik zu schaffen; man könne sich im Notfall immer mit der Vorbehaltsklausel behelfen); Morelli, Elementi 153 ff.; Richard, Ordine pubblico 353 (das an sich vorhandene Übergewicht des Arbeitsorts finde in Art. 25 d. p. keine Stütze; daher die vielen Versuche, auf anderem Wege seine Heranziehung als Anknüpfungspunkt zu rechtfertigen).

Für das frühere Recht in ähnlichem Sinne Sereni, Anm. zu Rom 18. 8. 1935, Foro ital. 1936. I. 159. Auch Andreoli beläßt es bei der Geltung der allgemeinen Normen, mit der Einschränkung, daß (im Ergebnis) jedoch eine einschlägige Tarifbestimmung nicht verletzt werden dürfe. Vorbehalte gegen die damalige h. M. schließlich bei Bassano, Riv. d. i. 29 (1937) 416.

[140] Morelli a.a.O. gegen die Verflechtungstheorie von Balladore Pallieri (unten Anm. 149).

[141] Quadri, Jus Gentium 3 (1940) 159, 167; Richard, „Anmerkung" 129, Ordine pubblico 332; Morelli, Elementi 155.

[142] Richard, Ordine pubblico 338 f. und „Anmerkung" 129.

(s. unten Nr. 330) unabweislichen – Anwendbarkeit einschlägiger Tarifnormen bei italienischem Arbeitsort folgerte man[143], daß ein Arbeitsverhältnis, das (wenn auch nur in einer oder anderer Hinsicht) einem Tarifvertrag unterliegt, überhaupt nach italienischem Recht zu beurteilen sei. Dem war eine gewisse Folgerichtigkeit auch nicht abzusprechen: denn es war mehr oder weniger zufällig, ob eine Leistung des Arbeitgebers durch Gesetz oder durch Tarifvertrag vorgeschrieben war (etwa die Abfindung durch Gesetz für Angestellte, durch Tarifvertrag für Arbeiter), eine unterschiedliche Behandlung ließ sich dadurch nicht rechtfertigen.

Auch alle die Argumente von der *öffentlichrechtlichen Natur des Arbeitsrechts*, seiner Normen als *Polizeigesetz* oder *ordre-public-Gesetz*, wie sie in der Rechtsprechung verwendet wurden, finden sich im Schrifttum wieder. Sie sind letzten Endes nur Ausdruck des – angesichts Art. 25 d. p. unerfüllbaren – Wunsches, die als kollisionsgerechte, „ideale" Anknüpfung empfundene Anknüpfung an den Arbeitsort zu rechtfertigen (vgl. auch oben Nr. 95 zu Anm. 27).

So sagt Baldoni, Anm. zu Rom 3. 5. 1937[144], die Anwendbarkeit des italienischen Rechts sei nicht eine Folge des ordre public, sondern der *Territorialität* der Arbeitsgesetze; diese seien *Polizeigesetze*, es greife daher der (alte) Art. 11 d. p. (heute: Art. 28, oben Nr. 48) ein. Cansacchi, Anm. zu Rom 20. 7. 1936[145], qualifiziert zwar die Ansprüche auf Kündigungsentschädigung als privatrechtlich, beschwört aber den *territorialen Charakter* der neuen Arbeitsgesetzgebung und ihren sozialen Schutzzweck, um zu einer Abspaltung vom Bereich des Art. 25 d. p. (d. h. Art. 9 d. p. alt) zu kommen, wenn die Arbeit in Italien geleistet werde, was aus der zwingenden Geltung der Tarifnormen und daraus hervorgehe, daß das AngG von 1924 eine *legge di polizia* di lavoro sei. Schließlich läßt er auch die Ansicht gelten, die Anwendung ausländischen Rechts würde gegen *den inländischen ordre public* verstoßen haben. Doch ergibt das Urteil keine Anhaltspunkte für eine solche Behauptung; daß dagegen im allgemeinen die Arbeitsgesetzgebung die Beseitigung sozialer Mißstände zur Aufgabe hat, genügt für die Anrufung der Vorbehaltsklausel nicht[146].

Ablehnend Balladore Pallieri[147]: es sei falsch, wenn der Kassationshof 12. 5. 1934 die Arbeitsgesetze, insbes. das Angestelltengesetz von 1924, als Polizeigesetz und als öffentlichrechtlich qualifiziere; ebenso Trattato V 318: der Umstand, daß die Arbeits-

---

[143] Namentlich Baldoni, Riv. d. i. 24 (1932) 369, 375; Riv. d. i. 26 (1934) 566; Gemma 171 ff.; ebenso neuestens auch Venturini, Studi Parmensi 335 f. unter Hinweis auf Art. 39 der Verfassung von 1947.

Dagegen Vassalli-Monaco 248 (nichts hindere, daß die Teile des Arbeitsverhältnisses, die von keinem Tarifvertrag erfaßt würden, vom ausländischen Recht geregelt würden); Quadri (oben Anm. 141) 159.

[144] Giur. ital. 1938. I/3. 115.

[145] Riv. lav. 6 (1937) suppl. giur. 20 ff.; vgl. denselben Giur. comp. d. i. p. 8 (1942) 164 ff.

[146] Vgl. Richard, Ordine pubblico 345 und oben § 7.

[147] Giur. comp. d. i. p. 3 (1938) 54.

gesetze „d'ordine pubblico interno" seien, führe nicht deshalb im internationalen Bereich zu ihrer ausschließlichen Anwendung.

Wieder anders MASSART 399 ff.: das Arbeitsrecht bilde kein „corpus pubblicistico", sondern sei aus privatrechtlichen und öffentlichrechtlichen Teilen zusammengesetzt; das zwingende Recht sei nicht mit den leggi di polizia zu verwechseln; anwendbar auf Arbeitsverträge mit italienischem Erfüllungsort sei jedoch das italienische Recht wegen der staatlichen Interessen an der Arbeit, denn die Arbeitsgesetze seien Norme d'ordine pubblico internazionale. MASSART lehnt die Verflechtungstheorie von BALDONI (oben Anm. 143) und BALLADORE PALLIERI (unten Anm. 149) ab. – Zu all dem Stellung zu nehmen, wäre hier nicht der Ort, wäre auch wenig fruchtbar, denn Argumente der „Territorialität" oder des Charakters einer Norm als „Polizeigesetz" oder „ordre-public-Gesetz" sind zu wenig bestimmt, als daß man mit Gewinn über sie rechten könnte. Was gegen diese Meinungen zu sagen ist, haben zudem die italienischen Forscher, namentlich QUADRI und RICHARD, bereits erschöpfend vorgetragen.

Heute wird das gleiche Ergebnis mit anderen, wenn auch durchaus ähnlichen Argumenten zu begründen versucht. VENTURINI beruft sich auf die Art. 36 ff. der Verfassung. Hier, so sagt er, seien eine Reihe von Grundsätzen aufgestellt, die nicht auf den Arbeitsvertrag, sondern auf die Arbeitsleistung abstellen. Der Arbeitsvertrag sei nur mehr ein zweitrangiger Aspekt, der gegenüber dem Zweck der Verfassung, die Persönlichkeit des Arbeitnehmers zu schützen, zurücktrete. Dies gehe etwa aus Art. 36 I der Verfassung hervor, wonach der Arbeitnehmer eine Entlohnung zu verlangen habe, die nicht nur von seiner Leistung abhänge, sondern ihm auch ein würdiges Dasein gewährleisten müsse. Es komme auch nicht auf die Staatsangehörigkeit der Arbeitnehmer an, wie daraus erhelle, daß nicht hier, wohl aber in anderen Artikeln der Verfassung (vgl. etwa Art. 4: Die Republik anerkennt für alle *Bürger* das Recht auf Arbeit) ein Unterschied zwischen Ausländern und Staatsangehörigen gemacht werde. Aus all dem folge, daß das Arbeitsverhältnis gesetzliche, nicht mehr bloß vertragliche Verpflichtungen erzeuge, die demnach verweisungsrechtlich unter Art. 25 II d. p. fallen würden, der die Anwendbarkeit des Rechts des Landes vorschreibe, wo die rechtserzeugende Tatsache entstanden sei (s. oben Nr. 95 am Ende) [148]. Von BALLADORE PALLIERI wird als weiteres Argument vorgebracht, daß angesichts einmal der engen Verflechtung von

[148] VENTURINI, Studi Parmensi 332 ff. und Lehrbuch 228 ff., der auch auf Art. 9 Codice della navigazione hinweist und fremdenrechtliche Argumente verwendet. Gegen ihn GIULIANO 5 f. Es dürfte auch für das italienische Verweisungsrecht zutreffen, daß es auch Verfassungsnormen ihren Bereich zuteilt, diese mithin die Verweisungsnormen nicht verdrängen. Die Qualifikation, die VENTURINI dem Arbeitsvertrag gibt, wird von der arbeitsrechtlichen Lehre nicht geteilt: diese scheint vielmehr der Auffassung zuzuneigen, daß der Arbeitsvertrag ein schuldrechtlicher Austauschvertrag sei, dies natürlich mit all den Vorbehalten, die zum Schutz des Arbeitnehmers erforderlich sind, vgl. RIVA SANSEVERINO, Trattato II 90; SANTORO-PASSARELLI 95 ff.; BARASSI, Lehrbuch I 301 ff.

öffentlichem und privatem Recht, andererseits der Überwucherung des letzteren durch das erstere, der privatrechtliche Bereich vom öffentlichen nicht mehr geschieden werden könne, ihm auch so wenig Raum zur Entfaltung bleibe, daß es sich schon deshalb empfehle, alles einheitlich nach dem Recht des Arbeitsorts zu regeln [149]. BETTI beruft sich für die Territorialität des Arbeitsrechts auf die in Art. 2104 C. c. statuierte Treupflicht des Arbeitnehmers gegenüber dem Betrieb und der nationalen Wirtschaft [150]. GIULIANO schließlich stellt überhaupt nur auf Art. 9 Codice della navigazione (unten Nr. 155) ab [151].

Von den Gelehrten, die die Anwendung des italienischen Rechts auf die Arbeit in Italien befürworten, sehen nun die einen dies als einseitige Verweisungsnorm an, d. h., wollen auf Arbeiten im Ausland die allgemeinen Regeln angewandt wissen [152], während die anderen für die zweiseitige Geltung einer solchen Norm eintreten und dementsprechend Arbeiten im Ausland nach dem dortigen Arbeitsrecht beurteilen [153].

4. Frankreich

129. Das französische Recht ist an Entscheidungen und Äußerungen zu unserem Thema sehr viel ärmer. Die *Rechtsprechung* arbeitet überwiegend mit dem Begriff des Parteiwillens, entscheidet also auch die Fragen des Arbeitsverweisungsrechts mit den Mitteln des allgemeinen internationalen Vertragsrechts.

---

[149] BALLADORE PALLIERI, Lehrbuch 242 f., Trattato V 318 ff., 326; gegen ihn VASSALLI-MONACO 248; RICHARD, „Anmerkung" 127; GIULIANO 7 f.

[150] BETTI 533 f.

[151] GIULIANO 7 ff. nach Ablehnung aller bisherigen Begründungen für die Anwendbarkeit italienischen Rechts bei Arbeit in Italien. Aus dieser Vorschrift eine allseitige und allgemein für das Arbeitsrecht verbindliche Norm zu machen, ist indessen mit Art. 25 d. p. ebenso unvereinbar, wie es alle die anderen auch von GIULIANO verworfenen Theorien sind; um so mehr als das Schiffahrtsgesetzbuch und der Codice civile gleichzeitig geschaffen und beraten wurden und dabei die Norm des Art. 9 ausdrücklich als Ausnahme von den allgemeinen Grundsätzen bezeichnet wurde.

[152] BALDONI, Riv. d. i. 24 (1932) 375 f. und 26 (1934) 566 und ders., Anm. zu Rom 3. 5. 1937, Giur. ital. 1938. I/3. 115; CANSACCHI (oben Anm. 145); BALLADORE PALLIERI, Lehrbuch 245 (s. aber folgende Anmerkung!); ZELBI (oben Anm. 27).

[153] So wohl FEDOZZI, Lehrbuch 745 ff., der jedoch eine Ausdehnung italienischen Rechts zwar nicht auf Grund einer Parteiwahl, wohl aber dann ins Auge faßt, wenn die Parteien Italiener sind oder den Arbeitsvertrag in Italien geschlossen haben – vorausgesetzt, daß Natur und Zweck der Vorschrift dies verlangen. BALLADORE PALLIERI, Trattato V 332 f; entschieden BETTI 534 f.

Für Anwendung des Rechts des Arbeitsort und gegen die Parteiautonomie nach *argentinischem* Recht LANFRANCHI 52.

Vgl. Paris 21. 11. 1895, Lhomer ./. Leroy: Zwei Franzosen mit Wohnsitz in Paris hatten dortselbst einen Vertrag geschlossen, durch den dem Kläger die Alleinvertretung des Beklagten für Belgien und die Leitung einer Niederlassung in Brüssel übertragen worden war. Der Kläger verlangte Entschädigung wegen ungerechtfertigter Kündigung. Während der Leitsatz der Entscheidung in Clunet 23 (1896) 371 besagt, anwendbar sei das gemeinsame Heimatrecht der Parteien (das gleichzeitig lex loci contractus war), auf den Arbeitsort komme es nicht an, geht aus den Gründen jedoch hervor, daß die Entscheidung nicht darauf gestützt wurde, sondern auf die gemeinsame Berufung der Parteien im Prozeß auf französisches Recht. Es liegt hier also ein Fall der nachträglichen ausdrücklichen Rechtswahl vor.

In der Entscheidung Paris 16. 3. 1925 war die Frage nach dem Arbeitsstatut Vorfrage für die Anwendbarkeit des französischen Unfallgesetzes von 1898. Das Gericht sagt, auf den Vertrag sei das von den Parteien gewählte Recht, bei ihrem Schweigen das Recht ihrer gemeinsamen Staatsangehörigkeit, also hier das französische Recht, anwendbar. Der Unfall hatte sich bei Arbeiten an der Elfenbeinküste abgespielt [154].

Auf den Parteiwillen stellt auch die Entscheidung HandG Seine 26. 7. 1934 ab (Pensionsansprüche eines Bankdirektors, s. oben Nr. 59).

In der, ebenfalls einen Arbeitsunfall betreffenden interlokalrechtlichen (Frankreich-Elsaß) Entscheidung des Kassationshofs vom 11. 7. 1938 (zu Kolmar 11. 10. 1934) wird ebenfalls in erster Linie auf die Rechtswahl der Parteien abgestellt; da es hier daran gefehlt hatte, knüpfte das Gericht an das Recht des Ortes an, der sowohl Abschlußort wie gewöhnlicher Erfüllungsort war. (Der Unfall hatte sich bei einer zeitweiligen Abstellung in das andere Rechtsgebiet abgespielt.) Batiffol entnimmt den Gründen, daß das Gericht den Arbeitsort, nicht den locus contractus, jedoch vorbehaltlich eines abweichenden Willens der Parteien, für entscheidend angesehen hatte [155].

Kolmar 13. 6. 1935 unterwirft einen ausschließlich in Frankreich zu erfüllenden Handelsvertretervertrag dem französischen Recht; der Prinzipal hatte seinen Sitz in Elsaß-Lothringen [156].

Dagegen ist im Fall Gordon-Bennett ./. Barnard, HandG Seine 24. 3. 1898, bestätigt durch Paris 12. 1. 1900, vom Parteiwillen nicht die Rede. Barnard, ein Amerikaner mit Wohnsitz in Paris, wurde von Gordon-Bennett, dem Besitzer der New York Herald Tribune, der ebenfalls seinen Wohnsitz in Paris hatte, zur Arbeit in Frankreich als Redakteur und Sekretär eingestellt; nach seiner fristlosen Entlassung wurde ihm auf Grund französischen Rechts (oder vielleicht auf Grund eines vom Gericht angenommenen Weltgewohnheits- und Billigkeitsrechts, auf Grund von „usages communément répandus"?) eine Entschädigung zugesprochen; ohne Einfluß blieb, daß die Parteien „nach amerikanischen Gebräuchen" wöchentliche Lohnzahlung vereinbart hatten. Hier wurde also dem französischen Recht des Abschlußortes, gemeinsamen Wohnsitzes und Arbeitsorts gegenüber dem gemeinsamen amerikanischen Heimatrecht der Parteien der

---

[154] Niboyet, Revue de d. i. p. 20 (1925) 348 kritisiert die Entscheidung in dem Sinne, daß im Bereich des zwingenden Arbeitsunfallrechts die Berufung auf die Parteiautonomie unzulässig sei; anwendbar sei das Unfallrecht des Arbeitsorts gewesen. Da aber ein solches dort nicht bestanden habe, wäre das französische Recht nur kraft ordre public berufen gewesen.

[155] Revue critique d. i. p. 34 (1939) 102.

[156] Die Entscheidung hätte mit Art. 7 Gesetz v. 24. 7. 1921 (s. oben Nr. 14) begründet werden können, vgl. Nast, Clunet 63 (1936) 937.

Vorzug gegeben, ungeachtet des Umstandes, daß man aus dem Hinweis auf amerikanische Gebräuche auch wohl eine stillschweigende Wahl amerikanischen Rechts hätte ableiten können [157].

In einer Unfallsache Kassationshof 26. 5. 1921 (in gleicher Sache auch 10. 3. 1913), Antipoul ./. Hersent frères wurde an das (französische) gemeinsame Heimatrecht der Parteien, das gleichzeitig lex loci contractus war, angeknüpft, um zur Anwendung französischen Arbeitsunfallrechts auf einen Unfall zu kommen, der sich im Senegal ereignet hatte. Da die aus den Unfallgesetzen entspringenden Verpflichtungen als solche des Arbeitsvertrages angesehen wurden, hat die Entscheidung auch für unser Thema Bedeutung; abgesehen natürlich von den allgemeinen Bedenken, die die Bevorzugung französischen Rechts in Unfallsachen deshalb erregt, weil hier vielfach mit einem Blick auf das – an sich allein mögliche und wünschenswerte – Ergebnis entschieden wurde.

Wenig schlüssig ist der Fall Pau 28. 9. 1922, bestätigt durch Kassationshof 5. 5. 1924: hier hatte ein Franzose, Angestellter einer spanischen Eisenbahngesellschaft mit Arbeitsplatz in Hendaye, auf Rückzahlung von Steuern geklagt, die während der vergangenen 20 Jahre durch die Gesellschaft zugunsten des spanischen Staates einbehalten worden waren. Die Klage wurde abgewiesen, weil das Arbeitsverhältnis dem spanischen Recht unterstehe. Hierzu sagt ROUAST mit Recht, die Entscheidung sei nicht wegen der Anwendung spanischen Rechts gerechtfertigt, sondern weil die Abzüge Inhalt des Arbeitsvertrages geworden seien [158] (vgl. unten Nr. 283).

130. In der *Rechtslehre* neigt man zur Bevorzugung des Rechts des Arbeitsortes. Die Stellungnahme ist verschieden, je nachdem ob die Parteiautonomie als solche bejaht (BATIFFOL) oder verneint (NIBOYET, ROUAST u. a.) wird.

BATIFFOL [159] sagt, die Neigung gehe dahin, das Recht des Arbeitsorts als „Polizeigesetz" für zwingend anwendbar zu erklären; daraus ergebe sich, daß auch der den Parteien noch zur freien Verfügung verbliebene Bereich mangels gegenteiliger Abrede dem Recht des Arbeitsortes unterworfen sein solle. Abzuleiten ist aus dieser Ansicht mithin die Anerkennung der Parteiautonomie an sich [160]. ROUAST [161] anerkennt sie nur im Be-

[157] Vgl. BATIFFOL, Contrats 270 Anm. 3.

[158] Festschrift Pillet 214 Anm. 1; ebenso BATIFFOL, Contrats 264 Anm. 2. Zweifelnd an dieser Kritik seinerseits FREYRIA 19 Anm. 3.

[159] Traité 657 ff.; ähnlich schon Contrats 262 ff.

[160] Noch deutlicher wird dies in der Anmerkung zu Kassationshof 11. 7. 1938, Revue critique d. i. p. 34 (1939) 100. Stärker die Parteiautonomie einschränkend SAVATIER 318: „Le contrat de travail ... ne laisse qu'une place réduite à la volonté des parties. L'État français le reglemente par des dispositions d'ordre public inspirées ... par la protection des travailleurs et ... par la nécessité de la production nationale dans l'économie dirigée. L'une et l'autre catégorie de dispositions ont le caractère de loi de police et de sureté ... Ce n'est que dans les limites de cette réglementation que joue la volonté des parties."

[161] Festschrift Pillet 202 ff. Ein früher Vertreter der Ansicht, anwendbar sei das Recht des Arbeitsorts, der Parteiwille habe keine kollisionsrechtliche Wirkung, ist DREYFUS, L'acte juridique en droit international privé (1904) 324 f.

reich des nachgiebigen Rechts: hier gelte (für den gewerblichen und kaufmännischen Arbeitnehmer) bei Fehlen einer ausdrücklichen Bezugnahme auf das anwendbare Recht zunächst das gemeinsame Heimatrecht der Parteien, welches jedoch zugunsten des Rechts des Arbeitsortes zurückweichen solle, wenn der Arbeiter speziell zur Arbeitsleistung im Ausland eingestellt worden sei; auch bei verschiedener Staatsangehörigkeit gelte das Recht des Arbeitsortes; wo jedoch eine Betriebsordnung bestehe, es sich bei dem Arbeitnehmer um einen sogenannten Massenvertrag (contrat d'adhésion) handle, greife das Recht ein, auf das sich die Betriebsordnung stütze, mithin das Recht des Arbeitgebers. BATIFFOL meint zu dieser letzten Einschränkung, die Ausnahme drohe, das Prinzip zu zerstören [162]. Im Bereich des zwingenden privaten Arbeitsrechts stellt ROUAST nur einige Regeln auf, auf die an ihrem systematischen Ort zurückzukommen sein wird. DURAND-JAUSSAUD I 211 ff. schließen sich seinen Ausführungen an; für die Kollision der zwingenden Gesetze heißt es dort nur, den Vorzug habe „la loi la plus intéressée": eine Regel, mit der man schwerlich etwas wird anfangen können. Auch FREYRIA 11 ff. gibt dem Arbeitsort (bei Schweigen der Parteien?) den Vorzug, während die lex loci contractus dann eingreife, wenn der Arbeitsort mehrere Rechtsgebiete umfasse, oder wenn dort nur vorübergehend gearbeitet werde.

Andere Forscher wollen an den locus contractus anknüpfen [163].

5. Belgien

131. In Belgien folgt die ganz überwiegende Rechtsprechung den allgemeinen Regeln des internationalen Schuldrechts, also insbesondere dem Grundsatz der Parteiautonomie, auch im Arbeitsverweisungsrecht. Fehlt es an einer Rechtswahl und wird infolgedessen das anwendbare Recht auf Grund der üblichen Kriterien bestimmt, so wird fast stets der Vorbehalt gemacht, die Anknüpfung greife nur mangels eines abweichenden Willens der Parteien durch.

Vgl. statt vieler HandG Brüssel 26. 1. 1935: „Die sehr große Mehrheit der Schriftsteller und eine einhellige Rechtsprechung anerkennen das traditionelle Prinzip der Parteiautonomie"; ähnlich DUBOIS-CLAVIER (oben Nr. 49 Anm. 30). Bezeichnend für die Bedeutung, die dem Parteiwillen eingeräumt wird, ist die Entscheidung Léopoldville 8. 1. 1924, wo gesagt wird, wenn die Parteien eine vom Recht des Abschlußortes verbotene, vom Recht des Erfüllungsortes jedoch gestattete Klausel (hier: Wettbewerbs-

---

[162] Contrats 264 Anm. 2.

[163] Vgl. KRONHEIM 47; NIBOYET, Traité V 28; anders (französisches Recht sei anwendbar) für ständige Arbeit in Frankreich ebda. IV 109.

abrede) in ihren Vertrag aufnehmen, so sei das ein Zeichen dafür, daß sie das Recht des Abschlußortes ihrem Vertrag nicht zugrunde legen wollten.

Eine anfechtbare Bestimmung des mutmaßlichen Parteiwillens trifft Brüssel 7. 12. 1935, wo die arbeitsvertragliche Bezugnahme auf eine Firmenübung als Bezugnahme auf das (englische) Recht des Arbeitgebers gedeutet wurde; demgegenüber sei das belgische Recht des Arbeitsorts „sans portée".

132. Eine ausdrückliche Rechtswahl wird daher vor belgischen Gerichten auf Anerkennung rechnen können. Dagegen ist das Bild sehr bunt, das die Rechtsprechung bei Fehlen einer Bestimmung des anwendbaren Rechts bietet.

Mehrere Entscheidungen stellen auf das *gemeinsame Heimatrecht der Parteien* ab.

Vgl. ZG Brüssel 1. 3. 1935: Es handelte sich um die Ansprüche eines Schweizers, Direktors einer schweizerischen Grundstücksgesellschaft, der seine Tätigkeit in Brüssel ausgeübt hatte, auf Wahrung einer Kündigungsfrist. Anwendbar sei, so sagt die Entscheidung, das gemeinsame Heimatrecht der Parteien, denn das Recht des Abschlußortes sei nur heranzuziehen, wenn die Parteien verschiedener Staatsangehörigkeit seien; auch das Recht des Erfüllungsorts sei nur eine subsidiäre Anknüpfung. Ähnlich ArbG Mouscron 15. 11. 1928 und Dubois-Clavier a.a.O.

Bei den folgenden Entscheidungen fielen das gemeinsame Heimatrecht der Parteien und das Recht des Abschlußortes zusammen:

Vgl. Brüssel 12. 3. 1914 (niederländisches Recht; Kündigungsentschädigung, Direktor einer Aktiengesellschaft);

– HandG Brüssel 15. 12. 1923 (belgisches Recht; Leiter der niederländischen Filiale des Unternehmens);

– HandG Brüssel 19. 3. 1926 (Zweigstellenleiter; Kündigungsfrist; belgisches Recht): Im internationalen Privatrecht beurteile sich die vertragliche Verpflichtung nach dem Recht, das die Parteien gewählt haben; wenn die Umstände des Falles keinen Schluß auf die Absichten der Parteien zulassen, müsse der Richter sich durch Vermutungen leiten lassen, die den Willen der Parteien auslegen; wenn sie dieselbe Staatsangehörigkeit besitzen, so liege die Annahme nahe, daß sie ihr gemeinsames Heimatrecht und nicht das Recht des Erfüllungsortes gewählt hätten, und zwar um so mehr dann, wenn, wie hier, dieses Recht auch das Recht des gemeinsamen Wohnsitzes und des Abschlußortes sei. Eine genaue Unterscheidung zwischen dem mutmaßlichen und dem stillschweigenden Parteiwillen ist in diesem Urteil allerdings zu vermissen;

– BerArbG Mons 6. 2. 1932: Ein zwischen Belgiern geschlossener Arbeitsvertrag zur Arbeit in Frankreich unterliege, vorbehaltlich anderer Vereinbarungen durch die Parteien, belgischem (Kündigungs-)Recht, ungeachtet der Festlegung der Entlohnung in französischer Währung;

– HandG Antwerpen 9. 12. 1932: Ein zwischen Amerikanern in Amerika geschlossener Arbeitsvertrag, in dem die Entlohnung in Dollar festgelegt war, unterliege amerikanischem Recht, nicht dem Recht des belgischen Erfüllungsortes. Daher sei für die fristlose Entlassung eine Entschädigung, die das amerikanische Recht nicht kenne, nicht geschuldet.

133. Andere Entscheidungen legen das Schwergewicht auf den *Abschlußort.*

Vgl. Friedensgericht Antwerpen 7. 4. 1909, ZG Antwerpen 30. 7. 1910 (belgisches Recht; Monteur; Unfallentschädigung): Auf einen in Belgien zwischen einem Belgier und einem Ausländer geschlossenen Arbeitsvertrag zur Arbeit in Frankreich finde belgisches Recht Anwendung;

– ebenso ZG Mons 30. 5. 1925 (belgisches Recht; Arbeitsunfall; Bergmann).

Auf der gleichen Linie liegt der Fall HandG Brüssel 4. 8. 1910, Brüssel 22. 3. 1911, Kassationshof 28. 3. 1912 (Kündigungsfrist): „Der Arbeitsvertrag ist in Belgien geboren und unterliegt daher, vorbehaltlich einer abweichenden Vereinbarung, dem belgischen Recht"; doch ist dieser Fall nicht besonders beweiskräftig, da aus den Umständen erhellt, daß der Vertrag zuerst zur Arbeit in Belgien geschlossen worden und der Arbeitnehmer erst nach einem Jahr an die Zweigstelle in St. Petersburg versetzt worden war; eine arbeitsverweisungsrechtliche Frage stellt sich deshalb überhaupt nur dann, wenn man bei der Versetzung den Abschluß eines neuen Arbeitsvertrages annimmt.

134. Die Entscheidung BerArbG Brüssel 4. 1. 1930 wiederum besagt: Schließt ein Belgier in Belgien mit einem Belgier einen Arbeitsvertrag zur Leistung von Arbeit im Ausland, so gilt belgisches Recht; schließt er jedoch mit einem Ausländer ab, so gilt das Recht des ausländischen Arbeitsorts (Arbeit in Belgisch-Kongo; Kündigungsentschädigung) [164].

Auch andere Entscheidungen legen Gewicht auf den *Arbeitsort.*

Vgl. HandG Gent 6. 3. 1922: Ein in England zwischen einem Engländer und einem Belgier geschlossener Arbeitsvertrag zur Arbeitsleistung in Belgien unterliegt belgischem Recht;

– HandG Brüssel 26. 1. 1935: Zwischen einer englischen Firma und einem Schweizer war in Paris ein Vertrag zur Arbeit als Verkaufschef in Belgien geschlossen worden; es ging um die Kündigungsfrist und Kündigungsentschädigung; über den mutmaßlichen Parteiwillen kommt das Gericht zur Anwendung belgischen Rechts;

Die Entscheidung Brüssel 26. 11. 1938 betrifft die Bitte um Exequatur für ein in Italien ergangenes Urteil (vgl. hierzu Rom 8. 2. 1932). Es handelte sich um die Klage eines Belgiers gegen eine belgische Gesellschaft aus einem in Belgien geschlossenen Arbeitsvertrag; der Arbeitsort war in Italien gelegen; das Gericht sagt, auf Form und Folgen einer Kündigung, ebenso wie auf Ansprüche auf bezahlten Urlaub, sei das Recht des Arbeitsortes anwendbar, „il faut admettre l'application territoriale des lois protectrices de l'employé".

An das *Recht am Sitz des Arbeitgebers* knüpfen an – zumindest in ihrer Begründung – BerArbG Brüssel 22. 6. 1929 (französisches Recht; Einkaufschef eines Restaurationsbetriebes) und Brüssel 23. 6. 1931 (zweifelhafte Entscheidung). Auch DE Vos II 620 f. stimmt für das Recht am

[164] Es ist deshalb ein Vorbehalt dagegen zu machen, daß diese Entscheidung immer wieder als Beleg für die Anwendbarkeit des Rechts des Arbeitsortes angeführt wird.

Sitz des Arbeitgebers, wenn Arbeitsort und Betriebssitz auseinanderfallen.

Auf die beiden Entscheidungen des ArbG Antwerpen 23. 3. 1932 und 18. 10. 1933, die mit der Formel des ordre public arbeiten, wurde bereits hingewiesen (oben Nr. 49 zu Anm. 29). Sie sind durchaus vereinzelt geblieben.

6. *Niederlande*

135. Auch das niederländische Recht verfügt über eine reiche und hochstehende Rechtsprechung zu den Fragen des Arbeitsverweisungsrechts, die alle Fälle in sorgfältiger Abwägung der jeweiligen Umstände entschieden hat [165]. Die überwiegende Zahl der Entscheidungen stellt an die Spitze ihrer Erwägungen, daß die Parteien ein Recht ausdrücklich gewählt haben oder dies hätten tun können.

Vgl. Hof Amsterdam 20. 3. 1928: Ein Niederländer war zum Leiter der (unselbständigen) Zweigstelle einer deutschen Firma ernannt worden; der Vertrag sollte deutschem Recht unterliegen. Die Geltung des vereinbarten deutschen Rechts wurde durch den Umstand nicht berührt, daß für die Zweigstelle später die Rechtsform einer niederländischen juristischen Person gewählt worden war.

Ein Fall, wo die Parteien bei Arbeitsort in Paramaribo ausdrücklich niederländisches Recht vereinbart hatten, ist Kantonsgericht (Kg) Amsterdam 24. 8. 1955. Auch Rechtsbank (Rb) Utrecht 25. 3. 1914 und die oben Nr. 91 Anm. 2 erwähnte Entscheidung Rb Maastricht 28. 5. 1931 gehören hierher. Gegen die Wahlfreiheit indessen Rb Amsterdam 7. 5. 1957 (unten Nr. 136).

Zahlreich sind auch die Entscheidungen, in denen eine Anknüpfung als dem *mutmaßlichen Parteiwillen* entsprechend vorgenommen wurde [166].

Wirkliche Folgerungen aus dem Primat des Parteiwillens zieht die Entscheidung Rb Amsterdam 3. 11. 1924: Es handelte sich um den Arbeitsvertrag eines niederländischen Handlungsgehilfen, geschlossen in den Niederlanden mit einer niederländischen Firma zur Arbeitsleistung in Niederländisch-Indien; der Vertrag enthielt eine nach niederländischem Recht ungültige, nach indischem Recht gültige Klausel, wonach der auf fünf Jahre geschlossene Vertrag vom Arbeitgeber einseitig mit Monatsfrist gekündigt werden konnte. Das Gericht argumentierte: Eine so große Firma wie die Arbeitgeberin könne unmöglich den Fehler begangen haben, eine Bestimmung in den Vertrag aufzunehmen, die nach dem maßgeblichen Recht nichtig wäre; daraus erhelle der Wille der Parteien, das niederländisch-indische Recht anzuwenden.

---

[165] Vgl. die Übersichten über die Rechtsprechung in NR IPR 220 ff. mit zweiter Ergänzung 66 ff.; LEON-VAN PRAAG 98 ff.; VAN HASSELT Nr. 240 ff.

[166] Vgl. etwa Hof Amsterdam 22. 11. 1907; Rb Amsterdam 22. 12. 1911, 19. 3. 1915, 3. 11. 1924, 9. 1. 1952; Rb Den Haag 11. 4. 1918; Rb Rotterdam 1. 2. 1932; Kg Amsterdam 19. 10. 1915, 15. 3. 1921; Kg Den Haag 12. 1. 1917; Kg Rotterdam 28. 12. 1914; 23. 2. 1931.

Des Arguments des „besseren Rechts" bedient sich Kg Amsterdam 15. 3. 1921: Auf einen zwischen Niederländern in Amsterdam geschlossenen Vertrag zur Arbeitsleistung in Semarang (Niederländisch-Indien) wurde niederländisches Recht für anwendbar erklärt „vor allem deshalb", weil das niederländische Recht eine vollständigere Regelung des Arbeitsvertragsrechts enthalte, während das Recht von Niederländisch-Indien nur sehr unvollständig und lückenhaft sei. (Es handelte sich um den Anspruch des Leiters der Zweigstelle der Firma in Semarang um Rechnungslegung gemäß Art. 1638 e BW.)

136. Mehrere Entscheidungen knüpfen an das *Recht des Arbeitsorts* an: dies z. T. in Erforschung des hypothetischen Parteiwillens:

Vgl. Kg Amsterdam 19. 10. 1915 (aufgehoben durch Rb Amsterdam 18. 1. 1918, s. unten Nr. 139): Hier hatte ein Deutscher, der als Magazinarbeiter bei einer deutschen Firma mit Arbeitsort in Amsterdam beschäftigt war, mehrere Aufforderungen, sich nach Kriegsausbruch zum deutschen Militärdienst zu stellen, unbeachtet gelassen, weswegen er entlassen worden war. Das Gericht sah die Entlassung für ungerechtfertigt an, da das Arbeitsverhältnis niederländischem Recht unterliege. Anwendbar sei mangels ausdrücklicher Rechtswahl das Recht, dessen Anwendung als die „rationellste" anzusehen sei, da davon ausgegangen werden müsse, daß die Parteien dieses Recht gewählt hätten. Die Aufgabe eines Magazinarbeiters und Bediensteten in der Expedition sei eine sehr bescheidene und „das kleine Feld seiner Wirksamkeit" ausschließlich in Amsterdam gelegen gewesen.

– Kg Den Haag 12. 1. 1917.

Ebenso findet sich die Anwendung des Rechts des Arbeitsortes ohne ausdrücklichen Hinweis auf den mutmaßlichen Parteiwillen:

Vgl. Kg Amsterdam 7. 4. 1932: Auf den Dienstvertrag eines Niederländers, Buchhalters, der sich durch Vertrag in Amsterdam zur Dienstleistung für eine niederländische Firma in Niederländisch-Indien verpflichtet hatte, wurde das Recht von Niederländisch-Indien angewandt, obwohl, wie es heißt, die Firma ihren Sitz „im formellen oder juristischen Sinn" in den Niederlanden hatte;

– Rb Amsterdam 27. 9. 1935: Es handelte sich um den Arbeitsvertrag eines Hauptmechanikers auf einem Schiff unter niederländisch-indischer Flagge; doch wurde das Gewicht der Argumentation nicht auf die Flagge, sondern darauf gelegt, daß das Schiff ausschließlich in niederländisch-indischen Gewässern fahre. Der Vertrag war in Amsterdam geschlossen worden;

– Kg Hertogenbosch 10. 8. 1954: Der in den Niederlanden zwischen Niederländern geschlossene Vertrag zur Arbeitsleistung in Indonesien als Leiter einer Plantage unterliegt dem indonesischen Recht des Arbeitsorts — und zwar unabhängig von der Tatsache, daß der Dienst überhaupt nicht angetreten worden war. Die Folge war, daß auf den Fall nicht die halbjährige Verjährung des Art. 1639 u BW, sondern die entsprechend längere indonesische Frist angewandt wurde, nach welcher die Klage noch nicht verjährt war. Die Entscheidung beruft sich ausdrücklich auf VAN BRAKEL für die Behauptung, man müsse das Recht aufsuchen, zu dem das Rechtsverhältnis die stärksten Bande aufweise, entwertet aber die Stellungnahme zugunsten der objektiven Theorie durch die weitere Behauptung, die Parteien hätten „stillschweigend" zu erkennen gegeben, daß sie ihr Rechtsverhältnis indonesischem Recht unterwerfen wollten. Dabei wird dem Umstand, daß beide Parteien Niederländer waren, und daß der Vertrag in den Niederlanden geschlossen worden war, ausdrücklich kein Gewicht beigemessen. Aber sollte der Richter sich hier nicht bei seiner Entscheidung insgeheim durch das von ihm vielleicht gewünschte Ergebnis – Ausschaltung einer als zu kurz empfundenen Verjährungsfrist – haben leiten lassen?

– Rb Amsterdam 7. 5. 1957: der in Deutschland zwischen Deutschen geschlossene Arbeitsvertrag des Leiters der Zweigstelle Amsterdam wird „wegen des immer stärker werdenden öffentlichrechtlichen Charakters des Arbeitsvertrages" dem Recht des Arbeitsorts unterstellt, eine Verweisung auf deutsches Recht – die in der Bezugnahme auf die „gesetzliche" Kündigungsfrist von 6 Wochen gesehen wurde – könne den zwingenden Art. 1639 s BW (s. unten Nr. 302) nicht ausschalten.

Auch Jitta I 194 und Mulder 169 knüpfen an das Recht des Arbeitsorts an; Mulder weist dabei auf die große Rolle hin, die der ordre public in diesem Gebiet spiele.

Eine frühere Entscheidung Rb Amsterdam 30. 6. 1905 stellt auf das Recht des Ortes ab, „wo der Arbeitsvertrag geschlossen worden und zu erfüllen war". Vgl. schließlich Rb Den Haag 11. 4. 1918, unten Nr. 138.

137. Der *Abschlußort,* locus contractus, erfreut sich – eine Folge des französischen Einflusses im niederländischen Recht – verhältnismäßig großer Beachtung. Kosters hat die Maßgeblichkeit der lex loci contractus bei Schweigen der Parteien überhaupt zur Hilfsregel erheben wollen (s. oben Nr. 18 Anm. 32). Freilich ist man seiner Ansicht nicht gefolgt; auch sind die Entscheidungen, die ausschließlich auf den locus contractus abstellen, nicht so zahlreich, als man vermeint, da die Bedeutung des Abschlußortes meist durch mehrere andere Anknüpfungspunkte verstärkt wurde. Immerhin sind hier zu nennen:

– Kg Rotterdam 28. 12. 1914 (Arbeitsvertrag eines Kapitäns), wonach die Parteien so angesehen werden, als hätten sie sich dem Recht des Abschlußortes unterworfen;

– Rb Den Haag 22. 4. 1926: Das Arbeitsverhältnis eines niederländischen Ingenieurs im Dienste einer deutschen Firma mit Arbeitsort in Niederländisch-Indien beurteilt sich nach dem niederländischen Recht des Ortes, wo der Vertrag geschlossen worden ist.

Auf den Abschlußort stellt ab, obwohl sich die Entscheidung auch mit der Anwendung des Rechts am Sitz des Arbeitgebers bei leitenden Angestellten rechtfertigen würde, Rb Amsterdam 22. 12. 1911: Der Vertrag eines Niederländers mit einer deutschen Firma zur Leitung der Zweigstelle in Amsterdam, abgeschlossen in Berlin, unterliegt nach dem mutmaßlichen Parteiwillen deutschem Recht; es sei nicht richtig, daß die niederländischen Vorschriften über den Arbeitsvertrag immer Anwendung verlangten, das deutsche Recht schütze den Arbeitnehmer ebenso gut.

Weiter ist hier die bereits oben Nr. 135 erwähnte Entscheidung Kg Amsterdam 15. 3. 1921 zu nennen, wo nicht nur auf die bessere Ausbildung des niederländischen Rechts, sondern auch darauf hingewiesen wurde, daß der Vertrag in Amsterdam geschlossen worden und der Arbeitgeber eine niederländische Firma sei.

Schließlich sind Entscheidungen zu vermelden, bei denen der *Abschlußort* mit anderen als den genannten Kriterien zusammenfällt, und zwar:

a) *mit der gemeinsamen* Staatsangehörigkeit der Parteien

Vgl. Rb Rotterdam 8. 12. 1913: Der Arbeitsvertrag eines deutschen Zirkusdompteurs mit einem deutschen Zirkusunternehmen mit vereinbartem Arbeitsort in Rotterdam unterliegt deutschem Recht, „weil beide Parteien Deutsche sind und der Vertrag außerhalb der Niederlande geschlossen worden ist und die Parteien ihren Wohnsitz außerhalb der Niederlande haben". Die Vertragsstrafklausel, um die es ging, wurde nach deutschem Recht beurteilt, s. oben Nr. 55.

– Rb Maastricht 18. 3. 1920: Zwischen zwei deutschen Parteien war in Berlin ein Arbeitsvertrag geschlossen worden, durch den dem Kläger die Hauptvertretung des Beklagten, eines Versicherungsunternehmens, in den Niederlanden übertragen worden war. Die Sprache des Vertrages war die deutsche; das deutsche Recht wurde ohne weiteres für anwendbar angesehen. Damit wurde eine dem deutschen Recht unbekannte zwingende Bestimmung des niederländischen Kündigungsschutzrechts ausgeschaltet.

– s. auch Kg Amsterdam 22. 12. 1916, unten Nr. 139;

b) mit dem *gemeinsamen Wohnsitz* der Parteien:

Vgl. Kg Amsterdam 10. 3. 1922: Auf den in Amsterdam zwischen zwei dort wohnhaften Parteien geschlossenen Arbeitsvertrag ist das niederländische Recht anwendbar, obwohl die Arbeitsleistung in Niederländisch-Indien erfolgen sollte (hier keine Erwähnung des Parteiwillens). Es ging um die niederländischen Vorschriften über die fristlose Kündigung;

c) mit dem *Arbeitsort:* s. Rb Amsterdam 30. 6. 1905, oben Nr. 136.

d) Auf den *Abschlußort* und den *Sitz des Arbeitgebers* stellt ab Kg Tilburg 13. 7. 1939; es ging um die Frage, ob überhaupt ein Arbeitsvertrag zustandegekommen sei; sie wurde nach dem Recht beurteilt, das den Vertrag, sein Zustandekommen vorausgesetzt, beherrschen würde.

138. Manche Entscheidungen knüpfen an den *Sitz des Arbeitgebers* an:

Vgl. Kg Amsterdam 8. 7. 1910: Es handelte sich um den Vertrag einer Berliner Firma mit einem Niederländer, der das Zweigbüro der Firma in Amsterdam als Ingenieur leiten sollte. Da die Parteien verschiedener Staatsangehörigkeit waren, nimmt das Gericht an, daß auf den Parteiwillen nicht Rückgriff genommen werden könne, da jede Partei bei Vertragsschluß ihr eigenes Recht im Auge gehabt habe; es sei deshalb das den Umständen nach rationellste Recht anzuwenden; dieses sei das deutsche Recht als Recht am Sitz des Arbeitgebers (vgl. auch unten Nr. 256).

– Rb Amsterdam 19. 3. 1915: Mangels anderer Bestimmung durch die Parteien unterliegt der Arbeitsvertrag eines deutschen Chemikers mit einer niederländischen Firma zur Arbeitsleistung in Niederländisch-Indien dem niederländischen Recht, da der Arbeitgeber eine niederländische Firma sei und der Arbeitsvertrag „in den Niederlanden oder in Deutschland zustandegekommen sei"; der Umstand, daß die Arbeit ausschließlich in Niederländisch-Indien zu leisten war, kommt der Rechtsbank „von minderem Gewicht" vor.

Mittelbar geht auch die Entscheidung des Hoge Raad 5. 6. 1953 davon aus, daß der

Arbeitsvertrag des Zweigstellenleiters einer niederländischen Bank in Asien niederländischem Recht unterliege.

An den Sitz des Arbeitgebers knüpft auch MEIJERS, N. J. 1927, 323 a. E. an.

Nur ein Lippenbekenntnis für dieses Recht legt die Entscheidung Rb Den Haag 11. 4. 1918 ab: Ein in den Niederlanden zwischen Niederländern geschlossener Arbeitsvertrag zur Arbeitsleistung in Niederländisch-Indien wurde dem Recht von Niederländisch-Indien unterworfen, weil der Betrieb zwar seinen formellen Sitz in den Niederlanden, tatsächlich seinen Sitz jedoch in Niederländisch-Indien habe. Damit ist der Sache nach wohl an den Arbeitsort angeknüpft worden. Eine ähnliche Argumentation findet sich bei Kg Amsterdam 7. 4. 1932, oben Nr. 136.

139. Schließlich spielt bei der Bestimmung des Arbeitsstatuts auch die *gemeinsame Staatsangehörigkeit* der Parteien eine Rolle.

Bereits genannt wurden die Entscheidungen Rb Rotterdam 8. 12. 1913, Rb Maastricht 18. 3. 1920 und Kg Amsterdam 22. 12. 1916 (oben Nr. 137), wo die gemeinsame Staatsangehörigkeit mit dem locus contractus zusammenfiel. Besonders bezeichnend ist hiervon die letztere, Kg Amsterdam 22. 12. 1916. Es handelte sich um ein Wettbewerbsverbot und eine Vertragsstrafklausel, denen sich ein Niederländer in einem in Amsterdam mit einem Niederländer geschlossenen Arbeitsvertrag unterworfen hatte; die Arbeit sollte in der Buchhandlung des Arbeitgebers in Südafrika geleistet werden. Für anwendbar wurde das niederländische Recht erklärt; in erster Linie als gemeinsames Heimatrecht der Parteien, in zweiter Linie als lex loci contractus; der Arbeitgeber könne sich als Niederländer nicht beklagen, „wenn er nach seinem eigenen nationalen Recht beurteilt werde"; demzufolge wurde die vereinbarte Vertragsstrafe gemäß Art. 1637 x BW herabgesetzt.

Hof Amsterdam 22. 11. 1907 wendet auf einen in Niederländisch-Indien geschlossenen Arbeitsvertrag eines Niederländers mit einer niederländischen Firma zur Arbeitsleistung in Singapur das niederländische Recht an.

Die gemeinsame Staatsangehörigkeit ist schließlich auch in der Berufungsentscheidung Rb Amsterdam 18. 1. 1918 zu Kg Amsterdam 19. 10. 1915, oben Nr. 136, für die Anwendung deutschen Rechts maßgeblich; ebenso für Rb Rotterdam 15. 2. 1915 (Dienstverhältnis eines Kapitäns).

7. England

140. Die englische Rechtsprechung ist verhältnismäßig spärlich. Entscheidungen, die an den Arbeitsort anknüpfen, stehen solchen gegenüber, die den locus contractus bevorzugen.

Als stärkste wird *South African Breweries* v. *King*, [1899] 2 Ch. 173, bestätigt [1900] 1 Ch. 273, angesehen, die sich für die Maßgeblichkeit des *Arbeitsortes* ausspricht.

Der Beklagte, ein in Johannisburg wohnhafter britischer Staatsangehöriger, war von einer englischen Firma, die ihre Geschäfte jedoch nur in Südafrika betrieb, als Braumeister eingestellt worden; der Vertrag war in Johannisburg geschlossen und erfüllt worden und in englischer Form und Sprache abgefaßt; er entsprach einem früheren

Vertrag zwischen den beiden Parteien, von dem angenommen werden konnte, daß er englischem Recht unterliegen sollte. Gegenstand des Streites war eine im Vertrag enthaltene Wettbewerbsabrede über 10 Jahre, die nach dem Recht von Transvaal ungültig sein sollte. Unter Erforschung des mutmaßlichen Parteiwillens, aber auch des engsten Zusammenhangs[167], wurde das Recht von Transvaal für anwendbar erklärt[168].

M. A. wird die Entscheidung in ihrer Präzedenzkraft durch den Umstand beeinträchtigt, daß es sich um die Grenzen eines Wettbewerbsverbots handelte, bei dem ordre-public-Erwägungen stets in starkem Maße mitschwingen. Zudem ist auf die englische Rechtsprechung zum Geltungsbereich von Verboten der lex loci executionis (oben Nr. 97a zu Anm. 42) hinzuweisen.

Für das Recht des Arbeitsorts (= lex loci solutionis) spricht sich auch das Urteil *Hicks* v. *Manton* (1907), 1. W. C. C. 150 = 24 L. T. Journal 135, aus:

Eine Französin hatte eine in Dover wohnhafte Putzfrau meist in ihrer Wohnung in Dover, ab und zu auch in ihrer Wohnung in Calais beschäftigt. Der Vertrag war in Dover zustande gekommen, die Klägerin erlitt in Calais einen Unfall. Die Anwendbarkeit des englischen Workmens Compensation Act (s. unten Nr. 221) wird abgelehnt: nichts deute auf einen Willen der Parteien, die lex loci contractus anzuwenden; vielmehr gelte hier wie in *South African Breweries* v. *King*, daß die lex loci solutionis als das Recht des Landes, „with which the transaction has the most real connection", anwendbar sei.

Für die *lex loci contractus* sprechen die Entscheidungen *Arnott* v. *Redfern* und *Re Anglo-Austrian Bank.*

In *Arnott* v. *Redfern* (1825), 2 C. & P. 88, wird der Vertrag eines schottischen Handelsreisenden, der als Verkaufsagent jährlich vier Reisen durch Schottland unternehmen sollte, englischem Recht unterstellt, weil der Vertrag in England mit einem englischen Prinzipal geschlossen worden war[169].

Auch die Entscheidung *Re Anglo-Austrian Bank, Dresdner Bank, Direktion der Diskontogesellschaft,* [1920] 1 Ch. 69, wird als Fall der Maßgeblichkeit der lex loci contractus angeführt. Es handelte sich um drei zusammengefaßte Klagen der Leiter der Londoner Zweigstellen der genannten Banken, die durch die englische Feindgesetzgebung betroffen worden waren. Erörtert wurde in der Entscheidung das Arbeitsver-

---

[167] Vgl. einerseits S. 178: „In considering by what law the contracting parties intended – or rather, by which they may justly be presumed to have intended – to bind themselves...", andererseits S. 182: „Can it be doubted that the country with which the transaction had the most real connection was South Africa...?"

[168] Vgl. Dicey-Kahn-Freund 737 Nr. 9.

[169] „This is a case of a Scotchman, who comes into England und makes a contract. As the contract was made in England, although it was to be executed in Scotland, I think that it ought to be regulated according to the rules of the English Law... These questions of international law do not often occur". Auch aus der Entscheidung *Holland* v. *Bennett,* [1902] 1 K. B. 867, geht mittelbar hervor, daß das Arbeitsverhältnis des Londoner Korrespondenten der New York Herald Tribune nicht englischem Recht unterlag. Im gleichen Sinne auch *Mynott* v. *Barnard* (1939), 62 C.L.R. 68 (australische Entscheidung), lt. Dicey-Kahn-Freund 749 Anm. 82.

hältnis des Leiters der Zweigstelle der Diskontogesellschaft; es wurde nach deutschem Recht beurteilt, da der Arbeitsvertrag zwischen deutschen Staatsangehörigen in Berlin geschlossen, in deutscher Sprache abgefaßt, und, wie das Gericht sagt, in Deutschland „erfüllt", executed, worden war, obwohl die tatsächliche Tätigkeit des Klägers natürlich in London erfolgt ist. In Wahrheit ist der Fall jedoch nicht sehr beweiskräftig, da die Tätigkeit des Klägers in London nur die Fortsetzung eines bereits vorher begonnenen Arbeitsverhältnisses gewesen war (der Kläger war vorher Leiter der Zweigstelle Rio de Janeiro gewesen).

Im Fall *Oppenheimer* v. *Louis Rosenthal & Co. AG*, [1937] 1 All E. R. 23 unterlag der Arbeitsvertrag des Klägers, eines deutschen Staatsangehörigen, Leiters der Londoner Zweigstelle einer deutschen Firma, deutschem Recht; der Vertrag war in Berlin geschlossen worden.

Schließlich wurde auch im Falle *Rousillon* v. *Rousillon* (s. oben Nr. 53) das Gewicht auf den Umstand gelegt, daß der Arbeitsvertrag in Frankreich geschlossen worden war.

Lassen sich aus den Entscheidungen mithin sichere Schlüsse nicht ziehen, so neigt die Rechtslehre, wie es scheint, zu einer Bevorzugung des Arbeitsorts[170]. CHESHIRE 228 bildet das Beispiel zweier Engländer, die im Ausland einen Arbeitsvertrag über Dienstleistungen an einer Londoner Bühne schließen; der Vertrag unterliege „offensichtlich" englischem Recht. Nach Ansicht von KAHN-FREUND bei DICEY 759 Anm. 48 sind die meisten der dem Arbeitgeber durch die Sozialgesetzgebung auferlegten Pflichten so eng mit dem englischen Verwaltungsrecht verknüpft, daß ihre Anwendung vom Arbeitsort im Inland abhängig sei. KAHN-FREUND bringt als Beispiel die Vorschriften über Mindestlöhne und die nichtvertraglichen Pflichten aus dem Workmens Compensation Act. Ganz allgemein sagt KAHN-FREUND a.a.O., daß die englische Gesetzgebung, die im Hinblick auf eine „social policy" ergehe, auch bei ausdrücklicher Wahl eines ausländischen Rechts eingreifen müsse.

8. Andere Länder

141. *Nordische Staaten.* Für *Schweden* vertritt KARLGREN die Ansicht, daß der Arbeitsvertrag nach dem Recht des Landes zu beurteilen ist, in dem die Arbeit ausgeführt wird, zumindest wenn sie überwiegend mit diesem Land verknüpft ist[171]; ähnlich NIAL, der den Arbeitsort als den wichtigsten Anknüpfungspunkt bezeichnet, dabei aber darauf hinweist,

---

[170] KAHN-FREUND, Bericht zum 2. intern. Kongreß für Arbeitsrecht, Genf 1957, S. 11. Anders noch WESTLAKE-BENTWICH, A Treatise on Private International Law (7. Aufl. 1925) 309, der die Verpflichtungen des Dienstgebers nach dem Recht, wo er lebt und wo der Vertrag geschlossen wurde und nicht nach dem Recht des Dienstorts beurteilt.

[171] KARLGREN, Internationell Privat- och Processrätt (1950) 101 f.

daß es sich nicht um eine starre Regel handele[172]. Dem entspricht die schwedische Praxis, die im internationalen Vertragsrecht einer individualisierenden Methode folgt.

Zum Arbeitsverweisungsrecht vgl. Oberster Gerichtshof 21. 5. 1941[173]: ein zwischen Schweden in Schweden geschlossener Arbeitsvertrag zur Arbeit eines Masseurgehilfen in Transvaal unterliegt schwedischem Recht (vgl. unten Nr. 280).

Die Maßgeblichkeit des Arbeitsorts vertritt für das *dänische* Recht BORUM[174], soweit es sich um langfristige Arbeitsverträge handele; bei nur vorübergehenden Aufgaben – Borum nennt als Beispiele die Beschäftigung als Künstler, Arzt usw. – sei hingegen „sicherlich" das Recht am Wohnsitz des Beschäftigten anzuwenden.

142. *Griechenland.* Aus der griechischen Praxis vgl. Berufungsgericht Athen 1934 Nr. 399: ein zwischen Griechen in Griechenland geschlossener Arbeitsvertrag zur Leistung von Diensten in England unterliegt griechischem Recht[175]. Zur Praxis bei Seearbeitsverträgen vgl. unten Nr. 155.

143. In den *Vereinigten Staaten* kreist fast die gesamte einschlägige Rechtsprechung um Fragen der Entschädigung für Arbeitsunfälle. Sie ist angesichts der Verschiedenheiten der einzelstaatlichen Arbeitsunfallgesetze recht verwickelt und kann hier nicht dargestellt werden[176]. Hingewiesen sei nur auf einige andere herausstehende Fälle:

Owens v. *Hagenbeck – Wallace Shows Company,* Entscheidung des Supreme Court von Rhode Island[177] vom 8. 5. 1937, 112 A. L. R. 113: In dem Arbeitsvertrag eines Zirkusartisten war das Recht von Florida ausdrücklich vereinbart worden, obwohl zu diesem Recht eine nähere Beziehung nicht ersichtlich war: der Vertrag wurde in Indiana geschlossen und zum größeren Teil erfüllt, in Boston (Massachusetts) wurde dem Artisten vorzeitig gekündigt, weil seine Leistungen nicht mehr voll zufriedenstellend seien: ein Kündigungsgrund, der in dieser Form („good-faith-satisfaction" statt „reasonable satisfaction") dem Recht in Florida – und das legt den auch vom Gericht aufgegriffenen Gedanken der fraus legis nahe – nicht aber den sonstigen beteiligten Rechten bekannt war. Das Gericht anerkennt die Verweisung auf das Recht von Florida nicht, sondern will den Parteien nur die Wahl entweder des Rechts des Abschluß- oder des Erfüllungsorts gestatten.

---

[172] NIAL, Internationell Förmögensheträtt (2. Aufl. 1953) 62 f.; ebenso GODENHJELM (unten Nr. 292 Anm. 292) 157.

[173] Nytt Juridisk Arkiv 1941, 350 = Revue critique d. i. p. 37 (1948) 430.

[174] BORUM, Lovkonflikter (4. Aufl. 1957) 150.

[175] Clunet 63 (1936) 681. — Zur *ungarischen,* offenbar der Anwendung des Rechts des Arbeitsorts zuneigenden Rechtsprechung vgl. SZASZY, RabelsZ 11 (1937) Nr. 8 f.

[176] Vgl. den Bericht von ROTHSTEIN zum 2. intern. Kongreß für Arbeitsrecht in Genf, 1957; Party Autonomy in the Conflict of Laws (oben Nr. 91 Anm. 7) 563 ff.; HANCOCK, Torts in the conflict of laws (1942) 217 ff.

[177] Clunet 66 (1939) 720.

Foley Bros., Inc. v. *Filardo,* Supreme Court von New York 7. 3. 1949, 336 U. S. Reports 281 ff.: [178] Es ging um den Anspruch eines Kochs auf Mehrarbeitsvergütung; der Kläger war in den Kriegsjahren von einer amerikanischen Gesellschaft zu Arbeiten im Iran und Irak angestellt worden; die Arbeitgeberin führte die Arbeiten in diesen Ländern ihrerseits im Auftrag der amerikanischen Regierung durch. Der Kläger gründete seinen Anspruch auf das Acht-Stunden-Gesetz, 40 U. S. C. §§ 321—326, in dem der Achtstundentag für alle Arbeiten vorgeschrieben ist, die durch die amerikanische Regierung oder in ihrem Auftrag (durch einen „sub-contractor") als öffentliche Arbeiten durchgeführt werden. Zulässige Überschreitungen der Höchstarbeitszeit waren mit 50 % Mehrarbeitsvergütung zu entlohnen. Das Gericht wies die Klage ab, da das amerikanische Gesetz – wie aus den Vorarbeiten und aus Äußerungen maßgeblicher Stellen gefolgert wurde – nur Arbeiten innerhalb der Vereinigten Staaten regeln wolle. Die eigentliche Frage nach dem Arbeitsstatut wird damit umgangen, es darf aber angenommen werden, daß das Gericht an sich amerikanisches Recht für anwendbar angesehen hätte.

Anders die Entscheidung *Vermilya-Brown Co., Inc.* v. *Connell,* 335 U. S. 377, in der die Anwendung des Fair Labor Standards Act auf Arbeiten auf den Bermudas, ebenfalls im Auftrag der amerikanischen Regierung, bejaht wurde. Das Gericht untersucht auch hier ausschließlich den Geltungsbereich des genannten Gesetzes und kommt zu seiner Entscheidung auf Grund einer (anfechtbaren) Auslegung des Worts „possession of the United States".

144. Eine *brasilianische* Entscheidung knüpft eng an die Gedanken an, wie sie die italienische Rechtsprechung entwickelt hat [179].

Es handelte sich um den englischen Angestellten einer englischen Firma; diese wollte gem. Art. 9 der einleitenden Bestimmungen zum brasilianischen Zivilgesetzbuch, wonach Obligationen nach dem Recht des Landes beurteilt werden, in dem sie entstanden sind [180], englisches Recht angewandt sehen; demgegenüber beruft sich das Gericht auf die Territorialität der Arbeitsgesetze und auf die Bestimmung des brasilianischen Rechts, daß Arbeitsstreitigkeiten vor das Arbeitsgericht des Orts gehören, an dem die Arbeit geleistet wird, auch wenn der Arbeitsvertrag an einem andern Ort oder im Ausland geschlossen worden ist.

9. Rechtsvergleichung: Zusammenfassung der Anknüpfungen

145. Während die deutsche Rechtsprechung oben von vornherein nach dem entscheidenden Anknüpfungsmerkmal aufgegliedert dargestellt werden konnte, war die rechtsvergleichende Untersuchung aus Gründen der praktischen Übersicht zunächst nach Ländern vorzunehmen. Nunmehr ist in einem kurzen Rückblick das Gewicht der Anknüpfungspunkte in Rechtsprechung und Rechtslehre der untersuchten Ländern zu prüfen.

---

[178] AJIL 43 (1949) 824; Clunet 73–76 (1946–49) 149.

[179] Oberstes Arbeitsgericht 9. 1. 1951, Trabalho e Seguro Social (Rio de Janeiro) 1951, 238, lt. DEVEALI, Riv. comp. lav. 1 (1953) 69 Anm. 4.

[180] MAKAROV, Quellen, Brasilien S. 8.

Dabei sind allerdings, wie oben Nr. 7 b schon angedeutet, solche Entscheidungen und Meinungen außer Betracht zu lassen, die von der Vorstellung des Arbeitsrechts als eines Teils des öffentlichen Rechts oder von den Arbeitsgesetzen als „Polizeigesetzen" ausgehen. Ebenso sind alle die Entscheidungen als Vorbild nur beschränkt verwendbar, die auf Grund bestimmter Normen ergehen, die (wie etwa die §§ 36, 37 ABGB, Art. 25 der italienischen d. p.) im Recht der Bundesrepublik kein Gegenstück haben.

146. Dem *Arbeitsort* kommt größte Bedeutung zu. An ihn wird angeknüpft sowohl in Auslegung eines dahingehenden mutmaßlichen Parteiwillens [181] als auch ohne Bezugnahme auf einen solchen [182]. Wird hauptsächlich an einem Ort, daneben aber zuweilen auch an anderen Orten gearbeitet, so gilt das Recht des Hauptarbeitsortes [183]. Was „Arbeitsort" ist, kann zuweilen auch durch Entscheidungen zur örtlichen Zuständigkeit der Arbeitsgerichte erläutert werden [184].

147. Der nächstwichtige Anknüpfungspunkt ist der *Ort*, wo der *Vertrag geschlossen* wurde; daß ihm solche Bedeutung beigemessen wird, ist auf die starken Nachwirkungen der Statutenlehre in den romanischen

[181] *Arbeiter:* Österreich: OGH 19. 12. 1928 (Jäger); Frankreich: Kassationshof 11. 7. 1938 (Monteur); Niederlande: KG Amsterdam 19. 10. 1915 (Magazinarbeiter). – *Angestellte:* Österreich: OGH 6. 3. 1929; Schweiz: BG 12. 7. 1912; 15. 5. 1914; Italien: Kassationshof 29. 12. 1937; Belgien: HandG Gent 6. 3. 1922; England: *South African Breweries* v. *King*. – *Leitende Angestellte:* Österreich: OGH 16. 9. 1930 (Hoteldirektor); Italien: ZG Monza 12. 5. 1937 (zusammen mit locus contractus); Belgien: HandG Brüssel 26. 1. 1935 (Verkaufschef). – *Handelsvertreter:* Schweiz: BG 18. 9. 1934; 25. 10. 1939; Appellationshof Bern 12. 3. 1912; Frankreich: Kolmar 13. 6. 1935 (interlokal); Niederlande: Kg Amsterdam 2. 12. 1938; Österreich (zusammen mit Wohnsitz des HV): OGH 18. 5. 1933.

[182] *Arbeiter:* Niederlande: Rb Amsterdam 27. 9. 1935 (Hauptmechaniker); England: *Hicks* v. *Manton* (Putzfrau). – *Angestellte:* Österreich: OGH 18. 3. 1913, 18. 9. 1934; Gewerbegericht Wien 13. 5. 1932; ArbG Wiener Neustadt 23. 7. 1947; Italien: Mailand 26. 11. 1932, 15. 5. 1933; ZG San Remo 2. 3. 1933; Niederlande: Kg Amsterdam 7. 4. 1932. – *Journalisten:* Österreich: Landesgericht Wien 4. 12. 1933; Frankreich: Paris 12. 1. 1900. – *Leitende Angestellte:* Belgien: Brüssel 26. 11. 1938 (Leiter der römischen Zweigstelle einer belgischen Eisenbahngesellschaft); Niederlande: Kg Hertogenbosch 10. 8. 1954 (Leiter einer Plantage); Rb Amsterdam 7. 5. 1957 (Zweigstellenleiter).

[183] Bei stets wechselndem Arbeitsort ohne festen Ausgangspunkt (Reisebegleiter eines Globetrotters) will LENHOFF 783 f. die lex loci contractus anwenden, während JITTA I 193 die Lösung unter Verzicht auf eine bestimmte Anknüpfung in der Heranziehung eines „droit commun international" sucht.

Zu dem verwandten Problem des Statutenwechsels bei Verlegung des Arbeitsortes s. unten Nr. 158.

[184] Vgl. für Österreich WAHLE-DITTRICH-VEIT II 999 zu § 3 ArbGG.

Ländern, aber auch im ABGB, zurückzuführen [185]; demgemäß spielt der locus contractus in der Schweiz die geringste Rolle [186]. Andererseits ist dieses Kriterium insofern schwächer als der Arbeitsort, als man hier fast stets auf die mutmaßliche Absicht der Parteien Bezug nimmt, die Norm von der Maßgeblichkeit der lex loci contractus mithin den Charakter nur einer Auslegungshilfe hat [187].

148. Die Anknüpfung an den *Wohn- oder Geschäftssitz des Arbeitgebers* findet sich seltener [188]; sie überwiegt jedoch bei Arbeitsverhältnissen von leitenden Angestellten, s. unten Nr. 154. Bei Berufen, für die das Reisen vom Sitz des Arbeitgebers als dem festen Ausgangspunkt aus typisch ist (Schlafwagenschaffner, Revisor) wird ebenfalls an diesen immer wiederkehrenden Ausgangspunkt angeknüpft [188a].

149. Das *gemeinsame Heimatrecht* der Parteien wird mehrfach in Auslegung ihres mutmaßlichen Willens zum Arbeitsstatut erklärt [189]; in manchen Fällen fiel dieses Recht mit der lex loci contractus zusammen [190]. *Gemeinsamer Wohnsitz* entschied in BG 11. 12. 1891.

---

[185] Zur Anziehungskraft des Abschlußorts s. BATIFFOL, Contrats 75 f.

[186] Vgl. die Entscheidung BG 10. 10. 1891, aus der dies mittelbar hervorgeht; BG 22. 5. 1914; KNAPP, SchweizJbIR 5 (1948) 93 f.

Auch der *ungarische* Oberste Gerichtshof hält den locus contractus für bedeutungslos, vgl. 27. 10. 1937; Clunet 65 (1938) 911.

[187] *Arbeiter:* Belgien: ZG Antwerpen 30. 7. 1910 (Monteur); ZG Mons 30. 5. 1925 (Bergmann); Kassationshof 28. 3. 1912 (Schneider). Zusammen mit der gemeinsamen Staatsangehörigkeit: Niederlande: Rb Rotterdam 8. 12. 1913. – *Angestellte:* Italien: ZG Varese 17. 10. 1931; Prätur Venedig 25. 6. 1934; Rom 7. 5. 1937; Kassationshof 15. 7. 1938; Niederlande: Kg Rotterdam 28. 12. 1914 (Kapitän); Rb Den Haag 22. 4. 1926 (Ingenieur); ohne Erwähnung des Parteiwillens und verstärkt durch den gemeinsamen Wohnsitz der Parteien: Kg Amsterdam 10. 3. 1922. – *Leitende Angestellte:* Niederlande: Rb Amsterdam 22. 12. 1911; Kg Amsterdam 15. 3. 1921. – *Handelsvertreter:* Österreich: OGH 13. 3. 1931, 28. 5. 1934, 12. 2. 1935; England: *Arnott* v. *Redfern; Roussillon* v. *Roussillon.*

[188] Schweiz: *Angestellte* OG Zürich 22. 6. 1933; Niederlande: *Angestellte* Rb Amsterdam 19. 3. 1915 (Chemiker); *Handelsvertreter:* Rb Amsterdam 9. 1. 1952, Rb Rotterdam 12. 6. 1953.

[188a] LAUTNER 840; BATIFFOL, Contrats 264; VENTURINI, Lehrbuch 237; DURAND-JAUSSAUD I 212. Vgl. den Schlafwagenschaffnerfall ZG San Remo 2. 3. 1933 (oben Nr. 127) und BG 4. 3. 1892 (oben Nr. 122 Anm. 117).

[189] Arbeiter: Frankreich: Paris 16. 3. 1925; Niederlande: Rb Amsterdam 18. 1. 1918 (Magazinarbeiter). – *Angestellte:* Belgien: Brüssel 4. 1. 1930; Niederlande: Hof Amsterdam 22. 11. 1907. – *Leitende Angestellte:* Belgien: ZG Brüssel 1. 3. 1935, vgl. auch LENHOFF 772.

[190] *Arbeiter:* Frankreich: Kassationshof 26. 5. 1921; Belgien: BerArbG Mons 6. 2. 1932; (s. auch oben Anm. 187) – *Angestellte:* Belgien: HandG Antwerpen 9. 12. 1932;

150. In einigen Fällen wurde die Wahl des anwendbaren Rechts auch auf eine *Gerichtsstandvereinbarung* gestützt [191].

151. Daß ein Recht dem Arbeitnehmer *günstiger* als das andere ist, rechtfertigt wohl eine ausdrückliche Rechtswahl, nimmt ihr also den Charakter des willkürlichen, mit dem Arbeitsvertrag in keinem Zusammenhang stehenden; doch geht das nicht so weit, daß die Günstigkeit als solche zum Anknüpfungspunkt würde. Es ist unzulässig, einem Recht vor dem anderen deshalb den Vorzug zu geben, weil es dem Arbeitnehmer günstiger ist [192], und dies mit seinem mutmaßlichen Willen zu begründen [193]. Dagegen scheint mir ein gültiges Argument für die Erforschung des mutmaßlichen Parteiwillens zu sein, daß das eine Recht besser durchgebildet ist als das andere [194]; ebenso daß eines der beiden in Frage kommenden Rechte den Vertrag bzw. die Abrede für nichtig erklären würde [195] (vgl. oben Nr. 91).

152. Arbeitsverhältnisse mit dem *Staat* oder einer *öffentlichen Körperschaft als Arbeitgeber* genießen keine Sonderbehandlung, sondern werden nach den gewöhnlichen Regeln angeknüpft [196].

Niederlande: Kg Amsterdam 22. 12. 1916. – *Leitende Angestellte:* Belgien: Brüssel 12. 3. 1914; HandG Brüssel 15. 12. 1923, 19. 3. 1926; Niederlande: Rb Maastricht 18. 3. 1920.

[191] Schweiz: BG 1. 12. 1893; 22. 5. 1914; 7. 3. 1950.

[192] Schon gar nicht: weil die eine strittige Rechtsfrage in einem ihm günstigen Sinn beantwortet wird! S. aber SIMI, unten Nr. 381 Anm. 32.

[193] Vgl. etwa Rom 7. 5. 1937; dagegen italienischer Kassationshof 15. 7. 1938.

[194] Vgl. Kg Amsterdam 15. 3. 1921.

[195] Vgl. Léopoldsville 8. 1. 1924; Rb Amsterdam 3. 11. 1924.

[196] So (in einer nicht arbeitsverweisungsrechtlichen Sache) der französische Kassationshof 31. 5. 1932, Clunet 60 (1933) 347 = Revue critique d. i. p. 29 (1934) 909 mit Anm. NIBOYET = Sivey 1933. 1. 17 mit Anm. NIBOYET. Vgl. hierzu BATIFFOL, Traité 641 f. Ebenso die Rechtsprechung in England, vgl. *Rex* v. *International Trustee etc.*, [1937] A. C. 500 (557): daß der Vertragspartner ein souveräner Staat ist, „is an element of weight to be considered, but it is no more than that". DICEY-KAHN-FREUND 735 erwähnt auch den Fall, daß ein Staat im Ausland fremde Arbeitskräfte einstellt; vgl. hierzu auch GRAVESON 199 f.

Prätur Mailand 13. 2. 1936 sagt allerdings, die sowjetische Handelsvertretung in Italien sei ein Organ des sowjetischen Staates, und die Dienstverhältnisse ihrer Angestellten würden „deshalb" nicht dem italienischen AngG von 1924 unterliegen.

Abweichend auch FEDOZZI, Lehrbuch 747 Anm. 2; die von ihm genannte Entscheidung des italienischen Kassationshofs vom 18. 1. 1933 besagt jedoch nicht, daß Verträge mit einem Staat dem Recht dieses Staates unterliegen, sondern verneint lediglich die italienische Gerichtsbarkeit für Ansprüche aus einem Anstellungs-(Beamten-?)-verhältnis innerhalb der sowjetischen Handelsvertretung.

Auch das *polnische* IPR-Gesetz Art. 8 Nr. 4 unterwirft Arbeitsverträge mit dem Staat dem Recht am Sitz der Behörde (oben Nr. 9).

10. Rechtsvergleichung: einzelne Berufe

153. Die Übersichten in den vorigen Nummern zeigen, daß man auch im ausländischen Recht weder für Arbeiter noch für Angestellte eine Anknüpfung als die vorherrschende bezeichnen kann. Bei Hausangestellten entscheidet sich die Rechtslehre für die Anknüpfung an das Recht des Dienstgebers [197].

154. Bei *leitenden Angestellten,* insbesondere den Leitern von Zweigstellen, überwiegt, wie im deutschen Recht, die Anknüpfung an das Recht am Sitz des Arbeitgebers, d. h. der Zentrale, des Unternehmens. Häufig ist dieses Recht auch die lex loci contractus; daß die beiden Anknüpfungspunkte zusammenfallen, ist, wie erwähnt, kein Zufall, denn meist schließt der Angestellte den Dienstvertrag am Sitz des Unternehmens [198].

Für Österreich nennt LENHOFF 784 Anm. 2 den Sitz des Unternehmens als für die Bestimmung ihres Dienstortes „wesentlich"; ADLER-HÖLLER [199] wendet dieses Recht an, soweit es sich um entsandte Kräfte handelt; LAUTNER 840 entscheidet indessen „wenigstens in der Regel" für das Recht des Arbeitsorts. Dagegen lehnt OGH 16. 9. 1930 ausdrücklich ab, einen Unterschied zwischen einem Arbeiter und einem Hoteldirektor zu machen.

Es gibt aber auch Entscheidungen, die sich auf den Arbeitsort [200], den Abschlußort [201], oder das gemeinsame Heimatrecht der Parteien [202] stützen.

[197] ROUAST, Festschrift Pillet 204.

[198] Schweiz: BG 22. 5. 1914 (Zweigstellenleiter); Belgien: BerArbG Brüssel 22. 6. 1929 (Einkaufschef eines Restaurationsbetriebes); Niederlande: Hooge Raad (implicite) 5. 6. 1953; Kg Amsterdam 8. 7. 1910; in Verbindung mit dem locus contractus: Rb Amsterdam 22. 12. 1911; Kg Amsterdam 15. 3. 1921 (alles Zweigstellenleiter); England: *Re Anglo-Austrian Bank; Oppenheimer* v. *Louis Rosenthal & Co. AG* (beides Zweigstellenleiter; die Anstellungsverträge waren jeweils in Berlin geschlossen worden). Vgl. auch KAHN-FREUND, Bericht zum 2. Kongreß für Arbeitsrecht (Genf 1957) S. 4: „It is not fanciful to suggest that the higher the place of an employee in the hierarchy of the employer's organisation, the more significant for the determination of the mutual rights and duties of employer and employee is the country in which the firm has its centre of management, its *„siège social réel"*, and the less significant is the place at which he happens to carry out a particular job of work. The importance of the centre of management for the determination of the proper law of the contract of employment is directly proportional to the importance of the employee in the organisation of the firm, and the importance of the place of performance is inversely proportional to it. Higher employees must be „mobile": they may be sent from one country to another to supervise and to organise: the law which governs their contractual rights and duties cannot depend on the place at which they happen to work and to reside at one time or another. Lower employees are taken on for a job, and discharged when the job is done. The connection of their contract with the place where they work is close, their connection with the employer's organisation is apt to be loose."

[199] Vorbem. III 4 vor § 1153 ABGB.

[200] Oben Anm. 181, 182.

[201] Oben Anm. 187.

[202] Oben Anm. 189, 190.

155. Für den *Seearbeitsvertrag* bestehen in den meisten Ländern gesetzliche Normen, die das Recht der Flagge teils einseitig (Italien, Frankreich, Belgien), teils allseitig (England) festlegen. Die Niederlande hat noch keine entsprechende Bestimmung, die Praxis folgt hier auch bei Ermittlung des Seearbeitsstatuts den allgemeinen Regeln. Die griechische Praxis ist dem Recht der Flagge nicht gewogen.

In *Italien* bestimmt Art. 9 Codice della navigazione die Anwendbarkeit italienischen Rechts zwingend bei Schiffen unter italienischer Flagge, während bei Schiffen unter ausländischer Flagge eine abweichende Wahl durch die Parteien möglich ist [203].

Einen sonderbaren Fall behandelt ZG Genua 19. 5. 1923 [204]: Ansprüche des Kapitäns und der Mannschaft eines russischen Schiffes gegen die Ausrüster und Reeder wurden „nach den allgemeinen Grundsätzen der Billigkeit" beschieden, weil zu jener Zeit ein Recht der Flagge nicht vorhanden gewesen sei: das Recht des sowjetischen Staates sei nicht anwendbar gewesen, da es an seiner Anerkennung gefehlt habe, umgekehrt habe man das alte russische Recht nicht mehr heranziehen können, weil es nicht mehr bestanden habe: Fall eines „heimatlosen Schiffes".

In *Frankreich* schreibt Art. 5 Code de navigation maritime [205] vom 13. 12. 1926 die Anwendung französischen Rechts auf den Seearbeitsvertrag bei Schiffen französischer Flagge vor; eine abweichende Rechtswahl ist wohl nicht möglich, vgl. Art. 133 a.a.O. Im gleichen Sinne Poitiers 2. 12. 1925:

Es handelte sich hier um den Arbeitsunfall eines spanischen Matrosen, der auf einem französischen Schiff gearbeitet hatte, aber nicht bei der Hilfskasse für französische Seeleute versichert war; die Anwendung des französischen Seeunfallgesetzes von 1906 wurde abgelehnt, dem Seemann jedoch der Rückgriff auf das gemeine Recht, Art. 1382 C. c. freigestellt.

S. auch HandG Le Havre 15. 4. 1913 (unten Nr. 373) [206].

---

[203] Art. 9: „Die Arbeitsverträge der Seeleute, der Binnenschiffer und des fliegenden Personals werden vom Heimatrecht des Schiffes oder Luftfahrzeugs geregelt, soweit nicht das Schiff oder Luftfahrzeug eine fremde Staatszugehörigkeit besitzt und die Parteien etwas anderes vereinbaren." MAKAROV, Quellen Italien S. 16; RabelsZ 15 (1949/50) 58 f.

[204] Vgl. hierzu WENGLER, RabelsZ 16 (1951) 12.

[205] Art. 5: „Dieses Gesetz ist anwendbar auf Verträge, welche zu Diensten jeder Art an Bord eines französischen Schiffes geschlossen wurden. Es ist auf Seeleute, die in Frankreich zu Diensten auf einem ausländischen Schiff angeheuert wurden, nicht anwendbar."

Entsprechend Art. 17 des *belgischen* Gesetzes v. 5. 6. 1928 über den Seearbeitsvertrag; Art. 4a des *sowjetischen* Seehandelsgesetzbuches vom 14. 6. 1929 (MAKAROV, Quellen UdSSR S. 8).

[206] Dargestellt bei NEUMEYER II 691 Anm. 5.

Die Rechtslehre macht aus dieser Vorschrift die allseitige Norm von der Anwendbarkeit des Rechts der Flagge [207].

In den *Niederlanden* besteht eine gesetzliche Regelung nicht, wenn auch in der Rechtslehre die Anwendung des Rechts der Flagge gefordert wird [208]. In der Rechtsprechung wird der Seearbeitsvertrag meist ebenso behandelt wie die anderen Arbeitsverträge, d. h. man wägt die Anknüpfungskriterien unter Berufung auf den mutmaßlichen Parteiwillen [209] gegeneinander ab.

Das Dienstverhältnis eines Kapitäns unterwirft Kg Rotterdam 28. 12. 1914 dem durch den locus contractus, Rb Rotterdam 15. 2. 1915 in Bestätigung dieser Entscheidung dem durch die gemeinsame Staatsangehörigkeit der Vertragschließenden bezeichneten Recht. In der Entscheidung Kg Rotterdam 23. 2. 1931, bestätigt durch Rb Rotterdam 1. 2. 1932, ist für die Anwendung des englischen Rechts auf den Heuervertrag eines Matrosen bestimmend, daß das Schiff unter englischer Flagge fuhr, die übrige Schiffsmannschaft englisch war, die Reise in London ihren Anfang genommen hatte, der Heuervertrag vor dem englischen Konsul geschlossen und in einer englischen Musterrolle eingetragen war; auf niederländisches Recht hätte dagegen nur die Staatsangehörigkeit des Seemanns und der Ort des Vertragsschlusses hingewiesen. Schließlich spielt in der Entscheidung Hof Amsterdam 16. 5. 1935 die Erwägung eine bestimmende Rolle, daß die beklagte Reederei ihre ausschließliche Tätigkeit in den Gewässern von Niederländisch-Indien entfaltete, während der Umstand, daß das Schiff auch die Flagge von Niederländisch-Indien führte, nur unter anderem miterwähnt worden ist.

England kennt in sec. 265 Merchant Shipping Act, 1894, wiederum eine allseitige Verweisungsnorm: Anwendbar auf Schiffsdienstverträge ist das Recht des Hafens, wo das Schiff registriert ist [210].

Hingewiesen sei auf *ungarische* [211] und *norwegische* [212] Entscheidungen, in denen ebenfalls der Heuervertrag dem Recht der Flagge unterstellt wurde. Dagegen weicht die *griechische* Praxis hiervon ab und knüpft nach den allgemeinen Regeln des Art. 25 ZGB [213] an: überwiegend wird auf die (jeweils griechischen) Kriterien der Staatsange-

[207] Vgl. Batiffol, Traité 659; ders., Contrats 272 f.; Niboyet, Traité IV 112.

[208] Vgl. Jitta I 197; (allgemein und nicht nur bezüglich des Seearbeitsvertrages:) Mulder 143.

[209] Vgl. etwa Kg Rotterdam 28. 12. 1914: „die Bestimmung der Parteien ist hier der Maßstab"; dasselbe Gericht 23. 2. 1931, bestätigt durch Rb Rotterdam 1. 2. 1932.

[210] Section 265: „Wenn in einer Angelegenheit, die sich auf ein Schiff oder auf eine zu einem Schiff gehörende Person bezieht, eine Gesetzeskollision entsteht, dann ist, falls dieser Teil des Gesetzes eine hierauf bezügliche Vorschrift enthält, die ausdrücklich auf ein solches Schiff Anwendung finden muß, die Angelegenheit durch diese Vorschrift zu regeln; wenn aber eine solche Vorschrift nicht besteht, ist die Angelegenheit durch das Recht des Hafens zu regeln, in welchem das Schiff registriert ist." Makarov, Quellen, Großbritannien S. 16.

[211] OGH 27. 10. 1937, Clunet 65 (1938) 911: Arbeitsvertrag eines Binnenschiffers, Recht des Registerhafens.

[212] Höchstes Gericht 3. 12. 1936, RabelsZ 13 (1940/41) 849.

[213] S. oben Nr. 92 Anm. 8.

hörigkeit des Seemanns oder des locus contractus abgestellt [214]; vor allem scheint die Praxis der Flagge dann kein Gewicht beizumessen, wenn es sich um Schiffe panamesischer Gesellschaften handelt, deren Anteilseigner ebenfalls Griechen sind (Fall des Durchgriffs!). Vgl. oben Nr. 115 zu Anm. 97. Eine *argentinische* Entscheidung [215] bekennt sich zwar grundsätzlich zum Recht der Flagge, läßt sie aber in casu vor der argentinischen lex loci contractus zurücktreten. Ganz eigene Wege geht ein *brasilianisches* Urteil [216].

156. Das Rechtsverhältnis des *Handelsvertreters* zu seinem Prinzipal wird meist dem Recht des Arbeitgebers, vielfach dem Recht seines Tätigkeitsortes, zuweilen der lex loci contractus unterworfen: Vgl. für Österreich OGH 18. 5. 1933 (Tätigkeitsort, gleichzeitig Wohnsitz des Handelsvertreters); dagegen OGH 13. 3. 1931, 28. 5. 1934, 12. 2. 1935 (Recht des Abschlußortes als mutmaßlich gewähltes Recht); für die Schweiz BG 18. 9. 1934, 25. 10. 1939 (Recht des Tätigkeitsortes als mutmaßlich gewähltes Recht) und jetzt Art. 418 b OR. In Italien entscheidet sich Venturini, Lehrbuch 191 für das Eingreifen der allgemeinen Regeln, unter Bevorzugung der lex loci contractus, während der dort genannte Formiggini, Il contratto di agenzia (Turin 1942) 30 dem Recht des Tätigkeitsorts den Vorzug gibt. Dagegen will Batiffol an das Recht des Arbeitgebers anknüpfen [217].

Auf dieses Recht stellen auch zwei neuere niederländische Entscheidungen ab: Rb Amsterdam 9. 1. 1952 und Rb Rotterdam 12. 6. 1953 [218]. (Beide Entscheidungen betreffen selbständige Handelsvertreter.) Umge-

---

[214] Vgl. ArbG Piräus 1953 Nr. 33, Revue hellénique de droit international 9 (1956) 209 m. Anm. Deliyannis und den Bericht von Fragistas, RabelsZ 20 (1955) 147. In dem Fall Zivilgericht Athen Nr. 10162/1951, Revue hellénique de droit international 5 (1952) 121 scheint eine ausdrückliche Wahl des panamesischen Rechts der Flagge vorgelegen zu haben.

[215] Nationale Arbeitskammer 17. 3. 1955, Clunet 83 (1956) 450.

[216] LAG des Bundesdistrikts, Rio de Janeiro 25. 10. 1948, Clunet 84 (1957) 162. Ein Finne wurde auf einem Schiff unter der Flagge von Panama angeheuert, das einem Portugiesen und einer brasilianischen Gesellschaft gehörte. Er wurde entlassen und klagte in Brasilien. Anwendbar sei, so sagt das Gericht, das Recht der Flagge nur, wenn es mit dem Recht am Wohnsitz des Reeders übereinstimme, da der Erfüllungsort des Arbeitsvertrages dort als belegen anzusehen sei (!). Die Entscheidung beruft sich hierfür auf die (gründlich mißverstandenen) Ausführungen von Batiffol, Contrats und die „Territorialität" der Arbeitsgesetzgebung.

[217] Batiffol, Contrats 265 Anm. 1; entsprechend Kronheim 62.

[218] In der Anmerkung der Schriftleitung zu dieser Entscheidung in Nederlands Tijdschrift voor Intern. Recht 1955, 303 wird gesagt, im allgemeinen gelte das Recht des Wohnsitzes des Handelsvertreters (unter Hinweis auf die Bedeutung des Arbeitsorts bei Arbeitnehmern). Dagegen stellt auf das Recht des Prinzipals schon Jitta I 195 ab. Auch Hof Amsterdam 28. 6. 1937 (unten Nr. 270), wo an sich nur von der Delcredere-Vereinbarung die Rede ist, dürfte im gleichen Sinne zu verstehen sein.

kehrt sagt Kg Amsterdam 2. 12. 1938, auf den Vertrag des (selbständigen) Agenten sei anwendbar nicht das (hier: deutsche) Recht des Prinzipals, sondern das (hier: niederländische) Recht des Arbeitsortes, Tätigkeitsortes[219]. Kg Tilburg 13. 7. 1939 beruft sich auf das Recht am Sitz des Prinzipals, das auch die lex loci contractus und (teilweise) die lex loci executionis war; Rb Maastricht 18. 3. 1920 stellt ab auf gemeinsame Staatsangehörigkeit, Sitz des Arbeitgebers, locus contractus und Sprache des Vertrages (alles deutsch), im Gegensatz zum niederländischen Tätigkeitsbereich des Hauptagenten eines Versicherungsunternehmens; Rb Amsterdam 30. 6. 1905 auf den gemeinsamen Abschluß- und Arbeitsort.

In England knüpfen die Entscheidungen *Arnott* v. *Redfern* und *Rousillon* v. *Rousillon* an das Recht am Ort des Prinzipals, wo der Handelsvertretervertrag auch geschlossen worden war, an. Umgekehrt wendet die (allerdings einen selbständigen Kaufmann betreffende) Entscheidung *Prager* v. *Blatspiel, Stamp & Heacock Ltd.*, [1924] 1 K.B. 566, das englische Recht auf das Rechtsverhältnis eines rumänischen Pelzhändlers zu seinem in England wirkenden Handelsvertreter an, ohne die Frage des anwendbaren Rechts aufzuwerfen. Ob eine Vermutung zugunsten des einen oder anderen Rechts aufgestellt werden könne, wenn der Arbeitsort des Reisenden nicht mit dem Ort der Niederlassung des Geschäftsherrn übereinstimme, wird von DICEY-KAHN-FREUND 873 verneint[220].

IV. AUSSTRAHLUNG

157. Knüpft man an den Arbeitsort an, so liegt es im Interesse der Gleichmäßigkeit der rechtlichen Beurteilung, daß vorübergehende Verlegungen des Arbeitsplatzes ohne Einfluß auf das anwendbare Recht bleiben. Dazu hat das RAG im Anschluß an die Rechtsprechung des Reichsversicherungsamts den Begriff der „Ausstrahlung" entwickelt:

Vgl. RAG 23. 11. 1929[221]; RAG 1. 4. 1931: „Der Berufungsrichter erkennt an, daß Arbeitnehmer, die aus einem in Deutschland geführten Betrieb ins Ausland entsandt

---

[219] Die Provision eines in *Griechenland* tätigen Handelsvertreters einer ausländischen Gesellschaft richtet sich nach dem griechischen Recht des Erfüllungsorts: so LG Athen, Entsch. 6798/51, lt. FRAGISTAS, RabelsZ 19 (1955) 147.

[220] DICEY-KAHN-FREUND 874 Anm. 70 befürwortet die von BRESLAUER 291 vorgeschlagene Lösung, die Verträge des Handelsreisenden nach dem Recht am Sitz des Geschäftsherrn zu beurteilen, wenn er Arbeitnehmer, nach dem Recht des Tätigkeitsorts jedoch, wenn er selbständiger Kaufmann ist.

[221] Zustimmend DERSCH, ARS 8, 302; NUSSBAUM 272 Anm. 3; SITZLER-GOLDSCHMIDT, Anm. 8 zu § 1; BEITZKE, RdA 4 (1951) 135 Anm. 23.

werden, um dort Montage- und ähnliche Arbeiten auszuführen, auch für die Dauer dieser Tätigkeit dem innerdeutschen Betrieb angehören, so daß dessen deutscher Betriebsrat für sie zuständig bleibt und auch sie selbst, falls sie Mitglieder der Betriebsvertretung sind, den Schutz des § 96 BRG genießen. Damit hat der Berufungsrichter den Begriff der Ausstrahlung richtig bezeichnet."

Dagegen spricht RAG 21. 12. 1932 auch da von Ausstrahlung sowjetischen Rechts, wo es sich um den dauernd in Berlin zu erfüllenden Vertrag eines sowjetischen Angestellten der sowjetischen Handelsniederlassung handelte.

Um Fälle der Ausstrahlung handelte es sich bei LAG Berlin 11. 11. 1929 (der Berliner Bezirkstarif eines Isolierers gilt bei vorübergehender Tätigkeit im Ausland, auch wenn die Parteien für diese Arbeit einen besonderen Vertrag abgeschlossen haben); 8. 6. 1931; Schweizer BG 4. 3. 1892.

Das Wort „Ausstrahlung" hat auch in die Lehre Eingang gefunden [222]. Es gibt ein einprägsames Bild; aber die Lehre von der Ausstrahlung ist an sich im privatrechtlichen Bereich entbehrlich, wenn das Arbeitsstatut im Wege der subjektiven Anknüpfung ermittelt wird. Wenn die Parteien ein Recht ausdrücklich vereinbart haben, so gilt es auch bei Verlegung des Arbeitsorts in ein anderes Rechtsgebiet, es sei denn, die Parteien bestimmen vorher etwas anderes; eines Rückgriffs darauf, daß die Verlegung nur vorübergehend, nur Ausstrahlung sei, bedarf es nicht. Ergibt sich das Arbeitsstatut nur aus dem mutmaßlichen Willen der Parteien, so ist der Begriff ebenfalls entbehrlich: denn gerade an den Fällen der vorübergehenden Verlegung der Arbeit an andere Orte zeigt sich, daß die Interessen der Parteien eine vom Arbeitsort unabhängige Anknüpfung verlangen, erweist sich die Überlegenheit der subjektiven Lehre. Schließlich ist auch in den seltenen Fällen, in denen eine objektive Anknüpfung geboten ist (mißglückte Rechtswahl) die Figur der Ausstrahlung dann entbehrlich, wenn man, wie es oben geschehen ist, vorübergehendes Auseinanderfallen von gewöhnlichem Arbeitsort und augenblicklichem Arbeitsplatz unbeachtet läßt, gibt dem aber eine anschauliche Erklärung.

Der Ausstrahlungsbegriff ist indessen für den Bereich des öffentlichen Rechts bedeutsam. Er erklärt, warum Rechte, die im öffentlichen Recht wurzeln, bei nur vorübergehendem Aufenthalt im Ausland nicht erlöschen.

So kann einem in Deutschland nach dem SchwBeschG eingestellten Schwerbeschädigten nicht gekündigt werden, wenn er vorübergehend ins Ausland verschickt wird (vgl. RAG 1. 7. 1931).

Keine Ausstrahlung liegt vor, wenn der Arbeitnehmer nur für Arbeiten im Ausland angenommen wurde, mag auch der Vertrag im Inland

---

[222] Vgl. NEUMEYER II 521 ff.; NUSSBAUM 272 Anm. 3; LAUTNER 840; BEITZKE, Kollisionen B I 4 und RiW 1 (1954) 44.

geschlossen worden sein (RAG 1. 7. 1931). In dem Ausdruck „Entsandte Kräfte" können also Fälle der Ausstrahlung (wenn das Arbeitsverhältnis nach Beendigung der Auslandsarbeit im Inland fortgesetzt werden soll) und andere enthalten sein. Keine Ausstrahlung bildet auch die Tätigkeit bei Zweigniederlassungen im Ausland, auch wenn sie handelsrechtlich unselbständig sind (RAG 23. 11. 1929).

Eine gesetzliche Anerkennung findet der Ausstrahlungsbegriff in Art. 2 des französischen Gesetzes vom 15. 5. 1926 über die interprovinziellen Konflikte zwischen Frankreich und Elsaß-Lothringen im Recht des Arbeitsunfalls [223]. Bei zeitweiligen Arbeiten, travaux temporaires, sind die Folgen des Unfalls nicht nach dem Recht des Unfallorts, sondern nach dem Recht des Orts zu beurteilen, wo der Betrieb seinen Sitz hat und wo der Arbeitnehmer eingestellt wurde.

In sozialversicherungsrechtlichen Staatsverträgen wird die zeitliche Grenze einer Tätigkeit im Vertragsland, soll sie noch „Ausstrahlung" sein und damit einer Versicherungspflicht nicht unterliegen, häufig mit 6 Monaten festgelegt, vgl. Art. 5 I des deutsch-italienischen Vertrags vom 5. 5. 1953 (BGBl. 1956 II 4). Art. 13 des Entwurfs eines Abkommens über die Wanderarbeiter setzt die Grenze bei 12 Monaten fest [224]. Wo es um die Versicherungspflicht geht, sind solche festen Grenzen sinnvoll; für das Arbeitsverweisungsrecht wären sie zu starr und deshalb unbrauchbar.

V. STATUTENWECHSEL

158. Wie ist es, wenn während der Dauer des Arbeitsverhältnisses der Anknüpfungspunkt, der für die Ermittlung des Arbeitsstatuts den Ausschlag gegeben hat, wechselt, also etwa der Arbeitsort (ohne daß es sich mehr um Ausstrahlung handelt) oder der Sitz des Unternehmens in ein anderes Rechtsgebiet verlegt wird?

Bei subjektiver Anknüpfung entstehen dadurch keine Schwierigkeiten. Das einmal gewählte Recht gilt auch nach dem Wechsel des Arbeitsorts, wenn sich nicht aus dem Verhalten der Parteien ergibt, daß mit der Verlegung auch die Unterwerfung des Arbeitsvertrags unter das neue örtliche Recht verbunden sein sollte.

So entscheidet RAG 20. 2. 1929, daß ein in Deutschland geschlossener Anstellungsvertrag, kraft dessen zunächst eine Beschäftigung im Inland stattgefunden hatte, auch weiterhin deutschem Recht untersteht, wenn der Arbeitnehmer nunmehr bei der Schweizer Tochtergesellschaft des Unternehmens arbeitet.

Im Fall RAG 1. 10. 1932 sahen die Parteien einen Statutenwechsel bei Verlegung des Arbeitsorts ausdrücklich vor: die Tätigkeit in Deutschland sollte deutschem, die Tätigkeit in der UdSSR sowjetischem Recht unterliegen.

Auch LAG Berlin 27. 9. 1951 betrifft im Grund einen ähnlichen Fall. Der Kläger

[223] Revue critique d. i. p. 31 (1936) 819.

[224] SIMON-DÉPITRE 42 f.

war in Berlin eingestellt worden und später als Zweigstellenleiter nach Hamburg versetzt worden. Die (stetige) Anknüpfung an das Berliner Recht vermied einen Statutenwechsel.

Anders ist es bei örtlicher Anknüpfung [225]. Hier gehen die Meinungen auseinander, ob entweder das gesamte Arbeitsverhältnis nach dem Recht des ersten Arbeitsorts [226] oder nach dem Recht des letzten Arbeitsorts [227] oder jedes Teilstück nach seinem Recht [228] zu beurteilen ist.

Die Frage wird praktisch, wenn Wartefristen erfüllt werden müssen, wie zur Erwerbung eines Urlaubsanspruchs (vgl. LAG Bremen 18. 4. 1951), oder wenn die Höhe eines Anspruches von der Dauer der Betriebszugehörigkeit abhängt, wie bei der Abfertigung nach österreichischem Recht, und in vielen anderen Fällen. Über das Problem des Statutenwechsels hat man sich namentlich in Österreich und in Italien Gedanken gemacht. Es taucht auf bei der an Wartefristen gebundenen und nach der Dauer der Betriebszugehörigkeit gestaffelten Abfindung (s. unten Nr. 305), wenn der Arbeitsvertrag teils im Inland, teils außerhalb erfüllt worden ist. Gewerbegericht Wien 13. 5. 1932 und der österreichische OGH 18. 9. 1934 haben entschieden, daß für jedes Teilstück des Arbeitsverhältnisses das jeweilige örtliche Recht maßgebend sein soll; die außerhalb Österreichs – hier in der Tschechoslowakei bzw. in der Schweiz – erfolgte Tätigkeit im Dienst der Firma wurde in die Warte- bzw. Berechtigungszeit nicht eingerechnet. LAUTNER 841 ff. und LENHOFF 787 f. haben sich dem angeschlossen.

LENHOFF a.a.O.: Wechselt der Arbeitnehmer von Prag nach Wien, so gebührt ihm bei Ende des Arbeitsvertrages die Abfertigung nur für den österreichischen Teil; wechselt er von Wien nach Prag, so erhält er die Abfertigung bei Versetzung, ähnlich dem Angestellten, der während der Dauer des Arbeitsvertrages zum Arbeiter wird [229].

---

[225] Die Anknüpfung an den locus contractus vermeidet einen Statutenwechsel. Nachträgliche Änderungen der Staatsangehörigkeit der Parteien bleiben außer Betracht, auch wenn die gemeinsame Staatsangehörigkeit den Ausschlag gegeben hat. Schon gar nicht tritt durch Wechsel der Staatsangehörigkeit nur des Arbeitgebers ein Statutenwechsel ein: so für Italien Kassationshof 29. 12. 1937 (oben Nr. 44 am Ende); für Frankreich ROUAST, Festschrift Pillet 202 f. und HandG der Seine 26. 7. 1934.

[226] NEUMEYER, Annuaire 1936 I 444; SCHNORR VON CAROLSFELD 52 Anm. 4, wohl auch LAG Stuttgart 16. 12. 1947.

[227] So anscheinend BEITZKE, zu LAG Bremen 18. 4. 1951, AP 1951 Nr. 273; implicite Rom 20. 7. 1936 (oben Nr. 33, 127).

[228] RG 30. 10. 1926 (Wechsel der Flagge).

[229] Gerade bei Arbeitsverhältnissen mit mehreren Arbeitsorten zeigt sich der Vorzug der subjektiven Anknüpfung an den Parteiwillen vor dem starren Grundsatz des Arbeitsorts; soll man sich wirklich damit zufrieden geben, daß der Arbeitnehmer, der seine Dienste für „die österreichische und gegebenenfalls für die tschechoslowakische Niederlassung des Arbeitgebers zusagt", „im vornhinein mit einer möglichen Anwendung

In der italienischen Lehre befürwortet BALLADORE PALLIERI bei Wechsel des Arbeitsortes während der Dauer des Arbeitsvertrages einen Wechsel des anwendbaren Rechts nur hinsichtlich der Wirkungen des Arbeitsvertrages, während für die Fragen seiner Entstehung das nach den allgemeinen Regeln ermittelte Arbeitsstatut beibehalten werden solle[230]. Auch CANSACCHI will bei Arbeiten in mehreren Ländern das jeweilige Recht des Arbeitsorts anwenden[231]; er erkennt an, daß dies insbesondere bei Berechnung von Dienstzeiten und Anwartschaften unbillig werden kann[232] und schlägt vor, italienisches Recht und italienische Tarifverträge dann anzuwenden, wenn die Arbeit in Italien das Übergewicht, prevalenza, hat. Wodurch das Übergewicht hergestellt wird: Zeitdauer, Qualifikation der Arbeit, Kraftanstrengung – überläßt CANSACCHI der Beurteilung durch den Richter.

Ein Statutenwechsel kann auch durch die Änderung der staatlichen Grenzen eintreten, vgl. für Österreich den Fall OGH 19. 12. 1928; für Italien Triest 10. 11. 1936 (ein 1904 im damals österreichischen Triest geschlossener Arbeitsvertrag wird dem italienischen Angestelltengesetz unterworfen).

Eigene Fragen stellt der Wechsel des anwendbaren Kollisionsrechts, wie etwa bei der Einführung des neuen Codice civile in Italien[233]. Vergleichbar in seinen Wirkungen hiermit ist ein Wechsel der Qualifikation: so, wenn das Arbeitsverhältnis nicht mehr als privatrechtlich, sondern als zum Bereich des ordre public gehörig angesehen wird[234].

---

tschechoslowakischen Rechts rechnet", daß er „mit gewissen Schwankungen in der Zukunft rechnen muß"?, so: LAUTNER 842. Vgl. zu dem ähnlichen Fall, wo vom (zufälligen!) letzten Arbeitsort auch das Schicksal der Pensionsverpflichtung des Arbeitgebers abhängen sollte, BAG 5. 5. 1955 und meine Anmerkung JZ 9 (1955) 512.

[230] Trattato V 331. [231] Giur. comp. d. i. p. 8 (1942) 162.

[232] Vgl. ZG Mailand 9. 2. 1937, unten Nr. 323.

[233] Vgl. hierzu DE NOVA, Revue critique d. i. p. 39 (1950) 169.

[234] Vgl. Rom 20. 7. 1936 (Wirth ./. Mecheri, oben Nr. 33) und hierzu CANSACCHI, Riv. lav. 6 (1937) suppl. giur. 22 f.; BALDONI, Riv. d. i. 26 (1934) 566 f.

4. Kapitel

§ 11

Der „Allgemeine Teil" des Arbeitsverweisungsrechts

159. Gegenstand der folgenden Untersuchungen ist das Verhältnis des öffentlichen und des privaten Arbeitsrechts. Es bildet einen Ausschnitt aus dem größeren Problemkreis, der sich um den Einfluß des öffentlichen Rechts auf die privatrechtlichen Beziehungen der Einzelnen rankt, eine Frage, die in den letzten 50 Jahren im Gefolge einer immer stärkeren Einmischung des Staates in den privaten Bereich zu einer der brennendsten des internationalen Privatrechts geworden ist. Das Arbeitsrecht ist eines der Gebiete, in denen die Wechselwirkung von öffentlichrechtlichem Eingriff und privater autonomer Gestaltung seit alters her, praktisch seit seiner Entstehung in der Mitte des vorigen Jahrhunderts, die Fragen mit großer Sichtbarkeit hat hervortreten lassen.

Das Problem der Harmonisierung der Elemente verschiedenen rechtlichen Ursprungs, jenes Grundproblem des internationalen Privatrechts, löst sich für das innere Arbeitsrecht in der bekannten hierarchischen Leiter auf, die von der durch Strafdrohung gesicherten und durch die Gewerbeaufsicht notfalls mit Gewalt erzwungenen öffentlichrechtlichen Norm über die ebenfalls unabdingbare, in ihrer Durchsetzung jedoch dem Entschluß des Einzelnen überlassenen privatrechtlich-zwingenden Norm, über die Tarifnorm, die vertragliche Abrede, die nachgiebige gesetzliche Regelung bis zum einseitigen Weisungsrecht des Arbeitgebers reicht. Jede Norm hat ihren Platz zugewiesen und muß sich in den Schranken halten, die ihr von den vorhergehenden höherrangigen Normen gezogen worden sind. Daß in der Regel ein Abweichen zugunsten des Arbeitnehmers zulässig ist, bedeutet keine Durchbrechung des Prinzips, denn auch diese Abweichung muß durch die höhere Norm gestattet sein, und sie wird häufig genug verboten, wenn der Staat nicht nur soziale Schutzzwecke, sondern auch wirtschaftspolitische Ziele verfolgt. Die Harmonisierung der Rechtsquellen ist also vollkommen; sie kann es sein, weil alle auf dem gemeinsamen Ursprung beruhen, dem Gesetz, das teils die Normen selbst enthält, teils die Ermächtigung zu ihrem Erlaß gibt.

Ganz anders ist es dort, wo sich die verschiedenen Normen, die das Rechtsverhältnis gestalten, nicht mehr auf einen gemeinsamen Ursprung zurückführen lassen, wo Normen verschiedener Herkunft auf das Rechtsverhältnis einzuwirken den Anspruch erheben, ohne daß eine übergeordnete Hand jeder ihren Platz zuweist, der ihr nicht streitig gemacht wird, mit dem sie sich aber auch zu begnügen hat. Das ist der Fall bei den Rechtsverhältnissen mit Auslandsberührung, mit Beziehungen zu mehreren Rechten; sie zwingen uns, eine Auswahl zu treffen und die fehlende Harmonie, so gut es geht, selber zu schaffen. Für Dauerrechtsverhältnisse wie das Arbeitsverhältnis ist es hierbei wichtig zu bedenken, daß das Recht nicht nur Grundlage der Streitentscheidung ist – zu der es meist erst nach Ende des Arbeitsvertrages kommt –, sondern daß es gelebte Ordnung ist, die tagtäglich den (wenn auch meist nicht empfundenen) Maßstab für das Verhalten der Parteien und ihre gegenseitigen Leistungen gibt.

Wie können wir nun zwingendes Recht mehrerer Staaten, zu denen das Rechtsverhältnis Beziehungen aufweist, harmonisieren, ohne den tatsächlichen Verhältnissen, wie sie in dem der Streitentscheidung vorangegangenen Zeitraum geherrscht haben, Gewalt anzutun, ohne andererseits den Vorrang des eigenen Kollisionsrechts zu opfern? Eine Einheitsantwort läßt sich auf diese Frage nicht geben; aber soviel ist sicher, daß es ohne ein System und eine Methode, mit dem bisher geübten tastenden Empirismus nicht geht. Ein solches System soll im folgenden zu entwickeln versucht werden; aber zunächst ist eine Besinnung auf die positivrechtliche Ausgangslage nötig, von der wir auszugehen haben.

Das Arbeitsverhältnis kann Beziehungen zu mehreren Staaten aufweisen, die vermittelt werden durch den Ort, wo die Arbeit geleistet wird, die Rechtswahl der Parteien, den Sitz des Unternehmens, von dem die Entsendung seinen Ausgang genommen hat, den locus contractus u. a. Alle diese Länder können zwingende öffentlich- und privatrechtliche Normen erlassen haben, die von sich aus auf den Arbeitsvertrag Anwendung verlangen und auf die sich die eine oder andere Partei im Verfahren beruft. Je mehr Länder und Normen es sind, um so schwieriger wird ihre Harmonisierung, da ja im Arbeitsrecht häufig nicht nur Verbote, sondern Gebote zu positivem Tun gegeben sind, so daß eine Kumulierung mehrerer Rechte zu unentwirrbaren Schwierigkeiten führen muß.

Hier muß unser System eine Auswahl treffen, will es sich nicht in unübersichtlichen Einzelheiten verlieren, und diese Auswahl führt m. E. zur Beschränkung auf zwei Rechtsordnungen: das Arbeitsstatut und das Recht des Arbeitsorts. Das erstere deshalb, weil das Arbeitsverhältnis ein privatrechtliches Verhältnis ist und die Geltung eines Vertragsstatuts mithin notwendig und selbstverständlich ist, das zweite, weil, wie gleich zu sagen ist, dem Arbeitsort im öffentlichen Arbeitsschutzrecht die Rolle des Anknüpfungspunkts zukommt. Gegenüber diesen beiden Rechten treten die durch die anderen Anknüpfungen, namentlich an die Staatsangehörigkeit der Parteien oder den Sitz des Arbeitgebers, vermittelten Rechte in der Bedeutung zurück; wir haben sie als Ausnahmen, nicht als tragende Säulen des Systems zu bewerten.

1. Der Bereich des öffentlichen Arbeitsrechts

160. Wie dargestellt, hat das öffentliche Arbeitsrecht ein Doppelgesicht, da es nicht nur Pflichten des Arbeitgebers gegenüber dem Staat, sondern auch solche gegenüber dem Arbeitnehmer begründet. Damit bedarf es aber auch einer verschiedenen verweisungsrechtlichen Behandlung je nachdem, ob es sich um die unmittelbare Durchsetzung der Norm, d. h. um die Tätigkeit der Arbeitsbehörde, oder um ihre Reflexwirkung auf den privaten Bereich und damit um ihre Anerkennung und Berücksichtigung durch die Gerichte handelt.

161. *Tätigkeitsbereich der Behörde.* Das öffentliche Recht, kraft dessen der Staat dem Einzelnen befiehlt und ihn zwingt, ist Ausfluß der Hoheit des Staates, seiner Zwangsgewalt und Souveränität. Da das Völkerrecht die Staaten zur gegenseitigen Achtung ihrer Souveränität verpflichtet, kann der Staat seine Zwangsgewalt nur innerhalb seiner Grenzen ausüben; es wäre eine Verletzung des Völkerrechts, wollte eine Behörde außerhalb des eigenen und auf fremdem Staatsgebiet Verwaltungsakte setzen, etwa einen Betrieb im Ausland schließen, oder Zwangsmittel einsetzen, mögen dort noch so viele Inländer unter noch so unwürdigen Umständen beschäftigt sein. Jeder Staat hat auf seinem Gebiet das „Monopol des physischen Zwangs", darin liegt eines seiner Wesensmerkmale [1].

Die inländische Behörde wird also nur im Inland tätig. Diese Beschränkung geht aber noch weiter: die inländische Behörde kann sich auch – abweichende staatsvertragliche Regelung vorbehalten – nicht der aus-

[1] Vgl. Fedozzi, Recueil des Cours de l'Académie de Droit international 27 (1929 II) 164; Ficker 71.

ländischen Schwesterbehörde zur Durchsetzung des inländischen öffentlichen Rechts bedienen. Ein Ersuchen der inländischen an die ausländische örtliche Gewerbeaufsichtsbehörde um Vornahme einer nach inländischem Recht begründeten Handlung – etwa Schließung eines Betriebes, Eintreibung einer Geldstrafe – bliebe unbeantwortet. Die ausländische Behörde wird nur tätig, wenn ihr eigenes Recht ihr dies gebietet, und trifft dann die Maßnahmen, die dieses Recht vorsieht. Das Ersuchen der inländischen Behörde hätte nicht mehr Kraft als jeder andere Hinweis oder Antrag aus dem Publikum.

Entsprechend ist es im umgekehrten Fall. Weder darf eine ausländische Behörde im Inland Verwaltungsakte unmittelbar setzen, noch wird die inländische Behörde an ihrer Stelle nach dem ausländischen Recht tätig. Sie wird allein dann tätig, wenn dies nach dem inländischen Recht geboten ist, und trifft nur die dort vorgesehenen Maßnahmen.

Staatsverträge können etwas anderes vorsehen. So kann ein Staatsvertrag in Fragen der Sozialversicherung den Beamten des einen Staates gestatten, auch im Gebiet des anderen Staates einzelne Handlungen – etwa formgebundene Erhebungen über die Gründe eines Arbeitsunfalls – vorzunehmen [2].

Ebenso wie das Handeln ist das Strafen begrenzt. Geldstrafen und Bußen werden vom inländischen Richter nur nach eigenem, nie nach fremdem Recht verhängt [3].

162. *Anwendungsbereich des inländischen öffentlichen Rechts.* Diese Beschränkung der Zuständigkeit auf das Inland und des anwendbaren Rechts auf die „lex autoritatis" ist eine solche des Handelns, nicht des Sachverhalts. Sie beantwortet die Fragen des „Wo" und des „Wie", läßt aber die Frage des „Wann", „In welchen Fällen" offen. *Wann* die Behörde einschreitet und eine Strafe verwirkt ist, bestimmt jede öffentlichrechtliche Norm nach eigenen, meist ungeschriebenen Grenznormen; sie ist dabei völkerrechtlichen Beschränkungen nicht unterworfen, denn der Staat ist nicht gehindert, auch Sachverhalte, die teils oder auch ganz im Ausland wurzeln, unter seine Regelung zu ziehen. Freilich kommt das letztere selten vor [4]; denn im allgemeinen besteht kein Interesse an der

---

[2] So war in Verträgen Italiens mit San Marino und dem Vatikanstaat vorgesehen, daß das italienische öffentliche Versicherungsinstitut auch Arbeiten in diesen beiden Staaten versicherte, vgl. Traverso, Riv. lav. 4 (1935) 670 f.

[3] Ebenso für England Dicey-Parry 159 f. mit Nachweisen.

[4] Man denke an Straftaten, die ein Ausländer im Ausland zum Nachteil eines Ausländers begeht, die aber nach dem Weltrechtsprinzip deutscher Strafgerichtsbarkeit unterliegen.

Aufstellung unerzwingbarer Forderungen oder leerer Drohungen. So werden denn vom inländischen öffentlichen Recht in der Regel nur solche Sachverhalte beansprucht, die zum Inland eine räumliche oder persönliche Beziehung haben; auch Kombinationen dieser beiden Arten der Anknüpfung sind möglich, etwa dergestalt, daß, wie im Strafrecht, die Verwirklichung des Tatbestands im Inland (örtliche Anknüpfung) ebenso wie die Verwirklichung im Ausland durch Inländer (persönliche Anknüpfung) unter die Norm gezogen wird. Auch für das internationale öffentliche Arbeitsrecht wäre eine solche Kombination denkbar und würde sich in den Grenzen des Völkerrechts halten; daß jedoch im allgemeinen die Staatsangehörigkeit keine Rolle spielt, ist gleich darzustellen (vgl. auch oben Nr. 5 und unten Nr. 164).

163. *Anwendbarkeit des privatrechtlichen Kerns der öffentlichrechtlichen Normen.* Ganz anders ist die Einwirkung der öffentlichrechtlichen Normen auf die privaten Beziehungen der Parteien zu behandeln. Hier geht es nicht mehr um die Unterordnung unter die Macht des Staates, wie sie in seinen Vollzugsorganen (zu denen auch das Strafgericht gehört) Gestalt nimmt, sondern um die Reflexwirkungen jener Gebote und Verbote auf die privaten Verhältnisse, um ihre Bedeutung für Ansprüche des Arbeitnehmers gegen den Arbeitgeber: meist auf Geld, zuweilen auf anderes, wie Ausstellung eines Zeugnisses u. a. Die Anwendung einer ausländischen öffentlichrechtlichen Norm ist hier völkerrechtlich nicht mehr ausgeschlossen.

Freilich setzt das voraus, daß der ausländischen öffentlichrechtlichen Norm tatsächlich durch Auslegung ein privater Kern abgewonnen werden kann. Das ist nicht immer möglich: etwa dann, wenn das ausländische Recht das Dienstverhältnis, um das es geht, als öffentlichrechtliches Beamtenverhältnis ansieht, mit der Folge etwa der Zuständigkeit der Verwaltungsgerichte oder eigener Disziplinarhöfe. Dann ist sicher, daß das ausländische öffentliche Recht nicht anwendbar ist; offen bleibt die Frage, ob an seine Stelle das in- oder ausländische Arbeitsrecht treten soll, das Gericht aber tätig wird, oder ob es sich für sachlich unzuständig erklären muß. Für die erste Antwort würde sprechen, daß anderenfalls der ausländische Staat oder die ausländische öffentliche Körperschaft – denn nur hier wird man die Frage der Beamteneigenschaft stellen – es in der Hand hat, auch inländische Arbeitskräfte – etwa den Chauffeur einer Gesandtschaft oder den Schreiber einer Wirtschaftsverwaltungsstelle – beliebig der Gerichtsbarkeit des forum zu entziehen, indem er ihnen Beamtenstatus verleiht, ohne daß damit sichergestellt ist, daß diese Personen tatsächlich im anstellenden Lande selbst genügend Rechtsschutz finden (man denke an die praktischen Schwierigkeiten einer Reise etwa in die UdSSR).

Für die zweite Lösung spricht, daß es an sich einen schweren Eingriff in die Hoheitsrechte eines fremden Staates bedeutet, wenn das forum den von jenem Staat verliehenen Beamtenstatus mißachten würde. Die Lösung liegt m. E. auf einer mittleren Linie: grundsätzlich entscheidet jeder Staat selbst und souverän darüber, ob ein Bediensteter sein „Beamter" ist; ebenso wie jeder Staat selbst darüber befindet, ob jemand sein Staatsangehöriger ist. Das hat zur Folge, daß, wird die Frage nach diesem Recht bejaht, grundsätzlich damit auch die Gerichte jedes anderen Landes zur Entscheidung über beamtenrechtliche Fragen sachlich unzuständig sind (was mit der Frage der Gerichtsfreiheit fremder Staaten, s. unten Nr. 375 ff., nicht zu verwechseln ist). Dies ist auch unbedenklich, wenn der Bedienstete Aufgaben erfüllt, die das Recht des forum ebenfalls zu den Aufgaben eines Beamten zählen würde[5]. Eine Ausnahme kann m. E. lediglich dann zu machen sein, wenn

a) es sich offenbar um untergeordnete Tätigkeiten handelt, die gewöhnlicherweise nicht durch Beamte erledigt zu werden pflegen (wie es m. E. etwa die Mithilfe bei der Entlausung von Auswanderern ist[6]), zudem

b) der Kläger Angehöriger des Staates des forum ist oder dort seinen Wohnsitz hat (die Ausnahme würde also nicht nur für Einheimische gelten, sondern auch etwa für Emigranten aus dem Land, das sie beschäftigt) und

c) der Verfolgung seiner Ansprüche vor den zuständigen Stellen des Heimatstaates solche tatsächlichen oder rechtlichen Schwierigkeiten gesetzt sind, daß die Unzuständigerklärung des forum zur Rechtsverweigerung führen würde[7].

Ist umgekehrt der Dienstnehmer nach dem Recht des anstellenden Staates nur Angestellter, dann bleibt es, wenn jenes Recht die Figur des Beamten ebenfalls kennt, bei der privatrechtlichen Qualifikation (und

[5] Gegen eine Übertragung der innerstaatlichen Vorstellungen vom Wesen der Beamten-(hoheitlichen) Aufgaben in den internationalen Bereich, aber ohne überzeugende Begründung, Tager, Anm. zu ZG Seine 15. 11. 1930, Clunet 68 (1931) 425.

[6] Vgl. Neapel 7. 4. 1931, unten Nr. 377.

[7] Anders Niboyet in einer (nicht gezeichneten) Anmerkung zu Paris 30. 11. 1933, Revue de d. i. p. 31 (1936) 175: eine Einmischung des forum in die Verwaltungsangelegenheiten fremder Staaten müsse zur Anarchie führen; der Gefahr der Rechtsverweigerung könne nur durch diplomatische Schritte des französischen Staates gesteuert werden.

Gerichtsbarkeit des forum), auch wenn der Bedienstete hoheitliche Aufgaben wahrnimmt. Denn nicht diese Tätigkeit, sondern seine privaten Ansprüche bilden den Gegenstand des Rechtsstreits.

Fraglich kann die Lösung sein, wenn der anstellende Staat den Begriff der Beamten nicht kennt. Hier könnte man erwägen, ob nicht mangels eines authentischen Anhaltspunktes[7a] die inländische Abgrenzung der üblichen Aufgabenbereiche, wie sie sich zwischen Beamten und Angestellten, so fließend die Übergänge auch seien, vollzieht, als Richtschnur zu dienen hat; mit der Folge, daß auch bei Angestellten die eigene sachliche internationale Zuständigkeit zu verneinen wäre, wenn sie Beamtenaufgaben wahrnehmen.

Dieser Ansicht folgt z. B. das Arbeitsgericht der Seine 19. 12. 1929[8], das von den Angestellten der sowjetischen Handelsvertretung in Paris sagt, sie seien „in Wahrheit russische Beamte“[9].

Aber warum sollte das Inland päpstlicher sein als der Papst und seine Gerichte vor jemand verschließen, der in seinem Heimatstaat auch „nur“ vor den Arbeits- oder ordentlichen Gerichten klagen kann? Denn – um es noch einmal zu sagen – es geht ja nicht um die Aufgaben, die der Angestellte wahrnimmt, sondern um seine privatrechtlich zu qualifizierenden Ansprüche aus dem Dienstverhältnis; und wenn wirklich Sachen zur Sprache kommen, die die hoheitlichen Belange des Staates berühren, so genügt es, daß im Verfahren selbst darauf die schuldige Rücksicht genommen wird.

Vgl. LAG Berlin 17. 11. 1930, wo der Einwand zurückgewiesen wird, der klagende Angestellte der sowjetischen Handelsvertretung habe auf besonders verantwortlichem

---

[7a] Ein solcher Anhaltspunkt konnte beispielsweise für die Angestellten der sowjetischen Handelsvertretung in Berlin der Umstand sein, daß es sich um vom Außenhandelskommissariat der UdSSR entsandte sowjetische Staatsangehörige handelte; denn in Art. 7 des deutsch-sowjetischen Vertrags vom 12. 10. 1925 war bestimmt, daß ihnen gegenüber die Handelsvertretung die Verpflichtungen nicht hatte, die das deutsche Recht dem Arbeitgeber auferlegt.

[8] Clunet 68 (1931) 418.

[9] Zu weit geht Niboyet, Revue critique d. i. p. 39 (1950) 145: für die Kündigungsklage eines Bediensteten eines fremden Staates seien die französischen Gerichte sachlich unzuständig, gleich, ob es sich um einen Beamten, Agenten, Arbeiter oder „sonstiges Organ“ handle, es sei das eine „matière régie par le droit administratif du pays étranger“. Aber bilden die Verhältnisse etwa eines Arbeiters zu der ihn beschäftigenden Gesandtschaft eines ausländischen Staates einen Gegenstand des Verwaltungsrechts? Die Frage stellen heißt sie in dieser Allgemeinheit verneinen. Auf S. 155 ebda. sagt denn auch Niboyet, man müsse sich fragen, ob Anstellungsverträge, die in Frankreich mit französischen Arbeitnehmern im Hinblick auf eine in Frankreich zu leistende Arbeit geschlossen würden, einen hoheitlichen Akt darstellten; „on est alors, semble-t-il, en présence de contrats du droit privé“.

Posten gestanden, er habe Rechtsschutz nicht vor den Arbeitsgerichten, sondern in einem besonderen Beschwerdeverfahren vor der Tarif- und Schlichtungskommission zu suchen. Der Kläger hatte zu den 300 namentlich genannten Funktionären gehört, hinsichtlich derer die öffentlichrechtlichen Arbeitgeberpflichten (vgl. oben Anm. 7a) ausgeschlossen worden waren.

164. *Die Anknüpfung des öffentlichen Arbeitsrechts.* Bisher wurde gesagt, daß die Behörden der Arbeitsverwaltung nur im Inland und nach inländischem Recht tätig werden, sehr wohl aber diese Tätigkeit auf Sachverhalte mit Auslandsbeziehungen ausdehnen könnten; weiter wurde gesagt, daß der Berücksichtigung privatrechtlicher Reflexwirkungen ausländischer öffentlicher Arbeitsnormen durch inländische Gerichte nichts im Wege steht. *Wann* beides der Fall ist, ist nunmehr darzustellen:

Das öffentliche Arbeitsrecht stellt ab auf die Arbeit im Gebiet; Anknüpfungspunkt ist also der inländische Arbeitsort, so daß Tätigkeitsbereich der Behörde und Schutzbereich der Norm zusammenfallen [10]. Es ist das ein selbständiger Grundsatz; der Anrufung des ordre public zu seiner Begründung bedarf es nicht [11]. Auf die Staatsangehörigkeit des Arbeitnehmers oder Arbeitgebers oder auf das Arbeitsstatut kommt es verweisungsrechtlich nicht an; wo für Ausländer Besonderes angeordnet wird – wie z. B. in der Begrenzung der Schwerbeschädigtenfürsorge nach den §§ 1 ff. SchwBG – ist das nicht Ausnahme vom Grundsatz, sondern materiell – d. h. fremdenrechtliche Einschränkung im Tatbestand.

Der gleiche Grundsatz gilt auch im Ausland [12]; ihm entsprechen einige gesetzliche Normen, wie Art. 1 I schweizerisches Fabrikgesetz (s. oben Nr. 23) [13]; Art. 1 des belgischen Urlaubsgesetzes (vgl. oben Nr. 26 und unten Nr. 248) u. a. Dabei wird der Bereich des öffentlichen Rechts – in den romanischen Rechten vielfach unter dem Deckmantel der „loi de police", „loi d'ordre public" – verschieden weit gesteckt. Wenn eine Bestimmung strafrechtlich gesichert ist, so ist eine dahingehende Qualifi-

---

[10] NEUMEYER II 268 ff. und h. M. Zur Ausstrahlung s. oben Nr. 157.

[11] NEUMEYER IV 230; RICHARD, Ordine pubblico 343.

[12] Vgl. für Italien BALLADORE PALLIERI, Trattato V 321; RICHARD, Ordine pubblico 343 f; MORELLI, Elementi 153 f.; VASSALLI-MONACO 250; für Frankreich SAVATIER 130; BATIFFOL, Traité 624 f.

[13] Vgl. auch Art. 1 des Entwurfs eines schweizerischen Arbeitsgesetzes: „Dem Gesetz unterstehen alle in der Schweiz gelegenen öffentlichen und privaten Betriebe, soweit nicht Art. 2 Ausnahmen vorsieht" (Art. 2 enthält Ausnahmen vom sachlichen Geltungsbereich des Gesetzes), und Art. 3 I: „Das Gesetz ist anwendbar auf die Arbeitsverhältnisse aller Personen, die in einem unter das Gesetz fallenden Betrieb beschäftigt werden"; Art. 3 IV: „Auf die Arbeitsverhältnisse von Personen, welche in der Schweiz von einem im Ausland gelegenen Betrieb beschäftigt werden, sind die Vorschriften des Gesetzes anwendbar, soweit es durch die Umstände gerechtfertigt ist."

kation und damit die Anwendbarkeit im eigenen Gebiet ungeachtet einer abweichenden Parteiwahl festgelegt, „la loi civile étrangère est toujours écartée quand elle heurte une loi pénale française“ [14]. In Frankreich wird man deshalb gut tun, die Ausschaltung eines vereinbarten ausländischen Arbeitsstatutes in Rechnung zu stellen, sobald es sich um Arbeitsschutzvorschriften im weitesten Sinne des Wortes handelt. Wie die öffentlichrechtlichen Bestimmungen der kontinentalen Rechte wird man in England das statute law behandeln müssen [15].

Es bestehen also in den einzelnen Kollisionsrechten übereinstimmend Grenznormen des Inhalts, daß das inländische öffentliche Arbeitsrecht auf die Arbeit im Inland anwendbar sein soll. Von hier ist es nur ein kleiner Schritt zu dem Satz, daß allgemein das öffentliche Arbeitsrecht *des Arbeitsorts* – in seinen privatrechtlichen, einer extraterritorialen Ausweitung fähigen Reflexwirkungen – anwendbar sein soll. Es wäre das der Schritt von der einseitigen Grenz- zur allseitigen Kollisionsnorm. Er wird häufig getan, wenn auch nicht immer in voller Anschauung der Problematik. Doch geht das nicht so ohne weiteres; vor allem kann der Wille der ausländischen Norm, alle Arbeit in ihrem Geltungsbereich zu erfassen, nicht dazu zwingen, sich dem auch bei Entscheidungen durch ein inländisches Gericht zu beugen. Mag dieser Wille in vielen Fällen beachtet werden; dennoch entscheidet sich die Frage nach dem Anwendungsbereich ausländischen öffentlichen Rechts, solange es ein überstaatliches Verweisungsrecht nicht gibt, nach dem Kollisionsrecht des Forum und nicht nach dem Geltungswillen der ausländischen Norm.

2. *Lehren zum Bereich des ausländischen öffentlichen Rechts*

165. Im folgenden sollen die Lehrmeinungen betrachtet werden, die das Zusammenwirken von privatem und öffentlichem Recht bisher zu klären versucht haben. Es wird sich herausstellen, daß sie als Ausgangspunkt des hier zu entwickelnden Systems des internationalen Arbeitsrechts nicht brauchbar sind.

166. *Unanwendbarkeit ausländischen öffentlichen Rechts.* Das gilt zunächst für die These, daß ausländisches öffentliches Recht von einem Ge-

[14] Französ. Kassationshof 12. 4. 1929, Clunet 57 (1930) 977: kein Exequatur für eine Verurteilung aus einem Vertrag, der nach französischem Feindhandelsrecht nichtig war. Vgl. BATIFFOL, Traité 415 Anm. 59; DURAND-JAUSSAUD I 205; für Italien ebenso BALLADORE PALLIERI, Trattato V 324.

[15] Vgl. DICEY-KAHN-FREUND 759 Anm. 48 (oben Nr. 20 a. E.).

richt des Inlands niemals verwirklicht werden könne[16]; ihr entspricht die Meinung, daß ein ausländisches Verbot niemals die Nichtigkeitsfolge des § 134 BGB nach sich ziehe[17]. Diese Ansichten verallgemeinern, was nur für die unmittelbare Durchsetzung staatlicher Befehle zutrifft. Daß die Berücksichtigung fremden öffentlichen Rechts vielfach unumgänglich ist, wird unten (Nr. 175, 176) dargelegt werden.

167. *Alleinige Maßgeblichkeit des Vertragsstatuts.* Ebenso ist die allzu vereinfachende, nur einen Teil der Fälle treffende Ansicht irrig, daß es nur auf das Vertragsstatut ankomme, daß daher alle (auch öffentlichrechtlichen) Einwirkungen zu berücksichtigen seien, wenn und weil sie vom Vertragsstatut, keine hingegen, die von einem anderen Recht ausgehen – vorbehalten nur den ordre public[18]. Daß zwingende praktische Gründe es nicht gestatten, das Recht des Arbeitsortes deshalb zu übergehen, weil es nicht Arbeitsstatut ist, ist später darzulegen; aber auch es nur aus dem Grunde anzuwenden, weil es Arbeitsstatut ist, geht nicht immer an. Eine solche Koppelung verkennt den Wesensunterschied zwischen der Anknüpfung des Vertrages, der die privaten Interessen der Parteien verfolgt und an den Parteiwillen geknüpft wird, und der Abgrenzung des Anwendungsbereichs öffentlichrechtlicher Normen, die diesen ihren Charakter nicht hätten, dürften sie ihre Durchsetzung gewissermaßen von der Berufung durch die Parteien abhängen lassen. Damit soll nicht gesagt sein, daß der Geltungswille der ausländischen Norm unbedingt maßgeblich ist, sondern es soll nur dargetan werden, daß ihre Berücksichtigung vom Vertragsstatut unabhängig ist. So ist denn der Fall, daß das (ausländische) Arbeitsstatut auch die Mitberücksichtigung des ausländischen öffentlichen Rechts nach sich zieht (unten Nr. 175), nur eine von mehreren Regeln des hier vorgeschlagenen Systems.

168. *Grundsätzliche Anwendbarkeit ausländischen öffentlichen Rechts.* Umgekehrt ginge es aber auch zu weit, wollte man das ausländische öffentliche Recht – d. h. nach der oben gegebenen Beschränkung: das Recht des ausländischen Arbeitsortes, das nicht Arbeitsstatut ist – immer und unterschiedslos anwenden. In diese Richtung zielt wohl eine Äußerung des Reichsarbeitsgerichtes[19], das Arbeitsverhältnis eines am Badischen

[16] Vgl. MORELLI, Elementi 153: „Per quanto riguarda ... la disciplina pubblicistica del lavoro è escluso ... qualsiasi richiamo di norme straniere."

[17] Vgl. RGZ 108, 241 (nicht arbeitsrechtlich).

[18] So eine verbreitete Lehre, vgl. RABEL II 581 ff.; MELCHIOR, Die Grundlagen des deutschen IPR (1932) 266 ff.

[19] RAG 28. 5. 1932.

Bahnhof in Basel angestellten Reichsbahnarbeiters empfange „von der Gesetzesseite aus" seinen Inhalt aus dem örtlichen Schweizer Recht, weshalb Vertragsrecht, das einer zwingenden Schweizer Vorschrift zuwiderlaufe, nichtig sei.

Auf Ähnliches läuft auch die Theorie von WENGLER hinaus [20]. WENGLER löst das zwingende Schuldrecht – abgesehen von den Normen über Geschäftsfähigkeit und Form, aber unter Einbeziehung von Normen des öffentlichen Rechts – ganz aus der Verknüpfung mit dem Schuldstatut und unterwirft es eigenen Regeln; nach seiner Lehre soll auf den internationalen Vertrag jede zwingende Norm angewandt werden, die zu ihm eine genügend enge Beziehung aufweist und selber angewandt sein will, sofern dem nicht der ordre public des Forum entgegensteht. WENGLER hat das bleibende Verdienst, daß er als erster mit der Vorstellung gebrochen hat, auf den Vertrag habe (außer der lex fori) nur das Schuldstatut einzuwirken, dieses aber in allen Beziehungen, und daß er den Gedanken der Sonderanknüpfung, deren Möglichkeit an sich schon früher gesehen worden ist [21], in die Tat umgesetzt hat. Aber gegen die WENGLERsche Lehre erheben sich zwei Bedenken, die ihre Anwendbarkeit für das internationale Arbeitsrecht fraglich erscheinen lassen. Dabei sei unterstellt, daß WENGLERS Lehre – als richterliches Gewohnheitsrecht oder durch Gesetz – zum Bestandteil des positiven Verweisungsrechts wird; denn es kann auf den Geltungswillen der ausländischen zwingenden Norm nur dann ankommen, wenn die Kollisionsnorm des Forum ihn für maßgebend erklärt. (Anders ist es bei zwingenden Sätzen der lex fori: ihr Geltungswille ist für den Richter verbindliche Umgestaltung des allgemeinen internationalen Schuldrechts.)

α) Die Wenglersche Lehre zwingt zur gleichzeitigen Anwendung aller Rechte mit genügend enger Beziehung zum Vertrag. Bei der Unbestimmbarkeit des Begriffes „genügend eng", die praktisch eine Einladung an jedes Recht bedeutet, zu dem eines der üblichen Anknüpfungsmerkmale des internationalen Vertragsrechts hinweist, kann dies zu der mißlichen, für den internationalen Verkehr lähmenden Folge führen, daß sich die Nichtigkeitsgründe häufen [22]. WENGLER sieht das, mißt dem aber keine

[20] WENGLER, Die Anknüpfung des zwingenden Schuldrechts im IPR: ZvglRWiss. 54 (1941) 168–212; seine Lehre wird für das Gebiet der Leistungsverbote ausgebaut und weitergeführt von ZWEIGERT. Nichterfüllung auf Grund ausländischer Leistungsverbote: RabelsZ 14 (1942) 283—307; dazu RAAPE, Lehrbuch 430 Anm. 15.

[21] Vgl. HAUDEK 26 ff. mit Hinweisen auf Vorläufer.

[22] Der Fall *Regazzoni* v. *K. C. Sethia Ltd.*, [1957] 3 All. E. R. 286 (dazu kritisch MANN, Illegality and the Conflict of Laws: Modern Law Rev. 21 [1958] 130) bietet

entscheidende Bedeutung bei, da für ihn auch der favor negotii kein brauchbares Argument ist. Es sei „nicht einzusehen, warum die Gerichte anderer Staaten nach Abschluß des Rechtsgeschäfts nur die zwingenden Normen einer von diesen Rechtsordnungen berücksichtigen sollen, während jeder gewissenhafte Anwalt, der die Parteien vor Abschluß des Rechtsgeschäftes berät, geprüft haben würde, ob das Geschäft in allen Staaten, deren Gerichte möglicherweise über die Gültigkeit des Geschäfts entscheiden, als gültig angesehen würde" [23]. Das Argument trifft nicht. Der Anwalt muß freilich in Rechnung stellen, daß die Gegenpartei sich durch Anrufung des Gerichts eines Verbotlandes ihren vertraglichen Verpflichtungen entziehen könnte, und muß den Vertrag nach Möglichkeit sicher machen; aber das bedeutet doch nicht, daß deshalb auch jedes mit der Sache befaßte Gericht eines an den „Verbotsinteressen" unbeteiligten Landes, und sei es der „natürliche Richter" für dieses Rechtsverhältnis, den Vertrag zu Fall bringen muß [24].

Ist die Häufung von Nichtigkeitsgründen bei kumulierender Anwendung von Verbotsnormen zwar etwas Mißliches und nicht erstrebenswert, aber doch durchführbar, so kann die Häufung von *Geboten* die Wenglersche Lehre überhaupt undurchführbar machen. Gerade das Arbeitsrecht bietet hierfür Beispiele. Wenn der Angehörige des Landes A von einem Unternehmen aus A zur Arbeit nach B entsandt wird, so haben A und B – niemand kann das bestreiten – genügend enge Beziehung zum Arbeitsvertrag; mithin sind nach WENGLER die beiden Rechte mit ihren zwingenden Bestimmungen anwendbar, denn daß sie das selbst nicht sein wollen, kann ohne Willkür nicht gesagt werden [25]. Wenn nun A bestimmt, daß die Kündigungsfristen für Arbeitgeber und Arbeitnehmer gleich lang sein müssen (vgl. § 1159 c ABGB), B jedoch, daß die vom Arbeitnehmer einzuhaltende Frist nur die Hälfte der Kündigungsfrist des Arbeitgebers betragen darf (vgl. Art. 19 und 19bis des belgischen

---

ein Beispiel dafür, wie ein Vertrag durch Anwendung einer zwingenden Verbotsnorm eines Landes, das zu dem Vertrag eine verhältnismäßig enge Beziehung hat, zu Fall gebracht werden kann.

[23] WENGLER (oben Anm. 20) 192 f.

[24] Er müßte, da es sich wohl stets um rechtsvernichtende und rechtshindernde Einwendungen handeln wird, den Vertrag auch dann zu Fall bringen, wenn die Parteien sich auf jene Verbotsnorm gar nicht berufen, etwa weil sie sich ihren politischen und wirtschaftlichen Zwecken nicht verbunden fühlen.

[25] Überhaupt darf diese Einschränkung nicht unterstellt werden; wollte man auf diesem Wege doch zu einer Auswahl unter den Rechten mit enger Beziehung kommen, so wäre das die Suche nach Sonderanknüpfungen für den jeweiligen Fall und eine Abkehr von der Ausgangsthese WENGLERS.

ArbG), dann ist der Konflikt unlöslich. Ihn gemäß WENGLERS Andeutung [26] derart zu lösen, daß der Vertrag zu Fall kommt, ist für das Arbeitsrecht kein gangbarer Weg.

Nicht undurchführbar, aber in den Ergebnissen unbillig ist die Wenglersche Lehre dann, wenn die häufende Anwendung der Rechtsordnungen von A und B zu einer Kumulierung der sozialen Spitzen führt. Wenn A den Arbeitnehmer gegen Kündigungen dadurch schützt, daß die Kündigung von betrieblichen Erfordernissen abhängig gemacht und dem Arbeitgeber die Pflicht zur Auswahl der zu Kündigenden nach sozialen Gesichtspunkten auferlegt wird (vgl. § 1 KündigungsschutzG v. 10. 8. 1951), B hingegen dem Arbeitgeber die Freiheit läßt, nach Gutdünken (unter Wahrung der Frist) zu kündigen, dem Arbeitnehmer aber Anspruch auf eine Abfindung gibt (vgl. Art. 2120 Codice civile), so würde die häufende Anwendung der Gesetze von A und B dem Arbeitnehmer Rechte, nämlich Bestandschutz *und* Abfindung, geben, die in dieser Höhe weder von A noch von B vorgesehen sind.

β) Die *innere Überzeugungskraft* der Wenglerschen These reicht nun m. E. nicht aus, um alle diese Unzuträglichkeiten in Kauf zu nehmen. Sie beruht auf dem Gedanken des Entscheidungseinklangs; dieser ist jedoch nicht Selbstzweck, sondern Diener gerade der privaten Interessen der Rechtsunterworfenen: er soll ihr Interesse an der Voraussehbarkeit künftiger Anknüpfungen schützen, soll jede Partei davor bewahren, daß die andere durch kundige Wahl des forum auch die Bestimmung des anwendbaren Rechts und damit die konkreten Rechtsfolgen beeinflussen kann. Diese Erwägungen haben aber dann keine Kraft mehr, wenn sie nur dazu führen, daß Nichtigkeitsgründe aus Verboten gehäuft werden, die im Interesse nicht der einzelnen, sondern fremder Staaten erlassen worden sind. Eine Entscheidungsharmonie auf solcher Basis ist kein Ziel des Verweisungsrechts. Es hieße zudem den Gedanken der comitas gentium überfordern, wollte man von der Völkergemeinschaft verlangen, daß alle Eingriffe in den privaten Rechtsverkehr gutgeheißen und mitverwirklicht werden, die ein Staat, wenn auch vielleicht aus noch so verständlichen Gründen, zum Nachteil des anderen vornimmt. Das heißt nicht, daß dieses Sonderrecht des um sein wirtschaftliches (und zuweilen politisches) Gleichgewicht ringenden Staates vor ausländischen Gerichten immer unbeachtet bleiben muß; aber die Lösung kann nicht mit solchen allgemeinen Formeln gefunden werden. Mit Recht weist denn auch ZWEIGERT [27] auf die Unmöglichkeit einer Einheitslösung hin. Vor allem

[26] WENGLER (oben Anm. 20) 195.
[27] ZWEIGERT (oben Anm. 20) 292.

wird man das zwingende Schuldrecht, das im Interesse des privaten Rechtsverkehrs erlassen worden ist und – bei allen Abweichungen in Nebendingen – doch auf einem gemeinsamen Grundstock der Rechtsordnungen beruht, zu scheiden haben von den (meist) öffentlichrechtlichen Eingriffen im Interesse des wirtschaftenden Staates. Das erstere wird man bis zum Nachweis des Gegenteils, d. h. der Sonderanknüpfung, weiterhin dem Schuldstatut zu entnehmen haben, das durch die Wenglersche Lehre völlig entleert wird; für die letzeren muß man eigene Regeln finden, die vom Zweck der Norm ausgehen und auch davon beeinflußt werden, ob man diesem Zweck freundlich gegenübersteht [28].

168 a. *Zusammenfassung.* Es bleibt also die Aufgabe, dem Arbeitsstatut einerseits, dem öffentlichen Recht des Arbeitsorts andererseits ihre jeweiligen Plätze zuzuweisen. Sie wäre einfach, wenn das Recht des Arbeitsortes und das Arbeitsstatut stets zusammenfielen; man wäre dann geneigt, dem öffentlichen Recht carte blanche zu geben, allenfalls müßte das eine oder andere Mal der ordre public eingreifen. Aber die unabänderliche Anknüpfung des Arbeitsverhältnisses an den Arbeitsort ist, wie oben Nr. 99 dargestellt, nicht gerechtfertigt, da in vielen Fällen die „ideale Anknüpfung" auf ein anderes Recht weist und demgegenüber das bloße Bestreben nach einem Gleichlauf von örtlichem öffentlichem Arbeitsrecht und privatrechtlichem Arbeitsstatut zurückstehen muß. Wie aber ist zu verfahren, wenn Arbeitsstatut und Recht des Arbeitsortes inhaltlich Verschiedenes bestimmen?

Es geht um die Verzahnung von öffentlichem und privatem Arbeitsrecht verschiedener Herkunft, um ihre Harmonisierung. Ausgangspunkte sind die beiden Regeln: die privatrechtlichen Wirkungen der Arbeitsverträge unterliegen dem gewählten Recht, das öffentliche Arbeitsrecht verlangt Anwendung auf die Arbeit im Gebiet. Alles weitere müssen (und können) wir neu erarbeiten, da sowohl die Regel „Ausländisches öffentliches Recht wird nicht angewandt" als auch ihr Gegenstück, die Regel „Jedes Recht mit genügend enger Beziehung ist anzuwenden", wie dargelegt, nicht brauchbar ist.

3. System des Arbeitsverweisungsrechts

Das folgende System gliedert sich in acht Teile; es wird untersucht zunächst 1. die Bedeutung des inländischen öffentlichen Rechts, und zwar

[28] Vgl. die Entscheidung Hof Hertogenbosch 29. 6. 1954, N. J. 1955 Nr. 24 = RabelsZ 20 (1955) 338 f. (nicht arbeitsverweisungsrechtlich).

bei Arbeit im Inland unter inländischem (Nr. 169) und unter ausländischem (Nr. 170) Arbeitsstatut, sowie bei Arbeit im Ausland unter ausländischem (Nr. 171) und unter inländischem (Nr. 172) Arbeitsstatut, sodann 2. die Bedeutung des ausländischen öffentlichen Rechts wiederum bei Arbeit im Inland unter inländischem (Nr. 173) und unter ausländischem (Nr. 174) sowie bei Arbeit im Ausland unter ausländischem (Nr. 175) und unter inländischem (Nr. 176) Arbeitsstatut.

a) Geltung des inländischen öffentlichen Rechts

169. *Inlandsarbeit – inländisches Arbeitsstatut.* Wird die Arbeit im Inland geleistet und ist das inländische Recht Arbeitsstatut, so greift das inländische öffentliche Recht ein, ohne etwa wegen der Ausländereigenschaft eines Beteiligten Unterschiede zu machen; Einstellungsgebote, wie etwa gemäß §§ 3 ff. des westdeutschen Schwerbeschädigtengesetzes vom 16. 6. 1953, belasten beispielsweise auch ausländische Arbeitgeber. Da Arbeitsstatut und Recht des Arbeitsortes zusammenfallen, bietet ihr Zusammenwirken keine Probleme.

170. *Inlandsarbeit – ausländisches Arbeitsstatut.* Das inländische öffentliche Arbeitsrecht greift auch dann ein, und zwar unabhängig von der Zielsetzung der einzelnen Norm, wenn die Arbeit im Inland unter ausländischem Arbeitsstatut geleistet wird. Zuwiderhandlungen gegen die öffentlichrechtliche Norm werden bestraft, Rechtsgeschäfte, die unter Verstoß gegen sie vorgenommen wurden, sind gemäß § 134 BGB nichtig. Welche weiteren privatrechtlichen Folgen an die Zuwiderhandlung geknüpft werden, ist an sich dem Arbeitsstatut zu entnehmen – man denke etwa an ein Recht zur fristlosen Kündigung mit gleichzeitigem Anspruch auf eine dem inländischen Recht fremde Kündigungsentschädigung. Aber das darf nicht dazu führen, daß das inländische Gebot oder Verbot ausgehöhlt würde; ganz gleich, was das Arbeitsstatut bestimmen mag, hat der Arbeitnehmer stets mindestens die Rechte, die ihm das inländische Recht gibt: er kann die Arbeit verweigern, ohne vertragsbrüchig zu werden, kann fristlos kündigen, u. U. Schadenersatz verlangen. Es ist der Gedanke der Einheit der Rechtsordnung – man kann auch von „materieller Harmonie“ sprechen –, der hier das ausländische Wirkungsstatut trotz der an sich gegebenen privatrechtlichen Qualifikation jener Ansprüche zurückdrängt. Daß die Abstimmung der beiden konkurrierenden Normenbereiche auf Kosten des ausländischen Rechts geht, entspricht dem Vorrang des öffentlichen vor dem privaten Arbeitsrecht.

Im Interesse der Einheit der Rechtsordnung kann die anwendbare inländische öffentlichrechtliche Norm noch in weiterem Umfang inländisches Privatrecht nach sich ziehen. So ist etwa nach § 4 MSchG vom 24. 1. 1952 (unten Nr. 224) die Beschäftigung einer werdenden Mutter mit schweren körperlichen oder gefährlichen Arbeiten verboten. Aber das wäre ein schwacher Schutz ohne die Ergänzung, daß während dieser Zeit der Lohn fortzuzahlen ist; und so muß man denn der Arbeitnehmerin diesen Anspruch im Umfang des inländischen Rechts auch dann geben, wenn das Arbeitsstatut Ähnliches nicht kennt. Daß es sich hierbei jedoch um eine Ausnahme handelt, zeigt sich dann, wenn das Arbeitsstatut die Arbeitnehmerin in ihren Lohnansprüchen ebenso gut, wenn auch in Einzelheiten anders, oder besser schützt: dann tritt das inländische Recht zurück, da eine Gefährdung des inländischen Beschäftigungsverbotes nicht besteht [29].

Die gleiche Wirkung kann die Verflechtung von privatem Arbeits- mit öffentlichem Sozialversicherungsrecht zeitigen (vgl. unten Nr. 277).

171. *Auslandsarbeit – ausländisches Arbeitsstatut.* Das inländische öffentliche Arbeitsrecht greift grundsätzlich nicht ein, wenn die Arbeit im Ausland unter ausländischem Arbeitsstatut geleistet wird. Die inländischen Arbeitsbehörden entfalten im Ausland keine Tätigkeit; sie versuchen aber auch nicht, durch Tätigkeit im Inland Erfolge an ausländischen Arbeitsplätzen zu erzielen. So werden Betriebe im Ausland, auch wenn es nur unselbständige Zweigstellen inländischer Unternehmen sind, nicht zur Einstellung inländischer Schwerbeschädigter oder Wiedereinstellung inländischer Heimkehrer angehalten, auch eine Ausgleichsabgabe gemäß § 9 des Schwerbeschädigtengesetzes darf ihnen nicht auferlegt werden. Ebenso gelten inländische Vorschriften des Gefahrenschutzes nicht für Betriebe im Ausland, mögen dort auch überwiegend Inländer (Grenzgänger) beschäftigt sein; und die Entlassung eines Arbeitnehmers, der unter Hinweis auf eine nichtbefolgte inländische Arbeitsschutznorm die Arbeit verweigert hat, müßte von inländischen Gerichten anerkannt werden, wenn die Weigerung nach dem örtlichen Recht unberechtigt war. Jedoch kann für die zivilrechtlichen Folgen Art. 30 EGBGB u. U. etwas anderes gebieten.

Freilich könnte eine Erstreckung der öffentlichrechtlichen Norm in manchen Fällen zum Schutze der Inländer durchaus verantwortet werden, vgl. oben Nr. 5 Anm. 21 und unten Nr. 196.

---

[29] Im Ergebnis ähnlich BALLADORE-PALLIERI, Trattato V 324.

Etwas anders wird der Geltungsbereich des niederländischen BBA von der Lehre abgegrenzt:

Hierzu sagen GRINTEN-HAAKMAN 4 f.: Der BBA ist auf Arbeitnehmer, die im Ausland arbeiten, im allgemeinen nicht anwendbar. Das ist nur dann anders, wenn das Arbeitsverhältnis trotzdem in der niederländischen Rechtssphäre liegt, etwa wenn der Arbeitnehmer in den Niederlanden wohnt und im ausländischen Betrieb eines niederländischen Arbeitgebers arbeitet; aber auch, wenn der Arbeitsvertrag in den Niederlanden mit einem niederländischen Arbeitgeber geschlossen wurde und der Arbeitnehmer daraufhin ins Ausland gegangen ist und dort Wohnung genommen hat [30].

172. *Auslandsarbeit – inländisches Arbeitsstatut.* Einiges besonderes gilt, wenn die Arbeit im Ausland unter deutschem Arbeitsstatut geleistet wird.

a) Ausstrahlung

Handelt es sich nur um eine vorübergehende Entsendung als „Ausstrahlung" eines inländischen Arbeitsverhältnisses, so begleiten den Arbeitnehmer zahlreiche, auch öffentlichrechtliche Schutznormen des heimischen Rechts. Vorschriften des Gefahrenschutzes, der Arbeitszeitbegrenzung, des Lohn- (man denke an das Truckverbot, unten Nr. 279) und Kündigungsschutzes (etwa für einen Schwerbeschädigten) gelten unbeschadet des zeitweiligen Auslandsaufenthaltes weiter als öffentliches Recht. Zwar haben sie nicht zur Folge, daß die inländische Gewerbeaufsicht an Ort und Stelle nach dem Rechten sehen könnte, aber ihre Verletzung löst die Strafsanktionen aus. Doch gilt das nicht unbesehen; eine Abstimmung mit den Erfordernissen des örtlichen Rechts kann dazu führen, daß das begleitende Recht in Einzelheiten zurücktritt, solange dem Arbeitnehmer ein gleichwertiger Schutz erhalten bleibt.

b) Dauernder ausländischer Arbeitsort

Ist die Beschäftigung im Ausland unter inländischem Arbeitsstatut keine „Ausstrahlung" eines inländischen Arbeitsverhältnisses mehr, so gilt wieder die allgemeine Regel von der Beschränkung des inländischen öffentlichen Rechts auf das Inland. Zwang und Strafe unterbleiben, wenn auch manchmal ein Bedürfnis bestehen mag, inländische Arbeitnehmer oder die Arbeitnehmer inländischer Unternehmen in Ländern, deren eigenes öffentliches Arbeitsschutzrecht unzureichend ist, unmittelbar zu schützen. Aber nun wird der private Kern der Arbeitsschutznormen „aktiviert". Als Ausgestaltung der Fürsorgepflicht ist dieser Kern nicht an die staatlichen Grenzen gebunden, er gilt vielmehr als Teil des Ar-

[30] Ebenso EGGENS, N. J. 1953 Nr. 613.

beitsstatuts mit den bekannten privatrechtlichen Folgen: bei ihrer Verletzung kann der Arbeitnehmer die Arbeit verweigern, fristlos kündigen, u. U. Schadensersatz verlangen.

Soweit der Grundsatz. Er bedarf jedoch noch einiger Erläuterung; auch muß er sich einige Abstriche gefallen lassen.

α) Nicht alle westdeutschen Arbeitsschutznormen sind (wie die Normen der Gewerbe- und Arbeitszeitordnung oder der Anordnung vom 30. 10. 1940 über die Beschäftigung von Frauen auf Fahrzeugen) Bundesrecht; zahlreich sind die Vorschriften regionalen Charakters, etwa der Berufsgenossenschaften. Solche Normen gehen nur für diejenigen Betriebe im Ausland in die Fürsorgepflicht ein, die unmittelbare Beziehungen zu dem örtlichen Geltungsbereich dieser Normen haben, d. h. für Betriebe, deren Entsende- oder Stammbetrieb in diesem Bereich liegt.

β) Die Forderungen, welche die durch das inländische Recht konkretisierte Fürsorgepflicht an den Arbeitgeber stellt, müssen u. U. mit den Forderungen abgestimmt werden, denen er sich seitens des örtlichen öffentlichen Rechts gegenübergestellt sieht und denen er in der Regel aus tatsächlichen Gründen nicht ausweichen kann, da das örtliche Recht ebenfalls für seinen Bereich absolute Geltung beanspruchen wird. Um hier Überschneidungen zu vermeiden, die letztlich nur zu Lasten der Vereinbarung des inländischen Arbeitsstatuts gehen, empfiehlt es sich, von der Privatisierung des inländischen öffentlichen Arbeitsschutzrechtes dann abzusehen und die Fürsorgepflicht statt dessen aus dem örtlichen Arbeitsschutzrecht zu gestalten, wenn dieses – bei Abweichungen im Detail – insgesamt dem inländischen Schutzrecht gleichwertig ist.

So kennt etwa das deutsche wie das französische Recht das Verbot der Nachtarbeit für Arbeiterinnen, nur endet in Frankreich die „Nachtzeit" um 5 Uhr (Art. 22 Buch II C. Trav.), in Deutschland um 6 Uhr (§ 19 AZO, unten Nr. 232, 235). Liegt bei deutschem Arbeitsstatut der Arbeitsort in Frankreich, so verletzt der Arbeitgeber seine Fürsorgepflicht nicht schon deshalb, weil er die Arbeit um 5 Uhr beginnen läßt.

γ) Liegt der Arbeitsort, an dem unter inländischem Arbeitsstatut gearbeitet wird, in einem Land, dessen Recht *keine entsprechenden Vorschriften* erlassen hat, so tritt das inländische öffentliche Schutzrecht in seiner privaten Form als Ausgestaltung der Fürsorgepflicht wieder auf den Plan. Das kann der Fall sein, wenn das örtliche Recht überhaupt rückständig ist, aber auch, wenn das betreffende Rechtsgebiet – wie das etwa in England und den Vereinigten Staaten weithin der Fall ist – tariflicher Regelung überlassen ist, diese aber das Arbeitsverhältnis in concreto nicht erfaßt. Arbeitszeit, Sonntagsruhe, Mutterschutz usw. richten sich dann nach dem inländischen Standard; wird dieser verletzt, so bedeutet das eine Verletzung des Arbeitsvertrages, die zwar nicht die Gewerbeaufsicht, wohl aber die Gerichte tätig werden läßt. Freilich gilt das alles nicht starr: gerade weil die „Fürsorgepflicht" eine Generalklausel ist, können örtliche Verhältnisse Abweichungen nach oben wie nach unten bringen. So mag es noch keine Verletzung der Fürsorgepflicht bedeuten, wenn die Arbeitszeit gegenüber der inländischen Regelung deshalb leicht erhöht wird, weil die inländische Arbeitsgruppe sich dem örtlichen Arbeitsrhythmus anpassen muß; es kann aber auch umgekehrt die volle Ausschöpfung ihrer Grenzen – etwa in den Tropen – schon eine Verletzung der Fürsorgepflicht bedeuten. Wesentlich ist, daß der Schutzzweck der Norm durch solche Anpassung an die örtlichen Verhältnisse nicht gefährdet wird.

b) Geltung des ausländischen öffentlichen Rechts

173. *Inlandsarbeit – inländisches Arbeitsstatut.* Das ausländische öffentliche Recht gilt nicht, wenn die Arbeit im Inland unter inländischem Arbeitsstatut geleistet wird. Ausländische Behörden können im Inland nicht tätig werden; aber auch private Rechtsfolgen einer solchen Tätigkeit, die die ausländische Behörde in ihrem Land vornimmt, sind nicht anzuerkennen. So kann etwa einem französischen Arbeitgeber in der Bundesrepublik nicht, gemäß dem heimischen Gesetz vom 8. 10. 1940, ein französischer Familienvater zur Einstellung zugewiesen werden; wollte dieser in Deutschland auf Lohn klagen, so müßte seine Klage abgewiesen werden; wird er jedoch eingestellt, so entscheidet das auf Willensmängel des Arbeitsvertrages anwendbare Recht (unten Nr. 184), ob und mit welchen Rechtsfolgen der Arbeitgeber den Arbeitsvertrag wegen eines auf ihn ausgeübten Druckes anfechten kann. Oder wird durch ausländische Verwaltungsverordnung bestimmt, daß alle Arbeitnehmer bestimmter Rassen-, Klassen- oder Volkszugehörigkeit fristlos zu entlassen seien, so kann sich der ausländische Arbeitgeber zur Begründung einer im Inland ausgesprochenen fristlosen Kündigung hierauf nicht berufen; die Kündigung wäre vielmehr, da Arbeitsverhältnisse im allgemeinen nicht unauflösbar sind [31], in eine ordentliche Kündigung umzudeuten und hätte dann die entsprechenden Folgen (namentlich Anspruch auf Abfindung, wo eine solche vorgesehen ist).

174. *Inlandsarbeit – ausländisches Arbeitsstatut.* Das ausländische öffentliche Recht gilt bei inländischem Arbeitsort auch dann nicht unmit-

[31] Anders die Verhältnisse von Ruhegeldempfängern.

telbar, wenn das ausländische Recht Arbeitsstatut ist. Aber hier kann der privatrechtliche Kern der ausländischen Norm als Ausgestaltung der Fürsorgepflicht in das Arbeitsstatut eingehen – mit der Folge, daß der Arbeitnehmer solche Ansprüche, die unmittelbar zu erzwingen die inländische Gewerbeaufsicht nicht berufen ist, im Klagewege vor deutschen Gerichten durchsetzen kann. Arbeitet z. B. jemand in der Bundesrepublik unter französischem Arbeitsstatut, so hat er den zivilrechtlich durchsetzbaren Anspruch auf Urlaub des französischen Rechts, also u. U. Anspruch auf 18 Tage Urlaub (Art. 54 k Buch II C. Trav.) bei einer Wartezeit von einem Monat (Art. 54 g a.a.O., vgl. unten Nr. 248); eine Bestrafung des Arbeitgebers bei Nichteinhaltung der französischen Urlaubsvorschriften kommt dagegen nicht in Betracht. Ob allerdings das ausländische Recht seine öffentlichrechtlichen Schutznormen in die Fürsorgepflicht eingehen läßt, muß es selbst bestimmen; irgendwelche Aussagen hierüber „aus eigenem Recht" stehen dem inländischen Betrachter nicht zu.

175. *Auslandsarbeit – ausländisches Arbeitsstatut.* Wird die Arbeit im Ausland geleistet und ist das ausländische Recht Arbeitsstatut, dann gilt wiederum, daß das ausländische öffentliche Recht im Inland nicht unmittelbar verwirklicht wird: weder kann die ausländische Behörde im Inland tätig werden, noch wird es die inländische Behörde an ihrer Stelle. So wird etwa eine im Ausland verwirkte Geldstrafe auch dann nicht im Inland beigetrieben, wenn der Verstoß nach inländischem Recht – bei Begehung im Inland – die gleiche Strafe nach sich ziehen würde.

Anders ist es mit den privatrechtlichen Wirkungen der ausländischen öffentlichrechtlichen Norm. Sie sind m. E. in vollem Umfang anzuerkennen, mag es sich auch um deutsche Arbeitgeber oder Arbeitnehmer handeln. Völkerrechtliche Hindernisse bestehen nicht, und die Beziehungen zum Recht des Arbeitsortes sind so stark, daß im Interesse des Entscheidungseinklangs auch Gerichte anderer Länder nicht über die Normen des Arbeitsortes hinweggehen sollten. Anzuerkennen sind dabei nicht nur Normen mit sozialen, sondern auch solche mit wirtschaftlichen und anderen Zwecken. Dies und nur dies ist der richtige Kern des häufig gehörten Satzes, bei Arbeit im Ausland „gelte das örtliche Arbeitsrecht" [32].

Es kann also der Arbeitnehmer, der in Italien nach Art. 15 des Gesetzes vom 29. 4. 1949 Nr. 264 (unten Nr. 193) seine Wiedereinstellung zu Recht, aber vergeblich verlangt hat, seinen Lohn auch vor deutschen Gerichten (etwa am allgemeinen Gerichtsstand des Stammhauses) einklagen. Wurde andererseits das Arbeitsverhältnis einer Frau von hoher Hand beendigt, weil wegen allgemeiner Arbeitslosigkeit der Arbeitsplatz für

[32] Zur Mehrdeutigkeit des Wortes „gelten" vgl. GAMILLSCHEG, AcP 155 (1956) 54 f.

einen Mann freigemacht werden soll, so wäre eine Klage auf Lohnfortzahlung auch im Inland abzuweisen, ohne daß hierfür die Grundsätze über Unmöglichkeit der Leistung oder höhere Gewalt heranzuziehen wären.

Jedoch kann der Anerkennung des ausländischen öffentlichen Rechts der *ordre public* entgegenstehen. So sind Entlassungen wegen deutscher Volkszugehörigkeit auch dann im Inland unbeachtlich [33] (und mithin in ordentliche Kündigungen mit den daraus abzuleitenden Folgen des Arbeitsstatuts umzudeuten), wenn der Arbeitsvertrag dem ausländischen Recht unterstand; und Ansprüchen aus der unten Nr. 321 darzustellenden österreichischen Verordnung vom 2. 6. 1919 ist vor inländischen Gerichten auch bei österreichischem Arbeitsstatut nicht stattzugeben, da hier das wirtschaftliche Interesse des einen Staates gegen das der anderen steht.

Wird die ausländische Norm in ihren zivilrechtlichen Wirkungen anerkannt, so versteht sich von selbst, daß die Wirkung ihrer Verletzung nicht weiter reicht, als die Norm selbst bestimmt. Ist also – wie nach niederländischem Recht, Art. 7 BBA – der Abschluß des Arbeitsvertrages bei gewissen, vom Minister zu bezeichnenden Berufsgruppen zwar genehmigungspflichtig, aber der ohne Genehmigung zustandegekommene Arbeitsvertrag zivilrechtlich gültig (unten Nr. 186), dann bleibt es auch vor inländischen Gerichten bei seiner Gültigkeit.

176. *Auslandsarbeit – inländisches Arbeitsstatut.* Anders ist es, wenn im Ausland unter inländischem Arbeitsstatut gearbeitet wird. Hier stehen wir wiederum vor dem Geltungswillen zweier Rechte, und es besteht kein Anlaß, das inländische Vertragsstatut von vornherein vor dem örtlichen öffentlichen Recht zurücktreten zu lassen. Ich möchte die notwendige Harmonisierung nach dem Zweck der ausländischen öffentlichrechtlichen Norm vornehmen. Danach unterscheiden wir zunächst die Normen, bei denen der Schutz des Arbeitnehmers der Hauptzweck oder wenigstens – wie bei Vorschriften über die Sonntagsruhe – stark mitbestimmend ist, von jenen Normen, die aus anderen, etwa wirtschafts- und bevölkerungspolitischen oder fremdenrechtlichen Gründen ergangen sind oder überhaupt nur Ziele des Hasses und der Rache verfolgen. Bei den Vorschriften mit sozialem Schutzzweck unterscheiden wir weiter, ob die erstrebte Schutzwirkung im großen und ganzen dem entspricht, was auch im Inland rechtens ist, oder ob sie übermäßig oder fremdartig ist. Nur im ersteren Falle ist hier die Norm „als Recht" anzuwenden, in allen anderen Fällen nicht, doch kann sie als Tatsache – etwa als Grund für

[33] Vgl. österr. OGH 3. 10. 1951, SZ 24 (1951) Nr. 255; 25. 10. 1955, JBl. 78 (1956) 132 mit zustimmender Anm. von SCHWIND.

die Unmöglichkeit der Leistung – zu berücksichtigen sein. Das soll nun ausgeführt werden.

a) Vergleichbare Schutznormen

Die ausländische öffentlichrechtliche Norm ist verweisungsrechtlich als Recht zu beachten, wenn Zweck der Norm ausschließlich oder hauptsächlich der Schutz des Arbeitnehmers ist und wenn sie mit einer (öffentlich- oder privatrechtlichen) Vorschrift des Inlands vergleichbar ist, wenn sie also für ihr Land das sein will, was eine ähnliche Norm für das Inland ist. Hierher zählen etwa die allen Kulturstaaten gemeinsamen Vorschriften über die Arbeit der Frauen und Kinder, den Mutterschutz, den Gefahrenschutz, die Sonntagsruhe oder den Mindestlohn. Daß solche Normen „als Recht" gelten, bedeutet, daß sich nicht nur, wie oben Nr. 172 b *β* gesagt, die privatrechtliche Fürsorgepflicht aus ihnen konkretisiert, sondern daß ein Verstoß selbständig die Nichtigkeit gemäß § 134 BGB und die anderen privatrechtlichen Folgen auslöst. Der Arbeitgeber, der vorbringen wollte, die Durchsetzung solcher Normen werde im Ursprungslande nicht streng gehandhabt, die Gewerbeaufsicht drücke bei ausländischen Betrieben ein Auge zu, würde damit nicht gehört werden. Das inländische Recht tritt hier aus praktischen Gründen zurück, nämlich um Überschneidungen von Normen gleicher Zielsetzung zu vermeiden.

b) Unvergleichbare Schutznormen

Ist der Zweck der Norm zwar der Schutz des Arbeitnehmers, ist die Schutzwirkung aber nach den Maßstäben des inländischen Arbeitsstatuts übermäßig oder fremdartig, so ist m. E. die Anerkennung als Recht zu Lasten des Arbeitsstatuts nicht mehr aufrechtzuerhalten, weil hier die konkurrierenden Normen nicht mehr parallel laufen. Beispiel für einen übermäßigen Schutz seien Art. 66 b Buch II C. Trav., der die Einbringung gewisser alkoholischer Getränke in die Betriebsräume verbietet, oder s. 6 (3) (a) des englischen Factories Act 1937, wonach in gewissen Fällen Sitzgelegenheiten mit bequemen Fußrasten vorhanden sein müssen, oder auch die in *Pratt* v. *Cook, Son & Co.* [1940] A. C. 437, gegebene strenge Auslegung von s. 4 des Truck Act, 1831, wonach Abzüge am Lohn für verabreichtes Essen nur dann erlaubt sind, wenn sie im Vertrag ausdrücklich bedungen wurden (unten Nr. 279). Weiter kann man hierher Vorschriften zählen, die einen dem inländischen Recht fremden Feiertag zu halten gebieten (unten Nr. 241), die Ordnungsstrafen verbieten (unten Nr. 210), die etwa, wie das Recht von Ecuador, dem Arbeitgeber die Weiterzahlung des Lohnes vorschreiben, wenn die Arbeitnehmer streiken, oder die ihm, wie das mexikanische Recht, verbieten, bewaffnet oder unter dem Einfluß von Alkohol oder Rauschgift im Betrieb zu erscheinen. Beispiel für einen fremdartigen Schutz sei die (erdachte) Norm, die allgemein das Arbeiten von Frauen und Männern in einem Raum verbietet. Solche Normen in die Fürsorgepflicht eingehen zu lassen, die doch ein inländischer privatrechtlicher Begriff ist, besteht kein Anlaß. Ihre Verletzung mag durch die örtliche Gewerbeaufsicht geahndet werden, und örtliche Gerichte mögen an sie auch zivilrechtliche Folgen knüpfen, aber vor inländischen Gerichten wird die aus dem Inland entsandte Kraft, die wegen beharrlicher Arbeitsverweigerung entlassen wurde, nicht damit gehört, sie habe die Arbeit solange verweigert, als nicht eine bequeme Fußraste angebracht wurde oder solange eine Frau im gleichen Raum arbeitete. (Wohl aber kann es eine Verletzung der Fürsorgepflicht gegenüber einem einheimischen Arbeitnehmer sein, neben ihm eine Frau zu beschäftigen, auch wenn er – um der Einheitlichkeit der Behandlung willen – vertraglich inländischem Arbeitsstatut unterstellt worden ist.)

Daß Normen, die auf übermäßigen oder fremdartigen Schutz zielen, nicht die volle Kraft einer durch das Kollisionsrecht zur Anwendung im Inland berufenen Norm haben, bedeutet nicht, daß sie überhaupt bedeutungslos sind. Sie können sehr wohl als Tatsache zu berücksichtigen sein, wenn etwa durch das Verbot der Beschäftigung von Frauen mit Männern im gleichen Raum eine Kündigung notwendig wird, die durch den Zwang, dieses örtliche Verbot zu beachten, „betriebsbedingt" i. S. des § 1 KSchutzG vom 10. 8. 1951 wird. Stellt sich aber im Kündigungsschutzprozeß heraus, daß ein solcher Zwang gar nicht bestanden hat, so genügt die bloße Berufung auf die Vorschrift als örtliches Recht zur Rechtfertigung des Arbeitgebers nicht.

c) *Sonstige Normen.* Ebenso sind öffentlichrechtliche Normen des Arbeitsortes, die nicht soziale Schutzzwecke, sondern wirtschafts- oder bevölkerungspolitische oder fremdenrechtliche usw. Zwecke verfolgen, nicht als Recht anzuwenden, aber allenfalls als Tatsachen zu berücksichtigen, wenn das inländische Recht Arbeitsstatut ist. Hierher zählen namentlich die fremdenrechtlichen Einschränkungen der Arbeit von Ausländern (vgl. etwa Art. 64 ff. Buch II C. Trav.), Vorschriften über Arbeitseinsatz und Arbeitsvermittlung, über Verhinderung der Schwarzarbeit (vgl. Art. 13 des schweizerischen Ruhezeitgesetzes von 1931) oder über einen Lohnstop (vgl. die finnische VO vom 29. 9. 1951, unten Nr. 258). Solche Normen können als Tatsachen bedeutsam werden, namentlich, wenn sie die Arbeit unterbinden wollen, eine Kündigung rechtfertigen oder einer Zahlung entgegenstehen. Dabei wird man dem Arbeitgeber auch nicht zumuten dürfen, es stets erst auf ein Einschreiten der örtlichen Gewerbeaufsicht ankommen zu lassen; doch kann er sich auf die Norm nicht berufen, wenn feststeht, daß tatsächlich ein Einschreiten nicht zu erwarten ist (etwa weil die örtliche Behörde sich für die Arbeit der örtlichen Betriebsgruppe nicht interessiert).

176 a. Durch das vorstehende System werden das inländische und ausländische öffentliche Recht, die sich beide Geltung für ihr jeweiliges Gebiet, aber auch Einfluß darüber hinaus zuerkennen, mit dem Arbeitsstatut abgestimmt, wobei dem Zweck der einzelnen öffentlichrechtlichen Norm ein entscheidendes Gewicht zuerkannt wurde. Ich glaube, daß dies ein legitimes Verfahren ist, biegsam genug, um dem Einzelfall gerecht zu werden, dabei aber doch mehr als eine bloße Richtlinie. Die Rechtsprechung hat diesen Gedanken bereits in anderem Zusammenhang fruchtbar gemacht, man vergleiche etwa das Urteil des Reichsgerichts vom 24. 6. 1927 [34], das einen Fall aus dem internationalen Wirtschaftsrecht ähnlich gelöst hat: Es handelte sich um Forderungen aus Geschäften über Kokain, das unter Verletzung indischer Einfuhrverbote nach Indien geliefert worden war. Das Reichsgericht erklärte, wenn die Verbote aus handelspolitischen Gründen ergangen seien, würden sie die Gültigkeit der Verträge nicht berühren; beruhten sie jedoch auf Gründen der Volksgesundheit, so bedeute ihre Nichtbeachtung einen Verstoß gegen die guten Sitten. Im gleichen Sinn äußerte sich neuestens auch das Schweizer Bundesgericht [35]: „Es kommt also auf den vorwiegenden Zweck einer ausländischen Norm an, die als Sondervorschrift in eine privatrechtliche Regelung eingreift. Solange ein solcher mit öffentlichrechtlichen Mitteln wirkender Eingriff in das Privatrecht oder in privatrechtlich wirkende Rechtsverhältnisse nur oder doch vorwiegend den Schutz privater Interessen (im Gegensatz zu unmittelbaren staatlichen Bedürfnissen) bezweckt, besteht kein Grund für den schweizerischen Richter, derartiges fremdes öffentliches Recht bloß wegen seiner Rechtsnatur abzulehnen ... "

Ähnlich sagt das Obergericht des Kantons Zürich 11. 11. 1942 [36], nach Darstellung der Meinung, ausländisches öffentliches Recht könne grundsätzlich nicht angewandt

---

[34] JW 1927, 2288. [35] BG 80 (1954 II) 62.

[36] Blätter für Zürcherische Rechtsprechung 45 (1946) 127 (nicht arbeitsverweisungsrechtlich). Rabel II 561 unterscheidet nach dem Zweck einer Vorschrift über die vorzeitige Kündigung, ob sie zum privaten oder zum öffentlichen Recht gehört.

werden: „So allgemein ausgedrückt kann dieser Grundsatz allerdings kaum aufrechterhalten werden. Das ausländische öffentliche Recht kann den Zweck des Privatrechts unterstützen, es kann öffentlichrechtliche Vorschriften im Interesse des Verkehrs erlassen, und solche ausländischen öffentlichrechtlichen Vorschriften dürfen doch wohl vom Richter beachtet werden [Verweis auf MARTI, Abhandlungen zum Schweizer Recht N. F. Nr. 176 S. 75]. Wird aber der verwaltungsrechtliche Zweck einer öffentlichrechtlichen Vorschrift so überwiegend, daß daneben die Förderung und Unterstützung des privatrechtlichen Verkehrs zurücktritt, handelt es sich also um öffentlichrechtliche Vorschriften, die ... staatlichen Zwecken dienen, dann entfällt der Grund, um dessentwillen sie im Ausland angewandt werden."

177. Dieses System durch Einbeziehung weiterer Rechtsordnungen zu belasten, dürfte – zumindest im augenblicklichen Stand dieses ersten tastenden Versuchs – nicht ratsam sein. Es sind freilich Fälle denkbar, wo etwa die *gemeinsame Staatsangehörigkeit* für das öffentliche Recht Anknüpfungspunkt sein sollte: So darf gemäß § 126 der GewO derjenige keine Lehrlinge halten oder anleiten, dem durch Verurteilung in der Bundesrepublik die bürgerlichen Ehrenrechte entzogen worden sind. Darf er es im Ausland? M. E. nicht, wenn Lehrherr und Lehrling beide deutsche Staatsangehörige sind (unten Nr. 180; s. auch unten Nr. 295). In anderen Fällen kann auch ausnahmsweise die Anknüpfung an die inländische *Staatsangehörigkeit des Arbeitnehmers* geboten sein (vgl. als Beispiel unten Nr. 196); wieder anders ist es möglich, daß das Recht am *Sitz des Arbeitgebers,* obwohl es weder Arbeitsstatut noch Ortsrecht ist, auf das Arbeitsverhältnis einzuwirken bestrebt ist; man denke an öffentlichrechtliche Schutznormen für Handelsreisende, die auch für Auslandsreisende gelten wollen, ohne danach zu unterscheiden, ob das Recht des Geschäftsherrn oder das Recht des Reisegebiets Handelsvertreterstatut ist. Alles das muß zunächst noch der empirischen Lösung durch die Gerichte überlassen bleiben. Dabei ergeben sich wiederum neue Gesichtspunkte anderer Art, wie etwa die stets zu stellende Frage, ob ein dem Arbeitsstatut unbekanntes, aber vom örtlichen öffentlichen Recht aufgestelltes Gebot durch seine (wenn auch unfreiwillige) Befolgung in den Arbeitsvertrag eingegangen ist – man denke an das Gebot eines 13. Monatsgehalts –, oder der Gedanke der Belastungshöchstgrenze, wie er z. B. dann auftaucht, wenn zu bezahlende Feiertage des Arbeitsstatuts mit örtlichen entgeltpflichtigen Feiertagen zusammentreffen (unten Nr. 243).

177 a. Das hier entwickelte System kann die Anwendung ausländischen öffentlichen Rechts von dem Gutdünken der inländischen Kollisionsnorm abhängen lassen, da jenes als Ausfluß fremder Staatshoheit von sich aus keinen Geltungsanspruch hat. Anders im *interlokalen Bereich;* hier sind

die Teilrechtsordnungen der Gliedstaaten es einander schuldig, den jeweiligen Geltungswillen der Norm des anderen Teilstaats zu achten. Im interlokalen Bereich ist mithin eine öffentlichrechtliche Norm in ihren zivilrechtlichen Wirkungen immer anwendbar, wenn sie selbst angewandt sein will. Nun gilt auch hier der Satz, daß das öffentliche Arbeitsrecht die Arbeit in seinem Geltungsgebiet zu regeln beansprucht; und so ist denn bei interlokalen Kollisionen richtig zu sagen, was wir im internationalen Bereich als zu weitgehend erkannt haben, daß „das Recht des Arbeitsorts" gelte [37].

Diese gegenseitige Rücksichtnahme, die auch eine entsprechende Selbstbeschränkung bedingt [38], ist natürlich ein Fortschritt gegenüber dem Zustand im internationalen Bereich, wo die Anwendung ausländischen Rechts im Einzelfall immer noch – solange es nationale Verweisungsrechte gibt – ein „Gnadenakt" aus comitas ist. Wo sich größere Zusammenschlüsse anbahnen, wie etwa im europäischen Raum, gehört die Zukunft deshalb nicht einem System nach Art des hier skizzierten, sondern einem System des gegenseitigen Vertrauens, das nicht mehr nach dem Zweck der fremden Norm fragt; in der Gegenwart wäre freilich ein solches Vertrauen noch allzu oft fehl am Platz, und wir müssen die Dinge sehen, wie sie sind; denn wer sie ändern will, muß sie meistern, und nur der kann sie meistern, der sie versteht.

---

[37] Vgl. Neumeyer IV 256; Melchior 267 f.; LAG Stuttgart 16. 12. 1947, 19. 3. 1952, 29. 4. 1955.

[38] Sie läßt das bremische Urlaubsgesetz vermissen, vgl. unten Nr. 251.

5. Kapitel

Die sachlichen Bereiche des privaten und des öffentlichen Rechts - Der Geltungsbereich der Arbeitsgesetze

178. Die vorangegangenen Kapitel waren den Anknüpfungen und einer allgemeinen Untersuchung des Bereichs von Anwendung und Berücksichtigung des öffentlichen Rechts gewidmet. Nunmehr folgt als nächster Schritt die Einordnung der einzelnen Rechtssätze und Rechtsfragen des Arbeitsrechts in die beiden Gruppen des privaten und des öffentlichen Rechts; denn erst sie gestattet die Verwertung der bisher erzielten Ergebnisse, weist jenen die zugehörige Anknüpfung bzw. Grenznorm zu. Aus der Eigenart einzelner Rechtsfragen und aus der Verzahnung öffentlichen und privaten Rechts wird sich dabei auch die eine oder andere von der Anknüpfung des Arbeitsstatuts verschiedene Sonderanknüpfung ergeben.

Die Zuordnung einer Rechtsbeziehung zum Arbeitsstatut bedeutet, daß die sie regelnde Vorschrift auch bei ausländischem Arbeitsort angewandt werden will. Hierbei ist nun zu beachten, daß dies zwar grundsätzlich gilt, dann aber nicht der Fall ist, wenn die Norm sich erkennbar auf das Inland beschränkt. Gleicherweise bedeutet die Zuordnung zum Arbeitsstatut ein Angebot an das ausländische Recht, diese Beziehung, wenn es Arbeitsstatut ist, auch bei inländischem Arbeitsort zu regeln: auch hier wieder mit der Maßgabe, daß die ausländische Norm nicht gilt, wenn sie sich erkennbar auf Arbeitsverhältnisse beschränkt, die im eigenen Lande (des Arbeitsstatuts) verwirklicht werden.

Ob etwa ein Probearbeitsverhältnis gültig eingegangen werden kann, entscheidet das Arbeitsstatut, mithin u. U. das ausländische Recht. Wenn aber das österreichische Recht die Eingehung von Probearbeitsverhältnissen „bei Beschäftigung an österreichischen Bühnen" verbietet, so folgt daraus, daß das Verbot bei Beschäftigung an außerösterreichischen Bühnen auch dann nicht gilt, wenn österreichisches Recht Statut des Bühnendienstvertrages ist. *Wann* eine solche Beschränkung auf das Inland vorliegt, muß die Auslegung der entsprechenden Norm ergeben; das Verbot nicht anzuwenden, bedeutet dann nur die richtige Anwendung des bezeichneten Rechts, so daß in solchem Fall zwar das Verbot nicht gilt, wohl aber die sonstigen Vorschriften des Wirkungsstatuts eingreifen, soweit ihre tatbestandlichen Voraussetzungen erfüllt sind [1].

Bei der Auswahl des Rechtsstoffs war das Bestreben leitend, möglichst die Gebiete zu erfassen, bei denen Auslandsberührungen wahrscheinlich sind. Dabei war nun Vollständigkeit weder durchführbar noch überhaupt anzustreben: denn wer wollte es unternehmen, alle Fragen zu behandeln, bei denen die Berührung mit dem Ausland einmal arbeitsverweisungsrechtliche Probleme aufwerfen könnte! Zurückhaltung war auch bei der Rechtsvergleichung geboten. Hier mußte ich mich auf die Wiedergabe der wenigen verstreuten Äußerungen beschränken, die zu unserem Thema gefallen sind, da eine zusammenfassende Behandlung des Arbeitsverweisungsrechts noch in keinem Lande erfolgt ist, wenn man sie auch, wie oben Nr. 7 erwähnt, mehrfach als notwendig noch zu leistende Aufgabe bezeichnet hat. Eigene Wertungen und eigene Vorschläge wären eine unzulässige Grenzüberschreitung gewesen.

Gewisse Hinweise für die Einordnung der ausländischen Rechtssätze konnten jedoch auch anderen als arbeitsverweisungsrechtlichen Quellen und Äußerungen entnommen werden: so den Landesverfassungen [2], der Einreihung in gewisse Gesetze (wie etwa in das allgemein strafrechtlich gesicherte Buch II des Code du Travail), der Herkunft der Norm (wie aus dem kantonalen Recht in der Schweiz als Kennzeichen ihrer öffentlichrechtlichen Natur) u. a.

Im übrigen ist natürlich für den Ausländer Zurückhaltung geboten, da er nie erwarten kann, die Probleme in ihrer Vielschichtigkeit ebenso zu sehen wie ein Angehöriger des Landes, um dessen Recht es geht. Auch konnte Vollständigkeit hier noch weniger als für das deutsche Recht angestrebt werden. Soweit deshalb Angaben zum sachlichen Arbeitsrecht gemacht wurden, sollen sie nur den nötigen rechtsvergleichenden Hintergrund schaffen (oben Nr. 7 a. E.). Die Auswahl erfolgte auch hier nach der Möglichkeit und Wahrscheinlichkeit internationaler Berührungen, nicht nach der innerstaatlichen Bedeutung, so daß in der Regel das Recht der Land- und Heimarbeit und der Arbeit in den Bergwerken außer Betracht blieb.

---

[1] Vgl. auch *Foley Bros.* v. *Filardo* (oben Nr. 143).

[2] Vgl. Vassalli-Monaco 250; Venturini, Studi Parmensi 335 f.; Richard, Ordine pubblico 342; oben Nr. 7 Anm. 43.

§ 12

Zustandekommen des Arbeitsverhältnisses

1. Geschäftsfähigkeit und Form

179. Ob Arbeitgeber und Arbeitnehmer zum Abschluß des Arbeitsvertrages und der mit ihm zusammenhängenden Abreden *geschäftsfähig* sind, gehört in den Bereich des Privatrechts; die Frage beantwortet sich, wie oben § 8 dargestellt, nach dem Heimatrecht der Person, unter Vorbehalt des Eingreifens des Rechts des Arbeitsorts.

180. Keine Fälle der Geschäfts- und Handlungsfähigkeit, „capacité", in dem von dieser Verweisungsnorm erfaßten Bereich sind Normen über gewisse *besondere Handlungsunfähigkeiten.* Die romanische Rechtslehre unterscheidet zwischen „capacité générale" als der Geschäfts- und Handlungsfähigkeit im hier gebrauchten Sinne und „capacité (bzw.) incapacité spéciale", worunter man Vorschriften versteht wie etwa das Verbot für den Arzt, vom Kranken Geschenke anzunehmen, usw. [3]. Solche Normen gehören nicht in den Bereich, für den Art. 7 EGBGB bzw. die entsprechenden ausländischen Verweisungsnormen das maßgebliche Recht bezeichnen.

Dennoch gibt es hier noch häufig Verwechslungen: so, wenn etwa das Verbot der Kinderarbeit unter dem Gesichtspunkt des Mindestalters zum Abschluß eines Arbeitsvertrags als Frage der „capacité" angesehen wird, wobei man dann die Anknüpfung an den Arbeitsort als „Ausnahme vom Grundsatz, daß das Heimatrecht gilt", bezeichnet [4].

Nicht in den Bereich der Geschäftsfähigkeit und damit des Art. 7 EGBGB gehören weiter alle Bestimmungen des öffentlichen Arbeitsrechts, die, wie etwa die §§ 106, 126 f. GewO, 81 HGB, 17 HandwO, gegebenenfalls auch § 421 StGB, *arbeitsrechtliche Folgen einer strafrechtlichen Verurteilung* oder Verwaltungsmaßnahme mit Strafcharakter darstellen. Sie gelten im allgemeinen in allen Fällen, in denen die Verurteilung oder Maßnahme selbst erfolgen könnte [5].

---

[3] Vgl. Batiffol, Traité 468 ff.

[4] So bei Batiffol, Contrats 329 Anm. 5; richtig Rouast, Festschrift Pillet 197, der jedoch auf S. 210 f. die Begrenzung der Dauer des Arbeitsvertrags gem. § 624 BGB als „incapacité spéciale" des Arbeitnehmers ansieht (vgl. unten Nr. 197); richtig die italienische Lehre, vgl. Gemma 154; Venturini, Lehrbuch 236 und Studi Parmensi 341; Baldoni, Riv. d. i. 24 (1932) 380 f. Für das argentinische Recht s. Lanfranchi 27 Anm. 25.

[5] Anders Schnorr von Carolsfeld, RdA 11 (1958) 204, der hier von Abschlußfähigkeit spricht, die nach dem Personalstatut zu beurteilen sei. Eine weitergehende

Wem durch eine Verurteilung in der Bundesrepublik die bürgerlichen Ehrenrechte entzogen wurden, der darf vom Standpunkt deutscher Gerichte und Behörden aus gem. §§ 126 GewO, 17 HandwO, 81 HGB in Deuschland Lehrlinge nicht halten oder anleiten, auch wenn er Ausländer ist oder das Lehrverhältnis ausländischem Recht untersteht und sein Heimatrecht oder das Lehrstatut eine solche Beschränkung nicht kennt oder an die Verurteilung in Deutschland nicht knüpft. Ob er im Ausland Lehrlinge halten darf, ist eine Frage der Auslegung der genannten Normen, wobei der arbeitsrechtliche Grundsatz, wonach das öffentliche Arbeitsrecht nur die Arbeit im Gebiet erfaßt, mit §§ 3 f. StGB im Streit liegen; richtig dürfte sein, ihm die Haltung von Lehrlingen deutscher Staatsangehörigkeit auch im Ausland zu verbieten, die Wirkung der Aberkennung der bürgerlichen Ehrenrechte darüberhinaus aber nicht zu erstrecken. Davon zu trennen und m. E. zu verneinen ist die Frage, ob eine Verurteilung durch ein ausländisches Gericht den Tatbestand des § 126 GewO, 17 HandwO, 81 HGB erfüllt.

Ähnliche Vorschriften gibt es auch im Ausland.

Nach § 31 des *österreichischen* Kinder- und Jugendlichen-Beschäftigungsgesetzes kann einem Arbeitgeber, der gegen die Bestimmungen des Gesetzes mehrfach verstoßen hat, die Beschäftigung von Jugendlichen untersagt werden; nach § 98 der österreichischen GewO dürfen Gewerbeinhaber, die wegen eines Verbrechens oder wegen eines aus Gewinnsucht begangenen oder gegen die öffentliche Sittlichkeit verstoßenden Vergehens oder einer ebensolchen Übertretung bestraft worden sind, Lehrlinge weder aufnehmen noch behalten [6]. Gem. § 10a des österreichischen Hausgehilfengesetzes kann dem Arbeitgeber unter gewissen Umständen (vorangegangene rechtskräftige Verurteilung) von der Bezirksverwaltungsstelle das Halten minderjähriger Hausangestellter untersagt werden. Nach Art. 6 Buch I C. Trav. hat kein Recht zur Annahme von Lehrlingen, wer wegen Verbrechens, Unzuchtvergehens oder einer Reihe anderer Vergehen (hier: zu mehr als drei Monaten Gefängnis) verurteilt worden ist [7].

Solche ausländischen Verbote haben im Inland keine unmittelbare Wirkung; sie werden von der Gewerbeaufsicht nicht erzwungen und lösen keine Strafsanktion aus. Aber bürgerlichrechtliche Folgen dürften in dem gleichen Umfange und nach den gleichen Grundsätzen zu berücksichtigen sein, wie sie für die Erstreckung der entsprechenden inländischen Normen auf Lehrverhältnisse im Ausland aufgestellt wurden, d. h., wie ich glaube, unabhängig vom Lehrstatut, wenn Lehrling und Lehrherr die Staatsangehörigkeit des Landes besitzen, von dem die Verurteilung ausgegangen ist.

Dies ist ein selbständiger, von Art. 7 EGBGB unabhängiger Grundsatz! – Wird ein Gericht in der Bundesrepublik nicht nur die negativen Wirkungen des Verbots beachten,

---

Wirkung scheint solchen Verboten anscheinend von QUADRI, Giur. comp. d. i. p. 10 (1944) 190 beigelegt zu werden: „Le incapacità derivanti dalla legge penale vanno riconosciute." Vorausgesetzt dürfte hierbei sein, daß das Strafurteil vom Heimatstaat erlassen wurde.

[6] HÄMMERLE 131. [7] DURAND-VITU II 348.

sondern den (österreichischen) Dienstgeber eines österreichischen Hausgehilfen unter den Voraussetzungen des § 10 a HausgehilfenG auch zur Zahlung der dort vorgesehenen Abfertigung (unten Nr. 305) verurteilen? Mangels abweichender Anhaltspunkte und entsprechend der eben für den Bereich der §§ 126 GewO, 81 HGB, 17 HandwO aufgezeigten Grundsätze wird man die Frage bejahen müssen, aber die Antwort hängt auch davon ab, ob das österreichische Gesetz seinen Anwendungsbereich auf Arbeitsverhältnisse innerhalb Österreichs beschränkt oder ob es seinen Schutzzweck bei genügend enger sonstiger Beziehung auch bei Arbeiten außerhalb des Staatsgebiets verfolgt.

Andere Einschränkungen der Abschlußfähigkeit des Arbeitgebers für Lehrverträge, bei denen ein Zusammenhang mit Strafvorschriften nicht gegeben ist, gelten nur für die Lehrverhältnisse im Inland. Eine Anknüpfung an das Personalstatut des Lehrherrn empfiehlt sich nicht. Inländische Einschränkungen folgen dem Lehrherrn nicht ins Ausland, ausländische Einschränkungen treffen ihn im Inland nicht.

Dies gilt etwa für § 18 HandwO, der für die Aufnahme von Lehrlingen in Handwerksbetrieben Meisterprüfung fordert. Das *österreichische* Recht, § 98 I GewO, verlangt die nötigen fachlichen Kenntnisse und einen entsprechend eingerichteten Betrieb[8], das *französische* Recht, Art. 5 Buch I C. Trav., Volljährigkeit; auch darf ein minderjähriger weiblicher Lehrling in die häusliche Gemeinschaft nur von einem verheirateten Arbeitgeber aufgenommen werden[9]. Es kann also ein geschiedener Franzose einen weiblichen Lehrling in Deutschland in häuslicher Gemeinschaft beschäftigen, nicht aber umgekehrt ein geschiedener Deutscher in Frankreich[10].

181. Die *Form* des Arbeitsvertrages und seiner einzelnen Abreden unterliegt, soweit sie dem Privatrecht zuzurechnen ist, gemäß dem oben § 9 Ausgeführten dem Arbeitsstatut, hilfsweise (bedenklich!) dem Recht des Vornahmeorts.

Anders sind die *öffentlichrechtlichen Formvorschriften* zu behandeln.

Hierher zählen etwa § 5 JugendschutzG (Arbeitskarte für Jugendliche), § 11 Seemannsgesetz (Seefahrtsbücher) u. a.; im *italienischen* Recht die Verpflichtung des Arbeitnehmers zur Führung eines Arbeitsbuches („libretto del lavoro"), dem das Verbot für den Arbeitgeber entspricht, jemand ohne Arbeitsbuch einzustellen[11]. Beispiele aus dem *französischen* Recht bieten die Art. 64 ff. Buch II C. Trav., die für die Arbeit von Ausländern in Frankreich eine Arbeitskarte vorsehen, oder Art. 2 I Buch I C. Trav., der für den Lehrvertrag die Schriftform vorschreibt.

---

[8] Hämmerle 131.

[9] Durand-Vitu II 348.

[10] Für die Anknüpfung an das Gebiet wie hier Audinet, Annuaire 1936 I 434; a. A. Mahaim, ebda. 453 f., der Unfähigkeit zur Eingehung von Lehrverhältnissen auch im Ausland annimmt.

[11] Vgl. Mazzoni, Trattato III 111 ff.; Santoro Passarelli 109 f. Die Arbeitsinspektion hat hinsichtlich der Eintragungen in das Arbeitsbuch gewisse öffentliche Eingriffsrechte.

Ist die Nichtbeachtung einer Formvorschrift strafbar, so ist ihre Zugehörigkeit zum öffentlichen Recht sicher. Aber es kann auch ihr Zweck allein ohne Strafsanktion diese Einordnung geboten erscheinen lassen.

Hierher möchte ich die Formvorschriften zählen, die ein Recht eigens für die Eingehung von Verträgen zur Arbeit im Ausland aufstellt. So bestimmt Art. 126 Abs. 26 der *mexikanischen* Bundesverfassung, daß Verträge zur Arbeitsleistung im Ausland von der örtlichen Behörde und vom Konsulat des Staates des Arbeitsorts zu beglaubigen sind und zwingend die Verpflichtung des Arbeitgebers enthalten müssen, die Kosten der Rückschaffung in die Heimat zu tragen. Nach Art. 20 des Arbeitsgesetzbuchs von *Ecuador* bedürfen Arbeitsverträge, die ein Staatsangehöriger von Ecuador zur Arbeit im Ausland schließt, der Schriftform; wie der Zusammenhang mit den folgenden Art. 21–25 a.a.O. zeigt, steht diese Vorschrift im Dienste der staatlichen Überwachung der Auswanderung, woraus einmal ihr öffentlichrechtlicher Charakter, zum andern folgt, daß sie nicht unbedingt zu den sozialen Schutznormen zu zählen ist.

Öffentlichrechtliche Formvorschriften des Inlands gelten in dem Bereich, den sie sich selbst stecken; dies wird man für das Arbeitsschutz- und Arbeitsverwaltungsrecht dahingehend umreißen können, daß sie den Geltungsbereich der zugrundeliegenden Materie teilen, so etwa § 5 JugSchG den Geltungsbereich des Jugendschutzes usw.[12].

Ausländische, dem Arbeitgeber oder Arbeitnehmer auferlegte *öffentlichrechtliche Formvorschriften* werden bei ausländischem Arbeitsort und inländischem Arbeitsstatut nach ihrem sozialen Zweck berücksichtigt, vgl. oben Nr. 176; der Satz locus regit actum ist unanwendbar[13]. Läßt freilich das ausländische Recht, dem die öffentlichrechtliche Formvorschrift entnommen ist, die Gültigkeit des Rechtsgeschäfts trotz Verstoßes unberührt, so ist das auch vor deutschen Gerichten zu beachten.

In Fällen, in denen das ausländische öffentliche Recht an sich ohne Rücksicht auf seine Zielsetzung anwendbar ist (oben Nr. 175), kann sich doch auf Grund des ordre public ein anderes ergeben: So geht es zu weit, wenn das französische Recht nicht nur Arbeitsverträge von Ausländern, die nicht im Besitz der Arbeitskarte sind, für nichtig erklärt, die Parteien mit Strafe bedroht, sondern auch einen Lohnanspruch für geleistete Arbeit versagt; einen solchen Anspruch müßten m. E. deutsche Gerichte immer zusprechen (nicht nur dann, wenn es sich um einen deutschen Arbeitnehmer oder einen deutschen oder mit deutschem Kapital arbeitenden Arbeitgeber handelt).

In diesen Zusammenhang gehört auch § 36 Gemeindeordnung, wonach Verträge, die von Gemeinden geschlossen werden, gewisser Formen bedürfen. Diese Form ist,

---

[12] Kann eine Arbeitskarte gem. § 5 JugSchG auch für eine Tätigkeit im Ausland ausgestellt werden? Wohl kaum; denn es handelt sich um eine Ausnahmegenehmigung von einem Verbot, und dieses gilt nur bei inländischem Arbeitsort (oben Nr. 164). Für die Frage, ob der Arbeitgeber durch Beschäftigung des Kindes seine Fürsorgepflicht verletzt, ist die Arbeitskarte wiederum ohne Bedeutung.

[13] NEUMEYER IV 103, 376 Anm. 96.

schließt eine deutsche Gemeinde ab, zu wahren, auch wenn der Arbeitsvertrag ausländischem Recht unterworfen wurde (man denke etwa daran, ein berühmter Ausländer wird als Leiter eines städtischen Krankenhauses, einer städtischen Bühne verpflichtet), auch wenn der Vertrag im Ausland geschlossen wurde und Arbeitsstatut bzw. Ortsrecht eine solche Formvorschrift nicht enthalten; die Formvorschrift braucht umgekehrt nicht eingehalten werden, wenn ein Vertreter einer ausländischen Gemeinde einen solchen Vertrag, selbst in Deutschland und unter Vereinbarung deutschen Rechts, schließt.

2. *Abschluß, Auslegung, Nichtigkeit, Anfechtbarkeit des Arbeitsvertrages*

182. Das *Zustandekommen des Arbeitsvertrags* richtet sich nach dem Recht, das auf den Vertrag, sein Zustandekommen vorausgesetzt, anwendbar wäre, also nach dem (präsumtiven) Arbeitsstatut [14].

Anwendbar ist also bei *italienischem* Arbeitsstatut auch Art. 1330 C. c., der bei Willenserklärungen eines Unternehmers im Betriebe seines Unternehmens Bindung an Angebot und Annahme auch über den Tod und Eintritt der Geschäftsunfähigkeit hinaus vorsieht – eine Vorschrift, die von der Rechtslehre auf die Fälle freiwilliger Geschäftsaufgabe ausgedehnt wird [15]; bei *englischem* Arbeitsstatut auch die Vermutung zugunsten des Bestehens des Arbeitsvertrags, wenn der Arbeitgeber die Arbeit entgegengenommen hat und die Annahme eines stillschweigenden Vertragsschlusses angemessen erscheint [16].

Dem Arbeitsstatut folgt die *Auslegung des Arbeitsvertrags* [17] und die Frage der *Höchstpersönlichkeit* der Arbeitsleistung [18].

183. Gleiches gilt für die Frage, ob der Arbeitsvertrag wegen *Scheins* oder wegen *Verstoßes gegen ein* (privatrechtliches) *gesetzliches Gebot* oder gegen *die guten Sitten* nichtig ist; doch pflegt hier der ordre public besonders hellhörig zu sein. Es mag aber auch vorkommen, daß die Anerkennung eines (privatrechtlichen) Nichtigkeitsgrundes des Arbeitsstatuts dem ordre public widerstreitet, so daß der Arbeitsvertrag vor deutschen

---

[14] So im allgemeinen IPR die wohl herrschende Meinung, vgl. Raape, Lehrbuch 453 ff. mit Nachweisen; Wolff, Lehrbuch 123 f., LAG Frankfurt 14. 3. 1951. Auf diese dem allgemeinen internationalen Vertragsrecht angehörende Frage soll nicht näher eingegangen werden; lediglich möchte ich — mit Raape 457 f. – hinzufügen, daß Stillschweigen nur dann als Annahme eines Angebots ausgelegt werden kann, wenn dies nicht nur vom Vertragsstatut, sondern auch vom Wohnsitzrecht des Schweigers vorgesehen ist (Wolff 123 will nur auf dieses Recht abstellen). Ein Fall aus der niederländischen Rechtsprechung zum internationalen Arbeitsrecht ist Kantonsgericht Tilburg 13. 7. 1939 (oben Nr. 137).

[15] Vgl. Riva Sanseverino, Trattato II 112; Santoro Passarelli 133 f.

[16] Vgl. Batt-Vaines 41 mit Nachweisen.

[17] Vgl. Raape, Lehrbuch 453; Venturini, Lehrbuch 160; Schnorr von Carolsfeld, RdA 11 (1958) 205.

[18] Dies vorbehaltlich des Eingreifens öffentlichrechtlicher Vorschriften über den Arbeitseinsatz, vgl. Gemma 161, 165.

Gerichten als gültig anzusehen ist. Das hat dann freilich aus praktischen Gründen nur die Folge, daß der Arbeitnehmer so gestellt wird, als wäre er ungerechtfertigt entlassen worden, mündet also in die entsprechenden Entschädigungen (unten Nr. 304 f.; anders bei Empfängern von Ruhegeldern!)

Privatrechtliche Verbote des Arbeitsstatuts zeitigen die Folgen, die dieses Recht ausspricht: so etwa Nichtigkeit beim sog. Impresariovertrag, wenn *österreichisches* Recht Vertragsstatut ist, § 46 österr. SchauspG. Inländische privatrechtliche Verbote und Nichtigkeitsgründe greifen bei ausländischem Arbeitsstatut grundsätzlich nicht ein, auch wenn die Arbeit im Inland geleistet wird; Sonderanknüpfung und ordre public vorbehalten.

Deshalb geht die Ansicht von RICHARD[19] in dieser Allgemeinheit zu weit, der kraft der Vorbehaltsklausel bei Klagen vor italienischen Gerichten Rechtsschutz überhaupt versagen will, wenn der Arbeitsvertrag nach italienischem Recht wegen Gesetzwidrigkeit nach Grund oder Gegenstand („illiceità della causa o dell'oggetto") nichtig wäre.

Ist der Arbeitsvertrag nach dem Arbeitsstatut nichtig, so können – aus arbeitsrechtlichen Normen wie aus dem Gesichtspunkt der ungerechtfertigten Bereicherung – *Abwicklungsansprüche* für geleistete Arbeit gegeben sein. M. E. sollte das – nicht zum Zuge gekommene – Arbeitsstatut auch über diese Ansprüche befinden[20]; vorbehalten bleibt der ordre public.

Anders die *italienische* Lehre, die in solchem Fall Art. 25 II d. p. (oben Nr. 95 Anm. 19) heranzieht und an den Arbeitsort als solchen anknüpft[21]. Lag dieser in Italien, so greift Art. 2126 C. c. ein, wonach die Nichtigkeit oder Vernichtbarkeit des Arbeitsvertrags im allgemeinen auf die Ansprüche des Arbeitnehmers auf Lohn für in der Vergangenheit geleistete Arbeit keinen Einfluß hat.

Dem Arbeitsstatut ist weiter zu entnehmen, wie sich die *Nichtigkeit* eines *Teils* des Arbeitsvertrags auswirkt: vgl. § 45 I österr. SchauspielerG, wonach ein Bühnendienstvertrag nicht deshalb insgesamt unwirksam ist, weil ein Teil unwirksam ist.

Auch in England bleibt, „wo das Gute vom Schlechten getrennt werden kann", der harmlose Teil des Vertrages aufrechterhalten: vgl. *Kearney* v. *Whitehaven Colliery Co.*, [1893] 1 Q. B. 700: Abreden über Lohnabzüge, die dem Coal Mines Regulation Act (1887) widersprachen, wurden für ungültig erklärt, während der Rest des Arbeitsver-

---

[19] „Anmerkung" 128.

[20] Ebenso SCHNORR VON CAROLSFELD, RdA 11 (1958) 205. Zum Statut der ungerechtfertigten Bereicherung s. RAAPE, Lehrbuch 489 ff.; ZWEIGERT, Bereicherungsansprüche im IPR, Süddeutsche JZ 2 (1947) 247 ff.

[21] VASSALLI-MONACO 250 f.; BALLADORE PALLIERI, Trattato V 325; VENTURINI, Studi Parmensi 332; RICHARD, Ordine pubblico 353 und „Anmerkung" 128.

trages — einschließlich einer vom Arbeitnehmer übernommenen Verpflichtung, nur mit 14tägiger Frist zu kündigen – nicht berührt wurde, Cooper 40.

Andere Rechte als das Arbeitsstatut und – in den Grenzen des Art. 30 EGBGB – die lex fori sind nicht zu befragen, ob der Arbeitsvertrag nach privatrechtlichen Normen nichtig ist. Dies gilt insbesondere für das Recht des Arbeitsorts, wenn es nicht Arbeitsstatut ist, aber auch für die Heimatrechte der Parteien und die lex loci contractus.

Anders Niboyet [22], wonach Beschränkungen der Abschlußfreiheit der Parteien durch „Polizeigesetze" des Orts des Vertragsschlusses (unabhängig vom Arbeitsort) ebenfalls beachtlich sein sollen, und das *englische* Verweisungsrecht, das grundsätzlich, wenn auch nicht unbestritten, Verbote im Recht des Erfüllungsorts beachtet (oben Nr. 97 a). Doch ist zu beachten, daß Anlaß zur Entwicklung dieser Lehren vor allem solche Verbote gegeben haben, die wir als öffentlichrechtlich qualifizieren würden.

184. Nach welchem Recht *Willensmängel* zu beurteilen sind, ist im allgemeinen Verweisungsrecht umstritten. Richtig dürfte sein, sich auch hier für das Vertrags- d. h. hier: Arbeitsstatut zu entscheiden [23]; eine Lösung, die darauf baut, daß das Recht der Willensmängel, d. h. der Schutz der Entschließungsfreiheit, in allen Rechtsordnungen mehr oder weniger gleichwertig ausgestaltet ist. Bleibt das Arbeitsstatut hinter dem zu erwartenden Schutz zurück, so muß u. U. Art. 30 EGBGB eingreifen, vgl. zum Fall einer Drohung RG 30. 10. 1926.

Auch im ausländischen Verweisungsrecht finden wir verschiedene Ansichten vertreten: Balladore Pallieri, Trattato V 331, und Venturini, Lehrbuch 151, beurteilen den Einfluß von Willensmängeln nach dem Vertragsstatut, Vassalli-Monaco 229 f. nach dem durch die beiden objektiven Anknüpfungspunkte des Art. 25 d. p. (gemeinsame Staatsangehörigkeit bzw. locus contractus) bezeichneten Recht. Gemma 159 unterwirft Willensmängel der lex loci contractus, jedoch mit der Maßgabe, daß Nichtigkeitsgründe des Rechts des Arbeitsorts mit absoluter Wirkung ebenfalls zu beachten seien.

In *Frankreich* hat der Kassationshof die „Bildung des Vertrags" dem durch die Parteien gewählten Recht unterworfen, während in der Rechtslehre sowohl die Maßgeblichkeit der lex loci contractus als auch des gemeinsamen Heimatrechts der Parteien befürwortet wird [24]. Nach dem Wirkungsstatut werden die Willensmängel auch im *niederländischen* Recht beurteilt [25], während in *England* (bindende) Entscheidungen noch nicht ergangen sind [26].

Nach dem gleichen Recht, nach dem die Willensmängel beurteilt werden, richten sich

---

[22] Traité V 542.

[23] Raape, Lehrbuch 455; Wolff, Lehrbuch 124; Nussbaum 237 mit weiteren Nachweisen.

[24] Vgl. Batiffol, Traité 664 f.; Savatier 313; Moser 62 f.

[25] Vgl. die Darlegungen bei Leon-van Praag 94 f.; zweifelnd van Brakel 231.

[26] Die Rechtslehre ist deshalb auf Vermutungen angewiesen, vgl. Cheshire 225 f.

auch auf sie bezügliche *Ausschlußfristen*, vgl. die Bestimmung des *mexikanischen* Arbeitsgesetzbuchs, wonach Willensmängel innerhalb eines Monats geltend gemacht werden müssen; und zwar beginnt die Frist bei Drohung vom Ende der Bedrohung, bei Irrtum und Täuschung vom Eintritt in den Dienst an zu laufen [27].

3. Arbeitsvermittlung

185. In der Bundesrepublik ist – ebenso wie in *Österreich*, der *Schweiz*, *Belgien*, *England* – der Abschluß von Arbeitsverträgen grundsätzlich frei und bedarf nicht der Genehmigung des Arbeitsamtes [28]. Dieses beschränkt sich auf den Nachweis offener Stellen, nimmt aber keine Aufgaben der Arbeitslenkung (mehr) wahr.

Dagegen bestehen in manchen anderen, auch nicht sozialistischen Ländern Regelungen, die bei dem Abschluß des Arbeitsvertrags die Mitwirkung staatlicher Stellen mit mehr oder weniger weitreichender Einflußnahme vorsehen: dies nicht im Interesse des einzelnen Arbeitnehmers, sondern im Interesse der Gesamtwirtschaft zur Lenkung des Arbeitsmarktes.

186. In *Italien* unterliegt die Einstellung von Arbeitskräften dem Gesetz vom 29. 4. 1949 Nr. 264 [29]. Zur Eingehung des Arbeitsvertrages ist eine Zuweisung des Arbeitnehmers durch das Arbeitsamt (ufficio provinciale del lavoro e della massima occupazione) aus der Zahl der dort eingetragenen Arbeitsuchenden notwendig. Das Gesetz geht vom Normalfall der zahlenmäßigen Anforderung aus, kennt aber auch die namentliche Anforderung, u. a. für Arbeitnehmer auf Vertrauensposten und bei Kleinbetrieben. Das Arbeitsamt hat bei der Zuweisung gewisse Richtlinien (betreffend die familiären und sozialen Verhältnisse der Arbeitsuchenden, Reihenfolge der Eintragung in die Rolle des Arbeitsamtes) zu beachten. Bei der Zuweisung wird überprüft, ob der angebotene Arbeitsplatz den gesetzlichen und tariflichen Normen entspricht, bei der Aufnahme in die Rolle, ob der Arbeitnehmer die Fähigkeit zum Abschluß eines Arbeitsvertrages hat.

Ausnahmen von der zwingenden Einschaltung des Arbeitsamtes sind u. a. gegeben, wenn Verwandte des Arbeitgebers eingestellt werden, ferner für leitende Angestellte, Hausbedienstete und Arbeitnehmer in Kleinstbetrieben. Arbeitsverträge, die ohne Mitwirkung des Arbeitsamts geschlossen werden, können für nichtig erklärt werden (Art. 2098 C. c.), wenn die Staatsanwaltschaft (pubblico ministero) innerhalb eines Jahres nach Einstellung des Arbeitnehmers die Nichtigkeitsklage erhebt. Abgesehen davon ist eine Übertretung der Vorschriften auf seiten von Arbeitnehmer und Arbeitgeber strafbar.

Aus alledem geht hervor, daß es sich hier nach italienischer Auffassung um öffent-

---

[27] Vgl. DE LA CUEVA 507 f; LOPEZ APARICIO, Bericht zum 2. intern. Kongreß für Sozialrecht, Brüssel 1958, S. 3.

[28] HUECK-NIPPERDEY 150 f.; KASKEL-DERSCH 118 f. In *Österreich* ist das Arbeitsvermittlungsgesetz vom 5. 11. 1935 beibehalten worden.

[29] Zum folgenden MAZZONI, Trattato III 53 ff.; 80 ff.; ders., Lehrbuch 307 ff.; SANTORO PASSARELLI 135 ff.; PAROLI 221 f.

lichrechtliche Vorschriften handelt, die demnach für jede Arbeitsaufnahme in Italien unbeschadet des Arbeitsstatuts gelten wollen, dafür aber nicht über die Landesgrenzen hinaus wirken [30]. Deshalb wird die Einschaltung des Arbeitsamtes auch verlangt, wenn es sich um Ausländer handelt und der Arbeitsvertrag im Ausland geschlossen wurde, vgl. Kassationshof 28. 1. 1937 [31].

Öffentlichrechtlich geregelt ist die Arbeitsvermittlung auch in *Frankreich:* hier hat der Arbeitgeber die Verpflichtung, jede Neueinstellung behördlich genehmigen zu lassen, VO vom 24. 5. 1945 und AusfVO hierzu vom 23. 8. 1945. Doch hat ihre Nichtbeachtung auf die privatrechtliche Wirksamkeit des Arbeitsvertrages keinen Einfluß [32].

In den *Niederlanden* bestimmt Art. 7 BBA, daß der Minister gewisse Berufsgruppen bezeichnen kann, bei denen die Eingehung des Arbeitsvertrags der Zustimmung des Provinzialarbeitsamts bedarf [33]. Solche Bestimmungen sind in größerer Zahl ergangen. Der Arbeitgeber, der die Genehmigung nicht einholt, macht sich strafbar; doch spricht das Gesetz im Gegensatz zu anderen Fällen nicht aus, daß der so zustande gekommene Arbeitsvertrag nichtig ist, so daß GRINTEN-HAAKMAN 19 f. seine zivilrechtliche Geltung annehmen.

187. Verweisungsrechtlich gilt nach der oben Nr. 164 entwickelten Grundregel, wonach das öffentliche Arbeitsrecht die Arbeit im Gebiet erfaßt, daß *inländische Regelungen* der genannten Art nur und immer bei *Arbeit im Inland* eingreifen; dabei ist unerheblich, ob die Parteien ein ausländisches Arbeitsstatut vereinbaren, ob sie ausländischer Staatsangehörigkeit sind und ob der Arbeitsvertrag im Ausland geschlossen wurde [34].

Kennt das Inland also die Genehmigungspflicht für Einstellungen, so gilt dies auch, wenn Fachkräfte aus dem ausländischen Stamm- zum inländischen Zweigbetrieb überstellt werden.

Die privatrechtlichen Auswirkungen *ausländischer öffentlichrechtlicher Regelungen* der Arbeitsvermittlung sind zu berücksichtigen, wenn die

[30] So GEMMA 156 für das frühere Recht, wo die Arbeitsvermittlung den (öffentlichrechtlichen) Gewerkschaften übertragen war; für das heutige Recht RICHARD, Rassegna 42 f.; ähnlich RIVA SANSEVERINO, Trattato II 110.

[31] Dagegen hatten Untergerichte zuweilen entschieden, der im Ausland geschlossene Arbeitsvertrag unterliege dem Verbot der privaten Arbeitsvermittlung nicht (Prätur Rom 8. 4. 1935; Prätur Neapel 15. 7. 1935; Prätur Mailand 12. 1. 1937); hiergegen RICHARD, Rassegna 42 f.; weitere Nachweise bei LOSCHIAVO, Mag. lav. 5 (1936) 175 ff. und F. I. 1935 II 282; IV 327.

[32] DURAND-VITU II 187 ff.; ROUAST-DURAND 116; LYON-CAEN 251 f.; BRUN-GALLAND 366 ff.; RIVÉRO-SAVATIER 309 ff., die jedoch mitteilen, daß die Vorschriften über die Arbeitsvermittlung vielfach nicht beachtet werden: „... ces limitations [à la liberté de l'embauchage] ayant paru intolérables dans le climat de retour progressif à la liberté." Auch LEVASSEUR, Bericht zum 2. intern. Kongreß für Arbeitsrecht, Brüssel 1958, S. 9 teilt mit, daß diese Regelung praktisch durch Nichtanwendung erloschen ist.

[33] Vgl. MOLENAAR II A 451 f.

[34] Vgl. OLG Danzig 21. 7. 1932; ebenso für Italien oben Anm. 30 und 31.

Arbeit im Ausland geleistet worden ist und das örtliche Recht Arbeitsstatut war, auch wenn es sich um deutsche Staatsangehörige handelt. War dagegen deutsches Recht Arbeitsstatut, so sind jene Eingriffe nicht als Recht, wohl aber u. U. als Tatsache zu berücksichtigen (oben Nr. 175, 176). Für in der Vergangenheit geleistete Arbeit ist ein Lohn jedoch m. E. stets geschuldet, auch wenn das örtliche Recht etwas anderes vorsehen sollte.

4. Einstellungs- und Wiedereinstellungsgebote

188. *Einstellungsgebote* sind im privaten Bereich kaum denkbar, setzen sie doch einen Zwang voraus, der dem öffentlichen Recht wesensgemäß ist, und ist vor Einstellung ein Berechtigter, zu dessen Gunsten ein (privates) Einstellungsgebot gelten könnte, noch gar nicht vorhanden. Dagegen kennt das öffentliche Recht zahlreiche Einstellungsgebote, die auch in der Regel strafrechtlich gesichert werden. Auch im Ausland ist es nicht anders.

Für das Einstellungsgebot der §§ 3 ff. SchwerbeschädigtenG [35] geht die Zugehörigkeit zum öffentlichen Recht schon aus den §§ 10, 37 hervor. Durch die Zuweisung eines Schwerbeschädigten entsteht jedoch ebenso wie bei seiner freiwilligen Einstellung ein privatrechtliches Arbeitsverhältnis; es ausländischem Recht zu unterwerfen, steht nichts im Wege.

189. In *Österreich* bestehen Einstellungsgebote zugunsten von Schwerbeschädigten („Invaliden") in Betrieben von einer gewissen Mindestgröße (15 Arbeitnehmern) an aufwärts, § 1 Invaliden-EinstellungsG 1953 (BGBl. Nr. 21). Ausländische Invaliden werden nur nach Maßgabe zwischenstaatlicher Vereinbarungen einbezogen, § 2 IV. Bei Nichterfüllung der Pflichtquote trifft den Arbeitgeber eine Ausgleichstaxe, § 9; die Einhaltung der Bestimmungen des Gesetzes wird überwacht und durch Strafbestimmungen gesichert, §§ 17, 21. Ein weiteres Beispiel eines – wohl öffentlichrechtlich einzuordnenden – Einstellungsgebotes gibt das bis 1957 verlängerte JugendlicheneinstellungsG vom 9. 7. 1953 [36].

In *Italien* gelten Einstellungsgebote allgemeiner Art seit langem in der Landwirtschaft; auch kannte das italienische Recht die Figur des sog. Arbeitsturnus, kraft dessen in gewissen Fällen Arbeitslose durch das Arbeitsamt an Arbeitplätze gesetzt werden konnten, deren Inhaber nunmehr ihrerseits eine Zeitlang arbeitslos wurden [37]. Einstellungsgebote gelten u. a. weiter zugunsten von kriegsbeschädigten Angehörigen der italienischen Wehrmacht und zivilen Kriegsbeschädigten (zahlreiche Gesetze und Verord-

---

[35] NIKISCH I 170 ff.; KASKEL-DERSCH 125 ff.

[36] Hierzu WAHLE-DITTRICH-VEIT I S. XXV ff.

[37] MAZZONI, Trattato III 66 ff.; ders., Lehrbuch 311 ff.; SANTORO PASSARELLI 98 ff.; LEVI, Trattato III 369, 374 ff.; PAROLI 223.

nungen, zuletzt G. v. 3. 6. 1950 Nr. 375). Eine Zuweisung des Kriegsbeschädigten erfolgt nicht, doch ist der Arbeitgeber unter Strafdrohung verpflichtet, selbst für die Einstellung der vorgesehenen Anzahl von Schwerbeschädigten zu sorgen. Die Einstellungspflicht erfaßt alle Betriebe mit 10 Arbeitnehmern und darüber; sie besteht nicht für Unternehmen von kurzer Dauer (unter drei Monaten). Die Überwachung erfolgt durch Organe der „Opera nazionale invalidi di guerra", denen gegenüber der Arbeitgeber meldepflichtig ist. Zivilrechtliche Ansprüche des Schwerbeschädigten gegen den Arbeitgeber auf Einstellung, Schadenersatz oder entgangenen Lohn wegen Nichteinstellung bestehen nicht [38]. Weiter sind Kriegswaisen geschützt, wenn die Beschäftigung von Kriegsbeschädigten nicht möglich ist (Gesetz vom 26. 7. 1929 Nr. 1397), ebenso Schwerbeschädigte aus Arbeitsunfällen oder Berufskrankheiten; hier besteht Einstellungspflicht in Betrieben von 50 Arbeitnehmern und mehr. Alle diese Einstellungsgebote sind durch Strafvorschriften gesichert [39].

190. Auch in *Frankreich* zählen die Einstellungsgebote zum öffentlichen Recht. Zu ihnen gehören etwa solche für Schwerbeschädigte: nach der VO vom 20. 5. 1955 [40] werden davon schwerbeschädigte Soldaten, nicht wiederverheiratete Witwen von solchen Soldaten, Waisen von Soldaten unter 21 Jahren, wiederverheiratete Witwen, wenn sie ein Kind eines Soldaten haben, und schließlich Frauen von Geisteskranken in Anstalten, wenn die Geisteskrankheit eine Kriegsfolge ist, erfaßt (Art. 1). Betroffen sind Betriebe mit einer Belegschaft von mehr als 10 Arbeitnehmern (Art. 2), die Quote beträgt höchstens 10 % der Belegschaft (Art. 3). Den Schutz von Körperbehinderten ganz allgemein hat das Gesetz vom 23. 11. 1957 zum Gegenstand [41]. Das *englische* Recht kennt Einstellungsgebote für Schwerbeschädigte, disabled persons, in Betrieben mit einer Belegschaft von mehr als 20 Arbeitnehmern; die Nichteinhaltung der Pflichtquote wird bestraft: Disabled Persons (Employment) Act, 1944 [42].

191. Verweisungsrechtlich gilt folgendes:

Einstellungsgebote des Inlands belasten alle Arbeitgeber im *Inland*, soweit sie ihre betriebliche Tätigkeit nicht nur vorübergehend im Inland ausüben [43]; ausgenommen sind Arbeitgeber, die Exterritorialität genießen [44]. Sie belasten hingegen Betriebe im *Ausland* nicht, auch wenn es sich nur um unselbständige Zweigstellen inländischer Unternehmen handelt. Es wäre deshalb nicht angängig, diese durch Zwangsmaßnahmen gegen Vermögenswerte im Inland oder durch Strafdrohung zur Einstellung von Personen des begünstigten Kreises in ihre ausländischen Be-

---

[38] LEVI, Trattato III 398 f.; einiges Schwanken in der Rechtsprechung vgl. die Nachweise ebda. 399 Anm. 1.

[39] LEVI, Trattato III 402 ff.

[40] J. C. P. 1955 III 20015.

[41] J. C. P. 1957. III. 22732. Daß dieses Gesetz in Überschrift und Text die Mißbildung „Handicapé" verwendet, wird auch außerhalb Frankreichs von jedem beklagt werden, der sich ein Mindestmaß an Sprachgefühl bewahrt hat.

[42] Im einzelnen COOPER 230 ff.; BATT-VAINES 147 ff.

[43] SCHNORR VON CAROLSFELD 148; NIKISCH I 175; WILRODT-GOTZEN, Anm. 20 zu § 3; BEITZKE, Kollisionen B IV 8 c.

[44] SCHNORR VON CAROLSFELD 57; WILRODT-GOTZEN ebda; mißverständlich BECKER 56.

triebe zu zwingen; auch eine Ausgleichsabgabe (vgl. § 9 SchwerbeschG) ist ihnen nicht aufzuerlegen.

Ausländische Einstellungsgebote erreichen die Betriebe im *Inland* (auch ausländischer Arbeitgeber) nicht. Wollte ihnen etwa eine ausländische Behörde einen Arbeitnehmer zuweisen, so würde dem nicht nur die inländische Behörde die Mitwirkung versagen, auch der Arbeitnehmer selbst könnte sich vor Gericht auf die Zuweisung (etwa zur Begründung einer Lohnforderung) nicht berufen.

Wie ist es, wenn der ausländische Arbeitgeber einen Arbeitnehmer im Inland freiwillig, aber auf Grund eines Drucks einstellt, den der gemeinsame Heimatstaat der Parteien auf ihn ausgeübt hat? Ob dadurch der Arbeitsvertrag mit einem Willensmangel behaftet ist, entscheidet das Arbeitsstatut (oben Nr. 184); die Frage dürfte zu verneinen sein, wenn das Recht des zuweisenden Staates Arbeitsstatut ist, und bei der Zuweisung nach dem dortigen inneren und internationalen öffentlichen Arbeitsrecht korrekt verfahren worden ist; denn dann liegt ein *widerrechtlicher* Druck nicht vor. Aber der Arbeitnehmer genießt den Schutz inländischer Schwerbeschädigter nicht; er ist nach den allgemeinen Regeln des Arbeitsstatuts kündbar, er hat keinen Anspruch auf Sonderurlaub, und alles das wird praktisch, wenn jener Druck nachläßt oder der Arbeitgeber sich ihm entzieht.

Arbeitsverträge, die im *Ausland* auf Grund eines örtlichen öffentlichen Gesetzes – wenn auch durch Zwangszuweisung – zustandegekommen sind, sind im Inland anzuerkennen. Allenfalls kann in krassen Fällen der ordre public eingreifen.

Es kann der zugewiesene Arbeitnehmer also auch vor deutschen Gerichten (etwa gegen den inländischen Stammbetrieb) seine Lohnforderung einklagen, auch wenn der Zweigbetrieb seine Einstellung abgelehnt haben sollte. Wurden freilich gerade diesem Betrieb von einer ihr Ermessen mißbrauchenden Behörde übermäßig viele oder ganz unbrauchbare Kräfte zugewiesen, so kann u. U. solchen Ansprüchen mit dem ordre public begegnet werden, wenn es sich nicht um allgemeine Mißstände, sondern um eine gezielte – etwa fremdenfeindliche – Politik handelte.

192. Privatrechtliche *Wiedereinstellungsgebote* sind denkbar. Sie können sich als Nachwirkung der Fürsorgepflicht aus einem vorangegangenen Arbeitsverhältnis ergeben – im deutschen Recht bahnt sich eine solche Entwicklung an [45] –, sie können auch Inhalt von Tarifverträgen sein. Als privatrechtlich unterliegen sie dem Arbeitsstatut.

Vorschriften wie § 7 HeimkehrerG, § 34 Bundesentschädigungs-ErgänzungsG, die das Arbeitsverhältnis des Heimkehrers wiederaufleben lassen bzw. dem Verfolgten Anspruch auf Wiedereinstellung geben, gehören dagegen ins öffentliche Recht; gleiches gilt von Normen, die das

---

[45] Vgl. BAG 14. 12. 1956, AP Nr. 3 zu § 611 mit Anmerkung Larenz.

Ruhen des Dienstverhältnisses während einer im staatlichen Interesse erfolgten Dienstverhinderung vorschreiben, vgl. etwa § 1 Arbeitsplatz-SchutzG vom 20. 3. 1957.

193. *Wiedereinstellungsgebote* öffentlichrechtlicher Art bestehen auch nach zahlreichen ausländischen Rechtsordnungen: so in *Österreich* zugunsten der Opfer des Nationalsozialismus, s. Wiedereinstellungsgesetz 1950 (BGBl. Nr. 185) [46]. In *Italien* sieht das Gesetz vom 29. 4. 1949 Nr. 264 vor, daß Arbeiter, die wegen Abbaus der Belegschaft entlassen wurden, bei Wiedereinstellungen innerhalb eines Jahres nach Entlassung den Vorrang haben [47]. Hierbei dürfte es sich weniger um einen Anspruch gegen den Arbeitgeber als um ein Vorzugsrecht im Rahmen der staatlichen (oder gegebenenfalls mit öffentlichrechtlicher Kraft ausgestatteten gewerkschaftlichen) Arbeitsvermittlung handeln, denn die Einstellung bedarf auf jeden Fall noch der Mitwirkung der Behörde; die öffentlichrechtliche Einordnung dieses Wiedereinstellungsanspruchs scheint damit gerechtfertigt.

Frankreich kennt Wiedereinstellungsgebote zugunsten entlassener Soldaten, Art. 34 ff. VO vom 1. 5. 1945 [48] und Art. 25 a Buch I C. Trav.; in *Belgien* hat neuerdings Anspruch auf Wiedereinstellung, wer sich zum Wehrdienst zur Wiederherstellung von Frieden und Sicherheit in Ausführung der Charta der Vereinten Nationen meldet, G. v. 30. 5. 1951 [49]. In den *Niederlanden* sieht Art. 4 BBA die Wiedereinstellung von Personen vor, die infolge des Krieges ihren Arbeitsplatz verlassen mußten [50].

In *England* hat, wer zum Wehrdienst oder zur Zivilverteidigung eingezogen wird, Anspruch auf Wiedereinstellung und Beschäftigung zu Bedingungen, die den vor der Einberufung gewährten gleichwertig sein müssen, s. 35 (1) National Service Act 1948. Das Gesuch um Wiedereinstellung hat innerhalb von drei Wochen nach der Entlassung schriftlich zu erfolgen, s. 36 (1) [51]. Das Recht auf Wiedereinstellung ist im englischen Recht unabhängig vom Bestehen eines Arbeitsvertrags; so konnte sie von einem Arbeiter mit Erfolg verlangt werden, der während des Wehrdienstes ausdrücklich aus den Diensten des Arbeitgebers ausgeschieden war und die Rückzahlung der Beiträge verlangt hatte, die er zu einem Pensionsfonds geleistet hatte: *Stredder* v. *Nottingham Corporation,* R. E. Code 1 Pamphlet Nr. 30 Case Nr. 75 [52].

194. Verweisungsrechtlich gilt folgendes:

Inländische öffentlichrechtliche Wiedereinstellungsgebote bzw. Normen, die das Ruhen des Arbeitsverhältnisses anordnen, erfassen alle Arbeitsverhältnisse mit nicht nur vorübergehendem oder nebensächlichem *inländischem Arbeitsort* unabhängig vom Arbeitsstatut oder der Staats-

[46] Wahle-Dittrich-Veit I 642 ff.

[47] Mazzoni, Trattato III 66 ff.; ders., Lehrbuch 310 f.

[48] Vgl. HandG Chartres 6. 6. 1919, D. P. 1919. 2. 32: Vorschriften solcher Art seien „Gesetze nationaler Dankbarkeit" und daher zum ordre public gehörig. Weitere Beispiele bei Rouast-Durand 380 f.

[49] Novelles 92 Nr. 167.

[50] Grinten-Haakman 20 ff.; Molenaar II A 442 f.

[51] Cooper 237 ff.; Batt-Vaines 147 ff.

[52] Lt. Cooper 243 Anm. 1.

angehörigkeit der Beteiligten[53]. Mit Wiedereinstellung wird das unterbrochene frühere Arbeitsverhältnis fortgesetzt. Stand es unter ausländischem Arbeitsstatut, so gilt dieses auch nunmehr wieder; aber das ausländische Recht muß in solchem Fall zurücktreten, soweit dies zur Durchsetzung des inländischen Gebots notwendig ist: so gilt zwar nunmehr wieder das Kündigungsrecht des ausländischen Arbeitsstatuts, doch darf dem Arbeitnehmer dadurch der Kündigungsschutz, den er als Heimkehrer, Verfolgter usw. hat, nicht verkürzt werden; es verbleibt dem Heimkehrer somit die Vergünstigung der Sechsmonatsfrist des § 8 HeimkG auch bei ausländischem Arbeitsstatut. Gleicherweise muß, wenn die Frage vor einem deutschen Gericht zur Sprache kommt, die Zeit, in der das Arbeitsverhältnis geruht hat, auch dann in die Zeit der Betriebszugehörigkeit eingerechnet werden (mit den Folgen, die das ausländische Arbeitsstatut an die entsprechend längere Betriebszugehörigkeit für Urlaub, Abfindung usw. knüpft), wenn das Arbeitsstatut ein Ruhen kraft inländischer öffentlichrechtlicher Vorschrift nicht anerkennt, diese Zeit also von den Gerichten jenes Landes nicht eingerechnet würde. Das verlangt die materielle Harmonie der Rechtsordnung (oben Nr. 170).

Arbeitsverhältnisse in *ausländischen Betrieben* werden von den Wiedereinstellungsgeboten des Inlands nicht erfaßt, auch wenn sie deutschem Recht unterlagen und der Arbeitgeber durch Druck im Inland zur Wiedereinstellung des Heimkehrers, Verfolgten usw. angehalten werden könnte. Das kann für den Berechtigten hart sein, namentlich wenn er, wie so viele Auslandsdeutsche, in der deutschen Wehrmacht gedient hat und er deshalb den Wiedereinstellungsanspruch nicht hat, den das Recht seines Wohnsitzlandes den Soldaten der eigenen Wehrmacht gibt. Aber die Abhilfe kann hier nicht vom privaten Arbeitgeber erwartet werden, der mit seinen ausländischen Zweigbetrieben den örtlichen Zwangseinstellungen und -wiedereinstellungen ausgesetzt ist, und es wäre die Auferlegung einer Wiedereinstellungspflicht auch nur zu ungleichmäßig durchsetzbar.

Wohl kann man aber m. E. eine Ausnahme beim leitenden Angestellten machen: dieselben Gründe, die oben Nr. 116 für die Unterstellung seines Dienstverhältnisses unter das Recht des Unternehmens vorgetragen wurden, rechtfertigen es, ihm einen Wiedereinstellungsanspruch zu geben. Er wird sich dabei bei der inländischen Unternehmensleitung und nicht bei der ausländischen Zweigstelle zurückmelden müssen (§ 7 HeimkG).

Wie steht es mit der Anrechnungspflicht der Gefangenschaftszeit gem. § 7 III HeimkG und ähnlichen Vorschriften? Ihrer privatrechtlichen Erstreckung auf Arbeits-

[53] Ebenso der österreichische Verwaltungsgerichtshof 29. 3. 1951, JBl. 73 (1951) 347; Art. 34 der franz. VO vom 1. 5. 1945.

verhältnisse im Ausland unter deutschem Arbeitsstatut (etwa bei freiwilliger Wiedereinstellung des Heimkehrers) stünde an sich nichts im Wege; aber man kann doch wohl Einstellungspflicht und Pflicht zur Anrechnung nicht voneinander trennen, und deshalb glaube ich, daß der Heimkehrer, dessen Arbeitsvertrag im Ausland freiwillig erneuert wurde, einen Anspruch auf Anrechnung nicht hat. Eine andere Ansicht würde die – häufig nicht erzwingbare — Wiedereinstellung gefährden, wenn der Arbeitgeber zwar bereit ist, den Heimkehrer wieder zu beschäftigen, nicht aber, das alte Arbeitsverhältnis wieder voll aufleben zu lassen. Das gleiche Problem stellt sich bei dem Kündigungsschutz des Schwerbeschädigten, unten Nr. 315.

Ausländische öffentlichrechtliche Wiedereinstellungsgebote sind unbeachtlich, soweit sie auf Arbeitsplätze im *Inland* einwirken wollen; soweit sie sich auf Arbeitsverhältnisse im *Ausland* selbst beziehen, sind ihre privaten Wirkungen hingegen anzuerkennen.

Manche Entnazifizierungsgesetze der Länder haben eine *Wiedereinstellungspflicht* nach *Entnazifizierung* vorgesehen, die zu interlokalrechtlichen Fragen Anlaß gegeben hat; vgl. LAG Hamburg 11. 8. 1951. Diese Entscheidung und andere, die Eingriffe der Besatzungsmacht betreffen (LAG Hamburg 22. 3. 1947; LAG Berlin 27. 9. 1951) suchen die Lösung des Problems über das Arbeitsstatut: richtig scheint hingegen folgendes: im interlokalen Bereich sind ebenso wie die Auflösung des Arbeitsvertrags durch Eingriff von hoher Hand auch Wiedereinstellungsgebote soweit zu beachten, als sie selbst beachtet sein wollen (oben Nr. 177 a); und hierfür wird man als Regel aufstellen können, daß die Rechtsfolgen der Entnazifizierung (also hier: das Gebot der Wiedereinstellung) dem Recht des Landes zu entnehmen sind, nach dessen Verfahren sie durchgeführt worden ist.

5. *Beschäftigungsverbote*

195. Öffentlichrechtlich sind die zahlreichen *Beschäftigungsverbote* zum Schutz einzelner Gruppen von Arbeitnehmern – etwa der *Kinder,* § 4 JugendschutzG, der *Jugendlichen,* § 20 JugSchG, der *Frauen* § 16 AZO, VO vom 30. 10. 1940 über die Beschäftigung von Frauen auf Fahrzeugen, der *Heimarbeiter,* § 13 IV HeimarbeiterG usw. – oder zum Schutz der Allgemeinheit, hierzu vgl. die Beispiele bei Schnorr von Carolsfeld 136.

Ähnliche Vorschriften namentlich zum Schutz der Frauen und Kinder kennen die Rechtsordnungen aller Länder. In *Österreich* richtet sich der Schutz der Frauen nach § 16 AZO und den zahlreichen hierzu ergangenen Verordnungen [54]; der Schutz der Kinder und Jugendlichen ist im Kinder- und Jugendlichen-BeschäftigungsG vom 1. 7. 1947 enthalten, das die durch Strafdrohung und Verwaltungszwang gesicherten Verbote der Kinderarbeit, Nacht- und Feiertagsarbeit der Jugendlichen, Akkord- und gesundheitsgefährdenden Arbeiten, und gewisse Lohnschutzmaßnahmen enthält [55].

In der *Schweiz* ist der Schutz der Frauen und Kinder verhältnismäßig lückenhaft.

[54] Wahle-Dittrich-Veit I 446 ff.

[55] Wahle-Dittrich-Veit I 575 ff.

Zu erwähnen ist das (öffentlichrechtliche) Bundesgesetz v. 24. 6. 1938 (mit VollzugsVO) über das Mindestalter der Arbeitnehmer, mit dem Verbot der Beschäftigung der Minderjährigen unter 15 Jahren und der Nachtarbeit von Frauen und Jugendlichen; diese können auch von der Arbeit in gesundheitsschädlichen Betrieben ausgeschlossen werden [56].

In *Italien* ist der Schutz der arbeitenden Frau und der Kinder und Jugendlichen in der Verfassung, Art. 37, erwähnt und hauptsächlich im Gesetz vom 26. 4. 1934 Nr. 653 geregelt (weitere Bestimmungen in zahlreichen anderen Gesetzen, Verordnungen und Tarifverträgen) [57]. Der Frauen- und Jugendschutz gehört zum öffentlichen Recht und ist durch Strafvorschriften, die einseitig den Arbeitgeber treffen, gesichert. Als Kind gilt der Minderjährige bis zu 15 Jahren. Von den meisten Arbeitsschutzbestimmungen sind die Hausarbeit und die Arbeit im Familienbetrieb (Arbeit bei Verwandten bis zum dritten Grad sowie des Ehegatten) ausgenommen; trotzdem zu beachten sind die Verbote der Nachtarbeit, der Beförderung schwerer Lasten und der Beschäftigung mit mühseligen, gefährlichen und gesundheitsschädlichen Arbeiten zugunsten von Jugendlichen.

Verboten sind u. a.: für Frauen schlechthin die Beschäftigung unter Tage, auf besonderes Verbot des Präfekten die Beschäftigung mit dem Ausschank von Alkohol; für minderjährige Frauen die Beschäftigung mit gefährlichen, mühseligen oder ungesunden Arbeiten, die durch besondere Verordnung im einzelnen aufgezählt werden, sowie die Beschäftigung mit Säuberungs- und Unterhaltungsarbeiten an laufenden Maschinen; für Minderjährige unter 18 Jahren die Beschäftigung mit dem Einzelverkauf von alkoholischen Getränken; für Minderjährige unter 16 Jahren Arbeiten unter Tage unter gewissen Bedingungen, Tragen von Lasten, besonders mühevolle Arbeit, Arbeit in Kinos, schließlich die Beschäftigung beim Gewerbe im Umherziehen (hier keine Ausnahme für Familienangehörige); für Kinder unter 15 Jahren sind die gleichen Beschäftigungsverbote aufgestellt wie für minderjährige Frauen; Kinder unter 14 Jahren dürfen überhaupt nicht beschäftigt werden, doch können unter gewissen Umständen Ausnahmegenehmigungen erteilt werden.

Abgesehen von diesen allgemeinen Arbeitsverboten sind noch andere Einschränkungen vorgesehen, insbesondere beim Transport von schweren Lasten; vor Einstellung eines Kindes unter 15 Jahren muß eine ärztliche Untersuchung stattfinden. Auch sind für gewisse Gruppen wiederkehrende ärztliche Untersuchungen auf Kosten des Arbeitgebers vorgeschrieben.

Nachtarbeit ist allgemein für Frauen und Minderjährige unter 18 Jahren verboten.

In *Frankreich* zeigt schon die Einreihung des Frauen- und Kinderschutzes in das zweite Buch des Code du Travail seine öffentlichrechtliche Qualifikation. Die Beschäftigung von Kindern im schulpflichtigen Alter ist verboten, Art. 2 Buch II C. Trav. Das schulpflichtige Alter reicht im allgemeinen bis zu 14 Jahren. Kinder unter 16 Jahren kann der Arbeitsinspektor in Verbindung mit einem Amtsarzt von Arbeiten wegnehmen, die ihre Kräfte übersteigen, Art. 4 Buch II; unzulässige Arbeitsverträge sind nichtig, die Arbeitgeber werden bestraft. Vgl. weiter Art. 58, 60, 72,

---

[56] Im einzelnen siehe SCHWEINGRUBER 18 f., 204; GYSIN 102 ff.; Entwurf Art. 41–48, S. 31 ff., 64 ff.

[57] GUIDOTTI, Trattato III 217 ff.; 229 ff.; 253 ff.; BARASSI, Elementi 85 ff. Beispielsweise ist durch einen Tarifvertrag von 1938 die Arbeit der Frauen auf dem Bau untersagt worden, BARASSI, Elementi 89.

73, 159 ff. Buch II C. Trav. Diese Vorschriften erfassen die Hausangestellten nicht, doch können keine Arbeitsverträge geschlossen werden, durch die die Kinder während der Schulstunden beschäftigt würden. Auch Familienbetriebe sind von den Verboten ausgenommen [58]. Für Frauen und Jugendliche unter 18 Jahren ist die Nachtarbeit verboten, Art. 21 ff. Buch II. Das Verbot nimmt jedoch ebenfalls Familienbetriebe aus [59]. Die Art. 71 ff. Buch II schließlich sehen unter anderem das Verbot der Beschäftigung bei schweren körperlichen, ungesunden oder die Sittlichkeit gefährdenden Arbeiten vor.

Für *Belgien* vgl. VO vom 28. 2. 1919, geändert durch Gesetz vom 14. 6. 1921 über die Arbeit der Frauen und Kinder [60].

In *England* dürfen Kinder bis zu 14 Jahren in Industriebetrieben überhaupt nicht, Frauen und Jugendliche bis zu 18 Jahren nicht zur Nachtzeit beschäftigt werden, The Employment of Women, Young Persons and Children Act (1920) und Hours of Employment (Convention) Act (1936) [61]. Für Frauen und Jugendliche sind gewisse Arbeiten verboten, ss. 57–59 Factories Act (1937) [62].

196. Verweisungsrechtlich gilt folgendes:
Inländische Beschäftigungsverbote der genannten Art greifen ein, wenn die Arbeit, und sei es nur vorübergehend, im *Inland* geleistet wird [63].

Freilich wird man diesen Grundsatz bei nur vorübergehender Arbeit nicht überfordern dürfen. Verbietet das Inland die Beschäftigung von Jugendlichen bei Gewerben im Umherziehen, so gilt das auch für ausländische Pendler, die sich nur kurzfristig im Gebiet aufhalten; ob das Verbot der Beschäftigung von Frauen auf Lastwagen hingegen auch eingreift, wenn sich der Lastwagen nur auf der Durchfahrt befindet, scheint mir zweifelhaft [64].

Auf demselben Standpunkt steht auch die Rechtslehre im Ausland, so in *Italien* [65], *Frankreich* [66], *Belgien* [67], *England* [68]. Doch gibt es Stimmen,

[58] Vgl. Durand-Vitu II 131; Rouast-Durand 372 ff., 399; Rivéro-Savatier 297 f.; Brun-Galland 323 ff., 375 f.

[59] Rouast-Durand 441 f.

[60] Hierzu Goethem-Geysen 413 ff.

[61] Cooper 206 ff.

[62] Cooper 181.

[63] Vgl. Neumeyer II 286 ff., (289 f.); Beitzke, Kollisionen B II 2 (für die Frauen- und Kinderarbeit sei maßgeblich das Recht des Arbeitsorts).

[64] Die Frage ist zu bejahen, wenn man mit Schnorr von Carolsfeld, RdA 11 (1958) 204, in dem Verbot eine Schutzmaßnahme nicht zugunsten der Frau, sondern zugunsten des inländischen Verkehrs sieht. Gegen diese Auslegung spricht indessen, daß das Verbot nur für die Arbeitnehmerin, nicht für Frauen schlechthin gilt.

[65] Guidotti, Trattato III 228; Barassi, Elementi 17, 89; Richard, Ordine pubblico 329; Baldoni, Revue critique 31 (1936) 35; Venturini, Studi Parmensi 342 sagt, für die Frage des Mindestalters der Arbeitsaufnahme gelte das Recht des Arbeitsorts schlechthin, also nicht nur das italienische Recht bei Arbeit in Italien.

[66] Vgl. Rouast, Festschrift Pillet 197 f.

[67] de Vos II 583, 612 ff. (617) legt den öffentlichrechtlichen Arbeitsschutzgesetzen, zu denen auch die erwähnten Bestimmungen gehören, doppelte Funktion bei: einmal seien sie „lois de police“ mit Wirkung auf alle Arbeitsverhältnisse in Belgien, zum anderen seien sie eine Ausgestaltung des Arbeitsvertrages und deshalb auch bei Arbeit außerhalb Belgiens anwendbar, wenn belgisches Recht Arbeitsstatut ist.

[68] Dicey-Kahn-Freund 759 Anm. 49.

die bei Kindern an die Staatsangehörigkeit anknüpfen und demgemäß eine Kinderarbeit im Ausland unter das eigene Verbot ziehen wollen, wenn es sich um Kinder des Verbotslandes handelt [69]. Gestattet das Recht des Arbeitsorts die Kinderarbeit, so spricht in der Tat manches dafür, in einer solchen Beschäftigung nicht nur eine Verletzung der (notfalls kraft Art. 30 so auszugestaltenden) Fürsorgepflicht zu sehen, sondern sie wie eine Inlandsübertretung zu behandeln. Die privatrechtlichen Folgen der Verletzung der Fürsorgepflicht sind gerade bei den hier geschützten Personen oft unzureichend; und es würde durch eine solche Erstreckung des Verbots in gewissem Maße ein Fürsorgebedürfnis befriedigt, das zu befriedigen der hierzu zunächst berufene Staat des Arbeitsorts versäumt.

Steht die im Inland zu leistende Arbeit unter ausländischem Arbeitsstatut, so ist die Zuweisung verbotener Arbeit trotzdem unbeachtlich, die auf solche Arbeit gerichtete Abrede, u. U. der ganze Arbeitsvertrag nichtig. Diese Nichtigkeit ergibt sich auf jeden Fall aus § 134 BGB; sie ergibt sich auch aus dem ausländischen Arbeitsstatut [70], wenn es das inländische Verbot als Nichtigkeitsgrund übernimmt. Welche Folgen die Nichtigkeit hat, ist zunächst dem Arbeitsstatut zu entnehmen (sofern sie nicht zu Lasten des Arbeitnehmers zu weit gehen, was wiederum – Lohn für geleistete Arbeit! – Art. 30 EGBGB auf den Plan rufen würde), beurteilt sich jedoch im Interesse der Einheit der Rechtsordnung nach dem inländischen Recht, wenn sonst das Verbot selbst ausgehöhlt würde, namentlich wenn das Arbeitsstatut das inländische Verbot nicht als Nichtigkeitsgrund anerkennt.

Die inländischen Beschäftigungsverbote ergreifen eine *Arbeit im Ausland* grundsätzlich nicht, die oben erwähnte Ausnahme bei Inländern allenfalls vorbehalten. Kennt das Recht des Arbeitsorts entsprechende Verbote zum Schutz der Frauen und Kinder usw. nicht, so sind Arbeitsverträge an sich und grundsätzlich gültig und bindend, die eine Arbeit zum Gegenstand haben, die im Inland verboten wäre. Hier sind jedoch Einschränkungen zu machen. Unterstand der Arbeitsvertrag dem örtlichen Recht, so kann der ordre public gebieten, daß aus diesem Mangel vor deutschen Gerichten nicht unangemessene Folgerungen gezogen werden; denn es liegt eine Verletzung der Fürsorgepflicht nahe, und wenn das örtliche Arbeitsstatut die Fürsorgepflicht nicht dementsprechend aus-

[69] Vgl. oben Nr. 5 Anm. 21.

[70] Die Nichtigkeit des Hauptvertrags aus diesem Grunde bedeutet noch nicht die Nichtigkeit auch des Verweisungsvertrags, wo ein solcher zur Bestimmung des Arbeitsstatuts geschlossen wurde.

gestaltet, so müßte Art. 30 EGBGB dennoch zu demselben Ergebnis führen. Unterlag das Arbeitsverhältnis deutschem Recht, so ist ebenfalls der über eine verbotswidrige Arbeit abgeschlossene Arbeitsvertrag – man denke etwa daran, eine Betriebsgruppe geht ins Ausland, es werden Frauen als Lenker von Kraftwagen beschäftigt – an sich gültig; denn da das Verbot selbst nur bei Arbeit im Inland gilt, greift auch § 134 BGB nicht ein. Aber auch hier wird der Arbeitgeber in der Regel seine nach inländischen Vorstellungen geformte Fürsorgepflicht verletzen, so daß zwar die Gewerbeaufsicht nicht eingreift und der Arbeitgeber sich auch nicht strafbar macht, die bürgerlichrechtlichen Folgen der Verletzung der Schutznorm jedoch eintreten.

Ausländische Beschäftigungsverbote werden im *Inland* nicht beachtet. Verstößt eine Arbeit gegen sie, so schreitet die Gewerbeaufsicht nicht ein, hat der Arbeitnehmer kein Recht zur fristlosen Beendigung des Arbeitsvertrags usw. Dies gilt auch, wenn die Parteien Angehörige des Verbotslandes sind, und wenn das internationale öffentliche Arbeitsrecht des Verbotslands die Arbeit im Inland (vgl. oben zu Anm. 69) unter das Verbot zieht: denn die als erwägenswert genannte Anknüpfung an die eigene Staatsangehörigkeit erweitert nur den persönlichen Geltungsbereich der eigenen Norm, bedeutet kein Angebot an das ausländische Recht, die Arbeit von Angehörigen jenes Landes im Inland zu regeln, ist mit anderen Worten nicht als allseitige Verweisungsnorm gedacht.

War das Recht des Verbotslandes Arbeitsstatut, so kann das Verbot jedoch Inhalt der Fürsorgepflicht geworden sein und damit auch bei Arbeit im Inland privatrechtliche Folgen hervorbringen.

Wird die *Arbeit im Ausland* unter dem ausländischen örtlichen Recht als Arbeitsstatut geleistet, so sind Beschäftigungsverbote des Ortsrechts gleich welcher Art in ihren privatrechtlichen Auswirkungen auch vor inländischen Gerichten als Recht anzuerkennen. Unterliegt das Arbeitsverhältnis deutschem Arbeitsstatut, so gilt das gleiche (d. h. Anerkennung der privatrechtlichen Folgen als Recht), wenn das Verbot auf sozialen oder sonstigen anerkennungswürdigen Erwägungen (etwa solchen der Volksgesundheit) beruht, die auch nach inländischen Maßstäben gerechtfertigt wären (s. oben Nr. 176); kennt dagegen das inländische Recht ähnliche Verbote nicht, so kommt eine Anerkennung als Recht wohl nicht in Frage, doch kann das Verbot ein tatsächliches Hindernis für die Erfüllung des Arbeitsvertrags bedeuten.

6. Dauer des Arbeitsvertrags

197. Gesetzliche Vorschriften über die Dauer des Arbeitsvertrages beschränken sich teils darauf, Arbeitsverträge auf Lebenszeit zu verbieten (so in *Frankreich* Art. 20 Buch I C. Trav., Art. 1780 C. c.; in *Belgien* Art. 5 ArbG, Art. 1780 C. c.), teils setzen sie eine gewisse Höchstzeit fest, nach deren Ablauf der Dienstverpflichtete unter Wahrung einer, meist sechsmonatigen, Kündigungsfrist kündigen kann (so § 624 BGB, in *Österreich* § 1158 III ABGB, § 21 AngG, in den *Niederlanden* Art. 1639 v BW; in der *Schweiz* Art. 351 OR: hier Kündigung nach Ablauf von 10 Jahren).

In *Italien* bestimmt Art. 2094 IV C. c., daß Arbeitsverträge, die auf Lebenszeit bzw. auf eine längere Dauer als fünf, bei leitenden Angestellten zehn Jahre eingegangen worden sind, nach Ablauf dieser Zeit unter Wahrung der normalen Kündigungsfrist gekündigt werde können.

Anders in *England*. Wenn über die Dauer des Arbeitsvertrages nichts vereinbart wurde, so wurde vielfach vermutet, daß er auf ein Jahr als abgeschlossen gelten sollte und stillschweigend von Jahr zu Jahr verlängert wurde. Von dieser Auslegung kommt man jedoch neuerdings immer mehr ab [71]. Auch ein auf Lebenszeit abgeschlossener Arbeitsvertrag ist gültig: *Wallis* v. *Day* (1837), 2 M. & W. 273 [72].

In *Ecuador* beträgt nach einem Gesetz vom 3. 12. 1952 die Mindestdauer eines auf unbestimmte Zeit eingegangenen Arbeitsvertrages (mit gewissen Ausnahmen) ein Jahr. Dagegen können nach Art. 170 ArbGB Hausarbeitsverträge über keine längere Zeit als 3 Jahre geschlossen werden.

198. Verweisungsrechtlich gilt m. E., daß die Frage, auf wie lange Zeit der Arbeitnehmer sich verpflichten kann, in den Bereich des Arbeitsstatuts fällt [73]. Einer übermäßigen, gar lebenslangen Bindung tritt jedoch – auch wenn sie vom Heimatrecht des Verpflichteten gestattet wird – der ordre public entgegen.

Die Rechtslehre ist geteilter Meinung. Schnorr von Carolsfeld 53 Anm. 2 [74] erklärt das Heimatrecht des Verpflichteten für anwendbar; Rouast [75] will Vorschriften wie Art. 1780 C. c. anwenden, wenn sie entweder dem Heimatrecht des Verpflichteten oder dem Recht des Arbeitsorts angehören, Bestimmungen wie § 624 BGB hingegen nur dann, wenn sie Teil des Heimatrechts des Verpflichteten sind. Gegen ihn de Vos (oben Anm. 73). Bartin [76] stellt auf das Recht des Betriebsorts ab. Wieder anders Lautner

---

[71] *De Stempel* v. *Dunkels*, [1938] 1 All E. R. 238; *Fisher* v. *Dick & Co., Ltd*, [1938] 4 All E. R. 467; dagegen *Mulholland* v. *Bexwell Estates Co., Ltd.*, [1950] 66 Pt. 2 T. L. R. 764; *Vernon* v. *Finlay*, [1938] 4 All E. R. 311; hierzu Cooper 47, Batt-Vaines 51 ff.

[72] Cooper 35 Anm. 8; Batt-Vaines 51 Anm. 1 mit weiteren Nachweisen.

[73] Ebenso Beitzke, Kollisionen B IV 2; de Vos II 619 Anm. 3; Freyria 22.

[74] Ebenso in RdA 11 (1958) 208. [75] Festschrift Pillet 211.

[76] Recueil des Cours de l'Academie de Droit international 52 (1935 II) 627.

839, der § 1158 III ABGB sowohl auf alle Arbeitsverhältnisse im Inland als auch auf die im Inland geschlossenen Arbeitsverträge eines Inländers zur Arbeit im Ausland anwenden will. RICHARD endlich scheint der lex fori den Vorzug zu geben [77].

Gegenüber all diesen Vorschlägen, die sich z. T. auch aus der Stellungnahme der Autoren zum Arbeitsstatut erklären, verdient m. E. die Einbeziehung in das Arbeitsstatut den Vorzug.

Hat sich also ein Deutscher in Italien als leitender Angestellter unter italienischem Arbeitsstatut auf 10 Jahre verpflichtet, so kann er sich nicht nach fünf Jahren, um sich von dem ihm lästigen Vertrag loszumachen, auf sein Heimatrecht (§ 624 BGB) herausreden.

7. Probearbeitsverhältnis

199. Die *Arbeitsverhältnisse auf Probe* werden in vielen ausländischen Rechten besonderer gesetzlicher Regelung unterworfen, die man überall zum privaten Bereich zählen kann. Ist ein solches Recht Arbeitsstatut, so ist sie auch vor inländischen Gerichten zu beachten.

Die Verschiedenheiten der gesetzlichen Ausgestaltung sind verhältnismäßig groß: manche Rechte verlangen Schriftform des Probevorbehalts (Italien, Belgien), manche sehen eine Mindest- und Höchstdauer, andere nur eine Höchstdauer vor, andere lassen die zulässige Dauer unbestimmt, wobei natürlich Treu und Glauben einer allzu langen Ausdehnung der Probezeit vorbeugen. Die meisten Rechte kennen während der Probezeit sofortige Lösbarkeit des Arbeitsverhältnisses, manche (Schweiz) Lösbarkeit nur unter Einhaltung einer wenn auch verkürzten Kündigungsfrist.

In *Österreich* beträgt bei Angestellten die Höchstdauer des Probearbeitsverhältnisses einen Monat, § 19 II AngG; während der Probezeit ist der Arbeitsvertrag jederzeit lösbar, ebda. und § 1158 II ABGB. Für Schauspieler sind Arbeitsverträge auf Probe verboten, § 5 SchauspielerG.

In der *Schweiz* besagt Art. 24 FabrikG, daß die ersten 14 Tage, vorbehaltlich abweichender schriftlicher Vereinbarung, als Probezeit gelten; Art. 350 I OR setzt für die ersten zwei Monate der Probezeit – deren Dauer als solche gesetzlich nicht beschränkt ist – eine Mindestkündigungsfrist von 7 Tagen fest [78].

In *Italien* ist die Regelung des Probearbeitsverhältnisses grundsätzlich in Art. 2096 C. c. enthalten, im einzelnen jedoch Tarifverträgen und Einzelabmachungen überlassen. Die Dauer des Probearbeitsverhältnisses ist gesetzlich nicht begrenzt, doch ergibt sie sich aus der Natur der Sache: die Höchstdauer darf nicht länger sein, als zur Erprobung des Arbeitnehmers notwendig ist. Während der Dauer ist, wenn nicht eine Mindestzeit vereinbart wurde, jederzeitige einseitige Auflösung des Arbeitsverhältnisses ohne Entschädigung möglich. Nach Beendigung der Probezeit geht das Probearbeitsverhältnis in

---

[77] Ordine pubblico 353.

[78] Hierzu SCHWEINGRUBER, Kommentar 120 ff.

ein gewöhnliches Arbeitsverhältnis über, die Probezeit ist auf die Dauer der Betriebszugehörigkeit anzurechnen, Art. 2096 C. c. [79].

In *Frankreich* ist das Probearbeitsverhältnis nicht gesetzlich geregelt; eine Ausnahme bildet nur Art. 29 l Buch I C. Trav., der bei Handelsvertretern eine Höchstdauer der Probezeit von 3 Monaten bestimmt; während dieser Zeit kann das Verhältnis jederzeit ohne Entschädigung gelöst werden. Im übrigen ist es den Begrenzungen unterworfen, wie sie sich, wie im deutschen Recht, aus Treu und Glauben ergeben [80].

Belgien hat wiederum eine gesetzliche Regelung, die verschieden ist für Arbeiter und Angestellte. Bei Arbeitern darf die Probezeit nicht weniger als 7 und nicht mehr als 14 Tage betragen; bei Angestellten liegen die Fristen bei einem bzw. drei Monaten, Art. 5bis ArbG, 3 AngG. In beiden Fällen muß der Probevorbehalt schriftlich festgelegt werden, sonst gilt der Arbeitsvertrag als ohne einen solchen geschlossen. Die Kündigung ist innerhalb der zeitlichen Grenzen jederzeit ohne Frist und Entschädigung möglich [81].

In den *Niederlanden* endlich bestimmt Art. 1639 l BW, daß die Probezeit zwei Monate nicht überschreiten darf und für beide Seiten gleich lang sein muß. Der Probevorbehalt darf nur einmal gemacht werden, auch wenn die Gesamtzeit der Probezeit zwei Monate nicht überschreiten würde. Während der Probezeit kann jede Seite das Arbeitsverhältnis fristlos lösen.

§ 13

Inhalt des Arbeitsverhältnisses

I. PFLICHTEN DES ARBEITNEHMERS

1. Arbeitspflicht

200. Erste Pflicht des Arbeitnehmers ist, die Arbeit gewissenhaft zu leisten; sie besteht selbstverständlich überall und ist mehrfach im Gesetz ausdrücklich ausgesprochen, vgl. § 1153 ABGB, Art. 328 I OR; in *Belgien* verpflichtet Art. 7 ArbG den Arbeiter zur „Sorgfalt eines guten Familienvaters" [1], in den *Niederlanden* Art. 1639 BW zur Arbeit „nach besten Kräften". Das *englische* Recht erwartet „faithful service" [2].

---

[79] Riva Sanseverino, Trattato II 119 ff.; Santoro Passarelli 122; Barassi, Elementi 115 ff.

[80] Durand-Vitu II 285 ff.; Rivéro-Savatier 323 ff.; Rouast-Durand 402 f.; Brun-Galland 319 ff.

[81] Novelles 468 Nr. 178 f.

[1] Gleiches gilt nach Lehre und Rechtsprechung für *Frankreich*, vgl. Durand-Vitu II 582 ff.; Rouast-Durand 406; Rivéro-Savatier 328 ff.; Brun-Galland 474.

[2] Daß man jedoch sein Leben nicht einzusetzen braucht, um den Arbeitsvertrag zu erfüllen, ergibt sich aus *Ottoman Bank* v. *Chakarian*, [1930] A. C. 277; vgl. auch *Bouzouris* v. *Ottoman Bank* ebda. 271. Wohl weil die Parteien sich nicht auf das — an

Art und Umfang der Arbeitspflicht können jedoch in Einzelheiten verschieden sein; nicht alle Rechte kennen wie § 613 BGB, § 1153 ABGB, Art. 327 I OR die Verpflichtung zur Arbeitsleistung in Person, auch die Reichweite des Weisungsrechts des Arbeitgebers und seiner Befugnis zur Versetzung kann verschieden bemessen sein.

Nach § 76 der *österreichischen* Gewerbeordnung ist der gewerbliche Arbeiter u. a. verpflichtet, „die unter seiner Aufsicht arbeitenden Kinder gut zu behandeln". In *Italien* besagt Art. 2103 C. c., daß der Arbeitnehmer nur mit der Arbeit zu beschäftigen ist, für die er eingestellt wurde; doch kann er, wenn nichts Abweichendes vereinbart wurde, nach Maßgabe der Betriebsnotwendigkeiten auch zu anderen Arbeiten herangezogen werden, wenn damit eine Minderung des Lohns oder wesentliche Änderung seiner Stellung nicht verbunden ist. Im *niederländischen* Recht folgert man aus Art. 1639 BW, daß der Arbeitnehmer eine vertraglich nicht bedungene oder ungebräuchliche Arbeit nicht zu verrichten brauche, z. B. brauche ein Bauarbeiter sich nicht ohne weiteres „ausleihen" zu lassen [3].

Deshalb ist es eine vielleicht nicht nur theoretische Aussage, daß alle diese Verschiedenheiten dem Arbeitsstatut zu entnehmen sind. In krassen Fällen hilft Art. 30 EGBGB.

Ein krasser Fall wäre etwa, wenn das Arbeitsstatut dem Arbeitgeber gestatten würde, den Arbeitnehmer ohne jede Rücksicht auf fachliche Qualifikation und auf die Würde seiner Person zu verwenden, etwa den Empfangschef zum Toilettenwärter zu degradieren.

201. Arbeitsverhinderungen durch Kollision der Arbeitspflicht mit einer öffentlichrechtlichen Pflicht (Aussage vor Gericht, Wahl zu einer Volksvertretung) unterliegen auch in ihren privaten Wirkungen dem Recht des Orts, wo die Pflicht erfüllt, das Amt wahrgenommen wird.

Wird der Pflicht im Lande A genügt, nach dessen Recht Zeugen für den Zeitverlust aus der Staatskasse entschädigt werden, ist Arbeitsstatut jedoch das Recht B, das eine Entschädigung der Zeugen durch die Staatskasse nicht kennt und den Arbeitgeber zur Weiterzahlung des Lohns verpflichtet, so gebührt dem Arbeitnehmer natürlich keine doppelte Entschädigung; aber auch die Staatskasse kann ihn m. E. nicht auf seine Forderung gegen den Arbeitgeber verweisen.

202. *Person des Arbeitgebers. Übertragung des Unternehmens.* In das Privatrecht einzuordnen ist die Frage, ob der Anspruch aus dem Arbeitsvertrag übertragbar ist, vgl. § 613 S. 2 BGB; sie wird vor allem bei Veräußerung des Unternehmens bedeutsam [4]. Die Rechtsvergleichung zeigt

---

sich anwendbare – türkische Recht berufen hatten, wird die IPR-Frage hier gar nicht aufgeworfen und der Fall nach englischem Recht behandelt, obwohl er nur zum türkischen Recht Beziehungen aufwies.

[3] MOLENAAR II A 114 f.

[4] Hierzu NIKISCH I 539 ff.; HUECK-NIPPERDEY I 465 ff.; KASKEL-DERSCH 135 f.

eine Neigung dahin, daß der Erwerber des Unternehmens in die bestehenden Arbeitsverhältnisse eintritt, der Arbeitnehmer hingegen ihm gegenüber nicht gebunden ist.

So bestimmt Art. 2112 des *italienischen* C. c., daß die Arbeitsverhältnisse auf den Erwerber übergehen; Erwerber und Übergeber haften dem Arbeitnehmer für die bei Übergabe bestehenden Verpflichtungen des Übergebers als Gesamtschuldner [5]; ähnlich sehen Art. 23 VII Buch I C. Trav., Art. 106 III des Arbeitsgesetzbuchs von *Ecuador*, die Aufrechterhaltung der bestehenden Arbeitsverträge in der Person des Erwerbers vor [6]. In *Österreich* besagt eine zahlreiche Rechtsprechung, daß bei Veräußerung und sonstiger Übertragung des Unternehmens der Arbeitsvertag als mit dem neuen Arbeitgeber stillschweigend fortgesetzt gilt [7].

Sehr weit geht das *österreichische Journalistengesetz:* bei Veräußerung eines Zeitungsunternehmens kann der Erwerber dem Journalisten erklären, daß er in das Vertragsverhältnis nicht eintrete; dann schuldet er eine Abfindung in Höhe von mindestens einem Jahresgehalt. Tritt der Erwerber in das Vertragsverhältnis ein, so kann er innerhalb des nächsten Jahres nicht kündigen, § 8 JournalistenG [7a].

Eine vergleichbare Lösung trifft für Journalisten auch Art. 29 e Buch I C. Trav.

Der Arbeitnehmer ist vielfach nicht gehalten, den Arbeitsvertrag mit dem neuen Unternehmer fortzusetzen, vgl. für *Belgien* eine dahingehende zahlreiche Rechtsprechung, wonach der Angestellte statt der Übernahme eine Kündigungsentschädigung verlangen kann [8]. Auch in *England* wurde entschieden, daß der Arbeiter keinen Vertragsbruch begeht, wenn er nach Übergang des Betriebs in andere Hände von der Arbeit wegbleibt, vgl. *Nokes* v. *Doncaster Amalgamated Collieries Ltd.*, [1940] A. C. 1014; [1940] 3 All E. R. 549 [9].

Diese verhältnismäßig weitgehende Übereinstimmung der einzelnen Rechtsordnungen hat die Frage noch nicht praktisch werden lassen, nach welchem Recht ein solcher Eintritt des Übernehmers in bestehende Arbeitsverhältnisse zu beurteilen ist.

Sicher scheint mir aus praktischen wie aus Gründen der Harmonie mit der zugrundeliegenden sachlichrechtlichen Regelung zu sein, daß die verweisungsrechtliche Behandlung des Vertragsübergangs nicht zu einer Aufspaltung in ein Abtretungs- und in ein Schuldübernahmestatut führen

---

[5] Die Frage, ob dies auch bei Requisitionen durch die Besatzungsmacht gilt, hat Anlaß zu einigen Entscheidungen gegeben, vgl. die Darstellung bei Richard, Rassegna 28 f.

[6] Vgl. Durand-Jaussaud I 526; Durand-Vitu II 787 ff.; Lyon-Caen 199 f.; Rivéro-Savatier 447; Brun-Galland 524 ff.

[7] S. die Nachweise bei Wahle-Dittrich-Veit I 704 Anm. 26 zu § 1151 ABGB, wo aber auch Rechtsprechung im gegenteiligen Sinn verzeichnet ist; ebda. II 81 zu § 23 AngG. Vgl. weiter § 33 SchauspielerG.

[7a] Die gleichen Ansprüche hat der Journalist auch bei Wechsel der politischen Richtung des Blatts, § 11. Ob ein solcher vorliegt, entscheidet ein Schiedsgericht, dessen Zusammensetzung die Anwendung dieser Vorschrift allerdings ausschließt, wenn es sich um ein nichtösterreichisches Blatt handelt.

[8] Nachweise bei Geysen, Novelles 463 Nr. 144.

[9] Cooper 41 f.

sollte [9a]. Maßgeblich ist vielmehr ein einheitliches Statut. In Frage kommt das Statut des Übernahmevertrags (der Veräußerung des Unternehmens); das Recht des Orts, an dem der übergehende Betrieb liegt; das Arbeitsstatut.

Für die Maßgeblichkeit des Rechts, das die Veräußerung des Unternehmens beherrscht, spricht, daß damit die Einheitlichkeit des Übergangs oder Nichtübergangs bei allen Arbeitsverhältnissen gewahrt ist; für den Übernehmer hat diese Lösung den Vorteil, daß er seine Verpflichtungen übersieht und vor mißlichen Überraschungen bewahrt bleibt, wenn das übernommene Unternehmen Zweigstellen im Ausland hat und das dort (sei es als Arbeitsstatut, sei es als lex loci) maßgebliche Recht weitergehende Bindungen kennt, als ihm auf Grund des Übernahmestatuts gewärtig ist.

Die lex loci als solche anzuwenden, sehe ich keine Veranlassung. Es gehen Verträge über und nicht Sachen, so daß der sachenrechtliche Grundsatz von der Anwendbarkeit der lex situs, so wichtig er für die verweisungsrechtliche Behandlung des Übergangs des Sachvermögens sein mag, hier nicht eingreift.

Für die Maßgeblichkeit des Arbeitsstatuts spricht, daß dem Arbeitnehmer bei Eingehung des Arbeitsverhältnisses eine gewisse Rechtsstellung zuteil wurde, die auch die Anwartschaft auf Übernahme mitumfaßt und daß sein durch das Arbeitsstatut geschütztes Interesse an der Stetigkeit seines Arbeitsvertrags nicht durch Vorgänge in fremdem Lande beeinträchtigt werden darf, auf die er auch über die Betriebsverfassung keine Einwirkungsmöglichkeiten hat.

Ich halte die letzte Lösung, die Einbeziehung der Wirkungen der Veräußerung des Betriebs in das Arbeitsstatut, für die richtige [9b]. Das Interesse des Arbeitnehmers an der Erhaltung der ihm durch das Arbeitsstatut gegebenen Anwartschaft geht dem Schutzbedürfnis des Übernehmers vor unvorhergesehenen Verpflichtungen vor; denn dieser hat die Möglichkeit, sich zu unterrichten, und er hat die Freiheit der Entschließung, während der Arbeitnehmer auf die Veräußerung des Unternehmens keinen oder nur geringen Einfluß hat. Die Einbeziehung in das Arbeitsstatut gilt aber entsprechend auch dann, wenn dieses dem Arbeitnehmer geringere Rechte gibt als das Recht, dem die Unternehmensveräußerung unterliegt, oder als die lex loci. Der Arbeitnehmer ist nicht unbillig beschwert, wenn er nicht mehr hat, als das Recht ihm gibt, in dem das Arbeitsverhältnis wur-

[9a] So mit Recht ZWEIGERT, Das Statut der Vertragsübernahme, RabelsZ 23 (1958) 652.

[9b] Ebenso ZWEIGERT (vorige Anmerkung) 657.

zelt. Daß mit dieser Lösung u. U. im gleichen Betrieb je nach dem Arbeitsstatut zweierlei gelten kann, ist m. E. hinzunehmen.

203. *Freistellungen von der Arbeit* auf Grund betriebsverfassungsrechtlicher Normen folgen dem Recht, nach dem die Betriebsvertretung errichtet worden ist (unten Nr. 344 f.).

204. *Verletzung der Arbeitspflicht.* Die Rechtsfolgen der Nichtleistung der geschuldeten Arbeit sind dem Arbeitsstatut zu entnehmen; so gilt etwa § 124 b GewO bei deutschem Arbeitsstatut, auch wenn die Arbeit im Ausland geleistet wird.

Dagegen trifft den dritten Arbeitgeber, der den Arbeitnehmer zum Vertragsbruch verleitet hat, die Pflicht zum Ersatz des dem früheren Arbeitgeber entstandenen Schadens gem. § 125 GewO nur dann, wenn nach dem internationalen Deliktsrecht deutsches Recht Statut der unerlaubten Handlung ist, also wenn die Abwerbung in Deutschland begangen wurde oder hier ihren Erfolg zeitigte oder wenn beide Teile deutsche Staatsangehörige waren (VO vom 7. 12. 1942) [10].

Im allgemeinen haftet der Arbeitnehmer für Vorsatz und jede Fahrlässigkeit, § 276 BGB; bei sog. gefahrbehafteter Arbeit rechnet man jedoch im deutschen Recht Schäden, die durch leichte Fahrlässigkeit des Arbeitnehmers entstanden sind, zum Risikobereich des Arbeitgebers [11].

Das ist nicht überall so. Das *Schweizer* Recht, Art. 328 II und III OR, läßt den Arbeitnehmer für den Schaden haften, den er absichtlich oder fahrlässig zufügt, wobei jedoch das Maß der zu vertretenden Sorgfalt nach subjektiven Maßstäben gemessen wird [12]. Auch RIVA SANSEVERINO [13] macht zugunsten des Arbeitnehmers keine Einschränkung von der Haftung nach den allgemeinen Regeln des Schuldrechts. Seine Verpflichtung wurde sogar zuweilen erweiternd dahin ausgelegt, daß der Arbeitnehmer gehalten sei, seine Kräfte für die Arbeitsleistung zu schonen und bereitzuhalten [14]. Das *belgische* Recht beläßt nur die Haftung der Angestellten im Bereich der allgemeinen Regeln des Art. 1382 C. c. (Vorsatz und Fahrlässigkeit); der Arbeiter hat nur Vorsatz, grobe Fahrlässigkeit und leichte Fahrlässigkeit dann zu vertreten, wenn sie gewohnheitsmäßig ist, Art. 8 ArbG.

Die Frage, wie weit der Arbeitgeber Schlechtleistung hinnehmen und einen vom Arbeitnehmer leicht fahrlässig angerichteten Schaden tragen muß, bestimmt das Arbeitsstatut, nicht das Deliktsstatut. Hat also der Angestellte eines deutschen Taxiunternehmens bei einer Fahrt in Italien den Wagen durch leichte Unachtsamkeit beschädigt, so kann der Arbeit-

---

[10] Hierzu RAAPE, Lehrbuch 535 Anm. 162.

[11] HUECK-NIPPERDEY I 212 ff.; NIKISCH I 269 ff.; KASKEL-DERSCH 144 ff.

[12] Vgl. SCHWEINGRUBER, Kommentar 44 ff.

[13] Trattato II 142.

[14] RIVA SANSEVERINO, Trattato II 141 f.; SANTORO PASSARELLI 144.

geber Schadenersatz auch nicht auf Grund des italienischen Deliktsstatuts – die VO vom 7. 12. 1942 bleibe einmal außer Betracht – verlangen [15].

Haftet der Arbeitnehmer einem Dritten, so kann die Verteilung des Betriebsrisikos den Arbeitgeber verpflichten, den Arbeitnehmer von der Haftung freizustellen [16]; auch ob dies der Fall ist, beantwortet sich aus dem Arbeitsstatut.

Dadurch werden die Ansprüche des Dritten gegen den Arbeitnehmer natürlich nicht verkürzt; sie beurteilen sich ausschließlich nach dem Deliktsstatut. Ein unmittelbarer Anspruch gegen den Arbeitgeber ist für ihn aus der Verteilung des Betriebsrisikos nicht abzuleiten, mag sich allenfalls aus den Vorschriften über die Gehilfenhaftung ergeben.

2. *Treupflicht*

205. Die Treupflicht des Arbeitnehmers, namentlich das Verbot, dem Arbeitgeber *Konkurrenz* zu machen (vgl. § 60 HGB), *Schmiergelder* anzunehmen und *Geheimnisse* zu verraten, dürfte in allen Rechten gleich wie im deutschen Recht ausgestaltet sein [17].

In *Österreich* enthält eine ausdrückliche Festlegung, abgesehen von einigen Sondergesetzen, nur § 76 GewO, doch sind auch die dem ABGB oder dem AngG unterliegenden Dienstverhältnisse in treuen Diensten wahrzunehmen [18]. Ausdruck der Treupflicht ist das Verbot der Annahme von Schmiergeldern, § 13 AngG, und des Wettbewerbs mit dem Arbeitgeber, §§ 7 AngG, 23 SchauspG [19]. Bei Übertretung des Wettbewerbsverbots hat der Arbeitgeber Anspruch auf Schadenersatz und ein Eintrittsrecht. Die Ansprüche erlöschen in drei Monaten nach Kenntnis der Wettbewerbshandlung, längstens in fünf Jahren.

In *Italien* normiert Art. 2105 C. c. den Inhalt der Treupflicht. Allgemein ist die Entfaltung einer Wettbewerbstätigkeit und der Verrat von Betriebsgeheimnissen verboten; während Art. 2105 im Bereich des Privatrechts verbleibt und Schadenersatzansprüche sowie das Recht zur fristlosen Entlassung gibt, erstrecken Art. 622 f. Codice penale das Verbot des Geheimnisverrats in den strafrechtlichen Bereich [20]. Entsprechen-

---

[15] Ebenso SCHNORR VON CAROLSFELD, RdA 11 (1958) 208.

[16] So für das *deutsche* Recht HUECK-NIPPERDEY I 215; NIKISCH I 269. Anders im *englischen* Recht: den Arbeitgeber trifft keine Freistellungspflicht, und er kann gegen den Arbeitnehmer Rückgriff nehmen, wenn er den Dritten entschädigt hat: *Lister* v. *Romford Ice and Cold Storage Co., Ltd.*, [1957] 2 W. L. R. 158 = Law Quarterly Review 73 (1957) 283.

[17] Vgl. HUECK-NIPPERDEY I 220 ff.; NIKISCH I 382 ff.; KASKEL-DERSCH 147 ff.; BOBROWSKI.

[18] HÄMMERLE 202.

[19] Vgl. hierzu HÄMMERLE 203.

[20] RIVA SANSEVERINO, Trattato II 146 ff.; SANTORO PASSARELLI 145 ff.; BARASSI, Elementi 119 ff.

des gilt für *Frankreich*, Art. 418 Code pénal [21] und *Belgien*, Art. 7 IV ArbG, 26 II AngG, 309 Code pénal.

Zum Begriff der treuen Dienste nach *common law* gehört insbesondere, daß der Arbeitnehmer sich von allem zurückhält, was ihn in Widerstreit mit den Interessen des Arbeitgebers bringen könnte, keine Konkurrenzunternehmen betreibt und die Geschäftsgeheimnisse bewahrt und keine Schmiergelder annimmt [22]. Die Treupflicht gebietet jedoch dem Arbeitnehmer nicht, ungünstige Umstände, etwa eine epileptische Veranlagung aufzudecken, durch die die Anfälligkeit für Unfälle vergrößert wird (Anwendung des „caveat-emptor“-Grundsatzes im Arbeitsrecht [23]).

Der Umfang der Treupflicht ist in seinen besonderen Ausgestaltungen – etwa hinsichtlich von Ausschlußfristen – dem Arbeitsstatut zu entnehmen [24]. Die Treupflicht wird für das deutsche Recht auch mitbestimmt durch die strafrechtlichen Vorschriften der §§ 12, 17, 18 UWG; diese gelten insoweit also auch für Arbeiten im Ausland unter deutschem Arbeitsstatut.

Unabhängig hiervon beurteilt sich der Geltungsbereich dieser Vorschriften, soweit sie eine Schadenersatzpflicht aus unerlaubter Handlung, § 19 UWG, begründen. Sie greifen auch bei ausländischem Arbeitsstatut ein, wenn die Wettbewerbshandlung in Deutschland begangen wurde oder hier ihren Erfolg gezeitigt hat und unabhängig hiervon, wenn die Beteiligten deutscher Staatsangehörigkeit sind oder in Deutschland ihren Sitz haben [25]. Das ausländische Arbeitsstatut kann aber für die Auslegung des Tatbestandsmerkmals „unbefugt“ in § 17 UWG bedeutsam werden.

3. *Wettbewerbsabreden – Strafen*

206. Voraussetzungen, Form, Inhalt und Grenzen der Abreden, die dem Arbeitnehmer nach Ende des Arbeitsverhältnisses den Wettbewerb mit dem früheren Arbeitgeber verbieten, sind in den einzelnen Rechtsordnungen sehr unterschiedlich geregelt [26]. Auch ist ihre verweisungs-

---

[21] Vgl. DURAND-VITU II 586 ff. Art. 177 Code pénal faßt die Annahme von Schmiergeldern mit der passiven Bestechung des Beamten zusammen.

[22] COOPER 55 f.; BATT-VAINES 154. [23] COOPER 62 f.; BATT-VAINES 155.

[24] GEMMA 162 f. schlägt für die internationalrechtliche Behandlung der Verletzung der Treupflicht folgende Unterscheidung vor: wurde die Arbeit nur zufällig und vorübergehend im Ausland geleistet, so soll das bisherige Arbeitsstatut, war die Arbeit im Ausland jedoch eine ständige, die lex loci executionis gelten.

[25] Hierzu NUSSBAUM 339 f.; WOLFF, Lehrbuch 164; SOERGEL-KEGEL 118 f.; PALANDT-LAUTERBACH, Anm. 2 zu Art. 12 EGBGB; WENGLER, RabelsZ 19 (1954) 401 ff.; BINDER, RabelsZ 20 (1955) 412 ff. Nur auf den Begehungsort stellt RAAPE, Lehrbuch 536 ff. ab.

[26] Zum *deutschen* Recht vgl. HUECK-NIPPERDEY I 230 ff.; NIKISCH I 395 ff.; GRÜLL, Die Konkurrenzklausel (1957).

rechtliche Behandlung eines der wenigen Themen des Arbeitsverweisungsrechts, das bisher einige Beachtung gefunden hat.

In einigen Ländern ist die Wettbewerbsabrede gesetzlich normiert (Österreich, Schweiz, Italien, Niederlande), in anderen der Rechtsprechung überlassen (Frankreich, England); in Belgien hat die Praxis die gesetzliche Regelung stark umgebildet. Manche Rechtsordnungen verlangen Schriftform (Schweiz, Italien, Niederlande, s. oben Nr. 86), manche Volljährigkeit (Österreich, Schweiz, Niederlande). Die notwendige Begrenzung ist teils nach Gegenstand, Zeit und Ort gesetzlich umrissen (Österreich, Italien), teils einer Generalklausel überlassen (Schweiz), teils wird sie durch die Rechtsprechung herbeigeführt (Frankreich, Belgien, England). Dagegen ist die Gewährung einer Karenzentschädigung nicht immer Voraussetzung für die Gültigkeit des Verbotes (Italien, u. U. Niederlande).

207. In *Österreich* sind die Wettbewerbsbeschränkungen nach Ende des Dienstverhältnisses nur für den Angestellten gesetzlich geregelt, § 36 AngG, doch werden die hier zum Ausdruck gekommenen Grundgedanken auf die anderen Dienstverhältnisse übertragen [27]. Nach § 36 AngG sind die Wettbewerbsabreden von Minderjährigen und Kleinverdienern ungültig: die Grenze, bis zu der jemand als Kleinverdiener gilt, lag ursprünglich bei jährlich 4000 Kronen, ist aber durch die verschiedenen Ab- und Aufwertungen auf heute 8 Schillinge = DM 1.20 jährlich gesunken, so daß sie gegenstandslos geworden ist [28]. Die Wettbewerbsbeschränkung muß die Arbeit im Geschäftszweig des Arbeitgebers betreffen, darf nicht länger als ein Jahr dauern und für den Arbeitnehmer keine unbillige Erschwerung mit sich bringen; die Abrede ist nicht wirksam, wenn die Beendigung des Arbeitsvertrages durch den Arbeitgeber verschuldet wurde, § 37 AngG. In der *Schweiz* ist das Konkurrenzverbot gemäß Art. 356 OR nur zulässig, wenn der Arbeitnehmer Einblick in den Kundenkreis oder die Geschäftsgeheimnisse nehmen konnte und dadurch den Geschäftsherrn „erheblich schädigen“ könnte [29]; es ist nichtig, wenn mit einem Unmündigen [29a] abgeschlossen, und ist nach Zeit und Ort und Gegenstand „angemessen“ zu begrenzen, Art. 357 OR.

Für *Italien* vgl. Art. 2125: Die Abrede bedarf der Schriftform, muß in Gegenstand, Zeit und Ort begrenzt sein und verlangt eine Entschädigung. Die Höchstdauer beträgt 3 Jahre, bei leitenden Angestellten und Handelsvertretern 5 Jahre [30].

In *Frankreich* ist zu den Wettbewerbsbeschränkungen zwar keine gesetzliche Regelung ergangen, doch hat sich eine umfangreiche Rechtsprechung mit ihnen befaßt: danach sind allgemeine und absolute Wettbewerbsverbote nicht zulässig, sie müssen nach Zeit, Raum oder Gegenstand (nicht unbedingt in allen drei Hinsichten) begrenzt

---

[27] Hämmerle 204. [28] Hämmerle 204 Anm. 7.

[29] Oser-Schönenberger V/2, 135 ff.; Kuttler, Vertragliche Konkurrenzverbote, ihre Beurteilung nach schweizerischem und englischem Recht (Basler Studien zur Rechtswissenschaft 44 – 1955).

[29a] Nicht aber Entmündigten: so Oser-Schönenberger V/2, 1361.

[30] Riva Sanseverino, Trattato II 107 ff.; Barassi, Elementi 126 f.

sein. Voraussetzung ist immer, daß der Arbeitgeber noch ein anzuerkennendes Interesse an ihrer Einhaltung hat. Die Dauer des Wettbewerbsverbotes ist verschieden, Zeiten bis zu zehn Jahren wurden anerkannt [31].

In *Belgien* sind die Wettbewerbsverbote nach Beendigung des Arbeitsverhältnisses für Arbeiter keinen gesetzlichen Beschränkungen unterworfen, für Angestellte hingegen überhaupt verboten, Art. 26 I AngG. Die Rechtsprechung hat für beide Arten von Arbeitnehmern die wahre Mitte gefunden, indem sie Wettbewerbsabreden jeweils innerhalb vernünftiger örtlicher und zeitlicher Grenzen erlaubt. Wenn die so ausgelegte Vorschrift des Art. 26 I AngG auch nur für Arbeitnehmer mit einem jährlichen Einkommen unter 120 000 Franken gilt, so sind doch auch Wettbewerbsabreden von Angestellten mit höheren Einkommen nicht schrankenlos wirksam, sondern der gleichen Begrenzung nach Treu und Glauben unterworfen [32].

Nach *niederländischem* Recht können Wettbewerbsabreden mit Minderjährigen nicht getroffen werden; sie bedürfen der Schriftform oder der Festlegung in der Betriebsordnung, müssen zeitlich und örtlich begrenzt sein und können durch den Richter aufgehoben werden. Dieser kann Vertragsstrafen, die zu Wettbewerbsabreden in Verbindung stehen, herabsetzen, er kann auch eine Karenzentschädigung festlegen, Art. 1637 x BW [33].

England. Feste Regeln für die Abgrenzung der Wettbewerbsabreden nach Beendigung des Arbeitsvertrags bestehen nicht. Die Beschränkung der Tätigkeit des Arbeitnehmers muß „reasonable" sein; dabei legen die Gerichte eher einen strengen Maßstab an und achten darauf, daß in der Abrede keine Knebelung, „servile incident", enthalten ist. Die Beweislast für die Vernünftigkeit der Wettbewerbsbeschränkung trifft den Arbeitgeber. Man hat die Regeln über die Behinderung des Handels, „restraint of trade", auch für dieses Gebiet nutzbar gemacht. Geht die Abrede über das notwendige Maß hinaus, so ist sie unklagbar, „unenforceable"; es liegen aber auch Entscheidungen vor, wo sie vom Gericht – unter mehr oder weniger willkürlicher Trennung des Zulässigen vom Unzulässigen – auf das vernünftige Maß zurückgeführt wurde. Die Zahlung einer Karenzentschädigung ist kein zwingendes Erfordernis des englischen Rechts. Alles kommt auf den Einzelfall an [34]. Auch Minderjährige können Wettbewerbsabreden eingehen: *Bromley* v. *Smith*, (1909) 2 K. B. 235, vgl. oben Nr. 61.

208. Die Wettbewerbsabreden gehören in den privaten Bereich des Arbeitsrechts; dies gilt auch für Vorschriften wie § 74 a II HGB, die an die Verpfändung des Ehrenworts die Folge der Nichtigkeit der Abrede knüpfen, und namentlich für Bestimmungen über die Karenzentschädigung.

---

[31] Vgl. DURAND-VITU II 938 mit zahlreicher Rechtsprechung, 940 Anm. 2; RIVÉRO-SAVATIER 294; Kassationshof 27. 10. 1936, Giur. comp. lav. 2 (1938—40) 74 Nr. 42: 5jähriges Wettbewerbsverbot eines Chemikers.

[32] Vgl. GOETHEM-GEYSEN 143; Novelles 82 Nr. 103, 451 Nr. 54 ff, 481 Nr. 251.

[33] MOLENAAR II A 121 ff.

[34] Vgl. die Beispiele bei COOPER 35 ff.; SAMUELS, The law relating to shops 3 ff.; BATT-VAINES 96 ff., 185; KUTTLER (oben Anm. 29) 54 ff. Versuche, den dehnbaren Begriff „reasonable" in starre Formen zu gießen (vgl. etwa *M. & S. Draper* v. *Reynolds*, [1957] 1 W. L. R. 9, 13, wo eine Verbotsdauer von fünf Jahren und mehr als schlechthin „unreasonable" bezeichnet wird) finden wenig Gegenliebe, vgl. die Kritik der Entscheidung durch GOODHART, The Law Quarterly Review 73 (1957) 169 f.

Maßgeblich für die Wettbewerbsabrede ist das Arbeitsstatut: [35]

vgl. RAG 20. 2. 1929: Ein Chemiker schließt mit einer deutschen Firma in Deutschland einen Arbeitsvertrag, in dem vorgesehen wird, daß der Arbeitnehmer auch im Ausland beschäftigt werden kann; der Vertrag enthält eine Wettbewerbsabrede. Nach Entsendung ins Ausland wird der Betrieb durch Entscheidung des Reichsversicherungsamts der Berufsgenossenschaft der chemischen Industrie und damit dem Geltungsbereich eines (allgemein verbindlichen) Tarifvertrags unterstellt, der eine Beschränkung der Wettbewerbsabreden enthält; die Beschränkung erfaßt auch den vorliegenden Arbeitsvertrag.

Für die *Schweiz* vgl. BG 12. 7. 1912 (oben Nr. 122; deutsches Arbeitsstatut); für *Belgien* Léopoldville 8. 1. 1924 (oben Nr. 131). Auch in der *niederländischen* Rechtsprechung wurden Wettbewerbsabreden und damit zusammenhängende Vertragsstrafen dem Arbeitsstatut unterstellt, das allerdings in den Fällen Hof Amsterdam 22. 11. 1907 und Kantonsgericht Amsterdam 22. 12. 1916 (oben Nr. 139) gleichzeitig lex fori war, während in der Entscheidung Rechtsbank Rotterdam 8. 12. 1913 zwar das deutsche Arbeitsstatut angewandt wird, das Gericht jedoch hinzufügt, auch nach niederländischem Recht sei das Ergebnis dasselbe, die Vertragsstrafe verfallen.

Die beiden *englischen* Entscheidungen, die hier zu nennen sind, *South African Breweries* v. *King* und *Rousillon* v. *Rousillon* (oben Nr. 140) kommen im Ergebnis beide zur Ausschaltung der Wettbewerbsklausel: erstere in Anwendung des Arbeitsstatuts, letztere unter Berufung auf den englischen ordre public.

Der *schwedische* Höchste Gerichtshof 21. 5. 1941 [36] wendet das schwedische Recht auf ein Konkurrenzverbot in einem Arbeitsvertrag an, den ein schwedischer Masseurgehilfe in Schweden mit einem schwedischen Arbeitgeber zur Arbeit in Südafrika abgeschlossen hat; nach südafrikanischem Recht wäre die Abrede ungültig gewesen, nach schwedischem Recht hatte sie Bestand.

Unberechtigt ist m. E. die Ansicht, Wettbewerbsabreden müßten dem Heimatrecht des Arbeitnehmers unterliegen [37]. Sie geht davon aus, daß Einschränkungen der Wettbewerbsabreden zum Schutz des Arbeitnehmers erlassen werden und daß sein Heimatrecht diesen Schutz am angemessensten verwirkliche. Aber diese Voraussetzung ist falsch. Jedes Arbeitsrecht ist Schutzrecht; es ist also auch das Arbeitsstatut bis zum Beweis des Gegenteils angemessener Schutz auch des Ausländers. Die Wettbewerbsabreden sind aber von der Gestaltung der Arbeitsbedingungen, namentlich Lohn, Kündigung und Karenzentschädigung, untrennbar verbunden, während die Neueinführung des Heimatrechts des Arbeitnehmers in die rechtlichen Beziehungen nur Verwirrung stiften kann, nament-

[35] Zustimmend Beitzke, Kollisionen B IV 3. Vgl. BGH 19. 3. 1956, Wettbewerb in Recht und Praxis 2 (1956) 166, wo die Wettbewerbsabrede eines selbständigen Handelsvertreters dem Wirkungsstatut des Vertrags unterworfen wird.

[36] Nytt Juridisk Arkiv 1941, 350, lt. Schmidt, Revue critique d. i. p. 37 (1948) 430; Rabel III 185 Anm. 17.

[37] So Schnorr von Carolsfeld 52 Anm. 2; vielleicht auch Nussbaum 272 Anm. 1 und OLG Hamburg 6. 4. 1907, wo jedoch mit dem ordre public argumentiert wird, s. den folgenden Text.

lich den Arbeitnehmer auch unbillig schlechter stellen kann, wenn das Arbeitsstatut ihn stärker als sein Heimatrecht schützt.

Nicht zu billigen ist auch die Anknüpfung an das forum. Sie klingt zwar, namentlich im Gewand der Anrufung des ordre public, in der Rechtsprechung häufig an, vgl. die (viel zu kleinliche) Entscheidung OLG Hamburg 6. 4. 1907 (oben Nr. 53) und die genannten niederländischen und englischen Entscheidungen; auch in der Rechtslehre spiegelt sich die Besorgnis um die Wahrung der inländischen öffentlichen Ordnung wider. Es ist aber nicht zu vergessen, daß eine nach den Vorstellungen des eigenen Rechts als drückend empfundene Einschränkung des Wettbewerbs möglicherweise durch eine entsprechend großzügige Bezahlung und Gewährung anderer Vorteile während der Dauer des Arbeitsvertrages ausgeglichen worden ist. Die Interessen des Arbeitgebers dürfen nicht völlig in den Hintergrund gedrängt werden. Er mag dem Arbeitnehmer – etwa einem höheren technischen Angestellten – im Vertrauen auf die Gültigkeit eines nach dem Arbeitsstatut zulässigen zehnjährigen Wettbewerbsverbots Einblick in Betriebsgeheimnisse gewährt haben, den zu gewähren er sich gehütet hätte, hätte er mit einer nur zweijährigen Karenzzeit rechnen müssen. Deshalb ist vom Notausweg des ordre public in diesem Zusammenhang nur ein vorsichtiger Gebrauch zu machen.

Lenhoff 778 f. scheint bei Vorhandensein einer Binnenbeziehung, wie sie durch den inländischen Arbeitsort oder die inländische Staatsangehörigkeit des Arbeitnehmers vermittelt wird, die lex fori für anwendbar, die entsprechenden Vorschriften also als zum inländischen ordre public in seiner positiven Aufgabe gehörig anzusehen. Kronheim 106 will die Grenzen des französischen Rechts stets gewahrt sehen, wendet das Arbeitsstatut also nur an, wenn es der Wettbewerbsabrede engere Grenzen als die (französische) lex fori zieht.

Verschiedene Ansichten werden in der *Schweizer* Rechtslehre vertreten. Becker [38] beurteilt die Folgen der Übertretung eines Konkurrenzverbots – wie hier – nach dem Wirkungsstatut; ebenso Giesker-Zeller 171, 172 Anm. 77, der der Anknüpfung an die lex fori den entscheidenden Einwand entgegengesetzt, daß die lex fori dem aus der Wettbewerbsabrede Begünstigten ja auch die Vorteile nicht wieder verschaffe, die dem Belasteten nach den Maßstäben der harten Regelung zugeflossen seien. Oser-Schönenberger scheinen hingegen die Grenzen der Wettbewerbsabreden stets nach der lex fori ziehen zu wollen. Sie schreiben V/1 S. XLIII: Schlechthin [und nicht nur bei näherer Beziehung zur Schweiz] müßten Anwendung finden das Prinzip der Unverzichtbarkeit der Rechts- und Handlungsfähigkeit, der Unveräußerlichkeit der Freiheit, das Verbot eines Verzichts auf den Gebrauch der Freiheit in einem Recht und Sitte verletzenden Maße, und „unter diesen Gesichtspunkten“ seien auch Konkurrenz-

---

[38] Kommentar zum ZGB, Obligationenrecht I (2. Aufl. 1941) 452; anders noch die erste Auflage: anwendbar sei das Recht des Prinzipals, vgl. hierzu Appellationshof Bern 12. 3. 1912, oben Nr. 122.

verbote bei Dienstverträgen zu beurteilen. (Von einem selbst drückenden Konkurrenzverbot zum Verzicht auf die Handlungsfähigkeit ist aber noch ein weiter Schritt!)

NEUMEYER [39] meint, anzuwenden sei das Arbeitsstatut, doch würden die Gerichte des neuen Arbeitsorts – wo die Zuwiderhandlung begangen wurde – ihr Recht anwenden, wenn es dem Arbeitnehmer günstiger sei. RABEL II 578 stellt auf den alten Arbeitsort ab; zur Ansicht von CHESHIRE, der nach dem Geltungsbereich der englischen Regeln über den „restraint of trade" fragt, s. oben Nr. 53.

Wettbewerbsabreden sind daher nach dem Arbeitsstatut zu beurteilen. Die deutschen Vorschriften gelten bei deutschem Arbeitsstatut auch bei ausländischem Arbeitsort, nicht hingegen, wenn die Arbeit unter ausländischem Arbeitsstatut im Inland geleistet wird.

Angenommen, ein Buchhalter hat sich in einem französischen Recht unterliegenden Arbeitsvertrag zur Enthaltung jeglichen Wettbewerbs während fünf Jahre nach Beendigung des Vertrags verpflichtet: der Unterlassungsklage des Arbeitsgebers ist grundsätzlich auch vor deutschen Gerichten stattzugeben, mag es sich auch um einen deutschen Staatsangehörigen handeln. Nur in krassen Fällen greift die Vorbehaltsklausel ein.

Unter Umständen kann man vom deutschen Gericht ein rechtsgestaltendes Eingreifen erwarten: und zwar nicht nur dann, wenn das ausländische Arbeitsstatut, wie das Schweizer oder niederländische Recht, dem Richter eine solche Befugnis gibt, – der Satz, daß deutsche Gerichte nur solche vom ausländischen Wirkungsstatut gestellten Aufgaben wahrnehmen dürfen, die den ihnen vom inländischen Recht gestellten „wesensverwandt" sind, muß weitherzig gehandhabt werden (unten Nr. 372) – sondern überall da, wo die Einhaltung der Abrede so, wie sie ist, den ordre public verletzen, ihre gänzliche Außerkraftsetzung jedoch wiederum den Arbeitgeber unbillig beschweren würde. So sollte es m. E. immer möglich sein, eine Wettbewerbsabrede durch Rückführung einer übermäßigen Bindung auf ein erträgliches Maß oder Auferlegung einer Karenzentschädigung aufrechtzuerhalten.

209. *Vertragsstrafe.* Privatstrafen können echte Vertragsstrafen (man denke an die Sicherung des rechtzeitigen Auftretens eines Künstlers, der Innehaltung einer Wettbewerbsabrede) oder Ordnungsstrafen sein.

Im deutschen Recht folgt die *Vertragsstrafe* auch im Arbeitsrecht den allgemeinen Vorschriften des BGB [40]. Nach *niederländischem* Recht müssen Privatstrafen schriftlich vereinbart werden, ihr zulässiger Inhalt ist beschränkt, auch hat der Richter ein Ermäßigungsrecht, Art. 1637 u. BW; durch Fordern der Vertragsstrafe wird der Anspruch auf Schadensersatz ausgeschlossen, Art. 1637 v BW [41]. Verweisungsrechtlich bedeutsam Rechtsbank Rotterdam 8. 12. 1913 (oben Nr. 55, 137).

---

[39] Annuaire 1936 I 445.

[40] HUECK-NIPPERDEY I 237 f.; KASKEL-DERSCH 182.

[41] MOLENAAR II A 90 ff.

Vertragsstrafen unterliegen dem Vertragsstatut, d. h. hier dem Arbeitsstatut [42].

Vgl. RG 1. 12. 1911, wo es neben anderem auch um eine Vertragsstrafe ging.

Das Ermäßigungsrecht des § 343 BGB steht dem Richter jedoch stets, auch bei ausländischem Wirkungsstatut, zu [43]. Ob die Vertragsstrafe „unangemessen" hoch ist, entscheidet sich dabei nach den Umständen, unter denen das Auslandselement des Vertrags eine Rolle spielen kann.

210. *Ordnungsstrafen* entspringen der Disziplinargewalt des Arbeitgebers, ohne die eine geordnete Zusammenarbeit im Betrieb nicht möglich ist. Sie sind im deutschen Recht an eine Vereinbarung in Tarifvertrag oder Betriebsvereinbarung gebunden [44].

In *Italien* sieht Art. 2106 C. c. ausdrücklich vor, daß der Arbeitgeber Verletzungen der Treu- und Arbeitspflicht durch Ordnungsstrafen ahnden kann; ihre nähere Ausgestaltung ist dem Tarifvertrag vorbehalten [45]. Eine öffentlichrechtliche Regelung der Ordnungsstrafen in Betriebsordnungen ist in Art. 22 b Buch I C. Trav. enthalten [46].

Ob die Befugnis des Arbeitgebers zur Verhängung einer Ordnungsstrafe ins private oder ins öffentliche Recht einzuordnen ist, kann nur für jedes Recht und jede Vorschrift gesondert entschieden werden. M. E. ist sie, soweit sie einem deutschem Recht unterliegenden Tarifvertrag oder einer entsprechenden Betriebsvereinbarung entspringt, privatrechtlich zu qualifizieren; anders die öffentlichrechtliche Strafgewalt des Kapitäns, vgl. § 106 SeemannsG.

Die privatrechtliche Qualifikation der im Tarifvertrag enthaltenen Strafbefugnis des Arbeitgebers bedeutet, daß sie auch besteht, wenn die Arbeit unter deutschem Arbeitsstatut im Ausland geleistet wird. Angenommen, in einem Firmentarifvertrag ist vereinbart, daß die Gefährdung von Betriebsgeheimnissen durch Verweis oder Buße geahndet werden kann, dann können Verweis und Buße auch über Angestellte ausländischer Zweigstellen verhängt werden, wenn ihr Arbeitsverhältnis deutschem Recht untersteht. Ob das örtliche Recht dem Arbeitgeber die gleiche Befugnis gibt, ist dabei unerheblich. Wie aber, wenn es Ordnungsstrafen verbietet oder von Voraussetzungen abhängen läßt, die nicht erfüllt sind? Bleibt die örtliche Regelung im Bereich des Privatrechts, so erfaßt sie den

---

[42] Vgl. Wolff, Lehrbuch 66; Batiffol, Contrats 414 ff. mit Nachweisen deutscher Rechtsprechung; Venturini, Lehrbuch 169.

[43] Wolff 66.

[44] Hueck-Nipperdey I 238 f.; Dietz, Betriebsverfassungsgesetz Anm. 34 zu § 56.

[45] Riva Sanseverino, Trattato II 158 ff.; Santoro Passarelli 150.

[46] Durand-Jaussaud I 440 ff.; Rouast-Durand 138 ff.

Fall nicht. Ist sie als öffentlichrechtlich einzustufen, so greift der oben Nr. 176 entwickelte Grundsatz ein: ein solches Verbot beruht zwar auf dem Gedanken des sozialen Schutzes, geht aber über das nach deutschen Vorstellungen angemessene hinaus und ist deshalb als Recht unbeachtlich: der Angestellte könnte vor deutschen Gerichten nicht auf Rücknahme des Verweises oder Rückzahlung der Buße klagen. Daß u. U. der Arbeitgeber durch das örtliche öffentlichrechtliche Verbot tatsächlich am Ausspruch der Ordnungsstrafe gehindert sein kann, steht auf einem andern Blatt.

Die Betriebsvereinbarung ist Teil der Betriebsverfassung und gleich ihr einzuordnen und anzuknüpfen. Nach wohl h. M. gehört die Betriebsverfassung nach deutschem Recht in den Bereich des Privatrechts (unten Nr. 344); nach meiner – freilich alleinstehenden – Ansicht folgt daraus auch die Einbeziehung in das Arbeitsstatut (unten Nr. 345). Für Strafbefugnisse des Arbeitgebers, die nach *inländischem Recht* in Betriebsvereinbarungen wurzeln, folgt daraus, daß sie auch gegeben sind, wenn im Ausland unter deutschem Arbeitsstatut gearbeitet wird, mag die Betriebsordnung für den ausländischen Betrieb allein oder als Musterbetriebsordnung für alle Zweigstellen des Unternehmens erlassen worden sein. Arbeitnehmer, die nur vorübergehend abgestellt sind (Montage) oder die ohne eigene Betriebsstätte vom Stammbetrieb abhängen (Reisende), verbleiben weiterhin im Bereich der Betriebsordnung des Entsendebetriebs. Zu diesem Ergebnis kommt die herrschende Meinung mit der Figur der Ausstrahlung (oben Nr. 157).

Soweit im *ausländischen Recht* die Ordnungsstrafgewalt des Arbeitgebers privatrechtlich ausgestaltet oder ihm ein privatrechtlicher, der Erstreckung fähiger Kern durch Auslegung entnommen werden kann, ist sie auch bei Arbeitsverhältnissen in der Bundesrepublik unter ausländischem Arbeitsstatut gegeben.

Für das *italienische Recht* qualifiziert Riva Sanseverino a.a.O. 159 die Strafbefugnis des Arbeitgebers als Ausfluß des Arbeitsvertrags und damit als privatrechtlich, eine Einordnung, die man wohl auch für das Verweisungsrecht übernehmen kann; doch spricht Gemma 165 Vorschriften, die die Strafgewalt einengen oder aufheben, Anwendbarkeit auf alle Arbeitsverhältnisse im Gebiet zu.

II. PFLICHTEN DES ARBEITGEBERS

1. Fürsorgepflicht und Gefahrenschutz

211. Der Arbeitgeber schuldet dem Arbeitnehmer Fürsorge. Diese *Fürsorgepflicht* ist zu einem Sammelbegriff, einer Generalklausel ähnlich der von Treu und Glauben, geworden, unter den man alle die Handlungs- und Unterlassungspflichten zieht, deren Erfüllung man zur Wahrung der Würde der Arbeit und des Arbeiters vom Arbeitgeber billigerweise verlangen kann. Sie ist einmal gesetzlicher Grundgedanke einzelner Regelungen des positiven Rechts, die durch sie ihre Rechtfertigung und Verbindung untereinander erhalten, zum andern Leitidee zur Ausfüllung der vom Gesetz gelassenen Lücken und damit Rechtfertigung auch der Erweiterung der Einzelpflichten des Arbeitgebers über das geschriebene (auch tarifliche) Recht hinaus. Die Fürsorgepflicht entzieht sich einer Begriffsbestimmung und kann nur durch Beispiele und Fallgruppen umschrieben werden [47].

Die Fürsorgepflicht ist als Grundlage für die Ansprüche des Arbeitnehmers gegen den Arbeitgeber in ihrem Wesen privatrechtlich. Das hindert jedoch nicht, daß der Staat in manchen Fällen die Durchsetzung dieser Fürsorge selbst in die Hand nimmt und ihre Wahrung damit auch zu einer Pflicht des Arbeitgebers gegenüber dem Staat erhebt; sie ist dann öffentlichrechtlich zu qualifizieren, ohne doch im Verhältnis zwischen den Parteien ihren privatrechtlichen Charakter zu verlieren. Wann die Rechtsordnung zu diesem Mittel greift, ist ihr überlassen; im deutschen Recht fehlt eine die Fürsorgepflicht allgemein aussprechende Norm, doch enthält es für den wichtigsten Bereich, den Schutz vor leiblichen und sittlichen Schäden, die für alle Arbeitsverhältnisse geltende privatrechtliche Regelung der §§ 617, 618 BGB – für Handlungsgehilfen abgewandelt in § 62 HGB – neben den nur für den gewerblichen Arbeiter geltenden inhaltlich entsprechenden öffentlichrechtlichen Regelungen der §§ 120 ff. GewO, sowie neben den für Handlungsgehilfen geltenden öffentlichrechtlichen Normen der §§ 139 g und 139 h GewO und all den anderen, vielfach örtlich begrenzten öffentlichrechtlichen Vorschriften über den Gefahrenschutz. Diese stehen nun nicht beziehungslos neben der privatrechtlichen Generalklausel, sondern konkretisieren sie, geben ihr die nötige inhaltliche Bestimmtheit; ihre Verletzung bildet, soweit den Arbeitgeber oder seinen Erfüllungsgehilfen ein Verschulden trifft, immer auch eine Verletzung der Fürsorgepflicht.

[47] HUECK-NIPPERDEY I 357 ff.; NIKISCH I 406 ff.; KASKEL-DERSCH 188 ff. und 258 ff.

Den Arbeitgeber trifft also nicht nur die von der öffentlichen Gefahrenschutzbestimmung angedrohte Strafe, er macht sich auch aus Verletzung des Arbeitsvertrags (und u. U. aus unerlaubter Handlung) schadenersatzpflichtig; der Arbeitnehmer kann die Arbeit verweigern, ohne sich einer beharrlichen Arbeitsverweigerung schuldig zu machen und seinen Lohnanspruch zu verlieren.

Andererseits hindert das Fehlen einer öffentlichrechtlichen Norm oder ihr unzureichender Inhalt nicht, daß die Fürsorgepflicht weitergehende Schutzvorkehrungen erfordert; der Arbeitnehmer hat auch in diesem Fall die gleichen Behelfe, freilich erschwert sich die Beweislage für ihn.

212. Fürsorgepflicht und öffentlichrechtlicher Gefahrenschutz vereinigen sich zur Wahrung von Gesundheit und Sittlichkeit am Arbeitsplatz auch in vielen ausländischen Rechten. In den meisten Ländern ist die Fürsorgepflicht Gegenstand mehrerer Einzelnormen, zuweilen einer Generalklausel (Italien), zuweilen wurde sie von der Rechtsprechung herausgearbeitet (Frankreich, England).

In *Österreich* äußert sich die privatrechtliche Fürsorgepflicht des Arbeitgebers in den dem § 618 BGB nachgebildeten §§ 1157 ABGB, 18 AngG, 17 SchauspielG u. a. Auch der gewerbliche Arbeiter hat Anspruch auf Fürsorge, namentlich auf Überlassung brauchbaren Wohnraums, gem. §§ 74, 74 a GewO [48].

In der *Schweiz* ist die Pflicht des Arbeitgebers, den Arbeitnehmer vor den Gefahren des Betriebs zu schützen, sowohl zwingend privatrechtlich, Art. 339 OR, als auch – für die dem Fabrikgesetz unterstellten Betriebe – öffentlichrechtlich geregelt, Art. 5, 9 FabrikG [49]. Öffentlichrechtliche Vorschriften der Kantone ergänzen das Bundesrecht [50]. Hat der Arbeitgeber einen Betriebsunfall verschuldet, so kann der Arbeitnehmer neben Schadenersatz auch Schmerzensgeld („Genugtuungssumme") verlangen, Art. 47, 49 OR; der Anspruch wird nicht dadurch ausgeschlossen, daß der Arbeitgeber bei der gesetzlichen Unfallversicherung (Schweizer Unfallversicherungsanstalt Luzern) versichert ist [51].

In *Italien* besagt Art. 2087 C. c., daß der Arbeitgeber alle Maßnahmen zu ergreifen hat, die zum Schutz der körperlichen Unversehrtheit und der Sittlichkeit nach Maßgabe der Art der Arbeit, der Erfahrungen, der Verfahren und der Technik notwendig sind. Die Verletzung dieser (privatrechtlichen) Vorschrift berechtigt zum Schadenersatz; einzelne Ausgestaltungen der Fürsorgepflicht werden durch öffentlichrechtliche Sondergesetze vorgenommen und durch Strafsanktion verstärkt [52]. Bei ihrer Verletzung eröffnet Art. 2087 C. c. privatrechtliche Ansprüche, die jedoch insoweit ausgeschlossen sind, als die Unfallversicherung eingreift (der die Versicherung gegen Berufskrankheiten gleichgestellt ist). Besonderes gilt, wenn der Unfall auf vorsätzliches Handeln des Arbeit-

---

[48] Vgl. Hämmerle 237 ff.

[49] Schweingruber 158 f.; Gysin 37 f.; Oser-Schönenberger V/2 1131; Schönenberger 53 a ff.; Eichholzer 24 ff.; Entwurf Art. 6, vgl. S. 27 f., 50.

[50] S. Schweingruber 171 f.

[51] Schweingruber, Kommentar 92 f.

[52] Riva Sanseverino, Trattato II 195 f.; Barassi, Elementi 129 f. (s. auch unten Anm. 61).

gebers oder einer von ihm zur Leitung oder Beaufsichtigung eingestellten Person zurückzuführen ist und nach gemeinem Recht die Haftung begründet wäre [53].

Für *Frankreich* dürfte ebenso wie für *Belgien* gelten, daß der Arbeitgeber „wie ein guter Familienvater" dafür zu sorgen hat, daß der Arbeitnehmer sichere und gesunde Verhältnisse vorfindet; in Belgien ist dies in Art. 11 II ArbG ausgesprochen [54]. Für die *Niederlande* vgl. Art. 1638 x BW, der inhaltlich § 618 BGB entspricht, besonders gilt für Arbeitnehmer, die in die Hausgemeinschaft des Arbeitgebers aufgenommen sind, Art. 1638 t und v BW. Einen nur teilweisen Haftungsausschluß bei Arbeitsunfällen kennt Art. 93 des Unfallgesetzes von 1921, der z. B. die Ersatzpflicht des Arbeitgebers weiterbestehen läßt, wenn der Arbeitnehmer mehr als 19 Gulden täglich verdient (allerdings die Leistungen der Versicherung anzurechnen gebietet) [55].

England. Den Arbeitgeber trifft nach Common Law die allgemeine Pflicht, den Arbeitnehmer gegen Betriebsgefahren und Berufskrankheiten zu schützen. Er ist nach Maßgabe des Möglichen und Zumutbaren für die Sicherheit der Betriebsmittel, für die sorgfältige Auswahl der Mitarbeiter des Arbeitnehmers und für die Vereinigung von persönlichen und sachlichen Betriebsmitteln in einem „safe system of working" verantwortlich [56]. Kommt es zu einem Betriebsunfall infolge Verletzung dieser Pflicht, so haftet der Arbeitgeber; diese Haftung wird als deliktsrechtlich eingeordnet [57]. Das englische Recht der unerlaubten Handlung, „tort", setzt sich aus einer Fülle von Einzelentscheidungen zusammen, aus der sich der Begriff der „negligence" herausschälen läßt, der nicht nur, wie der deutsche Begriff der Fahrlässigkeit, die innere Seite der Tat bezeichnet, sondern jede Handlung oder Unterlassung erfaßt, die „ein vernünftiger Mensch nicht begangen hätte". Der Arbeitgeber haftet gleichermaßen für unerlaubte Handlungen seiner (anderen) Arbeitnehmer.

Gegenüber einer Schadenersatzklage des Arbeitnehmers aus Common Law standen dem Arbeitgeber früher drei Einreden zur Verfügung, die wenigstens erwähnt sein sollen: War der Unfall durch Verschulden eines anderen Betriebsangehörigen erfolgt, so entlastete ihn die Einrede der gemeinschaftlichen Beschäftigung, des sogenannten „common employment", die jedoch durch den Law Reform (Personal Injuries) Act, 1948, beseitigt wurde [58]. Weiter hatte der Arbeitgeber die Einrede „volenti non fit injuria", wenn der Arbeitnehmer das Risiko seiner Arbeit kannte und darin eingewilligt hatte; diese Einrede ist praktisch verschwunden, um so mehr, als eine Einwilligung in ein

[53] Vgl. Riva Sanseverino, im Kommentar zum Codice civile, herausgegeb. von Scialoja S. 156 ff.; für die gleichzeitig privat- und öffentlichrechtliche Natur der aus den Arbeitsschutzbestimmungen entspringenden Verpflichtungen Santoro Passarelli 144 f.

[54] Novelles 82 Nr. 104. [55] S. Molenaar II A 99 ff.

[56] Cooper 281 ff.; Batt-Vaines 331 ff.; Rowntree 187 ff.; Kahn-Freund, Dir. lav. 25 (1951) 98.

[57] So Kahn-Freund a.a.O. Rowntree sagt allerdings, es sei nicht besonders entschieden worden, ob die Haftung des Arbeitgebers aus Arbeitsvertrag oder aus unerlaubter Handlung erwachse (vgl. unten zu Anm. 98).

[58] Rowntree 188, 213; Batt-Vaines 330. In der kanadischen Entscheidung *Dupont v. Quebec Steamship Co.* (oben Nr. 40 Anm. 62) wird die Einrede des common employment als arbeitsvertraglich qualifiziert und deshalb verworfen, da der Arbeitsvertrag dem Recht von Quebec unterliege (das diese Einrede nicht anerkenne), während aus dem englischen Recht nur das Deliktsrecht (in seiner Eigenschaft als lex loci delicti) eingreife.

Risiko nicht anerkannt wurde, wenn der Arbeitgeber eine Vorschrift des Statute Law verletzt hatte[59]. Schließlich führte die Einrede des mitwirkenden Verschuldens früher zur gänzlichen Abweisung der Klage, wenn sich dieses als die nächste Ursache erwiesen hatte. Seit dem Law Reform (Contributory Negligence) Act, 1945, hat diese Einrede nur mehr den Erfolg der Schadensteilung[60].

213. *Öffentlichrechtliche Betriebsschutzvorschriften.* Neben dieser Ausgestaltung der Fürsorgepflicht ist allen hier näher untersuchten Ländern das Vorhandensein zahlreicher öffentlichrechtlicher Vorschriften über den Schutz vor Betriebsgefahren gemeinsam[61]. Diese vielfach auch durch Tarifvertrag verstärkte Gesetzgebung begründet im überwiegenden Interesse der Allgemeinheit Pflichten gegenüber dem Staat, die der Beeinflussung durch den Arbeitnehmer entzogen sind. Sie betreffen die verschiedensten Gebiete: etwa die Verpflichtung, Trink- und Waschwasser zur Verfügung zu stellen, einen Betriebsarzt zu beschäftigen usw. Ihre Sicherung erfolgt durch die Gewerbeaufsicht (Arbeitsinspektion). Zuwiderhandlungen ziehen Strafen nach sich.

Das *englische* Recht kommt auf diesen Gebieten zu gleichen Ergebnissen, auch ohne die Unterscheidung in öffentliches und privates Recht durchgeführt zu haben. Die wichtigsten Betriebsschutzvorschriften sind im Factories Act von 1937 und im Shops Act, 1950, enthalten. Die vielfach bis ins einzelne gehende Regelung des Gesetzes wird durch Erlaß des zuständigen Ministers für die Gesamtheit aller Betriebe, die dem Gesetz unterliegen, oder für einzelne Zweige oder einzelne Betriebe ergänzt. Auch die Fabrikinspektion kann Einzelanordnungen geben. So enthält beispielsweise Teil I des Factories Act, 1937, der dem Gesundheitsschutz gewidmet ist, Bestimmungen über Sauberkeit, Überfüllung (Luftraum), Temperatur in den Arbeitsräumen, Ventilation, Licht, Bodensauberkeit, sanitäre Einrichtungen; Teil II betrifft den Betriebsschutz, Teil III die Hygiene („welfare"), insbesondere Trinkwasser, Waschgelegenheiten, Kleiderablage Medizinkasten für erste Hilfe; Teil IV enthält weitere Bestimmungen für die in Teil I–III geregelten Bereiche[62]. Besonderes gilt für die Arbeit auf Schiffen im Hafen und Trockendock; Vorschriften, die auf die Arbeit von Kapitän und Mannschaft allerdings nicht anwendbar sind. Eine Reihe von Arbeitsschutzvorschriften enthält der Shops Act, 1950, ss. 37 (Sitzgelegenheiten), 38 (Luft, Licht, Sauberkeit) u. a.[63].

Die Durchsetzung dieser Arbeitsschutzvorschriften und der dazu erlassenen Anordnungen wird dreifach gesichert: sie werden von der Arbeitsinspektion überwacht; ihre Nichtbeachtung bildet ein Vergehen, offence, und ist strafbar, s. 130 Factories Act, 1937, und s. 10 Factories Act, 1948. Hat die Nichtbeachtung zum Tode oder zu einer

---

[59] COOPER 290 ff.; BATT-VAINES 342 ff.; KAHN-FREUND (oben Anm. 56) 98.

[60] COOPER 294 ff.; ROWNTREE 209 ff.; BATT-VAINES 346 ff.

[61] Vgl. für *Österreich* die Aufstellung bei WAHLE-DITTRICH-VEIT I 396 ff.; für die *Schweiz* oben Nr. 212; für *Italien* LEVI, Trattato III 291 ff. und Übersicht über die Quellen 305 f. (zur öffentlichrechtlichen Natur dieser Vorschriften s. RICHARD, Ordine pubblico 329); für *Frankreich* u. a. Titel II Buch II C. Trav. und ROUAST-DURAND 456 ff.; für *Belgien* VO v. 11. 2. 1946 – 27. 9. 1947 (Règlement général pour la protection des travailleurs); Gesetz v. 10. 6. 1952, das den König ermächtigt, für besondere Berufszweige einzelne Schutzvorschriften zu erlassen (zum öffentlichrechtlichen Charakter dieser Vorschriften s. DE VOS oben Nr. 194 Anm. 67).

[62] Im einzelnen COOPER 158 ff. und ROWNTREE jeweils; BATT-VAINES 137 ff. (Übersicht).

[63] Im einzelnen SAMUELS 54 ff.

Körperverletzung des Arbeitnehmers geführt, so kann unabhängig von anderen Maßnahmen eine Strafe bis zu 100 Pfund verhängt werden, die durch Entscheid des Staatssekretärs ganz oder zum Teil dem Verletzten oder seiner Familie zugesprochen werden kann, s. 133 Factories Act, 1937 [64]. Schließlich hat der Arbeitnehmer, wenn es zum Unfall gekommen ist, einen Schadenersatzanspruch gegen den Arbeitgeber wegen Bruchs der gesetzlichen Gewährschaft, „breach of statutory duty", und zwar unabhängig von einem Verschulden des letzteren am Unfall [65]. Ansprüche aus tödlich verlaufenen Unfällen regeln sich nach den Fatal Accidents Acts, 1846 (und später); sie verjähren drei Jahre nach dem Tode, s. 36 Law Reform (Limitation of Actions etc.) Act, 1954 [66]. Trifft den Arbeiter am Unfall ein Mitverschulden, so vermindert sich die Haftung des Arbeitgebers entsprechend. Dies gilt auch dann, wenn das Mitverschulden im Verschweigen einer körperlichen Anlage (hier: Epilepsie) bestand: *Corte* v. *Kirby McLean Ltd.*, [1952] 2 All E. R. 402 [67].

Gem. s. 119 Factories Act, 1937, trifft auch den Arbeitnehmer die Pflicht zur Innehaltung der Schutzvorschriften; eine Pflicht, deren Nichtbeachtung strafbar ist, s.130 f. [68].

Die Rechtsbehelfe auf Grund obiger Bestimmungen werden überschattet durch das nach dem Krieg eingeführte Sozialversicherungssystem (hierzu unten Nr. 222 a. E.).

214. Verweisungsrechtlich wird meist gelehrt, für den Gefahrenschutz sei maßgeblich das Recht des Arbeitsorts [69] bzw. die Normen über den Gefahrenschutz seien bei Arbeiten im Inland immer, nicht hingegen bei Arbeiten im Ausland anwendbar [70]. Dies bedarf jedoch noch näherer Umreißung.

a) *Öffentlichrechtliche Gefahrenschutzvorschriften des Inlands* erfassen jede Arbeit im *Inland*, auch wenn sie hier nur vorübergehend erfolgt, unabhängig von Arbeitsstatut und Staatsangehörigkeit der Beteiligten. Für ihre Beachtung sorgt unmittelbar die Gewerbeaufsicht mit Zwang und Strafe. Ob der Arbeitnehmer, dessen Arbeitsverhältnis ausländischem Recht untersteht, aus den inländischen Arbeitsschutzbestimmungen auch

[64] Cooper 157.

[65] Cooper 303 ff.; Rowntree 195, 203, 208; Batt-Vaines 337 ff.

[66] Cooper 297 ff. (302 f.); Batt-Vaines 349 ff. [67] Cooper 63.

[68] Cooper 150; Redgrave-Owners 337 ff.; Rowntree 209.

[69] Beitzke, Kollisionen B II 2.

[70] Beitzke a.a.O. B II 1; Neumeyer II 286 ff.; Rabel III 191. Lenhoff 779 meint, ebenso wie die öffentlichrechtlichen hätten auch die privatrechtlichen Arbeitsschutznormen nur „territoriale Geltung". Oser-Schönenberger V/1 S. XLIII sehen den Anspruch des Arbeitnehmers auf Vornahme der Schutzmaßnahmen als „zum absoluten ordre public gehörig" an.

Die „factory legislation" findet auf Arbeitsverhältnisse außerhalb des Vereinigten Königreichs keine Anwendung: so *Yorke* v. *British & Continental Steamship Co. Ltd.*, (1945) 78 Ll. L. R. 181. Kommt es daher in Gibraltar zu einem Unfall, weil eine im Factories Act vorgesehene Schutzmaßnahme nicht getroffen wurde, so hat der Verletzte keinen Anspruch aus „breach of statutory duty", wohl aber kann (bei englischem Arbeitsstatut) ein solcher aus „common law negligence" gegeben sein. Vgl. hierzu Kahn-Freund (oben Nr. 46 Anm. 21) 61.

arbeitsvertragliche Rechte ableiten kann, ist zunächst dem Arbeitsstatut zu entnehmen. Die Frage ist zu bejahen, wenn dieses sich die inländischen Schutzbestimmungen einverleibt; welche Ansprüche dann gegeben sind, bestimmt das Arbeitsstatut. Beachtet dieses die inländischen Bestimmungen jedoch nicht, so treten dennoch im Interesse der Einheit der Rechtsordnung (oben Nr. 170) die privatrechtlichen Folgen des öffentlichrechtlichen Verbots, wie sie von der lex fori vorgesehen sind, insoweit ein, als dies zur Durchsetzung des Verbots und zur Erreichung seines Zwecks erforderlich ist.

Verstößt etwa der Arbeitgeber gegen eine Schutzvorschrift des Inlands, so kann der – unter ausländischem Arbeitsstatut arbeitende – Arbeitnehmer die Arbeit verweigern, auch wenn die Fürsorgemaßstäbe des Arbeitsstatuts einen solchen Schutz nicht kennen. Er hat dann seinen Lohnanspruch behalten und kann auch nicht wegen Arbeitsverweigerung entlassen werden.

Stellt umgekehrt das ausländische Arbeitsstatut und sein den ausländischen Vorstellungen entnommener Begriff der Fürsorge weitergehende oder andersartige Forderungen an den Arbeitgeber, als sie das inländische Recht vorsieht, so kann der Arbeitnehmer sich darauf vor Gericht berufen; aber die inländische Gewerbeaufsicht steht ihm zur Durchsetzung dieser Forderung nicht zur Verfügung.

b) Liegt der *Arbeitsort im Ausland*, so gilt das inländische öffentliche Arbeitsschutzrecht – abgesehen von Fällen der Ausstrahlung, wo man u. U. zu einer Erstreckung seines Geltungsbereichs kommen kann – grundsätzlich nicht.

Niemals nimmt eine deutsche Behörde Verwaltungsakte unmittelbar am ausländischen Betriebsort vor; aber sie versucht es auch nicht, durch Druck im Inland den Arbeitgeber zu Vornahme der gebotenen Schutzmaßnahmen anzuhalten; so können etwa Anordnungen gem. § 120 d GewO nicht erfolgen, mag es sich auch um einen deutschen Arbeitgeber handeln, mögen in dem Betrieb auch ausschließlich inländische Arbeitnehmer (Grenzgänger) beschäftigt werden (oben Nr. 164).

Ob diese freiwillige Selbstbeschränkung immer angebracht ist, ist eine andere Frage.

Ist das örtliche Recht auch Arbeitsstatut, so gehen die inländischen öffentlichrechtlichen Schutzvorschriften in die Fürsorgepflicht nicht ein; was der Arbeitgeber an Fürsorge und Gefahrenschutz schuldet, bestimmt, auch wenn die Parteien Inländer sind, das Arbeitsstatut, das sich aus den eigenen öffentlichrechtlichen Normen konkretisiert. Fehlt es aber an den notwendigen Vorschriften, so kann der ordre public eingreifen, um dem Arbeitnehmer zu einem Mindestschutz zu verhelfen.

Letzteres kann auch der Fall sein, wenn das Arbeitsstatut dem Unternehmer die volle Freizeichnung von jeder Haftung für Verschulden seiner Repräsentanten gestattet.

Ist hingegen deutsches Recht Arbeitsstatut, dann hat das inländische öffentliche Schutzrecht wiederum seine Bedeutung für die Ausgestaltung der Fürsorgepflicht. Aber welche Normen des vielfach örtlich zersplitterten Arbeitsschutzrechts sind das? Man wird folgende Grundsätze aufstellen dürfen: [71]

In die Fürsorgepflicht gehen einmal solche Normen des Betriebsschutzes ein, die in der ganzen Bundesrepublik gelten, wie etwa die Verordnung vom 28. 11. 1900 über die Bereitstellung von Sitzgelegenheiten für Angestellte in offenen Verkaufsstellen [72], oder das Bauunterkunftsgesetz vom 13. 12. 1934. Vorschriften, die nur örtlich gelten, vielleicht nur auf einer Verwaltungsanordnung oder auf berufsgenossenschaftlicher Grundlage beruhen, können sich auf Arbeiten im Ausland erstrecken, wenn die Arbeit von ihrem Geltungsbereich aus ihren Ausgang genommen hat.

Man denke daran, daß eine Betriebsgruppe von ihrem Stammhaus entsandt wurde, es handle sich um eine Schutzvorschrift zur Bedienung einer mitgeführten Maschine.

Wo solche örtlichen Anknüpfungspunkte fehlen, muß der Begriff der Fürsorge selbständig ausgefüllt werden.

Welche Bedeutung kommt bei *Arbeit im Ausland* dem *örtlichen Schutzrecht* zu? Ist das örtliche Recht Arbeitsstatut, so entfaltet es grundsätzlich alle die privatrechtlichen Folgen, die es selber entfalten will. Ist hingegen deutsches Recht Arbeitsstatut, so ist die Antwort weniger einfach. Das örtliche Schutzrecht kann weder unbesehen und schlechthin zur Konkretisierung der Fürsorgepflicht herangezogen werden, noch kann man es gänzlich außer acht lassen. Ist es hochentwickelt und dem deutschen Schutzrecht ähnlich, so empfiehlt sich zur Vermeidung von Überschneidungen, die letzten Endes nur auf Kosten der Vereinbarung deutschen Rechts als Arbeitsstatut überhaupt gingen, die Fürsorgepflicht nach dem örtlichen Recht, gegebenenfalls unter Ausschaltung der deutschen Bestimmungen, auszuformen. Voraussetzung ist, daß dem Arbeitnehmer dabei ein in der konkreten Rechtsfrage vergleichbarer, wenn auch nicht notwendig gleicher Schutz verbleibt [73].

Ist das örtliche Schutzrecht andersartig, dann kommt es auf die Umstände an, wie dadurch die Fürsorgepflicht berührt wird.

---

[71] Vgl. zum folgenden – z. T. abweichend – Bobrowski.

[72] In *Frankreich* besteht ein solches Gebot nur für weibliche Arbeitnehmer: Art. 76 Buch II C. Trav.

[73] Ein ähnlicher Gedanke bei Balladore Pallieri, Lehrbuch 243.

Der technische Arbeitsschutz wird solche Fragen weniger aufwerfen als etwa der Schutz des sittlichen Wohls des Arbeitnehmers.

Angenommen, in einem mohammedanischen Land besteht das Verbot, Frauen und Männer in den gleichen Arbeitsräumen zu beschäftigen; eine deutsche Betriebsgruppe arbeitet dort und hat neben der deutschen Stammannschaft auch einheimische Arbeitskräfte eingestellt, die zur gleichmäßigen Behandlung ebenfalls dem deutschen Arbeitsstatut unterstellt worden sind. Ob das Verbot in die Fürsorgepflicht eingeht, mag verschieden zu beurteilen sein, je nachdem ob es sich um einen Deutschen oder um einen Einheimischen handelt.

Bleibt das örtliche Schutzrecht hinter den Erwartungen zurück, die man nach deutschen Maßstäben zu hegen pflegt, so müssen wiederum die deutschen Normen zur Ausgestaltung der Fürsorgepflicht dienen, dies freilich unter gebührender Berücksichtigung der örtlichen Verhältnisse. Diese können es mit sich bringen, daß die Normen des Arbeitsstatuts undurchführbar werden, wie sie es auch bewirken können, daß ihre Beachtung zur vollen Wahrung der Fürsorge noch nicht ausreicht. Als Ergebnis wird man deshalb sagen müssen, daß weder die inländischen noch die örtlichen Schutzvorschriften die Fürsorgepflicht ohne weiteres und blindlings prägen, sondern daß sie in erster Linie den Wert von Anzeichen besitzen, die dem Richter einen weiten Spielraum zur Beurteilung lassen.

215. Damit ist bei der Arbeit im Ausland unter deutschem Arbeitsstatut der Begriff der Fürsorgepflicht in den Mittelpunkt der Beachtung gerückt. Das ist nötig; es würde nicht genügen, statt dessen den Arbeitsvertrag in dem Sinn auszulegen, daß die Parteien die Schutzmaßstäbe des deutschen Rechts zum *Inhalt ihres Vertrages* machen wollten. Damit würden die Normen ihre zwingende Kraft verlieren und frei ausschaltbar. Es ist aber notwendig, den Arbeitnehmer zuweilen vor sich selbst zu schützen; er sollte nicht in die Versuchung geführt werden, sich in vertraglichen Abreden über hemmende Schutzvorschriften – etwa zur Erzielung höherer Stückerträge – hinwegzusetzen. In all den Fällen, wo die Parteien Abreden getroffen haben, die zuungunsten des Arbeitnehmers von den (nach den eben dargelegten Grundsätzen in die Fürsorgepflicht eingegangenen) Arbeitsschutznormen abweichen, muß sich deren in eben dieser Fürsorgepflicht verankerte zwingende Kraft gegenüber dem entgegenstehenden Parteiwillen behaupten (oben Nr. 99 zu Anm. 54).

216. Einzelausgestaltungen der Fürsorgepflicht beurteilen sich wie diese nach dem Arbeitsstatut, jeweils vorbehaltlich des Eingreifens des ordre public. Hier seien genannt:

– Das Verbot von *Kettenverträgen*[74].

Vgl. hierzu Art. 2097 des *italienischen C. c.*: „Die Festlegung des Endzeitpunkts des Arbeitsvertrags ist ohne Wirkung, wenn sie nur deshalb erfolgt ist, um die Vorschriften über den unbefristeten Arbeitsvertrag zu umgehen"; Art. 1637 c *niederländisches* BW: auf mehrere gleichartige, wenn auch unter Zwischenräumen abgeschlossene Arbeitsverträge finden die allgemeinen Vorschriften des 7. Titels des Burgerlijk Wetboek (über den Arbeitsvertrag) Anwendung.

– Die Pflicht, den Arbeitnehmer zu *beschäftigen*[75].

Das *österreichische Recht* ist mit ihrer Bejahung zurückhaltend, doch sieht § 21 SchauspielerG eine Beschäftigungspflicht vor, deren klagweise Durchsetzbarkeit allerdings geleugnet wird[76]. Für *Italien* anerkennt RIVA SANSEVERINO die Pflicht des Arbeitgebers zur Beschäftigung des Arbeitnehmers nur für Bühnenkünstler und Journalisten[77]; gleiches gilt für *England*[78]. Wird eine vertraglich übernommene Beschäftigungspflicht vom Arbeitgeber verletzt, so ist der Arbeitnehmer nach *französischem* Recht zur fristlosen Kündigung berechtigt[79].

– Die Pflicht zur Aufbewahrung von abgelegten Gegenständen.

Das *österreichische* Recht verpflichtet den Arbeitgeber zur Haftung für den „mit der Ausführung der Arbeit verbundenen Schaden" (§ 1014 ABGB). Nach § 24 SchauspielerG haftet der Unternehmer darüberhinaus für den Verlust von Gegenständen, die ein Bühnenmitglied in den Ankleideräumen abgelegt hat[80]. In *Italien* ist die Regelung Tarifverträgen überlassen[81]; in *Frankreich* hat sich eine ausgedehnte Rechtsprechung mit dem Problem befaßt und kommt, z. T. unter Annahme eines stillschweigenden Verwahrungsvertrags, zu ähnlichen Ergebnissen wie das deutsche Recht[82]; auch in *Belgien* haftet der Arbeitgeber für Werkzeug, Kleidung, Fahrräder u. ä.[83]. Eine ausdrückliche Verpflichtung zur Bereitstellung eines sicheren Aufbewahrungsorts enthält auch Art. 39 Z. 15 des *equatorianischen* Arbeitsgesetzbuchs. Keine Haftung hingegen nach *englischem* Recht: *Deyong* v. *Shenburn*, [1946] 2 K. B. 227; *Edwards* v. *West Herts Group Hospital Management Committee*, [1957] 1 W. L. R. 415 = Law Quarterly Review 73 (1957) 313.

217. Der Arbeitgeber verletzt seine Fürsorgepflicht, wenn er es unterläßt, die *Beiträge zur Sozialversicherung* abzuführen[84]. Wo er jedoch pflichtig ist, entscheidet jedes Sozialversicherungssystem selbständig (unten Nr. 218). Während negative Konflikte selten vorkommen werden,

---

[74] Hierzu NIKISCH I 552 ff.

[75] HUECK-NIPPERDEY I 347 ff.; NIKISCH I 436 ff.

[76] HÄMMERLE 252; vgl. im übrigen die Nachweise bei WAHLE-DITTRICH-VEIT I 703 Anm. 21 zu § 1151 ABGB und II 29 Anm. 2 zu § 6 AngG.

[77] RIVA SANSEVERINO, Trattato II 195.

[78] COOPER 52 f.; BATT-VAINES 169 ff.

[79] DURAND-VITU II 594.

[80] HÄMMERLE 251.

[81] BARASSI, Elementi 130.

[82] DURAND-VITU II 595 ff.

[83] Nachweise Novelles 82 Nr. 106.

[84] HUECK-NIPPERDEY I 375; NIKISCH I 407.

ist es häufig so, daß mehrere Sozialversicherungssysteme das Arbeitsverhältnis erfassen und dem Arbeitgeber Beitragspflichten auferlegen. Gelingt es ihm, sich einer von ihnen zu entziehen, so kann darin eine Verletzung der Fürsorgepflicht liegen, wenn es gerade diese ist, auf die der Arbeitnehmer nach Herkunft, Wohnort usw. angewiesen ist.

Angenommen, der Arbeitnehmer wird auf längere Zeit ins Ausland verschickt, ohne daß dadurch die Pflichtigkeit im Entsendestaat aufhören würde; trotzdem entrichtet der Arbeitgeber Beiträge nur zur örtlichen, nicht mehr zur heimischen Sozialversicherung, wodurch dem Arbeitnehmer ein Nachteil entsteht. Der Arbeitgeber kann ihn nicht darauf verweisen, daß er bei der örtlichen Sozialversicherung versichert war.

2. *Entschädigung für Arbeitsunfälle*

218. Das Recht des Arbeitsunfalls gehört im deutschen Recht zum Bereich der Sozialversicherung, die Erörterung der damit zusammenhängenden verweisungsrechtlichen Fragen ist damit nicht Gegenstand dieser Untersuchung. Aber ganz an ihm vorbeizugehen ist deshalb nicht möglich, weil das internationale Arbeitsunfallrecht im ausländischen Recht stark, wenn auch einseitig auf das Arbeitsverweisungsrecht eingewirkt hat, und weil das Ineinandergreifen der sozialversicherungsrechtlichen Ansprüche mit solchen auf Schadenersatz auch internationalprivatrechtliche Fragen aufwirft.

219. Zu Zeiten und in Ländern, wo die Entschädigung für Arbeitsunfälle privatrechtlich geregelt war, löste man die verweisungsrechtlichen Konflikte mit den Mitteln des internationalen Privatrechts; umstritten war dabei namentlich die Qualifikation der Ansprüche des Arbeitnehmers als vertraglich oder deliktisch. Wo das Unfallrecht jedoch Teil der Sozialversicherung ist, fragt man überwiegend nicht mehr nach dem anwendbaren Recht, sondern nach dem Geltungsbereich des eigenen Versicherungssystems, während man die Anwendung des entsprechenden ausländischen Rechts nicht ins Auge faßt.

So wird in *Italien* die Frage meist richtig nach dem Geltungsbereich des italienischen Unfallgesetzes gestellt [85]. Dieses greift unabhängig von der Staatsangehörigkeit des Betroffenen ein, wenn der gewöhnliche Ar-

[85] ZG Bologna 11. 4. 1933, ZG Görz 14. 10. 1933 fragen nach dem anwendbaren Recht und stellen auf den – mit dem gewöhnlichen Arbeitsort übereinstimmenden – Unfallort ab. Das geschieht hier jedoch methodisch zu Recht, da es sich um Unfälle bei Arbeiten in San Marino handelte; mit San Marino bestand ein Staatsvertrag, wonach auch die dort geleistete Arbeit durch Versicherung bei dem italienischen staatlichen Versicherungsinstitut gedeckt war.

beitsort in Italien liegt; auf den Unfallort selbst oder den Sitz des Arbeitgebers kommt es nicht an [86].

Vgl. Kassationshof 4. 8. 1936 (Fall der Ausstrahlung); 27. 1. 1939 (keine Anwendung des italienischen Arbeitsunfallrechts auf Unfälle italienischer Arbeiter im Ausland, auch wenn beide Parteien Italiener sind); Rom 18. 8. 1935: Die Entscheidung besagt zwar, anwendbar sei das Recht des Orts, wo der Unfall stattgefunden habe, doch war dieser mit dem gewöhnlichen Arbeitsort identisch.

Abweichend meinte jedoch eine ältere Entscheidung Kassationshof Neapel 24. 3. 1908, das italienische Unfallgesetz finde auch auf einen Unfall an Bord eines österreichischen Schiffes Anwendung, wenn das Arbeitsverhältnis italienischem Recht unterliege (vgl. oben Nr. 125 Anm. 122). Ebenso wendet Mailand 12. 12. 1930 das italienische Arbeitsunfallrecht auf die Ansprüche aus einem im Ausland erfolgten Unfall, Folge eines zwischen Italienern in Italien geschlossenen Arbeitsvertrages an, und zwar unter Hinweis darauf, daß die Unfallregelung im Ausland vielfach noch ungenügend sei: Es ist das eine auch in der französischen Rechtsprechung bemerkbare Neigung, das eigene Unfallrecht überall dort auszudehnen, wo es sonst an einem genügenden Schutz des Arbeitnehmers fehlen würde [87].

Zur Zuständigkeit italienischer Gerichte in Arbeitsunfallsachen s. unten Nr. 352.

220. *Frankreich* [88]. Die französische Rechtsprechung zum Anwendungsbereich des Arbeitsunfallgesetzes von 1898 bildet die reichste Quelle zum französischen Kollisionsrecht im Bereich des Arbeitsrechts. Im allgemeinen hat die Qualifikation des Arbeitsunfallrechts als zum Arbeitsverhältnis gehörend überwogen [89]. Doch griff man auch vielfach, wenn ausländische Arbeiter unter ausländischem Arbeitsstatut einen Unfall in Frankreich erlitten hatten, auf den Gedanken der Anwendung der lex

---

[86] Neumeyer II 466 ff.; Baldoni, Riv. d. i. 24 (1932) 439 ff. und 26 (1936) 300 f.; Gemma 240 f. mit Übersicht über die möglichen Anknüpfungen; ders., La giurisprudenza del lavoro nelle sue attinenze col diritto intern. privato, Riv. ital. d. i. p. proc. 2 (1932) 7 ff. (10 ff.); Venturini, Gli infortuni sul lavoro nel diritto internazionale privato italiano (1949) und Riv. dir. lav. 3 (1951) 17; Balladore Pallieri, Lehrbuch 242; Richard, Rassegna 58 f.; Udina, Revue critique d. i. p. 30 (1935) 697 ff.

[87] Ähnlich ZG Rom 25. 7. 1934; vgl. oben Nr. 129 zu Anm. 157.

[88] Vgl. Neumeyer II 442 ff.; Batiffol, Traité 670 f.; ders., Contrats 271 f.; Sachet-Gazier III 75 ff. Nr. 1656 ff.; Rouast, Festschrift Pillet 219; Bartin, Principes de droit international privé II (1932) 496 ff.; Niboyet, Traité V 176 ff. mit weiteren Nachweisen.

[89] Vgl. Kassationshof 8. 5. 1907 unter Aufhebung von Douai 5. 4. 1905; Kassationshof 10. 3. 1913 und 26. 5. 1921 (s. oben Nr. 129); HandG Le Havre 15. 4. 1913 (s. oben Nr. 155); Kolmar 11. 10. 1934 und Kassationshof 11. 7. 1938 (interlokal); Rouast (vorige Anmerkung) 219 f.; ein Fall der Ausstrahlung: Office Général des assurances sociales d'Alsace et de Lorraine, Straßburg, 18. 7. 1924, Revue de d. i. p. 19 (1924) 549.

Als arbeitsvertraglich wird das französische Unfallgesetz von 1898 auch in der Entscheidung OG Zürich 5. 11. 1904 qualifiziert.

loci delicti zurück, um – im Ergebnis [90] – zu einem möglichst weitgehenden Schutz des Arbeitnehmers zu kommen [91].

Diese Rechtsprechung hat nur mehr historischen Wert. Seit dem Gesetz vom 30. 10. 1946 gehört die Arbeitsunfallgesetzgebung zum Bereich der „sécurité sociale". Danach hängt das Eingreifen der französischen Arbeitsunfallgesetzgebung nunmehr davon ab, ob der Arbeitnehmer bei einer französischen caisse primaire versichert war.

Darüber hinausgehend sagt Kassationshof 9. 12. 1954, die Wirkungen der französischen Gesetzgebung über die soziale Sicherheit hörten an den Grenzen des Staatsgebiets auf und alle ihre Voraussetzungen müßten sich innerhalb desselben verwirklicht haben; deshalb habe ein Arbeitnehmer, der die notwendigen fünf Jahre Arbeit in einem Bergwerk nicht zur Gänze in Frankreich, sondern zum Teil in Belgien abgeleistet hatte, wegen einer im Bergbau zugezogenen Silikose kein Anrecht auf eine Rente [91a].

Die Streitigkeiten unterliegen nicht mehr der ordentlichen Gerichtsbarkeit, sondern einer besonderen Verwaltungsgerichtsbarkeit (Art. 7 Gesetz vom 24. 10. 1946). Ist der ausländische Arbeitnehmer bei keiner caisse primaire eingeschrieben, so ist eine Zuständigkeit französischer Gerichte auch nicht über Art. 14, 15 C. c. gegeben; es sei denn, es greife die gewöhnliche Haftung nach bürgerlichem Recht ein, was jedoch nur dann der Fall ist, wenn der Arbeitsunfall auf Vorsatz des Arbeitgebers zurückzuführen ist, Art. 67 Gesetz vom 30. 10. 1946 [92].

Französische Arbeiter, die vorübergehend im Ausland arbeiten, werden nur bis zu einer Höchstdauer von 6 Monaten Auslandsaufenthalt von der sécurité sociale miterfaßt. Geht die Zeit ihrer Arbeit außerhalb Frankreichs darüber hinaus, so bleibt ihnen nur der Schutz einer privaten Versicherung, die vom Arbeitgeber gegebenenfalls abgeschlossen werden müßte [93].

221. In *Belgien* beruht das Unfallrecht noch auf dem Arbeitsunfall-

---

[90] Vgl. Binder, RabelsZ 20 (1955) 424.

[91] Zum gleichen Ergebnis führt die Begründung, das Unfallgesetz von 1898 gehöre zum (positiven) ordre public, vgl. Kassationshof 27. 5. 1935; weitere Nachweise bei Niboyet, Traité V 182 Anm. 5; Sachet-Gazier III 49 ff., 74 ff. Vgl. auch ZG Marseille 14. 1. 1926: ein Ausländer, der auf einem französischen Schiff Dienst tat, erlitt einen Unfall, während das Schiff in einem französischen Hafen lag; er hatte keine Beiträge zur Caisse de prévoyance des marins français geleistet; für anwendbar wurde nicht das Seeunfallgesetz von 1905, sondern das allgemeine Arbeitsunfallgesetz von 1898 erklärt.

[91a] Ähnlich für Österreich OLG Wien 5. 3. 1958, JBl. 80 (1958) 316: die österreichische Unfallversicherung erfasse nur inländische Beschäftigungsverhältnisse, ausländische Arbeit nur im Fall der Ausstrahlung. Ist eine Berufskrankheit (Silikose) zum Teil im Ausland, zum Teil im Inland erworben worden, so bestehe nur Anspruch auf eine anteilsmäßige Rente.

[92] So Niboyet, Traité VI/1, 442.

[93] Antwort des Ministeriums für Arbeit, Revue critique d. i. p. 40 (1951) 183.

gesetz von 1903 [94]. Ansprüche aus Arbeitsunfällen wurden als Folgen des Arbeitsvertrags, nicht deliktsrechtlich qualifiziert.

Vgl. ZG Mons 30. 5. 1925: auf den Unfall eines Belgiers, der auf Grund eines in Belgien mit einer belgischen Firma abgeschlossenen Arbeitsvertrages in Frankreich länger als 6 Monate gearbeitet hatte, findet das belgische Recht Anwendung, um so mehr, als der Arbeitgeber einen Versicherungsvertrag mit einer belgischen Versicherungsgesellschaft und unter Vereinbarung belgischen Rechts geschlossen hatte. Abweichend sagt DE Vos II 762 ff., anwendbar sei grundsätzlich das Recht des Unfallorts, doch bilde die Verpflichtung des Arbeitgebers zur Entschädigung auch einen Teil seiner arbeitsvertraglichen Verpflichtungen und folge daher dem Arbeitsstatut.

Eine wohl schwerlich richtige Entscheidung Brüssel 29. 6. 1932 besagt, daß der (deutsche) öffentlichrechtliche Versicherungsträger in Belgien auf Zahlung rückständiger Beiträge zur deutschen Sozialversicherung klagen könne, die von der Beklagten bei Arbeit in Deutschland nicht abgeführt worden waren.

222. *England.* Die Entschädigung der Arbeitnehmer für Arbeitsunfälle war in der ersten Hälfte des Jahrhunderts durch den (unzulänglichen) Workmen's Compensation Act, 1897, (mit Änderungen in späteren Jahren) geregelt; er wurde durch den National Insurance (Industrial Injuries) Act, 1946–1953, im Rahmen der allgemeinen Sozialversicherung abgelöst. Dieses System hier darzustellen, ist nicht der Raum [95]. Doch ist zu bemerken, daß im Gegensatz zu den kontinentalen Rechten die Ansprüche aus der Sozialversicherung die Ansprüche aus common law und „breach of statutory duty" (s. oben Nr. 213) nicht verdrängen; der Arbeitnehmer kann sie vor den ordentlichen Gerichten einklagen, während seine Forderungen an den Sozialversicherungsträger vor besonderen Gerichten verfolgt werden müssen. Doch werden dem Arbeitnehmer von seinen vor den ordentlichen Gerichten eingeklagten Ansprüchen die Hälfte der von der Sozialversicherung aus Anlaß des Unfalls für die nächsten 5 Jahre zu erwartenden Leistungen abgezogen, s. 2 Law Reform (Personal Injuries) Act (1948) [96].

Aus der Zeit des WCA sind auch eine Reihe von Entscheidungen zu seiner örtlichen Anwendbarkeit zu vermelden, die auch heute noch ihren Wert nicht ganz verloren haben. Abgestellt wurde darauf, daß der Unfall sich in England ereignet hat: *Tomalin* v. *S. Pearson & Son Ltd.*, [1909] 2 K. B. 61: Der englische Arbeitnehmer einer englischen Firma war zu Bauarbeiten nach Malta entsandt worden und dort tödlich verun-

[94] Für die ältere Entwicklung vgl. NEUMEYER II 454 f.

[95] Vgl. COOPER 310 ff.; KAHN-FREUND, Dir. lav. 25 (1951) 100 ff.; BATT-VAINES 355 ff.; BERENSTEIN, Les tendances actuelles dans la réparation des accidents du travail, Riv. comp. lav. 2 (1955) 75 ff. (84 ff.).

[96] COOPER 347; KAHN-FREUND a.a.O. 99.

glückt; seiner Witwe wurde die Entschädigung nach dem WCA versagt [97]. Vgl. auch *Hicks* v. *Manton* (oben Nr. 140): keine Anwendung des WCA auf einen Unfall in Calais.

Die Ansprüche des Arbeitnehmers aus Arbeitsunfällen werden von KAHN-FREUND deliktsrechtlich qualifiziert [98].

223. Verweisungsrechtlich gilt folgendes: [99]

a) Unterlag das Arbeitsverhältnis der *Reichsversicherungsordnung* (wie bei der Arbeit im Inland oder bei Ausstrahlung), so überlagert die öffentlichrechtliche Regelung die privatrechtlichen Ersatzansprüche und schaltet sie vielfach aus. Auszugehen ist dabei zunächst von diesen: ist der Unfall auf ein Verschulden des Arbeitgebers oder seines Erfüllungsgehilfen zurückzuführen, so entstehen zunächst Ansprüche aus positiver Forderungsverletzung (bei deutschem Arbeitsstatut: § 618 BGB) und u. U. aus unerlaubter Handlung (bei deutschem Deliktsstatut: §§ 823 ff. BGB); aber sie werden durch den Haftungsausschluß der §§ 898 ff. RVO entkräftet, wenn die tatbestandlichen Voraussetzungen dieser Normen vorliegen, unabhängig von der Rechtsordnung (Arbeits- oder Deliktsstatut),

---

[97] Vgl. NEUMEYER II 488 ff., 491 Anm. 56.

Die gleiche Ansicht herrscht in Australien, Kanada und Nordirland, vgl. DICEY-KAHN-FREUND 759 Anm. 48 und LIPSTEIN, Giur. comp. d. i. p. 11 (1954) 246 mit den entsprechenden Nachweisen aus der Rechtsprechung. Anders der oberste irische Gerichtshof in *Kegan* v. *Dawson,* [1934] I. R. 232 (236): Der Klage auf Leistungen gem. dem irischen Workmen Compensation Act wurde stattgegeben, da der Arbeitsvertrag in Irland geschlossen und erfüllt worden war (also ein Fall der Ausstrahlung!), vgl. LIPSTEIN a.a.O. 247.

[98] KAHN-FREUND, Dir. lav. 25 (1951) 98 und ausführlich im Bericht zum 2. intern. Kongreß für Arbeitsrecht, Genf 1957, S. 7 ff.; die Frage wird unentschieden gelassen von ROWNTREE 185. In *Hicks* v. *Manton* wird die Abweisung der Klage damit begründet, daß der Arbeitsvertrag französischem Recht unterlegen habe, woraus man implicite auf eine vertragliche Qualifikation schließen könnte, würde nicht auch die deliktische Qualifikation zum selben Ergebnis führen (der Unfall hatte sich in Calais zugetragen).

In der jüngsten amerikanischen Entscheidung *Lauritzen* v. *Larsen,* 345 U. S. 571, = Revue critique d. i. p. 43 (1954) 166, wird die Haftung des Schiffseigentümers gegenüber dem Seemann auf Grund des Jones Act, 46 U. S. Code § 688, ausdrücklich als deliktsrechtlich qualifiziert: der Heuervertrag war in New York zwischen dänischen Parteien zur Arbeit auf einem dänischen Schiff geschlossen worden, der Unfall hatte sich in Havanna zugetragen; der Seemann berief sich auf das amerikanische Recht als lex loci contractus, er wurde abgewiesen, weil „a Jones Act suit is for tort" und „does not seek to recover anything due under the contract or damages for its breach". Das Gericht wendet aber auch das kubanische Recht nicht an, da es auf die bloße örtliche Beziehung nicht so ankomme als auf die Flagge; gegen das Recht der Flagge könne hier nichts eingewandt werden, da beide Parteien Dänen gewesen seien.

[99] Zum folgenden NEUMEYER II 514 ff., 688 ff.; ähnlich BALDONI, Riv. d. i. 24 (1932) 439 ff. und im Ergebnis TRAVERSO, Dir. lav. 10 (1936 II) 295 ff. Ähnlich wie hier SCHNORR VON CAROLSFELD, RdA 11 (1958) 207.

auf die die Ansprüche gestützt werden. Sie entfalten wiederum ihre volle Kraft, wenn der Haftungsausschluß – bei strafgerichtlich festgestelltem Vorsatz des Arbeitgebers – nicht gegeben ist, doch muß sich der Arbeitnehmer Leistungen der Versicherung in jedem Fall anrechnen lassen.

Systematisch bedient man sich mithin zur Feststellung der Ansprüche des Arbeitnehmers in den beiden Abschnitten der Überlegung der beiden oben Nr. 5 geschilderten Methoden: zuerst fragt man: welchem Recht sind die Ansprüche privatrechtlich zu entnehmen? Sodann: erfaßt die RVO (mit Haftungsausschluß und gesetzlichem Forderungsübergang) auch dieses Arbeitsverhältnis?

Daß der Haftungsausschluß der §§ 898 ff. RVO auch die fremdrechtlichen Ansprüche erfaßt, ist gerechtfertigt: denn auch bei der Arbeit unter ausländischem Arbeitsstatut und bei der (zeitweisen, als Ausstrahlung versicherungspflichtigen) Arbeit im Ausland stand der Arbeitnehmer unter dem Schutz des Gesetzes, war er gegen Unfälle gesichert, für die er, weil er sie selbst verschuldete, außerhalb der Reichsversicherungsordnung und namentlich im Arbeitsstatut oder in der lex loci Ersatz nicht beanspruchen konnte, hat der Arbeitgeber durch seine Beiträge diese Sicherung ermöglicht [100].

Anders mag der gleiche privatrechtliche Anspruch von dem ausländischen Gericht beschieden werden, das zunächst keine Veranlassung hat, den Haftungsausschluß anzuerkennen [101].

b) Unterlag das Arbeitsverhältnis der *Reichsversicherungsordnung nicht,* so ist zu scheiden:

War der Arbeitnehmer nicht unfallversichert (sei es, daß er der Versicherungspflicht aus sachlichen Gründen nicht unterlag, sei es, daß der Arbeitgeber einen negativen Geltungskonflikt ausgenützt hat), dann hat er die Ansprüche, die ihm das Arbeitsstatut und das Deliktsstatut mit ihren jeweiligen Beweislastregeln und Entlastungsmöglichkeiten gewähren. War die Nichtanmeldung zur Versicherung eine Verletzung der Fürsorgepflicht, so kann sich eine Ersatzpflicht des Arbeitgebers auch aus diesem Gesichtspunkt ableiten; das kann von Wichtigkeit sein, wenn ihm am Unfall selbst ein Verschulden nicht nachgewiesen werden kann.

Kennt das Arbeitsstatut, wie das belgische Recht, eine privatrechtlich einzuordnende Haftung des Arbeitgebers für Arbeitsunfälle, so hat der Arbeitnehmer die Ansprüche, wie sie sich daraus ergeben. Ein hier vorgesehener Haftungsausschluß ist auch gegenüber Ansprüchen aus uner-

---

[100] Die Erstreckung des Haftungsausschlusses wird auch in manchen Staatsverträgen ausgesprochen, vgl. die Nachweise bei NEUMEYER II 723.

[101] Hierzu NEUMEYER II 716 f.

laubter Handlung – mögen diese dem deutschen Recht entnommen sein – anzuerkennen.

Unterlag das Arbeitsverhältnis einer ausländischen öffentlichrechtlichen Sozialversicherung, so kann der Richter daran ebenfalls nicht vorübergehen, wenn der Arbeitnehmer im Inland (etwa gestützt auf die §§ 823 ff. BGB als das Recht des deutschen Begehungsorts) den vollen Schaden oder auch nur den Schaden abzüglich der von der Versicherung erhaltenen Leistungen einklagt. Daß der volle Schaden nicht zugesprochen werden kann, ergibt sich schon daraus, daß er um die Leistungen der Versicherung bereits entsprechend gemindert ist [102]. Aber auch den um diese Leistungen geminderten Schaden darf das inländische Gericht nur zuerkennen, wenn und soweit das auch das ausländische Sozialversicherungsstatut – wie das frühere englische Recht – gestattet, und nicht, wenn nach diesem die Haftung des Arbeitgebers ausgeschlossen wäre [103]. Dagegen spielt es keine Rolle, ob das inländische Sozialversicherungsrecht den Arbeitgeber unter gleichen Umständen freistellen würde.

So läßt etwa Art. 469 Code de la sécurité sociale bei vorsätzlicher Schädigung die Haftung des Arbeitgebers auch ohne strafgerichtliche Verurteilung wiederaufleben.

c) Bei all dem ist vorausgesetzt, daß der Arbeitnehmer im Inland gegen den Arbeitgeber klagt. Für Ansprüche gegen den ausländischen öffentlichrechtlichen Versicherungsträger wäre ein inländisches Gericht hingegen sachlich nicht zuständig; ebensowenig für die Einklagung rückständiger Beiträge durch den ausländischen Versicherer [104].

3. *Mutterschutz*

224. Der Schutz der Frau im allgemeinen wie der Jugendlichen wurde bereits oben Nr. 195 ff. behandelt; dieser Abschnitt ist dem *Schutz der werdenden Mutter* und *Wöchnerin* gewidmet. Er ist in der Bundesrepublik im Mutterschutzgesetz vom 24. 1. 1952 enthalten und gehört überwiegend ins öffentliche Recht. Öffentlichrechtlich sind namentlich die *Beschäftigungsverbote* der §§ 3, 4, 6–8, wie aus der in § 20 ausgesprochenen Strafdrohung hervorgeht; sie gehen jedoch in die Fürsorgepflicht ein und werden damit „privatisiert“, geben ein Leistungsverweigerungsrecht [105]; auch sind sie Schutzgesetze im Sinn des § 823 II BGB. Öffentlichrechtlich ist die Verpflichtung des Arbeitgebers, dem Gewerbeaufsichtsamt *Mittei-*

---

[102] Anders frühere französische Entscheidungen, vgl. NEUMEYER II 726 Anm. 115.

[103] Ebenso RABEL III 223.

[104] NEUMEYER II 688 ff., 690 Anm. 3; vgl. aber Brüssel 29. 6. 1932, oben Nr. 221.

[105] H. L., vgl. BULLA, Mutterschutzgesetz und Frauenarbeitsrecht (1954) Vorbem. 25 vor § 3.

lung von der Schwangerschaft zu machen, § 5 I S. 3; dagegen gehört die Pflicht der Schwangeren, dem Arbeitgeber ihren Zustand bekanntzugeben, in den privatrechtlichen Bereich. Ob sie gegenüber dem Arbeitgeber eine *Offenbarungspflicht* hat, entscheidet mithin das Arbeitsstatut. Öffentlichrechtlich verstärkt ist die *Lohnfortzahlungspflicht* der §§ 7, 10, 12, deren Kern jedoch wie alle Lohnansprüche im privaten Bereich liegt; derselbe Anspruch – die Zahlung des Lohns an die Schwangere – besteht hier im Verhältnis zum Staat als strafrechtlich gesicherter (§ 20) öffentlichrechtlicher und im Verhältnis zwischen den Parteien als privatrechtlicher. Gleiches gilt vom *Kündigungsschutz* des § 9 und von der *Pflicht zum Aushang des Gesetzes im Betrieb*, § 17 [106].

225. Der Schutz der werdenden und stillenden Mutter ist in den Rechtsordnungen unserer Nachbarländer verschieden umfangreich geregelt. Zuweilen beschränkt sich der Gesetzgeber auf bloße Arbeitsverbote, zuweilen finden wir aber auch ausgedehnte, über das deutsche Gesetz hinausgehende Schutznormen öffentlicher und privater Art. Auch Tarifverträge spielen eine Rolle. Regelmäßig trägt die Sozialversicherung zumindest einen Teil der finanziellen Lasten.

In *Österreich* wurde das (Reichs)Gesetz von 1942 durch das Mutterschutzgesetz vom 13. 3. 1957 abgelöst [107]. Es lehnt sich sichtlich an das westdeutsche Vorbild an, namentlich was Art und Dauer der Beschäftigungsverbote (§§ 3 ff.) und die vorwiegend der Sozialversicherung übertragene geldliche Sicherstellung der Schwangeren angeht. Der Kündigungsschutz endet ebenfalls 4 Monate nach der Entbindung, § 10, doch kann mit Zustimmung des Einigungsamts vorher gekündigt werden, wenn der Betrieb eingeschränkt oder stillgelegt wird und die Fortsetzung des Arbeitsverhältnisses dem Betrieb Schaden bringen würde. Die einverständliche Auflösung des Arbeitsvertrags ist ebenfalls an die Zustimmung des Einigungsamts gebunden und bedarf der Schriftform. Bei wichtigem durch schuldhaftes Verhalten der Arbeitnehmerin gegebenen Grund ist auch eine fristlose Kündigung möglich. Schließlich kann die Arbeitnehmerin unbezahlten Urlaub bis zu 6 Monaten nach Ende der Schutzfrist verlangen, der ihr jedoch auf die Dauer der Betriebszugehörigkeit nicht angerechnet wird, § 15 a.a.O.

Der einzige Schutz, den das *Schweizer* Bundesrecht der Mutter zukommen läßt, ist in Art. 69 FabrikG festgelegt: Danach ist die Wöchnerin während 6 Wochen nach der Niederkunft von jeder Arbeit ausgeschlossen. Inwieweit sie ihren Lohnanspruch behält, folgt den Grundsätzen der Lohnfortzahlung bei unverschuldeter Verhinderung (Art. 335 OR, s. unten Nr. 274) [108]. Kantonales Recht und Tarifverträge geben weitergehenden Schutz [109].

[106] Vgl. jeweils Bulla a.a.O. und BAG 14. 10. 1954, AP Nr. 1 zu § 13 MuSchG.

[107] Vgl. Henrich, OeJZ 12 (1957) 477 ff.

[108] Vgl. jedoch Gewerbegericht Basel-Stadt 24. 9. 1954, SJZ 52 (1956) 127, das jeden Anspruch der Wöchnerin auf Fortzahlung des Lohnes gem. Art. 335 OR ablehnt; die Unterhaltung der Wöchnerin sei Sache des unehelichen Schwängerers bzw. Ehemanns.

[109] Gysin 101; Eichholzer 88. Art. 48 des Entwurfs, S. 67, sieht einen etwas weiter-

226. Sehr weitgehend ist dagegen der Schutz der Mutter im *italienischen* Recht, Gesetz vom 26. 8. 1950 Nr. 860 [110] und DVO v. 21. 5. 1953 Nr. 568. Er umfaßt alle Arbeitnehmerinnen, mit Ausnahme der in häuslichen Berufen und in der Heimarbeit beschäftigten. Die wichtigsten Bestimmungen des Mutterschutzgesetzes betreffen Arbeitsverbote der werdenden und stillenden Mutter und ihren Kündigungsschutz.

a) Jegliche Arbeit ist verboten während einer Schutzzeit vor und nach der Geburt (Art. 5). Die Schutzzeit vor der Geburt beträgt bei Arbeiterinnen der Industrie 3 Monate, bei Arbeitnehmerinnen in der Landwirtschaft 8 Wochen, in allen übrigen Zweigen, also insbesondere in Handel, Banken, Versicherungen 7 Wochen vor dem mutmaßlichen Zeitpunkt der Niederkunft; die Frist wird gegebenenfalls um die Zeit bis zur tatsächlichen Niederkunft verlängert. Sie kann außerdem aus Gesundheitsgründen um höchstens 7 Wochen jeweils verlängert werden.

Die Schutzfrist nach der Niederkunft beträgt 8 Wochen.

b) Während der gesamten Schwangerschaft und bis zu 3 Monaten danach sind alle gefährlichen, mühseligen und ungesunden Arbeiten, die Beschäftigung beim Transport und die Beförderung schwerer Lasten überhaupt verboten (Art. 4). Die Frist von 3 Monaten wird bis auf 7 Monate verlängert, wenn die Arbeitnehmerin selbst stillt.

c) Die Arbeitnehmerin genießt Kündigungsschutz während der gesamten Schwangerschaft, während der ersten 8 Wochen nach der Niederkunft sowie bis zum 1. Geburtstag des Kindes. Der Kündigungsschutz beginnt mit Vorweisung des ärztlichen Zeugnisses, das die Schwangerschaft bestätigt. Er entfällt, wenn die Arbeitnehmerin selbst Anlaß zur Kündigung gegeben hat (wichtiger Grund, giusta causa), ferner bei Einstellung der betrieblichen Tätigkeit oder bei Erreichung des Endzeitpunkts des Arbeitsvertrages [111].

d) Weitere Verpflichtungen des Arbeitgebers betreffen die Einrichtung von Stillräumen, die Gewährung von Stillpausen usw.

e) Die Arbeitnehmerin hat weiter zahlreiche Befugnisse: Vor der Niederkunft kann sie aus gesundheitlichen Gründen jeglicher Arbeit fernbleiben; sie genießt dann die gleichen Rechte, wie im Falle der Krankheit. Nach der Niederkunft kann sie nach Ende der Schutzfrist weitere 6 Monate freiwillig der Arbeit fernbleiben; sie hat in diesem Fall keinen Anspruch auf Entlohnung; der Arbeitsvertrag ruht in dieser Zeit, sie wird ihr auf die Dauer der Betriebszugehörigkeit, für die Berechnung des Urlaubsanspruchs usw. angerechnet.

f) Während der Zeit der absoluten Beschäftigungsverbote erhält die Arbeitnehmerin entweder von der Sozialversicherung oder – dies vornehmlich bei solchen Angestellten, für die die Versicherung nicht eingreift – vom Arbeitgeber 80 % ihrer Bezüge. Diese Regelung wird jedoch noch teilweise durch frühere günstigere Regelungen überlagert.

Die Nichtbeachtung des Mutterschutzgesetzes durch den Arbeitgeber ist strafbar (Art. 33, 35).

---

gehenden Schutz vor. Dazu heißt es im Bericht S. 32: „Wenn diese Vorschrift einen vollständigen Schutz darstellen soll, bedarf sie der Ergänzung durch die Mutterschaftsversicherung."

[110] Guidotti, Trattato III 259 ff (Übersicht S. 264): Barassi, Elementi 163 ff.; Paroli 223 ff.

[111] Die Entlassung wegen Erreichung des Endzeitpunkts der Arbeit ist jedoch nur möglich, wenn nachgewiesen wird, daß die Vereinbarung eines befristeten Arbeitsvertrages durch die technischen Erfordernisse bedingt war; sie ist ohne Wirkung, wenn sie nur zur Umgehung der genannten Vorschriften erfolgt ist, Art. 2 der VO vom 21. 5. 1953.

Wie im deutschen Recht, so setzen sich also auch im italienischen Recht [112] die Vorschriften des Mutterschutzgesetzes aus Teilen öffentlichrechtlicher und privatrechtlicher Natur zusammen. Folge der öffentlichrechtlichen Natur einer Vorschrift ist, daß der Arbeitnehmerin kein subjektiver Anspruch gegeben ist, sondern lediglich ihr Interesse geschützt wird, während das Rechtsverhältnis zwischen dem Arbeitgeber und dem Staat besteht. Hierher zählen die Beschäftigungsverbote sowie die Verpflichtungen des Arbeitnehmers zur Einrichtung von Stillräumen, sowie zur Gewährung von Stillpausen, auch die Ansprüche der Arbeitnehmerin gegen das Versicherungsinstitut. Zum privaten, wenn auch zwingenden Bereich gehören dagegen: der Kündigungsschutz; die Befugnis, über die Schutzfrist hinaus der Arbeit fernzubleiben; die Erhaltung des Arbeitsplatzes und die Einrechnung der Zeit des Ruhens des Arbeitsvertrages in die Dauer der Betriebszugehörigkeit; die Kündigungsentschädigung im Falle der Kündigung seitens der Arbeitnehmerin; die Weiterzahlung des Lohns, soweit sie zu Lasten des Arbeitgebers geht; desgleichen die Zuerkennung der Rechte, die die Arbeitnehmerin im Krankheitsfall hätte, wenn sie aus gesundheitlichen Gründen der Arbeit fernbleibt; endlich die Wiederentlassung des zum Ersatz eingestellten Arbeitnehmers.

227. In *Frankreich* bestimmt Art. 54 a Buch II C. Trav. unter Strafandrohung, daß die Mutter während insgesamt 8 Wochen vor und nach der Niederkunft, von denen mindestens 6 Wochen nach der Niederkunft liegen müssen, nicht beschäftigt werden darf; die Arbeitnehmerin hat das Recht, während 14 Wochen mit der Arbeit auszusetzen; während dieser Zeit darf ihr nicht wegen der Schwangerschaft gekündigt werden, Art. 29 Buch I C. Trav. Der Kündigungsschutz ist strafrechtlich gesichert. Während der Unterbrechung der Arbeit hat die Arbeitnehmerin keinen Lohnanspruch, es greift die Sozialversicherung ein [113].

In *Belgien* bestimmt Art. 28bis ArbG, 9 AngG, daß Frauen 6 Wochen nach der Niederkunft mit der Arbeit aussetzen; auf Verlangen ist ihnen auch 6 Wochen vorher Urlaub zu geben. Die Angestellte behält während der ersten 30 Tage des Ruhens des Arbeitsvertrages ihren Gehaltsanspruch. Das betreffende öffentlichrechtliche Beschäftigungsverbot ist im G. vom 17. 3. 1948 (oben Nr. 195) enthalten.

Das Recht von *Ecuador*, Art. 90 ArbGB, kennt eine Schutzfrist von insgesamt 6 Wochen, während derer 75 % des Lohns weiterzuzahlen ist.

In *England* verbietet s. 205 Public Health Act, 1936, die Beschäftigung innerhalb von 4 Wochen nach der Niederkunft in Fabriken, „factories“ und „workshops“ [114]. Der National Insurance Act, 1946 und später, übernimmt die Fortzahlung des Lohns und die sonstigen Lasten.

---

[112] Das folgende ausdrücklich bei GUIDOTTI, Trattato III 265 f. BALLADORE PALLIERI, Trattato V 324 zählt den Kündigungsschutz der werdenden und stillenden Mutter ebenfalls zum Bereich des zwingenden Privatrechts, will aber trotzdem italienisches Recht immer dann angewandt sehen, wenn die Arbeit in Italien geleistet wird; er gibt zu, daß ihm hierfür noch eine rechte Begründung fehle. Diese ist m. E. darin zu sehen, daß sonst die öffentlichrechtlichen Gebote und Verbote ausgehöhlt würden, vgl. oben Nr. 170.

[113] DURAND-VITU II 813 f.; BRUN-GALLAND 626 ff.; ROUAST-DURAND, Sécurité sociale (1958) 239 ff.

[114] SAMUELS 141; s. auch Factories Act, 1937, 3d SCHEDULE, part II (nur in London und Schottland anwendbar), ebda. 310.

228. Verweisungsrechtlich gilt folgendes:

Liegt der *Arbeitsort im Bundesgebiet*, so greift das *Mutterschutzgesetz* unabhängig von der Staatsangehörigkeit der Arbeitnehmerin oder dem Arbeitsstatut ein [115]; dies gilt nicht nur für die Beschäftigungsverbote, sondern auch für den Lohn- und Kündigungsschutz. Daß dem so ist, ergibt sich nicht so sehr aus einer (undifferenzierenden) Heranziehung des § 20 MuSchG [116], als vielmehr aus dem Gedanken der Wahrung der Einheit der Rechtsordnung (oben Nr. 170), denn die Beschäftigungsverbote würden ohne ihre privatrechtliche Ergänzung durch Lohn- und Kündigungshilfe mit Sicherheit ausgehöhlt werden, die Arbeitnehmerin könnte gar nicht anders als „sich zur Arbeitsleistung ausdrücklich bereit zu erklären" (§ 3 II) oder sonstwie weiterzuarbeiten.

Doch gibt das inländische Recht nur Mindestansprüche. Sieht das ausländische Arbeitsstatut einen weitergehenden Schutz vor und macht es diesen Schutz, wie das deutsche Recht, auch zu einer privatrechtlichen Pflicht des Arbeitgebers, so steht seiner Anerkennung vor deutschen Gerichten nichts im Wege. Dagegen schreitet bei seiner Nichtbeachtung durch den Arbeitgeber weder die inländische Gewerbeaufsicht ein, noch macht sich der Arbeitgeber strafbar. Dabei ist es Sache des Arbeitsstatuts, entspricht aber einer vernünftigen Auslegung, sich wiederum auf die inländische Regelung zu beziehen, wenn beide Rechte einen vergleichbaren und gleichwertigen Schutz gewähren. Ist der Schutz des Arbeitsstatuts wesentlich größer, so ist jene Auslegung nicht ohne weiteres möglich, da man im Arbeitsrecht mit einer Auslegung zuungunsten des Arbeitnehmers bekanntlich nicht rasch bei der Hand sein darf. Welche Rechtsordnung die günstigere ist, ergibt ein Gesamtvergleich; eine Aufgabe, die den Gerichten aus dem Tarifrecht vertraut ist.

So möchte ich meinen, daß das italienische Recht der Mutter wesentlich günstiger ist als das deutsche; wenn das italienische Recht – was zu bejahen sein dürfte – alle die im Kern privatrechtlichen Ansprüche der Arbeitnehmerin in die Fürsorgepflicht des Arbeitgebers eingehen läßt, so kann sie sie auch vor deutschen Gerichten geltend machen; denn eine Auslegung des Inhalts, daß es dem Geist der italienischen Regelung ent-

[115] Bulla (oben Anm. 105) Anm. 4 zu § 1 MuSchG; Beitzke, Kollisionen B IV 8 d.

[116] § 20 genügt allein nicht, um die Anwendbarkeit auch des (an sich privatrechtlichen) Lohn- und Kündigungsschutzes zu begründen; denn er erklärt „Verstöße gegen dieses Gesetz" für strafbar und setzt damit voraus, daß das Gesetz überhaupt anwendbar ist, was bei ausländischem Arbeitsstatut für die privatrechtlichen Normen eben nicht der Fall ist. Man kann nicht a) die Anwendbarkeit der §§ 7, 9, 10, 12 mit ihrem ausnahmsweise öffentlichrechtlichen Charakter, b) diesen mit der Bestrafung gem. § 20, c) das Eingreifen des § 20 aber wiederum mit der Anwendbarkeit jener Normen begründen.

spreche, bei der Arbeit in der Bundesrepublik unter italienischem Arbeitsstatut vor dem örtlichen (deutschen) Recht zurückzutreten, ist nicht angängig. Die Privatsekretärin des italienischen Konsuls kann also die Arbeit schon 12 Wochen vor der Niederkunft einstellen und vom Arbeitgeber 80 % ihres Lohns verlangen, abzüglich etwaiger Leistungen der italienischen Sozialversicherung. Ist sie in Deutschland versichert, so bekommt sie ihr Wochengeld nur nach Maßgabe des § 13 MuSchG; was nicht gedeckt ist, geht zu Lasten des Arbeitgebers, und das ist nicht unbillig, da der Arbeitgeber in Italien entsprechend höhere Beiträge zur Sozialversicherung leisten müßte. Fraglich kann nur sein, ob die Arbeitnehmerin während der Schutzfristen der §§ 3 II, 6 das volle Entgelt gem. § 12 oder nur die 80 % des italienischen Rechts zu beanspruchen hat; m. E. ist das zweite allein angemessen. Ihr kann weiterhin bis zum ersten Geburtstag ihres Kindes nicht gekündigt werden; innerhalb der ersten 4 Monate sorgt dafür auch § 20 MSchG, danach ist der Kündigungsschutz nur mehr vor Gericht (im Wege der Feststellungsklage) zu verfolgen.

Liegt der *Arbeitsort im Ausland,* ist dies jedoch nur Folge einer Ausstrahlung, so gelten alle, auch die rein öffentlichrechtlichen Vorschriften des Gesetzes; Zuwiderhandlungen werden bestraft, sobald man des Arbeitgebers habhaft wird.

Wird im Ausland unter örtlichem Arbeitsstatut gearbeitet, so greift das deutsche Gesetz nicht ein; ist das örtliche Recht rückständig oder regelt es den Mutterschutz in einem in casu nicht anwendbaren Tarifvertrag, so erhält jedoch der ordre public der werdenden Mutter einen gewissen Mindestschutz, der nach den Umständen des Falles zu bemessen sein wird.

Handelt es sich um eine (nicht nur vorübergehende) Arbeit im Ausland unter deutschem Arbeitsstatut, dann sind die Vorschriften des Mutterschutzgesetzes, soweit sie öffentlichrechtlich sind, unanwendbar; ihre Erzwingung kommt nicht in Frage, auch wenn der Arbeitgeber dem Zugriff der inländischen Behörden ausgesetzt ist. Aber der privatrechtliche Kern jener Schutznormen kann, wenn auch nicht unbesehen wie im inneren Recht, in die Fürsorgepflicht des Arbeitgebers eingehen und damit Inhalt des Arbeitsstatuts werden. Dies ist einmal der Fall, wenn das örtliche Schutzrecht hinter den Maßstäben der deutschen Regelung zurückbleibt: sei es, daß das Arbeitsrecht überhaupt mangelhaft entwickelt ist, sei es, daß der Mutterschutz Tarifverträgen überlassen ist, die das Arbeitsverhältnis nicht erfassen. Der Rückgriff auf die deutschen Maßstäbe ist auch dort angemessen, wo das örtliche Recht weit über das deutsche hinausgeht. Zwar wird dieses sich dann meist öffentlichrechtliche Kraft beimessen, der Arbeitgeber sich ihm meist nicht entziehen können; kommt es jedoch vor deutschen Gerichten zur Klage, so besteht kein Anlaß, zu gestatten, daß die – unter deutschem Arbeitsstatut arbeitende – Arbeitnehmerin aus den örtlichen Normen übermäßige Ansprüche ableitet.

Wird also der in Italien unter deutschem Arbeitsstatut arbeitenden deutschen Privatsekretärin des deutschen Konsuls 10 Monate nach der Niederkunft wegen dringender betrieblicher Erfordernisse (§ 1 KüSchG) gekündigt, so kann sie sich zwar vor den italienischen, nicht aber vor den deutschen Gerichten darauf berufen, daß nach dem örtlichen Recht der Kündigungsschutz bis zum ersten Geburtstag des Kindes fortdauert.

Stimmen hingegen beide Rechte in dem Schutz, den sie gewähren, mehr oder weniger überein, dann empfiehlt sich, auch bei deutschem Arbeitsstatut den gesamten Komplex aus dem örtlichen Recht auszugestalten. Ansprüche, die das örtliche Recht gewährt, dem deutschen Recht jedoch unbekannt sind, sind dann auch vor deutschen Gerichten zu schützen, solche, die nur das deutsche Arbeitsstatut gibt, (ausnahmsweise) abzuweisen.

Leistungen der örtlichen Krankenkasse sind bei Lohnklagen immer anzurechnen.

Liegt der *Arbeitsort im Ausland* und ist das örtliche Recht auch Arbeitsstatut, so bestehen keine Bedenken, Ansprüche, die das *örtliche Recht* gewährt und die in die Fürsorgepflicht eingegangen sind, auch vor deutschen Gerichten anzuerkennen, mögen sie auch über das nach deutschen Maßstäben übliche hinausgehen.

Die Angestellte der italienischen Zweigstelle eines deutschen Unternehmens, die unter italienischem Arbeitsstatut arbeitet, kann die ihr vom örtlichen Recht gegebenen Ansprüche auch vor deutschen Gerichten geltend machen, mag sie auch deutsche Staatsangehörige (etwa eine ortsansässige Kraft) sein.

229. Daß die §§ 4 IV, 8 VI MuSchG eine Tätigkeit des Gewerbeaufsichtsamts vorsehen, steht der Erstreckung des Geltungsbereichs der Normen des Mutterschutzgesetzes als zwingende privatrechtliche Vorschriften nicht im Wege. Freilich ist das Gewerbeaufsichtsamt für eine Tätigkeit im Ausland nicht zuständig; es besteht aber m. E. kein Bedenken, entweder Feststellungen und Ausnahmebewilligungen der genannten Art anzuerkennen, die von den entsprechenden örtlichen Behörden getroffen werden, oder die von der Gewerbeaufsicht zu erwartende Entscheidung dem (nachträglichen) Ermessen des Gerichts zu überlassen.

Steht also nach dem Ermessen des Gerichts fest, daß die Gewerbeaufsicht eine Bestimmung nach § 4 IV hätte treffen müssen, so ist das für die privatrechtlichen Folgen (etwa: Schadenersatzpflicht des Arbeitgebers, der die Arbeitnehmerin mit zu schwerer Arbeit beschäftigt hat) gleichbedeutend, als wäre sie tatsächlich getroffen worden.

230. Bei wenigen arbeitsrechtlichen Normen ist der elementare Schutzzweck so einleuchtend, hat man stärker das Gefühl, daß es sich hier um allgemein-menschliche Verpflichtungen handelt, als beim Mutterschutz. Deshalb müßte es als eine unverständliche Verirrung erscheinen, wollte ein Recht den Mutterschutz nur den eigenen Staatsangehö-

rigen zuerkennen. In dieser Richtung ging die unglückliche Präambel des Mutterschutzgesetzes von 1942 mit ihrem Hinweis auf die deutsche Frau; vgl. Nr. 1 AVO zum Mutterschutzgesetz vom 17. 5. 1942. Nach 1945 wurde das in Österreich als Beschränkung des persönlichen Geltungsbereichs des Gesetzes auf österreichische Staatsangehörige umgedeutet (erweitert auf Volksdeutsche gem. Gesetz v. 18. 1. 1952). Ausländerinnen und Staatenlosen kamen die Vergünstigungen des Gesetzes, abgesehen vom Mindestschutz der Ziffer 36 der AVO, nicht zu [117]. Mit dem Erlaß des Gesetzes vom 13. 3. 1957 dürfte dies hinfällig geworden sein; es ist anzunehmen, daß das neue Gesetz seinen Geltungsbereich nach den herkömmlichen Grundsätzen absteckt [117a].

4. Schwerbeschädigte

231. Das Schwerbeschädigtengesetz vom 16. 6. 1953 ist entsprechend wie das Mutterschutzgesetz zu behandeln. Die hier normierten Pflichten des Arbeitgebers sind meist als öffentlichrechtlich einzuordnen, vgl. § 37; dies gilt namentlich von der *Einstellungspflicht*, vgl. oben Nr. 188, 191, und von § 12 II–III; dagegen ist die Verpflichtung zur besonderen *Berücksichtigung der Unfallgefahr* Inhalt der Fürsorgepflicht und damit Teil des (deutschen) Arbeitsstatuts.

Aus der Einordnung ergibt sich die internationalrechtliche Behandlung: Geltung allgemein im Bundesgebiet, auch bei ausländischem Arbeitsstatut; bei Arbeit im Ausland schlechthin, soweit es sich um Ausstrahlung handelt; sonst nur in dem Maße, in dem einzelne Pflichten des Arbeitgebers in die Fürsorgepflicht eingehen.

Hierzu noch einige Einzelheiten:

§ 13 ist m. E. so eng mit der Einstellungspflicht verbunden, daß er deren Geltungsbereich teilen muß.

Fraglich ist der Bereich der Pflicht des Arbeitgebers, den Schwerbeschädigten nach Fähigkeiten und Kenntnissen zu beschäftigen, § 12 I; auch hier scheint mir die Verbindung zur Einstellungspflicht so eng zu sein, daß die Erstreckung der Vorschrift auf Arbeitsverhältnisse im Ausland – ebenso wie beim Kündigungsschutz, unten Nr. 315 – nicht befürwortet werden kann [118].

Über Sonderurlaub, Kündigungsfrist und Kündigungsschutz des Schwerbeschädigten s. unten Nr. 252, 314, 315.

5. Arbeitszeit

232. Die Arbeitszeit ist in der Bundesrepublik in der Arbeitszeitordnung vom 30. 4. 1938, dem Ladenschlußgesetz vom 28. 11. 1956 und einigen anderen minder wichtigen, auch landesrechtlichen Gesetzen ge-

---

[117] Vgl. WAHLE-DITTRICH-VEIT I 558 ff.

[117a] Ebenso PIGLER, ÖJZ 13 (1958) 287.

[118] „Rein öffentlichrechtlich" nennt ArbG Bremen 9. 6. 1955, ARStichw XV (1955) Nr. 206 (nicht arbeitsverweisungsrechtlich) den § 12 I SchwBG.

regelt. Die Arbeitszeitordnung enthält hauptsächlich öffentliches, in § 15 auch privates Recht; öffentlichrechtlich sind die Bestimmungen über die *Höchstgrenzen* der Normalarbeitszeit mit ihren Erweiterungen (§§ 3–6, 9–11), die Anordnung von *Ruhezeiten* und *Pausen* (§ 12), die *Ermächtigungen* der *Tarifparteien* und der *Gewerbeaufsicht* (§§ 7, 8), die Pflicht zum *Aushang* und zur *Einsichtgabe* (§ 24); die öffentlichrechtliche Natur dieser Vorschriften ergibt sich aus der Strafdrohung des § 25 AZO und der Aufsichtsbefugnis der Gewerbeaufsicht, § 27 [119]. Die Normen über Arbeits- und Ruhezeit, Aushang und Einsichtgabe gestalten aber auch die Fürsorgepflicht [120], wobei allerdings eine starre Übernahme für die Zwecke des Arbeitsverweisungsrechts untunlich ist, vgl. unten Nr. 237. Die Arbeitszeitgrenzen bedeuten hingegen nicht, daß der Arbeitnehmer zur Arbeit innerhalb der Höchstgrenzen verpflichtet ist; die Dauer der geschuldeten Arbeit kann darunter liegen und ergibt sich aus Vertrag oder kollektiver Regelung.

Die Vorschrift des § 15 AZO über die Entlohnung der *Mehrarbeit*, die von der Strafdrohung des § 25 nicht erfaßt wird, gehört ins private Recht [121]. Im einzelnen wird von dieser Einordnung erfaßt, welche Mehrarbeit zuschlagspflichtig ist, welche Personen Anspruch auf den Zuschlag haben (so etwa nach deutschem Recht nicht die leitenden Angestellten, die von der Geltung der AZO gem. § 1 II ausgenommen sind), ob auch verbotene Mehrarbeit die Zuschlagspflicht auslöst, die Höhe des Zuschlags, seine Verwirkung und Verzichtbarkeit usw.

233. Auch in zahlreichen anderen Ländern bildet die Arbeitszeit den Gegenstand eingehender öffentlichrechtlicher Regelung (Österreich, Italien, Frankreich, Belgien, Niederlande); in der Schweiz liegt das Hauptgewicht der Regelung im kantonalen Recht und in Tarifverträgen; England hat dieses Gebiet ganz den Tarifverträgen überlassen. Das Verbot der Beschäftigung über die zulässigen Grenzen hinaus richtet sich im allgemeinen nur gegen den Arbeitgeber, nicht auch gegen den Arbeitnehmer (Ausnahme: Schweiz). Eine Besonderheit bietet das niederländische Recht.

In *Österreich* gilt nach wie vor die Arbeitszeitordnung von 1938; die Arbeitszeit der Privatkraftwagenführer ist im Gesetz v. 20. 12. 1928 normiert.

In der *Schweiz* bestehen Beschränkungen der Arbeitszeit auf Bundesebene nur für die dem Fabrikgesetz unterstellten Betriebe, werden aber durch die kantonale öffentlich-

---

[119] DENECKE, Arbeitszeitordnung (3. Aufl. 1955) Anm. 3 zu § 3 scheint auf die sozialpolitische Natur dieser Vorschriften abzustellen.

[120] NIKISCH I 260; vgl. auch OSER-SCHÖNENBERGER V/2 1132.

[121] DENECKE, Anm. 1 zu § 15.

rechtliche Gesetzgebung und durch die Tarifverträge ergänzt. Der Entwurf eines Arbeitsgesetzes von 1950 dehnt die öffentlichrechtlichen Arbeitszeitbestimmungen auf alle Arbeitnehmer aus. Die Höchstarbeitszeit laut Art. 40 Fabrikgesetz beträgt wöchentlich 48 Stunden, doch können für einzelne Industrien durch den Bundesrat Verlängerungen bewilligt werden [122].

Mehrarbeit ist durch einen Lohnzuschlag abzugelten. Dieser ist gemäß Art. 336 OR „nach den besonderen Umständen" zu bemessen, was durch Art. 27 Fabrikgesetz dahingehend umrissen wird, daß der Zuschlag 25 % betragen soll. Art. 336 OR enthält einen zivilrechtlichen Anspruch für alle Arbeitsverhältnisse, Art. 27 FabrikG ist sowohl zivilals auch öffentlichrechtlich zu qualifizieren [123]. Weitere öffentlichrechtliche Vorschriften über die Mehrarbeitsvergütungen enthalten die kantonalen Gesetzgebungen [124].

Im Interesse der Verkehrssicherheit sind Begrenzungen der täglichen Arbeitszeit für die Berufskraftfahrer (insbesondere Höchstarbeitszeit für den „Dienst am Lenkrad") ergangen, die als öffentlichrechtlich alle Fahrten im Schweizer Staatsgebiet erfassen, vgl. Bundesgesetz v. 15. 3. 1932 über den Motorfahrzeug- und Fahrradverkehr [125].

234. *Italien.* Daß die Vorschriften über die Arbeitszeit zum öffentlichen Bereich gehören, ist allgemeine Meinung [126], die sich auch auf Art. 36 II, III der Verfassung beruft, wo es heißt: „Die Höchstdauer des Arbeitstages wird vom Gesetz festgelegt. Der Arbeiter hat Anspruch auf die Wochenruhe und jährlichen bezahlten Urlaub und kann nicht darauf verzichten." Werden die Vorschriften über die Arbeitszeit verletzt, so ist der Arbeitsvertrag deshalb nicht allgemein nichtig, sondern die entsprechende Klausel des Vertrages wird durch die zulässige Höchstarbeitszeit ersetzt [127].

Die Arbeitszeit ist in einer Reihe von Gesetzen und Verordnungen geregelt, auf die Art. 36 II der Verfassung und Art. 2107 C. c. verweisen. Sie beträgt 8 Stunden täglich oder 48 Stunden wöchentlich, so daß dem Arbeitgeber bei der Bemessung der täglichen Arbeitszeit ein gewisser Spielraum verbleibt, solange er die wöchentliche Höchststundenzahl nicht überschreitet. Die Regelung der Arbeitszeit umfaßt weitgehend alle Arbeitnehmer, ausgenommen jedoch – neben anderen hier nicht interessierenden Gruppen – die leitenden Angestellten, Handlungsreisenden und Hausbediensteten. Zuwiderhand-

---

[122] S. Schweingruber 171; Eichholzer 60 ff.; Gysin 99 ff.; Schiwoff, Die Beschränkung der Arbeitszeit durch kantonale Gesetzgebung und durch das erste eidgenössische Fabrikgesetz (Bern 1952). Art. 12 des Entwurfs sieht als wöchentliche Höchstarbeitszeit vor: 48 Stunden für Arbeitnehmer in industriellen und in gefährlichen Betrieben sowie für Büropersonal, technische und andere Angestellte; 54 Stunden für Arbeitnehmer des Personen- und Güterverkehrs sowie für nichtindustrielle Betriebe des Baugewerbes, deren Arbeitsorganisation wesentlich von Arbeiten an Bauten abhängt; 52 Stunden für alle übrigen Arbeitnehmer, vgl. S. 28 ff., 52. Zu den kantonalen Arbeitszeitvorschriften vgl. Gysin 126 ff.

[123] Schweingruber 164, 175; Gysin 101; Oser-Schönenberger V/2, 1265 f.; Schönenberger 89 a; Eichholzer 49 f. Einen Mehrarbeitszuschlag von 25 % sieht auch der Entwurf Art. 19 IV vor.

[124] Schönenberger 89 a f.

[125] Gysin 107 ff.

[126] Baldoni, Riv. d. i. 24 (1932) 380 f.; Gemma 161; Balladore Pallieri, Lehrbuch 242; Venturini, Studi Parmensi 335 ff.; Richard, Ordine pubblico 329; Barassi, Elementi 17, 149 f. und Lehrbuch II 417; d'Eufemia, Trattato III 162.

[127] So Gemma 162 Anm. 1 gegen Herz, Revue intern. du travail 32 (1935) 68.

lungen gegen die Bestimmungen über die Arbeitszeit werden am Arbeitgeber durch Strafen geahndet. Überschreitungen der täglichen und wöchentlichen Normalarbeitszeit sind für gewerbliche Arbeiter überhaupt verboten, Art. 5 a VO vom 15. 3. 1923 [128], bei anderen Arbeitnehmern unter gewissen Bedingungen erlaubt und müssen mit Mehrarbeitszuschlägen abgegolten werden, deren Höhe 10 % nicht unterschreiten darf [129].

235. In *Frankreich* ist die Arbeitszeit in den Art. 6 ff. Buch II C. Trav. geregelt. Es gilt die 40-Stundenwoche und der 8-Stundentag, so daß entweder an fünf Tagen je 8 Stunden oder an sechs Tagen entsprechend weniger gearbeitet wird. Die Regelung erfaßt „Arbeiter und Angestellte", wobei für leitende Angestellte keine Ausnahme gemacht wird. Zahlreiche Verordnungen, die gemäß Art. 7 a.a.O. ergangen sind, haben Einzelheiten, insbesondere die Zulässigkeit von Mehrarbeit und die Mehrarbeitsvergütung zum Inhalt. Im allgemeinen ist die Mehrarbeit, die vom Arbeitsinspektor genehmigt werden muß, auf 20 Stunden pro Woche beschränkt und bringt für die Mehrarbeit bis zu 48 Stunden Gesamtarbeitszeit 25 %, darüberhinaus 50 % Zuschlag (Gesetz vom 25. 2. 1946) [130]. Die Einhaltung der Vorschriften über die Höchstarbeitszeit und die Mehrarbeitsvergütung wird durch Strafen erzwungen (Art. 165 Buch II C. Trav.; Gesetz vom 28. 7. 1953).

Der Arbeitnehmer darf in seiner Freizeit über die gesetzliche absolute Höchstarbeitszeit (60 Stunden wöchentlich) hinaus bei einem anderen Arbeitgeber oder auf eigene Rechnung arbeiten; ein Gesetz vom 11. 10. 1940, das dies verbietet, ist zwar nicht aufgehoben worden, aber in Vergessenheit geraten [131].

Die 44-Stunden-Woche gilt in *Ecuador*, Art. 65 ArbGB. Mehrarbeit muß schriftlich vereinbart werden und bedarf der Genehmigung des Arbeitsinspektors; der Zuschlag beträgt 50 %, bzw. (bei Mehrarbeit zwischen Mitternacht und 6 Uhr) 100 %, Art. 72.

In *Belgien* gilt grundsätzlich die 48-Stundenwoche und der 8-Stundentag; Angestellte auf Vertrauensposten werden von der Arbeitszeitregelung nicht erfaßt. In gewissen Industriezweigen ist die Arbeitszeit auf 40 Stunden wöchentlich herabgesetz [132]. Art. 13 ArbG sieht als Mehrarbeitszuschlag 25 % für die ersten beiden und 50 % für die folgenden Überstunden vor; die Vorschrift ist strafrechtlich gesichert, Art. 20 II ArbG, und gehört zum belgischen ordre public [133].

236. *Niederlande.* Eine Eigenheit des niederländischen Rechts bildet Art. 8 I BBA, der besagt, daß der Arbeitgeber verpflichtet ist, nicht weniger als 48 Stunden wöchentlich (mit Ausnahmen) arbeiten zu lassen. Es ist dies eine im wesentlichen als Lohnschutz gedachte Maßnahme, die durch Strafvorschriften gesichert ist [134].

---

[128] Vgl. SCHREGLE, RdA 10 (1957) 190.

[129] D'EUFEMIA, Trattato III 159 ff.; BARASSI, Elementi 147 ff.; SANTORO PASSARELLI, 153 ff.; ZG Genua 8. 1. 1935 hatte u. a. Ansprüche aus Mehrarbeit zum Gegenstand.

[130] DURAND-VITU II 386 ff.; BRUN-GALLAND 379 ff.; ROUAST-DURAND 437 ff.; RIVÉRO-SAVATIER 341 ff.; Riv. comp. lav. 1 (1953) 647.

[131] RIVÉRO-SAVATIER 304 f.; LEVASSEUR, Bericht zum 2. intern. Kongreß für Sozialrecht, Brüssel 1958, S. 10.

[132] Im einzelnen GOETHEM-GEYSEN 389 ff.

[133] DE VOS II 554.

[134] GRINTEN-HAAKMAN 55 ff.; MOLENAAR II A 74 f. Zum allgemeinen Arbeitszeitschutz s. MOLENAAR II B 1230 ff.

England. Eine allgemeine Arbeitszeitbeschränkung kennt das englische Recht nicht. Das Washingtoner Abkommen von 1919 wurde nicht ratifiziert, da man davon ausging, daß die entsprechende Regelung bereits in Tarifverträgen enthalten sei [135].

Dagegen gibt es verschiedene Begrenzungen der Arbeitszeit von Frauen und Jugendlichen, vgl. Teil 6 Factories Act 1937 [136]. So dürfen Frauen und Jugendliche zwischen 16 und 18 Jahren nicht länger als 9 Stunden täglich und 48 Stunden wöchentlich arbeiten; die im Betrieb zugebrachte Gesamtzeit (Arbeitszeit und Pausen) darf 11 Stunden täglich nicht überschreiten, s. 70. Die Arbeitszeit von Jugendlichen unter 16 Jahren muß zwischen 7 und 18 Uhr liegen; die Höchstarbeitszeit beträgt 44 Stunden wöchentlich, s. 71. Ausnahmen, insbesondere für Betriebe mit 5-Tage-Woche sowie unter gewissen anderen Umständen sind möglich und liegen weitgehend im Ermessen der Behörde, s. 72 f. Für eine Reihe von Berufen gibt auch hier der Young Persons (Employment) Act, 1938, Begrenzungen von wöchentlich 44 (für Jugendliche bis zu 16 Jahren) und 48 (für Jugendliche zwischen 16 und 18 Jahren) Stunden [137]. Gleiches gilt für die dem Shops Act unterliegenden jugendlichen Angestellten, s. 24 Shops Act, 1950 [138]. S. 17 des Shops Act, 1950, gibt Ladenangestellten, den sogenannten „shop assistants", einen strafrechtlich gesicherten Anspruch auf einen freien Nachmittag.

Der Arbeitnehmer kann in seiner Freizeit bei einem anderen Arbeitgeber, selbst einem Konkurrenzunternehmen, arbeiten, soweit er keine Interessen des Arbeitgebers verletzt, vgl. *Hivac Ltd.* v. *Park Royal Scientific Instruments Ltd.* [1946] Ch. 169 (174, 178); [1946] 1 All E. R. 350 (354, 356) [139].

237. Die *Höchstgrenzen der Arbeitszeit* sind verweisungsrechtlich wie folgt zu behandeln:

a) Liegt der *Arbeitsort im Inland,* so gelten Vorschriften über die zeitlichen Höchstgrenzen der *Arbeitszeitordnung* als öffentlichrechtliche Normen unmittelbar und unabhängig von Arbeitsstatut und der Staatsangehörigkeit der Parteien [140]. Auch eine nur vorübergehende Arbeit im Gebiet wird von ihnen erfaßt.

Steht das Arbeitsverhältnis unter ausländischem Arbeitsstatut, so ist unbeachtlich, ob der Arbeitsvertrag eine höhere Arbeitszeit vorsieht und das Arbeitsstatut eine solche gestattet oder – wie zuweilen dort, wo die Arbeitszeit tariflich geregelt wird – sogar beinhaltet. Die Gewerbeaufsicht müßte trotzdem einschreiten, der Arbeitgeber würde sich strafbar

---

135 Kahn-Freund, Dir. lav. 25 (1951) 99.

136 Im einzelnen Cooper 184 ff.

137 Cooper 208 ff.

138 Samuels 21 ff.

139 „It would be most unfortunate if anything we said should place an undue restriction on the right of the workman, particularly a manual workman, to make use of his leisure for his profit." „He is paid for five and a half days in the week. The rest of the week is his own, and to impose upon a man, in relation to the rest oft the week, some kind of obligation which really would unreasonably tie his hands and prevent him from adding to his weekly money . . . would be . . . very undesirable." Vgl. Cooper 58 f.

140 Denecke (oben Anm. 119) Anm. 1 zu § 1; Beitzke, Kollisionen B II 2 (anwendbar sei das Recht des Arbeitsorts).

machen und der Arbeitnehmer hätte im Interesse der Einheit der Rechtsordnung ein Leistungsverweigerungsrecht, auch wenn ihm das Arbeitsstatut dieses Recht nicht gibt.

Selbstverständlich hat er für die Zeit, die er nach Arbeitsvertrag noch arbeiten müßte, nach der Arbeitszeitordnung jedoch nicht mehr beschäftigt werden darf, keinen Anspruch auf Lohn. Die AZO ist nicht etwa ein der Risikosphäre des Arbeitgebers zuzurechnender Hinderungsgrund.

Sieht das ausländische Arbeitsstatut eine geringere Höchstarbeitszeit vor – etwa die Vierzigstundenwoche –, so ist der Arbeitgeber vom öffentlichen Recht her nicht gehindert, die Höchstzeiten des Inlands dessen ungeachtet auszuschöpfen; ein Verbot des Arbeitsstatuts erreicht ihn nicht, ruft die inländische Gewerbeaufsicht nicht auf den Plan, mag es sich auch um Angehörige des Staats des Arbeitsstatuts handeln. Aber es kann sein, daß die Arbeitsverpflichtung durch die Höchstgrenzen des Arbeitsstatuts begrenzt wird; dessen Auslegung muß die Antwort geben, ob es den Parteien gestattet ist, bei Arbeit außerhalb ihres Landes das örtliche (also das inländische) Arbeitszeitrecht zum Maßstab ihrer Beziehungen zu machen – vielfach werden praktische Gründe für eine solche Auslegung sprechen –, oder ob die öffentlichrechtlichen Grenzen der Arbeitszeit auch Inhalt der privaten Beziehungen werden und den Parteien ins Ausland folgen. Ist dies der Fall, ist etwa die 40-Stundenwoche in die Fürsorgepflicht eingegangen oder Inhalt des Arbeitsvertrages geworden, dann kann der Arbeitnehmer die Arbeit über diese Zeit hinaus verweigern, ohne vertragsbrüchig zu werden.

Die Regelung der Arbeitszeit in den Verkehrsberufen (Berufskraftwagenführer u. a.) hat noch die Besonderheit, daß hier neben den Schutz des Arbeitnehmers auch der Schutz der Allgemeinheit vor Unfällen durch Übermüdung tritt. Dieser verlangt die Beachtung der inländischen Arbeitszeitgrenzen unabhängig von dem Umstand, ob ein Teil der eingerechneten Arbeitszeit auf Fahrzeiten im Ausland fällt.

Simon-Dépitre 127 gibt Zweifeln Ausdruck, ob es überhaupt möglich sei, das Recht des jeweils durchquerten Landes anzuwenden. Aber so stellt sich die Frage nicht; sie lautet einseitig dahin, ob das durchquerte Land die Innehaltung *seiner* Höchstgrenzen der Arbeitszeit verlangen kann, und diese Frage ist zu bejahen. Die betreffende Norm ist nicht erst dann übertreten, wenn in ihrem Geltungsgebiet die volle Schichtzeit abgefahren wurde, sondern schon dann, wenn in ihrem Gebiet überhaupt nach Ableistung der täglichen Höchtsarbeitszeit gefahren wird.

b) Liegt der *Arbeitsort im Ausland*, so gelten die Regeln des Inlands nicht als öffentliches Recht [141].

Werden also etwa deutsche Arbeitnehmer gleich unter welchem Arbeitsstatut über die Grenzen der Arbeitszeitordnung hinaus beschäftigt, so macht sich der Arbeitgeber nicht strafbar; § 4 StGB ist nicht einschlägig (vgl. RAG 28. 5. 1932, wo aber nicht genügend unterschieden wird).

Aber die Arbeitszeitregelung läßt auch hier die Fürsorgepflicht des Arbeitgebers nicht unberührt.

A. War das *örtliche Recht auch Arbeitsstatut*, wird also die Beziehung zum Inland nur durch Sitz oder Staatsangehörigkeit der Parteien, einer Partei oder nur durch das forum hergestellt, so ist die Fürsorgepflicht hinsichtlich der zulässigen Arbeitszeit zunächst nach den örtlichen Normen zu bemessen. Weichen diese von der inländischen Regelung nicht allzusehr zum Nachteil des Arbeitnehmers ab, so sind sie auch von deutschen Gerichten der Beurteilung der privatrechtlichen Beziehungen zugrundezulegen.

Der Arbeitnehmer, der fristlos entlassen wurde, weil er die Arbeit verweigert hat, wird nicht damit gehört, daß die Grenzen der Arbeitszeitordnung überschritten waren, wenn die örtliche Regelung die Arbeit noch gestattet hätte. Umgekehrt wird er sehr wohl damit gehört, die örtlichen Normen seien verletzt worden, mag auch die von ihm verweigerte Arbeit noch innerhalb der vom Inland gestatteten Arbeitszeit gelegen sein. Die inländischen Gerichte anerkennen die privaten Rückwirkungen der örtlichen öffentlichrechtlichen Arbeitszeitregelungen auch dann, wenn die Zeitgrenze – etwa zur Steuerung einer Massenarbeitslosigkeit – aus Gründen herabgesetzt worden war, die mit dem Schutz des Arbeitnehmers nichts mehr zu tun haben, ihn vielleicht gegen seinen Willen zur Teiluntätigkeit zwingen, die aber in der allgemeinen Wirtschaftspolitik ihre Rechtfertigung finden (man denke an die Gründe, die 1936 in Frankreich zur Einführung der Vierzigstundenwoche geführt haben); ebensowenig spielt es eine Rolle, daß die Begrenzungen der Arbeitszeit aus Gründen der öffentlichen Sicherheit (wie bei den Berufskraftfahrern) erlassen worden sind.

Aber der Arbeitgeber ist kein unumschränkter Herrscher. Gelten am Arbeitsort keine oder nur ganz unzureichende Arbeitszeitbegrenzungen, machen sie (etwa bei Ausländern) Ausnahmen oder besteht nur eine lückenhafte, das Arbeitsverhältnis nicht erfassende tarifliche Regelung, so steht dem zwar das inländische öffentliche Recht – in der Regel [142] –

---

[141] Denecke a.a.O. Anm. 2 zu § 1; im Ergebnis vielfach übereinstimmend auch Bobrowski.

[142] Wie ist es, wenn der Behörde im Inland Druckmittel zur Verfügung stehen? Dann kann man m. E. vom „Territorialitätsgrundsatz" des Arbeitsschutzes ruhig einmal absehen und von ihnen Gebrauch machen, wenn der Arbeitgeber ein deutsches Unternehmen ist oder einen deutschen Namen führt oder kapitalmäßig von einem deutschen Unternehmen beherrscht wird, oder wenn in dem ausländischen Betrieb größere Grup-

machtlos gegenüber, aber im privaten Bereich sichert Art. 30 EGBGB die Innehaltung gewisser Mindestanforderungen.

Gegenüber einer übermäßigen Beanspruchung durch den Arbeitgeber kann also auch der im Ausland unter ausländischem Arbeitsstatut stehende Arbeitnehmer Rechtsschutz vor deutschen Gerichten suchen, sei er Inländer, sei er „nur" ausgebeuteter Mensch: also, wenn er wegen Verweigerung der Übermaßarbeit fristlos entlassen wurde, Lohnzahlung bis zum nächsten ordentlichen Kündigungstermin verlangen, wenn er Schaden erlitten hat, hierfür Ersatz begehren usw. Der Berufung des Arbeitgebers, das örtliche Arbeitsrecht habe ihm keine Schranken auferlegt, ihn etwa sogar ausdrücklich jeder Rücksichtnahme entbunden (etwa bei Ausländern), müßte der ordre public entgegentreten.

B. Ist bei Arbeit im Ausland das *deutsche Recht Arbeitsstatut,* dann gewinnt die Arbeitszeitordnung für die Fürsorgepflicht unmittelbare Bedeutung und erübrigt sich der Rückgriff auf Art. 30 EGBGB. Auch hier müssen wir wieder die drei Fallgruppen auseinanderhalten, daß am Arbeitsort ein dem deutschen Recht vergleichbarer Arbeitszeitschutz (ebenfalls die 48-Stundenwoche) herrscht, daß dort (aus Rückständigkeit oder weil dieser Bereich tariflicher Regelung überlassen ist) kein Arbeitszeitschutz besteht, oder daß dort eine über die Arbeitszeitordnung hinausgehende Begrenzung der Arbeitszeit (die Vierzigstundenwoche) eingeführt worden ist.

a) Gilt am Arbeitsort ein vergleichbares Arbeitszeitrecht, so ist das örtliche Recht auch für die privatrechtlichen Beziehungen maßgeblich: nicht nur, daß der Arbeitgeber an das örtliche Recht tatsächlich meist gebunden sein wird, es geht auch in die (deutschrechtliche) Fürsorgepflicht ein. Auch vor deutschen Gerichten sind mithin die örtlichen Grenzen mit ihren u. U. bestehenden, wenn auch zweitrangigen Unterschieden entscheidend.

Angenommen, in der Bundesrepublik sei durch Tarifvertrag gem. § 7 AZO für einen bestimmten Zweig die Arbeitszeit auf 52 Stunden wöchentlich erhöht worden. Eine dem Tarifvertrag unterliegende Betriebsgruppe wird nach Italien entsandt, wo tarifliche Verlängerungen der Arbeitszeit (mit geringen Ausnahmen) unzulässig sind [143]; m. E. ist dann diese Verlängerung unwirksam. Nicht nur, daß das örtliche Arbeitsinspektorat (wahrscheinlich) die längere Arbeit tatsächlich unterbinden würde, auch rechtlich müßte die örtliche Normalarbeitszeit von deutschen Gerichten zugrundegelegt werden. Wenn also die 52stündige Arbeit tatsächlich möglich war, weil die örtliche Arbeitsinspektion sich für die Arbeit der deutschen Gruppe nicht interessierte – und bei der Überlastung der Gewerbeaufsichtsämter ist es ja auch in Deutschland leider nichts Neues, daß die

---

pen deutscher Arbeitnehmer beschäftigt sind. Darüber hinaus sollte die inländische Behörde nicht gehen, da sie nicht Weltpolizei ist und grundsätzlich *nicht* die Aufgabe hat, auf fremde Finger zu klopfen.

[143] Vgl. D'EUFEMIA, Trattato III 161.

Überwachung und damit „Zwang und Strafe" auf dem Papier stehen, – so darf dennoch der Arbeitnehmer die Mehrarbeit verweigern, dringt er also u. U. vor dem deutschen Gericht mit seiner Lohn- und Kündigungsschutzklage durch. Anders ist es im umgekehrten Fall, daß die Arbeitszeit durch Tarifvertrag gegenüber der örtlichen Höchstarbeitszeit herabgesetzt wurde: da die Arbeitsschutznormen in der Regel nur zugunsten des Arbeitnehmers unabdingbar sind, geht die Herabsetzung natürlich der gesetzlichen Regelung vor.

β) Gewährt das örtliche Recht dem Arbeitnehmer keinen Arbeitszeitschutz, so ist die Fürsorgepflicht grundsätzlich nach deutschen Vorstellungen auszufüllen. Aber man darf hierbei nicht schematisch vorgehen. Die Arbeitszeitordnung sieht in den §§ 7 und 8 Möglichkeiten vor, die Arbeitszeit zu verlängern, die im Ausland nur selten ausgenützt werden können. Umgekehrt kann auch eine volle Ausschöpfung der Möglichkeiten der Arbeitszeitordnung bereits angesichts der besonderen Umstände des Falls (Tropen!) eine Verletzung der Fürsorgepflicht bedeuten. Man wird also nur soviel sagen können, daß die Fürsorgepflicht die Einhaltung einer täglichen Arbeitszeit erfordert, die sich um die Grenzen der AZO bewegt. Eine Beschäftigung über 10 Stunden täglich wird in der Regel eine Verletzung der Fürsorgepflicht bedeuten, eine solche zwischen 8 und 10 Stunden die Vermutung einer solchen begründen, die Beschäftigung während 8 Stunden und weniger als korrekt gelten und die Vermutung ihrer Nichtverletzung für sich haben.

Nicht ganz ohne Einfluß kann dabei sein, ob der Arbeitnehmer die Mehrarbeit gern geleistet, sie etwa selbst verlangt hat, um höhere Löhne zu erzielen; denn in die Wertung der Generalklausel „Fürsorgepflicht" können auch solche Erwägungen einbezogen werden, soweit dadurch der Schutzzweck des Arbeitsrechts nicht gefährdet wird; sie ganz beiseitezuschieben, hieße den Arbeitnehmer einem Unmündigen gleichstellen.

γ) Kennt das örtliche Arbeitszeitrecht einen über die Arbeitszeitordnung hinausgehenden Schutz – sei es allgemein, sei es durch Einbeziehung von Personen, die die Arbeitszeitordnung von ihrem Schutz ausschließt –, so bestimmt sich die Fürsorgepflicht ebenfalls nach deutschen Maßstäben. Der Arbeitgeber ist zwar tatsächlich der örtlichen Regelung unterworfen und selbstverständlich kann sie ausdrücklich oder stillschweigend Inhalt des Arbeitsvertrags geworden sein, aber die Grenzen, innerhalb derer ihm das deutsche Arbeitsstatut die Beschäftigung gestattet, werden davon nicht berührt [144]. Der Arbeitgeber, der länger arbeiten läßt, als es die ört-

144 Irrig DENECKE, Anm. 2 zu § 1, die ausländischen zwingenden Arbeitszeitvorschriften könnten durch Vereinbarung deutschen Rechts nicht ausgeschlossen werden, selbst bei Ausstrahlung und entsandten Kräften würden sie „gelten"; zum Doppelsinn des Wortes „gelten" s. oben Nr. 5.

liche Regelung gestattet, muß eine Bestrafung durch die Behörden dieses Landes gewärtigen, mißachtet aber nicht das Arbeitsstatut; denn es besteht – zumindest bei vergleichbaren äußeren Arbeitsbedingungen, besondere Verhältnisse (Tropen) können etwas anderes erfordern – kein Anlaß, eine Verletzung der Fürsorgepflicht anzunehmen, solange sich ein deutschem Arbeitsrecht unterstelltes Arbeitsverhältnis in den Grenzen des in Deutschland geltenden Rechts bewegt.

Ein Angestellter, der von § 1 II AZO erfaßt wird, kann sich also vor einem deutschen Gericht nicht darauf berufen, daß er am Arbeitsort nur 40 Stunden zu arbeiten habe, wenn sein Arbeitsverhältnis deutschem Recht unterlag.

238. Für die Verpflichtung zur Zahlung eines *Mehrarbeitszuschlags* gilt verweisungsrechtlich folgendes:

Die Einordnung in den privaten Bereich (oben Nr. 232) nach deutschem Recht bedeutet, daß die Frage des Mehrarbeitszuschlags nach dem Arbeitsstatut zu beurteilen ist, und zwar auch dann, wenn dieses den Anspruch öffentlichrechtlich ausgestaltet hat. Dabei geht es um zwei Fragen: 1. Was ist zuschlagspflichtige Mehrarbeit? und 2. Wie hoch ist der Zuschlag?

a) Liegt der Arbeitsort im Inland und ist deutsches Recht Arbeitsstatut, so gilt § 15 AZO; fremdenrechtliche Ausnahmen zu Lasten von Ausländern werden nicht gemacht.

b) Liegt der Arbeitsort im Inland und ist ausländisches Recht Arbeitsstatut, so ist zu unterscheiden:

A. *Die Arbeit war nach inländischem Arbeitszeitrecht, nicht nach dem Arbeitsstatut Mehrarbeit.* Hier ist m. E. ein Zuschlag grundsätzlich nicht geschuldet; das folgt aus der privatrechtlichen Qualifikation des Mehrarbeitszuschlags. Aber – diese Einschränkung ist sofort zu machen – das gilt nur „grundsätzlich" und gewissermaßen in Vorwegnahme künftiger Arbeitszeitverkürzungen. Zur Zeit bewegt sich die inländische Höchstarbeitszeit von 48 Stunden ohnehin an der oberen Grenze dessen, was man im Ausland antrifft, so daß der Fall nicht häufig sein wird, daß das ausländische Arbeitsstatut noch längere Normalarbeitszeiten vorsieht. Ist dies aber ausnahmsweise der Fall, dann, so glaube ich, widerspricht es Art. 30 EGBGB, solche Arbeit, die Mehrarbeit nur nach dem inländischen Recht, nicht nach dem Arbeitsstatut ist, ohne Zuschlag zu lassen [145]; und fraglich kann nur sein, ob dessen Höhe nach dem Arbeitsstatut oder

[145] Insofern im Ergebnis ebenso Schnorr von Carolsfeld, Anm. zu AG Mosbach, AP Nr. 2 zu § 15 AZO.

nach der lex fori zu bemessen ist. Aber wenn einmal auch im Inland die Vierzigstundenwoche eingeführt sein wird, dann entscheidet m. E. wieder das Arbeitsstatut allein, was Mehrarbeit ist und wie hoch sie zu vergüten ist.

B. *Die Arbeit war nach dem Arbeitsstatut, nicht nach dem inländischen Arbeitszeitrecht Mehrarbeit.* Hier scheidet eine Bemessung nach § 15 AZO zunächst aus. Ob ein vom Arbeitsstatut vorgesehener Zuschlag geschuldet wird, entscheidet sich danach, ob das ausländische Arbeitszeitrecht Inhalt der Fürsorgepflicht oder gar des Arbeitsvertrags geworden ist (oben Nr. 237 unter a). Ist das der Fall, dann schuldet der Arbeitgeber den vom Arbeitsstatut vorgesehenen Zuschlag, hat das Arbeitsstatut sich die inländische Regelung einverleibt, dann schuldet er die 25 % des § 15 AZO.

c) Liegt der Arbeitsort im Ausland und ist das örtliche Recht Arbeitsstatut, so entscheidet dieses, ob Mehrarbeit gegeben ist und ob ein Zuschlag geschuldet wird. Nur muß hier wiederum Art. 30 EGBGB eingreifen, wenn das örtliche Recht (= Arbeitsstatut) allzu weit hinter den Forderungen der sozialen Gerechtigkeit zurückbleibt.

Die für das Eingreifen des Art. 30 EGBGB notwendige Binnenbeziehung ist namentlich dann gegeben, wenn der Arbeitgeber, der die Mängel des örtlichen Rechts zu ausbeuterischen Forderungen an den Arbeitnehmer ausnützt, ein deutsches Unternehmen ist; und keine Berufung auf die ausländische Konkurrenz sollte ihm vor Gericht in einem solchen Fall gestattet werden.

d) Liegt der Arbeitsort im Ausland und ist deutsches Recht Arbeitsstatut, so gilt folgendes: [146]

Herrscht am Arbeitsort ein dem deutschen Recht vergleichbarer Rechtszustand, so sollte auch die Frage, wann Mehrarbeit vorliegt und welche Zuschläge geschuldet werden, diesem Recht entnommen werden. Das empfiehlt sich namentlich, wenn am Arbeitsort höhere Zuschläge öffentlichrechtlich gesichert sind, der Arbeitgeber also zu ihrer Zahlung praktisch gezwungen ist.

In solchem Fall wird die Auslegung regelmäßig ergeben, daß die Zuschläge, wurden sie einmal gezahlt, Inhalt des Arbeitsvertrags geworden sind, was durch das deutsche Arbeitsstatut natürlich nicht gehindert wird.

Fehlt es am Arbeitsort an einer Regelung, will sie das Arbeitsverhältnis nicht erfassen oder kennt sie zwar Grenzen der Arbeitszeit, aber keinen Mehrarbeitszuschlag, dann gilt umgekehrt, daß eine über die Grenzen der deutschen Arbeitszeitordnung hinausgehende Arbeitszeit als

[146] Zum Teil anders SCHNORR VON CAROLSFELD (vorige Anmerkung).

Mehrarbeit anzusehen ist und entsprechend § 15 AZO zu entlohnen ist. Folgt aber aus besonderen Umständen (Tropen), daß die Normalarbeitszeit geringer zu bemessen ist, dann ist schon Arbeit in einem entsprechend früher anzusetzenden Zeitraum als zuschlagspflichtige Mehrarbeit anzusehen.

Ergeben also die besonderen Umstände des Falls, daß normalerweise nur eine fünfstündige, ausnahmsweise eine siebenstündige Arbeitszeit zumutbar ist, ohne daß der Arbeitnehmer auf die Dauer Schaden nimmt, dann darf er die 6. und 7. Stunde nur in gewissen Grenzen beschäftigt werden – wie ja auch § 6 AZO Mehrarbeit nur an 30 Tagen gestattet –, und wenn er solange arbeitet, sind sie ihm als Mehrarbeit zu vergüten.

Geht die Regelung am Arbeitsort weit über die Maßstäbe der Arbeitszeitordnung hinaus, dann besagt diese wiederum, was als Mehrarbeit anzusehen und wie hoch sie zu entlohnen ist. Freilich wird sich auch hier der Arbeitgeber öffentlichrechtlichen örtlichen Regelungen fügen müssen; und hat er die nach dem örtlichen Recht geschuldeten Zuschläge einmal gezahlt, so werden sie damit auch regelmäßig in den Arbeitsvertrag eingehen; schließlich mag das Gebot der Gleichbehandlung ebenfalls in der gleichen Richtung wirken. Aber das muß nicht so sein, und wenn am Arbeitsort die Vorschriften über den Mehrarbeitszuschlag privatrechtlich ausgestaltet sind, dann besteht für die Anwendung des deutschen Rechts auch kein Hindernis.

Anders RAG 28. 5. 1932, wo ausgesprochen wird, daß die Entlohnung von Mehrarbeit nach dem ausländischen (hier: Schweizer) Recht des Arbeitsorts zu beurteilen ist. LAG Berlin 2. 8. 1929 läßt die Frage dahingestellt. RAG 29. 5. 1929 gibt für sie nichts her, da es sich hier nur um tarifliche Ansprüche handelte.

239. Soweit die allgemeine Regelung der Arbeitszeit. Konnte hier manches dem örtlichen Recht, anderes den besonderen Umständen überlassen bleiben, so läßt sich gleiches von den besonderen Arbeitszeit-Schutzvorschriften etwa der §§ 18 JugSchG, 8 I MuSchG, wohl auch 19 I AZO (Nacht- und Sonntagsarbeit), nicht sagen; vielmehr gehen diese Verbote unabdingbar in die Fürsorgepflicht des Arbeitgebers ein; gilt deutsches Arbeitsstatut, so sind sie auch bei ausländischem Arbeitsort zu beachten.

Auch in anderen Rechten finden sich Bestimmungen über Nacht- und Sonntagsarbeit sowie über die Arbeitszeit der Frauen und Jugendlichen, die z. T. bereits oben Nr. 233 ff. erwähnt wurden, im übrigen aber in ihrer Vielfalt hier nicht dargestellt werden können. Die Abstimmung mit den örtlichen Gegebenheiten hat wie oben Nr. 237 zu erfolgen.

6. Sonntagsruhe. Feiertagsruhe

240. In der Bundesrepublik sind die Vorschriften über die Sonn- und Feiertagsruhe (hauptsächlich geregelt in den §§ 105 a–i GewO) öffentlichrechtlich einzuordnen, wie die Strafvorschrift des § 146 Z. 2 GewO zeigt. Zum Privatrecht gehören hingegen die Fragen, ob und in welcher Höhe für *Feiertage*, an denen nicht gearbeitet wurde, *Lohn* geschuldet wird (Gesetz zur Regelung der Lohnzahlung an Feiertagen vom 2. 8. 1951) und ob und in welcher Höhe für *Arbeit an Sonn- und Feiertagen* zum Lohn ein *Zuschlag* gebührt [147].

241. Abgesehen von England ist in allen hier näher untersuchten Ländern die wöchentliche Sonntagsruhe gesetzlich vorgeschrieben; dabei schwankt die Ausgestaltung vom Gebot der Ruhezeitgewährung mit der Möglichkeit, im Austausch andere Arbeitnehmer zu beschäftigen (Prinzip der wöchentlichen Ruhezeit), bis zum Gebot der Schließung des Betriebes (absolute Sonntagsruhe). Vielfach wird bei Sonn- und Feiertagsarbeit ein Zuschlag geschuldet, der zuweilen sogar durch Strafvorschriften gesichert und damit in den öffentlichrechtlichen Bereich gerückt ist.

Österreich kennt die absolute Sonntagsruhe, SonntagsruheG v. 16. 1. 1895. Es wird ergänzt durch das (mehrfach geänderte) FeiertagsruheG v. 7. 8. 1945, das für Feiertagsarbeit die Entlohnung zu den gewöhnlichen Sätzen vorsieht, § 3 II. Gesetzliche Feiertage sind u. a. der 6. 1., (für evangelische Arbeitnehmer) der Karfreitag, Christi Himmelfahrt, Fronleichnam, der 15. 8., 1. 11., 8. 12., in Tirol auch der Josephstag (29.3.) [148].

In der *Schweiz* beträgt die Wochenruhe mindestens 24 Stunden pro Woche, Bundesgesetz vom 26. 9. 1931 über die wöchentliche Ruhezeit. Auch für den Arbeitnehmer ist die Ausführung von Berufsarbeit für einen Dritten während der Ruhezeit verboten und mit Strafe bedroht. Die Vorschriften sind öffentlichrechtlich, wie insbesondere aus den Strafvorschriften hervorgeht; als zivilrechtlich ist jedoch der Anspruch anzusehen, der dem Arbeitnehmer u. U. als Entschädigung für nicht eingehaltene Ruhezeit zugebilligt wird [149].

In *Italien* soll der wöchentliche Ruhetag [150] grundsätzlich auf den Sonntag fallen, Art. 36 III der Verfassung, Art. 2109 C. c. Ausnahmen hiervon, sowie Ausnahmen von der Verpflichtung zur Einhaltung der Wochenruhe überhaupt, enthält das Gesetz vom

---

147 Hueck-Nipperdey I 250; Nikisch I 284 ff.,293; Kaskel-Dersch 155 f.

148 Vgl. im übrigen Hämmerle 184; Pigler, ÖJZ 11 (1956) 119.

149 Im einzelnen Schweingruber 46, 161 ff.; Gysin 104 ff.; Gewerbegericht Zürich 3. 3. 1938 und Obergericht Zürich 21. 6. 1938, SJZ 36 (1939/40) 224; Entwurf Art. 23 ff., S. 56 ff. Das in Art. 31 II des Entwurfs noch enthaltene Verbot für den Arbeitnehmer, während der wöchentlichen Ruhezeit Berufsarbeit zu verrichten, soll jedoch nur mehr zivilrechtliche Wirkungen äußern (Fristlose Entlassung nach erfolgloser Abmahnung, Art. 52 I Entwurf).

150 d'Eufemia, Trattato III 189 ff.; Barassi, Elementi 160 f.; Santoro Passarelli 156 ff.

22. 2. 1934 Nr. 370, in dem die Materie geregelt ist. Während des Ruhetages sind die Örtlichkeiten, an denen die Arbeit geleistet wird, geschlossen zu halten. Verstöße des Arbeitgebers werden mit Strafe geahndet. Am öffentlichrechtlichen Charakter all dieser Vorschriften ist nicht zu zweifeln [151]. Die Arbeit hat auch an den Feiertagen zu unterbleiben, die im Gesetz vom 27. 5. 1949 Nr. 260, geändert durch G. v. 31. 3. 1954 Nr. 90, aufgezählt sind. Für vier nationale Feiertage (25. 4., 1. 5., 2. 6., 4. 11.) schuldet der Arbeitgeber den normalen Lohn bzw., wenn gearbeitet wird, zusätzlich einen Feiertagszuschlag.

Im *französischen* Recht ist die wöchentliche Sonntagsruhe als reine Arbeitsschutzmaßnahme ausgebildet (Art. 30 ff. Buch II C. Trav.), die auch Journalisten, leitende Angestellte u. a. umfaßt. Dagegen kann der Arbeitgeber am Sonntag arbeiten, insbesondere sein Ladengeschäft offen halten. Eine allgemeine Schließung kann vom Präfekten (unter Mitwirkung der Sozialpartner und beschränkt in Ort und Berufszweig) verfügt werden (Art. 43 a Buch II C. Trav.). Zweifelhaft ist die Rechtslage bei Einstellung von Aushilfskräften [152]. An Feiertagen, die nicht Sonntage sind, ist nur Frauen und Jugendlichen die Arbeit verboten, und auch dies nicht in Betrieben des Handels und in der Hauswirtschaft (Art. 52 Buch II). Doch wird tatsächlich an Feiertagen weitgehend nicht gearbeitet; in solchem Fall ist aber auch kein Lohn geschuldet, ebenso kann die verlorene Arbeitszeit nachgeholt werden [153]. Wird dagegen am Feiertag gearbeitet, so tritt eine Erhöhung des gewöhnlichen Lohns nicht ein. Eine Ausnahme gilt für den 1. Mai, G. v. 30. 4. 1947.

In *Belgien* besteht Arbeitsverbot an Sonn- und Feiertagen; es bezieht sich grundsätzlich auf die Betriebe in Industrie und Handel, vgl. im einzelnen Gesetz vom 17. 7. 1905 [154]. Ein Gesetz vom 25. 2. 1947 auferlegt dem Arbeitgeber die ebenfalls öffentlichrechtliche Pflicht zur Zahlung von Arbeitslohn an mindestens 10 Feiertagen im Jahr; diese Zahlungspflicht kann von Gemeinschaftskassen übernommen werden. Wird am Sonntag gearbeitet, so erhöht sich der Lohn um 100 %. Die Vorschrift ist strafrechtlich gesichert, Art. 20 II ArbG. Sie gehört zum ordre public (s. oben Anm. 133).

Für die *Niederlande* vgl. Art. 1638 w BW; für *Ecuador* vgl. Art. 68 ArbGB [155].

In *England* besteht ein Verbot der Sonntagsarbeit nur für Frauen und Jugendliche im Bereich des Factories Act, s. 77; zur Feiertagsregelung vgl. s. 78; zahlreiche Ausnahmen und weitgehende Vollmachten der Behörden sind in den folgenden sections normiert. Das Verbot der Arbeit an Sonn- und Feiertagen gilt nicht für Frauen in Vertrauensstellungen, sec. 79. Auch hier gilt, daß der Arbeitnehmer in seiner Freizeit bei einem anderen Arbeitgeber arbeiten kann.

242. Verweisungsrechtlich gilt folgendes:

a) Die *Arbeitsverbote des Inlands* erfassen alle Arbeiten im *Inland*, unabhängig von Arbeitsstatut und Staatsangehörigkeit der Parteien [156].

---

[151] Vassalli-Monaco 251 und die oben Anm. 126 genannten.

[152] Vgl. Durand-Vitu II 421, 425 f., 428 ff., 447 ff.; Rouast-Durand 442 ff.; Brun-Galland 401 ff.; Rivéro-Savatier 347 ff.

[153] Durand-Vitu II 481. [154] Goethem-Geysen 406 ff.

[155] Sieben gesetzliche Feiertage, darunter der 1. und 24. 5., 10. 8., 9. 10., 3. 11. Sonntags- und Feiertagsarbeit, aber auch die Arbeit am Samstag nachmittag ist mit 100 % Zuschlag zu vergüten, Art. 72 Z. 4 ArbGB.

[156] Neumeyer II 310; Beitzke, Kollisionen B II 2.

Ob hingegen der Arbeitgeber durch seine Fürsorgepflicht gehalten ist, ausländische Feiertage zu achten, kann nicht allgemein entschieden werden; hierbei wird es allerdings nicht auf das Land ankommen, dem das Arbeitsstatut entnommen ist, sondern bei religiösen Feiertagen auf das Bekenntnis des Arbeitnehmers, bei staatlichen Feiertagen auf die (gemeinsame) Staatsangehörigkeit der Parteien.

Dagegen begründet die bloße Ausländereigenschaft des Arbeitnehmers allein noch keinen Anspruch auf Freistellung von der Arbeit an einem Feiertag seines Heimatlandes; etwa am 11. November, wenn es sich um einen patriotischen Franzosen handelt.

Abzuwägen ist dabei die Feierlichkeit des Tages – auch hier gibt es Abstufungen, der Ostersonntag ist anders zu behandeln als der Josefstag – gegen die Erwägung, daß der Arbeitgeber nicht mit einer übergroßen Häufung von Feiertagen belastet werden kann.

b) Liegt der Arbeitsort im *Ausland,* und zwar in einem Land, das die Feiertagsregelung öffentlichrechtlich ausgestaltet hat, so ist der Arbeitgeber gezwungen, die örtlichen Feiertage einzuhalten. Es fragt sich, ob bei deutschem Arbeitsstatut die Fürsorgepflicht ihm gebietet, den Arbeitnehmer auch an Tagen von der Arbeit freizustellen, die nach deutschem (Landes)Recht, nicht aber nach dem örtlichen Recht Feiertag sind. Für die hohen Feiertage wie den Ostersonntag oder ersten Weihnachtsfeiertag möchte ich das bejahen; für die anderen nicht. In europäischen und anderen christlichen Ländern herrscht bei den religiösen Feiertagen ohnehin mehr oder weniger Übereinstimmung, so daß es hier den Arbeitnehmer nicht unbillig beschwert, wenn nur die örtlichen Feiertage eingehalten werden; daß dann einmal ein evangelischer Norddeutscher, der auf Montage in Tirol arbeitet, statt des Reformationsfestes den Josefstag halten muß, und umgekehrt, kann verantwortet werden. Anders mag es in unchristlichen Gegenden sein. Hier kann es sein, daß die Parteien gezwungen sind, die einheimischen – etwa mohammedanischen – Feiertage einzuhalten; hinzu treten die hohen christlichen Feiertage, aber eine Kumulierung der örtlichen mit *allen* christlichen Feiertagen würde zu einer zu starken Belastung des Arbeitgebers führen. Auch bei den staatlichen Feiertagen kommt es auf die Stärke an, mit der sie im Bewußtsein der Arbeitnehmerschaft verwurzelt sind.

Liegt der Arbeitsort hingegen in einem Lande, wo es Feiertage nicht gibt oder ihre Einhaltung nicht erzwungen wird, diese etwa nur Gegenstand einer tariflichen Regelung ist, die das Arbeitsverhältnis unter deutschem Arbeitsstatut nicht erfaßt, dann geht die Feiertagsregelung des deutschen Rechts – also etwa bei Entsendung oder Abhängigkeit von einem bayerischen Stammbetrieb das bayerische Feiertagsgesetz – in die Fürsorgepflicht mit den bekannten privatrechtlichen Folgen ein.

Stand das Arbeitsverhältnis unter dem örtlichen Arbeitsstatut, so ist für ein Eingreifen der deutschen Feiertagsregelung auch auf dem Umweg über die Fürsorgepflicht kein Raum, und nur in krassen Fällen und bei enger Binnenbeziehung mag der ordre public ein anderes gebieten.

So etwa, wenn der deutsche Angestellte des deutschen Konsulats (unter örtlichem Arbeitsstatut) am Ostersonntag sollte arbeien müssen.

243. Für die Pflicht zur *Lohnzahlung* an Feiertagen und zur *Zahlung eines Zuschlags* bei Arbeiten an Sonn- und Feiertagen gilt verweisungsrechtlich folgendes:

a) Liegt der *Arbeitsort im Inland,* so konnte der Arbeitgeber an den inländischen Feiertagen den Arbeitnehmer wegen der öffentlichrechtlichen Kraft der Feiertagsregelung nicht beschäftigen. Es fragt sich, ob damit – ähnlich wie im Mutterschutzrecht, oben Nr. 228 – auch die Lohnzahlungspflicht gegeben ist, oder ob sich diese nach dem Arbeitsstatut richtet.

Wenn das Arbeitsstatut, wie das französische Recht, eine Lohnzahlungspflicht nicht kennt, so könnte man für die letztere Ansicht vorbringen, daß der Arbeitnehmer ja auch in Frankreich selbst nichts verlangen könnte. Aber wenn, wie im italienischen Recht, Lohn nur für vier Feiertage geschuldet wird, von denen drei im Inland nicht gehalten werden, so müßte man bei italienischem Arbeitsstatut den Lohn ersatzweise an drei inländischen Feiertagen zahlen.

Mir scheint es unbefriedigend, den Arbeitnehmer nicht zur Arbeit zuzulassen, ihn aber für den Ersatz des Lohnausfalls auf das Arbeitsstatut zu verweisen. Richtiger und praktischer ist m. E., die Lohnzahlungspflicht des § 1 G. v. 2. 8. 1951 trotz ihrer unleugbar privatrechtlichen Natur immer zu bejahen, wenn das Arbeitsstatut eine Entlohnung nicht kennt[157].

Beim Arbeitsstatut verbleibt hingegen die Entscheidung, wenn es – etwa in einer das Arbeitsverhältnis im Inland erfassenden Tarifnorm – zwar eine Entlohnung vorsieht, in Einzelheiten jedoch von der deutschen Regelung abweicht, etwa nur 80 % des Normallohns gewährt.

Ob der Arbeitgeber an Feiertagen des Auslands, die im Inland nicht gehalten werden, dem Arbeitnehmer Freizeit gewähren muß, folgt, wie oben Nr. 242 dargelegt, aus den Umständen. Bejahendenfalls entscheidet sich die weitere Frage, ob der Arbeitgeber auch den Lohn schulde, nicht nach dem Gesetz vom 2. 8. 1951: denn dieses hat nur die inländi-

[157] Ebenso für Italien BALLADORE PALLIERI, Trattato V 324, der den Feiertagszuschlag für privatrechtlich erklärt, gleichzeitig jedoch meint, niemand könne den Mut haben, daraus zu schließen, daß er bei Arbeit in Italien unter französischem Arbeitsstatut nicht geschuldet werde.

schen – allerdings landesweise verschiedenen – Feiertage im Auge. Maßgeblich ist vielmehr das ausländische Arbeitsstatut. Kennt dieses eine Entlohnungspflicht nicht, so verbleibt es bei der unbezahlten Freizeit; schreibt dieses eine Entlohnung vor, so ist das zu beachten, doch nur mit der Maßgabe, daß der Arbeitgeber insgesamt nicht mehr bezahlte Feiertage zu tragen hat, als dem Recht entspricht, das in casu die meisten Feiertage aufweist.

Zwei Beispiele sollen das verdeutlichen: In Köln arbeite ein Büro einer belgischen Rheinschiffahrtsgesellschaft unter belgischem Arbeitsstatut. Nach der belgischen VO vom 25. 2. 1947, ergänzt durch AVO vom 2. 4. 1947 sind der 21. 7., 15. 8. und 11. 11. Feiertage mit Vergütung des Lohnausfalls, die das Feiertagsgesetz von Nordrhein-Westfalen nicht kennt; umgekehrt gelten in Köln, nicht aber nach belgischem Recht, als lohnpflichtige Feiertage Karfreitag, Fronleichnam, 17. Juni, Bußtag, zweiter Weihnachtsfeiertag; weitere sieben Feiertage sind beiden Rechten gemeinsam. Die Anwendung der oben entwickelten Sätze bedeutet nun, daß die 12 Feiertage des nordrhein-westfälischen Gesetzes nicht nur zu halten, sondern auch zu entlohnen sind; ob an den drei anderen belgischen Feiertagen gearbeitet wird, entscheidet die Auslegung des belgischen Rechts, aber sicherlich sind sie nicht lohnzahlungspflichtig, denn das belgische Recht auferlegt dem Arbeitgeber die Bezahlung für zehn, das Recht in Köln für zwölf, keines jedoch für fünfzehn Feiertage.

Nun nehme man an, obiges Büro in Köln werde von einer Vorarlberger Textilfirma unter österreichischem Arbeitsstatut unterhalten. Nach dem österreichischen Feiertagsruhegesetz sind in Tirol insgesamt 14 Feiertage entgeltpflichtig zu halten, von denen vier dem Kölner Recht unbekannt sind. Auch hier sind die 12 Feiertage des örtlichen Rechts einzuhalten und zu entlohnen; und die Auslegung des österreichischen Rechts mag ergeben, daß auch an den vier in Köln unbekannten Feiertagen keine Arbeit verlangt werden kann; aber lohnpflichtig sind von diesen vier Tagen nur mehr zwei, da auch hier der Arbeitgeber im Ergebnis nicht mit 16 Feiertagen belastet werden kann.

b) Liegt der *Arbeitsort im Ausland* und ist das örtliche Recht Arbeitsstatut, dann bestimmt sich die Lohnzahlungspflicht nach diesem Recht.

Ist deutsches Recht Arbeitsstatut, so ist zu scheiden: [158]

A. Es handelt sich um einen Tag, der *nach dem örtlichen und nach deutschem Recht Feiertag ist.* Wurde nicht gearbeitet, so ist der Lohnausfall nach dem G. vom 2. 8. 1951 zu ersetzen.

Nur folgende Einschränkung ist hierbei zu erwägen: angenommen, das örtliche Recht kennt mehr Feiertage mit Lohnausgleich als das deutsche Recht, ist öffentlichrechtlich ausgestaltet, sieht aber nur eine geringere Entlohnung – etwa 80 % – vor: dann ist der Arbeitgeber tatsächlich gezwungen, auch die zusätzlichen Feiertage zu entlohnen, und es fragt sich, ob es angeht, ihn für alle Feiertage zumindest 80 %, für die inländischen jedoch die 100 % des Gesetzes vom 2. 8. 1951 tragen zu lassen, oder ob der Aus-

---

[158] Zum folgenden teils abweichend BOBROWSKI; BEITZKE, Recht der intern. Wirtschaft 1 (1954/55) 45.

gleich darin gesucht werden muß, daß er auch an den Feiertagen des deutschen Rechts (trotz des deutschen Arbeitsstatuts) nur 80 % schuldet.

Wurde an diesem Tage gearbeitet, dann gilt, so vorhanden und anwendbar, die tarifliche Regelung über den Feiertagszuschlag. Dabei bleibt es, wenn das örtliche Recht keinen Zuschlag kennt oder es ihn nur privatrechtlich geregelt hat. Hat es ihn jedoch öffentlichrechtlich verstärkt, so ist der Arbeitgeber wiederum praktisch gezwungen, den örtlich vorgesehenen Zuschlag zu zahlen; und wenn er dies getan hat, ist stets zu prüfen, ob der Zuschlag damit in den Arbeitsvertrag eingegangen ist. Geht nun eine tarifliche Regelung in der einen oder anderen Beziehung über den örtlichen Zuschlag hinaus, so ist auch hier wieder u. U. zur Vermeidung von Kumulierungen eine Angleichung geboten.

B. Es handelt sich um einen Tag, der *nur nach dem örtlichen, nicht nach deutschem Recht Feiertag ist.* Wurde nicht gearbeitet, so gebietet das Arbeitsstatut, namentlich das G. v. 2. 8. 1951, eine Lohnzahlung nicht; diese kann sich aber aus anderen Gründen ergeben: regelt das örtliche Recht die Feiertagsbezahlung öffentlichrechtlich, so ist der Arbeitgeber ihr praktisch unterworfen, und die Bezahlung kann Teil des Arbeitsvertrags geworden sein. Übt das örtliche Recht einen Zwang zur Innehaltung und Bezahlung dieses Tages nicht aus, läßt der Arbeitgeber aber trotzdem – etwa weil er sich einem größeren Arbeitsrhythmus anpassen muß – feiern, so ergibt sich die Lohnzahlungspflicht (hier jedoch nach den örtlichen, gegebenenfalls niedriger bemessenen Sätzen) m. E. daraus, daß dies Umstände in der Sphäre des Arbeitgebers sind, die nicht zu Lasten der Arbeiterschaft gehen können [159]. Und dies gilt auch, wenn das örtliche Recht einen Zwang nur zur Innehaltung, nicht zur Bezahlung des Feiertags enthält.

Wurde an diesem Tage gearbeitet, dann trifft den Arbeitgeber die Last eines Zuschlags nur, wenn er vom örtlichen Recht öffentlichrechtlich vorgeschrieben ist und der Arbeitgeber sich seiner Zahlung damit nicht entziehen kann. Übt es einen solchen Zwang nicht aus, dann ist ein Zuschlag auch dann nicht geschuldet, wenn ein das Arbeitsverhältnis ergreifender Tarifvertrag für die Arbeit an Feiertagen des deutschen Rechts eine Erhöhung des Normallohns vorsieht.

Unbenommen bleibt es den Parteien natürlich, vertraglich eine Erhöhung auch für Arbeit an örtlichen Feiertagen vorzusehen; aber zu vermuten ist ein solcher Wille der Parteien nicht.

C. Es handelt sich um einen Tag, der *nach deutschem, nicht aber nach*

---

[159] Ebenso Schnorr von Carolsfeld, RdA 11 (1958) 206 Anm. 33, allerdings mit einem Beispiel aus dem interlokalen Bereich.

örtlichem Recht Feiertag ist – etwa dem Ostersonntag in einem mohammedanischen Land[160]. Wurde nicht gearbeitet, so gilt die Lohnzahlungspflicht entsprechend dem G. vom 2. 8. 1951, aber nur mit der Maßgabe der Nichtkumulierung. Übt das örtliche Recht einen tatsächlichen Zwang auf den Arbeitgeber zur Bezahlung der örtlichen Feiertage aus, so sind von den Feiertagen des Arbeitsstatuts, die einzuhalten die Fürsorgepflicht gebietet, nur soviele entgeltpflichtig, bis insgesamt die Zahl der entgeltpflichtigen Feiertage des Arbeitsstatuts erreicht ist. Übt das örtliche Recht einen Zwang nicht oder nur zur Innehaltung, nicht zur Bezahlung der örtlichen Feiertage aus, dann sind nur die Feiertage des deutschen Arbeitsstatuts entgeltpflichtig.

Wurde an einem solchen Tag gearbeitet, dann schuldet der Arbeitgeber einen Feiertagszuschlag, wenn dies allgemein in einem das Arbeitsverhältnis erfassenden Tarifvertrag bestimmt ist. Aber auch hier ist ein vom örtlichen Recht ausgeübter Zwang zur Zahlung eines Zuschlags u. U. wie oben unter A a. E. zu berücksichtigen.

244. Die im vorigen Abschnitt entwickelten Regeln wollen auch stärkere Verschiedenheiten des Feiertagsrechts meistern, wie sie etwa bei Arbeiten in andersgläubigen Ländern gegeben sind. Sie erscheinen unpraktisch im interlokalen Bereich, für die ja eine stärkere gegenseitige Rücksichtnahme schon aus dem Verhältnis der Länder zueinander folgt, eine solche auch durchführbar ist, da die Rechtsverschiedenheiten nicht in der Grundstruktur, sondern immer nur in Nebendingen auftreten. Hier gilt deshalb: welche Feiertage zu halten sind und ob sie zu bezahlen sind, entscheidet das Recht des Arbeitsorts[161], und zwar diesmal auch dann, wenn es nicht Arbeitsstatut ist.

7. Urlaub

245. Der Urlaub ist in der Bundesrepublik landesrechtlich verschieden geregelt; er gehört nach der h. M. in den privaten Bereich, so daß die Zuständigkeit der Länder zum Erlaß von Urlaubsgesetzen nach Inkraft-

---

[160] Außer Betracht bleiben die Feiertage des Arbeitsstatuts, die einzuhalten die Fürsorgepflicht nicht gebietet (oben Nr. 242 b).

[161] H. M., vgl. Hueck-Nipperdey I 246; Nikisch I 285; ArbG Bremerhaven 24. 6. 1949; ArbG Göttingen 5. 8. 1949; LAG Stuttgart 29. 4. 1955 (wenn das Gericht allerdings die Zahlungspflicht nach den Grundsätzen des interlokalen Verwaltungsrechts anknüpfen will, so ist dem – mit Beitzke, Anm. in AP Nr. 1 zu Interlokales Privatrecht entgegenzuhalten, daß die Lohnzahlungspflicht zum Privat- und nicht zum Verwaltungsrecht gehört).

treten des Grundgesetzes bezweifelt wurde [162]. Doch ist diese Ausgestaltung des Urlaubsrechts nicht die einzig mögliche; es steht vielmehr auf der Grenze zum öffentlichen Recht. In manchen Ländern [163] ist der Arbeitgeber zur Gewährung des Urlaubs und zur Haltung von Urlaubsregistern unter Strafandrohung verpflichtet (Frankreich, Belgien). In Österreich gehört die Überwachung des Urlaubs zu den Aufgaben der Arbeitsinspektion, obwohl das Gesetz sonst keinen Anhalt für die Einordnung des Urlaubsrechts in das öffentliche Recht gibt; in Italien ist die Frage strittig, weil das Urlaubsrecht in der Verfassung verankert ist. England beläßt den Urlaubsanspruch der Regelung durch die Tarifverträge, mit Ausnahme von gewissen Fällen, die wiederum einer Einordnung in das öffentliche Recht (nach kontinentalen Vorstellungen) entsprechen; auch in den Niederlanden fehlt es noch an einer gesetzlichen Regelung. Für Systeme, die sich des Systems der Urlaubskassen bedienen (Belgien, Österreich), gilt die öffentlichrechtliche Einordnung. Doch wird man stets einen privatrechtlichen Kern der Materie herausschälen können, der einer Anwendung im Ausland fähig ist: hierher zählt insbesondere Dauer des Urlaubs, Einrechnung von Krankheitszeiten, Wartefrist, Einfluß der Betriebszugehörigkeit bzw. der Zugehörigkeit zum Arbeitsleben, Verwirkung und Verjährung, Abgeltung u. a.

246. In *Österreich* ist der Urlaub in verschiedenen Quellen geregelt.

Für den Arbeiter gilt das Arbeiter-Urlaubsgesetz vom 25. 7. 1946; von seinen Bestimmungen ist zu nennen die Vorschrift über die Dauer des Urlaubs, die zwischen 12 und 24 (Jugendliche: 24) Tagen schwankt, § 3. Krankheitszeiten dürfen in die Urlaubsdauer nicht eingerechnet werden; zur Erlangung des Urlaubsanspruchs ist eine Wartezeit von 9 Monaten zurückzulegen. Wird der Urlaub nicht gewährt, so gebührt statt ihm eine Abfindung, § 7, und zwar auch dann, wenn das Arbeitsverhältnis vor Ablauf der 9monatlichen Wartefrist wieder gelöst wurde [164]. Bei vorzeitigem Austritt des Arbeitnehmers werden Urlaubs- und Abfindungsanspruch verwirkt, § 8.

---

[162] Vgl. oben Nr. 6 Anm. 32. M. E. sprach zugunsten der Länder, daß sie bei der Untätigkeit des Bundesgesetzgebers nicht ewig warten konnten, und daß Rechtszersplitterung noch eher zu ertragen ist als ein gesetzloser Zustand; der Vorbehalt des Bundesrechts darf nicht zum Stillstand der Gesetzgebung führen.

Zum Urlaubsrecht und seiner privatrechtlichen Natur s. Hueck-Nipperdey I 393 ff. (396); Nikisch I 442 ff.; Kaskel-Dersch 196 ff.; Molitor, Festschrift Nipperdey (1955) 83 ff. Schnorr von Carolsfeld 246 sieht im Urlaub auch eine öffentlichrechtliche Seite, die sich auch aus seiner Verankerung in Verfassungen ergebe; auch Molitor a.a.O. befürwortet für das kommende Recht seine öffentlichrechtliche Verstärkung. Aber in der jetzigen Regelung fehlen die Merkmale des öffentlichen Arbeitsschutzrechts, nämlich Zwang, Aufsicht und Strafe.

[163] Eine Übersicht über die Urlaubsgesetze des Auslands in Arbeitgeber 8 (1956) 27 ff.

[164] OGH 6. 10. 1948, SZ XXI (1948) 142; Hämmerle 245 (zweifelnd).

Eine besondere Regelung findet der Urlaub für Bauarbeiter mittels Urlaubsmarken und der Einrichtung der „Urlaubskasse für die Arbeiter in der Bauwirtschaft" in Wien, vgl. Bauarbeiter-Urlaubsgesetz vom 20. 3. 1946.

Die Angestellten haben im allgemeinen Anspruch auf 12 bis 30 Werktage Urlaub bei einer Wartezeit von 6 Monaten, § 17 AngG. Frühere, bei anderen Arbeitgebern im Inland zurückgelegte Dienstzeiten sind bis zur Höchstzahl von 5 Jahren einzurechnen, wenn das Arbeitsverhältnis zwei Jahre gedauert hat. Der Urlaub muß verlangt werden. Für nicht genossenen Urlaub gebührt den Angestellten keine Abfindung, jedoch eine Entschädigung bei Verweigerung des Urlaubs [165]. Hochschulstudienzeiten können in die Dienstzeit eingerechnet werden. Der Angestellte verwirkt den Urlaubsanspruch, wenn er vorzeitig ohne wichtigen Grund ausscheidet oder Anlaß zu seiner vorzeitigen Entlassung gibt, § 17 b AngG. Für Sondergruppen von Angestellten gelten eigene Regeln; so für den Journalisten: Mindesturlaub ein Monat, § 3 JournG; für den Schauspieler: 4–6 Wochen Urlaubsdauer, § 18 Schauspielergesetz. Ein Sonderurlaub für Schwerbeschädigte ist nicht vorgesehen.

Die Überwachung der Vorschriften und Verfügungen über den Urlaub gehört zu den Aufgaben der Arbeitsinspektion, § 3 I b ArbeitsinspektionsG.

In der *Schweiz* kennt weder das OR noch das Fabrikgesetz einen Urlaubsanspruch. Seine gesetzliche Regelung verteilt sich auf einige Bundesgesetze für einzelne Wirtschaftszweige, kantonale Gesetze und Tarifverträge. Für das kommende Recht wird die privatrechtliche Ausgestaltung des Urlaubsrechts mit öffentlichrechtlicher Verstärkung (insbesondere Zwang zur Lohnabgeltung) befürwortet [166].

247. In *Italien* sichert schon die Verfassung Art. 36 dem Arbeitnehmer einen bezahlten Urlaub zu [167]; Art. 2109 C. c. zieht seine Grundlinien. Die Länge des Urlaubs wird für Angestellte durch das AngG von 1924, das insofern noch weitergilt, für Arbeiter hingegen durch Tarifverträge bzw. die Grundsätze der allgemeinen Billigkeit festgelegt. Dieser Umstand sowie daß die Nichtgewährung des Urlaubs nicht durch Strafen gesichert wird, könnte für die Annahme sprechen, daß es sich nach italienischer Ansicht um zwar zwingendes, doch aber um privates Arbeitsrecht handelt [168]. Die Aufnahme des Urlaubs in die verfassungsrechtlich geschützten Güter spricht jedoch andererseits nach Ansicht namhafter italienischer Rechtslehrer für seine öffentlichrechtliche Qualifikation [169].

Rom 6. 10. 1949 wendet das italienische Recht des Arbeitsorts auf Ansprüche wegen Urlaubsentschädigung bei einem Arbeitsvertrag zwischen zwei Amerikanern an. Richard spricht in der Anmerkung zu dieser Entscheidung von einem subjektiven öffentlichen

---

[165] Vgl. OGH 5. 2. 1957, ÖJZ 12 (1957) 242 Nr. 175 und die Rechtsprechung bei Wahle-Dittrich-Veit II 55 f. Anm. 6 ff. zu § 17 AngG; Strasser, Das Erlöschen des Urlaubsanspruches der Privatangestellten. ÖJZ 11 (1956) 201.

[166] Schweingruber 22, 45 ff., 179 ff.; ders., Kommentar 97 ff.; Gysin 128 ff.; Goldschmidt, Das geltende und das kommende Ferienrecht, SJZ 36 (1939/40) 55 ff. und 148; Entwurf Art. 27–30 mit dem ausdrücklichen Verbot, den Urlaub durch Geld oder andere Vergünstigungen abzugelten, S. 30, 59.

[167] d'Eufemia, Trattato III 194 ff.; Barassi, Elementi 162 f.; Santoro Passarelli 158 ff.

[168] So Barassi, Lehrbuch II 490 ff.

[169] So Vassalli-Monaco 251; Richard, Ordine pubblico 343 und „Anmerkung" 130.

Recht auf Urlaub: Aber gewährt denn der Staat Urlaub? Er schützt doch lediglich den Anspruch darauf. Auch erzwingt der Staat seine Einhaltung nicht selbst: etwa durch ein Arbeitsverbot während der Mindesturlaubsdauer. Alles das spricht m. E. auch im italienischen Recht für die privatrechtliche Qualifikation.

248. In *Frankreich* regeln die Art. 54 f bis n Buch II C. Trav., neugefaßt durch Gesetz vom 27. 3. 1956 [170], das Urlaubsrecht. Sondervorschriften gelten u. a. für die Hausbediensteten und Journalisten (für diese s. Art. 29 i Buch I C. Trav.) [171]. Der Urlaubsanspruch ist an eine Mindestdauer tatsächlicher Arbeitsleistung bei demselben Arbeitgeber von einem Monat gebunden, Art. 54 g; Zeiten der Einberufung zum Wehrdienst werden Zeiten tatsächlicher Arbeitsleistung gleichgestellt, Gesetz v. 3. 8. 1956. Die Urlaubsdauer beträgt für jeden Monat tatsächlicher Arbeitsleistung $1^1/_2$ Werktage bis zur Höchstgrenze von 18 Werktagen. Sie wird bei entsprechend langer Betriebszugehörigkeit bis zu 24 Tagen erhöht. Der Anspruch auf die Urlaubsentschädigung wird nur bei schwerem Verschulden des Arbeitnehmers verwirkt; er ist vererblich, Art. 54 k. Ein Gesetz vom 23. 7. 1957 gibt dem Arbeitnehmer weiterhin Anspruch auf 12 Werktage unbezahlten Fortbildungsurlaub, namentlich zum Besuch von Fortbildungskursen u. ä.

Eine sympathische Besonderheit des französischen Rechts dürfte der Urlaub sein, den der Familienvater bei Geburt eines Kindes erhält; hier stehen ihm drei Tage zu, die jedoch innerhalb von 14 Tagen vor oder nach der Geburt genommen werden müssen. Die Familienausgleichskasse ersetzt dem Arbeitgeber die Auslagen. Eine Anwendung dieser Vorschrift außerhalb Frankreichs kommt deshalb (leider) nicht in Frage.

Das *belgische* Urlaubsrecht ist im wesentlichen im Gesetz v. 9. 3. 1951 (mit späteren Änderungen) öffentlichrechtlich geregelt. Es umgrenzt seinen Geltungsbereich dementsprechend in Art. 1 wie folgt: Das Gesetz ist anwendbar auf Dienstnehmer und Lehrlinge, die a) in Belgien für einen Arbeitgeber mit Niederlassung in Belgien arbeiten oder einem in Belgien eingerichteten Betrieb („siège d'exploitation") angegliedert sind, oder b) im Ausland arbeiten, aber ihren Wohnsitz in Belgien haben und im Dienst eines Arbeitgebers mit Niederlassung in Belgien stehen oder einem in Belgien bestehenden Betrieb angegliedert sind. Der Arbeitsminister kann jedoch die Arbeitgeber von der Beachtung des Urlaubgesetzes entbinden, wenn die Arbeit im Ausland geleistet wird und die Arbeitnehmer nach der ausländischen Rechtsordnung mindestens gleichwertige Vorteile genießen.

Der öffentlichrechtliche Charakter der belgischen Urlaubsregelung wird, außer durch die Möglichkeit der Überwachung durch staatliche Stellen (Art. 55bis) und Strafvorschriften (Art. 59), weiter dadurch belegt, daß die Zahlung des Urlaubsgeldes für die Arbeiter durch die „caisse nationale des vacances annuelles", erfolgt. Angestellte erhalten ihr Urlaubsgeld vom Arbeitgeber unmittelbar. Zur Urlaubsregelung für Angestellte siehe auch VO vom 19. 7. 1949 Art. 18 ff.

Als zivilrechtlichen Kern der Urlaubsregelung läßt sich bei der Beurteilung durch ein deutsches Gericht die Vorschrift über die Höhe des Urlaubs (Grundurlaub 6 Tage, Art. 4; Zusatzurlaub für Jugendliche, Art. 6; Zusatzurlaub bei längerer Zugehörigkeit zum Arbeitsleben – nicht wird abgestellt auf die Betriebszugehörigkeit! – Art. 6 bis 6 quater) usw. herausschälen.

[170] J. C. P. 1956 III 20996.

[171] Vgl. Durand-Vitu II 492 ff.; Rouast-Durand 449 ff.; Rivéro-Savatier 354 ff.; Brun-Galland 414 ff.

249. In den *Niederlanden* sind Urlaubsansprüche regelmäßig Gegenstand der Tarifverträge; für Arbeitsverhältnisse (im Sinn von Art. 1 BBA, oben Nr. 31), die von keinem solchen erfaßt werden, hat das Kollegium der Reichsvermittler auf Grund von Art. 12 BBA die sog. Urlaubs-Mindestregelung vom 5. 8. 1952 erlassen, die einen Mindesturlaub von 6 Tagen vorsieht[172].

In *England* sind die einzigen gesetzlichen Äußerungen zum Recht des Urlaubs in den Wages Councils Acts, 1945–1948, enthalten (s. unten Nr. 256): Für die betroffenen Arbeitnehmer können die Lohnkommissionen auch bezahlten Urlaub festsetzen; seine Nichtgewährung wird bestraft, s. 11 (2) Wages Councils Act, 1945. Im übrigen ist der Urlaub den Tarifverträgen überlassen. Wird laut Arbeitsvertrag ein jährlicher Urlaub geschuldet, so wird dieser erst am Ende des Jahres fällig; wird der Arbeitsvertrag vorher ordnungmäßig aufgelöst, so hat der Arbeitnehmer keinen Anspruch auf eine (auch nur pro-rata) Abgeltung des nichtgewährten Urlaubs, vgl. *Hurt* v. *Sheffield Corporation* (1916), 85 L. J. K. B. 1684[173].

250. Die verweisungsrechtliche Behandlung des Urlaubs ist in der Rechtslehre umstritten; sie ergibt sich aber für das deutsche internationale Privatrecht aus seiner privatrechtlichen Qualifikation.

Im deutschen Rechtskreis herrscht die Ansicht vor, daß der Urlaubsanspruch dem Arbeitsstatut zu entnehmen ist: vgl. LAG Frankfurt 23. 12. 1935 (deutscher Arbeitsort, sowjetisches Arbeitsstatut); GewGer. Lübeck 15. 9. 1926 und 15. 12. 1926 (Weitergeltung der tariflichen Urlaubsregelung bei Arbeit – Montage eines Trockendocks – in der Türkei). Der *österreichische* OGH 18. 9. 1934 unterwirft den Urlaubsanspruch dem Arbeitsstatut – hier dem Recht des Schweizer Arbeitsorts – und weist die Klage auf Urlaubsentschädigung ab, da nach dem Schweizer Recht Urlaub nicht geschuldet werde. Aus der Rechtslehre vgl. BEITZKE, Kollisionen B IV 5[174]; DERSCH, Die Urlaubsgesetze (1954) Anm. 232 a, 237; SATTER 919.

Zu den interlokalen Fällen s. unten Nr. 251; zu Rom 6. 10. 1949 oben Nr. 247.

Vom *französischen* Standpunkt aus zu Recht zählt NIBOYET[175] die Urlaubsgesetze zu den „lois de police"; DE VOS (oben Nr. 194 Anm. 64) nennt sie ebenfalls „lois de police", die jede Arbeit in Belgien erfassen, erklärt sie aber auch zu Teilen des (belgischen) Arbeitsstatuts. In der Entscheidung Brüssel 26. 11. 1938 wird das Urlaubsrecht zu den „zwingenden Arbeitsschutzvorschriften" gerechnet, auf die die Gesetzgebung

---

[172] Hierzu MOLENAAR II A 550 ff. [173] Lt. COOPER 250 ff.; BATT-VAINES 168.

[174] Etwas abweichend SCHNORR VON CAROLSFELD 247, 253 und RdA 11 (1958) 206.

[175] NIBOYET, Traité IV 109; Répertoire de droit civil I (1951), Stichwort Contrat de travail Nr. 282. BARTIN, Recueil des Cours de l'Académie de droit international (52 [1935 II] 583) sagt, der Urlaub unterliege dem Recht des Tätigkeitsorts (gemeint ist der Ort des Betriebes).

des Arbeitsorts Anwendung verlange: hier jedoch mit der Folge, daß das ausländische (italienische) Recht herangezogen wurde. (Ein Beispiel dafür, daß die öffentlichrechtliche Ausgestaltung eines Rechtsinstituts nicht hindert, daß sein privatrechtlicher Kern im Ausland angewandt wird.)

Die Einordnung in das Privatrecht bedeutet für den deutschen Richter, daß sich der Urlaubsanspruch nach dem Arbeitsstatut richtet. Aber man muß auch hier einige weitere Unterscheidungen treffen.

a) Bei *inländischem Arbeitsort* und ausländischem Arbeitsstatut gilt grundsätzlich nicht das deutsche Recht, sondern das Urlaubsrecht des ausländischen Arbeitsstatuts; ist dieses öffentlichrechtlich ausgestaltet, so gilt sein privatrechtlicher Kern ohne die öffentlichrechtlichen Verstärkungen – also etwa ohne die Verpflichtung zur Führung eines Urlaubsregisters, es sei denn, daß das Arbeitsstatut dem Arbeitnehmer hierauf einen Anspruch gibt. Das Arbeitsstatut gilt namentlich für die Höhe des Urlaubs, Wartezeit, Verwirkung und Verzicht, Abgeltung, aber auch für das Verbot für den Arbeitnehmer, während der Urlaubszeit anderwärts Lohnarbeit zu verrichten. Das wirkt nach beiden Seiten: es sind etwa Verwirkungsgründe des Arbeitsstatuts auch dann anzuerkennen, wenn sie in dieser Art dem inländischen Recht unbekannt sind – vorbehaltlich des ordre public –, umgekehrt kann der Urlaubsanspruch auch in Fällen bestehen bleiben, in denen das inländische Recht ihn oder zumindest den Entgeltanspruch (vgl. etwa § 8 schleswig-holsteinisches Urlaubsgesetz) aberkennen würde.

Art. 30 EGBGB kann allerdings dann eingreifen, wenn das Arbeitsstatut einen Urlaubsanspruch überhaupt nicht kennt, also auch *unbezahlte* Freizeit nicht gewährt; denn es wäre unerträglich, dem Arbeitnehmer die für die Erhaltung seiner Schaffenskraft erforderliche Ruhe ganz zu versagen. Ob darüberhinaus der ordre public die Gewährung *bezahlter* Freizeit verlangt, kann nur von Fall zu Fall entschieden werden; denn das Urlaubsentgelt kann bereits in dem nach ausländischen Maßstäben berechneten Lohn enthalten gewesen sein. Auch ist nicht jede ausländische Regelung, die unter den deutschen zeitlichen Grenzen (Normalurlaub der 12 Werktage) bleibt, schon ein Verstoß gegen die öffentliche Ordnung. Greift Art. 30 EGBGB ein, weil das Arbeitsstatut einen Urlaub nicht kennt, dann gilt statt dessen das (nächstgelegene) deutsche Urlaubsgesetz; steht der ordre public nur der Anerkennung einer drückenden Verwirkungsklausel entgegen, so ist das Arbeitsstatut so anzuwenden, als lägen die Voraussetzungen der Verwirkung nicht vor [176].

[176] Im Ergebnis übereinstimmend Schnorr von Carolsfeld a.a.O.

b) Liegt der *Arbeitsort im Ausland* und ist das örtliche Recht Arbeitsstatut, so kann das inländische Urlaubsrecht nur über Art. 30 EGBGB eingreifen. Ist deutsches Recht Arbeitsstatut, so gilt das Urlaubsrecht am Sitz des Entsende- oder Stammbetriebs, wenn das Arbeitsverhältnis im Inland seinen Ausgangspunkt hatte, sonst bis zum Erlaß eines Bundesurlaubsgesetzes das Gesetz am Sitz der Bundesregierung. Ist das Urlaubsrecht des Arbeitsorts öffentlichrechtlich ausgestaltet, so bedeutet das noch nicht, daß für das inländische Gericht dessen privatrechtlicher Kern entscheidend wäre; denn die inländische privatrechtliche Qualifikation und davon abhängig die Verweisungsnorm des Inlands bleibt auch dann maßgeblich. Aber häufig wird sich der Arbeitgeber der örtlichen Regelung nicht entziehen können, und so müssen wir wieder auf das Kriterium der Vergleichbarkeit des sozialen Schutzes zurückgreifen, wobei diesmal nicht öffentlichrechtliche Normen miteinander, sondern eine privatrechtliche mit einer öffentlichrechtlich verstärkten Norm verglichen werden. Bleiben die Ansprüche, die der Arbeitnehmer auf Grund des öffentlichrechtlich verstärkten örtlichen Urlaubsrechts hat, weit hinter den vom deutschen Recht gewährten Ansprüchen zurück – hierher zählt auch der Fall, daß ein Verwirkungsgrund eingreift, den das deutsche Arbeitsstatut nicht kennt –, oder gehen jene Ansprüche umgekehrt weit über das Maß des Arbeitsstatuts hinaus, dann bleibt es bei der Maßgeblichkeit des Arbeitsstatuts; bietet jedoch das örtliche Recht eine dem Arbeitsstatut vergleichbare Regelung, dann empfiehlt sich zur Verhinderung von Überschneidungen, das öffentlichrechtliche Ortsrecht allein heranzuziehen, das Arbeitsstatut also trotz der privatrechtlichen Einordnung des Urlaubsrechts zurücktreten zu lassen.

Letzteres ist aber dann wohl undurchführbar, wenn das örtliche Recht nicht nur Verpflichtungen des Arbeitgebers öffentlichrechtlich verstärkt, sondern durch Einschaltung von Urlaubskassen ein Dreierverhältnis herstellt. In einem solchen Fall schuldet der Arbeitgeber trotzdem den Urlaub nach dem Arbeitsstatut weiter, doch ist Urlaub, den der Arbeitnehmer von der Urlaubskasse erhält, anzurechnen. Ist die Arbeit von kürzerer Dauer und deshalb durch die Beitragszahlungen des Arbeitgebers zur Urlaubskasse ein Anspruch noch nicht entstanden, so kann der Arbeitgeber nach Rückkehr den Arbeitnehmer, der den vollen Urlaub verlangt, nicht auf die im Ausland geklebten Marken verweisen. Einer solchen Doppelbelastung des Arbeitgebers kann nur eine staatsvertragliche Regelung abhelfen.

Sieht umgekehrt das deutsche Arbeitsstatut tarifvertraglich das System der Urlaubsmarken vor, so steht nichts im Wege, daß der Arbeitgeber weiterhin in der Bundesrepublik die Marken klebt; es ist aber seine Sache, bei Beschäftigung im Ausland für ihre Einlösung zu sorgen und dem Arbeitnehmer das Urlaubsgeld zu übermitteln.

251. Die landesrechtlich verschiedene Regelung des Urlaubs ist auch im interlokalen Verweisungsrecht bedeutsam geworden. § 1 des bremischen Urlaubsgesetzes knüpft den Urlaubsanspruch nach bremischem Recht nicht nur an das bremische Arbeitsstatut, sondern auch an die Arbeit entweder in Bremen oder für einen Betrieb mit Sitz in Bremen: eine durch diese Häufung exorbitante Norm, die den Geltungsbereich des bremischen Urlaubsrechts über Gebühr ausdehnt und keine Nachahmung verdient [177].

Auf § 1 brem. Urlaubsgesetz beruht LAG Bremen 18. 4. 1951: ein Bauarbeiter war in Niedersachsen auf einer Baustelle von gewisser Selbständigkeit eingestellt worden, hatte dann in Bremen, anschließend wieder in Niedersachsen gearbeitet, wo er entlassen wurde. Er verlangt Urlaub nach bremischem Recht; hier wird (im Saisongewerbe) eine Wartezeit von zwei, im niedersächsischen eine solche von sechs Monaten vorausgesetzt. Das Gericht wendet bremisches Recht an, weil das Unternehmen in Bremen seinen Sitz habe, denn der jeweilige Arbeitseinsatz werde von Bremen aus „zentral gelenkt". Das Argument überzeugt jedoch nicht, denn es gilt von jeder Arbeit, also auch von der Arbeit von Ortskräften, die in Niedersachsen eingestellt und wieder entlassen werden, deren Ansprüche doch sicherlich nach niedersächsischem Recht beurteilt werden müßten. Die Beweisführung des Gerichts verwischt auch den Unterschied von Betrieb und Unternehmen. Aber die Entscheidung rechtfertigt sich aus dem Gedanken, daß es den mutmaßlichen Interessen der Parteien entsprochen habe, ihre Beziehungen nicht dem (dreimaligem Wechsel unterworfenen) jeweiligen Ortsrecht, sondern dem Recht am Sitz des Unternehmen zu unterstellen, so daß bremisches Urlaubsrecht nach dem dritten Anknüpfungspunkt des § 1 brem. Urlaubsgesetz (bremisches Arbeitsstatut) anwendbar war.

Vgl. weiter die Bauarbeiter betreffenden Fälle LAG Frankfurt 13. 4. 1948 und ArbG Offenburg 17. 2. 1955; MOLITOR kritisiert die zweite dieser Entscheidungen, aber nicht wegen der Verbindung von Urlaubsanspruch und Arbeitsstatut, sondern wegen dessen Anknüpfung an den Arbeitsort, vgl. oben Nr. 113. ArbG Heidelberg 28. 6. 1956 beurteilt die Urlaubsansprüche eines Zweigstellenleiters ebenfalls nach dem Recht am Ort der Zweigstelle als dem an den „Betriebsort" angeknüpften Arbeitsstatut.

252. Zu dem bei deutschem Arbeitsstatut auch bei Arbeit im Ausland anwendbaren Urlaubsrecht gehören auch die *Zusatzurlaube* für *Jugendliche, Schwerarbeiter, Schwerbeschädigte.*

Der Zusatzurlaub für Schwerbeschädigte ist nicht eine Belohnung für dem Staat gebrachte Opfer, sonst dürfte er dem von Geburt an Blinden (§ 1 II SchwBG) nicht zustehen, sondern Ausgleich für die mit der Arbeit verbundene größere Schwächung des Organismus des Schwerbeschädigten; er ist mithin auch nicht Abwälzung eines Teils des Staatsbedarfs auf den Arbeitgeber (so SCHNORR VON CAROLSFELD 247). Damit ist § 33 SchwBG bei deutschem Arbeitsstatut auch im Ausland anwendbar – natürlich soweit es sich um einen „Schwerbeschädigten" im Sinne des § 1 ff. des Gesetzes handelt; umgekehrt gilt er aber für alle Schwerbeschädigten mit Arbeitsort in der Bundesrepublik, auch wenn ihr Arbeitsverhältnis einem ausländischen Recht untersteht.

---

[177] Gegen sie FREY, AuR 8 (1955) 34.

Wo ein Zusatzurlaub für *politisch Verfolgte* gewährt wird, teilt eine solche Bestimmung jedoch den Geltungsbereich nicht des Arbeitsstatuts, sondern des Entschädigungsrechts.

Das wird durch Nr. 7 der DVO zum Niedersächsischen Urlaubsgesetz deutlich, wonach der Unternehmer den für den Urlaub aufgewendeten Betrag vom Staat zurückerhält. Daraus ergibt sich, daß hier vom Unternehmer eine Staatsaufgabe wahrgenommen wird. Weder wird ein ausländischer Staat zu einer solchen Rückgewähr geneigt sein, noch das Land Niedersachsen eine solche für im Ausland verwirklichte Arbeitsverhältnisse vornehmen.

Der Anspruch auf Urlaub gemäß Art. 48 GG ist bei Arbeitsverhältnissen im Ausland ebenfalls nicht gegeben.

8. Lohn

253. Im deutschen Recht gehört der Lohn im wesentlichen in den privaten Bereich. Die einzelvertragliche Vereinbarung der Lohnhöhe wird zwar in der großen Masse der Fälle durch die – ihrerseits privatrechtlich zu qualifizierende – tarifliche Regelung verdrängt, spielt aber doch in den Fällen mit Auslandsberührung eine verhältnismäßig große Rolle. Um den privaten Kern des Lohnrechts rankt sich ein Kranz von Lohnschutzmaßnahmen, die es einzuordnen und nach ihrem verweisungsrechtlichen Standort zu untersuchen gilt [178].

Im allgemeinen ist auch in den andern hier behandelten Ländern die Lohnregelung – mit Ausnahme der Niederlande – in ihrem Kern privatrechtlich geblieben, was nicht hindert, daß sie von öffentlichrechtlichen Lohnschutzvorschriften eingerahmt wird, die die verschiedensten Gebiete erfassen, wie etwa Mindestarbeitsbedingungen (Österreich, Frankreich), Vereinbarung und Einräumung eines Standgelds (Österreich, Frankreich, Belgien), Lohnzahlungsfristen (Frankreich), Verbot der Verlustbeteiligung (Belgien), Zahlungsort, Empfangsberechtigung, Messung des Arbeitsergebnisses (Belgien), Truckverbot (England) usw.

Daß die Lohnzahlung als solche die Hauptverpflichtung des Arbeitgebers gegenüber dem Arbeitnehmer bildet und damit zum Privatrecht gehört, gilt u. a. für das heutige *italienische* Recht [179]. Zwar ist der Zug vom „Lohn als Gegenleistung" zum „Lohn als Existenzsicherung" nicht zu verkennen und wird auch durch Art. 36 der Verfassung (s. oben Nr. 13) kenntlich; doch hat nach Ansicht der italienischen Arbeitsrechtslehre

[178] Zum deutschen Lohnrecht s. Hueck-Nipperdey §§ 40 ff.; Nikisch I 278 ff.; Kaskel-Dersch 150 ff.

[179] Riva Sanseverino, Trattato II 55 ff. und 165 ff.; Santoro Passarelli 160 ff.; Barassi, Elementi 169; Paroli 144 f.

die Lohnzahlungspflicht in der heutigen Übergangszeit ihren früheren privatrechtlichen Charakter wiedererlangt. Sie ist denn auch keine Wertschuld, sondern eine Geldschuld [180].

In zahlreichen Entscheidungen ging es u. a. um Fragen des Lohns; indem die Gerichte nach dem auf den Arbeitsvertrag anwendbaren Recht fragten, entschieden sie mittelbar, daß der Lohn in den privatrechtlichen Bereich des Arbeitsstatuts gehört und gleich diesem anzuknüpfen ist.

Vgl. RAG 27. 8. 1930 (Gehalt, Reisekosten); 11. 2. 1933 und 20. 7. 1935 (Gehalt, Spesen); LAG München 16. 5. 1950 (Lohn, Pension); LAG Frankfurt 14. 3. 1951; LAG Stuttgart 31. 3. 1955 u. a.

Anders die *italienische* Rechtsprechung, die auch die Fragen des Lohns als Teil der öffentlichrechtlichen Regelung der arbeitsvertraglichen Beziehungen ansieht (oben Nr. 127), vgl. bezeichnend Kassationshof 6. 2. 1933: Gehaltsfragen (und Fragen der Kündigungsentschädigung) gehörten zu den „sfere di rapporti sulla cui disciplina anche nell' ambito del nostro diritto interno si esplica nel modo più geloso ed esclusivo quell' autonomia di poteri che gli Stati sono tenuti a reciprocamente rispettare"; ähnlich ZG Genua 8. 1. 1935 und viele andere.

Venturini stützt sich auf Art. 36 der italienischen Verfassung für die Behauptung, daß Lohn und Arbeitsleistung nicht mehr in einem synallagmatischen Verhältnis zueinander stünden und entnimmt daraus, daß das Arbeitsverhältnis dadurch aus der Sphäre des Vertrags herausgehoben würde (oben Nr. 128). Gemma 163 f. macht folgende Unterscheidung: unterliege der Lohn freier Vereinbarung, so gelte das Vertragsstatut, werde er hingegen „con metodi e organi non individuali" festgesetzt, so gelte das Recht des Arbeitsorts.

254. Zum Arbeitsstatut gehören Vorschriften über die *Höhe des Lohnes*, die sich im deutschen Recht nach der Vereinbarung, sonst, soweit nicht Tarifnormen eingreifen, nach den §§ 612 BGB, 59 HGB richtet.

Wenn § 59 HGB für die Höhe der Vergütung des Handlungsgehilfen auf den Ortsgebrauch verweist, so ist, wenn der Arbeitsort im Ausland liegt, stets zu prüfen, ob nicht eine etwaige Vereinbarung deutschen Rechts vor der Verschickung obige Auslegungsregel ausschalten wollte. Auch in andern Fällen kann sie unangemessen sein [181].

Dagegen sind öffentlichrechtlich die nach dem Gesetz vom 11. 1. 1952 festgesetzten *Mindestarbeitsbedingungen;* ebenso die *bindenden Entgeltfestsetzungen* nach §§ 92 a HGB, 19 HeimarbG [182].

255. Das gleiche Zusammenspiel privater und öffentlicher Regelung der Lohnhöhe findet sich auch in vielen ausländischen Rechtsordnungen.

In *Österreich* unterliegt der Lohn grundsätzlich der freien Vereinbarung, die jedoch durch Mindestlohnbestimmungen und allgemeinverbindliche Tarifverträge begrenzt

[180] Barassi, Elementi 257; Riva Sanseverino, Trattato II 60 f.; in der Rechtsprechung besteht eine gewisse Neigung, die Lohnschuld einer Wertschuld anzunähern, vgl. die Nachweise ebda. 61 Anm. 1 und Santoro Passarelli 161.

[181] Zutreffend Schnorr von Carolsfeld 181 (für § 612 II BGB).

[182] Hierzu Kaskel-Dersch 150.

wird. Ist die Höhe des Lohns nicht ausdrücklich festgelegt, so wird ein angemessener Lohn geschuldet, § 1151 ABGB. Wo tarifvertragliche Bestimmungen nicht möglich sind, weil auf der Arbeitgeberseite eine tarifvertragsfähige Körperschaft fehlt, kann das Einigungsamt (s. oben Nr. 29) Mindestlöhne festsetzen; diese gehen in den Arbeitsvertrag zwingend ein: Mindestlohntarifgesetz vom 4. 7. 1951.

Privatrechtlich einzuordnen ist auch das Lohnrecht der *Schweiz*, vgl. Art. 330 I OR, und *Italiens*. Nach *italienischem* Recht unterliegt die Höhe der Bestimmung durch Tarifvertrag, örtliche Gebräuche, Einzelabrede, schließlich der Entscheidung des Richters, Art. 2099 C. c. Der Richter hat das Recht, zu niedrigen Lohn zu erhöhen, was auch mit Art. 36 der Verfassung, der kein Programmsatz, sondern geltendes Recht darstellt, begründet wird [183].

Wie steht es mit Normen wie etwa G. vom 27. 12. 1953 Nr. 940, wonach von 1953 ab den Hausbediensteten ein dreizehntes Monatsgehalt zu zahlen ist? M. E. bleiben sie im Bereich des Privatrechts, ist doch dem Gesetz, soweit ich sehe, staatlicher Nachdruck durch Strafen und Verwaltungszwang nicht verliehen.

In *Frankreich* ist die staatliche Festsetzung der Lohnhöhe [184] durch das Gesetz vom 11. 2. 1950 wieder abgeschafft worden. Staatlich festgesetzt wird lediglich ein allgemeiner Mindestlohn, der nicht unterschritten werden darf und strafrechtlich gesichert ist, Art. 31 z b Buch I C. Trav.; alle sonstigen Vereinbarungen sind den Tarifpartnern bzw. den Parteien des Arbeitsvertrages überlassen [185].

256. In *Belgien* ist die Höhe des Lohnes der Vereinbarung überlassen, Art. 5 AngG, Art. 3 ArbG, und gehört mithin zum privaten Bereich. Die nicht für allgemeinverbindlich erklärten Tarifverträge und die Gebräuche gelten wie nachgiebiges Recht, greifen also bei Schweigen der Parteien auch dann ein, wenn die Partner nicht tarifgebunden sind. Entscheidungen der „Commissions paritaires" (s. unten Nr. 331), die Gesetzeskraft erga omnes besitzen, gehen natürlich zwingend in den Arbeitsvertrag ein. Ein eigenes, wohl als öffentlichrechtlich anzusehendes Gesetz betrifft die Messung des Arbeitsergebnisses: Gesetz vom 30. 7. 1901 [186].

In den *Niederlanden* ist die Höhe des Lohns durch den BBA der privaten Vereinbarung entzogen worden; damit ist zwar nicht alles, was sich um den Lohn dreht – so Molenaar I 861 – aber doch ein wesentlicher Teil in das Gebiet des öffentlichen Rechts verschoben [187]. Trotzdem bleibt der privaten Sphäre noch eine große Reihe von Rechtsfragen erhalten. Im einzelnen gilt, daß Lohn- und Arbeitsbedingungen vom „Kollegium der Reichsvermittler" bindend in Richtlinien festgelegt werden können, Art. 12 BBA. Hierzu kann der Anstoß entweder von den Sozialpartnern oder vom Kollegium selbst ausgehen. Die Richtlinien gelten zwingend, ein Abweichen ist auch zugunsten des Arbeitnehmers nicht gestattet; sie greifen auch ein, wenn der Arbeitsvertrag nichtig ist. Zuwiderhandlungen werden bestraft, Art. 16 BBA. Bei neu errichteten Unternehmen

---

[183] Vgl. kürzlich Kassationshof 4. 8. 1956, M. T. 1957, 367; 11. 10. 1956, M. T. 1956, 560; Riva Sanseverino, Trattato II 173 ff.; Barassi, Elementi 169 ff.; Santoro Passarelli 160 ff.

[184] Hierzu Durand-Vitu II 269 ff.

[185] Rouast-Durand 419 ff.; Rivéro-Savatier 404 ff.; Brun-Galland 442 ff.

[186] Goethem-Geysen 65 f.

[187] Molenaar II A 73 nennt den BBA „zeitgebundenes Notrecht" mit einer „Neiging tot permanentie".

hat der Arbeitgeber den Lohn und die Arbeitsbedingungen zu gewähren, die dem in ähnlichen Unternehmen Üblichen entsprechen, Art. 18 BBA [188].

Eine eigenartige Regelung des Verzugszinses bei nicht rechtzeitiger Lohnzahlung enthält Art. 1638 q BW. Gerät der Arbeitgeber mit der Lohnzahlung mehr als drei Tage in Rückstand, so erhöht sich die geschuldete Lohnsumme um einen gewissen Hundertsatz; die Vorschrift ist nur abdingbar, wenn der Tagesverdienst mehr als 10 Gulden beträgt. Die Vorschrift ist als privatrechtlich anzusehen; sie erfüllt die Aufgabe eines – allerdings recht erheblichen! – Verzugszinses. Kantonsgericht Amsterdam 8. 7. 1910 bezeichnet sie als „zivilrechtliche Strafe wegen säumiger Zahlung" und wendet sie auf einen in Amsterdam erfüllten, deutschem Recht unterliegenden Vertrag nicht an (s. oben Nr. 138).

In *England* unterliegt die Lohnhöhe im wesentlichen vertraglicher Vereinbarung und den Tarifverträgen. Daß Lohn überhaupt geschuldet wird, setzt das Bestehen eines Arbeitsvertrages voraus, der jedoch bei widerspruchsloser Entgegennahme der Arbeitsleistung durch den Arbeitgeber vermutet wird (vgl. oben Nr. 182). Doch sind zum Schutz der nicht organisierten Arbeitnehmer auch einige Gesetze ergangen: an erster Stelle steht hier der Wages Councils Act, 1945–1948: wenn über Lohn und Urlaub von den Sozialpartnern keine angemessene Regelung zu erwarten, hierzu „no adequate machinery" vorhanden ist, kann der zuständige Minister auf Betreiben eines oder beider Sozialpartner oder aus eigenem Entschluß eine Lohnkommission, Wages Council, einberufen, die aus Vertretern beider Seiten unter Vorsitz eines unbeteiligten Dritten besteht. Die Kommission macht Vorschläge, auf deren Grundlage der Minister die Wages Regulation Order erläßt. Diese Order tritt an Stelle der dem Arbeitnehmer ungünstigeren vertraglichen Abmachungen. Zuwiderhandlungen des Arbeitgebers werden bestraft [189]. Die Wages Councils sind für etwa 30 % der arbeitenden Bevölkerung von Bedeutung [190]. Die Bestimmungen der Orders gelten, auch wenn ein gültiger Arbeitsvertrag nicht vorhanden ist: *Pauley* v. *Kenaldo Ltd.*, [1953] 1 All E. R. 226 Auch in *Ecuador* (Art. 44, 57 ff. ArbGB) und in *Mexiko* wird durch Sonderkommissionen ein Mindestlohn festgesetzt, der nicht unterschritten werden darf [191].

257. Verweisungsrechtlich gilt folgendes:

Öffentlichrechtliche Regelungen des Mindestlohns des *Inlands* gelten unabhängig vom Arbeitsstatut und der Staatsangehörigkeit der Parteien, wenn die *Arbeit* (nicht nur vorübergehend) *im Inland* geleistet wird [192].

Das ist namentlich für Handelsreisende und -vertreter unter ausländischem Arbeits- bzw. Handelsvertreterstatut von Bedeutung.

Liegt der *Arbeitsort im Ausland*, so gelten die Mindestlohnvorschriften

---

188 Grinten-Haakman 84 ff.; Molenaar II A 484 ff.

189 Cooper 250 ff.

190 Kahn-Freund, Dir. lav. 25 (1951) 86.

191 Lopez Aparicio, Bericht zum 2. intern. Kongreß für Sozialrecht Brüssel 1958, S. 6; de la Cueva I 674 ff.

192 Beitzke, Kollisionen B II 2 für alle Normen des Lohnschutzes; für *Frankreich* Freyria 22, der sie als zum ordre public gehörig ansieht; Rouast, Festschrift Pillet 212; Durand-Vitu II 629 Anm. 1, wo Mindestlohnvorschriften als „lois de police" im Sinn des Art. 3 C. c. bezeichnet werden. Für *England* ebenso wie hier Dicey-Kahn-Freund 759 Anm. 48.

des Inlands nicht. Ist das örtliche Recht auch Arbeitsstatut, so folgt das aus den allgemeinen Grundsätzen, und es kann nur der ordre public helfen, wenn der Arbeitgeber unerträglich niedrige Löhne zahlt und dies auch nach dem örtlichen Arbeitsstatut keine Verletzung seiner Fürsorgepflicht bedeutet. Ist deutsches Recht Arbeitsstatut, so könnte man zunächst geneigt sein, auch hier wie in den andern Fällen die inländischen Mindestlohnvorschriften als Ausgestaltung der Fürsorgepflicht anzusehen und damit zu ihrer extraterritorialen Anwendbarkeit zu gelangen. Aber man kann der Erstreckung inländischer Mindestlohnvorschriften m. E. nicht ohne weiteres das Wort reden; denn sie sind vielfach zu stark von örtlichen in das Ausland mit seinen anderen Lebensbedingungen nicht übertragbaren Voraussetzungen abhängig, sofern ihre Anwendbarkeit nicht schon daran scheitert, daß zum Betrieb im Ausland eine örtliche Beziehung fehlt. Aber der Arbeitgeber hat in der Vereinbarung unziemlich niedriger Löhne nicht freie Hand; auch wo die Voraussetzungen des § 138 BGB noch nicht erfüllt sind, liegt darin eine Verletzung seiner – nach den Umständen zu bemessenden – Fürsorgepflicht.

Die Unterschreitung der inländischen Mindestvorschriften begründet jedoch eine Vermutung in dieser Hinsicht, wenn die Lebensbedingungen am Arbeitsort gleich teuer sind wie im Inland.

Die *Mindestlohnvorschriften des Arbeitsorts* sind im Inland als Recht anzuerkennen, wenn das örtliche Recht auch Arbeitsstatut ist. Ist deutsches Recht Arbeitsstatut, so gehen sie in die Fürsorgepflicht ein, wenn – wie meist – bei ihrem Erlaß der soziale Schutzzweck ausschlaggebend war. Zumindest begründet es auch hier die Vermutung der Verletzung der Fürsorgepflicht, wenn der Arbeitgeber unter den örtlichen Mindestbedingungen bleibt (oder zu bleiben versucht, solange ihn die örtlichen Behörden nicht zu ihrer Einhaltung zwingen).

258. Wie steht es mit örtlichen öffentlichrechtlichen *Lohnstopmaßnahmen,* die eine Erhöhung des Lohns verhindern wollen?

Vgl. den *niederländischen* BBA (oben Nr. 254) oder die finnische VO vom 29. 1. 1951 Nr. 509 über die Festsetzung der Löhne.

Ist bei Arbeit in einem Land, das solche Maßnahmen ergreifen mußte, deutsches Recht Arbeitsstatut, so ist die Vereinbarung eines höheren als des örtlichen Höchstlohns nicht gemäß § 134 BGB nichtig, da es sich hier um wirtschaftspolitische, nicht soziale Maßnahmen handelt (oben Nr. 176). Aber der Arbeitgeber kann an der Zahlung des höheren Lohns tatsächlich gehindert sein; allerdings aus einem Grunde, der in seine Risikosphäre fällt, und deshalb kann der Arbeitnehmer zwar nicht den vollen vereinbarten Lohn verlangen (auch nicht nachverlangen), wohl aber kündigen und den Arbeitgeber für den Schaden verantwortlich machen, der ihm erwachsen ist; er muß dabei nachweisen, daß er den Arbeitsvertrag zu den örtlich zulässigen Bedingungen nicht geschlossen hätte.

Einzeleingriffe in die Lohnhöhe *von hoher Hand* sind im internationalen Bereich in der Regel nicht als Recht, sondern allenfalls nur als Tatsache anzuerkennen. Im interlokalen Bereich haben sie jedoch den Geltungsbereich, den sie sich selbst zuerkennen (oben Nr. 177 a), vgl. LAG Stuttgart 16. 12. 1947.

259. Manche Rechte regeln den Fall der *laesio enormis* eigens.

So bestimmt etwa Art. 6 *belgisches* AngG, daß der Angestellte den Arbeitsvertrag vom Gericht auflösen lassen kann, wenn das vereinbarte Entgelt weniger als die Hälfte des ortsüblichen beträgt.

Die Rechtsfolgen der laesio enormis sind dem Arbeitsstatut zu entnehmen [193], doch wird hier der ordre public besonders wach sein, und zwar nicht nur bei Arbeit im Inland oder wenn deutsche Arbeitnehmer, sondern auch, wenn bei Auslandsbetrieben deutsche Arbeitgeber oder Unternehmen unter deutschen Firmennamen oder unter deutschem Kapitaleinfluß beteiligt sind.

260. Der Satz „Gleicher Lohn für gleiche Arbeit" ist zwar in Art. 3 GG verankert [194], aber auch er ist, wie andere Verfassungssätze, dem internationalen Privatrecht unterworfen. Er gilt mithin bei deutschem Arbeitsstatut, auch wenn die Arbeit im Ausland geleistet wird, – daß die Parteien oder gar nur die Arbeitnehmerin deutsche Staatsangehörige ist, genügt hingegen nicht –, er gilt hingegen nicht bei Arbeiten in der Bundesrepublik unter ausländischem Arbeitsstatut.

---

[193] Ebenso de Vos II 616; Rouast, Festschrift Pillet 210 will an das Recht des Arbeitsorts und an das Heimatrecht des Arbeitnehmers anknüpfen.

[194] Vgl. Hueck-Nipperdey I 259 f.; Nikisch I 302 ff.; Kaskel-Dersch 152 f. Der Grundsatz der Lohngleichheit für Frauenarbeit ist nach *französischem* Recht obligatorischer Inhalt von Tarifverträgen, die einer Allgemein-Verbindlichkeitserklärung fähig sein wollen, Art. 31 g Nr. 2 d Buch I C. Trav., ist auch nach *argentinischem* Recht in die Tarifverträge aufzunehmen, vgl. Krotoschin, Bericht zum 2. intern. Kongreß für Arbeitsrecht, Genf 1957, S. 2 f.

Zum *italienischen* Recht vgl. Guidotti, La parità di retribuzione per il lavoro femminile, Riv. dir. lav. 9 (1957) 344 ff.; zum *mexikanischen* Recht, wo der Grundsatz in der Verfassung, Art. 123 Abs. 7 verankert ist und allgemeine Bedeutung (auch im Verhältnis zum Ausländer und schlechthin innerhalb vergleichbarer Arbeit) besitzt, vgl. de la Cueva I 654 ff.; Lopez Aparicio, Bericht zum 2. intern. Kongreß für Sozialrecht, Brüssel 1958, S. 6.

Unterliegt also der Arbeitsvertrag der Bibliothekarin des englischen Konsuls in der Bundesrepublik englischem Recht und sieht ein einschlägiger Tarifvertrag einen Abschlag von 10 % für Frauenarbeit vor, so kann sie nicht den Unterschiedsbetrag unter Hinweis auf Art. 3 GG verlangen.

261. *Empfangsberechtigung.* Empfangsberechtigt zur Entgegennahme des Lohns ist in der Regel der Arbeitnehmer und nur er [195].

Dies besagt etwa Art. 4 des *belgischen* Gesetzes vom 16. 8. 1887/22. 6. 1953 über die Lohnzahlung an Arbeiter, wobei abweichende Abreden des Arbeiters natürlich vorbehalten sind. Art. 1638 f BW gibt dem gesetzlichen Vertreter des minderjährigen Arbeitnehmers das Recht, Zahlung an sich selbst zu verlangen [196].

Zu erwägen ist, ob die Empfangsberechtigung nach dem Arbeitsstatut allein zu beurteilen ist, oder ob bei Minderjährigen das Gewaltstatut, bei der Ehefrau das Recht, das die persönlichen Ehewirkungen beherrscht, mitzuberücksichtigen sein soll. M. E. gilt letzteres in einem negativen Sinn: damit der gesetzliche Vertreter bzw. der Ehemann die Auszahlung des Lohns (gar ein zweites Mal) an sich verlangen kann, muß ihm dieses Recht von beiden Statuten gegeben werden.

Eine Norm wie Art. 1638 f BW greift also nur ein, wenn sie einmal im Arbeitsstatut enthalten ist: denn wie käme der Arbeitgeber dazu, den Lohn u. U. ein zweites Mal zu entrichten, wenn das Arbeitsstatut eine solche Möglichkeit nicht vorsieht? Zudem muß aber auch das Gewaltstatut eine solche Möglichkeit vorsehen, denn es besteht kein Anlaß, daß die Rechte des gesetzlichen Vertreters durch den – zufälligen – Umstand vergrößert werden, daß der Arbeitsvertrag des Minderjährigen einem Recht mit einer solchen Vorschrift unterliegt. Es kann also der gesetzliche Vertreter, der nach dem Gewaltstatut auf die Lohnzahlung an den Minderjährigen keinen Einfluß hat, Zahlung an sich selbst nicht verlangen.

262. Die *Fälligkeit* des Lohns ist im deutschen Recht privatrechtlich einzuordnen, vgl. §§ 614 BGB, 64 HGB. Sie ist nach dem Arbeitsstatut zu beurteilen.

Normen über die Fälligkeit des Lohns enthalten nicht alle Rechte. Sie ist teils privatrechtlich (Österreich, wohl auch Niederlande), teils öffentlich-rechtlich (Frankreich, Belgien), teils sowohl privat- wie öffentlichrechtlich (Schweiz) geregelt.

Vgl. für *Österreich* § 1154 ABGB, wonach der Lohn nach Leistung der Dienste geschuldet wird, § 77 Gewerbeordnung (für gewerbliche Arbeiter 14tägige Lohnzahlungsfrist, wenn nichts anderes vereinbart), § 15 AngG (für Angestellte 14tägige, bei Ver-

---

[195] Hueck-Nipperdey I 242 ff.; Nikisch I 309; Kaskel-Dersch 175 f. Ausnahmen nach § 119 a II Nr. 2 GewO.

[196] Molenaar II A 79 f.

einbarung monatliche Zahlung), § 15 SchauspielerG und andere[197]. Für die *Schweiz* vgl. Art. 333 OR[198], für die *Niederlande* Art. 1638 l BW.

Durch Strafvorschriften gesichert und mithin als vom *französischen* Standpunkt öffentlichrechtlich aus anzusehen, ist die Vorschrift des Art. 44 Buch I C. Trav., wonach Arbeiter mindestens 16tägig, Angestellte mindestens monatlich entlohnt werden müssen, Handelsvertreter alle drei Monate Abrechnung verlangen können[199]. Öffentlichrechtlich ist auch Art. 5 des *belgischen* Gesetzes vom 16. 8. 1887 in der Fassung vom 22. 6. 1953 über die Lohnzahlung an Arbeitnehmer, in dem die Bestimmungen über die Zahlungsfristen enthalten sind. Nach *mexikanischem* Recht sind Handarbeiter wöchentlich, Hausangestellte und sonstige Arbeitnehmer vierzehntägig zu entlohnen[200]; Art. 46 des *equatorianischen* Arbeitsgesetzbuches sieht für Arbeiter wöchentliche Lohnzahlung vor.

263. Auch die Frage nach dem *Ort der Lohnzahlung*[201] beurteilt sich nach dem Arbeitsstatut.

Vgl. hierzu den Fall Rechtsbank den Haag 22. 12. 1954: der Kläger hatte in den Niederlanden Klage auf Zahlung von Lohn und Kündigungsentschädigung erhoben, obwohl das Arbeitsverhältnis indonesischem Recht unterlag und Art. 1602 k des indonesischen BW vorschreibt, daß die Zahlung nur in Indonesien erfolgen dürfe; die Klage wurde abgewiesen, da jedes andere Ergebnis die indonesischen Devisenvorschriften verletzt hätte und damit auch nicht der Billigkeit entsprechen könnte.

Zum Verbot der Lohnzahlung in Gastwirtschaften s. jedoch unten Nr. 281.

264. Die Vorschriften der Gewerbeordnung über *Lohnbelege* sind öffentlichrechtlich, vgl. die Strafdrohung § 146 I Nr. 2 GewO.

Ebenso die entsprechenden Vorschriften des *französischen* Rechts, Art. 44 a, 44 b Buch I C. Trav., gesichert durch Art. 104 Buch II C. Trav.[202].

Aus der Einordnung ergibt sich die verweisungsrechtliche Behandlung.

265. Die *Verjährung* der Lohnforderung, das Eingreifen von *Ausschlußfristen* und die *Verwirkung*[203] gehören nach deutscher Auffassung

---

[197] Hämmerle 220 ff.

[198] Weitere privat- und öffentlichrechtliche Vorschriften über die Lohnzahlung s. Art. 25 FabrikG. Über die Qualifikation Schweingruber 165; Oser-Schönenberger V/2, 1132 f.; Eichholzer 46.

[199] Durand-Vitu II 642 ff.; Rouast-Durand 424; Lyon-Caen 296; Rivéro-Savatier 421 f.; Brun-Galland 485 f.

[200] Lopez Aparicio, Bericht zum 2. intern. Kongreß für Sozialrecht, Brüssel 1958, S. 7; de la Cueva 706 ff.

[201] Hueck-Nipperdey I 263; Nikisch I 312 f.; Kaskel-Dersch 173.

[202] Durand-Vitu II 645 ff.; Rouast-Durand 430; Lyon-Caen 297; Rivéro-Savatier 423 f.; Brun-Galland 494 ff.

[203] Hueck-Nipperdey I 265 ff.; Nikisch I 314 ff.

zum privaten Bereich. Sie beurteilen sich nach dem Wirkungs- [204], hier also nach dem Arbeitsstatut [205].

266. *Rechtsvergleichung.* Die Verjährung der Lohn- und sonstigen Ansprüche aus dem Arbeitsverhältnis ist nicht in allen Ländern gleich ausgestaltet. Einige Rechtsordnungen kennen sie wie die deutsche als Einrede (Österreich, Schweiz, Belgien und England); andere (Italien, Frankreich, Niederlande) sehen in ihr nur eine Vermutung der Zahlung, die dadurch entkräftet werden kann, daß dem Schuldner (Arbeitgeber) der Eid darüber zugeschoben wird, daß die Schuld (der Lohn usw.) bezahlt ist. Verweigert der Schuldner den Eid – etwa auch weil er zwar annimmt, seinen Verpflichtungen genügt zu haben, es aber doch nicht beschwören zu können glaubt – so muß er zahlen; andere Beweismittel dafür, daß die Schuld beglichen oder nicht beglichen ist (Zeugen, Schriftstücke) sind nicht zulässig. Neben diese schwächere Art der Verjährung tritt in Italien eine fünfjährige, in Frankreich die allgemeine 30jährige Verjährungsfrist; diese letzteren sind Einreden wie im deutschen Recht. Außerdem gibt es in allen Rechten kürzere Ausschlußfristen, die den Anspruch als solchen entkräften.

In *Österreich* verjähren Lohnansprüche regelmäßig in drei Jahren, § 1486 Ziff. 3 ABGB; die Sondergesetze kennen zahlreiche Ausschlußfristen, meist von 6 Monaten, z. B. § 34 AngG. In der *Schweiz* beträgt die Verjährungsfrist 5 Jahre, Art. 128 Ziff. 3 OR; die Verjährung läuft nicht während der Dauer der Hausgemeinschaft, Art. 134 Ziff. 4 OR.

Das *italienische* Recht kennt die schwächere und durch Eideszuschiebung oder Anerkenntnis im Prozeß zu entkräftende Verjährungsfrist von einem bzw. drei Jahren (Art. 2955, 2956 C. c.) und die allgemeine auslöschende Verjährung von 5 Jahren (Art. 2948 Nr. 4 C. c.) [206]. In *Frankreich* beträgt die normale Verjährungsfrist für Klagen auf Lohn und gleichgestellte Bezüge 6 Monate – bei Hausangestellten ein Jahr – mit der Möglichkeit, daß die Einrede im Prozeß durch Verweigerung des Parteieides oder durch Anerkenntnis des Beklagten entkräftet wird, Art. 49 Buch I C. Trav., Art. 2271, 2272, 2274, 2275 C. c. [207].

Dagegen bildet in *Belgien* die Verjährung keine bloße Vermutung der Zahlung, sondern entkräftet den Anspruch selbst. Die Frist endet bei Arbeitern 3 Jahre nach Begründung des Anspruchs, spätestens jedoch ein Jahr nach Beendigung des Arbeitsvertrags, Art. 6 ArbG; bei Angestellten ein Jahr nach Beendigung des Arbeitsvertrages,

[204] H. M., vgl. statt aller SOERGEL-KEGEL 39 f.

[205] Vgl. LAG Stuttgart 31. 3. 1955.

[206] RIVA SANSEVERINO, Trattato II 309 ff.

[207] DURAND-VITU II 770 ff.; ROUAST-DURAND 425; LYON-CAEN 306 ff.; RIVÉRO-SAVATIER 429 f.; BRUN-GALLAND 504 ff. Die Gerichte scheinen jedoch mit der Annahme eines Anerkenntnisses im Prozeß rasch bei der Hand zu sein, vgl. RIVÉRO-SAVATIER 430.

Art. 34 AngG [208]. Zu einigen besonderen Verjährungsfristen vgl. Novelles 98 ff.; bei Angestellten mit einem jährlichen Gehalt über 180 000 frs. gelten die Verjährungsregeln des bürgerlichen Rechts, mithin die fünfjährige Frist des Art. 2277 C. c.

In den *Niederlanden* verjähren Lohnforderungen in einem Jahr, wenn der Lohn in kürzeren als dreimonatigen Abständen zahlbar ist, Art. 2005 BW. Die Verjährung beruht auf der Vermutung der Zahlung und kann durch Eideszuschiebung ausgeräumt werden, Art. 2010 BW. Ansprüche aus ungerechtfertigter Entlassung (unten Nr. 304) sowie Nachforderungen wegen unzulässiger Art der Entlohnung (s. unten Nr. 279) erlöschen in 6 Monaten, Art. 1637 t, 1638 j, 1639 u BW. Diese Fristen sind Ausschlußfristen, die nicht durch Eideszuschiebung auszuräumen sind; sie sind vom Richter ex officio zu beachten und gehören zum zwingenden Recht. Abreden, durch die die Verjährungsvorschriften geändert werden, sind nichtig [209].

Nach *englischem* Recht verjähren Lohnansprüche in 6 Jahren, Limitation Act, 1939, s. 2 (1) (a); Ansprüche aus Verträgen „unter Siegel", „specialties", jedoch erst nach 12 Jahren, s. 2 (3) a.a.O. [210].

267. Bei der *verweisungsrechtlichen Behandlung* der *Verjährung* unterscheiden sich die kontinentalen Länder von den angelsächsischen; das englische Verweisungsrecht qualifiziert die Verjährung als verfahrensrechtlich, als Einrede gegen das Klagerecht; die anderen hier näher behandelten Rechte unterwerfen sie in der Regel dem Wirkungsstatut der Forderung, um deren Verjährung es sich handelt, hier mithin dem Arbeitsstatut; doch hat sich Rechtsprechung und Rechtslehre zuweilen für die Anknüpfung an die lex fori, zuweilen für die Berücksichtigung des Wohnsitzrechts des Schuldners ausgesprochen.

Nach dem Wirkungsstatut der Forderung richtet sich die Verjährung nach *österreichischem* [211], *Schweizer* [212] und *italienischem* Recht [213]; die

---

[208] Vgl. GOETHEM-GEYSEN 85 f., 169 f.; Novelles 479 Nr. 231 ff.; Riv. comp. lav. 2 (1955) 170; Kassationshof 25. 6. 1954, Journal des Tribunaux 70 (1955) 108.

[209] Novelles 379 Nr. 2424.

[210] COOPER 79.

[211] WALKER 325 ff., 415; EHRENZWEIG 112 mit Nachweisen in Anm. 19; WALKER-VERDROSS-DROSSBERG-SATTER 239 zu Anm. 139; BOLLA 27; NUSSBAUM 236; OGH 19. 12. 1956 (Verjährung von Pensionsansprüchen); 29. 12. 1930, Rechtsprechung 13 (1931) 71 Nr. 101; 8. 4. 1931, ebda. 117 Nr. 179.

[212] SCHNITZER II 665 f. mit Nachweisen Anm. 103; OSER-SCHÖNENBERGER V/1 S. XLV; GIESKER-ZELLER 172.

Längere Fristen als im Schweizer Recht vorgesehen lassen im allgemeinen den Schweizer ordre public unberührt: BGE 69 (1943) II 347.

[213] So die ganz herrschende Lehre: FEDOZZI, Lehrbuch 731 ff.; BOSCO 406; VASSALLI-MONACO 242 f.; MONACO, Lehrbuch 603; MORELLI, Lehrbuch 29 f. mit Nachweisen 30 Anm. 1; ders., Elementi 166; VENTURINI, Lehrbuch 176; aus den arbeitsverweisungsrechtlichen Entscheidungen Kassationshof 4. 8. 1936; eine Gegenstimme, die die italienische lex fori immer dann anwenden will, wenn sie kürzere Verjährungsfristen als das Wirkungsstatut kennt, s. bei MORELLI, Lehrbuch 30 Anm. 2. Prozessuale Ausschlußfristen unterliegen nach ital. Auffassung hingegen der lex fori.

französische Praxis sieht in den Verjährungsvorschriften Schutzmaßnahmen für den Schuldner und ist deshalb geneigt, neben dem Wirkungsstatut auch das Recht am Wohnsitz des Schuldners anzuwenden, wenn dieses dem Schuldner günstiger ist, d. h. kürzere Verjährungsfristen vorsieht [214]. Die *belgische* Rechtsprechung ist uneinheitlich und hat zuweilen die lex fori herangezogen, doch darf man als überwiegende Ansicht ansprechen, daß die Verjährung auch nach belgischem Recht dem Wirkungsstatut unterliegt [215]. In den *Niederlanden* ist das ebenfalls die herrschende Ansicht [216].

In *England* wird die Verjährung hingegen als verfahrensrechtlich eingeordnet [217].

Die prozessuale Qualifikation hindert nicht, daß auch in Deutschland der in den englischen Verjährungsvorschriften steckende privatrechtliche Kern herausgeschält und angewandt wird [218]. Schwieriger zu beantworten ist die Frage, wie man solche Bestimmungen zu behandeln hat, in denen die Einrede der Verjährung durch die Verweigerung des Eides entkräftet

---

[214] Vgl. BATIFFOL, Traité 588 mit Nachweisen; SAVATIER 204; LEREBOURS-PIGEONNIÈRE 476 ff.

[215] Für die Maßgeblichkeit des Wirkungsstatuts DE VOS II 674 ff. im Anschluß an PHILONENKO, De la prescription extinctive en droit international privé, Clunet 63 (1936) 259 ff., 513 ff. und die bei DE VOS 678 Anm. 2 genannte Rechtsprechung; neuestens ZG Brüssel 24. 4. 1953, Journal des Tribunaux 69 (1954) 27 (nicht arbeitsverweisungsrechtlich). Die Dreißigjahresfrist des Art. 2262 C. c. gehöre jedoch zum „ordre public international" (DE VOS 683; II 554 wird allerdings auch die 5-Jahresfrist des Art. 2277 [im Text steht: 2262] zum „ordre public absolu" gezählt!) Nach Ansicht von POULLET 535 ff. soll sich die Verjährung nach dem Recht am Wohnsitz des Schuldners, nach dem Recht des Vertragsorts, nach der lex fori, und in den von diesen drei Rechten gezogenen Grenzen nach dem von den Parteien ausdrücklich oder stillschweigend gewählten Vertragsstatut richten – eine Meinung, die mit Recht vereinzelt geblieben ist.

Für die Anwendbarkeit der lex fori vgl. die bei DE VOS a.a.O. genannten Entscheidungen; aus dem Arbeitsverweisungsrecht ArbG Antwerpen 1. 4. 1931: die Verjährung sei Teil des „ordre public international"; und das Berufungsurteil dazu BerArbG Antwerpen 28. 9. 1931: die Einrede folge der Klage; in dem langen und widerspruchsvollen Urteil wird die einjährige belgische Verjährungsfrist der dreißigjährigen des Rechts von Belgisch-Kongo vorgezogen.

[216] MULDER 223; KOLLEWIJN, Clunet 84 (1957) 462; Hof den Haag 15. 3. 1910, Weekblaad van het Recht Nr. 8989, lt. HOETINK, Arresten voor Intern. Privaatrecht (1926) Nr. 23; Kg Hertogenbosch 10. 8. 1954, wo Art. 1639 u zugunsten der längeren Verjährungsfrist des indonesischen Rechts ausgeschaltet wurde, vgl. oben Nr. 136. Für die Qualifizierung der Verjährung als prozeßrechtlich (in einer familienrechtlichen Sache) Rechtsbank den Haag 8. 11. 1954, Der Amtsvormund 1955, 237.

[217] WOLFF, Private International Law 232; CHESHIRE 653 ff.; DICEY-TREITEL 1092 ff.; GRAVESON 339; MELCHIOR 131 ff. Die Rechtslehre wendet sich neuerdings von der verfahrensrechtlichen Qualifikation zunehmend ab.

[218] H. M., vgl. RIEZLER, Internationales Zivilprozeßrecht 107; RAAPE, Lehrbuch 463.

wird. Da das deutsche Prozeßrecht die Eideszuschiebung nicht mehr kennt, ist die schlichte Übernahme solcher Vorschriften nicht angängig. Andererseits würde es das ausländische Recht verfälschen, wollte man einer solchen schwächeren Verjährung die Folgen der deutschen Verjährung zuerkennen. Es ist also eine Anpassung an die deutschen Verhältnisse geboten, die jedoch die Wirkung des ausländischen Rechtssatzes möglichst unangetastet lassen sollte. Dies ist m. E. am besten damit zu erreichen, daß man in ihm eine Umkehrung der Beweislast für die Erfüllung der Forderung sieht; die genannten Vorschriften bezeichnen sich ja auch als „Vermutung der Zahlung". Wie diese Vermutung ausgeräumt wird, ob durch Parteivernehmung oder durch Zeugenbeweis, ist nun allerdings Sache des deutschen Verfahrensrechts [219]. Die freie Beweiswürdigung wird mithin entweder die Überzeugung des Richters von der Zahlung bzw. der Nichtzahlung erbringen oder die Frage offen lassen; im letzteren Fall ist die Klage abzuweisen, da den Gläubiger die Beweislast für die Nichtzahlung trifft. Auf diese Weise entgeht man der wenig erfreulichen Folgerung, die etwa das französische Recht zu ziehen zwingt, daß der Schuldner (innerhalb der 30-Jahresgrenze) zu verurteilen ist, wenn er zwar behauptet und belegt, die Zahlung geleistet zu haben, dies aber doch aus Gewissenskrupeln nicht zu beschwören vermag.

Schließlich sei noch darauf hingewiesen, daß die Berufung auf die kurzen Verjährungsfristen des deutschen Arbeitsstatuts u. U. eine unzulässige Rechtsausübung bedeuten kann, wenn die Arbeit im Ausland geleistet wurde und der Arbeitnehmer sich auf dort geltende längere Verjährungsfristen eingestellt hatte.

268. Regeln über die Wirkungen einer *Ausgleichsquittung* [220] gehören in den privaten Bereich und sind dem Arbeitsstatut zu entnehmen.

Die gleiche Einordnung dürfte für Art. 24 a Buch I und Art. 44 c Buch I C. Trav. – widerspruchslose Annahme des Lohnzettels – und Art. 23 belgisches AngG – die Saldoquittung bildet keine Vermutung eines Verzichts noch bestehender Ansprüche – gegeben sein.

Zur *Form* der Ausgleichsquittung nach Art. 24 a Buch I C. Trav. s. oben Nr. 86; die Regel locus regit actum dürfte hier unanwendbar sein.

269. Ansprüche des Arbeitnehmers auf *Einsicht in die Bücher* des Arbeitgebers oder auf *Rechnungslegung* gehören in den privaten Bereich und folgen dem Arbeitsstatut.

---

[219] Abweichend Raape, Lehrbuch 462 f.

[220] Hueck-Nipperdey I 267; Nikisch I 318 f.

Vgl. für *Österreich* §§ 10 V, 17 AngG, für die *Schweiz* Art. 330 OR, für die *Niederlande* Art. 1638 e BW und Kantonsgericht Amsterdam 15. 3. 1921 (oben Nr. 135).

270. Wie der Barlohn sind die *besonderen Lohnformen* zu behandeln [221]. Vorschriften hierüber sind dem Arbeitsstatut zu entnehmen [222].

Zur Provision des Handlungsgehilfen nach *österreichischem* Recht vgl. §§ 10 f. AngG. Wenn über die Höhe der Provision nichts vereinbart wurde, so gebührt dem Angestellten die für den betreffenden Geschäftszweig am Ort der Niederlassung – nicht am Tätigkeitsort! – übliche Provision [223]. Zu Art. 75 b Wetboek van Koophandel vgl. Rechtsbank Amsterdam 9. 1. 1952 (hierzu s. oben Nr. 156). Hof den Haag 28. 6. 1937 beurteilt eine Delcredere-Abmachung nach dem Recht des (niederländischen) Abschlußorts, ohne ausdrücklich zu sagen, ob es das Rechtsverhältnis des in Deutschland tätigen (selbständigen) Handelsvertreters zu seinem niederländischen Geschäftsherrn insgesamt dem gleichen Recht unterwerfen wollte.

271. *Währung.* Von der Frage, wie staatliche Eingriffe in das Arbeitsverhältnis (Pensionsverhältnis) durch Abwertungen oder Währungsumstellungen zu behandeln sind, ist die andere Frage zu scheiden, ob der Arbeitgeber durch Zahlung in ausländischer Währung von seiner Lohnzahlungspflicht befreit wird. Die erste Frage gehört in das internationale Währungsrecht, das seiner befriedigenden Darstellung noch harrt und hier auch andeutungsweise nicht dargestellt werden kann.

Nur hingewiesen sei auf LAG München 16. 5. 1950: die Frage, wie sich die Umstellung der ungarischen Währung von Pengö auf Forint auf die Lohn- und Ruhegehaltsansprüche von Angestellten der ungarischen staatlichen Donaudampfschiffahrtsgesellschaft ausgewirkt hat, wird in methodisch unzureichender Weise über das private Arbeitsstatut zu lösen versucht.

Die zweite Frage beantwortet sich im deutschen internationalen Privatrecht nach dem Arbeitsstatut. Andere Rechte mögen jedoch in der Zahlung in fremder Währung einen Verstoß gegen das (öffentlichrechtliche) Truckverbot sehen.

---

[221] Hueck-Nipperdey I 274 ff.; Nikisch I 341 ff.

[222] Fälle, wo die Ansprüche auf Provision nach dem Vertragsstatut beschieden wurden: RG 1. 12. 1911; 22. 10. 1929; OLG Hamburg 24. 2. 1919 und 4. 6. 1930 (selbständiger Handelsvertreter); 16. 7. 1936 (Handlungsgehilfe); LAG Stuttgart 31. 3. 1955 (leitender Angestellter).

Nach *griechischem* IPR richtet sich die Provisionsforderung des in Griechenland tätigen Handelsvertreters eines ausländischen Geschäftsherrn nach griechischem Recht als dem Recht des Erfüllungsorts: so LG Athen, Entsch. 6798/51, lt. Fragistas, RabelsZ 20 (1955) 147.

Rechtsvergleichendes zum Ausgleichsanspruch des Handelsvertreters in Österreich, Frankreich, Italien, der Schweiz bei Habscheid, Festschrift Schmidt-Rimpler (1957) 335 ff.

[223] Wahle-Dittrich-Veit II 44 Fußnote 2 zu § 10 AngG; vgl. auch Hämmerle 212 ff.

LAG Stuttgart 31. 3. 1955 verurteilt den beklagten Arbeitgeber zur Zahlung von Lohn und Provision in italienischer Währung.

In dem Grenzgängervertrag der Staaten des Brüsseler Vertrags vom 17. 4. 1950 (oben Nr. 8) besagt Art. 7, daß der Lohn dem Grenzgänger in der Währung des Arbeitsorts gezahlt werden soll.

In *Frankreich* hat Strafgericht Lille 30. 12. 1935 [224] die Zahlung in belgischer Währung als Verstoß gegen den Barzahlungsgrundsatz (vgl. unten Nr. 279) für unzulässig erklärt, auch wenn sie dem Arbeiter nützlich war. Gem. Art. 1638 h BW ist der in fremder Währung geschuldete Lohn zum Tageskurs in Gulden umzurechnen; eine Vorschrift, die zwar zwingend, jedoch auf Lohnzahlungen im Ausland auch bei niederländischem Arbeitsstatut nicht anwendbar ist [225]. Zur Auslegung des Wortes „Gulden" s. Rechtsbank Amsterdam 2. 1. 1951.

Nach *englischem* Recht können die Parteien in Fällen mit Auslandsberührung vereinbaren, in welcher Währung ihr Lohn geschuldet sein soll; ihr Wille kann auch aus den Umständen erhellen, vgl. *De Bueger* v. *Ballantyne a. o.*, [1938] A. C. 452: Wenn in einem in London zwischen einem Engländer (Schneider) und der englischen Vertretung eines Unternehmens aus Neuseeland geschlossenen Arbeitsvertrag auf Leistung von Arbeit in Neuseeland der Ausdruck „Pfund Sterling" gebraucht wird, so seien darunter englische und nicht neuseeländische Pfunde zu verstehen.

9. *Insb.: Lohnzahlung trotz Nichtleistung der Arbeit*

272. Betriebsrisiko. Wieweit der Arbeitgeber bei Nichtleistung der Arbeit aus Gründen, die in seiner Risikosphäre liegen, den Lohn schuldet [226], ist dem Arbeitsstatut zu entnehmen [227].

Es sind hier nicht alle Rechte gleich arbeitnehmerfreundlich. Das *italienische* Recht bürdet, wie das deutsche, dem Arbeitgeber die Last auf: so ausdrücklich Art. 6 AngG für Angestellte, doch dürfte dies im Hinblick auf eine entsprechende tarifliche Praxis auch für die anderen Arbeitnehmer gelten [228]. Entsprechend in den *Niederlanden*, Art. 1638 d BW, wonach der Lohn weiter geschuldet wird, wenn die Arbeit aus Gründen nicht geleistet wird, die in der Person des Arbeitgebers oder in seiner Sphäre liegen. Abweichende Abreden sind möglich, bedürfen aber der Schriftform oder der Aufnahme in die Betriebsordnung [229].

Anders sagt Art. 331 II OR, daß der Arbeitgeber bei Nichtzuweisung der Arbeit den Lohn nur schulde, wenn er nicht nachweisen kann, daß ihn an der Nichtzuweisung kein Verschulden trifft; hier trägt also, wenn der Arbeitgeber seiner Beweislast genügt, der Arbeitnehmer das Risiko der schlechten Auftragslage des Unternehmens [230], und es ist kaum angängig, in solchen Fällen stets mit dem ordre public einzuspringen.

---

[224] Vgl. Richard, Rassegna 28.
[225] So van Brakel 240 mit Nachweisen aus der Rechtslehre.
[226] Hueck-Nipperdey I 316 ff; Nikisch I 485 ff.; Kaskel-Dersch 167 ff.
[227] Ebenso Schnorr von Carolsfeld, RdA 11 (1958) 206.
[228] So Riva Sanseverino, Trattato II 216 f. Anders Barassi, Elementi 201 ff.
[229] Vgl. weiter für *Frankreich* Durand-Vitu II 794 ff.

273. *Weiterzahlung des Lohns bei Krankheit.* Ob der Arbeitnehmer bei Krankheit, Unfall, Schwangerschaft oder sonstiger Verhinderung Anspruch auf Weiterzahlung des Lohns in gewissen Grenzen hat, ist in den einzelnen Rechtsordnungen verschieden geregelt; gemeinsam ist ihnen jedoch mit dem deutschen Recht (§§ 616 BGB, 63 HGB, 133 c GewO, G. vom 26. 6. 1957) [231], daß es sich hier um privates Recht handelt, abgesehen von einigen minder wichtigen öffentlichrechtlichen Verstärkungen gewisser Zahlungspflichten des Arbeitgebers. Einige Rechte anerkennen eine Entlohnungspflicht nicht (Frankreich, wohl auch England); andere kennen sie, unterscheiden sich aber dadurch, daß sie entweder die Dauer der Lohnfortzahlung selbst bestimmen (Österreich, Belgien), oder dem Ermessen des Richters („verhältnismäßig kurze Zeit": Schweiz, Niederlande) überlassen. Weitere Verschiedenheiten ergeben sich für das Verhältnis von Krankheit und Entlassung, die Anzeigepflicht des Arbeitnehmers, Verwirkung des Anspruchs (etwa wenn die Dienstverhinderung durch unmoralisches, grobfahrlässiges oder leichtfahrlässiges Verhalten herbeigeführt wurde) usw.

274. Nach *österreichischem* Recht behält der Dienstnehmer den Anspruch auf sein Entgelt, wenn er nach mindestens 14tägiger Dienstzeit durch Krankheit oder Unglück für verhältnismäßig kurze Zeit, die jedoch eine Woche nicht übersteigen darf, an der Dienstleistung verhindert wird, ohne dies vorsätzlich oder grobfahrlässig verschuldet zu haben, § 1154 b ABGB [232]. Ein stärkerer Schutz wird Dienstnehmern zuteil, die in die Hausgemeinschaft aufgenommen sind, § 1156 ABGB. Dieser Regelung schließen sich die sozialrechtlichen Sondergesetze an, doch trifft gem. § 8 VIII AngG den Dienstnehmer bei Gefahr des Verlustes seines Anspruchs die Pflicht zur Anzeige der Verhinderung. Auch ist die Dauer der Entgeltleistung verschieden: 6–12 Wochen bei Angestellten, § 8 AngG, 2–4 Wochen bei Hausgehilfen, § 11 HausgehilfenG, 6 Wochen bei Schauspielern, § 11 SchauspielerG; auch gewährt das AngG während weiterer 4 Wochen, das SchauspielerG während weiterer 6 Wochen das halbe Entgelt.

Auch andere wichtige Gründe der Dienstverhinderung werden Krankheit und Unglück gleichgestellt, doch vernichtet hier schon leichte Fahrlässigkeit des Dienstnehmers bei ihrer Entstehung seinen Anspruch.

Schweiz. Bei Dienstverhinderung des Arbeitnehmers (bzw. des Agenten, sofern er nur bei einem Arbeitgeber tätig ist und das Vertragsverhältnis mindesten ein Jahr gedauert hat) wegen unverschuldeter Krankheit, schweizerischen Militärdienstes oder entsprechenden Gründen ist der Arbeitgeber gem. Art. 335 OR (bzw. Art. 418 m II OR) verpflichtet, den Lohn während einer „verhältnismäßig kurzen Zeit" weiterzuzahlen. Entsprechend Art. 344 OR für Arbeitnehmer in der Hausgemeinschaft [233]. Die Kantone

---

[230] Vgl. OSER-SCHÖNENBERGER V/2 1234 ff.; SCHWEINGRUBER, Zeitschrift des bernischen Juristenvereins 220 ff. Art. 331 handelt jedoch nur von der Akkordarbeit.

[231] HUECK-NIPPERDEY I 301 ff.; NIKISCH I 505 ff.; KASKEL-DERSCH 162 ff.

[232] HÄMMERLE 195 ff.

[233] Vgl. hierzu SCHWEINGRUBER, Kommentar 75 ff., 104 ff.; derselbe, Zeitschrift des

sind dazu übergegangen, bei gewissen Anstellungsverhältnissen, wo der Anspruch gefährdet erschien, diesen öffentlichrechtlich zu umreißen und zu verstärken [234].

275. In *Italien* verweist Art. 2110 C. c. auf die Sondergesetze, Tarifverträge und Gebräuche; insbesondere tarifvertragliche Regelungen sind in großer Ausführlichkeit ergangen. Privatrechtlich wird man qualifizieren dürfen: die Verpflichtung zur Weiterzahlung von 80 % des Lohns bei Schwangerschaft, sofern nicht die Sozialversicherung eingreift; die Staffelung der Dauer der Lohnfortzahlung bei Angestellten nach dem Dienstalter – im Falle von Krankheit oder Unfall drei bis sechs Monate –; ihre Höhe; die Verpflichtung des Arbeitgebers, dem durch Arbeitsunfall oder Krankheit zeitweilig Arbeitsunfähigen den Arbeitsplatz zu erhalten u. a. [235].

Im *französischen* Recht führt nach der Rechtsprechung des Kassationshofs eine Krankheit zur Auflösung des Arbeitsverhältnisses nur, wenn sie entsprechend schwer und lang ist und wenn der Arbeitgeber zur Einstellung einer Ersatzkraft gezwungen ist und wenn dem Arbeitnehmer vorher hiervon Mitteilung gemacht worden ist [236]. Anderenfalls ist der Arbeitsvertrag nur im Zustand des Ruhens, eine Lohnzahlungspflicht besteht allerdings nicht. Tarifverträge sehen häufig einen Lohnschutz bei Krankheit vor.

Auch nach *belgischem* Recht ruht der Arbeitsvertrag bei Krankheit und Unfall des Arbeitnehmers; der Angestellte hat während der ersten 30 Tage Anspruch auf Weiterzahlung des Lohns, Art. 8 AngG [237].

276. *Niederlande.* Bei Arbeitsverhinderung wegen Krankheit oder Unfall bleibt dem Arbeitnehmer sein Lohnanspruch auf „verhältnismäßig kurze Zeit", außer wenn die Verhinderung durch den Arbeitnehmer vorsätzlich oder durch unmoralisches Handeln verschuldet wurde, Art. 1638 c BW. Kein Lohnschutz besteht mithin bei Arbeitsverhinderung wegen unehelicher Schwangerschaft; ebensowenig dann, wenn jene auf eine anormale körperliche Veranlagung des Arbeitnehmers zurückzuführen ist, deren Vorhandensein der Arbeitnehmer bei Eingehung des Arbeitsvertrages wissentlich verschwiegen hat. Von dem während der Arbeitsverhinderung gezahlten Lohn werden die Leistungen der Versicherung gegen Arbeitsunfall und Berufskrankheiten sowie der Versicherung abgezogen, deren Abschluß im Arbeitsvertrag dem Arbeitgeber zur Pflicht gemacht wurde; nicht aber die Leistungen einer freiwilligen Versicherung. Abgezogen wird weiter, was der Arbeitnehmer an Aufwendungen erspart.

Der Arbeitnehmer behält während verhältnismäßig kurzer Zeit den Lohnanspruch auch bei sonstiger Verhinderung aus gewissen Gründen, wie Erfüllung staatsbürgerlicher Pflichten, familiäre Umstände u. a. Art. 1638 c IV BW. Die Lohnschutzbestimmungen des Art. 1638 c können nur schriftlich oder in der Betriebsordnung abbedungen werden. Zu den Ansprüchen der Arbeitnehmer, die in Hausgemeinschaft mit dem Arbeitgeber leben, s. Art. 1638 y BW [238].

---

bernischen Juristenvereins 249 ff.; STEIN, Zur Lohnzahlungspflicht des Dienstherrn bei Krankheit des Dienstpflichtigen, SJZ 43 (1947) 39 ff.; TSCHUDI 35. Zum Lohnschutz des Handelsreisenden TSCHUDI 36 ff.

[234] SCHWEINGRUBER 177; derselbe, Sozialgesetzgebung 124.

[235] Im einzelnen RIVA SANSEVERINO, Trattato II 219 ff.; BARASSI, Elementi 208 ff.; SANTORO PASSARELLI 175 ff.

[236] S. DURAND-VITU II 808 ff.; ROUAST-DURAND 463 ff.; LYON-CAEN 201; BRUN-GALLAND 603 ff.

[237] Vgl. GOETHEM-GEYSEN 144.

[238] MOLENAAR II A 85 ff.

In *England* ist die Pflicht des Arbeitgebers zur Lohnzahlung während der Krankheit des Arbeitnehmers für kontinentale Begriffe recht unbefriedigend geregelt; aus der Fülle der Entscheidungen scheint sich zu ergeben, daß es in erster Linie auf den Inhalt des Arbeitsvertrags ankommt [239].

Nach dem Recht von *Ecuador*, Art. 39 Z. 18 ArbGB, behält der Arbeitnehmer den Anspruch auf 50 % des Lohns während einer Zeit, die im Jahr zwei Monate nicht übersteigt.

277. Verweisungsrechtlich folgt auch die Lohnfortzahlung dem Arbeitsstatut: liegt der *Arbeitsort im Inland* und ist ausländisches Recht Arbeitsstatut, so ist sie grundsätzlich nur nach Maßgabe des Arbeitsstatuts geschuldet. Dies begegnet auch weiter keinen Bedenken, wenn es sich um andere Verhinderungen als Krankheit handelt; ist der Arbeitnehmer jedoch krank, so mag in vielen Fällen der ordre public eingreifen, wenn das Arbeitsstatut hinter den Erwartungen des Inlands zu weit zurückbleibt.

Dies kann auch gegenüber der Gestattung der Abdingung einer an sich gegebenen Lohnzahlungspflicht gegeben sein.

Eine weitere Erschwernis bringt die Verflechtung der Lohnfortzahlung durch den Arbeitgeber mit der Krankenversicherung [240] mit sich: Auch Arbeitnehmer unter ausländischem Arbeitsstatut unterfallen, wenn ihre Arbeit im Gebiet nicht nur vorübergehend ist, der inländischen Krankenversicherung; diese ist in der Berechnung ihrer Beiträge jedoch auf das inländische Recht zugeschnitten, vgl. § 189 RVO, so daß sie zur Leistung von Krankengeld kaum geneigt sein wird, wenn der Arbeitnehmer nach deutschem Recht Anspruch auf Lohnfortzahlung hätte. Da aber der Arbeitnehmer nicht ohne jedes Krankengeld sein kann, wird in solchem Fall der Arbeitgeber doch leisten müssen.

Liegt der *Arbeitsort im Ausland*, so gelten bei deutschem Arbeitsstatut die deutschen Bestimmungen; Leistungen der örtlichen Krankenversicherung sind dabei anzurechnen [241].

278. Zum deutschen Arbeitsstatut gehört der Lohnschutz der §§ 7, 10, 12 MuSchG; andererseits greifen diese Vorschriften als Mindestbedingungen bei inländischem Arbeitsort immer ein, vgl. im einzelnen oben Nr. 228.

---

239 Vgl. Batt-Vaines 71 ff.

240 Vgl. hierzu für das innere Recht Dersch, Betrieb 11 (1958) 516 ff.

241 Wo das G. v. 26. 6. 1957 eingreift, schuldet der Arbeitgeber 90 % des Lohnes abzüglich dieser Leistungen, nicht abzüglich hypothetischer Inlandsleistungen; anders wohl Schnorr von Carolsfeld, RdA 11 (1958) 206.

Den gleichen Charakter hat § 32 SchwBeschG, wonach die Anrechnung von Renten bei der Berechnung des Arbeitsentgelts von Schwerbeschädigten unstatthaft ist. Entgegen den meisten sonstigen Bestimmungen des Schwerbeschädigtengesetzes kann man hier eine Erstreckung auf Arbeiten im Ausland unbedenklich befürworten. Das Verbot gilt also kraft seiner öffentlichrechtlichen Seite bei allen Arbeitsverhältnissen von Schwerbeschädigten (im Sinne des Gesetzes) im Inland, es gilt weiter bei deutschem Arbeitsstatut, auch wenn im Ausland gearbeitet wird.

Dagegen genügt die Schwerbeschädigteneigenschaft im Sinn des Gesetzes allein nicht; arbeitete der Schwerbeschädigte also im Ausland unter örtlichem Recht, so müßte auch ein Gericht im Inland seine Nachzahlungsklage abweisen, mag es sich um deutsche Parteien handeln. (Selbstverständlich kann sich jedoch die Anknüpfung an das deutsche Recht für das Arbeitsverhältnis aus der gemeinsamen Staatsangehörigkeit ergeben haben, oben Nr. 109.)

Eine andere Form des Lohnschutzes kennt § 7 *österreichisches* Invalideneinstellungsgesetz: Schwerbeschädigten darf der Lohn nicht wegen ihrer Invalidität gemindert werden.

Wie steht es mit Vorschriften wie Art. 8 III des *französischen* Kriegsbeschädigteneinstellungsgesetzes vom 26. 4. 1924, wonach der Kriegsbeschädigte nicht unter dem ortsüblichen Satz bezahlt werden darf? Sie gelten wohl auch für Arbeitsverhältnisse unter französischem Arbeitsstatut in der Bundesrepublik. Ähnlich ist Art. 32 französische VO vom 1. 5. 1945 zu behandeln, wonach Heimkehrern des letzten Krieges für die ersten 6 Monate nach Wiedereinstellung der durchschnittliche Verdienst vor der Einberufung bzw. Aufgabe des Arbeitsplatzes gewährleistet wurde. Die Vorschrift – inzwischen dürfte sie gegenstandslos geworden sein – hatte eine öffentlichrechtliche Seite, wie aus ihrer Sicherung durch Strafe und Zwang hervorgeht, hatte aber wohl auch die privatrechtliche Wirkung der Festsetzung eines Mindestlohns und galt daher auch bei Arbeitsverhältnissen in der Bundesrepublik unter französischem Arbeitsstatut. Nur insoweit den französischen Staat unter den Voraussetzungen des Art. 25 a.a.O. eine Zuschußpflicht traf, war die Erstreckung der Norm auf Arbeitsverhältnisse außerhalb Frankreichs ausgeschlossen.

Wer, wie hier vorgeschlagen, das Betriebsverfassungsrecht als zum privaten Bereich gehörig ansieht und eine Anwendung deutschen Betriebsverfassungsrechts auch bei ausländischem Arbeitsort für möglich hält (unten Nr. 345), wird damit auch zur Anwendbarkeit des § 37 II BRG (keine Entgeltminderung bei Arbeitszeitversäumnis wegen berechtigter Tätigkeit im Betriebsrat) kommen. Wird also eine Betriebsvertretung im Ausland nach deutschem Recht aufgebaut, so greift auch diese Vorschrift ein. Umgekehrt gilt sie nicht, wenn in der Bundesrepublik eine Betriebsvertretung nach ausländischem Recht errichtet wird; statt ihrer gilt, so vorhanden, die entsprechende ausländische Regelung.

10. Insb.: Lohnschutz

279. Das *Truckverbot* (§ 115 I GewO) und das Verbot der *Kreditierung von Waren* (§ 115 II GewO)[242] gehören, wie § 146 Z. 1 zeigt, im deutschen Recht zum öffentlichrechtlichen Bereich.

Ähnliche Schutzvorschriften kennt auch das Ausland.

So enthalten mit Ausnahme von Italien die Rechte aller hier näher untersuchten Länder das Gebot, den Lohn in bar (vielfach in der gesetzlichen Währung des Landes) zu entrichten; allerdings werden Ausnahmen für gewisse immer wiederkehrende unbare Leistungen, wie etwa Gewährung von Lebensmitteln, Wohnung, Werkzeug u. a. gemacht, wobei jedoch die Ausnahmenkataloge durchaus verschiedene sind. Teils ist damit das Verbot für den Arbeitgeber verbunden, die Arbeitnehmer zum Kauf in bestimmten Verkaufsstellen anzuhalten (Österreich, Frankreich, Belgien, Mexiko). Nicht immer sind alle Arbeitnehmer geschützt, häufig nur die Arbeiter (Belgien, Niederlande, England). Die Verbote sind überwiegend öffentlichrechtlich, doch wohnt ihnen ein privatrechtlicher Kern insoweit inne, als sie in der Regel in die Fürsorgepflicht des Arbeitgebers eingehen.

In *Österreich* enthalten die §§ 78 ff. Gewerbeordnung das Gebot der Barzahlung für gewerbliche Arbeiter[243], das nur hinsichtlich gewisser Gruppen von Waren und Leistungen (Wohnung, Feuerung, Arzneien, ärztliche Hilfe u. a.) durchbrochen wird; Lebensmittel müssen zum Einkaufspreis verabfolgt werden; die Kreditierung von Waren, insbesondere geistiger Getränke, ist verboten, ebenso darf nicht ihr Bezug in gewissen Geschäften vereinbart werden. Alle abweichenden Abreden sind nichtig, doch fehlt eine Strafbestimmung bei Übertretung. Lohnforderungen, die in unzulässiger Weise beglichen wurden, bleiben bestehen; ebenso sind die kreditierten Beträge uneintreibbar, während die jeweilige Bereicherung der örtlichen Krankenkasse zufällt.

Ähnliche Bestimmungen schützen den Jugendlichen, § 8 KJBG vom 1. 7. 1948.

In der *Schweiz* hat das Truckverbot (vgl. Gesetz betr. Lohnzahlung und Bußenwesen vom 26. 6. 1902 und Art. 25 I FabrikG) private und öffentlichrechtliche Wirkung[244].

In *Italien* hingegen sind Lohnschutzvorschriften nach Art des Truckverbots oder des Verbots der Lohnzahlung in Gastwirtschaften (vgl. unten Nr. 281) unbekannt, tauchen jedoch zuweilen in Tarifverträgen auf; Warenlieferungen sind im Gegenteil in Art. 2099 III C. c. ausdrücklich als mögliche Art der Entlohnung vorgesehen[245].

In *Frankreich* ist sowohl der Arbeiter wie der Angestellte geschützt; die Entlohnung hat in bar zu erfolgen, Art. 43 Buch I C. Trav., strafrechtlich gesichert durch Art. 104

---

[242] Vgl. Hueck-Nipperdey I 324 ff.; Kaskel-Dersch 171, 180.

[243] Zur Erstreckung auf Angestellte s. Hämmerle 210.

[244] S. Schönenberger 67 a; Oser-Schönenberger V/2, 1141.

[245] Riva Sanseverino, Trattato II 190; Barassi, Elementi 195; Santoro Passarelli 163 f.

Buch I; Verkaufsstellen unter Einfluß des Arbeitgebers, sogen. économats, sind verboten, Art. 75 f. Buch I C. Trav. (Strafsanktion Art. 105 II Buch I), wenn sie auch in den Jahren der Warenknappheit weitgehend geduldet worden sind. Art. 75 II Buch I C. Trav. erlaubt jedoch eine Teilabgeltung des Gehaltes durch Wohnung und Nahrung [246].

Das *belgische* Recht, Art. 1 ff. Gesetz vom 16. 8. 1887 (oben Nr. 262) gestattet Ausnahmen vom Barzahlungsgrundsatz nur zugunsten von Wohnung, Landnutzung, Arbeitsgerät, -material und -kleidung, sowie unter gewissen Umständen zugunsten von Nahrungsmitteln, Kleidung und Feuerung, soweit sie zum Einkaufspreis verabreicht werden [247].

In den *Niederlanden* schreibt Art. 1637 p BW zugunsten der Arbeiter vor, daß der Lohn aus Leistungen in Geld bzw. Nahrung, Heizung, Arbeitskleidung, Werkswohnung, Nutzung von Feldstücken, Dienstleistungen des Arbeitgebers bzw. auf seine Rechnung, sowie Unterricht durch den Arbeitgeber bzw. auf seine Rechnung bestehen muß; unter gewissen Umständen können auch Erzeugnisse des Betriebs angerechnet werden. Andere Ersatzleistungen sind verboten. Ihr Wert wird verfünffacht und dem Arbeitnehmer, jedoch nur bis zu einem Betrag, der den Lohn um ein Drittel übersteigt, zuerkannt. Jede abweichende Vereinbarung ist nichtig. Nichtig ist weiter die Verpflichtung des Arbeitnehmers, sein Einkommen in bestimmter Weise zu verwenden oder an bestimmten Stellen zu kaufen, Art. 1637 s BW. Der Arbeitnehmer, dessen Lohn in unzulässiger Weise abgegolten wurde, hat während einer Ausschlußfrist von 6 Monaten nach Fälligkeit einen Nachforderungsanspruch, ohne seinerseits zur Rückgabe des von ihm an Stelle des Lohns Erlangten verpflichtet zu sein. Der Richter kann jedoch die Forderung des Arbeitnehmers auf das begrenzen, was er als seinen tatsächlichen Schaden ansieht, Art. 1637 t, 1638 j BW [248].

Von *England* sind die Lohnschutzbestimmungen dieser Art ausgegangen; sie haben ihren Namen von den Truck Acts, 1837 und später, erhalten. Hier ist insbesondere das Verbot der Lohnabgeltung in Waren zu nennen, s. 3. Nicht in bar bezahlter Lohn kann nachgefordert werden, s. 4; der Nachforderung gegenüber hat der Arbeitgeber kein Aufrechnungsrecht mit dem Wert der gelieferten Waren, s. 5; diese können auch nicht zurückgefordert werden, s. 6. Als Ausnahmen können gemäß s. 23 gewisse Leistungen an die Stelle des Barlohns treten, insbesondere ärztliche Hilfe, Wohnung, Werkzeug, Verpflegung; doch muß dies schriftlich vereinbart worden sein: siehe *Pratt* v. *Cook, Son & Co., Ltd.*, [1940] A. C. 437 = [1940] 1 All E. R. 410, wo dem Arbeitnehmer ein Nachzahlungsanspruch für Lohnabzüge wegen verabfolgter Mittagessen und Tee zuerkannt wurde, die nicht schriftlich vereinbart worden waren [249].

Die Truck Acts schützten nur Arbeiter, „workmen", in der Begriffsbestimmung des Employers and Workmen Act, 1875; danach ist „workman" im wesentlichen, wer körperliche Arbeit verrichtet, z. B. der Fahrer, nicht aber der Schaffner eines Autobus, auch nicht ein angestellter Friseur oder der Gehilfe eines Gemüsehändlers [250]. Verstöße gegen den Truck Act sind strafbar, s. 9.

---

[246] Vgl. DURAND-VITU II 609 ff.; 735 ff.; ROUAST-DURAND 425 ff.; RIVÉRO-SAVATIER 385 ff.; 422; BRUN-GALLAND 487 ff.

[247] GOETHEM-GEYSEN 67 ff.

[248] MOLENAAR II A 70 ff.

[249] COOPER 263 ff.; BATT-VAINES 123 ff., 126 f.

[250] BATT-VAINES 124 f., der die Definition des „workman" als „highly artificial" bezeichnet; COOPER 264.

280. Verweisungsrechtlich gilt für die Lohnschutzvorschriften nach Art des Truckverbots folgendes:

Liegt der *Arbeitsort im Inland,* so gelten die *Verbote als öffentlichrechtliche* auch bei ausländischem Arbeitsstatut. Abweichende Abreden sind nichtig, § 117 GewO.

In der Rechtslehre wird meist von der Anwendbarkeit des Rechts des Arbeitsorts gesprochen. GEMMA 163 f. sagt, ein Verbot der Zahlung des Lohns in Naturalien „dränge sich auf am Ort, wo es gilt", will also wohl das Recht des (ausländischen) Arbeitsorts angewandt wissen. Auch ROUAST [251] meint, das Truckverbot sei anwendbar, wenn es am Arbeitsort gelte; DE VOS (oben Nr. 194 Anm. 67) zählt es zu den lois de police, läßt es aber auch in den Arbeitsvertrag eingehen.

Liegt der *Arbeitsort im Ausland,* so gilt das inländische Verbot nicht als öffentliches Recht; eine Bestrafung kann also auch dann nicht erfolgen, wenn in casu deutsche Staatsangehörige (Grenzgänger) die Leidtragenden sind. Dagegen geht es – das verlangt der Schutzzweck der Vorschrift – in die Fürsorgepflicht ein, wenn deutsches Recht Arbeitsstatut ist [252].

Arbeitnehmer, deren Forderungen entgegen diesen Bestimmungen berichtigt wurden, behalten ihren vollen Lohnanspruch (§ 116 GewO), müssen jedoch – entgegen § 116 Satz 2, der nur im Inland anwendbar ist – das Erlangte nach den Regeln der ungerechtfertigten Bereicherung herausgeben. Bereicherungsstatut ist dabei das deutsche Arbeitsstatut [253]. Auch daß die Forderung des Arbeitgebers wegen kreditierter Waren der Hilfskasse verfällt (§ 118 GewO), verträgt keine Anwendung auf Arbeitsverhältnisse im Ausland. Es bleibt also bei der Klaglosigkeit der Forderung, allenfalls wird man dem Arbeitgeber gewisse Bereicherungsansprüche geben können, die jedoch die Schutzaufgabe des § 115 GewO nicht aushöhlen dürfen.

Eine Folge davon mag sein, daß dem Arbeitnehmer der Einwand des Wegfalls der Bereicherung auch dann verbleibt, wenn er vom Mangel des rechtlichen Grundes Kenntnis hatte (§§ 818 III, 819 BGB) [254].

Gleich zu behandeln sind die Abreden, daß der Arbeitnehmer in bestimmten Verkaufsstellen kaufen soll (§ 117 II GewO).

---

[251] Festschrift Pillet 213.

[252] Eine andere Frage ist, ob das Verbot noch zeitgemäß ist und ob man es nicht getrost den Tarifverträgen überlassen könnte.

[253] Vgl. im allgemeinen RAAPE, Lehrbuch 491 ff.; WOLFF, Lehrbuch 169; ZWEIGERT, Bereicherungsansprüche im IPR, Süddeutsche JZ 2 (1947) 247 f.

[254] Wie auch bei Minderjährigen die Kenntnis vom Mangel des rechtlichen Grundes die Beschränkung auf die noch vorhandene Bereicherung nicht ausschließt.

281. Das Verbot der *Lohnzahlung in Gastwirtschaften* (§ 115a GewO)[255] ist öffentlichrechtlich. Es erfaßt nicht nur jede Lohnzahlung für eine Arbeit, die nicht nur ganz vorübergehend im Bundesgebiet geleistet wurde – auch wenn die Lohnzahlung selbst jenseits der Grenze erfolgt –, sondern auch jede Zahlung im Inland, mag der Arbeitsort im Ausland gelegen und dort ein entsprechendes Verbot unbekannt sein[256].

Ob darüberhinaus das Verbot bei deutschem Arbeitsstatut in die Fürsorgepflicht eingeht, mag zweifelhaft sein. Wird die Frage verneint, so mag der Arbeitgeber die Lohnzahlung für eine Auslandsarbeit in einer Gastwirtschaft des Auslands vornehmen, soweit ihm das vom örtlichen Recht[257] gestattet wird.

282. *Standgeld* (Kaution). Die Gestellung eines Standgelds ist im deutschen Recht in § 119a GewO nur sehr lückenhaft privatrechtlich geregelt[258]. In anderen Rechten sind ausführlichere Vorschriften ergangen, die man teils ins öffentliche (Österreich, Frankreich), teils ins private Recht einreihen muß (wie angenommen werden darf: Schweiz, Belgien, Niederlande). Sie betreffen die Form der Standgeldvereinbarung (Schriftform: Österreich, Niederlande; Eintragung in ein Register: Frankreich), den Gegenstand des Sicherungsgutes (Österreich), die Art der Sicherstellung – meist Einzahlung in eine Bank oder an einen durch Vereinbarung zu bestimmenden Dritten (Frankreich, Belgien, Niederlande) und die Art der Forderungen, zu deren Sicherung die Kaution allein verwertet werden darf (meist nur zur Sicherung von Schadenersatzansprüchen des Arbeitgebers: Österreich, Schweiz, Niederlande).

In *Österreich* gilt das Kautionsschutzgesetz vom 14. 7. 1937[259], das Bestimmungen über den Verwendungszweck und die Gegenstände getroffen hat, die allein als Sicherung zugelassen sind (§ 1 I); für den Vertrag ist Schriftform vorgeschrieben, § 1 II; weiter heißt es im § 3 a.a.O., daß der Bestand des Dienstvertrages nicht von der Gewährung eines Darlehens an den Arbeitgeber oder einen Dritten abhängig gemacht

---

[255] HUECK-NIPPERDEY I 263; NIKISCH I 312 f.; KASKEL-DERSCH 173.

[256] In diesem Punkt abweichend NEUMEYER II 290.

[257] Verbot ohne Strafsanktion in *Österreich*, § 78 VI GewO; mit strafrechtlicher Sicherung in *Frankreich*, Art. 45 Buch I, 104 C. Trav., dazu ROUAST-DURAND 424; *Belgien*, Art. 4bis G. v. 16. 8. 1887; *Niederlande*, Art. 55 Drankwet, vgl. MOLENAAR II A 77; *England*, Payment of Wages in Public Houses Prohibition Act, 1883. Das Verbot gilt nach *französischem* und wohl auch *österreichischem* (vgl. oben Anm. 243) und *niederländischem* Recht für die Entlohnung von Arbeitern und Angestellten, nach *belgischem* und *englischem* Recht, COOPER 272, nur für Arbeiter. In Italien besteht das Verbot nicht, vgl. oben Nr. 279 zu Anm. 245.

[258] HUECK-NIPPERDEY I 342; NIKISCH I 376 f.; KASKEL-DERSCH 181.

[259] Vgl. HÄMMERLE 228 f.

werden dürfe. Die Vorschriften sind durch Strafsanktionen gesichert, § 7, entgegenstehende Abreden sind ebenfalls für (zivilrechtlich) nichtig erklärt, § 4.

Vom österreichischen Standpunkt aus verlangt das Gesetz Anwendung auf alle Arbeit in Österreich; sein privatrechtlicher Kern geht aber auch in den Arbeitsvertrag ein und ist deshalb zu beachten, wenn österreichisches Recht Arbeitsstatut ist. Die Regel locus regit actum für die Form der Vereinbarung eines Standgeldes dürfte unanwendbar sein.

Das *Schweizer* Recht enthält, soweit ich sehe, nur eine (privatrechtliche) Einschränkung der Kautionsbestellung in Art. 159 OR.

In *Frankreich* ist die Frage des Standgeldes wiederum öffentlichrechtlich geregelt, Art. 32 a ff. Buch I C. Trav. (Strafbestimmung Art. 99 b Buch I). Der Arbeitgeber ist zur Führung eines Registers und zur Einzahlung auf eine Bank binnen 14 Tagen verpflichtet. Dies gilt auch für ausländische Arbeitgeber und auch dann, wenn die Kautionsgestellung im Ausland erfolgt ist, sofern nur die Arbeit in Frankreich geleistet wird [260].

Für *Belgien* vgl. Art. 26 ArbG, 32 AngG. Beide Vorschriften schreiben eine bestimmte Art der Hinterlegung der Kautionssumme vor; strafrechtlich gesichert ist die Verpflichtung des Arbeitgebers gegenüber dem Angestellten, die Kautionssumme innerhalb eines Monats zu hinterlegen, Art. 33 I AngG [261]. Daß diese Vorschriften zum belgischen „ordre public international" gehören, betont HandG Brüssel 19. 3. 1926 (oben Nr. 132).

Niederlande. Gemäß Art. 1638 s BW bedürfen Verträge zur Ansammlung eines Standgeldes der Schriftform, wenn nicht entsprechende Bestimmungen in der Betriebsordnung enthalten sind; die Kautionssumme darf nur der Sicherstellung des Arbeitgebers vor Schadenersatzansprüchen dienen, die der Arbeitgeber nach Beendigung des Arbeitsvertrages wegen Vertragsbruchs (unberechtigte Beendigung der Arbeit oder Anlaß zur fristlosen Entlassung) haben könnte. Der Arbeitgeber hat in gewisser Weise mit dem Geld zu verfahren [262].

Wie steht es mit Bestimmungen wie Art. 32 b Buch I C. Trav., Art. 26 belgisches ArbG, 32 AngG, wonach der Verwahrer des Standgeldes dieses an den einen Teil nur jeweils mit Zustimmung des anderen Teils herausgeben darf? Sie greifen m. E. nicht ein, wenn sie Teil des Arbeitsstatuts sind, denn der Verwahrer ist für die Parteien des Arbeitsvertrags Dritter, sondern nur dann, wenn sie Teil des Verwahrungsstatuts sind.

283. Anders als die Einbehaltung eines Standgeldes sind *Lohneinbehaltungen* zur Abführung von *Steuern* zu beurteilen. Sie teilen den Bereich der Steuergesetze, in deren Vollzug sie geschehen.

Steuern des Auslandes werden häufig auch von Arbeitnehmern mit Wohnsitz und Arbeitsort im Inland einbehalten, wenn der Arbeitgeber seinen Sitz im Ausland hat

---

[260] So Kassationshof 27. 6. 1918, Bull. crim. Nr. 143 lt. Durand-Vitu II 740, der die Bestimmungen der Art. 32 a ff. als „mesure de police civile au sens du droit international privé" bezeichnet.

[261] Hierzu Goethem-Geysen 72 f.; 139; Novelles 89 Nr. 146 ff.; 456 Nr. 90 ff.

[262] Molenaar II A 93 f.

oder überhaupt eine ausländische staatliche Gesellschaft ist, vgl. Pau 28. 2. 1922 (oben Nr. 129). Solche Abzüge können, wenn ihnen nicht zwingendes Gesetzes- oder Tarifrecht entgegensteht – und das wird dann nie der Fall sein, wenn das Arbeitsstatut auch Steuerstatut ist –, in den Arbeitsvertrag eingehen, wenn ihnen der Arbeitnehmer nicht regelmäßig widerspricht.

Auch eine Zwangsanleihe ist eine Steuer und daher nach steuerlichen Grundsätzen zu behandeln; vgl. RAG 21. 12. 1932, LAG Dortmund 18. 12. 1936 [263].

Soweit der Abzug durch das Arbeitsstatut nicht gerechtfertigt wird, kann der Arbeitnehmer einbehaltene Steuer oder Zwangsanleihe im Wege der Klage vor den Arbeitsgerichten insoweit zurückfordern, als sich seine Rückforderung als Nachforderung zu wenig bezahlten Lohns darstellt: also nicht, soweit der Abzug in den Arbeitsvertrag eingegangen ist, nicht, soweit die Lohnforderung verjährt oder verwirkt wäre usw. Der Arbeitgeber kann sich demgegenüber nicht mit dem Hinweis verteidigen, der ausländische Staat habe ihm die Abführung der Steuer auferlegt, er habe sich dem nicht entziehen können; das sind Dinge seiner Risikosphäre, und ausländische Steueransprüche werden im Inland nicht durchgesetzt.

284. *Verfügungen über die Lohnforderung.* Nach § 400 BGB kann eine Lohnforderung nur insoweit abgetreten werden, als sie gepfändet werden könnte [264].

Ähnlich § 923 der *österreichischen* Exekutionsordnung. In der *Schweiz* ist eine dem § 400 entsprechende Vorschrift nicht gegeben, doch haben Rechtsprechung und Rechtslehre die Lücke dahingehend ausgefüllt, daß die Abtretung künftiger Lohnforderungen nur insoweit möglich ist, als dadurch das Daseinsminimum nicht gefährdet wird [265]. Art. 340 OR gibt dem Arbeitnehmer einen gewissen Schutz gegen Aufrechnungen des Lohns mit Forderungen des Arbeitgebers.

In *Frankreich* bedarf die Abtretung der Lohnforderung einer gewissen Form (Unterschrift der Abtretungserklärung vor dem Urkundsbeamten – greffier – am Friedensgericht, Art. 63 Buch I C. Trav. [266]). Nach *belgischem* Recht, G. v. 18. 8. 1887 (mit späteren Änderungen), sind zwei Fünftel des Lohns übertragbar. In den *Niederlanden* unterliegt die Abtretung der Lohnforderung den gleichen Beschränkungen wie ihre Pfändung, Art. 1638 g II BW; ihre Aufrechnung ist nur in bestimmten Fällen (Verrechnung mit Vorschüssen, Miete für Werkswohnung u. a.) zulässig, Art. 1638 r BW [267].

Nach Art. 96 des *mexikanischen* Arbeitsgesetzbuchs ist die Abtretung von Lohnforderungen an Dritte nichtig [268].

---

[263] Hierzu Neumeyer IV 255 Anm. 92.

[264] Hueck-Nipperdey I 339; Nikisch I 373; Kaskel-Dersch 182.

[265] Vgl. Kassationshof Neuenburg 27. 9. 1943, SJZ 40 (1944) 58; Schweingruber, Kommentar 56.

Ebenso in *England: King* v. *Michael Faraday & Partners Ltd.*, [1939] 2 K. B. 753 = 2 All E. R. 478; Cooper 35.

[266] Vgl. im einzelnen Durand-Vitu II 727 ff.; Rouast-Durand 429; Rivéro-Savatier 433 ff.; Lyon-Caen 306; Brun-Galland 515.

[267] Molenaar II A 78 f.

[268] Lopez Aparicio, Bericht zum 2. intern. Kongreß für Sozialrecht, Brüssel 1958, S. 8; de la Cueva 715 f.

Ob und unter welchen Voraussetzungen die Lohnforderung abtretbar ist, beurteilt sich im deutschen internationalen Privatrecht nach dem Wirkungsstatut [269], hier also nach dem Arbeitsstatut. Doch ist die Frage noch offen, nach welchem Recht sich die freie Quote bestimmt, namentlich dort, wo diese von den Pfändungsgrenzen abhängig gemacht wird.

In Frage kommt hier zunächst das Arbeitsstatut selbst: dann wäre also eine deutschem Recht unterliegende Lohnforderung nur in den Grenzen des § 850 c ZPO, eine solche unter niederländischem Arbeitsstatut nur zu 1/5 abtretbar, auch wenn der Arbeitsort und der Ort der Lohnzahlung im Ausland liegt und für die Pfändung des Lohns damit das ausländische Gericht zuständig wäre. Man kann aber auch auf das Recht dieses Gerichts abstellen, also bei Arbeit in den Niederlanden unter deutschem Arbeitsstatut nur das niederländische Fünftel für abtretbar erklären und umgekehrt.

Richtig scheint mir auch hier ein Drittes, nämlich auf das Recht des Landes zu sehen, wo der Arbeitnehmer seinen Lohn verzehrt, d. h. seinen Wohnsitz oder Aufenthalt hat; dies ergibt sich aus den gleichen Gründen, die für diese Lösung bei der Bemessung der sozialen Pfändungsgrenzen sprechen. Sie wird in der Regel mit der zweiten – Abstellen auf das Recht des Gerichts, das für eine Lohnpfändung zuständig wäre – übereinstimmen, da in der überwiegenden Zahl der Fälle der Arbeitnehmer am Arbeitsort wohnt und dort seinen Lohn verzehrt. Sie fallen jedoch bei Grenzgängern und bei Reisenden auseinander.

285. *Pfändung des Lohns.* Bei der Lohnpfändung sind verschiedene Fragen zu unterscheiden. Einmal betreffen sie die Grenzen der Pfändbarkeit, die teils, wie in § 850 c ZPO [270], in festen Zahlen

– vgl. das *österreichische* Pfändungsgesetz vom 16. 2. 1955; Art. 61 Buch I C. Trav.;

teils in Bruchteilen vom Einkommen angegeben sind

– nach dem *belgischen* Gesetz vom 18. 8. 1887 ist pfändbar ein Fünftel des Einkommens, das mit den beiden weiteren Fünftel, die übertragbar sind, kumuliert werden kann [271]; in den *Niederlanden* ist pfändbar ein Fünftel des Geldlohns, wenn der tägliche Verdienst 10 Gulden nicht übersteigt, sonst dieses Fünftel und der darüber hinausgehende Betrag. Nach Art. 95 des *mexikanischen* Arbeitsgesetzbuches sind Lohnforderungen überhaupt nur wegen Unterhaltsforderungen pfändbar.

Zum andern betreffen sie die (wesensgemäße) Unpfändbarkeit gewisser Arten von Forderungen (wie von Lohnforderungen aus Mehrarbeit, For-

---

[269] Vgl. Raape, Lehrbuch 470; Wolff, Lehrbuch 151.

[270] Zur Lohnpfändung Hueck-Nipperdey I 328 ff.; Nikisch I 359 ff.; Kaskel-Dersch 183 ff.

[271] Vgl. Goethem-Geysen 71.

[272] Lopez Aparicio, Bericht zum 2. intern. Kongreß für Sozialrecht, Brüssel 1958, S. 9; de la Cueva I 717 ff.

derungen auf Urlaubsentschädigung, Ersatzleistungen wegen Körper- und Gesundheitsschäden, vgl. §§ 850 a, b ZPO).

So ist etwa nach *österreichischem* Recht der Anspruch auf Urlaubsentgelt unpfändbar.

Schließlich gehört hierher, ob solche Unpfändbarkeit doch gegenüber bevorrechtigten Unterhaltsforderungen zurückweicht

– gegenüber Unterhaltsforderungen fallen Unpfändbarkeit und Pfändungsgrenzen vielfach weg oder werden diese herabgesetzt, vgl. Art. 62 Buch I C. Trav., Art. 3 des *belgischen* G. v. 18. 8. 1887, Art. 1638 g BW.

286. Verweisungsrechtlich gilt zur Pfändbarkeit des Lohnes folgendes: *Zuständig* zur Pfändung des Lohns ist nach wohl überwiegender Ansicht das Gericht des Orts, an dem der Drittschuldner seinen Wohnsitz hat; denn nur dieses Gericht kann auch die tatsächliche Macht über die Forderung ausüben [273]. Für das Arbeitsrecht wird man das dahingehend erläutern, daß zuständig das Gericht des Orts ist, wo der Arbeitgeber seine lohnführende Stelle hat, also in der Regel das Gericht am Ort des Betriebs, u. U. am Wohnsitz des Arbeitgebers.

Erhalten die leitenden Angestellten einer Zweigstelle ihr Gehalt vom Stammunternehmen aus, so ist das Gericht am Sitz des Unternehmens zuständig; dies auch dann, wenn ihr Arbeitsverhältnis dem örtlichen Recht unterliegt.

Das *Verfahren* bei der Pfändung unterliegt der lex fori (unten Nr. 366).

Das *französische* Recht kennt ein besonderes beschleunigtes Verfahren vor dem Friedensrichter, Art. 60 a ff., Buch I C. Trav.

Nach *welchem Recht* beurteilen sich nun die sozialen Pfändungsgrenzen?

Das Recht am Wohnsitz des Gläubigers scheidet wohl von vornherein aus, schon weil es nicht angängig ist, die Pfändungsgrenzen bei Gläubigern verschiedener Herkunft verschieden anzusetzen.

In Frage kommen: das Recht des pfändenden Gerichts; das Recht des Arbeitsorts; das Arbeitsstatut; das Recht am Wohnsitz bzw. gewöhnlichen Aufenthalt des Schuldners (Arbeitnehmers).

Für die lex fori spricht der allgemeine Gesichtspunkt, daß damit die Einheit von Zuständigkeit und anwendbarem Recht gewahrt ist [274]. Da-

---

[273] Vgl. NUSSBAUM 417; RIEZLER 658 mit Nachweisen; RHEINSTEIN, Die inländische Bedeutung einer ausländischen Zwangsvollstreckung in Geldforderungen, RabelsZ 8 (1934) 291 ff. Nach *Schweizer* Auffassung ist die Forderung beim Gläubiger belegen, vgl. NUSSBAUM 419, GULDENER, Das internationale und interkantonale Zivilprozeßrecht der Schweiz (1951) 180 (der jedoch selbst dem Recht am Wohnsitz des Drittschuldners den Vorzug zu geben scheint, vgl. die Anmerkung daselbst).

[274] Für die lex fori NUSSBAUM 420; KRONHEIM 86; RHEINSTEIN (vorige Anmerkung) 303; BEITZKE, Kollisionen B IV 6; wohl auch RIEZLER 663 f.

gegen ist die Anwendbarkeit der lex fori nicht mit dem Hinweis zu begründen, daß die Pfändungsgrenzen verfahrensrechtlicher Natur seien; denn sie betreffen, mögen sie auch in den Verfahrensordnungen geregelt sein, nicht das Verfahren selbst, ebensowenig wie sonstige Beschränkungen der Übertragbarkeit von Forderungen.

Das Recht des Arbeitsorts hat hier nicht die gleiche Bedeutung wie sonst im Arbeitsverweisungsrecht, da es sich nicht um die Beziehungen von Arbeitgeber und Arbeitnehmer untereinander, sondern von Arbeitnehmer und dritten Gläubigern handelt[275]. Aus dem gleichen Grund kommt es m. E. auch nicht auf das Arbeitsstatut an.

An das Arbeitsstatut knüpft SCHNORR VON CAROLSFELD 233 an, mit dem Vorbehalt, daß die (deutsche) lex fori die nicht unterschreitbare untere Grenze bilde. Daß die Pfändbarkeit, wie SCHNORR VON CAROLSFELD meint, eine Eigenschaft der Forderung bilde und deshalb ihrem Wirkungsstatut folgen müsse, ist jedoch eine zu naturalistische Betrachtungsweise. Die Unpfändbarkeit mag eine Eigenschaft der Forderung sein, wenn sie, d. h. meist ihr Gegenstück, die Unabtretbarkeit und Unaufrechenbarkeit, durch den Charakter der Forderung bestimmt wird. Hier ist es aber so, daß die Beschränkung der Pfändung vom Inhalt des Arbeitsverhältnisses und der Lohnforderung unabhängig ist – wohlgemerkt, soweit es sich nicht um die besonderen wesensgemäßen Unpfändbarkeiten handelt – und aus sozialen Rücksichten sowie zur Entlastung der öffentlichen Fürsorge eingeführt worden ist.

Maßgebend ist vielmehr m. E. das Recht am Wohnsitz bzw. dauernden Aufenthalt des Arbeitnehmers[276]. Hier soll er seinen Lohn verzehren, hier geht er all die Schulden ein, die zu den Pfändungen führen. Nur die Pfändungsgrenzen des Wohnsitzes entsprechen dem tatsächlich für den Lebensunterhalt aufzuwendenden Mindestmaß. Es ist wenig sinnvoll, wenn das Gericht, das die Pfändung ausspricht, seinen dem eigenen Lebensstandard angepaßten Maßstab anlegt, während der Arbeitnehmer seinen so geschützten Lohn in einem Lande verbraucht, dessen Lebenshaltungskosten niedriger sind; dadurch erhält er auf Kosten seiner Gläubiger

---

OLG Hamburg 20. 5. 1932 erläßt gegen eine kanadische Firma einen Pfändungsbeschluß unter Einhaltung der deutschen Pfändungsgrenzen; das Arbeitsverhältnis unterlag kanadischem Recht, der Beschluß wurde dem Vertreter der Firma in Hamburg zugestellt. Die hier interessierende Frage wird nicht aufgeworfen.

Die lex fori wendet auch BGE 60 III 73 auf die Frage an, ob angesichts deutscher Pfändungsbeschlüsse von der Regel abgegangen werden könne, daß Lohnpfändungen über ein Jahr hinaus unzulässig seien. Vgl. auch BGE 57 III 37.

[275] GEMMA 164 scheint die sozialen Pfändungsgrenzen nach dem Recht des Zahlungsorts beurteilen zu wollen, der gegebenenfalls im Arbeitsvertrag vereinbart werden könne. Hier den Parteien Wahlmöglichkeiten zu eröffnen, ist jedoch nicht ratsam.

[276] So wohl auch ROUAST, Festschrift Pillet 214.

einen höheren Freibetrag gewährleistet als alle andern Arbeitnehmer seines Landes, die nicht – wie der Grenzgänger – jenseits der Grenze arbeiten, oder – wie der Handelsreisende – für ein ausländisches Haus reisen. Umgekehrt ist die Anwendung der lex fori (= des Rechts am Ort der lohnführenden Stelle) unbillig, wenn dort Pfändungsgrenzen festgesetzt sind, die dem Arbeitnehmer an seinem Wohnort das Daseinsminimum nicht mehr sichern (man denke auch an die Folgen eines ungünstigen Wechselkurses).

Die Anwendung des Rechts am Wohnsitz des Arbeitnehmers wahrt den Zusammenhang mit der öffentlichen Fürsorge; es ist die Fürsorge am Wohnsitz des Arbeitnehmers, die einspringen muß, wenn es zum Leben nicht mehr reicht. Deshalb wird man auch die Frage, ob gegenüber Unterhaltsforderungen ein Freibetrag überhaupt gewährt wird, nach diesem Recht zu beurteilen haben. Jenes Recht wahrt auch den Zusammenhang mit den Vorschriften über die Unpfändbarkeit von Bargeld (§ 811 Z. 8 ZPO), das sich wohl stets am Wohnort befinden wird.

Auch die Rücksicht auf die Gläubiger des Arbeitnehmers verlangt die Anwendung des Rechts seines Wohnsitzes. Denn die Geschäfte, wegen derer all die Pfändungen ergehen, unter denen die Lohnbüros stöhnen, werden doch in der Regel am Wohnsitz abgeschlossen, unterliegen ihrerseits diesem Recht, so daß der Gläubiger eine gewisse Erwartung hegen darf, daß ihm die Durchsetzung seiner Ansprüche nicht durch ein ihm unbekanntes und von ihm nicht in Rechnung gestelltes Recht durchkreuzt wird.

Man bedenke, daß in Finanzierungsverträgen regelmäßig die Höhe des laufenden Einkommens, vielfach auch bestehende Abzahlungsverpflichtungen angegeben werden müssen, daß der Gläubiger bei der Kreditgewährung aber von den ihm bekannten örtlichen Freibeträgen ausgehen wird.

Daß damit vom Vollstreckungsgericht die Kenntnis der ausländischen Freibeträge und u. U. ihre Umrechnung in die eigene Währung verlangt wird, ist kein Einwand; es gibt wahrhaftig schwierigere Vorschriften des ausländischen Rechts, deren Kenntnis vom Gericht verlangt wird. Es mag zu seiner Ermittlung von den Beteiligten Mithilfe gem. § 293 ZPO verlangen, mag es sogar dem Erinnerungsverfahren überhaupt überlassen, daß der Arbeitnehmer bzw. der Gläubiger die Anwendung eines anderen Rechts als der lex fori verlangt. Daß damit in die schematische Arbeit des Vollstreckungsgerichts etwas Abwechslung gebracht wird, ist nur das Gegenstück dazu, daß auch im inneren Recht die Entwicklung von starren Faustregeln zu einer immer stärkeren Differenzierung und Berücksichtigung der Bedürfnisse des Einzelfalls geht[277]. Für die Lohnbüros bedeutet das – entgegen der Befürchtung von BEITZKE – keine untragbare Erschwerung, wird ihnen doch im Pfändungsbeschluß die Grenze bezeichnet, bis zu der der Lohn gepfändet wird. Schließlich erledigt sich auch der Einwand, auch der Lohn werde nicht nach dem Recht am Wohnsitz des Arbeitnehmers bemessen: denn erstens wird der Lohn in der Regel überhaupt vom Recht nicht festgesetzt, und zweitens besteht dort, wo dies der Fall ist, doch zwischen Lohn und Daseinsminimum ein Unterschied, der eine unterschiedliche Behandlung rechtfertigt. Nichts zwingt, nur deshalb auch bei den Pfändungsgrenzen keine Rücksicht darauf zu nehmen, ob dem Arbeitnehmer ein Mindestmaß an Mitteln verbleibt, weil seine Bedürfnisse bei der Bemessung des Lohns ohne Einfluß sind. Ich glaube deshalb, daß es nicht viele Anknüpfungen im internationalen Privatrecht gibt, die sich stärker aufdrängen, deren „Kollisionsgerechtigkeit" handgreiflicher ist als die hier vorgeschlagene.

Von der Frage der Pfändungsgrenzen ist die andere Frage zu scheiden, ob die Lohnforderung wegen ihres Entstehungsgrundes unpfändbar ist. M. E. ist sie nach dem Arbeitsstatut zu beantworten.

Vgl. Hof Amsterdam 16. 5. 1935: der Antrag einer niederländischen Ehefrau auf Pfändung der Heuer ihres Mannes, der auf einem Schiff unter niederländisch-indischer Flagge Dienst tat, wurde abgewiesen, weil die Heuer nach Art. 20 der niederländisch-indischen Verordnung über die Haushaltsführung und Disziplin auf Kauffahrteischiffen unpfändbar war.

In jedem Fall kann der ordre public eingreifen müssen: wenn etwa das Recht am Wohnsitz des Arbeitnehmers keine oder nur unzureichende Freigrenzen kennt – hier wird das Gericht nicht schematisch die lex fori anwenden dürfen, sondern es ist nach eigenen Feststellungen ein Freibetrag anzusetzen, der dem Arbeitnehmer ein Auskommen gestattet – oder wenn die Pfändung etwa von Mehrarbeitsvergütungen trotz allem anstößig erscheint[278].

287. Inwieweit die Arbeitnehmer *Vorrechte im Konkurs* des Arbeitgebers oder bei der Zwangsvollstreckung in ein land- oder forstwirtschaftliches Grundstück oder in ein Schiff[279] haben, entscheidet nicht das Arbeitsstatut, sondern das Konkurs- bzw. Vollstreckungsstatut. Nur so kann die gleichmäßige Behandlung der Gläubiger gesichert werden[280].

[277] Vgl. HUECK im deutschen Landesbericht zum zweiten internationalen Kongreß für Sozialrecht (Brüssel 1958) S. 6.

[278] Im Ergebnis im wesentlichen übereinstimmend SCHNORR VON CAROLSFELD 233.

[279] Hierzu SIMON-DÉPITRE 123.

[280] NUSSBAUM 450; ROUAST, Festschrift Pillet 214.

So ist bei einem Konkurs, der in der Bundesrepublik abgewickelt wird, etwa unanwendbar Art. 47 a Buch I C. Trav., wonach für die laufende Lohnperiode der Lohn beschleunigt, und zwar innerhalb von 10 Tagen nach Konkurseröffnung, zu zahlen ist.

288. Art. 47 II Buch I C. Trav., Art. 1798 C. c. geben den Bauarbeitern eine unmittelbare *Forderung gegen den Bauherrn* auf Erfüllung ihrer Ansprüche gegen den Bauunternehmer in Höhe dessen, was der Bauherr dem Unternehmer noch schuldet. Im Konkurs des Unternehmers führt diese Vorschrift dazu, daß die Forderung insoweit nicht in die Konkursmasse fällt, die Arbeiter mithin nicht auf die Befriedigung im Konkurs angewiesen sind[281].

Wendet man auf diese Frage die Ansicht von BATIFFOL[282] an, daß auf alle mit dem Bau zusammenhängenden schuldrechtlichen Fragen die lex situs anzuwenden ist, so dürfte das Recht des Bauorts maßgeblich sein. Richtig erscheint mir jedoch, wie folgt zu unterscheiden: ob die Forderung des Unternehmers gegen den Bauherrn der Konkursmasse entzogen werden kann, muß das Konkursstatut bestimmen. Sagt dieses ja, so ist weiter das Arbeitsstatut zu befragen, ob es eine solche Bevorzugung der Arbeiter ebenfalls kennt. Dagegen wird es auf das Wirkungsstatut des Bauvertrags wohl nicht ankommen.

289. Fragen, die mit der *Vermietung von Werkswohnungen* zusammenhängen, unterliegen dem Wirkungsstatut des Mietvertrags, d. h. vorbehaltlich einer abweichenden Rechtswahl der lex situs[283].

So greift etwa eine Vorschrift wie § 24 österr. AngG, daß die Werkswohnung nach dem Tod des Angestellten binnen einer Frist von einem Monat bzw. 14 Tagen zu räumen ist, nur ein, wenn Mietstatut österreichisches Recht ist. Das in § 24 II vorgesehene Eingreifen des Bezirksgerichts setzt ohnehin voraus, daß das Grundstück in Österreich belegen ist.

III. RECHT AM ARBEITSERGEBNIS

290. Daß nicht der Arbeitnehmer, sondern der Unternehmer das *Eigentum* an den *im Betrieb hergestellten Sachen* erwirbt, dürfte wohl überall rechtens sein. Es mag deshalb dahingestellt bleiben, ob sich der Eigentumserwerb nach der lex situs – so SCHNORR VON CAROLSFELD 286 – oder, wie mir richtiger erscheint, nach dem Arbeitsstatut richtet.

281 DURAND-VITU II 668 ff.; ROUAST, Traité 207 ff.; LYON-CAEN 300.

282 BATIFFOL, Traité 655.

283 Im allgemeinen NUSSBAUM 232 mit Nachweisen; WOLFF, Lehrbuch 145. Kantonsgericht Rotterdam 28. 12. 1914 (oben Nr. 137) unterwirft die Pflicht zur Räumung einer Kapitänskajüte allerdings dem Arbeitsstatut.

291. *Erfindungen des Arbeitnehmers.* Das Recht der Arbeitnehmererfindung – in der Bundesrepublik neu geregelt durch G. v. 25.7.1957 [284] – gehört ebenso zum Arbeitsrecht wie zum Recht des gewerblichen Rechtsschutzes. Andere Länder haben den Gegenstand in das Patentgesetz (Niederlande), andere wieder in das allgemeine Arbeitsrecht (Schweiz) aufgenommen. Während bei den praktischen Ergebnissen wohl mehr oder weniger Übereinstimmung herrschen dürfte, ist doch die Grundtendenz verschieden, je nachdem ob man das Schwergewicht der Berechtigung dem Arbeitnehmer als dem Erfinder oder dem Arbeitgeber für die Bereitstellung der Betriebsmittel und als dem Berechtigten am Arbeitsergebnis zuerkennt. Das Recht auf Erfinderehre ist vom Vermögensrecht in der Regel getrennt (Österreich, Italien, Niederlande).

Für *Österreich* siehe §§ 5 a ff. PatentG von 1950 [285]. Danach gebührt die Diensterfindung grundsätzlich dem Arbeitnehmer, wenn nicht durch Vertrag etwas anderes bestimmt ist, § 5 a; Verträge über die Übertragung künftiger Erfindungen bedürfen der Schriftform und dürfen nur Diensterfindungen betreffen, § 5 b, wo auch der Begriff der Diensterfindung niedergelegt ist. Dem Arbeitnehmer gebührt eine angemessene Vergütung; Ausnahmen gelten nur für Angestellte, die ausdrücklich zur Erfindertätigkeit eingestellt wurden, § 5 c. § 5 e endlich gestattet eine nachträgliche Neuberechnung der Vergütung für die Erfindung unter gewissen Umständen. Dem Arbeitgeber ist eine Erklärungsfrist gesetzt, § 5 g. Ansprüche verjähren in drei Jahren, § 5 n. Dem Arbeitnehmer verbleibt der Anspruch auf die Erfinderehre, § 6.

Für die *Schweiz* vgl. Art. 343 OR und neuestens BG 2. 9. 1955 [286].

Die *italienische* Rechtslehre sieht in dem Vertrag, in welchem die Übertragung künftiger Betriebserfindungen vereinbart wird, einen gemischten Vertrag, der Teile des Arbeitsvertags und des Verkaufs einer künftigen Sache enthält. Mit der Erfindung geht das ausschließliche Recht gemäß Art. 1376 C. c. auf den Arbeitgeber über. Art. 23 der VO v. 29. 6. 1939 Nr. 1171 (PatentVO) sieht vor, daß die Vermögensrechte aus der Erfindung dem Arbeitgeber gehören, wenn die Erfindung in Erfüllung eines Arbeits- oder Angestelltenvertrages gemacht wurde, der die Erfindertätigkeit zum Gegenstand des Vertrages erhoben hat. Das Recht auf Erfinderehre bleibt dem Arbeitnehmer erhalten [287].

In *Frankreich* ist die Arbeitnehmererfindung gesetzlich nicht normiert; die Rechtsprechung hat die Diensterfindungen dem Arbeitgeber zugesprochen, ohne dem Arbeitnehmer den Anspruch auf die Erfinderehre zu belassen. Die Rechtslage der Gelegenheitserfindung ist umstritten; überwiegend sagt man, sie gehöre ohne Anbietungspflicht

---

[284] Text und amtliche Begründung s. Blätter für Patent-, Muster- und Zeichenwesen 59 (1957) 218 ff.

[285] GRUR, Auslands- und Int. Teil 1955, 545 ff.

[286] GRUR, Auslands- und Int. Teil 1956, 110.

[287] RIVA SANSEVERINO, Trattato II 157 f.; SANTORO PASSARELLI 140 f.; PAGLIARO, Nuova Rivista di diritto commerciale, diritto dell'economia, diritto sociale 9 (1956) II 12 ff. mit Nachweisen. Den Text der VO Nr. 1171 in GRUR, Ausl. T. 1955, 544.

dem Arbeitnehmer; zuweilen wurde „Miteigentum" angenommen. Tarifverträge kennen ein Vorkaufsrecht des Arbeitgebers[288].

Für *Belgien* vgl. FRÉDÉRICQ I 386 f.; für die *Niederlande* Art. 10 PatentG vom 7. 10. 1910[289].

Im *englischen* Recht bestimmt sich nach Treu und Glauben, wem die Betriebserfindung und die aus ihr fließenden Einkünfte gehören; es ist das in der Regel der Arbeitgeber, wenn etwas anderes „contrary to good faith" wäre. Eine gewisse Schiedsbefugnis hat nach s. 56 Patent Act, 1949, der comptroller, wenn streitig ist, wer Inhaber der Erfindung geworden ist[290]. Der Arbeitnehmer ist zur Mitteilung der Erfindung an den Unternehmer verpflichtet und sein Treuhänder, vgl. zu all dem *Triplex Safety Glass Co.* v. *Scorah*, [1938] Ch. 211 (217) = [1937] 4 All E. R. 693[291].

Über gesetzliche Regelungen in *Dänemark, Finnland, Griechenland, Japan, Norwegen, Portugal, Schweden, Spanien* s. GRUR, Auslands- und internationaler Teil 1955, 542 ff.

292. Verweisungsrechtlich gilt folgendes:

Ob eine patentwürdige Erfindung vorliegt, wie die Patentierung durchzuführen ist, welchen Inhalt das Patentrecht hat, entscheidet jedes Recht für seinen Schutzbereich[292]. Wem das Erfinderrecht zusteht, entscheidet hingegen das Arbeitsstatut[293]. Dieses hat nicht nur den Vorrang gegenüber den jeweiligen Rechten der Orte, an denen die Erfindung ausgewertet und geschützt werden soll (dem Wirkungsstatut des Erfinderrechts), denn „der Erwerb des Rechts an der Arbeitnehmererfindung ist derart eng mit den übrigen Regeln des Vertrags verknüpft, daß er mit ihnen demselben Recht zu unterstellen und nicht nach zahlreichen Landesrechten zu zersplittern ist"[294]; das Arbeitsstatut hat auch den Vorrang gegenüber dem Recht des Orts, wo die Erfindung gemacht wird[295]. Mag häufig dieses

[288] Hierzu DURAND-VITU II 743 ff.; RIVÉRO-SAVATIER 331; BRUN-GALLAND 296 f.; vgl. etwa Paris 16. 5. 1956, Annales de la propriété industrielle 102 (1956) 310.

[289] GRUR, Ausl. 1955, 544.

[290] GRUR, Ausl. 1955, 544.

[291] COOPER 59 f.; BATT-VAINES 161 ff.

[292] Vgl. statt aller RAAPE, Lehrbuch 596 ff.

[293] So namentlich TROLLER, Das internationale Privat- und Zivilprozeßrecht im gewerblichen Rechtsschutz und Urheberrecht (1952) 193 Anm. 20; ders., Die Arbeitnehmererfindung im IPR, Schweizerische Mitteilungen über gewerblichen Rechtsschutz und Urheberrecht 1957, 41 ff.; SELIGSOHN, Patentgesetz (7. Aufl. 1932) 113; GODENHJELM, Fragen des IPR auf dem Gebiete des Patentrechts, GRUR, Ausl. 1957, 154 ff.; MOSER VON FILSECK, GRUR, Ausl. 1958, 195; (für das *niederländische* Recht) BODENHAUSEN, Du droit international privé néerlandais dans le domaine de la propriété industrielle, in: La propriété industrielle 63 (1947) 119.

[294] TROLLER, Arbeitnehmererfindung (vorige Anm.) 53. Die gleiche Zersplitterung wäre die Folge, wenn man mit SCHNORR VON CAROLSFELD 287, 289 das Wirkungsstatut des Erfinderrechts zusammen mit dem Arbeitsstatut für den Anfall maßgeblich sein ließe; dagegen GAMILLSCHEG, AcP 155 (1956) 64 f.

[295] BEITZKE, Kollisionen B IV 4 und Betrieb 11 (1958) 226, ihm zustimmend SCHNORR VON CAROLSFELD, RdA 11 (1958) 209, will nach diesem Recht entscheiden, wem das Er-

Recht für den Anfall des Erfinderrechts maßgeblich sein, so nicht kraft eigenständiger Anknüpfung, sondern weil es als Recht des Arbeitsorts Arbeitsstatut ist[296] [297].

Das Arbeitsstatut entscheidet im einzelnen: ob die Erfindung als Dienst- oder als freie Erfindung anzusehen ist – diese Frage kann man der lex fori

---

finderrecht zusteht, nach dem Arbeitsstatut hingegen, welche Ausgleichsansprüche entstehen. Aber mit der „primär erfinderrechtlichen" Natur der Rechtsstellung des Arbeitnehmer-Erfinders würde sich nicht die einheitliche Anknüpfung an den Erfindungsort, sondern nur die (vielfache) Unterstellung unter das Recht des jeweiligen Schutzlandes begründen lassen. Zudem scheint mir die Neueinführung einer weiteren konkurrierenden Rechtsordnung die Dinge nur unnötig zu verwickeln.

[296] Abweichend Weiss, Die deutsche Arbeitnehmererfindung im Konzern mit ausländischer Leitung, GRUR, Ausl. 1956, 99 ff., der aus dem Territorialitätsprinzip ableitet, daß für eine Erfindung in einem Betrieb in Deutschland ausländisches Recht nicht anwendbar sein könne. Doch ist sein Ausgangspunkt irrig, daß die Vereinbarung eines ausländischen Arbeitsstatuts die inländischen zwingenden Vorschriften nicht ausschalten könne, nur materiellrechtliche Wirkung habe, s. oben Nr. 91. Zur Folge, die das „Territorialitätsprinzip" haben müßte, wäre die Berufung darauf schlüssig, s. Troller (oben Anm. 294) 53 Anm. 11. Wohl aber trifft zu, daß der Arbeitgeber nicht die *eine* Frage des Anfalls von Erfinderrechten aus dem Arbeitsstatut herausheben und durch Vereinbarung eines anderen Rechts einer Sonderanknüpfung zuführen kann, wenn das Recht des Arbeitsorts für die sonstigen Rechtsbeziehungen der Parteien Arbeitsstatut bleibt. Das wäre keine Ausübung der Wahlfreiheit mehr, sondern die zuungunsten des Arbeitnehmers unzulässige Abänderung der gesetzlichen Regelung im Kleide einer Rechtswahl. Zum Problem, ob man einen Vertrag zu verschiedenen Teilen verschiedenen Rechten unterwerfen kann. vgl. Raape, Lehrbuch 436 f.

[297] Ein solche selbständige Anknüpfung sieht jedoch das *finnische* Recht vor, wohl um die Frage des Erfinderrechts nicht von der ungeklärten Frage des Arbeitsstatuts abhängen zu lassen. In § 28 des *finnischen* Patentgesetzes von 1943 heißt es, daß, sofern es sich um Arbeits- oder Dienstverträge handelt, die innerhalb Finnlands zu erfüllen sind, die Bestimmungen der §§ 23–27 des Patentgesetzes betr. Arbeitnehmererfindungen anzuwenden sind, und zwar ohne Rücksicht auf die Staatszugehörigkeit des Arbeitnehmers und unabhängig davon, ob der Arbeits- oder Dienstvertrag in Finnland oder im Ausland abgeschlossen wurde. Dazu sagen die von Hakulinen verfaßten Motive (nach Godenhjelm a.a.O.): „Die Vorschrift in § 28 des Vorschlags gründet sich insofern auf Gesichtspunkte des internationalen Privatrechts, als man dadurch die Auslegungsschwierigkeiten hinsichtlich der Frage beseitigen wollte, inwieweit die Regelung der gegenseitigen Rechte von Arbeitgeber und Arbeitnehmer – wenn sich die Regelung an privatrechtliche Arbeitsverhältnisse anschließt und im allgemeinen privatrechtliche Wirkungen zur Folge hat – einer ausländischen Gesetzgebung Platz machen soll, sofern das Recht an einer Erfindung im übrigen nach ausländischem und nicht nach finnischem Recht beurteilt wird. Aus der erwähnten Vorschrift geht hervor, daß die §§ 23–27 ohne Rücksicht auf die Staatsangehörigkeit des Arbeitnehmers und unabhängig davon, ob der Arbeits- oder Dienstvertrag in Finnland oder im Ausland abgeschlossen wurde, angewandt werden sollen, wenn es sich um in Finnland zu erfüllende Arbeits- oder Dienstverhältnisse handelt. Also ist die Anwendung der in Frage stehenden Vorschriften unabhängig davon, nach welchen Grundsätzen entsprechende arbeitsrechtliche oder erfindungsrechtliche Verhältnisse im übrigen im Hinblick auf das internationale Privatrecht zu beurteilen wären."

nicht zu entscheiden überlassen, man stelle sich vor, der Erfindungsprätendent erhebt in zahlreichen Ländern die Übertragungsklage –, ob der Arbeitgeber unmittelbar der Berechtigte ist oder ein Aneignungsrecht oder ein Vorkaufsrecht oder einen Anspruch auf Übertragung hat, welche Fristen für die Inanspruchnahme und für die Anmeldung im Verhältnis zum Arbeitnehmer einzuhalten sind, welche Ansprüche der Arbeitnehmer hat (Vergütung, Teilhabe am Gewinn), ob ihre Nicht- oder nicht rechtzeitige Erfüllung das Anfallsrecht des Arbeitgebers beeinträchtigt, ob und in welchen Fristen Erfindungen, die nach Ende des Arbeitsvertrags angemeldet werden, noch als Arbeitnehmererfindungen angesehen werden, ob Erklärungen der Parteien einer Form bedürfen – die Regel locus regit actum scheint auch hier unbrauchbar –, welche Meldepflichten den Arbeitnehmer treffen usw.

Das Recht auf Nennung als Erfinder *(Erfinderehre)* richtet sich hingegen nach dem Recht des Orts, wo die Erfindung geschützt wird [298].

§ 14

Beendigung des Arbeitsverhältnisses

I. ALLGEMEINES

293. Die Beendigung des Arbeitsvertrags durch Kündigung (unten 298 ff.), Erreichung des Endzeitpunkts [1], Tod des Arbeitgebers (unten Nr. 294) oder Arbeitnehmers, Auflösung im gegenseitigen Einvernehmen beurteilt sich im wesentlichen nach dem Arbeitsstatut, da wir uns hier nach deutscher Auffassung im Bereich des privaten Rechts bewegen. Freilich greift auch hier der Staat zuweilen mit den Mitteln des öffentlichen Rechts ein [2].

---

[298] TROLLER (oben Anm. 293), IPR des gewerblichen Rechtsschutzes 193 Anm. 20; BODENHAUSEN (oben Anm. 293 a. E.).

[1] Eine Besonderheit des Rechts von *Ecuador,* Art. 106 II, dürfte es sein, daß bei befristeten Verträgen von einer mehr als halbjährigen Dauer trotz der Befristung eine Kündigung erforderlich ist, wenn der Vertrag nicht als zu den gleichen Bedingungen verlängert angesehen werden soll.

[2] Die Frage der Beendigung des Arbeitsvertrages hat in der Erörterung des Instituts für internationales Recht einen großen Raum eingenommen.

Art. 6 des Entwurfs sieht vor: Grund und Folgen der Auflösung des Arbeitsvertrags regeln sich nach dem Recht, nach dem seine Auslegung erfolgt, d. h. nach dem von den Parteien bezeichneten Recht, wenn der Auflösungsgrund von den Parteien vorausgesehen war, sonst nach dem Recht des Erfüllungsorts.

Privatrechtlich sind auch die Rechtsfolgen einer Anfechtung des Arbeitsvertrags oder – in den romanischen Rechten – seiner richterlichen Auflösung einzuordnen.

Nach Art. 1639 w BW kann jede Partei vom Richter die Auflösung des Arbeitsvertrags aus ernstlichen Gründen verlangen; der Richter muß beide Seiten hören und kann gegebenenfalls der einen eine Entschädigung zusprechen. Wegen Nichterfüllung des Arbeitsvertrags kann die Auflösung nach den allgemeinen Regeln, Art. 1303 BW, verlangt werden; gem. Art. 6 f. BBA ist hierfür die (öffentlichrechtliche) Genehmigung einzuholen.

294. *Der Tod des Arbeitgebers* läßt in der Mehrzahl der Fälle den Arbeitsvertrag weiterbestehen [3]. So ist es auch im ausländischen Recht.

Im *italienischen* Recht bildet der Tod des Arbeitgebers in der Regel keinen Umstand, durch den der Arbeitsvertrag aufgelöst würde; doch gilt eine Ausnahme dann, wenn die Arbeitsleistung auf die Person des Arbeitgebers zugeschnitten war. So wurde einmal entschieden, daß durch den Tod eines Politikers der Arbeitsvertrag seines persönlichen Sekretärs automatisch aufgelöst wurde. In solchem Fall bildet der Tod einen Umstand höherer Gewalt, doch wird die Abfindung (s. unten Nr. 305) auch dann geschuldet [4]. Ähnlich ist die Rechtslage in der *Schweiz*, Art. 355 II und III, und in *Belgien* [5], wo bei Angestellten Art. 19 AngG vorsieht, daß der Richter gegebenenfalls eine billige Entschädigung festsetzen kann. Für die *Niederlande* s. Art. 1639 k BW. Im *englischen* Recht löst der Tod des Arbeitgebers den Arbeitsvertrag schlechthin auf; man nimmt an, daß das Weiterleben der Parteien stillschweigende Bedingung des Vertrages sei. Dementsprechend sind die Erben nicht gehalten, das Arbeitsverhältnis festzusetzen [6].

Welchen Einfluß der Tod des Arbeitgebers auf den Arbeitsvertrag hat, bestimmt das Arbeitsstatut, nicht etwa das Erbstatut, auch nicht etwa das Recht am Wohnsitz des Erben, der allerdings damit ohne sein Zutun in Verpflichtungen geraten kann, mit denen er nicht rechnet.

295. Alle Rechte kennen *Schutzbestimmungen* zugunsten von *Wehrpflichtigen*, die teils das Ruhen des Arbeitsverhältnisses während der Wehrdienstzeit, teils die Wiedereinstellung des Arbeitnehmers nach ihrem Ende gebieten [7].

Yanguas Messia meint, die Beendigung des Vertrages (ebenso die Frage, ob mit dem Tod des Arbeitgebers das Arbeitsverhältnis erlischt oder übergeht) beurteile sich nach der lex loci executionis: Annuaire 1936 I 415 ff.; Audinet ist der Ansicht, die vertraglichen Abreden über die Beendigung des Arbeitsvertrages unterlägen dem Arbeitsstatut, die außervertraglichen Erlöschensgründe dem Recht des Erfüllungsorts: ebda. 439; ebenso Lemonon, ebda. 452.

[3] Nikisch I 547; Kaskel-Dersch 208.

[4] Riva Sanseverino II 299 ff.

[5] Novelles 92 Nr. 163. Für Frankreich vgl. Durand-Vitu II 885.

[6] *Farrow* v. *Wilson* (1869), L. R. 4 C. P. 744 ff.; Batt-Vaines 78; Cooper 42.

[7] Vgl. für *Österreich* Pigler, ÖJZ 11 (1956) 117; *Italien*, Art. 2111 C. c. und Art. 4 ff. G. v. 3. 5. 1955 Nr. 370 (Behandlung der Dienstunterbrechung wie im Krankheitsfall; strafrechtliche Sicherung der Verpflichtung des Arbeitgebers zur Lohnfortzahlung

Inländische Vorschriften dieser Art – etwa § 1 Arbeitsplatz-Schutzgesetz vom 30. 3. 1957[8] – gelten als öffentlichrechtlich bei jeder Arbeit im Bundesgebiet unabhängig vom Arbeitsstatut. Der öffentlichrechtliche Charakter ergibt sich bei dem genannten Gesetz nicht aus einer Strafbestimmung, sondern aus dem öffentlichrechtlichen Charakter des Wehrrechts überhaupt. Fraglich ist, ob die Bestimmungen auch eingreifen, wenn ein deutscher Wehrpflichtiger eingezogen wird, der im Ausland arbeitet. Hier ist auf der einen Seite wohl nicht zu verlangen, daß die bloße Tatsache der Wehrpflichtigkeit, d. h. der deutschen Staatsangehörigkeit des Arbeitnehmers und seiner Zugehörigkeit zum aufgerufenen Jahrgang, den Arbeitgeber veranlassen muß, ihn wiedereinzustellen und die Zeit des Wehrdienstes auf die Betriebszugehörigkeit anzurechnen. Wollte man dies verlangen, so würde man nicht nur unziemlich in fremde Bereiche übergreifen, sondern auch letztlich die Aussichten zerstören, daß im Ausland Deutsche des entsprechenden Alters überhaupt eingestellt würden. Auf der anderen Seite ist sehr wohl zu verlangen, daß eine aus Deutschland von einem deutschen Arbeitgeber entsandte Kraft nach Ableistung ihres Wehrdienstes ihren Arbeitsplatz wieder vorfindet. Entscheidend ist deshalb m. E. hier ausnahmsweise die Staatsangehörigkeit des Arbeitgebers: der von einem deutschen oder mit deutschem Kapital arbeitenden Unternehmen beschäftigte Wehrpflichtige genießt den Schutz der genannten Norm, unabhängig vom (deutschen oder ausnahmsweise örtlichen) Arbeitsstatut. Ob er ihm am Arbeitsort tatsächlich zuteil wird, ist freilich eine andere Frage, doch wird bei gemeinschaftlicher deutscher Staatsangehörigkeit in der Regel die Inlandsbeziehung des Unternehmens so eng sein, daß auch eine Verurteilung durch ein inländisches Gericht wirksamen Schutz bedeutet.

Ausländische Vorschriften der genannten Art werden, wenn die Arbeit im Ausland geleistet wird, in ihren privatrechtlichen Wirkungen – also in

---

und Wiedereinstellung); *Frankreich,* Art. 25–28 Buch I C. Trav., ROUAST-DURAND 464 ff.; RIVÉRO-SAVATIER 441 f. (bei Ableistung des normalen Wehrdienstes Unterbrechung des Arbeitsvertrags mit bevorzugter Wiedereinstellung; bei sonstigem Wehrdienst Ruhen des Arbeitsvertrags); *Belgien,* Art. 7 AngG, 28bis ArbG (Ruhen des Arbeitsvertrags; dies gilt jedoch nicht für den Dienst in einer fremden Wehrmacht, vgl. Novelles 461 Nr. 125 mit Nachweisen); in den *Niederlanden* ruht während des Wehrdienstes der Arbeitsvertrag ohne Anspruch auf Lohnfortzahlung, vgl. LEVENBACH (unten Anm. 16) 24 ff.; Novelles 375 f. Nr. 2394. Im *englischen* Recht genießt einen gesetzlichen Kündigungsschutz gemäß dem National Service Act 1948, wer nach Ableistung des Wehr- und Hilfsdienstes wiedereingestellt worden ist. Die Dauer des Kündigungsschutzes beträgt 13 bzw. 26 Wochen, COOPER 247.

[8] KASKEL-DERSCH 213 f.

der Wiedereinstellungs-, Anrechnungs-, Lohnfortzahlungspflicht – auch bei deutschem Arbeitsstatut von den inländischen Gerichten anzuerkennen sein, wenn sie vom Recht des Arbeitsorts ausgehen (dies auch dann, wenn am Arbeitsort nicht nur eigene Staatsangehörige, sondern auch länger dort Wohnhafte eingezogen werden) oder von diesem Recht anerkannt werden.

296. Andere *Eingriffe von hoher Hand* in bestehende Arbeitsverträge sind nicht ohne weiteres gleichzustellen.

Die *Ausländergesetzgebung* kann zur fristlosen Aufhebung eines Arbeitsverhältnisses zwingen, vgl. LAG Gleiwitz 5. 12. 1933. Umgekehrt können Vorschriften der *Arbeitsmarktlenkung* die Beendigung des Arbeitsvertrags von einer Genehmigung abhängen lassen oder überhaupt verbieten.

Solche Vorschriften des Inlands gelten als öffentlichrechtliche immer bei Arbeit im Inland, unabhängig vom Arbeitsstatut. Für einige besondere Fälle s. unten Nr. 315 f.

Entsprechende Vorschriften des Auslands sind grundsätzlich in ihren privaten Wirkungen anzuerkennen, wenn das örtliche Recht auch Arbeitsstatut ist; doch wird hier, namentlich bei Zurücksetzung des Arbeitnehmers wegen seiner Ausländereigenschaft, häufig der ordre public eingreifen müssen. Ist deutsches Recht Arbeitsstatut, so sind diese aus Gründen der Fremdenpolizei oder der Wirtschaftspolitik erfolgten Eingriffe nicht als Recht, wohl aber u. U. als Tatsache anzuerkennen.

297. Nach Art. 4 der französischen VO vom 1. 5. 1945 mußte der Arbeitgeber u. U. andere Arbeitnehmer entlassen, um seiner Pflicht zur Wiedereinstellung der entlassenen Soldaten usw. genügen zu können. Unterlag das Arbeitsverhältnis des zu Entlassenden deutschem Arbeitsstatut, so konnte das mittelbare Entlassungsgebot – das vor französischen Gerichten einen wichtigen Grund zur Entlassung gegeben hätte[9] – wegen des arbeitsmarktpolitischen Charakters der Vorschrift rechtliche Wirkung vor deutschen Gerichten nicht haben; wohl aber war es ein tatsächliches Hindernis für die Weiterbeschäftigung, mit der Folge, daß die Entlassung nach den Vorstellungen des § 1 KSchG als „betriebsbedingt" hätte angesehen werden müssen.

II. KÜNDIGUNG

1. *Rechtsvergleichung*

298. Die Kündigung wirft die meisten Fragen des Arbeitsverweisungsrechts auf; hier ist die große Rechtsverschiedenheit in den einzelnen Ländern von hervorragender Bedeutung, da die Kündigung als privatrecht-

[9] Vgl. für einen ähnlichen Fall HandG Seine 25. 3. 1919, Dalloz Périodique 1919. 2. 29; DURAND-VITU II 174 Anm. 3.

lich überwiegend dem Arbeitsstatut folgt und damit auch durch ausländische Gerichte nach diesem Recht beurteilt wird. Die Kündigung bildet das gewöhnliche Mittel, das Arbeitsverhältnis zu beenden, und es ist in den hier näher untersuchten Ländern der Grundsatz der Kündigungsfreiheit des Arbeitgebers – unbeschadet der Pflicht, gewisse Fristen einzuhalten, gewisse Entschädigungen zu zahlen oder sich die Überprüfung durch gewisse Instanzen gefallen zu lassen – aufrechterhalten, so daß das deutsche Recht mit seiner grundsätzlichen Unwirksamkeit der nicht eigens sozial gerechtfertigten Kündigung insoweit allein steht. Die ordentliche Kündigung bedarf deshalb in der Regel auch keiner Begründung [10].

299. In *Österreich* wird ein wirksamer Kündigungsschutz nur den Betriebsräten gegeben, s. § 18 Betriebsrätegesetz v. 28. 3. 1947. Als allgemeiner Kündigungsschutz ist nur die Zwischenschaltung des Betriebsrates vorgesehen, § 25 a.a.O. [11]. Die Stellungnahme des Betriebsrats zur Kündigung ist binnen drei Tagen einzuholen; widerspricht er, erfolgt die Kündigung aber trotzdem, so kann der Betriebsrat die Kündigung beim Einigungsamt anfechten, wenn der Verdacht besteht, daß sie wegen der gewerkschaftlichen oder betrieblichen Betätigung des Arbeitnehmers erfolgt ist. Darüberhinaus kann der Betriebsrat auf Verlangen des Arbeitnehmers die Kündigung anfechten, wenn der Arbeitnehmer länger als 6 Monate im Betrieb tätig war und die Kündigung sowohl eine soziale Härte für ihn bedeutet als auch in den betrieblichen Verhältnissen nicht begründet ist. Bleibt der Betriebsrat untätig oder besteht kein solcher, so kann der Arbeitnehmer selbst anfechten. Alle Anfechtungen haben innerhalb der Frist von einer Woche zu erfolgen. Die Entscheidung des Einigungsamtes ist endgültig.

Stimmt der Betriebsrat der Kündigung zu oder äußert er sich nicht innerhalb der gesetzten Frist, was als Zustimmung gilt, so ist dem Arbeitnehmer ein eigenes Vorgehen verschlossen.

Einiges Besonderes gilt nach dem Schauspielergesetz: Eine Vereinbarung, die die Kündigung eines Schauspielvertrages vorsieht, ist nur gültig, wenn der Vertrag auf längere Zeit als ein Jahr geschlossen worden ist, § 30 I. § 31 a.a.O. enthält einen eigenen Kündigungsgrund: Die Darstellerin kann, wenn ihr Ehemann es verlangt, binnen zwei Monaten nach der Heirat mit zweimonatiger Frist kündigen.

Schwerbeschädigten kann nur mit Zustimmung des Invalidenausschusses beim Landesarbeitsamt gekündigt werden. § 8 Invaliden-Einstellungsgesetz.

Für die *Schweiz* vgl. Art. 347 I, Art. 16 Bundesgesetz v. 13. 6. 1941 über das Anstellungsverhältnis der Handelsreisenden, Art. 418 q OR.

---

[10] Deren bedarf sie i. a. auch nach *italienischem* Recht nicht; doch kann, wenn der Arbeitnehmer Arbeitslosenunterstützung beantragt, eine Bescheinigung über den Grund der Entlassung verlangt werden. Auch in Tarifverträgen kann dem Arbeitgeber die Begründung der Entlassung zur Pflicht gemacht werden; vgl. Riva Sanseverino, Trattato II 244 f. Das Fehlen einer Begründung kann auch nach *niederländischem* Recht Folgen nach sich ziehen, wie es überhaupt den Verdacht der willkürlichen Entlassung verstärkt, s. unten Nr. 304.

[11] Vgl. hierzu allgemein Hämmerle 262 ff.; Rabofsky, Das Recht der Arbeit 8 (1958) 46 ff.

Auch in *Italien* ist die Kündigung grundsätzlich frei, vgl. Art. 2118 C. c.; zu erwähnen ist, daß in Tarifverträgen zuweilen ein Schlichtungsverfahren vorgeschrieben wird, dessen Ergebnis die Verurteilung des Arbeitgebers zur Wiedereinstellung sein kann; lehnt der Arbeitgeber diese ab, so muß er sich durch Zahlung einer Buße in Höhe von 5–8 Monatsgehältern freikaufen [12]. Schwerbeschädigte sind nicht unkündbar; der Arbeitgeber ist lediglich gehalten, seine Quote stets zu erfüllen [13].

300. In *Frankreich* ist die Kündigung noch der Arbeitsmarktregelung (VO v. 24. 5. 1945) unterworfen und an die Zustimmung der Verwaltungsbehörde gebunden; die Verweigerung der Zustimmung läßt jedoch die zivilrechtliche Gültigkeit der Kündigung unberührt [14]; wieder ein Fall des Zwiespalts zwischen öffentlichrechtlichem, mit Strafe gesichertem Gebot und zivilrechtlicher Wirksamkeit, erklärlich nur dadurch, daß die Zustimmung nicht im sozialen, sondern im wirtschaftlichen Interesse eingeführt worden ist [15].

Für *Belgien* vgl. Art. 19 I ArbG, 14 AngG. Einen dem belgischen Recht eigentümlichen Kündigungsgrund enthält Art. 25 AngG: Eine in den Haushalt des Arbeitgebers eingegliederte weibliche Angestellte kann fristlos kündigen, wenn die den Haushalt führende Frau des Arbeitgebers oder sonstige weibliche Person stirbt oder sich zurückzieht.

In den *Niederlanden* ist die Kündigung privat- und öffentlichrechtlich geregelt. Zum privaten Bereich gehört die eingehende und durch das Gesetz vom 17. 12. 1953 weiter im sozialen Sinne umgestaltete [16] Normierung, die das Kündigungsrecht im BW gefunden hat; hier legt an sich Art. 1639 g BW das grundsätzliche Recht zur Kündigung fest. Zum öffentlichen Recht gehört hingegen, daß die Beendigung des Arbeitsvertrages der Zustimmung der Behörde gemäß Art. 6 BBA bedarf [17]. Dies gilt nicht für Arbeitsverträge auf Zeit, die ihren Endpunkt erreicht haben (strittig), und nicht bei einverständlicher Auflösung des Arbeitsvertrages oder wenn hierfür ein wichtiger Grund gegeben ist. Die Zustimmung zur Entlassung hat auf die Notwendigkeit, die Kündigungsfrist einzuhalten, keinen Einfluß; diese läuft erst ab Genehmigung [18]. Rechtsgeschäfte, die mit dem Erfordernis des Art. 6 BBA unvereinbar sind, sind nichtig: Der Arbeitnehmer kann mithin weiter Lohn fordern, in seiner Werkwohnung verbleiben, seine Sozialversicherung läuft weiter usw. Seine Ansprüche verjähren jedoch in 6 Monaten [19].

Weitestgehenden behördlichen Einschränkungen ist das Kündigungsrecht in *Ecuador*, Art. 107, 108, 112 ArbGB, unterworfen, wo jede Kündigung, auch die des Arbeitnehmers, der Genehmigung des Arbeitsinspektors bedarf. Die Kündigungserklärung selbst

---

[12] Riva Sanseverino, Trattato II 241; Erdmann 89 ff.

[13] Levi, Trattato III 401.

[14] Zuletzt wieder Kassationshof 12. 12. 1957, J. C. P. 1958. II. 10483.

[15] Es sind jedoch nicht alle Arbeitgeber dieser Pflicht unterworfen: s. im einzelnen Durand-Vitu II 887 ff.; Lyon-Caen 214 ff.; Rouast-Durand 469; Rivéro-Savatier 475 ff.; Brun-Galland 366 ff.

[16] Hierzu Levenbach, Het nieuwe burgerlijkrechtelijke Ontslagrecht (1954).

[17] Hierzu Molenaar II A 223 ff.; Grinten-Haakman 28 ff.; die Grundsätze, die die Behörden bei der Bewilligung der Entlassung leiten, sind durch die Notwendigkeiten der Arbeitsmarktlenkung bestimmt, ebda. 43.

[18] So der Hoge Raad 19. 11. 1948, N. J. 1949 Nr. 86; Grinten-Haakman 47 Anm. 2.

[19] Hierzu Grinten-Haakman 51.

ist in schriftlicher Form bei dem Arbeitsinspektor einzureichen, der sie dem Empfänger der Erklärung zustellt, Art. 113, 451. Darüberhinaus enthält das Gesetz selbst weitere Einschränkungen; so darf beispielsweise in einem Betrieb, der bis zu 20 Arbeitnehmer beschäftigt, gleichzeitig nicht mehr als zwei, bei Betrieben mit größerer Belegschaft nicht mehr als fünf Arbeitnehmern gekündigt werden, Art. 117 ArbGB.

301. *Form der Kündigung*[20]. Im allgemeinen ist die Kündigung formlos möglich, wenn auch Tarifverträge etwas anderes bestimmen können. In *Österreich* ist für Bühnendienstverträge schriftliche Kündigung vorgeschrieben, § 30 III SchauspielG; ebenso muß nach *belgischem* Recht dem Angestellten bei Nichtigkeitsfolge schriftlich mitgeteilt werden, wann die Kündigunsfrist beginnt und wann sie endet, Art. 14 III AngG. Zu Art. 23 Buch I C. Trav. s. oben Nr. 86, zum Recht von *Ecuador* s. vorige Nr. a. E.

302. *Kündigungsfrist*[21]. Die Fristen der ordentlichen Kündigung ebenso wie das Verhältnis der vom Arbeitgeber zu wahrenden Frist zu der Frist, die der Arbeitnehmer einzuhalten gezwungen ist, sind sehr verschieden geregelt.

In *Österreich* reichen sie nach dem ABGB von 6 Monaten bis zu einem Tag (§§ 1158 bis 1159 b), nach § 20 AngG von 6 Wochen bis zu 5 Monaten, für Journalisten gem. § 4 JournG von 3 Monaten bis zu einem Jahr. Schwerbeschädigte haben eine Mindestkündigungsfrist von 4 Wochen, § 8 I InvEinstG.

Während § 1159 c ABGB festlegt, daß die Kündigungsfristen für beide Teile gleich sein müssen, und die jeweils längere Frist gelten läßt (ähnlich § 30 I SchauspielerG), legt § 20 AngG die vom Angestellten einzuhaltende Frist auf einen Monat, die vom Arbeitgeber einzuhaltende Frist auf mindestens 6 Wochen fest. Der Widerspruch der beiden Vorschriften löst sich durch die Überlegung auf, daß es nicht auf eine schematische Gleichstellung, sondern nur auf den Schutz des Arbeitnehmers ankommt[22].

Für die *Schweiz* s. Art. 347 f. OR und Art. 21 FabrikG, wo ferner bestimmt ist, daß die Fristen durch schriftlichen Vertrag geändert oder aufgehoben werden können. Die Frist muß für beide Teile gleich lang sein.

Nach *italienischem* Recht ist die Länge der Frist nach Art des Arbeitsverhältnisses (Arbeiter, Angestellte, leitende Angestellte) und nach der Dauer der Betriebszugehörigkeit gestaffelt; Einzelheiten bestimmen neben dem AngG von 1924 die Tarifverträge sowie örtliche Gebräuche. Die Einrechnung der Kündigungsfrist in den Urlaub ist verboten, Art. 2109 C. c. Die Frist kann für Arbeitgeber und Arbeitnehmer verschieden lang sein, wie daraus hervorgeht, daß einzelne Tarifverträge die Frist bei Kündigung durch den Arbeitnehmer halbieren[23].

In *Frankreich* richtet sich die Länge der Frist nach den „Gebräuchen“, wie sie in dem betreffenden Berufszweig und am Ort üblich sind; gemeint ist hierbei der Arbeitsort, nicht der Ort des forum, vgl. oben Nr. 18 und Art. 23 II Buch I C. Trav. Neuestens wurde durch Gesetz vom 19. 2. 1958 die Frist für die ordentliche Kündigung auf einen Monat festgesetzt, wenn der Arbeitnehmer ein halbes Jahr im Betrieb tätig war[24].

[20] Hueck-Nipperdey I 493 ff.; Nikisch I 564 f.; Kaskel-Dersch 210.
[21] Hueck-Nipperdey I 517 ff.; Nikisch I 576 ff.; Kaskel-Dersch 215 ff.
[22] Hämmerle 269.
[23] Riva Sanseverino, Trattato II 251; Barassi, Elementi 229 f.
[24] Vgl. Camerlynck, La réforme du délai-congé, J. C. P. 1958. Chron. 57 ff.

Nach *belgischem* Recht ist die Dauer der Kündigungsfrist verschieden bei Angestellten und Arbeitern sowie innerhalb dieser Gruppen. Für den Arbeiter gilt immer nur die halbe Kündigungsfrist, die der Arbeitgeber einzuhalten verpflichtet ist; normalerweise ist diese 14 bzw. 7 Tage; die Fristen werden verdoppelt bzw. vervierfacht, wenn der Arbeiter 10 bzw. 20 Jahre Betriebszugehörigkeit aufzuweisen hat; die Frist für die Kündigung beginnt immer erst am Montag der darauffolgenden Woche zu laufen, vgl. im einzelnen Art. 19 bis 19ter ArbG.

Für Angestellte sieht Art. 15 AngG folgende Regelung vor: beträgt das Jahresgehalt des Angestellten weniger als 120 000 frs., so stehen ihm für jede Periode von 5 Jahren im Dienste des gleichen Unternehmens 3 Monate Kündigungsfrist zu; verdient er mehr als 120 000 frs., so wird die Kündigungsfrist durch Vertrag oder den Richter festgesetzt, muß jedoch mindestens die ebengenannte Dauer erreichen [25]; bei Kündigung durch den Arbeitnehmer beträgt die genannte Frist nur die Hälfte, höchstens aber 3 bzw. 6 Monate; schließlich hat der Angestellte, der eine neue Stellung gefunden hat, zusätzlich das Recht, mit einer Kündigungsfrist von 30 Tagen auszuscheiden, wenn die Kündigung vom Arbeitgeber ausgegangen war (Art. 16 AngG). Von dieser Regelung werden auch die Angestellten mit Einkommen über 180 000 frs. im Jahr erfaßt.

Nach *niederländischem* Recht berechnet sich die Kündigungsfrist im allgemeinen nach den Lohnzahlungszeiten, Art. 1639 i, im besonderen nach der Dauer der Betriebszugehörigkeit, Art. 1639 j; die Kündigungsfrist darf jedoch für den Arbeitgeber nicht länger als 13 Wochen, für den Arbeitnehmer nicht länger als 6 Wochen betragen. Durch schriftliche Vereinbarung oder Aufnahme in die Betriebsordnung kann die Frist bis auf 6 Monate verlängert werden, doch darf sie dann für den Arbeitgeber nicht geringer sein als für den Arbeitnehmer. Auf weitere Einzelheiten sei mit verwiesen [26].

Das *Common Law* kennt keine feststehenden Fristen; die Kündigungsfrist muß „vernünftig", „reasonable" sein; die Rechtsprechung hat hierzu reichliche Beispiele geliefert, die von einem Jahr (Chefingenieur eines Ozeandampfers) bis zu einer Woche (Milchkutscher) reichen [27].

303. Wird die Kündigungsfrist nicht eingehalten, so schuldet der Arbeitgeber in der Regel den Lohn bis zu ihrem Ablauf als *Entschädigung*, vgl. für *Österreich* § 1162 b ABGB, §§ 28 f. AngG, § 84 GewerbeO. Die Ansprüche müssen binnen einer Ausschlußfrist von 6 Monaten geltend gemacht werden, § 1162 d ABGB, 34 AngG. Dem Arbeitnehmer wird auf die Kündigungsentschädigung während der ersten drei Monate ein anderweitiger Verdienst nicht angerechnet [28].

Für *Italien* s. Art. 2118 II C. c. (indennità di preavviso); die Geltendmachung weiterer Ansprüche aus dem Gesichtspunkt des Schadenersatzes ist ausgeschlossen. Die Entschädigung wegen Nichteinhaltung der Kündigungsfrist wird auch vom Arbeitnehmer geschuldet [29]. Ihre Rechtsnatur ist wohl im Bereich des Schadenersatzrechts zu suchen:

---

[25] Dabei werden Fristen bis zu zwei Jahren gewährt, vgl. Novelles 483 f. Nr. 273.

[26] Molenaar II A 154 ff.; Levenbach 8 ff.

[27] Vgl. die Beispiele bei Cooper 48 ff.; Samuels 2; Batt-Vaines 54 ff.; die Kündigungsfrist kann an einem beliebigen Tag ablaufen, Batt-Vaines 58 f.

[28] Vgl. Wahle-Dittrich-Veit II 122 Fußnote 5 zu § 29 AngG.

[29] Riva Sanseverino, Trattato II 253 ff.; Barassi, Elementi 231 f.

Barassi [30] spricht von einem „vero risarcimento del danno" – freilich eine Schadenersatzpflicht, die, wie man wohl annehmen kann, ihre Heimat im Arbeitsvertrag, nicht im Deliktsrecht hat.

Frankreich kennt entsprechend die „indemnité de délai-congé", in die ebenfalls ein weiterer Schaden nicht aufgenommen wird, von der aber auch Abzüge nicht gemacht werden, wenn der Arbeitnehmer wieder Arbeit gefunden hat [31]. Für *Belgien* vgl. Art. 22 ArbG, 20 AngG: Naturalbezüge, die dem Arbeitnehmer nicht mehr gewährt werden, sind in Geld umzurechnen [32].

Nach *niederländischem* Recht kann jede Partei auch ohne Vorliegen eines wichtigen Grundes und ohne Einhaltung der Kündigungsfrist den Arbeitsvertrag beenden, schuldet dann aber der anderen Seite Schadenersatz, Art. 1639 o BW. Schadenersatz schuldet auch, wer der anderen Partei Anlaß zur fristlosen Auflösung gegeben hat. Der Ersatz kann sich nach Wahl des Berechtigten auf den vollen Schaden richten oder auf die in Art. 1639 r vorgesehenen Leistungen, d. h. auf den Lohn während der Kündigungsfrist unter Hinzurechnung des Wertes der Naturalleistungen.

Alle für den Arbeitnehmer ungünstigeren Abreden sind nichtig. Höhere Ersatzleistungen können durch schriftlichen Vertrag oder in der Betriebsordnung festgelegt werden; diese kann der Richter wiederum bis zu einer gewissen unteren Grenze (drei Monatsgehälter) herabsetzen. Der Richter kann auch Ratenzahlung bewilligen. Die Schadensumme ist mit 5 % zu verzinsen: Art. 1639 r BW [33].

Auch im *englischen* Recht kann der Arbeitnehmer den restlichen Lohn als Schadenersatz aus dem Gesichtspunkt des „breach of contract" verlangen; Ersatz für verletzte Gefühle oder wegen der Schwierigkeit, eine neue Stellung zu erhalten, wird nicht gewährt, *Addis* v. *Gramophone Co. Ltd.*, [1909] A. C. 488 [34].

304. Die Kündigungsfreiheit des Arbeitgebers wird weiter in manchen Rechten dadurch erheblich eingeschränkt, daß die Rechtsprechung die Gründe prüft und eine Entschädigung aus dem Gesichtspunkt des *„Rechtsmißbrauchs"* gewährt, wenn diese Gründe nicht Bestand haben. Dabei ist die Kündigung jedoch nicht erst dann gerechtfertigt, wenn sie durch „dringende betriebliche Erfordernisse" gedeckt wird, sondern schon dann, wenn sie überhaupt durch ein vernünftiges Interesse des Arbeitgebers erklärt werden kann.

Frankreich hat das Institut der Kündigungsentschädigung, indemnité de rupture oder de licenciement abusif in der Rechtsprechung entwickelt; für die Höhe der Entschädigung gibt Art. 23 Buch I C. Trav. gewisse Hinweise. Die Entschädigungspflicht – die theoretisch auch den Arbeitnehmer, praktisch jedoch nur den Arbeitgeber trifft – wird als Ausfluß des allgemeinen Gedankens des Rechtsmißbrauchs angesehen und deliktisch qualifiziert; man hat daraus auch für das Arbeitsverweisungsrecht Folgerungen gezogen (s. unten Nr. 324) [35].

---

[30] Barassi, Elementi 235.

[31] Durand-Vitu II 896 ff.; Rouast-Durand 472; Rivéro-Savatier 459 ff.; Brun-Galland 557 ff.

[32] Novelles 475 Nr. 212.

[33] Molenaar II A 201 ff.

[34] Cooper 73 f.; s. aber Batt-Vaines 202 ff.

[35] Im einzelnen s. Durand-Vitu II 901 ff.; Rouast-Durand 474 ff.; Lyon-Caen

Eine Kündigungsentschädigung dieser Art nach italienischem Recht hatte die Entscheidung OLG München 5. 4. 1909 zum Gegenstand.

Ist nach *niederländischem* Recht die Kündigung „offenbar unredlich", so können Ersatzansprüche gewährt werden, auch wenn die Kündigungsfristen eingehalten worden sind, Art. 1639 s BW. Solche offenbar ungerechtfertigte Kündigungen liegen beispielsweise vor, wenn die Kündigung ohne oder mit einem vorgeschobenen Grund erfolgte, wenn der Kündigungsgrund angesichts der Härte, die die Kündigung für die andere Seite bedeutet, nicht ausreichend erscheint u. a. Auch der Arbeitnehmer kann seine Arbeit „offenbar unredlich" beenden, wenn er ohne Grund oder mit einem vorgeschützten Grund zu arbeiten aufhört oder wenn der Grund angesichts der Schwere der Folgen für den Arbeitgeber unzureichend ist. Der Richter kann die Person, die zum Schadenersatz wegen Nichteinhaltung der Kündigungsfrist gemäß Art. 1639 o (s. vorige Nr.) oder wegen offenbar ungerechtfertigter Kündigung verpflichtet ist, auch zur Wiederherstellung des Arbeitsverhältnisses verurteilen. Er kann die Zeit, für welche es wiederhergestellt sein soll, bestimmen oder auch eine Abstandssumme nach Billigkeit festsetzen, Art. 1639 t BW.[36].

305. *Abfindung.* Österreich, Italien und andere kennen das Institut der Abfindung für Arbeitnehmer, die ohne ihr Zutun entlassen worden sind. Die Abfindung ist an Wartefristen geknüpft und nach der Dauer der Betriebszugehörigkeit gestaffelt.

In *Österreich* steht die Abfindung – hier Abfertigung genannt – nur gewissen Gruppen von Arbeitnehmern, nämlich Angestellten, Journalisten, Hausgehilfen und einigen anderen zu. Sie ist bei Angestellten an eine Wartefrist von 3, bei Hausgehilfen an eine solche von 10 Jahren geknüpft, in ihrer Höhe von der Dauer des Arbeitsverhältnisses abhängig (bei Angestellten beträgt sie das 2–12fache Monatsgehalt, § 23 AngG) und wird verwirkt, wenn der Angestellte seinerseits kündigt, ohne wichtigen Grund austritt oder Anlaß zu seiner Entlassung gegeben hat [37].

Stirbt der Angestellte, gebührt den gesetzlichen Erben, die ihm gegenüber Unterhaltsansprüche hatten, eine Abfindung in Höhe der Hälfte der Abfertigung, die dem Arbeitnehmer zugestanden hätte. Dieser Anspruch steht den Erben kraft eigenen Rechts zu und bildet keinen Aktivposten des Nachlasses [38]. Er ist arbeitsvertraglich, nicht erbrechtlich zu qualifizieren: weder kann bei nichtösterreichischem Arbeitsstatut dem Arbeitgeber eine solche Verpflichtung durch ein österreichisches Erbstatut auferlegt werden, noch entlastet den Arbeitgeber umgekehrt bei österreichischem Arbeitsstatut der Umstand, daß der Erbfall sich nach nichtösterreichischem Recht beurteilt. Fraglich kann nur sein, ob der Kreis der Unterhaltsberechtigten sich ebenfalls nach österreichischem Recht oder nach dem durch die jeweilige lex fori bezeichneten Unterhaltsstatut richtet.

---

207 ff. mit Beispielen aus der Rechtsprechung; Rivéro-Savatier 464 ff.; Camerlynck, L'indemnité de licenciement, J. C. P. 1957. I. 1391.

[36] Im einzelnen Molenaar II A 197 ff.; Levenbach 45 ff.

[37] Hämmerle 216 ff.; Wahle-Dittrich-Veit II 74 ff.; zur Rechtsnatur der Abfertigung Lautner 846 f.

[38] Vgl. die Nachweise bei Wahle-Dittrich-Veith II 83 Anm. 1 zu § 23 VI AngG.

Die erste Lösung ist m. E. die richtige. Das Gesetz hat sich nur einer Kurzfassung bedient, statt die Personen, die nach österreichischem Recht unterhaltsberechtigt wären, eigens aufzuzählen.

In *Italien* schuldet der Arbeitgeber jedem Arbeitnehmer bei Kündigung durch den Arbeitgeber ohne wichtigen Grund, giusta causa, in der Person des Arbeitnehmers eine Abfindung, „indennità di licenziamento" oder „indennità di anzianità", die den Arbeitnehmer für den Verlust seiner durch längere Betriebszugehörigkeit erworbenen Rechtsstellung entschädigen soll (Art. 2120 C. c.) [39]. Dies gilt auch, wenn stärkste betriebliche Gründe die Entlassung für den Arbeitgeber zur Notwendigkeit gemacht haben. Die Höhe der Entschädigung bestimmt sich wiederum nach Tarifvertrag oder örtlichen Gebräuchen; im Gesetz ist nur festgelegt, daß sie nach der Länge der Betriebszugehörigkeit zu staffeln ist. Bei freiwilligem Ausscheiden ist im allgemeinen eine Entschädigung nicht geschuldet, doch bestimmen Tarifverträge vielfach etwas anderes.

Zur Rechtsnatur dieser Entschädigung wird man sagen können: [40] sie ist ein Institut sui generis, das Elemente des Schadenersatzes, des Arbeitsvertrages, aber auch der sozialen Sicherheit in sich vereinigt; nicht Strafe für den Arbeitgeber wegen der Entlassung, vielmehr hauptsächlich eine Treueprämie. Diese Überlegungen, die für das innere italienische Recht angestellt werden – hier insbesondere sind sie von Bedeutung für die Frage der Pfändbarkeit und Abtretbarkeit –, belassen die Kündigungsentschädigungen demnach im privaten Bereich.

Beim Tod des Arbeitnehmers schuldet der Arbeitgeber dessen Familie (wer hierunter zu verstehen ist, besagt Art. 2122 C. c.) die beiden Entschädigungen wegen Nichteinhaltung der Kündigungsfrist und wegen der Betriebszugehörigkeit, auch wenn von einer Kündigung nicht die Rede gewesen ist, Art. 2122 C. c. Die Zahlung kann im Wege der Versicherung seitens des Arbeitgebers von einer Kasse übernommen werden; doch bleibt den Berechtigten der unmittelbare Anspruch gegen den Arbeitgeber; ein Anspruch, der in ihrer Person erwachsen ist und nicht vom Arbeitnehmer geerbt wurde. Diese Leistung hat stark fürsorgerechtliche Natur, doch „hindert dies nicht, daß sie ihren Charakter einer Treudienstprämie behält" [41].

Weiter als alle anderen Rechte geht das Arbeitsgesetzbuch von *Ecuador,* Art. 142 ff.; danach hat der Arbeitnehmer Anspruch auf Abfindung in Höhe von einem Monatsgehalt für jedes auf das erste Dienstjahr folgende Jahr; der Anspruch ist vererblich und wird nicht verwirkt. Nach 25 Dienstjahren hat er wahlweise Anspruch auf ein Ruhegeld.

Das *französische* Recht gewährt, abgesehen von Tarifverträgen und gewissen örtlichen Gebräuchen, eine Abfindung nur einigen Gruppen von Arbeitnehmern, nämlich den Journalisten bei Übertragung oder Einstellung der Zeitung oder bei wesentlicher Änderung ihrer Richtung, wenn die Änderung Ehre, Ansehen oder moralische Interessen des Journalisten beeinträchtigen könnte, Art. 29 d und 29 e Buch I C. Trav.; über die Höhe vgl. Art. 29 d; und dem Handelsvertreter, soweit er die in Art. 29 k Buch I C. Trav.

---

[39] Riva Sanseverino, Trattato II 257 ff.; Barassi, Elementi 236 ff.; Santoro Passarelli 197 ff.

[40] Riva Sanseverino, Trattato II 259 ff.; Barassi, Elementi 236 ff.; Santoro Passarelli 199 f.; als fürsorgerechtlich sieht sie an Mazzone, Natura giuridica delle indennità di licenziamento in materia di impiego privato, Dir. lav. 10 (1936) I 100 ff. Nr. 13, 19.

[41] Barassi, Elementi 240.

enthaltenen Voraussetzungen erfüllt, Art. 29 o Buch I. Hierbei handelt es sich nicht um eine Schadenersatzforderung; die Abfindung teilt die Rechtsnatur des Lohns [42].

Eine Abfindung schuldet der Arbeitgeber auch nach *mexikanischem* Recht bei Entlassung wegen Schließung des Betriebs oder wegen eines Personalabbaus, der auf Einführung neuer Maschinen oder Arbeitsmethoden zurückzuführen ist [43].

306. *Fristlose Kündigung* [44]. Allen Rechten ist gemeinsam, daß der Arbeitsvertrag von beiden Seiten entweder allgemein aus wichtigem Grund oder aus bestimmten einzeln aufgezählten Gründen ohne Einhaltung einer Kündigungsfrist aufgelöst werden kann. Damit ist häufig der Verlust von Rechten – Verwirkung von Abfindung, Urlaubsentschädigung und ähnlichem – verbunden.

In *Österreich* sind die Gründe für die fristlose Entlassung in der Gewerbeordnung abschließend aufgezählt, § 82 GewerbeO, doch ist die ausdehnende Anwendung der dort gegebenen Gründe auf einen nach Beschaffenheit und Bedeutung gleichwertigen Fall möglich [45]. Dagegen ist nach §§ 25, 27 AngG die Entlassung aus jedem wichtigen Grund möglich. Die Gründe, aus denen ein Betriebsrat fristlos entlassen werden kann, sind in § 18 BRG aufgezählt. Entsprechend kann der Arbeitnehmer ohne Einhaltung der Frist austreten, wenn der Arbeitgeber ihm hierfür einen wichtigen Grund gegeben hat.

Nach *Schweizer* Recht kann auch bei gewerblichen Arbeitern das Arbeitsverhältnis aus jedem wichtigen Grund fristlos gelöst werden, Art. 352 OR. Auch das *italienische* Recht, Art. 2119 C. c., begnügt sich mit dem Erfordernis eines wichtigen Grundes, giusta causa; doch kehren Tarifverträge neuerdings zum Aufzählungsgrundsatz zurück [46].

Nach *französischem* Recht fällt die Kündigungsfrist bei schwerem Verschulden, faute grave, des anderen Teils weg [47].

Im einzelnen geregelt ist die fristlose Kündigung im *belgischen* Recht: Art. 16 Nr. 3 und aufzählend Art. 21 f. ArbG: die Kündigung muß jedoch innerhalb von zwei Tagen

---

[42] Durand-Vitu II 905 ff.; Rouast-Durand 478 ff.; Brun-Galland 584 ff.; Lyon-Caen 212 ff.; Rivéro-Savatier 469 ff. Anders jedoch Kassationshof 9. 3. 1957, S. 1958. 1. 80: der Arbeitnehmer erwerbe den (hier: tariflichen) Anspruch auf die Abfindung erst im Augenblick der Kündigung, sie bilde deshalb kein Element des Lohns. Es ist nicht ausgeschlossen, daß die Entscheidung durch ihren Anlaß mitbestimmt wurde: denn es ging darum, ob die tarifliche Bestimmung über den Anfall der Abfindung selbst gültig war; die Frage wäre bei Qualifizierung als Element des Lohns zu verneinen gewesen, da bei ihrer Vereinbarung Art. 10 der TarifvertragsVO vom 23. 12. 1946 noch galt, wonach tarifliche Vereinbarungen über Elemente des Lohns ausgeschlossen waren.

[43] Lopez Aparicio, Bericht zum 2. intern. Kongreß für Sozialrecht, Brüssel 1958, S. 11.

[44] Hierzu Hueck-Nipperdey I 526 ff.; Kaskel-Dersch 236 ff.; Nikisch I 587 ff.

[45] OGH 6. 7. 1950, lt. Wahle-Dittrich-Veit II 393 Anm. 1 zu § 82 GewO; vgl. auch Hämmerle 282 ff. In der gleichen Richtung geht, wenn dies auch nicht eingestanden wird, die *westdeutsche* Rechtsprechung zu § 123 Z. 3 GewO – beharrliche Arbeitsverweigerung – vgl. BAG 12. 1. 1956, AP Nr. 5 zu § 123 GewO.

[46] Riva Sanseverino, Trattato II 269 ff.; Barassi, Elementi 232.

[47] Rouast-Durand 471; Lyon-Caen 206 f.; Brun-Galland 549 ff.; Rivéro-Savatier 456 f. („faute très grave“!); insbesondere die Krankheit des Arbeitnehmers bildet – besser als im deutschen Recht – keinen Grund zur fristlosen Entlassung.

nach Kenntnis des wichtigen Grundes erfolgen, Art. 20 X und 21 VIII ArbG. Ähnlich kann gemäß Art. 18 AngG die fristlose Entlassung aus schwerwiegenden Gründen, „motifs graves", ausgesprochen werden [48]: doch sieht das Gesetz hier vor, daß die Kündigungsgründe bei Gefahr ihres Verlustes innerhalb von 3 Tagen nach Ausspruch der Kündigung – nicht etwa nach Kenntnis durch den Arbeitgeber – dem Angestellten durch eingeschriebenen Brief bekanntgemacht werden müssen; dies, um das Nachschieben von Kündigungsgründen zu verhindern.

Auch nach *niederländischem* Recht kann bei Vorliegen eines wichtigen Grundes, für den Art. 1639 p f. Beispiele geben, der Arbeitsvertrag fristlos gekündigt werden, Art. 1639 o BW [49]. Er ist dem Arbeitnehmer unverzüglich mitzuteilen.

Nach *englischem* Recht ist die fristlose Entlassung, summary dismissal, nur unter besonderen Umständen zulässig [50]. Sie hat zur Folge, daß noch nicht fälliger Lohn für in der Vergangenheit geleistete Arbeit verfällt: „if the servant wrongfully leaves two days before the month's wages are due he forfeits all rights to them ... and this is even so although ... the damage sustained by the master was less than the wages earned proportionately in that period" [51]. Frühere Entscheidungen haben das sogar für den Fall behauptet, daß der Arbeitsvertrag ohne Verschulden des Arbeitnehmers aufgelöst wurde [52].

307. Manche Rechte geben dem Arbeitnehmer bei *Krankheit* einen gewissen, von der Pflicht zur Weiterzahlung des Lohns zu scheidenden *Kündigungsschutz*, so etwa § 9 des *österreichischen* AngG, wonach die Kündigung nur zulässig ist, wenn die Dienstverhinderung die Zeit, für die das Entgelt weiter gezahlt wird, um zwei Wochen übersteigt; Art. 23 *schweizerisches* FabrikG, wonach bei Dienstverhinderung wegen unverschuldeter Krankheit erst nach drei Wochen gekündigt werden darf. *Frankreich* kennt einen Schutz bei Krankheit nur in Tarifverträgen [52a]. Nach *belgischem* Recht kann der Arbeitgeber den Arbeitsvertrag unter Zahlung der Entschädigung für die Kündigungsfrist beenden, wenn die Arbeitsverhinderung länger als 90 Tage bei Angestellten, 6 Monate bei Arbeitern dauert; gegebenenfalls weiter gezahlter Lohn ist von der Entschädigung abzuziehen, Art. 11 AngG, 28bis ArbG. Unvergleichlich weiter geht Art. 1639 h II BW, der eine Kündigung während der ersten zwei Jahre der Krankheit ausschließt [53]. Für *Italien* vgl. Art. 6 V AngG von 1924 und zahlreiche Tarifverträge [54].

Nach dem Recht von *Ecuador,* VO vom 4. 11. 1954, Art. 2, ist die Kündigung des Arbeitnehmers während seiner Krankheit überhaupt ausgeschlossen; Art. 3 besagt, daß der Arbeitgeber mit seinem Ersatzmann (nur) zeitlich befristete Arbeitsverträge schließen kann. Nicht ersichtlich ist mir allerdings das Verhältnis dieser Vorschrift zu Art. 109 Z. 1 des Arbeitsgesetzbuchs vom 5. 8. 1938, geändert durch Art. 1 der besagten VO, wonach der Arbeitgeber dem kranken Arbeitnehmer nicht kündigen kann, soweit die Krankheit nicht länger als ein Jahr dauert.

---

[48] Vgl. hierzu die Nachweise aus der Rechtsprechung Novelles 469 Nr. 180 ff.

[49] Molenaar II a 170 ff. [50] Cooper 67 ff.; Batt-Vaines 60 ff.

[51] Batt-Vaines 193 mit Nachweisen.

[52] Batt-Vaines 206 ff. und 206 Anm. 3.

[52a] Vgl. Sornay, La maladie du salarié, D. 1958. Chron. 165 ff.

[53] Molenaar II a 164; Levenbach 24 ff.

[54] Riva Sanseverino, Trattato II 219 ff.

2. *Verweisungsrecht*

308. Allgemein gilt, daß nach deutscher Qualifikation das Kündigungsrecht zum privaten Bereich gehört und damit dem Arbeitsstatut zu entnehmen ist[55]. Dies gilt für die Kündigungsfristen[56], die fristlose Entlassung[57], die Entschädigung für ungerechtfertigte Kündigung[58], die Schranken der Kündigungsfreiheit usw. Einschlägige Normen des deutschen Rechts gelten auch bei Arbeit im Ausland, wenn deutsches Recht Arbeitsstatut ist; sie gelten nicht bei Arbeit im Inland unter fremdem Arbeitsstatut, vorbehaltlich des Eingreifens von Art. 30 EGBGB in krassen Fällen; an ihrer Stelle gelten die einschlägigen Normen des ausländischen Arbeitsstatuts. Doch ist hier auf weitere Einzelheiten einzugehen:

309. Privatrechtlich einzuordnen und damit Teil des deutschen Arbeitsstatuts ist das *Kündigungsschutzgesetz für Angestellte* vom 9. 7. 1926.

Dies gilt nicht nur dann, wenn die Tätigkeit im Ausland bloße Ausstrahlung eines in Deutschland eingegangenen Arbeitsverhältnisses ist –

– vgl. RAG 23. 11. 1929[59]: „Das Kündigungsschutzgesetz gilt auch für ein Vertragsverhältnis, das im Inland eingegangen, im Ausland für die Firma fortgesetzt und wieder im Inland seinen Abschluß finden soll" (sprachlich ist dieser Leitsatz in ARS 8, 294 allerdings keine Meisterleistung!). Das RAG beruft sich auf den Zweck des Gesetzes, wobei allerdings nicht ersichtlich wird, ob es das Gesetz als Teil des Arbeitsstatuts betrachtet oder gesondert anknüpft –

sondern immer, wenn deutsches Recht Arbeitsstatut ist[60]. Die Fristen für die Kündigung der längerdienenden Angestellten sind von gleicher Natur wie die anderen, dem BGB, HGB oder der GewO zu entnehmenden Kündigungsfristen; wenn in § 1 des Gesetzes auf das Angestelltenversicherungsgesetz verwiesen wird, so nur zur Umreißung des Begriffs „An-

[55] H. M., vgl. Beitzke, Kollisionen B IV 8; Schnorr von Carolsfeld 344; Bobrowski; RG 8. 1. 1929; LAG Frankfurt 23. 12. 1935 und die in den folgenden Anmerkungen genannten Stimmen und Entscheidungen zu den einzelnen Fragen des Kündigungsrechts.

[56] Beitzke, Kollisionen B IV 8 a; LAG Berlin 3. 5. 1929 (implicite); 13. 5. 1931; LAG Stuttgart 19. 3. 1952. OLG Dresden 25. 1. 1907 unterwirft die Kündigungsfrist an sich auch dem (englischen) Arbeitsstatut, wendet jedoch kraft Art. 30 EGBGB den § 67 HGB bei einem deutschen Handlungsgehilfen an (vgl. oben Nr. 57).

[57] LAG Berlin 17. 11. 1930; 26. 10. 1931; LAG Stuttgart 24. 1. 1956.

[58] OLG München 5. 4. 1909; RAG 25. 5. 1935.

[59] Zustimmend Dersch, ARS *8*, 302; Sitzler-Goldschmidt, Anmerkung 8 b zu § 1; Nussbaum 272 Anm. 3; Beitzke, Kollisionen B IV 8 a und RdA 4 (1951) 135 Anm. 23.

[60] Beitzke, Kollisionen B IV 8 a; Schnorr von Carolsfeld 368; Nikisch I 580 Anm. 14; Sitzler-Goldschmidt, Anm. 8 zu § 1, jedoch mit der Einschränkung, das Gesetz solle nicht gelten, wenn der Arbeitnehmer für eine außereuropäische Niederlassung angenommen wurde und ihm die Kosten der Rückreise erstattet werden (entsprechend §§ 68 II HGB, 133 a b GewO).

gestellter", nicht, um den Bereich des Gesetzes dem Geltungsbereich der öffentlichrechtlichen Versicherungsvorschriften anzugleichen.

Das RAG war allerdings in seinen Entscheidungen 1. 3. 1933 und 1. 4. 1933 anderer Ansicht [61].

In der ersten der beiden Entscheidungen wurde die Berufung einer Angestellten der deutschen Gesandtschaft am Heiligen Stuhl auf das Gesetz verworfen, weil das Arbeitsverhältnis im Ausland eingegangen und zu erfüllen war, eine Ausstrahlung wie im Fall RAG 23. 11. 1929 mithin nicht vorgelegen habe. Das Angestelltenkündigungsschutzgesetz, „eine zwingende und insofern öffentlichrechtliche Schutzvorschrift besonderer Art" (zu der Gleichsetzung von zwingend und öffentlichrechtlich s. oben Nr. 5), wolle seinen sozialpolitischen Zweck nur im Inland erfüllen, wie sich daraus ergebe, daß es keinen Unterschied zwischen Ausländern und deutschen Staatsangehörigen mache. Die auf dem Parteiwillen beruhende Unterwerfung der Parteien unter das deutsche Recht könne nicht weiter reichen als der Wille des deutschen Gesetzes, das Rechtsverhältnis zu beherrschen.

Die Begründung vermengt fremdenrechtliche und verweisungsrechtliche Gesichtspunkte. Daß das Gesetz seinen sozialpolitischen Zweck im Ausland nicht erfüllen will, ist eine Behauptung, keine Begründung, zudem auch gar nicht einzusehen; daß es auch für die Ausländer in Deutschland gilt, besagt nichts über die Geltung für Deutsche im Ausland. Nicht auf die Ausländereigenschaft kommt es an, sondern auf das Arbeitsstatut. Gilt deutsches Recht, dann gilt es als Ganzes – soweit es privatrechtlich ist –, und es kann keinen Unterschied machen, ob eine Vorschrift ins BGB oder in ein Sondergesetz aufgenommen worden ist. Wenn das RAG schließlich meint, Arbeitsverhältnisse im Ausland seien der Einwirkung des deutschen Gesetzgebers entrückt, so ist das auch nicht richtig: sobald ein deutsches Gericht angerufen wird, ist eine solche Einwirkung bereits gegeben. Entrückt ist das Arbeitsverhältnis im Ausland nur dem Zugriff der deutschen Arbeitsverwaltungsbehörden [62].

In der Entscheidung 1. 4. 1933 ging es um die Ansprüche eines deutschen Buchhalters, der 1910 im damals deutschen Südwestafrika in die Dienste einer ebenfalls deutschen Firma getreten war. Das RAG beruft sich auf die gleichen Gründe wie im Urteil vom 1. 3. 1933 [63].

Entsprechend findet das Gesetz innerhalb der Bundesrepublik bei ausländischem Arbeitsstatut keine Anwendung.

---

[61] Wie das RAG Lange, Kündigungsschutzgesetz und Auslandsverträge, in: Blätter für Arbeitsrecht 1929 Nr. 23 (unklar); Osswald, Kommentar zum Gesetz über die Fristen für die Kündigung von Angestellten S. 32, lt. Sitzler-Goldschmidt Anm. 8 c zu § 1.

[62] Ablehnend zur Entscheidung Hueck, ARS 17, 405.

[63] Beitzke, Kollisionen B IV 8 a, lehnt die Argumentation des RAG in den beiden Fällen 1. 3. 1933 und 1. 4. 1933 ebenfalls ab, glaubt aber, die Entscheidungen seien möglicherweise im Ergebnis deshalb richtig, weil das RAG zu Unrecht die Geltung deutschen Rechts (statt des örtlichen, wie zu ergänzen ist) angenommen habe. Ich glaube nicht, daß das zutrifft. Sollte wirklich für die deutsche Angestellte der deutschen Behörde und gar für den im Inland eingestellten Buchhalter das örtliche (italienische, südwestafrikanische) Recht die kollisionsgerechtere Anknüpfung bedeutet haben?

Daß diese Ansicht den sozialpolitischen Zweck des Gesetzes gefährde [64], scheint mir unrichtig. Eine solche Ansicht würde die verweisungsrechtliche Frage als gelöst voraussetzen, die es gerade zu beantworten gilt: sie geht davon aus, daß der Arbeitnehmer ohne das Eingreifen des deutschen Gesetzes schutzlos wäre, während doch zunächst anzunehmen ist, daß das Arbeitsstatut einen eigenen — wenn auch vielleicht andersartigen – Schutz gewährt. Die Frage der Dauer der Kündigungsfrist ist von anderen Kündigungsschutzbestimmungen, wie dem Abfindungsanspruch, und diese wiederum sind von den sonstigen Bedingungen des Arbeitsvertrags, wie Lohnhöhe usw., nicht zu trennen.

310. Ist deutsches Recht Wirkungsstatut, dann gelten die Normen des HGB über den *Kündigungsschutz des Handelsvertreters* – abdingbar unter den Voraussetzungen des § 92 c, sonst zwingend –; sie gelten nicht bei ausländischem Handelsvertreterstatut, es sei denn, der ordre public verlangt die Nichtanwendung einer den Handelsvertreter allzu stark benachteiligenden Rechtsordnung.

311. Zum deutschen Arbeitsstatut gehört der allgemeine Kündigungsschutz nach dem *Kündigungsschutzgesetz vom 10. 8. 1951.* Eine sozialwidrige Kündigung ist unwirksam, wenn deutsches Recht Arbeitsstatut ist, auch wenn der Arbeitsort im Ausland liegt [65].

Anders bei Massenentlassungen, s. unten Nr. 312; zum Kündigungsschutz des Betriebsrats s. unten Nr. 317.

Der Durchführung des Gesetzes stehen keine Hindernisse entgegen, wenn der Arbeitnehmer vor einem deutschen Gericht zu klagen vermag [66]; konnte er die Klage nicht

[64] Hueck, ARS 17, 405; Sitzler-Goldschmidt, § 1 Anm. 7 b; Baum, Kommentar zum Gesetz über die Fristen für die Kündigung von Angestellten S. 32, lt. Sitzler-Goldschmidt a.a.O. Wie hier Schnorr von Carolsfeld, RdA 11 (1958) 208 Anm. 57.

[65] Beitzke, Kollisionen B IV 8 a; Schnorr von Carolsfeld 376; Herschel-Steinmann, Anm. 12 vor § 1; Rohlfing, Anm. 3 zu § 1; zu Unrecht verlangt Rohlfing jedoch, daß die Parteien die Geltung des Kündigungsschutzgesetzes ausdrücklich vereinbart haben müssen; es genügt vielmehr die Bezugnahme auf das deutsche Recht schlechthin, und das Gesetz greift auch ein, wenn die Anwendung des deutschen Rechts sich aus dem mutmaßlichen Parteiwillen oder aus dem Schwerpunkt des Rechtsverhältnisses ergibt. Ob der Inhalt des Kündigungsschutzgesetzes andererseits bei fremdem Arbeitsstatut und Arbeitsort in der Bundesrepublik zum Inhalt der vertraglichen Vereinbarungen werden kann, hängt vom fremden Arbeitsstatut ab.

[66] LAG Düsseldorf 12. 7. 1956 erhebt grundsätzliche Einwände gegen die Geltung des Kündigungsschutzgesetzes für Arbeitsverhältnisse im Ausland: wie könne ein deutsches Gericht feststellen, ob die Kündigung eines Kraftfahrers in Indien oder einer Putzfrau in Australien durch das Verhalten des Arbeitnehmers verursacht oder ob eine soziale Auswahl richtig erfolgt sei? Dazu ist zu sagen, daß das Probleme des Beweises sind, die nicht gegen die Anwendung eines ortsfernen Rechts, sondern gegen die Anrufung eines ortsfernen Gerichts sprechen. Das Recht äußert sich nicht nur im Prozeß, es wird auch gelebt, und was hindert, das deutsche Konsulat in Rotterdam für gehalten zu erklären, bei Arbeitsverträgen unter deutschem Arbeitsstatut die Kündigung nur nach

innerhalb der Drei-Wochen-Frist erheben, so ist sie gem. § 4 trotzdem zuzulassen. Nicht vorauszusagen ist jedoch, ob die Gerichte des Arbeitsorts die deutsche Regelung anwenden werden; es ist zu befürchten, daß Feststellungen des Inhalts, das Arbeitsverhältnis sei durch die Kündigung nicht aufgelöst worden, in solchen Ländern nicht zu erreichen sein werden, die die Kündigungsfreiheit des Arbeitgebers zu einem Anliegen ihres ordre public erheben. Aber alle Rechte werden sich auf der großen Linie der Kündigungsentschädigung treffen, wie sie § 7 KündSchG als zweiten Behelf vorsieht.

Wird in der Bundesrepublik unter fremdem Arbeitsstatut gearbeitet, so gilt das Kündigungsschutzgesetz grundsätzlich nicht, vielmehr greift der Kündigungsschutz des Arbeitsstatuts ein[67]. In krassen Fällen muß der ordre public helfen; ob sein Eingreifen geboten ist, kann jedoch nur in Ansehung aller Elemente des Falls: Lohn, Altersversorgung, Abfindung, Gewährleistung der Rückführung in die Heimat, Arbeitsmarktlage hier wie dort usw. entschieden werden. Ist danach das ausländische Recht unanwendbar, so tritt i. a. das deutsche Gesetz (einschließlich der 3-Wochen-Frist) an seine Stelle.

312. Bei den Vorschriften des Kündigungsschutzgesetzes über den *Schutz bei Massenentlassungen* handelt es sich, anders als bei dem indivi-

---

betrieblichen Erfordernissen unter Abwägung der sozialen Schutzbedürftigkeit vorzunehmen? Die befürchteten Beweisschwierigkeiten können für das deutsche Gericht ebenso auftreten, wenn das örtliche Recht anzuwenden ist, sie sind umgekehrt für die örtlichen (niederländischen) Gerichte auch dann nicht vorhanden, wenn diese nach deutschem Recht entscheiden sollen; es sollte seine Bereitschaft, deutsches Recht anzuwenden, nicht durch in Deutschland erhobene Zweifel erschüttert werden. Daß überhaupt das Düsseldorfer Gericht mit der Klage befaßt wurde, mag auf dem besonderen Umstand beruht haben, daß die Bundesrepublik kraft ihrer Gerichtsfreiheit vor einem niederländischen Gericht nicht verklagt werden kann, wenn sie sich auf das Verfahren nicht einlassen will.

[67] Ebenso Herschel-Steinmann Anm. 11 vor § 1; a. A. Schnorr von Carolsfeld 381: die Bestimmungen der §§ 3 ff. seien nicht abdingbar, weil die Sozialwidrigkeit einer Kündigung einen Verstoß gegen eine grundsätzliche Haltung unseres Staates, also gegen unsere öffentl. Ordnung bedeute; daher sei entgegenstehendes ausl. Recht nicht anwendbar. Aus der Unabdingbarkeit des Gesetzes kann man jedoch noch nicht auf seinen internationalen Geltungsbereich schließen, denn für die grundsätzliche Entscheidung der Frage der Anwendbarkeit des Gesetzes ist davon auszugehen, daß das ausländische Recht den Arbeitnehmer ebenso angemessen schützt, wie das deutsche Recht. Es ist nicht Aufgabe deutscher Gerichte, die eigene Auffassung vom Verhältnis der Freiheit des Wirtschaftens zur Sicherung des Arbeitsplatzes anderen, die die Geltung des deutschen Rechts ausgeschlossen haben oder deren Arbeitsverhältnis in einem anderen Recht wurzelt, aufzudrängen. Es ist auch zu vermeiden, daß sich der Arbeitnehmer während der Dauer des Arbeitsverhältnisses kraft seines Arbeitsstatuts oder einer darauf aufbauenden Vereinbarung eine Entlohnung gewähren läßt, die das Entlassungsrisiko mitdeckt, und sich dann bei der Entlassung auf das deutsche Gesetz beruft. Ein solcher Fall ist Morgan ./. United Press, italienischer Kassationshof 19. 5. 1939 (oben Nr. 127), wo Morgan „üppige Gehälter" nach amerikanischen Vorstellungen bezogen hatte, die das Entlassungsrisiko mitdeckten, dann aber eine Abfindung nach italienischem Recht begehrte (und erhielt).

duellen Kündigungsschutz, um wirtschaftspolitische Normen zum Schutz des Arbeitsmarkts [68]; sie sind öffentlichrechtlich und erfassen alle Betriebe im Inland ohne Ansehung des Arbeitsstatuts der zu entlassenden Personen. Sie gelten dagegen nicht im Ausland, auch wenn die Arbeit unter deutschem Arbeitsstatut geleistet wird [69].

Befindet sich der Arbeitnehmer nur vorübergehend im Ausland (Montage), so ist er für die Berechnung der Arbeitsplätze nach § 15 KSchG mitzuzählen. Auch die Anzeigepflicht des Arbeitgebers gem. § 24 a.a.O. betrifft nur Arbeitsverhältnisse im Inland.

313. § 9 *Mutterschutzgesetz,* wonach einer Frau während der Schwangerschaft und vier Monate nach der Niederkunft nicht gekündigt werden darf, ist seinem Wesen nach privatrechtlich, dabei aber von den öffentlichrechtlichen Arbeitsverboten des Mutterschutzrechts nicht zu trennen. Daraus folgt:

Bei Arbeitsort in der Bundesrepublik greift § 9 auch ein, wenn das Arbeitsverhältnis ausländischem Recht unterliegt, soweit dies zur Durchsetzung der Arbeitsverbote notwendig ist; dabei steht nichts im Wege, daß die Gerichte auch weitergehenden Ansprüchen der Arbeitnehmerin, die sie aus dem Arbeitsstatut herleitet, stattgeben.

Stellt der Arbeitgeber einen Antrag gem. § 9 II MSchG, die Kündigung für zulässig zu erklären, so hat die Behörde auch die besonderen Umstände zu berücksichtigen, die sich aus der Tatsache des ausländischen Arbeitsstatuts ergeben [70]; so mag die Erwägung durchaus auch eine Rolle mitspielen, daß nach dem Arbeitsstatut – etwa dem italienischen, der werdenden Mutter sehr hilfreichen Recht – eine fristlose Entlassung aus wichtigem Grund dennoch möglich ist.

Bei Arbeitsort im Ausland und deutschem Arbeitsstatut gilt § 9 als privatrechtliche Ausgestaltung der Fürsorgepflicht, es sei denn, am Arbeitsort ist der Arbeitnehmerin ein gleichwertiger oder höherwertiger Mutterschutz gegeben, der auf das Arbeitsverhältnis selbst angewandt sein will; dann wird man zur Vermeidung der Kumulierung der sozialen Spitzen auch die privatrechtliche Seite des Kündigungsschutzes der werdenden Mutter dem örtlichen Recht zu entnehmen haben.

Ob dies soweit geht, auch eine fristlose Entlassung aus wichtigem Grund anzuerkennen, ist jedoch zweifelhaft.

Greift nach dem Vorangegangenen das Kündigungsverbot des § 9 MSchG ein, so kann allerdings eine Zulässigerklärung der Kündigung

---

[68] Ähnliche Bestimmungen finden sich auch im Ausland, vgl. die *griechische* VO vom 6. 8. 1953 Nr. 2511, wonach Massenentlassungen der Zustimmung des Ministers bedürfen.

[69] Schnorr von Carolsfeld 385; Beitzke, Kollisionen B IV 8 b.

[70] Vgl. Rundschreiben III c/5527/54 des Bundesministers für Arbeit vom 26. 11. 1954.

gem. § 9 II nicht erfolgen, da es an einer hierfür zuständigen Behörde fehlt; aber das ist hinzunehmen, denn jede Schwangerschaft hat einmal ein Ende, und Ausnahmen vom Kündigungsschutz werden ohnehin nur sehr selten genehmigt. Wo örtliche Behörden entsprechende Aufgaben unter Wahrung der gleichen Strenge erfüllen, kann u. U. eine von ihnen gemäß ihrem Recht erteilte Zulässigkeitserklärung anzuerkennen sein [71].

314. Entsprechend zu behandeln ist die *Kündigungsfrist für Schwerbeschädigte* gem. § 15 SchwBG. Sie ist von der öffentlichrechtlichen Gestaltung des Schwerbeschädigtenrechts insoweit ergriffen, als sie allen Schwerbeschädigten (im Sinne der §§ 1 ff. des Gesetzes) zugute kommt, die in der Bundesrepublik ihren Arbeitsplatz (nicht nur vorübergehend) haben, sie ist aber ihrer Natur nach privatrechtlich, so daß § 15 auch bei Arbeitsort im Ausland eingreift, wenn deutsches Recht Arbeitsstatut ist [72].

Wenn dem Schwerbeschädigten eine angemessene Zeit zum Aufsuchen einer neuen Stelle gewährt wird, so dient das nicht nur zur Entlastung der staatlichen Fürsorge, sondern entspricht einer allgemeinmenschlichen Rücksichtnahme auf die besonderen Schwierigkeiten, denen er sich bei der Stellungsuche gegenübersieht.

315. Anders liegt es beim eigentlichen *Kündigungsschutz des Schwerbeschädigten* nach den §§ 14, 16 ff. SchwBG.

Er gilt zwar wie die Kündigungsfrist bei jedem, der kraft §§ 3 ff. SchwBG eingestellt worden ist oder sonst vom Schwerbeschädigtengesetz unmittelbar erfaßt wird, also bei allen Arbeitsverhältnissen von „Schwerbeschädigten" in der Bundesrepublik. Auch eine nur zeitweilige Entsendung ins Ausland ändert daran nichts, wie denn nur vorübergehend im Ausland belegene Arbeitsplätze grundsätzlich in die Zahl der Arbeitsplätze einzurechnen sind [73].

Der Kündigungsschutz gilt jedoch nicht bei Arbeitsverhältnissen im Ausland, auch wenn deutsches Recht Arbeitsstatut ist [74].

Allerdings wohl nicht aus dem Grund, daß das ganze Verfahren der Zustimmung zur Kündigung mit der Tätigkeit der Verwaltungsbehörde so eng verknüpft ist, daß deshalb eine Erstreckung der Vorschrift auf ausländische Arbeitsverhältnisse nicht in Frage käme; es stünde an sich im Belieben des Gesetzgebers, eine Hauptfürsorgestelle mit der Überwachung der deutschem Recht unterstehenden Arbeitsverhältnisse im Aus-

[71] Fall der „substitution" im Sinne von Hans Lewald, Recueil des Cours 69 (1939 III) 130 ff.

[72] Schnorr von Carolsfeld 369; Beitzke, Kollisionen B IV 8 c; Becker 56; Wilrodt-Gotzen, Anm. 22 zu § 14; Zigan, Anm. 7 vor § 1.

[73] Vgl. Beitzke, RiW 1 (1954/55) 44.

[74] Im Ergebnis ebenso RAG 1. 7. 1931; Dersch, ARS 13, 9; Beitzke, Kollisionen B IV 8 c; ablehnend Lutz Richter, JW 1932, 2317; Jahreiss, JW 1932, 2319; Schnorr von Carolsfeld 382 Anm. 1, 384.

land zu beauftragen, und die Fälle, in denen eine solche Überwachung durch Druck auf den Arbeitgeber im Inland wirkungsvoll werden könnte, wären noch immer häufig genug [75], wie sich die Fälle der Ausstrahlung von ihnen ja auch nur gradmäßig unterscheiden.

Entscheidend ist m. E. der untrennbare Zusammenhang von Kündigungsschutz und Einstellungszwang. Die Beschäftigung von Schwerbeschädigten anstelle leistungsfähigerer gesunder Arbeitnehmer ist kein rein arbeitsrechtlicher Vorgang, sondern bedeutet die Abwälzung einer Staatsaufgabe, die Versorgung und Wiedereingliederung der Schwerbeschädigten, auf den Unternehmer im Interesse der Allgemeinheit [76]. Der Bereich dieser Abwälzung kann nicht über die Staatsgrenzen hinausgehen, weshalb eine Einstellungspflicht für ausländische Betriebe nicht besteht (oben Nr. 191). Ein solches Übergreifen wäre aber der Fall, wollte man Arbeitsverhältnisse im Ausland unkündbar machen: man kann ein Arbeitsverhältnis, das einzugehen der Arbeitgeber nicht gezwungen werden kann, nicht versteinern lassen, wenn es einmal besteht. Dies hätte nur den Erfolg, daß Schwerbeschädigte im Sinne der §§ 1 ff. des Gesetzes im Ausland überhaupt nicht mehr eingestellt würden; der Sinn des Gesetzes würde damit in sein Gegenteil verkehrt.

Daß allerdings Bestimmungen wie die §§ 14 ff. SchwBG (früher: § 13 SchwBG von 1923) nicht Inhalt vertraglicher Vereinbarung werden könnten, wie RAG 1. 7. 1931 meint, trifft sicher nicht zu.

Die Unkündbarkeit des Schwerbeschädigten entfällt auch da, wo im Inland eine Einstellungspflicht nicht gegeben ist, wie z. B. bei Exterritorialen.

316. Gleiches gilt m. E. von § 8 HeimkG, wonach *Heimkehrern* binnen der ersten 6 Monate nicht gekündigt werden kann. Wollte man diese Vorschrift auch bei Arbeit im Ausland unter deutschem Arbeitsstatut für anwendbar erklären, so würde man im Ergebnis nur die Wiedereinstellung von Heimkehrern, die man nicht erzwingen kann (oben Nr. 194), gefährden.

317. Der Kündigungsschutz des *Betriebsrats* – vgl. § 13 KSchG – folgt dem Statut der Betriebsverfassung [77]. Dieses ist, wenn man der hier (unten

---

[75] Insofern zutreffend RICHTER (vorige Anmerkung); vgl. SCHNORR VON CAROLSFELD 382 Anm. 2 und RdA 11 (1958) 209 Anm. 62; a. A. BEITZKE, BB 8 (1953) 684; NIKISCH I 668.

[76] Vgl. JACOBI 439.

[77] BEITZKE, Kollisionen B I 3, B IV 8 b unter zutreffendem Hinweis darauf, daß es nicht darauf ankommt, in welchem Gesetz der Kündigungsschutz des Betriebsrats geregelt ist. Vgl. auch LG Hamburg 24. 4. 1952.

Nr. 345) vorzuschlagenden Ansicht folgt, das Arbeitsstatut; folgt man der herrschenden Meinung, das Recht des Arbeitsorts.

M. E. besteht die Unkündbarkeit des Betriebsrats auch bei ständigem Arbeitsort im Ausland und deutschem Arbeitsstatut, wenn eine Betriebsvertretung nach deutschem Recht errichtet wurde. § 13 KSchG gilt nicht, wenn die Vertretung nach dem örtlichen Recht gebildet wurde – etwa weil dieses die Errichtung zwingend vorsieht und der Arbeitgeber sich dem nicht entziehen kann –. Wurde umgekehrt bei Arbeit in der Bundesrepublik eine Betriebsvertretung nach ausländischem Recht (oder ausländischer Tarifnorm) eingerichtet, so ist auch § 13 KSchG nicht anwendbar; es greift vielmehr der Kündigungsschutz des ausländischen Wirkungsstatuts ein.

Knüpft man das Betriebsverfassungsrecht an den Arbeitsort an, dann entfällt bei ausländischem Arbeitsort mit der übergebietlichen Anwendung des Betriebsverfassungsgesetzes auch der Kündigungsschutz des Betriebsrats.[78]. Aber auch diese Ansicht anerkennt, daß eine nur vorübergehende Entsendung ins Ausland (Ausstrahlung) an der Unkündbarkeit des Betriebsrats nichts ändert.

Daß allerdings die Parteien einen Kündigungsschutz für Betriebsräte auch arbeitsvertraglich nicht vereinbaren könnten, wie RAG 1. 4. 1931 behauptet, ist sicherlich unzutreffend[79].

318. Die Kündigungsmöglichkeit des § 27 *Umstellungsgesetz* teilt den Geltungsbereich der Währungsgesetze.

319. Ob der *Ehemann* das Arbeitsverhältnis der Ehefrau *kündigen* kann (früherer § 1358 BGB, vgl. oben Nr. 73 ff.), beurteilt sich gegenüber der Frau nach dem Recht, das die persönlichen Ehewirkungen beherrscht, gegenüber dem Arbeitgeber der Frau nach dem Arbeitsstatut. Eine solche Kündigung ist mithin ausgeschlossen, wenn auch nur eines der beiden Rechte sie nicht anerkennt. Art. 30 EGBGB als solcher steht jedoch einer solchen Kündigung nicht in jedem Falle entgegen.

3. Verweisungsrecht: Rechtsvergleichung

320. Auch im Ausland belassen Rechtsprechung und Rechtslehre die Kündigung überwiegend im privaten Bereich und beurteilen damit ihre Rechtsfragen nach dem Arbeitsstatut. Ausnahmen gelten für die italienischen Entscheidungen der faschistischen Zeit (einschließlich neuerer Ent-

---

[78] So RAG 1. 4. 1931; 4. 11. 1933; NEUMEYER IV 152; BEITZKE, RdA 4 (1951) 135 und Kollisionen B IV 8 b; LG Hamburg 24. 4. 1952.

[79] Ebenso NUSSBAUM 273 Anm. 1; VOLKMAR, ARS 19, 142.

scheidungen, die auch heute noch mit den gleichen Argumenten arbeiten) und die Ansichten mancher Forscher; doch geht man wohl nicht fehl, wenn man die privatrechtliche Eingliederung und damit Maßgeblichkeit des Arbeitsstatuts als die herrschende Meinung bezeichnet.

321. Für *Österreich* vgl. u. a. die Entscheidungen OGH 6. 3. 1929, 24. 1. 1933, 18. 9. 1934; aus den Entscheidungen OGH 28. 5. 1934 und 12. 2. 1935 geht mittelbar hervor, daß auch der Ausgleichsanspruch des Handelsvertreters nicht zum Bereich des österreichischen ordre public in seiner positiven Funktion gehört.

Zur international-rechtlichen Behandlung der Abfertigung nach österreichischem Recht vertritt LAUTNER 851 f. einen abweichenden Standpunkt: § 23 AngG soll (aus Gründen des Arbeitsmarkts) immer anwendbar sein, wenn der Arbeitsvertrag in Österreich erfüllt wird, unanwendbar jedoch bei Arbeitsort im Ausland und ausländischem Arbeitsstatut auch dann, wenn der Arbeitnehmer österreichischer Staatsangehöriger ist. Unerwähnt bleibt der Fall, daß das Arbeitsverhältnis im Ausland unter österreichischem Arbeitsstatut steht.

Ein verweisungsrechtliches Kuriosum bildet die „Vollzugsanweisung des Staatsamts für soziale Verwaltung ... über den Schutz von Dienstnehmern bei Verlegung von Unternehmungen ins Ausland" vom 2. 6. 1919 [80]. § 1 bestimmt, daß in Unternehmungen, die ihren Sitz ins Ausland verlegen wollen, den Dienstnehmern – nicht nur den Angestellten – nur gegen eine Abfertigung gekündigt werden könne, deren Höhe § 2 der VO bei Angestellten bis zum dreifachen, bei sonstigen Dienstnehmern bis zum einfachen Jahresgehalt bzw. -lohn ansteigen läßt, und zwar gestaffelt je nach Länge der bei dem Unternehmer verbrachten Dienstzeit, in welche die Zeit des Militärdienstes einzurechnen ist. Wird das Dienstverhältnis am neuen ausländischen Niederlassungsort fortgesetzt und endet es dann dort vor Ablauf der Zeit, für welche die Abfertigung gebührt (also längstens innerhalb von drei Jahren) durch Kündigung oder Entlassung seitens des Arbeitgebers, so kann der Arbeitnehmer die Abfertigung für die restliche Zeit und Erstattung der Kosten der Rückübersiedlung beanspruchen, § 1 III. Es handelt sich bei dieser Verordnung um eine Maßnahme der Wirtschaftspolitik, die das ausländische Kapital an der Abwanderung aus Österreich hindern sollte [81]; daß die mit ihr erzielte soziale Wirkung nur eine Nebenfolge ist, ergibt sich schon daraus, daß kein Grund bestand, eine kleine Gruppe von Arbeitnehmern derart vor den anderen zu bevorzugen. Als öffentlichrechtlich im strengen Sinn wird man die Verordnung wohl nicht ansehen können, da ihr, soweit ich sehe, unmittelbarer Nachdruck durch Verwaltungszwang und Strafe nicht verliehen ist. Sie gehört wohl in die „graue Zone" des halböffentlichen Wirtschaftsrechts, dessen internationalrechtliche Behandlung nach den oben Nr. 175, 176 skizzierten Grundsätzen zu erfolgen hat. Unverkennbar ist aber die Spitze gegen das Ausland, so daß ein

---

[80] WAHLE-DITTRICH-VEIT I 845 ff. Sie wird praktisch nie mehr angewandt.

[81] Vgl. SATTER, Die Abfertigungsansprüche der Dienstnehmer verausländerter Unternehmungen, Gerichtszeitung 77 (1926) 209 (212).

außerösterreichisches Gericht Ansprüche auf Grund dieser Verordnung auch dann abweisen wird, wenn österreichisches Recht Arbeitsstatut war; umgekehrt werden österreichische Gerichte sie immer anwenden, wenn dadurch der Zweck des Gesetzes gefördert wird, also wohl immer, wenn es um die Erhaltung von Arbeitsplätzen innerhalb Österreichs geht – dies aber unabhängig vom Arbeitsstatut.

Rein mit den Mitteln des internationalen Vertragsrechts argumentiert allerdings OGH 6. 3. 1929, wo die Ansprüche aus der Verordnung von 1919 nicht anders als die gewöhnlichen Abfertigungsansprüche behandelt werden; es ging um Forderungen des Vertreters für Galizien der Wiener Zweigniederlassung einer französischen Firma; indem der OGH das polnische Recht des Tätigkeitsorts heranzieht, kommt er zur Verneinung der Ansprüche des Klägers aus der Verordnung. Das Ergebnis ist mit der anderen Begründung zutreffend, daß es nicht Zweck der VO war, Arbeitsplätze außerhalb Östereichs zu sichern.

322. Für die *Schweiz* siehe BG 9. 3. 1889. Daß das Kündigungsrecht zum privaten Bereich gehört, betont in anderem Zusammenhang auch SCHWEINGRUBER [82]; doch betrachten OSER-SCHÖNENBERGER V/1 S. XLIII „das Recht, vom Dienstvertrag zurückzutreten, wenn Fortsetzung aus Gründen der Sittlichkeit oder nach Treu und Glauben nicht mehr zugemutet werden kann“, als durch fremde Vorschriften nicht ausschaltbar.

Sollte das bedeuten, daß etwa ein Schweizer Gericht die fristlose Entlassung eines gewerblichen Arbeiters, der in der Schweiz unter deutschem Arbeitsstatut arbeitet, auch in Fällen anerkennt, die nicht durch § 123 GewerbeO gedeckt sind, aber einen „wichtigen Grund“ darstellen?

323. Ganz anders entscheidet die *italienische* Rechtsprechung die verweisungsrechtlichen Fragen der Kündigung, insbesondere der Kündigungsentschädigung. Sie sieht ganz überwiegend die Abfindung nach dem AngG von 1924 als zum Bereich des italienischen ordre public gehörig an, vgl. Kassationshof 12. 5. 1934, 28. 7. 1934, 19. 5. 1939; Mailand 21. 1. 1932 [83], ZG Mailand 15. 5. 1933; Rom 20. 7. 1936; 3. 5. 1937 (die Kündigungsentschädigung sei eng mit der Arbeitslosenversicherung verbunden, man könne sie auch als Verpflichtung ex lege des Arbeitgebers ansehen); ZG Genua 8. 1. 1935; ZG Rom 6. 10. 1949 und 17. 12. 1956; mit etwas abweichender Begründung Kassationshof 6. 2. 1933 (oben Nr. 253); siehe zu all diesen Entscheidungen oben Nr. 127 [84].

---

[82] SCHWEINGRUBER 182: die Kündigung sei „ein typisches Rechtsgeschäft des Privatrechts“; ähnlich SCHÖNENBERGER 68 a.

[83] Aufgehoben durch Kassationshof 18. 1. 1933, der die italienische Gerichtsbarkeit verneinte, s. unten Nr. 377.

[84] In früheren Entscheidungen klingt zuweilen der Gedanke an, die Kündigungsentschädigung könne deshalb nicht als arbeitsvertraglich qualifiziert werden, weil sie zwingend vorgeschrieben sei; die bekannte Verwechslung des zwingenden privaten mit dem öffentlichen Recht. Hiergegen CANSACCHI, Riv. lav. 6 (1937) suppl. giur. 17 f.

Eine entsprechende weitere Folgerung zieht ZG Mailand 9. 2. 1937 aus dem öffentlichrechtlichen Charakter der Kündigungsentschädigung: die italienischen Vorschriften wurden für unanwendbar erklärt, weil die Kündigungserklärung im Ausland erfolgt war und einen Arbeitsvertrag betraf, der im Ausland eingegangen und teils im Ausland, teils in Italien erfüllt worden war. Das Gericht ging – irrig – davon aus, daß der Anspruch auf Kündigungsentschädigung nicht im Laufe der Jahre heranreift, sondern erst im Augenblick der Kündigung voll und ganz entstehe; der Anspruch habe im Arbeitsvertrag nur seine „ontologische", nicht seine juristische Wurzel. Alles das ist sicherlich unrichtig, ebenso wie die daraus gezogene Folgerung, daß das Gericht unzuständig sei.

Dagegen unterwirft Kassationshof 15. 7. 1938 die Fragen der Kündigung in einem Fall, wo die Arbeit im Ausland zu leisten war (s. oben Nr. 126) dem Arbeitsstatut.

Gemma 166 ff. knüpft die Fragen, die mit der Kündigung zusammenhängen, einschließlich des Rechts der Hinterbliebenen auf Auszahlung der Abfindung, an das Recht des Arbeitsorts, Erfüllungsorts, an und nimmt damit wohl auch eine privatrechtliche Qualifikation der Vorschriften über die Kündigung vor[85]; Richard[86] und Vassalli-Monaco 251 unterstellen die Kündigung – unter Ablehnung der Ansicht, daß sie zum ordre public gehöre – den gewöhnlichen Anknüpfungsregeln des Art. 25 d. p.

324. In *Frankreich* ist den beiden Entscheidungen Paris 21. 11. 1895 und 12. 1. 1900 (oben Nr. 129) nichts zu entnehmen, was auf eine andere als privatrechtliche Einordnung der Kündigung hinweisen könnte. Fraglich kann nur sein, ob die Kündigungsentschädigung (oben Nr. 304) als Folge des Arbeitsvertrages oder deliktsrechtlich qualifiziert wird[87].

Bartin[88] wendet auf die Kündigungsfristen das Recht des Betriebsorts an.

325. In *Belgien* verbleibt nach der ganz überwiegenden Rechtsprechung und Rechtslehre das Kündigungsrecht im privaten Bereich. So wurde entschieden, daß die belgischen Vorschriften über die Kündigungsfrist nicht zum ordre public gehörten[89], daß sie dem (auch ausländischen) Arbeitsstatut zu entnehmen seien[90]. In anderen Fällen wurde die Frage der Kündigungsentschädigung ausländischem Recht unterstellt, auch wenn daraus

---

[85] Vgl. auch Cansacchi (vorige Anmerkung). [86] Ordine pubblico 349.

[87] Für die Einordnung in das Deliktsrecht Rouast, Festschrift Pillet 211 f. und Traité 50; *syrischer* Kassationshof 8. 11. 1925, Clunet 53 (1926) 707; dagegen Kronheim 93 f. mit dem weiteren Bedenken, daß vielfach nicht klar sei, wo der „Deliktsort" zu suchen sei; gegen Rouast auch de Vos (unten Anm. 90) und Freyria 17.

[88] Oben Nr. 250 Anm. 175.

[89] Handelsgericht Brüssel 19. 3. 1926; Dubois-Clavier, Clunet 63 (1936) 205 f.

[90] Brüssel 22. 3. 1911; HandG Brüssel 26. 1. 1935; ZG Brüssel 1. 3. 1935; de Vos II 616 (allerdings zählt de Vos an anderer Stelle, II 554, die Vorschriften der Art. 12 ff. [jetzt: 14 ff.] AngG zum „absoluten ordre public").

die Abweisung des Arbeitnehmers folgte, und damit ausdrücklich oder stillschweigend zum Ausdruck gebracht, daß sie nicht zum belgischen ordre public gehören[91]. Dem Recht des Arbeitsorts als dem „Schutzgesetz" unterwirft dagegen Brüssel 26. 11. 1938 die Vorschriften über Form und Folgen der Kündigung!

Wie in Belgien auch die *niederländische* Praxis, vgl. Kantonsgericht Amsterdam 19. 10. 1915, 10. 3. 1922, Rechtsbank Amsterdam 18. 1. 1918 u. a. Dagegen spricht Rechtsbank Amsterdam 7. 5. 1957 aus Anlaß des Art. 1639 s BW (oben Nr. 306) vom „öffentlichrechtlichen Charakter" des Arbeitsvertrags. Auch das *englische* Recht dürfte die Kündigung zum Bereich des Arbeitsstatuts zählen.

326. Eigene Verweisungsregeln wird man jedoch für den öffentlichrechtlichen Kündigungsschutz annehmen müssen, wie ihn viele Rechte, teils für besondere Gruppen (werdende Mütter, Heimkehrer u. a.), teils allgemein (Niederlande) enthalten (oben Nr. 300).

Soweit sich der Arbeitsvertrag nach dem Recht des Arbeitsorts beurteilt, sind solche öffentlichrechtlichen Eingriffe in die Kündigungsfreiheit des (auch deutschen) Arbeitgebers anzuerkennen, vgl. oben Nr. 175; ebenso aber auch bei deutschem Arbeitsstatut, wenn sie das Merkmal des vergleichbaren sozialen Schutzes (oben Nr. 176) erfüllen; nicht, soweit sie Maßnahmen der Wirtschaftslenkung dienen.

Nach *niederländischer* Auffassung gilt Art. 6 BBA auch für Ausländer, KG Leiden 19. 12. 1947; er gilt bei Arbeitsort im Ausland nicht schlechthin, wenn niederländisches Recht Arbeitsstatut ist, sondern nur, soweit Belange des niederländischen Arbeitsmarktes hiervon betroffen sind: so der Hoge Raad 5. 6. 1953. Das ist bei der Entlassung eines in Paramaribo beschäftigten Arbeitnehmers nicht der Fall, auch wenn die Parteien niederländisches Recht ausdrücklich vereinbart hatten: KG Amsterdam 24. 8. 1955.

Vom deutschen Standpunkt aus ist Art. 6 BBA nur nach den oben Nr. 175, 176 skizzierten Grundsätzen zu berücksichtigen: also wenn bei Arbeitsort in den Niederlanden niederländisches (oder ein drittes) Recht Arbeitsstatut ist, so sind die Rechtsfolgen der Versagung der Kündigungsgenehmigung anzuerkennen. Ist deutsches Recht Arbeitsstatut, so gilt das m. E. nicht: aber häufig wird der Arbeitgeber tatsächlich zur Weiterbeschäftigung gezwungen sein. Bei Arbeitsort in der Bundesrepublik braucht an sich das Eingreifen des BBA – wie es die Niederländer vorsehen – nicht hingenommen zu werden. Wenn alle Beteiligten Niederländer und das niederländische Recht Arbeitsstatut ist, wäre es freilich zu verantworten, im Interesse des Entscheidungseinklangs auch die Versagung der Genehmigung zu beachten.

---

[91] Brüssel 12. 3. 1914; BerArbG Brüssel 4. 1. 1930; BerArbG Mons 6. 2. 1932; HandG Antwerpen 9. 12. 1932; ArbG Mouscron 15. 11. 1928; de Vos II 616, 619 (abweichend 554, s. vorige Anmerkung). de Vos wendet sich auch gegen die deliktsrechtliche Qualifikation dieser Ansprüche, der jedoch Frédéricq 394 ff., 418 zuzuneigen scheint.

§ 15

Nachwirkungen des Arbeitsverhältnisses

327. Auch die Nachwirkungen des Arbeitsvertrages unterliegen dem Arbeitsstatut. Hierher gehört das Recht auf *Freizeit zur Stellungsuche* (§ 629 BGB) und auf ihre Bezahlung; es ist in manchen Rechten ausdrücklich und unter Angabe der zeitlichen Grenzen normiert, vgl. für *Österreich* §§ 1160 ABGB (angemessene Zeit), 22 AngG (mindestens 8 Stunden wöchentlich ohne Lohnabzug); *Belgien* Art. 17 AngG (2 mal wöchentlich bis zur Höchstzeit eines Arbeitstages; es ist nicht üblich, diese Zeit vom Lohn abzuziehen [1]). In *Frankreich* ist dies alles den „Gebräuchen" überlassen, auch häufig Gegenstand der Tarifverträge. Den Gebräuchen scheint eine tägliche Freizeit von 2 Stunden zu entsprechen, die wie Arbeitszeit zu entlohnen ist [2].

328. Dem Arbeitsstatut unterliegt schließlich die Pflicht des Arbeitgebers, dem Arbeitnehmer ein *Zeugnis* auszustellen [3]. Sie ist im Ausland sehr verschieden – teils öffentlichrechtlich – geregelt.

Nach *österreichischem* Recht muß das Zeugnis Angaben über Art und Dauer der Dienste enthalten; Bemerkungen, die für das Fortkommen des Arbeitnehmers schädlich sind, sind verboten, §§ 1163 ABGB, 39 AngG, 25 HausgehilfenG usw. In der *Schweiz* gewährt Art. 342 OR Anspruch auf ein formelles, wahlweise auf ein materielles Zeugnis.

In *Italien* gibt Art. 2124 C. c. Anspruch auf ein formelles Zeugnis in den Fällen, wo ein Arbeitsbuch nicht vorgeschrieben ist. Anspruch auf Äußerungen über die Führung des Arbeitnehmers bestehen nicht. Die Zeugnispflicht ist für Angestellte auch in Art. 16 AngG von 1924 normiert, wo unter anderem auch ein Zurückbehaltungsrecht am Zeugnis wegen Ansprüchen des Arbeitgebers ausgeschlossen ist. Auch Tarifverträge greifen vielfach ein [4].

Für *Frankreich* s. Art. 24 Buch I C. Trav., neugefaßt durch Gesetz vom 12. 11. 1955; allein zulässig sind Angaben über das Datum von Ein- und Austritt und die Art der Beschäftigung, alle anderen Angaben sind unzulässig. Der Arbeitgeber ist zur Ausstellung des Zeugnisses auch dann verpflichtet, wenn der Arbeitnehmer es nicht verlangt; die Vorschriften sind strafrechtlich gesichert (Art. 99 Buch I C. Trav.) und werden durch die Arbeitsinspektion überwacht. Der Anspruch verjährt in dreißig Jahren, kann aber natürlich durch zu langes Zuwarten verwirkt werden [5]. Für *Belgien* vgl. Art. 14 ArbG,

---

[1] Novelles 465 Nr. 159 ff. [2] So Rivéro-Savatier 459.

[3] Schnorr von Carolsfeld 400; vgl. Neumeyer II 291 Anm. 18, wo die Pflicht, das Zeugnis dem gesetzlichen Vertreter auszuhändigen, abweichend dem Recht des Arbeitsorts unterstellt wird.

Zum inneren deutschen Recht vgl. Nikisch I 699 ff.; Kaskel-Dersch 244 ff.

[4] Riva Sanseverino, Trattato II 306 ff.

[5] Durand-Vitu II 925 ff.; Rouast-Durand 431; Rivéro-Savatier 479 f.; Brun-Galland 530 ff.

24 AngG; gestattet sind nur Angaben über Anfangs- und Enddatum des Dienstverhältnisses und über die Art der ausgeübten Beschäftigung; nicht aber ungünstige Äußerungen über den Arbeitnehmer und Angabe des Grundes der Vertragsauflösung. Der Anspruch auf Erteilung des Zeugnisses wird erst bei Beendigung des Arbeitsverhältnisses, nicht schon mit der Kündigung fällig [6]. In den *Niederlanden* hat der Arbeitnehmer wiederum Anspruch auf ein formelles und auf Wunsch materielles Zeugnis. Bei Nichterteilung oder Erwähnung falscher Tatsachen besteht eine Schadenersatzpflicht des Arbeitgebers gegenüber dem Arbeitnehmer und Dritten. Abweichende oder einschränkende Abreden sind nichtig, es kann jedoch die vom Arbeitnehmer verschuldete Beendigung des Arbeitsvertrages im Zeugnis erwähnt werden, Art. 1638 aa BW. Nach Art. 39 Z. 13 des Arbeitsgesetzbuchs von *Ecuador* ist der Arbeitgeber sogar verpflichtet, dem Arbeitnehmer das Zeugnis immer auszustellen, wenn dieser es wünscht.

Anders ist es in *England*. Hier ist der Arbeitgeber nicht verpflichtet, dem Arbeitnehmer ein Zeugnis auszustellen; ebensowenig braucht er anderen über den Arbeitnehmer Auskunft zu geben. Gibt der Arbeitgeber einem anderen Arbeitgeber über den Arbeitnehmer eine unrichtige Auskunft, so kann der Arbeitnehmer den ihm daraus entstandenen Schaden nur ersetzt verlangen, wenn er nicht nur nachweist, daß die Auskunft falsch war, sondern auch, daß sie in böser Absicht, mit „malice", erteilt wurde; denn Auskünfte zwischen Arbeitgebern haben die Vermutung der Wahrung berechtigter Interessen für sich, „are privileged": *Stuart* v. *Bell*, [1891] 2 Q. B. 341 [7].

§ 16

Tarifvertrag

1. Rechtsvergleichung

329. *Rechtsquellen und Natur des Tarifrechts.* Tarifverträge sind der Ausdruck der Normsetzungsmacht, die der Staat den Sozialpartnern zur Regelung der Arbeitsbedingungen eingeräumt hat. Sie bilden die wichtigste Ergänzung des gesetzten Arbeitsrechts, der gegenüber die einzelvertragliche Ausgestaltung des Arbeitsverhältnisses an Bedeutung weit zurücksteht.

Die Rechtsquelle des Tarifrechts ist in der Bundesrepublik das Tarifvertragsgesetz vom 9. 4. 1949/23. 4. 1953 [1]; gesetzliche Regelungen enthalten auch die Rechte von Österreich, der Schweiz, Frankreich, den Niederlanden, während in anderen Ländern wie Belgien und England eine solche fehlt; in Italien herrscht nach Abschaffung der ständischen Ordnung ein Übergangszustand [2]. Seiner Rechtsnatur nach ist der Tarifvertrag überwie-

[6] Vgl. GOETHEM-GEYSEN 142; Novelles 84 Nr. 113, 452, Nr. 59 ff.
[7] COOPER 53 f; BATT-VAINES 172 ff., 223 ff.
[1] Zum *deutschen* Recht vgl. HUECK-NIPPERDEY II 153 ff.; KASKEL-DERSCH 46 ff.
[2] Für andere Staaten vgl. die Übersicht von SCHREGLE bei HUECK-NIPPERDEY II

gend ins private Recht einzuordnen, während die Allgemeinverbindlichkeitserklärung vielfach die Tarifnormen öffentlichrechtlich verstärkt.

Die privatrechtliche Qualifikation wird von Levenbach auch für das *niederländische* Tarifrecht vertreten, obwohl hier – ähnlich wie im früheren *italienischen* Recht – alle Tarifnormen durch Strafe und Zwang gesichert sind [3].

Ein extremes Beispiel privater, fast möchte man sagen, außerrechtlicher Gestaltung bietet das *englische* Tarifrecht.

330. In *Österreich* ist die einschlägige Rechtsquelle das Kollektivvertragsgesetz vom 26. 2. 1947 [4]. In der *Schweiz* sind die entsprechenden privatrechtlich einzuordnenden Normen in den Art. 322 ff. OR enthalten; der Tarifvertrag heißt hier Gesamtarbeitsvertrag (mit dem Normalarbeitsvertrag, oben Nr. 23, nicht zu verwechseln) [5].

In *Italien* unterlag das Tarifrecht der faschistischen Zeit dem Gesetz vom 3. 4. 1926 Nr. 563 (mit späteren Änderungen), durch das die Gewerkschaften mit öffentlichrechtlichen Aufgaben ausgestattet und der Staatsaufsicht unterworfen wurden. Die Tarifverträge galten zwingend und unabdingbar für alle Arbeitsverhältnisse des erfaßten räumlichen und sachlichen Geltungsbereichs; ihre Nichteinhaltung wurde nach Art. 509 Codice penale bestraft [6]. Damit hatten die Tarifverträge dieser Zeit den Charakter von Tarifordnungen. Mit dem Zusammenbruch des Faschismus ist die ständische Ordnung ersatzlos weggefallen, alle gesetzlichen Vorschriften, die darauf Bezug haben, sind überholt. An ihre Stelle ist die programmatische Regelung des Art. 39 der Verfassung getreten, die jedoch noch nicht wirksam geworden ist, da das hierfür erforderliche Gewerkschafts- und Tarifvertragsgesetz noch nicht erlassen worden ist.

Art. 39 sieht vor, daß Tarifverträge zwingende Kraft erga omnes, also auch gegenüber den nichtorganisierten Arbeitnehmern und Arbeitgebern haben sollen, wenn sie von den sog. Einheitsvertretungen, „rappresentanze unitarie", geschlossen werden. Die Einheitsvertretungen der Arbeitnehmer setzen sich aus den Vertretern der staatlich registrierten Gewerkschaften, und zwar proportional nach den von ihnen vertretenen Stimmen, zusammen.

Mit dieser Regelung nähert sich das künftige italienische Recht wieder stark der öffentlichrechtlichen Gestaltung, wie sie das Tarifrecht der faschistischen Zeit kennzeichnet. Tarifverträge der faschistischen Zeit sind z. T. aufrechterhalten worden, um Lücken

---

918 ff. und die Berichte zum 2. internationalen Kongreß für Arbeitsrecht, Genf 1957; wertvolle und eingehende rechtsvergleichende Betrachtungen auch bei DURAND-VITU III 463 ff.

[3] LEVENBACH, Bericht zum 2. intern. Kongreß für Arbeitsrecht (1957) S. 4.

[4] WAHLE-DITTRICH-VEIT I 316 ff.; SACHERS, Bericht zum 2. intern. Kongreß für Arbeitsrecht (1957).

[5] Vgl. SCHWEINGRUBER 71 ff. (78); GYSIN 71 ff. (75) und Bericht zum 2. intern. Kongreß für Arbeitsrecht (1957); OSER-SCHÖNENBERGER V/2, 1170 ff.; Gewerbegericht Bern 12. 3. 1954, ARAlf. 3 (1955) 113.

[6] PERGOLESI, Trattato I 104 ff. (110 ff.); MAZZONI 149 ff. (166 ff.); SANTORO PASSARELLI 24 f., 35 ff.; STEINMANN-GOLDSCHMIDT 133 ff.; Bericht BALZARINI für den 2. intern. Kongreß für Arbeitsrecht, Genf 1957. Daß der Tarifvertrag Rechtsquelle ist, geht auch daraus hervor, daß seine Verletzung die Revision vor dem Kassationshof eröffnet, vgl. CHIARELLI, Trattato III 22 und dort Anm. 2.

in der arbeitsrechtlichen Regelung zu vermeiden. Sie haben im Gegensatz zu den neu erlassenen Tarifverträgen ihre zwingende Kraft gegenüber allen beibehalten [7].

Tarifverträge, wie sie heute geschlossen werden, sind hingegen als privatrechtlich zu qualifizieren.

331. Im *französischen* Recht finden sich die entsprechenden Vorschriften in den Art. 31 ff. Buch I C. Trav., neugefaßt durch G. vom 11. 2. 1950; sie haben das französische Tarifwesen wieder in den Bereich der privatrechtlichen Verbandsautonomie zurückgeführt [8]. Dagegen fehlt es in *Belgien* [9] an einem eigentlichen Tarifvertragsgesetz; in der Praxis spielen sie jedoch eine große Rolle. Durch VO vom 9. 6. 1945 wurden als Grundlage der Demokratisierung des Staats auch auf wirtschaftlichem Gebiet die sog. gemischten Kommissionen, „commissions paritaires", geschaffen, die aus Vertretern der Sozialpartner bestehen und in deren Schoße die Lohn- und Arbeitsbedingungen gemeinschaftlich beraten werden, wodurch die Vorarbeiten zum Abschluß von Tarifverträgen geleistet werden; solche sind aber auch außerhalb der commissions paritaires möglich.

In den *Niederlanden* ist der Tarifvertrag im Gesetz vom 24. 12. 1927 privatrechtlich geregelt; das Gesetz vom 25. 5. 1937 brachte die Möglichkeit einer Allgemeinverbindlich-Erklärung, Art. 14 BBA schließlich die Genehmigungsbedürftigkeit für den Abschluß neuer und die Änderung bestehender Tarifverträge [10]. Die Normen eines allgemeinverbindlichen oder gem. Art. 14 BBA genehmigten Tarifvertrags sind strafrechtlich gesicherte Standardbestimmungen, von denen weder zugunsten noch zuungunsten des Arbeitnehmers abgewichen werden darf. Der Arbeitgeber schuldet daher einen etwa vereinbarten höheren Lohn nicht und kann ihn sogar, hat er ihn gezahlt, zurückfordern.

332. In *England* bilden die Tarifverträge die eigentliche Seele des Arbeitslebens, wenn auch nicht des Arbeitsrechts im strengen Sinn des Wortes. Aber auch hier ist der Unterschied zu den kontinentalen Rechten bemerkenswert: Das englische Tarifvertragswesen hat sich weitgehend neben dem Gesetz und neben der Rechtsordnung, nicht in ihr und durch sie entwickelt; die Vereinbarungen der Tarifpartner bilden freiwillig eingehaltene gentlemen's agreements, auf die Einfluß zu nehmen man dem Staat nicht gönnt. Von Rechts wegen wird die Einhaltung der Tarifnorm nicht erzwungen; auch kann ihre Wirkung durch Einzelvertrag abbedungen werden. Es fehlt auch sonst an jeder gesetzlichen Grundlage für den Tarifvertrag [10a].

333. *Tariffähigkeit.* Tariffähig sind durchweg die Verbände; sie sind es nach den meisten Rechten ohne weiteres, wenn sie gewisse Voraussetzungen erfüllen; zuweilen

[7] Für sie gilt auch noch der strafrechtliche Schutz, BATTAGLINI, Trattato V 279 ff., 283 ff.

[8] Vgl. DURAND-VITU III 455 ff.; ROUAST-DURAND 283 ff.; RIVÉRO-SAVATIER 212 ff.; BRUN-GALLAND 716 ff.; STEINMANN-GOLDSCHMIDT 65 ff.

[9] GOETHEM-GEYSEN 279 ff.; Novelles 156 ff., Nr. 608 ff.; VAN GOETHEM, La convention collective du travail en droit belge, Journal des Tribunaux 70 (1955) 17 ff.; HORION, Problèmes juridiques soulevés par les conventions collectives du travail, Revue de droit international et de droit comparé 31 (1954) 246 ff.; STEINMANN-GOLDSCHMIDT 98 ff.

[10] Vgl. GRINTEN-HAAKMAN 82 f.; MOLENAAR II A 364 ff.; STEINMANN-GOLDSCHMIDT 116 ff.

[10a] Vgl. KAHN-FREUND, RdA 5 (1952) 361 ff. und Bericht zum 2. intern. Kongreß für Arbeitsrecht, Genf 1957.

wird verlangt, daß der Abschluß von Tarifverträgen zu ihren satzungsgemäßen Aufgaben gehören muß. Das *österreichische* Recht, § 3 KVG, knüpft die Tariffähigkeit, die auch wieder aberkannt werden kann, an die Verleihung durch eine Behörde; das *niederländische* Recht verlangt Rechtspersönlichkeit. Art. 1 TVG. Unorganisierte Arbeitnehmer sind nie tarifvertragsfähig, doch gewährt das *Schweizer* Recht diese Eigenschaft auch unabhängigen Betriebsvertretungen, „Hausverbänden".

Tariffähig ist auch – außer nach *österreichischem* Recht, das Firmentarifverträge nicht anerkennt – der einzelne Arbeitgeber.

334. Ebenso wie nach § 1 II TVG bedarf der Tarifvertrag der *Schriftform* nach § 2 des *österreichischen* KVG, Art. 322ter II OR, Art. 31 c I Buch I C. Trav., Art. 142 ArbG von *Ecuador;* Art. 3 des *niederländischen* TVG verlangt öffentliche Urkunde oder Urkunde unter Privatsiegel; aber auch in Ländern, die – wegen des Fehlens einschlägiger Vorschriften – eine ausdrückliche Formvorschrift nicht kennen, dürfte die schriftliche Abfassung der Tarifverträge selbstverständlich sein [11].

335. Den *Inhalt des Tarifvertrags* bilden in erster und wichtigster Linie die Tarifnormen für die einzelnen Arbeitsverhältnisse; nur sie sind für die arbeitsverweisungsrechtliche Untersuchung (vorläufig) von Bedeutung. Auch hier schwankt vieles von Recht zu Recht.

So sieht etwa Art. 31 g Buch I C. Trav. für Tarifverträge, die einer Allgemeinverbindlich-Erklärung fähig sein wollen, einen gewissen Mindestinhalt vor.

Zahlreichen Rechten ist das Verbot von Organisationsklauseln [12] eigen –

vgl. § 1 des *österreichischen* Antiterrorgesetzes vom 5. 4. 1930, Art. 31 g Z. 3 Buch I C. Trav. und *französisches* Gesetz vom 27. 4. 1956; das *niederländische* Recht, Art. 1 III TVG erklärt Bestimmungen für ungültig, durch welche der Arbeitgeber verpflichtet wird, Arbeitnehmer nicht oder ausschließlich zu beschäftigen, die einem bestimmten Glauben, einer politischen Partei oder Gewerkschaft angehören; zulässig ist hier jedoch die allgemeine Organisationsklausel, die vorsieht, daß nur organisierte Arbeitnehmer beschäftigt werden dürfen, gleich allerdings, welcher Organisation sie angehören und ob diese Partei des Tarifvertrags ist. Ähnlich ist es im *schwedischen* Recht. Organisationsklauseln sind hingegen in *England,* aber auch in *Mexiko* [13], zulässig; in den *Vereinigten Staaten* haben neuerdings die Staaten (und zwar 20 von 48) von der ihnen im Taft-Hartley-Act eingeräumten Möglichkeit, die Organisationsklausel („closed-shop-clause") zu verbieten, Gebrauch gemacht [14]. Ganz anders in *Neuseeland:* hier ist umgekehrt die Einstellung von nicht organisierten Arbeitnehmern u. U. verboten [15].

---

[11] Vgl. für *Belgien* GOETHEM-GEYSEN 301.

[12] Zum deutschen Recht vgl. HUECK-NIPPERDEY II 275.

[13] Nach *mexikanischem* Recht haben damit die Gewerkschaften großen Einfluß auf die Zusammensetzung der Belegschaft des Betriebes, sie können Arbeitskräfte zuweisen, aber auch durch andere (Gewerkschaftsmitglieder) ablösen, wie aus dem Bericht von LOPEZ APARICIO zum 2. intern. Kongreß für Sozialrecht, Brüssel 1958, zu entnehmen ist (S. 1).

[14] Vgl. den Bericht von LENHOFF zum 2. intern. Kongreß für Arbeitsrecht S. 4 ff.

[15] Vgl. LENHOFF (vorige Anmerkung) S. 8

Die Unabdingbarkeit der Tarifnorm und die Unverzichtbarkeit tariflicher Ansprüche sind ebenfalls Bestandteil zahlreicher Rechte –

vgl. für *Österreich* §§ 2, 9 KVG, für die *Schweiz* Art. 323 I OR, für die *Niederlande* Art. 12 TVG; gleiches gilt für *Frankreich* [16]. Nach *belgischem* Recht sind nur Tarifnormen, die durch königliche Verordnung allgemeinverbindlich erklärt worden sind, unabdingbar [17], nach *englischem* Recht sind Tarifnormen frei abdingbar. Zur Unverzichtbarkeit tariflicher Rechte vgl. Art. 323 III OR, wonach ein Verzicht erst einen Monat nach Ende des Arbeitsverhältnisses wirksam erklärt werden kann.

Auch die Behandlung der *Außenseiter* wird in den einzelnen Rechten verschieden geregelt. Nach *österreichischem*, § 10 KVG, und *französischem* Recht, Art. 31 e Buch I C. Trav., gilt der Tarifvertrag auch für die Arbeitsverhältnisse der nicht tarifgebundenen Arbeitnehmer, wenn der Arbeitgeber dem vertragschließenden Verband angehört [18]. In den anderen hier näher untersuchten Ländern beschränken sich die Wirkungen des Tarifvertrags hingegen auf die Angehörigen der Verbände, die den Tarifvertrag geschlossen haben. Doch kennen das *Schweizer* und das *belgische* Recht gewisse „Fernwirkungen“ des Tarifvertrags insofern, als seine Bestimmungen u. U. zur „örtlichen Übung“ und damit Bestandteil des Arbeitsvertrags werden können, sofern sie nicht ausdrücklich ausgeschlossen wurden. Dies ist im *belgischen* Recht in den Art. 3 III ArbG, 5 II AngG ausdrücklich ausgesprochen.

336. Allen hier näher behandelten Rechtsordnungen ist die *Allgemeinverbindlich-Erklärung* bekannt [19] –

vgl. § 14 des *österreichischen* KVG (genannt „Satzung“); für die *Schweiz* Gesetz über die Allgemeinverbindlich-Erklärung von Gesamtarbeitsverträgen vom 28. 9. 1956 [20]; für *Frankreich* Art. 31 ff. Buch I C. Trav.; für *Belgien* Art. 12 VO vom 9. 6. 1945; für die *Niederlande* G. vom 25. 5. 1937. Die allgemeinverbindliche Norm hat durchweg die

---

[16] Rouast-Durand 293.

[17] Vgl. den Bericht Horion zum 2. intern. Kongreß für Arbeitsrecht, Genf 1957, S. 9 f.; nicht ganz klar Goethem-Geysen 288 ff.

[18] Das muß sich nicht immer zugunsten des nichtorganisierten Arbeitnehmers auswirken, vgl. den Fall Kassationshof 17. 7. 1956, D. 1957, 509.

[19] Den Rechten von *Schweden* und der *Türkei* ist dieses Institut jedoch unbekannt, vgl. den Bericht von Hug zum 2. internationalen Kongreß für Arbeitsrecht, Genf 1957, S. 19. Das *englische* Recht kennt die Allgemeinverbindlichkeits-Erklärung ebenfalls nur kraft einzelner Ausnahmeregelungen, wie etwa in der Textilindustrie, vgl. Kahn-Freund, RdA 5 (1952) 361 ff. (364); ders., Dir. lav. 25 (1951) 83 ff.; ders., Bericht zum 2. internationalen Kongreß für Arbeitsrecht, Genf 1957.

[20] Vgl. für den früheren Rechtszustand Schweingruber 110 ff.; Gysin 82 ff.

Stellung eines zwingenden Rechtssatzes und wird vielfach durch Zwang und Strafe öffentlichrechtlich verstärkt[21].

2. *Verweisungsrecht*

337. Die verweisungsrechtliche Behandlung des Tarifvertragsrechts hat zwei voneinander weitgehend unabhängige Fragenbereiche zum Gegenstand. Zum einen handelt es sich um den Tarifvertrag selbst; hier ist zu untersuchen, nach welchem Recht sich die Tariffähigkeit sowie Form, Inhalt und Grenzen des Vertrags beurteilen. Zum andern handelt es sich um Geltungsbereich und Kraft der Tarifnorm, die in der Regel wie die gesetzliche Norm zu behandeln sein wird.

Die *Tariffähigkeit* eines Verbandes beurteilt sich nach seinem „Heimatrecht", d. h. nach dem Recht des Landes, das ihm juristische Persönlichkeit verliehen hat, oder nach dem er, fehlt es daran, sonst organisiert ist (wie etwa Gewerkschaften als nicht eingetragene Vereine). Schwierigkeiten in der Ermittlung dieses Landes wird es nicht geben. Die Tariffähigkeit des einzelnen Arbeitgebers beurteilt sich hingegen m. E. nicht nach seinem Heimatrecht – so SCHNORR VON CAROLSFELD 56 –, sondern nach dem Recht des Orts, an dem der Betrieb liegt, für den der Firmentarif geschlossen werden soll. Liegt dieser in einem Land, das Firmentarife anerkennt, so schadet nichts, daß der Tarifvertrag in einem anderen Land, das ihn nicht kennt, geschlossen wurde, oder daß sich dort der Sitz des Unternehmens befindet. Umgekehrt ist jedoch eine Einschränkung zu machen: ein Firmentarif, der für ein Unternehmen mit vielen Zweigstellen geschlossen wurde, gilt auch – ausdrückliche Einschränkungen des örtlichen Geltungsbereichs vorbehalten – für Zweigstellen in Ländern, die Firmentarife nicht anerkennen, sofern er nicht ausschließlich oder überwiegend für diese abgeschlossen wurde, sondern sein Hauptgewicht in einem Land entfaltet, das ihn nicht verbietet.

Ein westdeutsches Unternehmen kann also nicht mit einer österreichischen Gewerkschaft einen Firmentarifvertrag für die österreichische Zweigstelle schließen, wohl aber scheitert die Erstreckung der Tarifnormen eines in der Bundesrepublik für das Unternehmen geschlossenen Tarifvertrags auf die Arbeitsverhältnisse der Mitglieder der (westdeutschen) Gewerkschaft nicht daran, daß der Arbeitgeber nach dem örtlichen österreichischen Recht den Tarifvertrag nicht hätte schließen können.

Schließen Verbände den Tarifvertrag, so wird die Frage nach seiner

[21] Vgl. für die *Schweiz* SCHWEINGRUBER 123; GYSIN 90; TSCHUDI 56 ff.; für *Frankreich* Art. 31 y ff. Buch I C. Trav.; für *Belgien* Art. 14 VO vom 9. 6. 1945; für die *Niederlande* Art. 1 Z. 2 j Wirtschaftsstrafgesetz vom 22. 6. 1950.

Form wohl nicht auftauchen. Anders beim Firmentarif, der „über die Grenze“ geschlossen wird: hier ist maßgeblich das Recht des Betriebsorts. Die Regel locus regit actum ist m. E. trotz der privatrechtlichen Qualifikation des Tarifrechts unanwendbar.

Im allgemeinen ist es den Tarifparteien überlassen, welchen *Inhalt* sie ihrem Vertrag geben wollen. Doch werden zuweilen gewisse Mindesterfordernisse aufgestellt, andererseits sind zahlreiche Klauseln als Inhalt von Tarifverträgen verboten und nichtig. Wird nun ein Tarifvertrag „über die Grenze“ geschlossen, so fragt sich, ob es genügt, wenn der Tarifvertrag inhaltlich den Anforderungen des Rechts des Betriebssitzes bzw. Arbeitsorts entspricht, oder ob auch Verbote und Gebote der anderen beteiligten Rechtsordnung zu beachten sind. Das erstere ist m. E. richtig: Tarifverträge schaffen Recht gegenüber einer Vielzahl von Arbeitnehmern, und deshalb sollten etwaige Nichtigkeitsgründe auf ein Mindestmaß beschränkt bleiben.

338. Die von Verbänden des gleichen Landes vereinbarte *Tarifnorm,* sei sie allgemeinverbindlich, sei sie auf die Mitglieder der vertragschließenden Verbände beschränkt, hat den Charakter einer Rechtsnorm [22]; sie ist auch verweisungsrechtlich wie eine solche zu behandeln. Sie gilt auch bei Arbeit im Ausland, wenn das Arbeitsverhältnis dem Tarifvertrag sonst unterliegt; also im Zweifel immer bei bloß vorübergehender Entsendung, „Ausstrahlung“ [23], aber auch wenn das Dienstverhältnis im Inland eingegangen wurde und im Ausland fortgesetzt werden soll, vgl. RAG 20. 2. 1929 (Chemiker, der zum Schweizer Zweigbetrieb versetzt wurde; Eingreifen tariflicher Einschränkungen der Wettbewerbsabreden); GewG Lübeck 15. 12. 1926 (Techniker, der zur türkischen Zweigstelle eines Konstruktionsbüros versetzt wurde; tarifliche Urlaubsansprüche). Der Tarifvertrag kann sich ausdrücklich auf Arbeitsverhältnisse im Inland beschränken, er kann umgekehrt eigens für Arbeiten im Ausland geschlossen werden, vgl. für letzteren Fall das in RAG 28. 5. 1932 erwähnte Lohnabkommen für die in der Schweiz beschäftigten Arbeiter der Reichsbahn.

---

[22] Vgl. HUECK-NIPPERDEY II 269; für die *Schweiz* SCHWEINGRUBER 118: mit der Allgemeinverbindlich-Erklärung werde Arbeitsrecht geschaffen, das dem auf dem normalen Wege zustandegekommenen Gesetz im allgemeinen ebenbürtig sein dürfte; das normale Gesetzgebungsverfahren werde hier allerdings durch etwas ganz Neues ersetzt. Eine andere technische Ausgestaltung des gleichen Vorgangs bilden die Art. 36–40 des *Schweizer* Entwurfs: danach können die Tarifparteien gemeinsam den Bundesrat bzw. die kantonale Behörde um Erlaß gewisser Sonderbestimmungen (über Arbeitszeit u. a.) ersuchen.

[23] Vgl. LAG Berlin 11. 11. 1929; NUSSBAUM 273 Anm. 2; BOBROWSKI.

Die Erstreckung einer Tarifnorm auf Arbeitsverhältnisse im Ausland kann dann eine Grenze finden, wenn in Arbeitsverhältnisse eingegriffen würde, die nicht dem inländischen Arbeitsstatut unterliegen: so kann u. U. eine Verlängerung der Arbeitszeit durch Tarifvertrag gem. § 7 AZO undurchführbar sein, wenn dadurch auch die Arbeitszeit der örtlichem Recht unterstehenden Arbeitnehmer verlängert würde, ohne daß dies durch das örtliche Recht gestattet und Inhalt der einzelvertraglichen Abmachungen geworden ist.

Mit der gleichen Maßgabe können auch ausländische Tarifnormen bei Arbeiten im Inland eingreifen. Sie haben dabei jeweils die rechtlichen Eigenschaften, die ihnen das Tarifvertragsrecht gibt, aus dem sie erwachsen sind: sie sind also einen Monat lang über das Ende des Arbeitsvertrags hinaus unverzichtbar, wenn es sich um eine „Schweizer", verzichtbar und abdingbar, wenn es sich um eine „englische" Tarifnorm handelt.

LAG München 29. 3. 1935 hat einen im Ausland geschlossenen Tarifvertrag sogar an der Bestimmung des § 72 AOG (Unkündbarkeit der am 1. 12. 1933 geltenden Tarifverträge bis zum 30. 4. 1934) und an den Anordnungen des Reichsarbeitsministers vom 28. 3. und 21. 6. 1934 (Weitergeltung als Tarifordnung) teilhaben lassen.

Auch hier gilt, daß Außenseiter nicht berührt werden: unanwendbar ist mithin bei Arbeiten außerhalb *Österreichs* § 10 KVG, außerhalb *Frankreichs* Art. 31 e Buch I C. Trav., die bei Tarifbindung des Arbeitgebers die Wirkungen des Tarifvertrags auf Außenseiter erstrecken, es sei denn, daß auch deren Arbeitsverhältnisse dem österreichischen bzw. französischen Recht unterliegen.

339. Eigene Probleme stellen die *allgemeinverbindlich erklärten Tarifnormen*, denen die Tarifnormen gleichzustellen sind, die von sich aus – wie nach dem früheren italienischen Recht – Wirkung erga omnes haben. Sie haben ähnlich wie etwa die Mindestarbeitsbedingungen eine arbeitsrechtliche und eine wirtschaftspolitische Seite, je nachdem ob sie zur Beseitigung sozialer Mißstände oder aus Gründen der Wirtschaftspolitik (Verhütung von Schmutzkonkurrenz) erlassen wurden.

Wenn auch die erste Frage danach geht, ob sie sich nicht selbst auf Arbeitsverhältnisse im Inland beschränken, so ist doch grundsätzlich die Anwendung allgemeinverbindlicher Tarifnormen auf Arbeiten auch im Ausland nicht ausgeschlossen.

Die Ansicht, sie könnten nur für Betriebe im Inland gelten [24], ist irrig und ergibt sich auch nicht daraus, daß die Allgemeinverbindlicherklärung ein Akt des öffentlichen

[24] So LENHOFF 781 für *Österreich*, GOETHEM-GEYSEN 287 für *Belgien*.

Rechts ist [25], wie ja auch der Entstehungsvorgang des Gesetzes Verfassungs-, also öffentliches Recht ist.

Fehlt es an eigenen Bestimmungen über den örtlichen Geltungsbereich und ergeben sich solche auch nicht eindeutig aus den Umständen, so sind m. E. allgemeinverbindliche Tarifnormen auf Arbeitsverhältnisse im Ausland unter deutschem Arbeitsstatut dann anwendbar, wenn der Geltungsbereich des Tarifvertrags sich entweder auf die gesamte Bundesrepublik erstreckt, oder zumindest den bereits mehrfach erwähnten Ausgangspunkt des Arbeitsverhältnisses im Inland erfaßt, vgl. RAG 29. 5. 1929 (Angestellter des Reichs in Paris, Geltung des Reichstarifs für Angestellte; Überstunden); LAG Berlin 2. 8. 1929 (ähnlicher Fall); RAG 1. 4. 1931 (privatrechtliche Kündigungsbestimmungen in Tarifverträgen können durch Einverleibung in den Arbeitsvertrag auch im Ausland gelten; Reichstarifvertrag für das Baugewerbe); RAG 28. 5. 1932 (Arbeiter am Badischen Bahnhof; ReichsLTV und Sonderabkommen); abweichend LAG 6. 3. 1931 (Zirkustarifvertrag).

Allgemeinverbindliche Tarifverträge nur örtlicher Bedeutung können hingegen auf Arbeitsverhältnisse im Ausland, zu denen sie keine Beziehung haben, nicht angewendet werden.

Nicht einheitlich zu beantworten ist die Frage, ob allgemeinverbindliche Tarifnormen innerhalb ihres örtlichen Geltungsbereichs [26] auch Arbeitsverhältnisse unter ausländischem Arbeitsstatut erfassen. Die Antwort wird davon abhängen, ob es sich bei ihnen um soziale Mindestnormen handelt, deren Unterschreitung nicht geduldet werden kann, auch davon, ob durch die Ausklammerung der ausländischem Recht unterstehenden Arbeitsverhältnisse die mit der Allgemeinverbindlicherklärung verfolgten wirtschaftlichen Zwecke ernsthaft gefährdet werden; in beiden Fällen müßte die Norm kraft Art. 30 EGBGB eingreifen. In sonstigen Fällen wird man jedoch der allgemeinverbindlichen Tarifnorm nicht stärkere Wirkung zuerkennen als der gesetzlichen Norm.

Allgemeinverbindliche Tarifnormen des Auslands erfassen das Arbeitsverhältnis im Ausland unter örtlichem Arbeitsstatut ebenso wie die ört-

---

[25] So jedoch NUSSBAUM 273 Anm. 5; KRONHEIM 119; ähnlich ANDREOLI 27 f.; MASSART 425 u. a., die die Geltung der italienischen Tarifnormen auf Betriebe in Italien begrenzen wollten, da auch die gesetzliche Interessenvertretung durch die italienischen (halbstaatlichen) Gewerkschaften (der faschistischen Zeit) auf das Staatsgebiet beschränkt sei. Aber Entsprechendes gilt für jede gesetzgebende Körperschaft, damit dürfte es die Anwendung des eigenen Rechts auf ausländische Sachverhalte überhaupt nicht geben.

[26] Zum örtlichen Geltungsbereich des Tarifvertrags vgl. HUECK-NIPPERDEY II 359 f. mit Nachweisen.

lichen gesetzlichen Normen. Galt deutsches Arbeitsstatut, und legen sie sich selbst – wie häufig – öffentlichrechtliche Kraft bei, so sind sie auch vor deutschen Gerichten anzuerkennen, wenn ihr Erlaß auf sozialen Erwägungen beruhte; denn dann werden sie in der Regel nichts anderes besagen, als was sich schon aus der Fürsorgepflicht des Arbeitgebers ergibt. Beruhte die Allgemeinverbindlicherklärung hingegen auf wirtschaftlichen Erwägungen, so kann über ihre Anerkennung nur von Fall zu Fall entschieden werden.

340. Auch im Ausland sind die Probleme des internationalen Tarifvertragsrechts gesehen worden. In *Italien* wurde für den Rechtszustand in der faschistischen Zeit[27] aus der strafrechtlichen Sicherung der Tarifnormen und der öffentlichrechtlichen Qualifikation des Arbeitsrechts der Schluß gezogen, daß a) die Tarifnorm ungeachtet des durch Art. 9 d. p. bezeichneten Rechts auf alle Arbeitsverhältnisse anwendbar sei, die in Italien (d. h. im Bereich des Tarifvertrags) ihren Erfüllungsort (Arbeitsort) hätten. Ein Unterschied zwischen In- und Ausländern wurde nicht gemacht[28]. Gleiches wird wieder gelten, sobald es gemäß Art. 39 IV der Verfassung zu Tarifverträgen mit Wirkung gegenüber allen kommen wird[29]; b) die Tarifnorm niemals bei Arbeitsverhältnissen gelten würde, die im Ausland abgewickelt würden[30].

Diesen Grundsatz hat auch der Kassationshof 3. 1. 1939 in einem Nebensatz einmal ausgesprochen. Es handelte sich um einen nach Buenos Aires versetzten Angestellten

[27] Vgl. die Rechtsprechungsübersicht bei RICHARD, Rassegna 18 ff.

[28] BALDONI, Riv. d. i. 24 (1932) 362; CANSACCHI, Giur. comp. d. i. p. 8 (1942) 164 ff.; ders., Riv. lav. 8 (1939) suppl. giur. 5 ff.; ders., Dir. lav. 13 (1939) 102 ff.; MONACO, Lehrbuch 605; MASSART 415 ff.

[29] So PERGOLESI, Trattato I 184. BALLADORE PALLIERI, Lehrbuch 242 scheint dies bereits jetzt für geltendes Recht anzusehen: „non vi e dubbio che vadano applicate [auf ein Arbeitsverhältnis mit italienischem Arbeitsort] le norme contenute nei contratti collettivi"; aber wie sollte das bei den Tarifverträgen des heutigen Typs zutreffen können, die nur die Angehörigen der vertragschließenden Verbände erfassen?

[30] ANDREOLI 27 ff.; BALDONI, Riv. d. i. 24 (1932) 376 ff.; CANSACCHI (oben Anm. 28); MASSART 424 f.; ZELBI (oben Nr. 95 Anm. 27); (zögernd) VASSALLI-MONACO 247 f.; Rom 7. 5. 1937; ZG Monza 12. 5. 1937 und wohl auch ZG Rom 15. 3. 1947.

Abweichend jedoch ZG Bologna 2. 4. 1937: nichts hindere, daß ein in Bologna zwischen dort ansäßigen Parteien geschlossener Arbeitsvertrag zur Arbeit in Italienisch-Ostafrika (wo die ständische Ordnung nicht eingeführt worden war) den italienischen Tarifverträgen unterliege: das Gericht trifft diese Feststellung, um seine eigene Zuständigkeit im arbeitsgerichtlichen Verfahren darzutun, die davon abhängig war, daß der Streitgegenstand möglicher Gegenstand eines Tarifvertrags war (s. unten Nr. 347).

Turin 7. 2. 1938 wendet einen Tarifvertrag für Journalisten auf die Tätigkeit des Genfer Berichterstatters des „Popolo d'Italia" an.

Der Tarifvertrag kann jedoch Inhalt des Arbeitsvertrages werden: BALDONI a.a.O. 378 f.; ZELBI a.a.O.

einer italienischen Firma, der nach Beendigung des Arbeitsvertrages für die Gesamtdauer seines Aufenthalts in Buenos Aires „Tagegelder" (d. h. Spesenersatz) gemäß dem am Sitz der Firma geltenden italienischen Tarifvertrag verlangte. Das Gericht führte aus, für eine ständige Arbeit am neuen Arbeitsplatz könne ein Tagegeld nicht verlangt werden; „außerdem sei der Tarifvertrag für Arbeiten im Ausland nicht anwendbar". Diese allgemeine Formulierung kann jedoch zu Ungerechtigkeiten führen: Man denke daran, daß dann ja auch der Anspruch auf Tagegelder dort, wo er wirklich berechtigt ist, ausgeschlossen wird; also etwa dann, wenn der Arbeitnehmer nunmehr von seinem Arbeitsort Buenos Aires aus Dienstreisen machen muß. Wenn man den Tarifvertrag als echte Quelle ansieht, wie es das italienische Schrifttum tut [31], dann ist nicht einzusehen, warum man vor der Folgerung aus dieser Erkenntnis, der Gleichbehandlung mit dem Gesetz auch im internationalen Bereich, zurückschreckt [32].

Tarifverträge privatrechtlicher Natur, wie sie zur Zeit – abgesehen von den beibehaltenen Tarifverträgen der faschistischen Zeit – gelten, stellen international-privatrechtlich keine eigenen Probleme: wesentlich ist, daß Arbeitnehmer und Arbeitgeber den vertragschließenden Verbänden angehören, im Zweifel gilt der Vertrag für jede davon erfaßte Arbeit, auch wenn sie im Ausland zu leisten ist [33].

341. In *Frankreich* hat sich zum internationalrechtlichen Bereich des Tarifvertrags soweit ersichtlich nur KRONHEIM 116 ff. eingehender geäußert: Tarifverträge des privatrechtlichen Typs, die nur die Angehörigen der vertragschließenden Verbände binden, sollen danach, ohne Einfluß auf das anwendbare Recht, wie einzelvertragliche Abreden eingreifen; allgemeinverbindliche Tarifnormen sollen vom Standpunkt des Staats, der die Verbindlicherklärung ausgesprochen hat, für alle Arbeitsverhältnisse im Gebiet, im Ausland jedoch als Teil des Arbeitsstatuts gelten; Tarifnormen des korporativen Typs oder Tarifordnungen nach Art des Arbeitsordnungsgesetzes von 1934 sollen hingegen auf Arbeiten im Inland beschränkt sein und Arbeiten im Ausland nicht erfassen.

Nach Ansicht von FREYRIA 24 haben Tarifverträge einen „effet territorial complet".

3. Arbeitskampf und Schlichtung

342. Zum Recht des *Arbeitskampfes* kann man wohl ohne weiteres sagen, daß hier jeder Staat seine eigenen Grundsätze durchsetzt, die von

[31] Vgl. oben Nr. 330 Anm. 6 und die Nachweise bei BALDONI, Riv. d. i. 24 (1932) 366.

[32] Dagegen würde es wohl den Bankrott des Arbeitsverweisungsrechts bedeuten, wollte man der Ansicht von SIMI, Il problema della convenzione collettiva di lavoro nel diritto internazionale, Atti 357 ff. (363) folgen, daß bei Auslandsbeziehungen immer der dem Arbeitnehmer günstigere Tarif gelten solle.

[33] So RICHARD, Rassegna 18 f.; GEMMA 168 für die Länder, wo der Tarifvertrag seine privatrechtliche Natur behalten hat.

den Extremen des mit Strafsanktion verbundenen Streikverbots über die verschiedenen Formen der zwangsweisen und freiwilligen Schlichtung zum völligen Beiseitestehen des Staates reichen [34]; dabei wird kein Staat bei Arbeitskämpfen auf seinem Boden Rücksicht auf fremde Rechte nehmen, was auch vor ausländischen Gerichten anzuerkennen ist. Jeder Arbeitskampf bestimmt sich daher einschließlich seiner vermögensrechtlichen, insbesondere kündigungsrechtlichen Folgen nach dem Recht des Arbeitsorts. Streiken also Arbeitnehmer, deren Arbeitsverhältnisse deutschem Recht unterliegen, in einem Lande, das den Streik verbietet, so hilft ihnen kein Hinweis auf das Streikrecht des deutschen Arbeitsstatuts; streiken ausländische Arbeiter in der Bundesrepublik, so kann sich der Arbeitgeber nicht auf ein Streikverbot des ausländischen Arbeitsstatuts berufen.

Ein Streikverbot kannte das *englische* Recht bis 1950. In den *Niederlanden* haben Streiks praktisch aufgehört: wirtschaftliche Streiks haben dort ihren Sinn verloren, da jede Änderung der Arbeitsbedingungen von einer Entscheidung des Kollegiums der Reichsvermittler abhängig ist. Wird gestreikt, so entscheidet das Kollegium über die geforderte Lohnerhöhung erst, bis die Arbeit wieder aufgenommen ist; der Arbeitgeber, der infolge des Streiks die Löhne von sich aus erhöhen würde, würde sich strafbar machen, oben Nr. 256. Ein Streikverbot besteht jedoch nicht [35]. In *Italien* garantiert Art. 40 der Verfassung das Streikrecht, soweit es im Rahmen der Gesetze ausgeübt wird. Die Arbeitsniederlegung ist kein Bruch des Arbeitsvertrags und berechtigt nicht zur Entlassung, entbindet den Arbeitgeber jedoch von der Lohnzahlungspflicht [36]. Engen Grenzen und staatlicher Einflußnahme ist das Streikrecht durch das Arbeitsgesetzbuch von *Ecuador* unterworfen, Art. 375 ff. ArbGB; dafür behält der Streikende auch den vollen Lohnanspruch während der Zeit des Streiks, Art. 397, und bleibt sein Arbeitsvertrag aufrechterhalten, Art. 402 ArbGB.

Wie der Arbeitskampf ist auch das *Schlichtungsrecht* territorial, erfaßt nur Arbeitskämpfe des Inlands.

§ 17

Betriebsverfassung

343. Die Frage nach dem internationalen Standort des Betriebsverfassungsrechts ist wohl die zweifelhafteste des ganzen Arbeitsverweisungsrechts.

---

[34] Vgl. Grunebaum-Ballin und Petit, Les conflits collectifs du travail et leur règlement dans le monde contemporain (1954; rechtsvergleichend); Steinmann-Goldschmidt; Schregle bei Hueck-Nipperdey II 918 ff.; Seeler, Der Arbeitskampf in der deutschen und ausländischen Gesetzgebung (1958).

[35] Vgl. Levenbach, Riv. comp. lav. 2 (1955) 132.

[36] Vgl. Paroli, Riv. comp. lav. 1 (1953) 654 ff.

Nicht überall ist die Betriebsverfassung so eingehend gesetzlich geregelt wie in der Bundesrepublik im Gesetz vom 11. 10. 1952 [1]. In *Österreich* gilt das Betriebsrätegesetz vom 28. 3. 1947, das an die Traditionen des alten Betriebsräterechts anknüpft [2]; in der *Schweiz* fehlt es an einer Regelung, eine Betriebsverfassung zeichnet sich erst in einigen tariflichen Regelungen ab [3]; auch in *Italien* ist das Gebiet noch den Vereinbarungen der Tarifpartner überlassen [4]. Dagegen gelten gesetzliche Bestimmungen in *Frankreich*, VO vom 22. 2. 1945 (mehrfach geändert) [5], *Belgien* Gesetz vom 20. 9. 1948 [6], den *Niederlanden*, G. v. 7. 6. 1950 [7]; in *Großbritannien* ist die Regelung wiederum Tarifverträgen überlassen.

Die großen Verschiedenheiten in der einzelnen Ausgestaltung verbieten eine nähere Darstellung; es kann auf die gründliche Untersuchung von ERDMANN, Das Recht der Arbeitnehmer auf Beteiligung an der Verwaltung der Betriebe in der gewerblichen Wirtschaft (1952) verwiesen werden. Nur soviel sei gesagt, daß in vielen Ländern, wie in Frankreich und Belgien, der Arbeitgeber den Betriebsrat zusammen mit den Vertretern der Arbeitnehmerschaft bildet (Einheitsprinzip). Der Umfang der Mitbestimmung des Betriebsrats schwankt von Recht zu Recht; vielfach sind auch staatliche Stellen zur Schlichtung und Streitentscheidung eingeschaltet [8]. Ein Kündigungsschutz ist in den meisten – wenn auch nicht in allen – Rechten vorgesehen.

Nach *österreichischem* Recht kann eine Entlassung des Betriebsrats nur in den in § 18 BRG aufgezählten Fällen und nur mit Zustimmung des Einigungsamts (oben Nr. 29) ausgesprochen werden. Nach *französischem* Recht kann dem einzelnen Mitglied des Betriebsrats nur mit Zustimmung des Betriebsrats selbst gekündigt werden; kommt es zu keiner Einigung, so entscheidet der Arbeitsinspektor, Art. 22 VO v. 22. 2. 1945; auch für Kündigung aus wichtigem Grund, selbst bei Massenentlassungen gilt nichts anderes [9]. Dagegen kann nach *belgischem* Recht dem Betriebsrat aus wichtigem Grund und wegen dringender betrieblicher Erfordernisse gekündigt werden, dafür genießt aber auch der nicht gewählte Kandidat einen Kündigungsschutz, der von 15 Tage vor der Wahl bis zu zwei Jahre danach reicht, Art. 21 VO vom 20. 9. 1948 [10]. Den *englischen* Tarifverträgen, die Betriebsvertretungen einrichten, sind Kündigungsschutzbestimmun-

---

[1] Zum deutschen Recht HUECK-NIPPERDEY II 673 ff.; KASKEL-DERSCH 286 ff.

[2] WAHLE-DITTRICH-VEIT I 182 ff.

[3] TSCHUDI 59; KISTLER, Die Betriebsgemeinschaft, ein Beitrag zum Mitspracherecht der Arbeitnehmer in der Schweiz (Arbeiten aus dem juristischen Seminar der Universität Freiburg Nr. 10 – 1953).

[4] RIVA SANSEVERINO, Trattato II 151 f.

[5] DURAND-JAUSSAUD I 463 f.; RIVÉRO-SAVATIER 108 ff.; ROUAST-DURAND 150 ff.; BRUN-GALLAND 789 ff.; DURAND, Probleme des Mitbestimmungsrechts in Frankreich, RdA 4 (1951) 241.

[6] GOETHEM-GEYSEN 481 ff.

[7] MOLENAAR II A 847 ff.

[8] Vgl. die Einschaltung der Behörde bei der Kündigung von Mitgliedern des Betriebsrats, s. oben im Text.

[9] RIVÉRO-SAVATIER 114; BRUN-GALLAND 804 ff.

[10] ERDMANN a.a.O. 35.

gen für die Mitglieder der Produktionsausschüsse – wie sie meist genannt werden – hingegen in der Regel unbekannt [11].

344. *Verweisungsrecht.* Die Zugehörigkeit des Betriebsverfassungsrechts ist im inneren Recht umstritten. Während in der Zeit des Betriebsrätegesetzes von 1920 die öffentlichrechtliche Qualifikation namentlich in der Rechtsprechung des RAG überwog, hat sich seither die privatrechtliche Qualifikation, begründet durch JACOBI [12], immer stärker in den Vordergrund geschoben, so daß sie heute als die herrschende angesehen werden kann [13]. Wie auch beim Tarifvertrag kann man natürlich nicht das Wesen „der" Betriebsverfassung in den einen oder anderen Bereich einreihen wollen, sondern nur eine Antwort für eine bestimmte Ausgestaltung suchen, wie sie sich aus Gesetz und Lehrmeinung jeweils ergibt. Für das Betriebsverfassungsrecht der Bundesrepublik möchte ich mich der *privatrechtlichen Einordnung* anschließen. Die Errichtung der Betriebsvertretungen ist dem Entschluß der Beteiligten überlassen; hinter ihr steht kein staatlicher Zwang; eine Überwachung durch staatliche Organe findet nicht statt. Es trifft zwar zu, daß die Betriebsverfassung eng, wenn auch nicht untrennbar, mit dem allgemeinen staatlich-wirtschaftlichen Aufbau verknüpft ist und damit eine tragende, verfassungsrechtlich geschützte Säule des sozialen Rechtsstaats bildet; daraus folgt aber noch nicht notwendigerweise die öffentlichrechtliche Einordnung dieses Rechtsgebiets, ist doch auch etwa die Familie eine solche tragende Säule und das Familienrecht trotzdem unbestritten Teil des Privatrechts. Schließlich ist auch ein Anzeichen für die hier vertretene Ansicht, daß die Streitigkeiten aus der Betriebsverfassung den Arbeits- und nicht den Verwaltungsgerichten zugewiesen sind.

Wie ist nun die Betriebsverfassung verweisungsrechtlich zu behandeln? Da wir privatrechtlich qualifizieren, fragen wir nicht nur nach dem Geltungsbereich des eigenen Betriebsverfassungsrechts, sondern suchen eine allseitige Verweisungsnorm, die das anwendbare Betriebsverfassungsrecht bezeichnet. Hier geht die Suche nun m. E. danach, nach welchem

---

[11] ERDMANN a.a.O. 114. Dagegen ist das häufig Gegenstand *italienischer* Tarifverträge, s. RIVA SANSEVERINO, Trattato II 237 ff.; BARASSI, Elementi 227.

[12] Grundlehren 299 ff.

[13] Für die privatrechtliche Einordnung HUECK-NIPPERDEY II 689 ff.; HUBER, Wirtschaftsverwaltungsrecht (2. Aufl. 1954) II 488 ff.; NEUMANN-DUESBERG, NJW 7 (1954) 617; SCHNORR VON CAROLSFELD 410, 420; FABRICIUS, ZfgesStaatswissenschaft 111 (1955) 359 ff.; für die öffentlichrechtliche Qualifikation DIETZ, Betriebsverfassungsgesetz (1953) Anm. 15 ff. zu § 1; MOLITOR, Festschrift Herschel (1955); BEITZKE, vgl. RabelsZ 23 (1958) 200.

Recht die Betriebsvertretung *errichtet* wird; alles weitere fließt dann aus diesem Recht.

Die herrschende Meinung geht dahin, dem Arbeitsort die entscheidende Anknüpfungskraft zuzuerkennen, entweder, weil man der öffentlichrechtlichen Qualifikation folgt [14], oder weil man gesondert vom Arbeitsstatut an den Arbeitsort anknüpft [15].

RAG 6. 12. 1930: die Angestellten der sowjetischen Handelsvertretung in Berlin unterliegen, soweit sie deutsche Staatsangehörige sind, dem deutschen Betriebsräterecht, haben also Anspruch auf Errichtung einer Betriebsvertretung. Für die aus der Sowjetunion durch das Außenhandelskommissariat entsandten Angestellten sowjetischer Staatsangehörigkeit gelte das nicht.

Die Entscheidung spricht von der öffentlichrechtlichen Natur des Betriebsräterechts, dem die sowjetische Handelsvertretung nach dem deutsch-sowjetischen Vertrag (Art. 7 des Wirtschaftsabkommens, s. RAG a.a.O.) unterworfen sei. Aus der Entscheidung ergibt sich auch die Möglichkeit einer Spaltung des Betriebsrats nach der Staatsangehörigkeit der Arbeitnehmer. Tatsächlich scheint sie mir jedoch kein Beweis für, sondern gegen die öffentlichrechtliche Einordnung zu sein: denn die Unterscheidung nach der Staatsangehörigkeit ist dem öffentlichen Arbeitsrecht fremd, ist jedoch auf dem Weg über das Arbeitsstatut für den privaten Bereich bedeutsam.

RAG 1. 4. 1931: das deutsche Betriebsräterecht ist im Ausland – hier: bei Bauarbeiten eines für Reparationszwecke arbeitenden Betriebs in Südfrankreich – unanwendbar, soweit es sich nicht um bloße Ausstrahlungen handelt. Der Arbeitnehmer könne sich nicht auf den Kündigungsschutz des § 96 BRG (1920) berufen, diese Vorschrift könne auch nicht zum Gegenstand privater Vereinbarung gemacht werden; die Rechte und Pflichten des Betriebsrats seien als öffentlichrechtliche einer privaten Regelung unzugänglich; die Anwendung der §§ 39, 96–98 BRG sei im Ausland undurchführbar.

RAG 4. 11. 1933: kein Kündigungsschutz für einen Betriebsrat am Badischen Bahnhof in Basel, obwohl die Errichtung einer Betriebsvertretung tarifvertraglich vorgesehen gewesen war [16].

LAG München 16. 5. 1950: dem Betriebsrätegesetz wohne erkennbar seiner Art nach eine Beschränkung auf inländische Arbeitsverhältnisse inne; ähnlich LAG Stuttgart 19. 3. 1952; schließlich LAG Hamburg 24. 4. 1952: „Betriebsverfassungsrechtliche Normen lassen sich allein nach dem räumlichen Standort der Arbeitsstätte bestimmen" [17].

---

[14] Vgl. neben der gleich im Text zu behandelnden Rechtsprechung Neumeyer II 298 ff.; Nussbaum 272, der RAG 1. 4. 1931 nur insoweit nicht folgt, als auch die Möglichkeit einer vertraglichen Vereinbarung einer Betriebsverfassung verneint wird; Satter 919.

[15] Beitzke, Kollisionen B I und Betrieb 11 (1958) 225; Kaufmann 9; Eckstein, Giur. comp. d. i. p. 5 (1939) 91 ff.; Fitting-Kraegeloh, Betriebsverfassungsgesetz (4. Aufl. 1958) Anm. 7 zu § 1.

[16] Eckstein, Giur. comp. d. i. p. 5 (1939) 91 ff. lehnt in einer Anmerkung zu dieser Entscheidung die öffentlichrechtliche Qualifikation des Betriebsräterechts ab, will ihm aber ebenfalls nur Geltung innerhalb der deutschen Grenzen zubilligen, da es sich um einen Bestandteil der deutschen Wirtschaftsordnung handele.

[17] Musterbeispiel schlechten Stils: nicht die Normen, sondern die Rechtsverhältnisse

Für *Österreich* vgl. Einigungsamt Wien 13. 4. 1927: Das Betriebsrätegesetz gelte „seiner Natur nach“ für jeden inländischen Betrieb ohne Unterschied, ob es ein Hauptbetrieb oder nur die Zweigniederlassung eines ausländischen Unternehmens sei.

Auch nach Ansicht der maßgeblichen *französischen* Rechtslehre[18] ist das französische Betriebsverfassungsrecht auf Frankreich beschränkt, gilt hier aber ohne Unterschied der Staatsangehörigkeit des Arbeitgebers. Auf ausländische Zweigbetriebe französischer Unternehmen findet das Gesetz keine Anwendung: Eine Ausnahme gilt nur im Falle der Ausstrahlung; zeitweilig ins Ausland entsandte Arbeitnehmer werden weiter durch den im Inland bestehenden Betriebsrat des Stammhauses betreut und geschützt. Das Betriebsverfassungsrecht ist „d'ordre public“: „une loi de police et de sûreté visée à l'art. 3 C. c.“[19]. Insoweit unselbständige Zweigstellen ausländischer Unternehmen in Frankreich unter das Gesetz fallen, braucht hier jedoch kein „zentraler Unternehmensrat“ („comité central de l'entreprise“) gebildet zu werden, da damit über die französischen Staatsgrenzen hinausgegriffen würde[20].

345. *Kritik.* Ich halte die herrschende Meinung für falsch, die Entscheidungen RAG 1. 4. 1931 und 4. 11. 1933 für unbillig. Auch die Betriebsverfassung folgt dem Arbeitsstatut. Wenn wir das Betriebsverfassungsrecht des Gesetzes vom 11. 10. 1952 privatrechtlich qualifizieren, so spricht zunächst einmal die Vermutung dafür, daß es in das deutsche Arbeitsstatut eingehen kann, nicht anders als alle sonstigen Einschränkungen des Weisungsrechts des Arbeitgebers, wie sie sich aus der Fürsorgepflicht und aus anderen gesetzlichen oder ungeschriebenen Normen ergeben. Es liegt also schon einmal die „Beweislast“ bei dem, der eine Sonderanknüpfung behauptet. Aber auch ein wichtiger praktischer Grund spricht für die Geltung deutscher Betriebsverfassung bei *Arbeiten im Ausland:* Es ist erwünscht, daß eine Betriebsgruppe unter deutschem Recht – man denke an ein reisendes Orchester, einen Wanderzirkus, das Auslandsbüro eines deutschen Hauses, die Arbeiter an einem Grenzbahnhof, die Montagegruppe usw. – auch ihre Betriebsverfassung mitbringen, bei der Arbeit im

oder Ansprüche werden bestimmt, und statt des „räumlichen Standorts der Arbeitsstätte“ hätte der „Betriebssitz“ auch genügt!

[18] Durand-Jaussaud I 464 und Anm. 1; Rouast, La loi sur les comités d'entreprise et les sociétés étrangères, Droit social 10 (1947) 67 ff.

[19] Rouast (vorige Anmerkung).

[20] Durand-Jaussaud I 464 Anm. 1. Die starke Einschaltung der Gewerkschaften in die Betriebsverfassung läßt eine Verwirklichung französischen Betriebsverfassungsrechts im Ausland auch durchaus als untunlich erscheinen.

Ausland in der gleichen „vertrauensvollen Zusammenarbeit zum Wohl des Betriebes" wie im Inland fortfahren kann, die ja gerade im Ausland doppelt notwendig und doppelt fruchtbar ist. Daß die Betriebsverfassung mit der deutschen Wirtschaftsverfassung verknüpft ist, ändert nichts daran, daß es sich um das Verhältnis des Arbeitgebers zur Gesamtheit der Betriebsangehörigen handelt, dessen Regelung vom Ort der Arbeitsleistung nicht abhängig ist; und was vermag dieses Argument gegenüber dem anderen, daß doch, wie die Fälle zeigen, Betriebsvertretungen tatsächlich und sogar auf Grund von Tarifverträgen (RAG 4. 11. 1933) eingerichtet wurden und tatsächlich tätig waren? M. E. müssen schon stärkere Argumente als die bisher gehörten vorgebracht werden, um die Treulosigkeit zu rechtfertigen, die darin liegt, Betriebsvertretungen zu errichten und dann dem, der sich für dieses Amt bereit erklärt, nachträglich die Sicherung seines Arbeitsplatzes zu verweigern.

Eine Klarstellung ist hier allerdings geboten: Träger der Betriebsverfassung ist die Betriebsgemeinschaft (zur Handlungsfähigkeit des Betriebsrats s. oben Nr. 79), nicht der einzelne Arbeitnehmer, so daß selbstverständlich die hier vertretene Ansicht nicht so mißverstanden werden darf, als ob jeder Arbeitnehmer für sich genommen die Betriebsverfassung seines Arbeitsstatuts mitführe. Daß dem nicht so ist, ergibt sich schon aus § 8 BVG[21]; quinque faciunt collegium in diesem Fall, erst die Gemeinschaft von fünf Arbeitnehmern unter deutschem Arbeitsstatut läßt ein Recht zur Betriebsvertretung erwachsen. Aus praktischen Gründen wird man jedoch noch weitergehen müssen und sagen, daß die deutsche Betriebsverfassung nur dann eingreift, wenn der Betrieb zur Gänze oder zumindest überwiegend unter deutschem Arbeitsstatut arbeitet; daß einige Ortskräfte unter örtlichem Recht daran teilhaben, sollte allerdings nicht stören.

Daß sich die Betriebsverfassung nur einheitlich für den ganzen Betrieb durchführen lasse[22], wird mittelbar durch RAG 6. 12. 1930 widerlegt, wo die Errichtung eines Teilbetriebsrats für die Angestellten deutscher Staatsangehörigkeit angeordnet wird. Freilich ist die Einheitlichkeit wünschenswert und anzustreben, doch bleibt die Frage offen, ob sie nach dem Ortsrecht oder nach dem Arbeitsstatut herzustellen ist. Es ist aber auch ebenso denkbar und durchführbar, daß ein Betriebsrat nur für einen Teil der Belegschaft besteht – etwa wenn das örtliche Recht Betriebsvertretungen nicht vorsieht, nur für die deutsche Stammannschaft –, als auch daß Stammannschaft und Ortskräfte jeweils ihren eigenen Betriebsrat bilden, so, wie es früher Arbeiter- und Angestelltenräte gegeben hat. Vorzuziehen ist natürlich die Einheitsvertretung.

---

[21] Vielleicht waren meine Ausführungen AcP 155 (1956) 70 in dieser Hinsicht nicht deutlich genug.

[22] So Beitzke, Betrieb 11 (1958) 225.

Freilich kann das deutsche Betriebsverfassungsrecht auf Hindernisse stoßen. Eines ist dann gegeben, wenn am Arbeitsort das Betriebsräterecht öffentlichrechtlich geregelt ist und der Arbeitgeber daher gezwungen ist, eine Betriebsvertretung nach dem örtlichen Recht einzurichten. Dann wird naturgemäß nur diese und nicht daneben oder in Ergänzung auch noch eine Betriebsvertretung nach deutschem Recht zu errichten sein; und auch die Rechtsfolgen richten sich dann nach dem Errichtungsstatut. Aber dieses Hindernis besteht nicht in Ländern, die eine Betriebsverfassung nicht kennen, oder sie den Tarifverträgen überlassen oder die sie ebenfalls privatrechtlich einordnen und mithin den Betriebsgruppen unter (für sie) fremdem Arbeitsstatut nicht aufzwingen. Und das gleiche Hindernis besteht auch in solchen Ländern nicht, wo zwar das örtliche Recht öffentlichrechtlich organisiert ist, aber erst bei Betriebsgrößen eingreift, die über der des § 8 BVG liegen und in casu nicht erreicht werden. Das örtliche Recht hätte die Arbeit einer nach deutschem Recht aufgebauten Betriebsvertretung weder im Fall RAG 1. 4. 1931 noch im Fall RAG 4. 11. 1933 gehindert.

Ein weiteres Hindernis liegt darin, daß in einigen Fällen dem Gericht Aufgaben übertragen sind, die wahrzunehmen ein ausländisches Gericht wahrscheinlich sich für unzuständig erachten würde, vgl. § 50 I S. 3 BVG (Bestellung des Vorsitzenden der Einigungsstelle), §§ 61, 62 (Feststellungen, daß der Einspruch des Betriebsrats gegen eine Einstellung begründet ist) u. a. Aber auch daran sollte die Möglichkeit der Anwendung deutschen Betriebsverfassungsrechts nicht scheitern. Es bleibt abzuwarten, ob diese Befürchtung tatsächlich zutrifft; und wenn dem so ist, so bedenke man, daß es sich hier um durchaus minder wichtige Hilfsnormen handelt, die gegenüber dem erwünschten Normalzustand der vertrauensvollen Zusammenarbeit von Arbeitgeber und Betriebsrat in den Hintergrund treten.

Wie hier, soweit ich sehe, nur SCHNORR VON CAROLSFELD 55, 421.

Umgekehrt ist auch die Geltung ausländischer Betriebsverfassung bei *Arbeiten im Inland* unbedenklich. Da ein staatlicher Zwang zur Errichtung von Betriebsräten nach deutschem Recht bei inländischen Betrieben nicht ausgeübt wird, so steht nichts im Wege, daß Betriebe unter ausländischem Arbeitsstatut ihre eigene Betriebsverfassung mitbringen. Ein Betrieb mit mindestens 5 Arbeitnehmern, der ausländischem Recht untersteht, wird in der Regel sehr gewichtige Beziehungen zum ausländischen Staat aufweisen, damit es überhaupt zu dieser Unterwerfung unter das ausländische Recht kommt. Dann wird aber auch die deutsche öffentliche Ordnung nicht davon berührt, daß sich die Mitwirkungsrechte der Belegschaft an der Leitung des Betriebes nach dem ausländischen und nicht nach dem eigenen Recht bestimmen, ob sie nun weitergehen als das Betriebsverfassungsgesetz oder dem Arbeitnehmer weniger Rechte einräumen.

RAG 6. 12. 1930 ist hierfür eine mittelbare Bestätigung, als in dieser Entscheidung die Angestellten unter sowjetischem Arbeitsstatut – sofern man sie nicht überhaupt als Beamte ansehen will – von der Betriebsratspflichtigkeit ausgenommen wurden.

Freilich kann ausländisches Betriebsverfassungsrecht insoweit unanwendbar sein, als es öffentlichrechtlich organisiert ist und Mitwirkungsrechte staatlicher oder gewerkschaftlicher Stellen vorsieht, deren Übergreifen in das Inland nicht hingenommen werden kann. Dann handelt es sich im Grunde auch nicht mehr um reine „Betriebs"- sondern schon um „Verbands"-Verfassung. Diese Einschränkung gilt wiederum nicht, wo die öffentlichrechtliche Qualifikation sich nur aus einer öffentlichrechtlichen Verstärkung eines im Kern privaten Verhältnisses zwischen Arbeitgeber und Belegschaft, ohne Zwischenschaltung betriebsfremder Dritter, handelt; hier sind zwar nicht die öffentlichrechtlichen, wohl aber die Kernvorschriften auf Arbeiten im Inland übertragbar.

Auch sollte die Anwendung ausländischer Betriebsverfassung dann nicht scheitern, wenn gewissen ausländischen Behörden, wie dem Einigungsamt oder der Arbeitsinspektion, die im Inland nicht tätig werden können und sich hierfür auch als unzuständig ansehen, gewisse Aufgaben übertragen werden – man denke etwa an die Zustimmung zur Kündigung eines Betriebsrats; ihre Aufgaben können vom örtlichen deutschen Arbeitsgericht wahrgenommen werden.

346. Die wichtigste praktische Frage dieses Bereichs ist der *Kündigungsschutz des Betriebsrats*. Er richtet sich nach dem vorangegangenen nach dem Recht, nach dem die Betriebsvertretung errichtet wurde, d. h. bei deutschem Arbeits- und damit Betriebsverfassungsstatut nach § 13 KSchG, auch wenn die Arbeit im Ausland geleistet wird (a. A. RAG 1. 4. 1931, 4. 11. 1933), bei ausländischem Arbeitsstatut nach diesem (oben Nr. 317).

Anwendbar sind bei deutschem Arbeitsstatut weiter die Vorschriften der § 21 BVG (*Amtsdauer* des Betriebsrats), § 37 II (*Lohnschutz* des Betriebsrats), § 39 (*Kostentragungspflicht* des Arbeitgebers) u. a.

Von der Frage, nach welchem Recht die Betriebsvertretung errichtet wird, ist die andere zu trennen, wie weit der einzelne Arbeitnehmer durch Abstellung ins Ausland der Teilhabe an ihr verlustig geht. Hier ist es anerkannt, daß eine vorübergehende Entsendung (Ausstrahlung) außer Betracht bleibt; der entsandte Arbeitnehmer ist weiter in die Mindestgröße der Belegschaft einzurechnen, der Betriebsrat muß auch gehört werden, wenn er entlassen werden soll (§ 66 BVG); hat er ein Betriebsratsamt, so bleiben ihm die damit verbundenen Rechte und Pflichten erhalten, usw.

6. Kapitel

Verfahren

§ 18

Sachliche, örtliche, internationale Zuständigkeit

347. Das internationale Zivilprozeßrecht kann hier nur insoweit behandelt werden, als es Besonderheiten für das Verfahren bei Arbeitsstreitigkeiten aufweist; für alle gemeinsamen Fragen muß auf die einschlägigen Veröffentlichungen zu diesem großen und reizvollen Gebiet des internationalen Rechts verwiesen werden [1].

Die *sachliche Zuständigkeit* für Streitigkeiten in Arbeitssachen ist für die Bundesrepublik in den §§ 2 ff. des Arbeitsgerichtsgesetzes vom 3. 9. 1953 / 2. 12. 1955 geregelt [2]. Westdeutschland gehört zu den Ländern, die für sie eine eigene Gerichtsbarkeit geschaffen haben, deren Aufbau und Verfahren Gegenstand eines besonderen Gesetzes ist; ähnlich ist es in Österreich und in Belgien, während Frankreich zwar eigene Arbeitsgerichte hat, ihr Verfahren jedoch im 4. Buch des Code du Travail geregelt ist. Andere Länder belassen die Arbeitsstreitigkeiten bei der ordentlichen Gerichtsbarkeit, die jedoch (Italien, Niederlande, Frankreich in den Sprengeln ohne eigene Arbeitsgerichte) in einem beschleunigten Verfahren entscheiden, oder die (England) dem gewöhnlichen Verfahren folgen.

In *Österreich* ist die Rechtsprechung in Arbeitssachen den Arbeitsgerichten zugewiesen, deren Aufbau im Arbeitsgerichtsgesetz vom 24. 7. 1946/5. 7. 1950 enthalten ist [3].

---

[1] RIEZLER, Internationales Zivilprozeßrecht und zivilprozessuales Fremdenrecht (1949); REU, Die staatliche Zuständigkeit im internationalen Privatrecht (1938); MATTHIES, Die deutsche internationale Zuständigkeit (1955); NUSSBAUM 376 ff.; SCHNITZER II 797 ff.; NEUHAUS, Internationales Zivilprozeßrecht und internationales Privatrecht, RabelsZ 20 (1955) 201 ff.; NIEDERLÄNDER, Materielles Recht und Verfahrensrecht im IPR, ebda. 20 (1955) 1 ff.; MORELLI, Diritto processuale civile internazionale (2. Aufl. 1954).

[2] Hierzu DIETZ-NIKISCH, Arbeitsgerichtsgesetz (1954); KASKEL-DERSCH 307 ff.; SCHNORR VON CAROLSFELD 454 ff.

[3] WAHLE-DITTRICH-VEIT II 986 ff.; STANZL, Arbeitsgerichtliches Verfahren (1954); KAPFER, Das Arbeitsgerichtsgesetz (1948).

Zuständig sind in erster Instanz die Arbeitsgerichte (die nunmehr das Staatsgebiet lückenlos ergreifen), im zweiten Rechtszug die ordentlichen Landes- bzw. Kreisgerichte – eigene Berufungsgerichte fehlen –, in dritter und letzter Instanz der Oberste Gerichtshof. Zur sachlichen Zuständigkeit im einzelnen s. § 1 AGG; gem. § 2 AGG unterliegen auch die arbeitnehmerähnlichen Personen der Arbeitsgerichtsbarkeit, so daß für die Frage der Gerichtsbarkeit der Unterschied zwischen Handelsreisenden und kleinem Handelsvertreter bedeutungslos ist [4].

Über die Einigungsämter und ihre Aufgaben s. oben Nr. 29.

In der *Schweiz* ist die Arbeitsgerichtsbarkeit kantonal unterschiedlich geregelt; eine Darstellung kann hier nicht erfolgen [5].

Das *italienische* Recht kennt für Arbeitssachen keine Sondergerichtsbarkeit. Sie werden zwar in einem besonderen Verfahren (Art. 429 ff. C. proc. civ.), doch von den Richtern der ordentlichen Gerichtsbarkeit entschieden: „processo speciale, ma non giudice speciale" [6]. Erfaßt werden von diesem besonderen Verfahren die Arbeits- und Anstellungsverhältnisse, die Gegenstand der Regelung durch Tarifverträge sind oder sein können, Art. 429 Z. 1 C. proc. civ. [7], neben einigen anderen Fällen, die hier nicht interessieren. Sachlich zuständig ist bei Klagen mit einem Streitwert unter 100 000 Lire der Prätor, bei höherem Streitwert das Zivilgericht (tribunale civile), Art. 434 I C. proc. civ.; die Berufung geht an das Berufungsgericht (corte d'appello), das in besonderer Zusammensetzung als „magistratura del lavoro" urteilt, die Kassationsbeschwerde geht an den Kassationshof.

In *Frankreich* ist die Arbeitsgerichtsbarkeit den sogenannten conseils de prud'hommes, geregelt in Buch IV C. Trav., übertragen [8]. Sie setzen sich aus der gleichen Anzahl gewählter Vertreter der Arbeitnehmer- und Arbeitgeber-Seite zusammen, bei Stimmengleichheit entscheidet der örtliche Friedensrichter; Arbeitsgerichte sind nur in den Zentren der Industrie errichtet worden; wo sie fehlen, oder wo sie sachlich nicht zuständig sind, entscheidet an ihrer Stelle der Friedensrichter. Wo sie errichtet sind, entscheiden sie jedoch unter Ausschluß der ordentlichen Gerichtsbarkeit; eine Ausnahme von ihrer Zuständigkeit besteht nur mehr für die sogenannten „cadres", (etwa: leitende Angestellte). Diese haben die Möglichkeit, ihre Klage auch vor die ordentlichen Gerichte (in der Regel: das Handelsgericht) zu bringen. Die Berufung geht vom conseil de prud'hommes an das Zivilgericht (tribunal civil). Sachlich zuständig ist das Arbeitsgericht für Streitigkeiten aus Anlaß des Arbeitsvertrages zwischen Arbeitgeber einerseits und Arbeitnehmer andererseits oder zwischen Arbeitnehmern, Art. 1 I und III Buch IV C. Trav.; jedoch ist Voraussetzung, daß es sich um ein Arbeitsverhältnis aus Industrie, Handel,

---

[4] Zur Abgrenzung vgl. WAHLE-DITTRICH-VEIT II 995 Anm. 3 d zu § 2 AGG.

[5] Vgl. die Übersicht bei GULDENER, Das Schweizer Zivilprozeßrecht I (1947) 18 ff., 90 ff.

[6] Vgl. JÄGER, Trattato V 127 ff.; BARASSI, Elementi 265 ff.

[7] Sind hierunter nur italienische Tarifverträge usw. zu verstehen oder auch entsprechende ausländische? Nach Ansicht von Bosco, Anm. zu ZG San Remo 2. 3. 1933, Riv. d. i. 25 (1933) 276, wäre das Gericht als ordentliches, nicht als Arbeitsgericht zuständig gewesen (vgl. unten Anm. 34), da das Arbeitsverhältnis des Klägers (s. oben Nr. 126) den italienischen Tarifverträgen für Schlafwagenpersonal nicht unterworfen gewesen sei.

[8] DURAND-VITU II 949 ff.; LYON-CAEN 272 ff.; BRUN-GALLAND 133 ff.

Land- oder Hauswirtschaft (zu letzterem s. Art. 1 Gesetz vom 10. 1. 1957) oder um das Dienstverhältnis eines Handelsvertreters im Sinne des Art. 29 k Buch I C. Trav. handelt. Vom Zivilgericht geht die Kassationsbeschwerde an den Kassationshof.

Arbeitsgericht ist auch in *Belgien* [9] der conseil de prud'hommes, Werkrechtersraad, in der Berufung jedoch ein eigenes Berufungsarbeitsgericht, der conseil de prud'hommes d'appel, Werkrechtersraad van Beroep; die Revision geht an den Kassationshof. Sachlich zuständig sind die Arbeitsgerichte für Streitigkeiten aus dem Arbeitsverhältnis zwischen Arbeitgeber und Arbeitnehmer oder zwischen Arbeitnehmern untereinander, Art. 1 AGG vom 9. 7. 1926; Art. 43 bezeichnet diese Zuständigkeit im einzelnen aufzählend. Für Seeleute sind besondere conseils de prud'hommes marins eingerichtet, Gesetz vom 5. 6. 1928. Die Arbeitsgerichte bestehen nicht als lückenloses Netz, sondern werden jeweils in den Schwerpunkten des Arbeitslebens durch königliche Verordnung eingerichtet; wo ein Arbeitsgericht fehlt, hat der Friedensrichter zu entscheiden. Doch kommen auch im Verfahren vor dem Friedensrichter die im Arbeitsgerichtsgesetz enthaltenen verfahrensmäßigen Erleichterungen zur Anwendung; die Berufung geht vom Friedensrichter an das Berufungsgericht.

In den *Niederlanden* ist sachlich und funktionell zuständig für Streitigkeiten aus Arbeits-, Agentur- und Tarifverträgen der Kantonsrichter, der in einem besonderen vereinfachten und beschleunigtem Verfahren urteilt [10].

Auch *England* kennt keine eigenen Arbeitsgerichte, auch kein besonderes Verfahren. Sachlich zuständig sind für Arbeitsstreitigkeiten in erster Instanz die Courts of summary jurisdiction, wenn Streitwert und Urteilssumme 10 £ nicht übersteigen, sonst (bis zu einem Streitwert von 200 £) die County Courts, s. 3 f. Employers and Workmen Act, 1875 [11].

348. Aufbau der Gerichtsbarkeit und Verteilung ihrer Aufgaben ist Sache jeden Staates. Ob eine Streitigkeit vor die Arbeitsgerichte oder vor andere – ordentliche, Verwaltungs-, Sozialgerichte usw. – gehört, entscheidet nach unbestrittener Auffassung die lex fori des angerufenen Gerichts.

Arbeitsrechtliche Streitigkeiten, die gem. § 2 AGG den Gerichten für Arbeitssachen zugewiesen sind, sind demnach vor diesen zu verhandeln, auch wenn sie ausländischem Recht unterliegen und dieses die Zuständigkeit eines anderen Gerichts vorsieht; umgekehrt wird eine Zuständigkeit des deutschen Arbeitsgerichts nicht dadurch geschaffen, daß das Wirkungsstatut den Streitgegenstand ans Arbeitsgericht verweist – etwa das italienische Recht eine Kleinpachtsache –, wenn dieses nach deutschem Recht nicht zuständig ist.

Das Kaufmannsgericht Hamburg 27. 6. 1924 [12] prüft die Eigenschaft als Handlungsgehilfe (als Voraussetzung der Zuständigkeit des Kaufmannsgerichts nach § 1 KaufmGG) nach der lex fori, obwohl das Streitverhältnis ausländischem Recht unterlag. Ob hierfür nicht eher das Wirkungsstatut zu befragen gewesen wäre, ist offen.

---

[9] Goethem-Geysen 330 ff.

[10] Zu dem Streben nach besonderen Arbeitsgerichten s. Molenaar II A 464 ff.

[11] Vgl. *Parker* v. *Doncaster Collieries Ltd.* [1946] 174 L. T. 391; Cooper 72.

[12] Zitiert nach Potthoff-Jadesohn, Rechtsprechung des Arbeitsrechts 1914–1925 Nr. 2521.

Daß ein Arbeitsgericht auch nach fremdem Recht entscheiden kann, ist nicht zweifelhaft[13].

349. Die *örtliche Zuständigkeit* folgt im deutschen Recht für die Arbeitsstreitigkeiten, die im Urteilsverfahren beschieden werden, den allgemeinen Vorschriften über die örtliche Zuständigkeit der ZPO; maßgeblich sind namentlich der allgemeine Gerichtsstand des Beklagten, § 13 ZPO, und der Gerichtsstand der gewerblichen Niederlassung, § 21; eine besondere Allein- oder Vorzugsstellung hat der Betriebssitz jedoch nicht. Anders ist es in den Streitigkeiten, die im Beschlußverfahren erledigt werden; hier schreibt § 82 AGG die ausschließliche Zuständigkeit des Gerichts vor, in dessen Sprengel der Betrieb seinen Sitz hat[14].

In manchen anderen Ländern ist hingegen die örtliche Zuständigkeit in Arbeitssachen eigens und unabhängig von den allgemeinen Vorschriften geregelt (Österreich, Italien, Frankreich, Belgien). Fehlt es in internationalen Fällen an der besonderen arbeitsgerichtlich-örtlichen Zuständigkeit, so bestehen wiederum Unterschiede insofern, als die sachliche Zuständigkeit nach österreichischem Recht zu den ordentlichen Gerichten zurückkehrt, nach belgischem Recht bei den Arbeitsgerichten verbleibt.

Nach *österreichischem* Recht ist die örtliche Zuständigkeit, geregelt in § 3 AGG[15], für die Arbeitsgerichte enger als nach den allgemeinen Vorschriften der Jurisdiktionsnorm; so ist dem AGG ein Gerichtsstand des Vermögens, § 99 JN, unbekannt. Eine einmal vorhandene Zuständigkeit bleibt bestehen, auch wenn der zuständigkeitsbegründende Umstand später wegfällt: etwa wenn der inländische Betrieb aufgelöst wurde, LG Wien 4. 12. 1933[16].

Nach *italienischem* Recht ist örtlich zuständig das Gericht, in dessen Sprengel der Betrieb, oder wo die Zweigstelle liegt, der der Arbeitnehmer zugeordnet ist oder bei welcher er im Augenblick der Beendigung des Arbeitsvertrags tätig war; die Zuständigkeit bleibt auch nach Verlegung des Betriebes oder nach seiner Einstellung bestehen, sofern die Klage innerhalb von drei Monaten nach diesem Ereignis eingebracht wird, Art. 434 II C. pr. c. Nach *französischem* Recht, Art. 79 Buch IV C. Trav., ist örtlich zuständig das Gericht am Ort des Betriebes, wenn die Arbeit innerhalb eines Betriebes geleistet wird, sonst das Gericht am Ort des Vertragsschlusses.

Nach *belgischem* Recht ist örtlich zuständig das Gericht am Ort des Betriebs bzw. im allgemeinen der Arbeitsleistung, Art. 44 ArbGG; fehlt es dort an einem Arbeitsgericht, so gelten die allgemeinen Zuständigkeitsvorschriften; allgemeiner Gerichtsstand des Be-

---

[13] Zweifel äußerte noch das KG 23. 11. 1910, vgl. oben Nr. 5 zu Anm. 18.

[14] Dietz-Nikisch, AGG Anm. 3 ff. zu § 2.

[15] § 3: „Örtlich zuständig ist nach Wahl des Klägers das Arbeitsgericht, in dessen Bezirk sich die Betriebsstätte befindet, das Unternehmen seinen Sitz oder der Unternehmer seinen Wohnsitz (§ 66 JN) hat, oder das Arbeitsgericht, in dessen Bezirk die Arbeit zu leisten oder der Lohn auszuzahlen ist."

[16] Vgl. Wahle-Dittrich-Veit II 99 Anm. 4 zu § 3 AGG.

klagten ist sein Wohnsitz, Art. 39 I Gesetz über die Zuständigkeit vom 25. 3. 1876, nach Wahl des Klägers kann der Beklagte aber auch vor den Gerichten des Orts, an dem die Schuldverpflichtung entstanden ist oder zu erfüllen ist, belangt werden, Art. 42 a.a.O.

Nach *niederländischem* Recht ist örtlich zuständig das Gericht des Orts, wo die Arbeit (hauptsächlich) verrichtet wird oder des Orts, wo der Beklagte wohnhaft ist. Wird die Arbeit gewöhnlich in mehreren Kantonen verrichtet, so kann der Arbeitnehmer als Kläger statt am Wohnsitz des Beklagten auch am eigenen Wohnsitz klagen, Art. 125 b Wetboek van Burgerlijk Rechtsvordering (Rv). Die Anwendung fremden Rechts schließt die Zuständigkeit des Kantonsrichters nicht aus, Kantonsgericht Rotterdam 28. 12. 1914.

Wohnt eine der beiden Parteien im Ausland, so soll nach HAAN 81 (mit einigen Nachweisen) Art. 125 b Rv nicht anwendbar sein, da die darin enthaltene Regelung erkennbar für Parteien mit Wohnsitz in den Niederlanden geschrieben sei. Dies folge aus den kurzen Terminen des Art. 125 c Rv und vor allem aus der Art und Weise, wie die Ladung der Parteien geregelt sei; sie geschehe durch eingeschriebenen „Dienstbrief"; ein solcher könne ins Ausland nicht versandt werden. Es würden in solchem Fall die allgemeinen Zuständigkeitsbestimmungen gelten.

Die örtliche Zuständigkeit im allgemeinen [17] ergibt sich aus Art. 126 Rv, dem Art. 97 Rv für die Zuständigkeit des Kantonsrichters entspricht. Danach ist zuständig in erster Linie der Richter am Wohnsitz des Beklagten, Art. 126 I. Hat der Beklagte keinen Wohnsitz in den Niederlanden, so ist der Richter des Orts, wo der Beklagte seinen tatsächlichen Aufenthalt [18], „werkelijk verblijf", hat, Art. 126 II, fehlt es auch daran, der Richter am Wohnsitz des Klägers, Art. 126 III, zuständig. Der Kläger kann in diesem Fall auch Ausländer sein [19].

350. Die sog. *internationale Zuständigkeit*, d. h. die Berufung inländischer Gerichte zur Entscheidung über Streitsachen mit Auslandsberührung, folgt nach deutschem Recht den Regeln über die örtliche Zuständigkeit; deutsche Gerichte sind – gewisse Ausnahmen, die hier näher darzustellen sich erübrigt, vorbehalten – auch international zuständig, wenn einer der Gerichtsstände der ZPO §§ 13 ff. gegeben ist [20]. Von der internationalen Zuständigkeit ist die Gerichtsbarkeit zu scheiden, die nach den Regeln des Völkerrechts in gewissen Fällen, wie Exterritorialität, Gerichtsfreiheit eines ausländischen Staats u. a., fehlen kann.

---

[17] Hierzu STAR BUSMANN 66 ff.

[18] Dieser muß allerdings eine gewisse Dauer aufweisen, nur vorübergehendes Dasein genügt nicht: KOLLEWIJN 18, HAAN 55.

[19] STAR BUSMANN 67; KOLLEWIJN 19.

[20] Vgl. RIEZLER 204 ff. (218 ff.); NUSSBAUM 349 ff.; MATTHIES (oben Anm. 1) 36 ff., alle mit weiteren Nachweisen. Dagegen besteht kein Satz, daß anwendbares Recht und Gerichtsstand miteinander untrennbar verknüpft seien: die Anwendung ausländischen Rechts schließt die Zuständigkeit inländischer Gerichte nicht aus, vgl. RAG 17. 2. 1934, LAG Dortmund 18. 12. 1936; (a. A. anscheinend ArbG Offenburg 17. 2. 1955? Anders auch einige vereinzelte italienische Entscheidungen, vgl. unten Anm. 34). Aber auch die Anwendbarkeit eigenen Rechts bedeutet nicht, daß das Inland auch einen Gerichtsstand bereithalten müßte; so etwa bei vereinbarter Geltung deutschen Rechts, wenn ein Gerichtsstand im Inland nicht gegeben (und auch nicht vereinbart) ist.

Auch in Österreich, der Schweiz, den Niederlanden regeln die Vorschriften über die örtliche Zuständigkeit gleichzeitig die internationale Zuständigkeit; in Frankreich gilt dasselbe, nur wird hier die inländische Zuständigkeit durch die Anknüpfung an die Staatsangehörigkeit noch stark erweitert. Anders ist es in Italien, Belgien und England, wo die beiden Fragenkreise gesonderten Normen unterworfen sind. Im einzelnen gilt folgendes:

351. *Österreich:* Über die internationale Zuständigkeit bestimmt das Arbeitsgerichtsgesetz nichts. Es ist deshalb auf die allgemeinen, für den Geltungsbereich der Jurisdiktionsnorm entwickelten Grundsätze zurückzugreifen; danach ist die inländische Gerichtsbarkeit gegeben, wenn ein inländisches Gericht örtlich zuständig ist [21].

Anders allerdings neuerdings OGH 18. 10. 1950 [22]: Danach soll – ähnlich wie im italienischen Recht, s. unten folgende Nr. – die österreichische Gerichtsbarkeit immer dann gegeben sein, wenn sie nicht durch besondere Bestimmungen oder Völkerrechtsnormen ausgeschlossen ist [23].

Die internationale Zuständigkeit der Arbeitsgerichte im allgemeinen richtet sich mithin nach § 3 AGG; etwa, wenn der Lohnzahlungsort im Inland liegt, mag die Arbeit auch im Ausland geleistet werden: So LG Wien 30. 11. 1948. Ist darüber hinaus eine örtliche Zuständigkeit nur nach den Vorschriften der Jurisdiktionsnorm, nicht nach § 3 AGG gegeben, so entscheiden am Gerichtsstand die ordentlichen Gerichte auch über Arbeitsstreitigkeiten; die Arbeitsgerichtsbarkeit bezieht sich nur auf im Inland begründete, der örtlichen Zuständigkeit nach § 3 AGG unterliegende Arbeitsverhältnisse, nicht auf Ansprüche aus ausländischen Dienst- oder Arbeitsverhältnissen, aus denen in Österreich Ansprüche geltend gemacht werden [24].

---

[21] Riezler 255 ff.; Wolff, Grundriß des österreichischen Zivilprozeßrechts (2. Aufl. 1947) 71; Sperl, Lehrbuch der bürgerlichen Rechtspflege (1925–30) 29, 90; Pollak, System des österreichischen Zivilprozeßrechts (2. Aufl. 1930–32) 248 ff.

[22] ÖJZ 5 (1950) 523 Nr. 516 = RabelsZ 18 (1953) 699.

[23] Dagegen Stanzl 62 Anm. 4.

[24] OGH 19. 12. 1956; 13. 12. 1955 (keine Zuständigkeit des Arbeitsgerichts für die Klage eines Bediensteten des österreichischen Konsulats in Brünn; vgl. hiergegen die zutreffende Kritik von Schima, JBl. 78 [1956] 215); 21. 9. 1953; 8. 7. 1953; 3. 10. 1951 (Gerichtsstand des Vermögens bejaht für Klage auf Pensionsbezüge gegen ein in der Tschechoslowakei verstaatlichtes Unternehmen; zuständig sind die ordentlichen Gerichte); LG Wien 24. 2. 1948; Stanzl 63 ff.

Obiger Grundsatz wird neuestens durch OGH 26. 3. 1957 dahingehend eingeschränkt, daß auch § 93 JN (Gerichtsstand der Streitgenossenschaft) im arbeitsgerichtlichen Verfahren entsprechend anwendbar ist, JBl. 79 (1957) 539 mit ablehnender Anmerkung von Schima = ÖJZ 12 (1957) 552.

Zur internationalen Zuständigkeit nach *Schweizer* Recht s. RIEZLER 64 ff., GULDENER, Das internationale und interkantonale Zivilprozeßrecht der Schweiz (1951).

352. In *Italien* wird die internationale Zuständigkeit von der örtlichen sauber geschieden und eigenen Regeln nach Art. 2–5 und 37 II C. pr. c.[25] unterworfen[26]. Gemäß Art. 4 C. pr. c. kann der Ausländer im Inland verklagt werden, 1. wenn er in Italien seinen gewöhnlichen Aufenthalt oder Wohnsitz[27] oder Wahlwohnsitz[28] oder einen Vertreter hat, der gemäß Art. 77 C. pr. c. vor Gericht aufzutreten ermächtigt ist (vgl. hierzu ZG Rom 6. 10. 1949) oder wenn er sich der italienischen Gerichtsbarkeit unterworfen hat... 2. wenn die Klage in Italien befindliches Vermögen... oder wenn sie Schuldverhältnisse betrifft, die in Italien entstanden oder zu erfüllen sind; 3. wenn die Klage mit einer anderen vor italienischen Gerichten anhängigen Klage zusammenhängt oder sich auf Sicherungsmaßnahmen bezieht... ; 4. wenn die Gerichte des Staates, dem der Ausländer angehört, im umgekehrten Fall gegen einen italienischen Staatsangehörigen erkennen könnten.

Da Art. 4 C. pr. c. die italienische internationale Zuständigkeit nur begrenzt, wenn ein Ausländer Beklagter ist, schließt man, wenn auch nicht allgemein, daraus, daß ein Gerichtsstand in Italien stets gegeben ist, wenn der Beklagte italienischer Staatsangehöriger ist[29]. Ob ein Ausländer gewöhnlichen Aufenthalt in Italien im Sinne des Art. 4 Ziffer 1 hat, bestimmt sich nach italienischem Recht[30].

Art. 4 Ziffer 4 ist als Gegenmaßnahme gegen Vorschriften nach Art der französischen Art. 14, 15 C. c. (s. unten folgende Nummer) gedacht, greift aber auch ein bei sachlichen Kriterien der Zuständigkeit[31] – also auch, wie angenommen werden darf, beim Gerichtsstand des Vermögens, so daß also wohl ein deutscher Staatsangehöriger, der in Italien Vermögen hat, auch dann verklagt werden kann, wenn die Voraussetzungen des Art. 4 Ziffer 1–3 nicht gegeben sind, da im umgekehrten Fall ein Italiener mit Vermögen in Deutschland ebenfalls vor deutsche Gerichte gezogen werden könnte. Voraus-

---

[25] RabelsZ 15 (1949/50) 124 ff.

[26] Zum folgenden MORELLI, Lehrbuch 104 ff.; RIEZLER 281 ff.; ders., Das internationale Zivilprozeßrecht in der italienischen ZPO von 1942, RabelsZ 15 (1949/50) 36 ff.

[27] Hierzu Art. 43 C. c., RabelsZ (vorige Anmerkung) 120.

[28] Hierzu Art. 47 C. c., RabelsZ (oben Anm. 26) 121.

[29] MORELLI, Lehrbuch 109 mit Nachweisen; die Lehre ist jedoch nicht unbestritten, vgl. neben den dort genannten Stimmen RIEZLER a.a.O.

[30] Kassationshof 16. 6. 1948, Giur. comp. d. i. p. 11 (1954) 98 Nr. 55 mit Anm. von CAPOTORTI.

[31] MORELLI, Lehrbuch 126 ff.

setzung des Eingreifens der Ziffer 4 ist, daß in concreto ein Italiener klagt und ein Angehöriger des ausländischen Staates Beklagter ist.

Sind die Voraussetzungen des Art. 4 erfüllt, so kommt es nicht darauf an, ob die örtliche Zuständigkeit auch nach den innerstaatlichen Vorschriften in Italien gegeben ist; ebensowenig führt die Anwendbarkeit ausländischen Rechts zur Verneinung der internationalen Zuständigkeit (Rom 18. 8. 1935).

Die allgemeinen Zuständigkeitsbestimmungen im internationalen Bereich erfassen auch die Klagen aus Arbeitsstreitigkeiten [32], so daß in fast allen praktisch werdenden Fällen eine italienische Gerichtsbarkeit gegeben sein wird, sei es, daß der Beklagte in Italien Wohnsitz oder gewöhnlichen Aufenthalt hat, sei es, daß der Arbeitsvertrag in Italien geschlossen oder erfüllt wurde.

Vgl. Berufungsgericht Genua 19. 11. 1952: Italienische Gerichtsbarkeit hinsichtlich des in Genua von einem Italiener vor dem Schweizer Konsul zur Arbeitsleistung auf einem Schweizer Schiff geschlossenen Heuervertrags [33].

Die italienische Gerichtsbarkeit ist schon gegeben, wenn nur eine der verschiedenen Verpflichtungen aus dem Arbeitsvertrag in Italien zu erfüllen war: Kassationshof 19. 5. 1939; ZG Rom 6. 10. 1949; dabei spielt es keine Rolle, daß Gegenstand des Rechtsstreits eine andere, im Ausland zu erfüllende Verpflichtung (hier: Lohnzahlungspflicht) bildet: ZG Rom 15. 5. 1937 [34]. Eine Zuständigkeit italienischer Gerichte besteht hingegen nicht lediglich deshalb, weil der Kläger italienischer Staatsangehöriger ist (vorbehaltlich der Fälle des Art. 4 Ziffer 4 im Verhältnis zu Staaten, die die Angehörigkeit des Klägers zum Staat des forum zur Begründung ihrer internationalen Zuständigkeit genügen lassen): ZG San Remo 2. 3. 1933 [35] und 7. 11. 1936. Die italienische Gerichtsbarkeit ist

---

[32] Baldoni, Riv. d. i. 24 (1932) 384 und 26 (1934) 563; Bosco, Riv. d. i. 25 (1933) 275; Gemma 175 und zahlreiche Entscheidungen, vgl. Richard, Rassegna 31 ff.

Ist zwar die internationale Zuständigkeit, nicht aber eine örtliche nach den maßgeblichen inneren Vorschriften über die Arbeitsgerichtsbarkeit gegeben, so soll der Richter nicht im Arbeits-, sondern im ordentlichen Verfahren urteilen: so Baldoni, Riv. d. i. 24 (1932) 387; vgl. auch oben Anm. 7.

[33] Ebenso Piuma, Diritto maritimo 1950, 239; Sperduti, Riv. dir. nav. 1951. II. 293; a. A. die (aufgehobene) Unterentscheidung ZG Genua 8. 9. 1949.

[34] Abweichend allerdings einige andere Entscheidungen: Keine italienische Gerichtsbarkeit, wenn die Arbeit in Italien nur nebensächlich und geringfügig war: ZG San Remo 2. 3. 1933, wo der Angestellte der französischen Staatsbahnen hauptsächlich in Frankreich und nur gelegentlich in Ventimiglia beschäftigt gewesen war; ZG Monza 12. 5. 1937; ZG Mailand 9. 2. 1937: keine Zuständigkeit zur Beurteilung einer Kündigung, die in New York ausgesprochen wurde, obwohl ein Teil der Arbeit in Italien erbracht worden war, vgl. oben Nr. 323. Ähnlich auch Zelbi (oben Nr. 95 Anm. 27). Zurückhaltend in der Bejahung der italienischen Gerichtsbarkeit auf Grund von Art. 4 Z. 2 auch Richard, Rassegna 32.

[35] Das Gericht übersieht hier jedoch Art. 103 Z. 3 der alten ZPO, der Art. 4 Z. 4 entspricht und der als Gegengewicht gegen Art. 14 des französischen C. c. hätte eingreifen müssen.

weiter zu verneinen, wenn die beklagte Firma in Italien nur eine Zweigstelle unterhält, die Arbeit jedoch in einer anderen ausländischen Zweigstelle der (ausländischen) Firma geleistet worden war: Kassationshof 27. 2. 1931 [36]. Eine einmal bestehende italienische Zuständigkeit geht nicht dadurch verloren, daß der Beklagte während des Verfahrens eine ausländische Staatsangehörigkeit unter Verlust der italienischen erwirbt: Rom 29. 4. 1933.

Auch die Zuständigkeit italienischer Gerichte zur Erkenntnis über die Ansprüche aus Arbeitsunfällen [37] war mehrfach Gegenstand italienischer Entscheidungen: es zeigt sich die Tendenz, die Zuständigkeit auch zu bejahen, wenn zwar nicht der Unfall selbst in Italien geschah, aber doch starke Beziehungen und Berührungspunkte zum italienischen Raum bestehen: vgl. Rom 18. 8. 1935; Kassationshof 4. 8. 1936 [38]. Keine Zuständigkeit ist jedoch gegeben, wenn der Arbeitsunfall auf einem ausländischen Schiff außerhalb der italienischen Hoheitsgewässer geschehen ist: so Palermo 2. 12. 1929; keine Zuständigkeit italienischer Gerichte ferner für Klagen gegen die ausländische Versicherungsgesellschaft, bei der der für den Unfall Verantwortliche gegen Haftpflicht versichert war: Triest 31. 10. 1935.

353. In *Frankreich* richtet sich die internationale Zuständigkeit wiederum im allgemeinen nach den Regeln über die örtliche Zuständigkeit, insbesondere nach den Vorschriften des Art. 59 C. pr. c. (Zuständigkeit in Zivilsachen in erster Linie am Ort, wo der Beklagte seinen Wohnsitz oder mangels eines solchen seinen Aufenthalt hat) und 420 (Zuständigkeit der Handelsgerichte); eine wesentliche Erweiterung der internationalen Zuständigkeit wird jedoch durch die Art. 14 und 15 C. c. erreicht, die die französische Staatsangehörigkeit des Klägers oder Beklagten als Umstand genügen lassen, durch den die internationale Zuständigkeit französischer Gerichte begründet wird [39].

Die Zuständigkeit der Arbeitsgerichte ist auch dann gegeben, wenn beide Parteien Ausländer sind: ZG Toulon 8. 11. 1951. Liegen die in Art. 79 Buch IV C. Trav. genannten Orte im Ausland, dann sollen nach Ansicht von Niboyet [40] die gewöhnlichen Zuständigkeitsregeln (Art. 59, 420 C. pr. c. 14, 15 C. c.) eingreifen.

---

[36] S. aber in solchem Fall die Möglichkeit, daß der Gerichtsstand des Vermögens über Art. 4 Z. 4 begründet ist!

[37] Vgl. Venturini, La disciplina degli infortuni sul lavoro nel diritto intern. privato, Riv. dir. lav. 3 (1951) 2 ff.

[38] Ebenso Bologna 30. 12. 1932; ZG Bologna 11. 4. 1933; Traverso, Riv. lav. 4 (1935) 669 f.

Anderer Ansicht (keine Zuständigkeit italienischer Gerichte, wenn der Unfall am ausländischen Arbeitsort geschah): ZG Görz 14. 10. 1933; Rom 10. 8. 1933 (aufgehoben durch Kassationshof 4. 8. 1936).

Für die Schadenersatzklage des Arbeitnehmers gegen den Arbeitgeber wegen Unterlassung der Versicherung sind die italienischen Gerichte nach den allgemeinen Regeln zuständig: ZG Rom 29. 1. 1932.

[39] Vgl. zu diesen umstrittenen Bestimmungen Batiffol, Traité 751 ff., Riezler 274 ff.

[40] Niboyet, Traité VI/1, 434 f.

354. Eigene von den Normen über die örtliche Zuständigkeit unabhängige Regeln gelten für die internationale Zuständigkeit in *Belgien;* Ausländer können in den hier interessierenden Fällen vor einem belgischen Gericht verklagt werden, wenn sie in Belgien Wohnsitz oder Aufenthalt haben (Art. 52 Nr. 2 Gesetz vom 25. 3. 1876) oder wenn die der Klage zugrunde liegende Verbindlichkeit in Belgien entstanden oder zu erfüllen ist (Nr. 3); fehlt es an einem der in Art. 52 aufgezählten Gerichtsstände, so kann der (belgische oder ausländische) Kläger vor dem Gericht seines eigenen Wohnsitzes oder gewöhnlichen Aufenthaltsorts (résidence) klagen, Art. 55 a.a.O. In diesem Fall kann jedoch der Ausländer vor Einlassung zur Hauptsache die belgische Gerichtsbarkeit ablehnen; erscheint der Ausländer nicht zum Termin, so wird dies vermutet, Art. 54 a.a.O.

Internationale Zuständigkeitsfragen haben mehrfach die Rechtsprechung beschäftigt. Wenn der Arbeitsort im Ausland liegt, so ist die Vorschrift des Art. 44 AGG unanwendbar, es greifen vielmehr die allgemeinen Zuständigkeitsregeln ein, während jedoch, im Gegensatz etwa zur österreichischen Rechtsprechung, die sachliche Zuständigkeit bei den Arbeitsgerichten verbleibt [41]. Das Seemannsarbeitsgericht ist nur zuständig für Streitigkeiten aus einem Heuervertrag, der dem Gesetz vom 5. 6. 1928 über den Seeschiffsdienstvertrag unterliegt; es ist unzuständig, wenn die vereinbarte Arbeit an Bord eines ausländischen Schiffs geleistet werden soll: so Arbeitsgericht Brügge 10. 5. 1937.

355. Im *niederländischen* Recht sind die Bestimmungen über die örtliche Zuständigkeit gleichzeitig solche der internationalen Zuständigkeit [42]. Darüber hinaus sagt der dem Art. 14 C. c. nachgebildete Art. 127 Rv, daß ein Ausländer, der in den Niederlanden weder Wohnsitz noch Verbleib hat, vor einem niederländischen Gericht verklagt werden kann, wenn es sich um eine Verbindlichkeit gegenüber einem Niederländer handelt. Die Vorschrift gilt auch für die Zuständigkeit des Kantonrichters, Art. 127 II. Art. 127 – dessen völkerrechtliche Zulässigkeit von MULDER 48 bezweifelt und der auch von VAN HASSELT Nr. 116 abgelehnt wird – sagt jedoch nicht, welches Gericht dann zuständig ist; die Vorschrift wird vom Hooge Raad so ausgelegt, daß eine örtliche Zuständigkeit auch noch auf

[41] Vgl. BerArbG Lüttich 19. 12. 1928; BerArbG Mons 6. 2. 1932; ArbG Mouscron 15. 11. 1928. Auf Art. 52 Nr. 3 stützt ArbG Antwerpen 23. 3. 1932 seine Zuständigkeit. Zur Zuständigkeit des Gerichts am Ort, wo der Handelsvertreter seine Provision zu fordern hat, ArbG Lüttich 21. 7. 1933; BerArbG Lüttich 22. 4. 1942 betrifft einen Fall aus dem Bereich des belgisch-niederländischen Vertrags vom 28. 3. 1928, Friedensgericht Antwerpen 7. 4. 1909, ZG Antwerpen 30. 7. 1910, HandG Brüssel 8. 11. 1924 und HandG Lüttich 6. 5. 1925 betreffen Fälle des belgisch-französischen Abkommens vom 8. 7. 1899.

[42] Hooge Raad 18. 2. 1932, NJ 1932, 934; MULDER 49; KOLLEWIJN 18; VAN HASSELT Nr. 114. Vgl. die Rechtsprechungsübersicht NR IPR 470 ff.

Grund anderer Vorschriften gegeben sein muß; damit hat sie praktisch jede Bedeutung verloren [43].

356. Das *englische* System der internationalen Zuständigkeit ist vom kontinentalen sehr verschieden, es kann hier im einzelnen nicht dargestellt werden [44]. Nur soviel sei gesagt, daß die englische Gerichtsbarkeit – bei der der Klagezustellung, „service of a writ", bzw. der Benachrichtigung von einer solchen, eine geschichtlich zu erklärende besondere Rolle zufällt – gegeben ist, wenn der Beklagte in England, wenn auch nur vorübergehend [45], weilt, oder wenn er sich der englischen Gerichtsbarkeit unterwirft. Ist eine Gesellschaft beklagt, so genügt es, daß sie in England eingetragen ist oder ihre Geschäfte dort führt. Ist der Beklagte abwesend, so gestatten die Rules of the Supreme Court (Ord. XI) in einer Reihe von Fällen den Beklagten zu belangen, ohne daß jedoch für das Gericht auf Grund der rules eine Verpflichtung zum Tätigwerden gegeben wäre [46]. Solche Fälle sind u. a., wenn der (abwesende) Beklagte englischer Staatsangehöriger ist oder seinen Wohnsitz oder gewöhnlichen Aufenthalt in England hat; wenn der Vertrag in England geschlossen wurde oder englischem Recht untersteht oder wenn der Vertrag durch einen Vertreter mit Wohnsitz oder Geschäftsbetrieb in England geschlossen oder auch nur vermittelt worden ist. Schließlich besteht Gerichtsbarkeit, wenn der – auch unter fremdem Recht stehende – Vertrag in England gebrochen worden ist [47]. Die Begehung einer unerlaubten Handlung in England ist ein wei-

---

[43] Star Busmann 67 f.; Haan 57 ff.; Kollewijn 19; van Hasselt Nr. 116. Zum Sitz der Gesellschaft als Umstand, der die Zuständigkeit begründet, s. Star Busmann 68 f.; Kollewijn 19, Haan 67 ff.

[44] Vgl. Wolff, Private International Law 64 ff.; Dicey-Morris 175 ff.; Graveson 293 ff. (300 ff.); Cheshire 107 ff.

[45] Nach Graveson 300 soll es genügen, wenn der ausländische Beklagte sich auf dem Boden eines englischen Flughafens fünf Minuten lang zwischen zwei Flugzeugen die Beine vertritt.

[46] Die Gerichte sind mit der Gewährung der Gerichtsbarkeit, also mit dem eigenen Tätigwerden, ganz im Gegensatz etwa zur französischen Praxis, eher zurückhaltend; ein Beispiel, wo dem Kläger der Rechtsweg vor englischen Gerichten eröffnet wurde, bietet *Oppenheimer* v. *Rosenthal*, oben Nr. 140; der Kläger war auf Grund der nationalsozialistischen Rassegesetzgebung entlassen worden; daß englische Gerichte sich für zuständig erklärten, wurde mit seiner damaligen Rechtlosigkeit vor deutschen Gerichten begründet. Dagegen sagt Richter Karminski in einem neueren (nicht arbeitsverweisungsrechtlichen) Fall, International Law Quarterly 3 (1954) 693 = Juristische Blätter 77 (1955) 390, die englische Gerichtsbarkeit könne nur bejaht werden, wenn England „the best place of action" sei.

[47] „Vertragsbruch" erfaßt im englischen Recht alle Arten von schuldhaften Leistungsstörungen.

terer Grund für eine solche, von Fall zu Fall zu gewährende Gerichtsbarkeit.

Einen Gerichtsstand des Vermögens kennt das *schottische*, nicht jedoch das englische Recht [48].

357. Wenn das Arbeitsgericht im ersten Rechtszug seine Zuständigkeit bejaht hat, so ist nach der herrschenden Meinung in der Berufungs- und Revisionsinstanz die Rüge, es fehle die internationale Zuständigkeit, gemäß §§ 64, 72 AGG, 512 a, 549 ZPO ausgeschlossen [49].

Hiergegen wendet sich eine Mindermeinung [50]: Es handle sich hier nicht um einen Unterfall der örtlichen Zuständigkeit, wie die herrschende Meinung behaupte; es sei zwar verhältnismäßig gleichgültig, ob statt des deutschen Landgerichts A das deutsche Landgericht B urteile, woraus sich die Bestimmungen der §§ 512 a, 549 ZPO erklären würden, es könne aber von ausschlaggebender Bedeutung werden, ob statt eines deutschen Gerichts ein ausländisches zu entscheiden habe, das nach anderem Verfahrensrecht vorgehe, ein anderes Verweisungsrecht habe und damit möglicherweise nach einem anderen sachlichen Recht urteile als das deutsche Gericht. „Sowohl die Parteien als auch der rechtspolitische Gesichtspunkte berücksichtigende Staat haben ein gesteigertes Interesse an der durch einen mehrfachen Instanzenzug besser gewährleisteten Richtigkeit der Entscheidung über die Zuständigkeit" (RIEZLER a.a.O.). Dieser Ansicht ist m. E. der Vorzug zu geben.

§ 19

Der Einfluß des Parteiwillens auf die Zuständigkeit

358. Jede Rechtsordnung entscheidet selbständig darüber, ob und in welchem Umfang dem Parteiwillen Einfluß auf die internationale Zuständigkeit eingeräumt wird. Ob die Vereinbarung eines ausschließlichen ausländischen Gerichtsstandes imstande ist, die an sich gegebene Zuständigkeit eines Gerichts auszuschließen, entscheidet mithin das Recht des Gerichts, dessen Zuständigkeit ausgeschlossen werden soll [1].

Es ist aber durch das forum derogatum auch das Recht des Gerichts, dessen

[48] DICEY 25.

[49] RAG 1. 10. 1932, zustimmend GERSTEL, ARS 16, 108; RAG 11. 2. 1933, zustimmend VOLKMAR, ARS 17, 499; RAG 17. 2. 1934; 8. 4. 1936; BGH 18. 11. 1952, NJW 1953, 222; OLG Stuttgart 4. 3. 1953, ZZP 66 (1953) 444; ebenso ROSENBERG, Lehrbuch des deutschen Zivilprozeßrechts (6. Aufl. 1954) 141; BAUMBACH-LAUTERBACH, ZPO (24. Aufl. 1956) Anm. 2 zu § 502 a; weitere Nachweise bei RIEZLER 318.

[50] RIEZLER 318 f.; PAGENSTECHER, RabelsZ 4 (1930) 721 ff. und Giurisprudenza comparata d. i. p. 6 (1940) 358; MATTHIES (oben Anm. 1) 81 ff. und NJW 6 (1953) 546 f. Vgl. auch LAG Frankfurt 23. 12. 1935.

[1] RIEZLER 293 ff.; NUSSBAUM 401 ff.; RAAPE, Lehrbuch 518 Anm. 142.

Zuständigkeit begründet werden soll, nicht außer acht zu lassen: so ist eine Derogation nicht anzuerkennen, die Einrede der Unzuständigkeit also zu verwerfen, wenn ihre Anerkennung Rechtsverweigerung zur Folge hätte: etwa weil die Rechtsverfolgung vor dem prorogierten Gericht aus tatsächlichen (Krieg) oder rechtlichen Gründen (das forum prorogatum nimmt die Verweisung nicht an) unmöglich ist [2].

Ob dagegen das im Ausland ergehende Urteil in der Bundesrepublik anerkannt wird, § 328 ZPO, hat auf die Möglichkeit der Derogation keinen Einfluß [3]. Geht es um eine Klage des Arbeitnehmers, so wird er wohl stets Vollstreckungsmöglichkeiten im Urteilsstaat haben; denn daß der Arbeitgeber in dem Land, auf dessen Gerichte er prorogiert hat, keine Vermögenswerte besitzt, ist gänzlich unwahrscheinlich. Für den umgekehrten Fall, daß der Arbeitgeber gegen den Arbeitnehmer – etwa auf Vertragsstrafe wegen Bruchs eines Konkurrenzverbots – klagt, mag freilich einmal etwas anderes gelten, es mag ihm mit einem in der Bundesrepublik nicht vollstreckbaren Urteil nicht gedient sein; aber das ist sein Risiko, da ihn niemand zwingt, einen ausschließlichen Gerichtsstand im Ausland zu vereinbaren.

Pagenstecher [4] will auf die Vereinbarung eines ausschließlichen ausländischen Gerichtsstands die §§ 1025 II und 1027 ZPO entsprechend anwenden; danach soll also eine Gerichtsstandsvereinbarung unbeachtlich sein, wenn der Arbeitgeber seine wirtschaftliche oder soziale Überlegenheit ausgenutzt hat, um den andern zu ihrer Annahme zu nötigen. Das ist jedoch, so einleuchtend es zu sein scheint, im Grunde recht gefährlich: liegt eine Nötigung schon vor, wenn der Arbeitnehmer nur die Wahl hatte, entweder den Arbeitsvertrag mit der Klausel zu unterschreiben oder auf die Stelle zu verzichten? Die Wahrung der berechtigten Interessen des Arbeitgebers kommt hier doch wohl zu kurz. Richtiger scheint mir zu sein, darauf abzustellen, ob die Verweisung an das ausländische Gericht für den Arbeitnehmer im Zeitpunkt der Klage eine unzumutbare Härte bedeutet.

Ebenso beurteilt sich nach der lex fori des Gerichts, dessen Zuständigkeit vereinbart wurde, ob damit eine sonst nicht vorhandene Zuständigkeit geschaffen werden kann. Ist dies zu bejahen, so schadet es nichts, daß das an sich zuständige ausländische Gericht seinerseits seine Derogation nicht anerkennen würde.

---

[2] LAG Berlin 4. 8. 1932; Riezler 296; Nussbaum 404; Pagenstecher, RabelsZ 11 (1937) 408 ff.

[3] Riezler 296 f. mit Nachweisen; Rosenberg (oben Nr. 357 Anm. 49) 141; zweifelnd Nussbaum 404 Anm. 1; a. A. Baumbach-Lauterbach (oben Anm. 49) Anm. 1 zu § 38.

[4] RabelsZ 11 (1937) 398.

Nach Ansicht von PAGENSTECHER[5] kann ein deutsches Gericht eine Prorogation immer annehmen, wenn umgekehrt unter den gleichen Voraussetzungen deutscherseits eine Vereinbarung ausländischen Gerichtsstandes anerkannt würde und darüber hinaus immer dann, wenn das an sich zuständige ausländische Gericht abgabebereit ist, also dem Einwand der Vereinbarung des deutschen ausschließlichen Gerichtsstandes stattgeben würde. RIEZLER 307 stellt auf die Regeln über die örtliche Zuständigkeit ab und will eine Prorogation auf ein deutsches Gericht dann zulassen, wenn es nach den Vorschriften der ZPO durch Vereinbarung der Parteien örtlich zuständig werden kann, §§ 38, 40 ZPO.

M. E. ist der Ansicht von RIEZLER mit der Maßgabe zuzustimmen, daß auch das Wirkungsstatut des streitbefangenen Rechtsverhältnisses, hier also das Arbeitsstatut, nicht ohne jede Bedeutung ist. Zwar kann die Gestattung der Prorogation durch das Arbeitsstatut ein Gericht, dessen lex fori eine solche nicht kennt, nicht zuständig machen, aber umgekehrt ist es doch recht zweifelhaft, ob das angerufene Gericht seine Zuständigkeit bejahen darf, wenn dies zwar von der lex fori, nicht aber vom Arbeitsstatut selbst gebilligt wird[6]. Es ist eine im Verweisungsrecht häufig zu findende Erscheinung, daß verbietende Normen eine stärkere Kraft haben als gestattende.

359. Für das deutsche internationale Zivilprozeßrecht in Arbeitssachen gilt m. E., daß auch in Streitigkeiten zwischen Arbeitnehmer und Arbeitgeber aus dem Arbeitsvertrag[7] die deutsche Gerichtsbarkeit durch Vereinbarung eines ausländischen ausschließlichen Gerichtsstandes ausgeschlossen werden kann, wenn Arbeitsstatut das ausländische Recht ist oder sonstige Beziehungen zu dem Land des vereinbarten Gerichts von genügender Stärke bestehen.

Daß die Zuständigkeit des Arbeitsgerichts eine sachlich ausschließliche ist, steht dem nicht entgegen: denn ob eine Frage vor das ordentliche oder das Arbeitsgericht gehört, kann erst geprüft werden, wenn die inländische Zuständigkeit überhaupt feststeht[8]. Eine örtlich ausschließliche Zuständigkeit besteht jedoch nicht und ist auch aus der „Territorialität" nicht abzuleiten[9]. Es kann weiterhin auch nicht geleugnet werden, daß in vielen Fällen die Zuständigkeit eines ausländischen Gerichts sachgemäß (man denke an den Zweigstellenleiter in Deutschland, für dessen Streitigkeiten

[5] RabelsZ 11 (1937) 414 ff. [6] Vgl. ROSENBERG a.a.O. 258 f.

[7] Tarifvertragsparteien eines und desselben Landes wird es wohl kaum einfallen, auf ein ausländisches Gericht zu prorogieren. Bei Tarifvertragsparteien aus verschiedenen Ländern wird gegen eine Prorogation jedoch nichts einzuwenden sein.

[8] BEITZKE, RdA 4 (1951) 136. A. A. RAG 10. 5. 1933; dazu VOLKMAR, ARS 18, 145.

[9] LAG München 16. 5. 1950 beruft sich auf die Territorialität des Arbeitsrechts; dagegen BEITZKE (vorige Anm.).

die ausschließliche Zuständigkeit des Gerichts am Sitz der Unternehmensleitung vereinbart wird [10]) und mit dem Schutzzweck der Arbeitsgerichtsbarkeit vereinbar ist, wie man überhaupt bis zum Nachweis des Gegenteils davon ausgehen sollte, daß die Gerichte von Staaten auf vergleichbarer Entwicklungsstufe in ihrem Verfahren die gleiche Gewähr der unparteilichen Sachprüfung und des richterlichen Gehörs bieten wie die eigenen Gerichte, denen sie aber vielfach die bessere Sach- und Rechtskenntnis voraus haben werden.

Wo es allerdings an einer Auslandsbeziehung fehlt, ist die Prorogation an ein ausländisches Gericht unzulässig [11]; weiter wird im Einzelfall die Einrede der Unzuständigkeit dann durch die Gegeneinrede der sonst drohenden Verweigerung des Rechtsschutzes entkräftet, wenn die Gerichte, deren Zuständigkeit vereinbart wurde, nicht die Gewähr einer sachgemäßen Entscheidung bieten

– diese Besorgnis bestand im Fall LAG München 16. 5. 1950; es war durchaus wahrscheinlich, daß in den Nachkriegsjahren 1949/50 deutschen Arbeitnehmern vor den kommunistisch gesteuerten ungarischen Gerichten nicht ihr Recht werden würde; ähnlich im Fall LAG Frankfurt 23. 12. 1935 –,

oder auch, wenn tatsächliche Umstände der Rechtsverfolgung vor dem ausländischen Gericht unüberwindliche Hindernisse entgegensetzen. Dies wird man sogar schon dann annehmen müssen, wenn die Kosten und Gefahren der Rechtsverfolgung (Reisen, Zeitaufwand und Verdienstausfall, drohender Verlust des neuen Arbeitsplatzes) in keinem Verhältnis zur Höhe des Streitwerts stehen und ein vernünftiger Mensch deshalb von der Einklagung am prorogierten Gericht absehen würde. All das ändert jedoch nichts daran, daß grundsätzlich die Verweisung an ein ausländisches Gericht bei Bestehen einer genügend starken Auslandsbeziehung zulässig ist. *Wann* diese Beziehung genügend stark ist, kann allgemein nicht umrissen werden; es empfiehlt sich wohl nicht [12], gewisse Gruppen von Fällen – etwa wenn es sich um einen deutschen Arbeitnehmer mit Wohnsitz in Deutschland handelt – aufzustellen, in denen eine Prorogation von vornherein unmöglich sein soll.

Eine Gerichtsstandsvereinbarung kann auch formlos erfolgen; daß jedoch die deutsche Gerichtsbarkeit ausgeschlossen werden und der vereinbarte Gerichtsstand im Ausland ein ausschließlicher sein soll, kann

[10] Vgl. etwa RAG 10. 5. 1933 (Leiter der Berliner Zweigniederlassung einer schweizerischen Versicherungsgesellschaft mit 25 000 RM Jahresgehalt); OLG München 5. 4. 1909 (Leiter der Münchner Zweigniederlassung einer italienischen Ausfuhrfirma).

[11] Vgl. LAG Berlin 4. 8. 1932; Beitzke (oben Anm. 8).

[12] A. A. Beitzke (oben Anm. 8).

aus der bloßen Vereinbarung des ausländischen *Rechts* nicht abgeleitet werden [13].

Die Rechtsprechung [14] hat während der Geltungszeit des AGG von 1926 die Zulässigkeit einer Prorogation an ein ausländisches Gericht nur dann bejaht, wenn der Arbeitnehmer ein Gehalt bezogen hatte, das über der Grenze der Angestelltenversicherungspflicht lag, weil dann über das Streitverhältnis auch ein Schiedsvertrag hätte abgeschlossen werden können (§§ 90 ff. AGG 1926).

Die Begründung befriedigt nicht. Schiedsgerichte sind mit ausländischen ordentlichen Gerichten nicht zu vergleichen. Auf die Zusammensetzung des Schiedsgerichts hat die Partei Einfluß; daher die Schutzbestimmungen der §§ 90 ff. AGG, nicht aber auf den Aufbau der ausländischen ordentlichen Gerichte (oder Arbeitsgerichte usw.) [15].

Da durch das Arbeitsgerichtsgesetz vom 3. 9. 1953, §§ 101 ff., die Möglichkeit der Vereinbarung eines Schiedsgerichts ganz wesentlich eingeschränkt worden ist, haben diese Ausführungen nur mehr geschichtlichen Wert. Daß eine Prorogation aber nunmehr überhaupt ausgeschlossen sein soll [16], kann daraus nicht gefolgert werden, da Schiedsabrede und Prorogation auf ein ausländisches Gericht, wie gesagt, keine notwendige Verbindung miteinander haben.

360. *Schiedsverträge* [17]. Die Möglichkeit der Vereinbarung eines Schiedsgerichts unterliegt m. E. nur dem Arbeitsstatut [18]. Ist dieses das deutsche

---

[13] RAG 17. 2. 1934 mit Anmerkung VOLKMAR ARS 20, 171.

[14] RAG 10. 5. 1933; 8. 4. 1936; LAG Frankfurt/M. 23. 12. 1935

[15] Kritisch zu dieser Rechtsprechung VOLKMAR, ARS 18, 145; 20, 171; 26, 332, der jedoch eine Prorogation dann anerkennt, wenn die Parteien ihr Rechtsverhältnis ausdrücklich nach der lex fori prorogati beurteilt sehen wollten. JONAS, JW 1936, 2667 scheint die Möglichkeit der Vereinbarung eines ausländischen ausschließlichen Gerichtsstandes in Arbeitssachen überhaupt abzulehnen. Gegen die Gleichstellung von Derogations- und Schiedsvertragsfreiheit äußert auch MATTHIES (oben Nr. 347 Anm. 1) 92 f. Bedenken, die zu den im Text geäußerten hinzutreten mögen. Für die Gleichstellung RIEZLER 303, ROSENBERG (oben Nr. 357 Anm. 49) 59, PAGENSTECHER, RabelsZ 11 (1937) 390 ff., Giur. comp. d. i. p. 6 (1940) 358. PAGENSTECHERS Argument, wenn die Parteien auf einen Anspruch ganz verzichten könnten, so könnten sie ihn auch im Inland klaglos stellen, wird allerdings dem Schutzzweck des Arbeitsrechts nicht gerecht (vgl. jetzt § 4 IV TVG!). Wann wollte auch je ein Arbeitnehmer, der eine Gerichtsstandsvereinbarung unterschreibt, auf seine Ansprüche verzichten!

[16] So DIETZ-NIKISCH, Arbeitsgerichtsgesetz (1954) Anm. 14 zu § 48.

[17] NUSSBAUM 465 ff.; RIEZLER 595 ff. (602 ff.), 625 ff.; RAAPE, Lehrbuch 516 ff.; SCHNORR VON CAROLSFELD 508 ff. LAG München 16. 5. 1950 scheint die Möglichkeit von Schiedsabreden überhaupt zu verneinen.

[18] SCHNORR VON CAROLSFELD 510; im allgemeinen für Maßgeblichkeit des Wirkungs-(Vertrags)statuts RIEZLER 621; RAAPE 518 f. will auch das Wohnsitzrecht der Parteien mitberücksichtigt sehen.

Recht, so ist sie mithin nur mehr in den Fällen des § 101 AGG gegeben; damit entfällt auch praktisch die Zulässigkeit einer Vereinbarung eines ausländischen Schiedsgerichts; unerheblich ist, ob der Schiedsvertrag im Ausland im Bereich eines Rechts geschlossen worden ist, das ihn anerkennt. Ist das Arbeitsstatut ein ausländisches, so entscheidet es auch über die Zulässigkeit einer Schiedsabrede, mag der Arbeitsvertrag in Deutschland geschlossen worden sein, mag der Arbeitsort hier liegen. Unwirksamkeitsgründe des Arbeitsstatuts sind nicht nur zu beachten, wenn sie Schiedsabreden gerade in Arbeitssachen betreffen, sondern auch, wenn sie allgemein Schranken aufstellen; daß solche Schranken meist in der Zivilprozeßordnung enthalten sind, hindert ihre Anwendung im Ausland nicht.

Ob allerdings bei der Klage vor einem ausländischen Gericht dem Schiedseinwand stattgegeben wird, hängt von der lex fori ab. Ein Schiedsspruch, der ungeachtet § 101 AGG in einer deutschem Recht unterliegenden Sache ergeht, ist im Inland nicht vollstreckbar [19].

Ist die Schiedsabrede nach dem Arbeitsstatut gültig, so ist das auch bei Klage vor einem deutschen Gericht anzuerkennen: die Einrede des Schiedsvertrags steht der Klage trotz § 101 AGG entgegen, diese ist als unzulässig abzuweisen. Daß der Schiedsvertrag nach Inhalt und Form auch vor der lex fori Bestand haben müsse, ist nicht zu fordern [20]. Wo allerdings Gefahr besteht, daß der Arbeitnehmer in seinen Rechten tatsächlich unbillig verkürzt würde, entkräftet der Einwand der Arglist die Schiedseinrede, ähnlich wie es oben Nr. 359 für die Prorogation an ein unerreichbares ausländisches Gericht dargestellt wurde.

Aber nicht jede weite Reise begründet heutzutage schon eine solche Gegeneinrede!

Der Schiedsvertrag zeitigt auch prozessuale Wirkungen, die nach der lex fori zu beurteilen sind; das gilt namentlich für die Voraussetzungen, unter denen die Einrede des Schiedsvertrags entfällt, § 102 AGG.

Kann der Vorsitzende des Arbeitsgerichts dem ausländischen Schiedsgericht eine Frist zur Durchführung des Verfahrens setzen (§ 102 II Ziff. 3)? M. E. kann er ihm unbedenklich mitteilen, daß nach Ablauf der Frist diese oder jene Rechtsfolgen in dem anhängigen Verfahren eintreten werden; irgendein Übergriff in fremde Souveränitätsbereiche liegt darin nicht.

Ausländische Schiedssprüche sind in der Bundesrepublik für vollstreckbar zu erklären, wenn die Voraussetzungen des § 1044 II ZPO für die Ablehnung nicht gegeben sind; § 1044 II findet Anwendung trotz § 101 III AGG, das sich über ausländische Schiedssprüche nicht äußert [21].

---

[19] Schnorr von Carolsfeld 510.

[20] A. A. Nussbaum 467.

[21] Schnorr von Carolsfeld 510.

Eine Aufhebungsklage gemäß § 110 AGG muß aber auch gegenüber ausländischen Schiedssprüchen – selbst wenn das Arbeits- und Schiedsstatut nichts Derartiges kennt – möglich sein, denn die Voraussetzungen, die einer Aufhebung des Schiedsspruchs gesetzt sind, gehören zu den grundlegenden Erwartungen, die an ein Verfahren zu stellen sind und deren Verletzung nicht geduldet werden kann [21a].

361 *Rechtsvergleichung.* Ob dem Parteiwillen die Macht eingeräumt ist, durch Vereinbarung eines ausländischen Gerichtsstandes die inländische Zuständigkeit auszuschließen oder umgekehrt durch Vereinbarung der inländischen Zuständigkeit eine solche zu begründen, wenn sie nach der lex fori nicht gegeben ist, wird von den einzelnen hier näher untersuchten Ländern verschieden beantwortet. Auf der einen Seite stehen Rechte, die insbesondere in Arbeitssachen eifersüchtig über die Wahrung des Besitzstandes der eigenen Gerichtsbarkeit wachen (Österreich, Italien, Frankreich, Niederlande), auf der anderen Seite solche, die den Parteien – natürlich mit den Gefahren des damit verbundenen Mißbrauchs – mehr Freiheit gewähren (wie angenommen werden darf: Schweiz, Belgien, England). Auch das Schicksal von Schiedsgerichtsabreden ist unterschiedlich geregelt.

In *Österreich* sind Vereinbarungen über die örtliche Zuständigkeit im arbeitsgerichtlichen Verfahren unzulässig: OGH 11. 3. 1954 [22], vgl. auch LG Wien 4. 12. 1933, wo eine Prorogation auf das Amtsgericht Berlin-Mitte für wirkungslos erklärt wurde. Dagegen kann die Arbeitsgerichtsbarkeit durch individuellen Schiedsvertrag ausgeschlossen werden, OGH 12. und 15. 6. 1951 [23]. Freilich genügt nicht, daß in einem (für das Arbeitsverhältnis maßgeblichen) Tarifvertrag Schiedsgerichtsbarkeit vorgesehen ist, da § 577 öst. ZPO schriftliche Unterwerfung unter das Schiedsverfahren vorsieht (OGH a.a.O).

Im *Schweizer* Recht sind mir Entscheidungen oder Äußerungen, die für Streitigkeiten aus Arbeitsverhältnissen die Möglichkeit einer Gerichtsstandsvereinbarung ausgeschlossen hätten, nicht bekannt geworden. Für Ansprüche, die der Verfügung durch die Parteien unterliegen, ist im allgemeinen Schweizer internationalen Zivilprozeßrecht weitgehende Pro-

[21a] A. A. SCHNORR VON CAROLSFELD 510.

[22] Arb.Entsch. 23 (1954) 186 Nr. 5945; STANZL 112; WAHLE-DITTRICH-VEIT II 986 Anm. 5 zu § 1 und 998 Anm. 5 zu § 3 AGG mit weiteren Nachweisen.

[23] SZ 24 (1951) 367 Nr. 160 und 385 Nr. 166; vgl. weiter die (nicht einhellige) Rechtsprechung bei WAHLE-DITTRICH-VEIT II 987 Anm. 7 zu § 1 AGG; STANZL 83 ff. will Schiedsabreden nur insoweit anerkennen, als die Parteien über den Streitgegenstand durch Vergleich verfügen können.

rogationsfreiheit gegeben [24]. Es ist hier nicht anders als im deutschen Recht: Wird das prorogierte Gericht angerufen, so entscheidet es nach seinem eigenen Recht, ob eine wirksame Vereinbarung vorliegt, wobei hinsichtlich der Form der Gerichtsstandsvereinbarung auch die Wahrung der lex loci actus genügt. Wird das derogierte Gericht angerufen und die Unzuständigkeitseinrede unter Berufung auf die Gerichtsstandsvereinbarung erhoben, so hat es nach seinem eigenen Recht darüber zu entscheiden, ob die Derogation zulässig war. Die zuständigkeitsbegründende Wirkung einer ausdrücklichen Vereinbarung eines Gerichtsstandes wird auch im deutsch-schweizer. Vertrag über die gegenseitige Anerkennung und Vollstreckung von gerichtlichen Entscheidungen und Schiedssprüchen vom 2. 11. 1929 anerkannt.

362. *Italien.* Der Ausschluß der italienischen Gerichtsbarkeit durch Parteivereinbarung ist nur in engen Grenzen gestattet, und zwar nur, wenn es sich um schuldrechtliche Verpflichtungen zwischen Ausländern oder zwischen einem Ausländer und einem Italiener, der in Italien weder Wohnsitz noch ständigen Aufenthalt hat, handelt (Art. 2 C. pr. c.). Weitere Voraussetzung ist, daß das ausländische Gericht, dessen Zuständigkeit vereinbart wurde, die Verweisung annimmt: Sei es durch Anerkennung der Gerichtsstandsvereinbarung, sei es, weil nach seinem Recht Zuständigkeit ohnehin gegeben ist. Die Gerichtsstandsvereinbarung muß schriftlich erfolgen [25].

Unter der Herrschaft des alten Codice di procedura civile haben Gerichte für Arbeitsstreitigkeiten die Möglichkeit einer Vereinbarung ausländischer Zuständigkeit unter Ausschaltung der italienischen Gerichte überhaupt verneint: So Venedig 8. 8. 1931, ZG Rom 15. 5. 1937.

Eine Prorogation auf italienische Gerichte ist hingegen in weitem Umfang möglich und wird schon in der rügelosen Einlassung zur Hauptsache gesehen [26].

Auch die Schiedsvereinbarung ist einmal den Beschränkungen des Art. 2 C. pr. c. unterworfen, zum andern in Arbeitssachen weiterhin dadurch betroffen, daß Art. 806 C. pr. c. die in Art. 429 C. pr. c. genannten Streitigkeiten zwischen Arbeitgeber und Arbeitnehmer, die möglichen Gegenstand eines Tarifvertrages oder ähnlicher Regelung bilden, im inneren

---

[24] Zum Folgenden Guldener (oben Nr. 351 a. E.) 169 ff.; Riezler 311 f.

[25] Morelli, Lehrbuch 181 ff. und Giur. comp. d. i. p. 10 (1943) 75 ff.; Riezler 305.

[26] Morelli, Lehrbuch 117; Riezler 313 ff.; Udina, Revue critique d. i. p. 30 (1935) 710.

Bereich als tauglichen Gegenstand eines Schiedsvertrages ausschließt [27]; man wird demgemäß Schiedsabreden in Arbeitssachen nach italienischer Auffassung als unzulässig ansehen müssen [28].

Freilich ist auf Kassationshof 27. 5. 1955 (s. unten Nr. 377) hinzuweisen: In dieser Entscheidung handelte es sich um die Gültigkeit der im Vertrag zwischen Italien und der IRO (Gesetz vom 6. 3. 1948) enthaltenen Klausel, wonach Streitigkeiten zwischen der IRO und ihren Angestellten in letzter Instanz vor ein Schiedsgericht der „Avvocatura dello Stato" gehörten. Daß diese Klausel wegen Art. 806 C. pr. c. unwirksam sei, wird vom Gericht ausdrücklich mit dem Hinweis zurückgewiesen, daß der Ausschluß von Schiedsvereinbarungen in Arbeitssachen zwar im innern Recht, nicht aber auch in jedem Fall in den internationalen Beziehungen eingreife, „da auf die italienische Gesetzgebung über den privaten Anstellungsvertrag nur insoweit Bezug genommen worden sei, als nicht das innere Reglement der internationalen Organisation eingreife". Dieser Hinweis ist aber entbehrlich, da das Gericht aus anderen Gründen zur Nichtanwendung dieser Schiedsgerichtsbestimmung und damit zur Bejahung der Gerichtsbarkeit der italienischen ordentlichen Gerichte kommt. Näher gelegen hätte auch die Erklärung, daß eben der genannte Staatsvertrag als Sonderregelung dem Art. 806 C. pr. c. vorgehe.

Gegen die Wirksamkeit von Schiedsklauseln auch die Rechtsprechung zur Zeit des früheren Codice di procedura civile: ZG Mailand 15. 5. 1933, Mailand 7. 9. 1933 und Kassationshof 28. 7. 1934 (Liebig ./. Mazzi, oben Nr. 127); der Kassationshof sagt: Die Vereinbarung eines ausländischen Schiedsgerichts sei wirkungslos, soweit es sich um die Entscheidung über Rechte handle, auf die der Arbeitnehmer nicht verzichten könne [29]; Bologna 28. 7. 1933: Kein Ausschluß der italienischen Gerichtsbarkeit durch Vereinbarung eines ausländischen Schiedsgerichts, auch wenn es sich um Streitigkeiten aus einem ausländischen Versicherungsvertrag gegen Arbeitsunfälle handle.

363. In *Frankreich* ist durch ein Gesetz vom 18. 12. 1956 die Möglichkeit, die örtliche Zuständigkeit der Arbeitsgerichte zu vereinbaren, ausgeschlossen worden, (neuer) Art. 80 IV Buch IV C. Trav. Man wird deshalb nicht ohne weiteres mehr auf die allgemeinen Regeln zurückgreifen können, die Zuständigkeitsvereinbarungen im internationalen Bereich in denselben Grenzen wie im innern Bereich zulassen [30].

---

[27] Hierzu Jäger, Trattato V 176 ff.; Barassi, Elementi 263; Santoro Passarelli 213; Scorza, Il giudizio arbitrale nelle controversie di lavoro, Dir. lav. 24 (1950) I 98 (z. T. abweichend).

Einen Zweig des ordentlichen Verfahrens bildet hingegen die Schiedsgerichtsbarkeit durch Sachverständige, die sog. consulenti tecnici, vgl. Jäger a.a.O. 189 ff.

[28] Richard, Rassegna 34 ff. (36). Zur Vereinbarung eines ausländischen Schiedsgerichts im allgemeinen Morelli, Lehrbuch 46 ff.

[29] Abweichend für den damaligen Rechtszustand Baldoni, Riv. d. i. 26 (1934) 563 ff.; Cereti, Riv. lav. 3 (1934) 794 ff.

[30] Vgl. Batiffol, Traité 773. Niboyet, Traité VI/1 437 macht ebenfalls die Einschränkung, die Gerichtsstandsvereinbarung dürfe nicht „durch das Gesetz" – welches Gesetz, sagt er nicht – verboten sein. Dies ist aber neuerdings der Fall, so daß seine Ausführungen: „Rien n'interdit aux parties de convenir d'une autre juridiction française par une clause du contrat de travail" (S. 435) überholt sind.

Beruht die Zuständigkeit der französischen Gerichte hingegen nur auf der französischen Staatsangehörigkeit einer der beiden Parteien gemäß Art. 14, 15 C. c., so wird man unbedenklich auch heute noch annehmen können, daß die französische Gerichtsbarkeit durch Vereinbarung eines ausschließlichen ausländischen Gerichtsstandes ausgeschlossen wird, da die französische Rechtslehre und Rechtsprechung immer stärker dazu neigen, jene Vorschriften einzuschränken; vgl. Kassationshof 19. 1. 1931: In dem in Bordeaux geschlossenen Arbeitsvertrag war die ausschließliche Zuständigkeit der Gerichte des Arbeitsortes in Malaya vereinbart worden: keine französische Zuständigkeit.

Schiedsabreden über künftige Streitigkeiten sind nur in engen Grenzen, nämlich u. a. nur hinsichtlich von Streitigkeiten zwischen Kaufleuten und dann zulässig, wenn es sich um ein Handelsgeschäft, acte de commerce, handelt, Art. 63 Code de commerce; Arbeitsverträge fallen nicht hierunter[30a]. Schiedsabreden sind mithin im innern Bereich nicht möglich. Allerdings anerkennt die französische Praxis und Rechtslehre Schiedsabreden in internationalen Fällen in weiterem Umfang, insbesondere wird die Begrenzung auf Handelssachen nicht als zum französischen ordre public in seiner positiven Funktion gehörig angesehen[31], und Schiedsabreden bzw. daraufhin ergangene Schiedssprüche werden anerkannt, wenn sie nach dem Statut des Hauptvertrages wirksam waren bzw. zu Recht ergangen sind. Ob das auch für Arbeitsverträge zutrifft, kann ich nicht beurteilen. Man wird nie aus den Augen verlieren dürfen, daß die Neigung sehr groß ist, Arbeitssachen als Gegenstand des ordre public anzusehen, diese sind aber gemäß Art. 1004, 83 Ziffer 1 C. pr. c. der Schiedsgerichtsbarkeit entzogen.

Vgl. Paris 29. 10. 1937, wo eine Schiedsabrede in dem Arbeitsvertrag eines Künstlers für nichtig angesehen wurde, weil solche in zivilrechtlichen Angelegenheiten unzulässig seien; allerdings macht die Entscheidung keine Ausführungen über eine mögliche Sonderbehandlung von Streitigkeiten in (internationalen) Arbeitssachen (der Arbeitsort war in Kolumbien gelegen).

364. In *Belgien* können die Parteien von der in Art. 44 AGG normierten örtlichen Zuständigkeit durch Vereinbarung eines anderen Gerichts

---

Auf das Recht des Hauptvertrags stellt die (nicht arbeitsverweisungsrechtliche) Entscheidung Paris 27. 1. 1955, Revue critique d. i. p. 44 (1955) 342 mit Anm. MOTULSKY, ab, will aber auch die Rechte des forum prorogatum und derogatum mitberücksichtigen.

[30a] Insofern kann die Abgrenzung zwischen Arbeitsvertrag und (handelsrechtlichem) „Mandat“ auch für die Schiedsabrede von Bedeutung werden, vgl. Kassationshof 20. 6. 1957 (oben Nr. 33 Anm. 17 a).

[31] Vgl. NIBOYET, Traité VI/1, 437 ff.

abweichen [32]. Unabdingbar ist nur bei Arbeitsunfällen die Zuständigkeit des Friedensrichters am Ort des Unfalls für alle Streitigkeiten auf Entschädigung, Art. 24 Arbeitsunfallgesetz vom 24. 12. 1903.

Auch die Vereinbarung eines ausschließlichen ausländischen Gerichtsstandes wird anerkannt, solange der Belgier im Ausland die gleichen Rechte wie der Einheimische genießt: Berufungsarbeitsgericht Brüssel 31. 7. 1929 und 29. 1. 1930 [33].

Auch die Vereinbarung eines Schiedsgerichts ist in Arbeitssachen zulässig, vgl. die (nicht verweisungsrechtlichen) Entscheidungen Berufungsgericht Antwerpen 20. 3. 1950 [34] und Arbeitsgericht Brüssel 13. 8. 1953 [35].

365. In den *Niederlanden* ist die Prorogation auf ein niederländisches Gericht, das nach den gesetzlichen Vorschriften unzuständig wäre, nicht möglich [36]. Ebensowenig können die Parteien die Gerichtsbarkeit niederländischer Gerichte durch Vereinbarung eines ausschließlichen ausländischen Gerichtsstands ausschließen [37]; doch hat eine solche Klausel die Wirkung, daß das Gericht gehindert ist, zur Sache zu erkennen, da die Klage vor dem niederländischen Richter eine Vertragsverletzung durch die klagende Partei darstelle [38]. Damit wird im Ergebnis doch eine derogatorische Wirkung erzielt. Darüber hinaus werden solche Gerichtsstandsklauseln, die nicht ausdrücklich als ausschließliche gekennzeichnet sind, vielfach in dem Sinn ausgelegt, daß die gesetzliche niederländische Gerichtsbarkeit dadurch nicht berührt werden sollte [39].

England. Die Vereinbarung der ausschließlichen Zuständigkeit eines Gerichts [40] wie eines Schiedsgerichts [41] ist in Arbeitssachen zulässig; auch im

[32] Vgl. BerArbG Antwerpen 7. 12. 1936. JLO 9 (1937) 127; 21. 2. 1938, JLO 10 (1938) 67 (nicht verweisungsrechtlich); BRAAS 398.

[33] Zustimmend GEYSEN, Jurisprudence de Travail 1922–1948 Nr. 792. Vgl. auch HandG Antwerpen 1. 12. 1904 (Vereinbarung der ausschließlichen Zuständigkeit englischer Gerichte in einem vor dem englischen Konsul geschlossenen Heuervertrag eines Belgiers zu Dienstleistungen auf einem englischen Schiff); abweichend (die örtliche Zuständigkeit gehöre zum ordre public): ArbG Brüssel 9. 12. 1931 mit ablehnender Anmerkung GEYSEN ebda. Nr. 793.

[34] Riv. comp. lav. 1 (1955) 300 = Revue de droit social 1950, 121.

[35] Riv. comp. lav. 2 (1955) 166 = Revue de droit social 1954, 100.

[36] KOLLEWIJN 19; HAAN 31 ff. und die bei STAR BUSMANN angeführte Rechtsprechung und Literatur. A. A. MEIJERS in der Anm. zu Hoge Raad 5. 12. 1940, N. J. 1941 Nr. 312.

[37] Vgl. Kantonsgericht Amsterdam 8. 7. 1910, wo das Gericht es ablehnt, über die Behauptung, ein ausländischer Gerichtsstand sei vereinbart, Beweis zu erheben.

[38] KOLLEWIJN 20 mit Nachweisen in Anm. 85; SCHELTEMA, Weekblad voor Privaatrecht, Notarisamt en Registratie Nr. 3137; HAAN 31.

[39] Vgl. HAAN 118 ff. mit Nachweisen.

[40] *Caven* v. *C. P. Railway Co.*, (1925) 133 L. T. 774; BATT-VAINES 189.

[41] *London Tramway Co.* v. *Bailey*, [1877] 3 Q. B. 217; BATT-VAINES 188 f.

internationalen Bereich herrscht hier große Freizügigkeit, s. Order XI Rule 2 a R. S. C. (vgl. oben Nr. 356)[42]. Es darf angenommen werden, daß dies auch in Arbeitssachen gilt[43].

§ 20

Einzelfragen aus dem Verfahren

366. Auf alle Einzelfragen des internationalen Zivilprozeßrechts kann hier nicht eingegangen werden. Allen Rechten ist gemeinsam, daß das *Verfahren* sich nach der *lex fori* richtet; im italienischen Recht ist das in Art. 27 d. p.[1] eigens ausgesprochen. Auf einige weitere Punkte sei im folgenden noch hingewiesen:

367. *Partei- und Prozeßfähigkeit* richten sich nach der lex fori, die aber im deutschen Recht weiterverweist auf das Heimatrecht der Parteien, §§ 50–52 ZPO, vorbehaltlich § 55 ZPO[2].

Im *italienischen* Recht richtet sich die Prozeßfähigkeit an sich ebenfalls nach dem Heimatrecht der Person, Art. 75 C. proc. civ., nach der italienischen lex fori jedoch, wenn diese eine weitergehende Prozeßfähigkeit kennt als jenes[3]. Damit ist also in Arbeitssachen gem. Art. 3 C. c. (oben Nr. 61) auch der achtzehnjährige Ausländer prozeßfähig.

Auch nach *französischem* internationalen Privatrecht unterliegt die Prozeßfähigkeit der Person ihrem Heimatrecht[4]. Gem. Art. 71 Buch IV C. Trav. kann ein Minderjähriger, der ohne gesetzlichen Vertreter ist, durch das Arbeitsgericht, den conseil de prud'hommes, zur Prozeßführung ermächtigt werden. Diese Vorschrift kann wohl kaum ins Ausland

---

[42] Vgl. WOLFF, Private International Law 72 f.; GRAVESON 301 f.; RIEZLER 305 f.; GRAUPNER, Contractual stipulations confering exclusive jurisdiction upon foreign courts in the law of England and Scotland, Law Quarterly Review 59 (1943) 227 ff.

[43] Zum Rechtszustand in *Griechenland* vgl. FRAGISTAS, RabelsZ 20 (1955) 154.

[1] Art. 27: „Zuständigkeit und Form des Verfahrens werden vom Recht des Orts geregelt, an dem der Prozeß stattfindet"; MAKAROW, Quellen, Italien S. 8.

[2] SCHNORR VON CAROLSFELD 470; RIEZLER 413 ff.

[3] VASSALLI-MONACO 113 f.; MONACO, Lehrbuch 501 f.; D'AMELIO-BALLADORE-PALLIERI, Kommentar 54 f.; alle mit verschiedenen Begründungen.

MORELLI, Lehrbuch 32 f. will an sich Art. 17 II d. p. auf die Prozeßfähigkeit nicht anwenden, sondern diese im allgemeinen ausschließlich nach dem Heimatrecht der Person beurteilen; für die Frage, ob Art. 3 C. c. auch dem Ausländer bei Verfahren in Italien zugute kommt, schließt er sich jedoch der im Text genannten herrschenden Meinung an.

[4] Vgl. BATIFFOL, Traité 793.

übertragen werden. Umgekehrt ist anzunehmen, daß sie bei Verfahren in Frankreich auch ausländischen Minderjährigen zugute kommt.

Die Prozeßfähigkeit der Ehefrau richtet sich nach ihrem Heimatrecht: so für die *Niederlande* Hof Amsterdam 13. 7. 1923 [5].

368. Die Art und Weise, wie der *Beweis* zu erbringen ist, beurteilt sich nach der lex fori. Dem Wirkungsstatut des streitbefangenen Rechtsverhältnisses sind hingegen die Normen über die Beweislast und die Wirkung von Vermutungen zu entnehmen [6].

Strittig ist die Qualifikation solcher Vorschriften, die den Zeugenbeweis in gewissen Fällen ausschließen, wie Art. 1341 C. c., der ihn bei einem Wert des Rechtsgeschäfts von 5000 Franken ausschließt, oder s. 4 des statute of frauds. Hier handelt es sich in Wahrheit um versteckte Formvorschriften, die als solche und nicht als verfahrensrechtliche Normen zu behandeln sind [7].

Auch im Ausland ist das gleiche Problem häufig behandelt worden. Es wird in den einzelnen Rechten verschieden gelöst. Der prozessualen Qualifikation folgt eine ältere österreichische und belgische und die englische Rechtsprechung. Die Qualifikation als Form wird im schweizerischen, italienischen, französischen, belgischen und niederländischen Recht bevorzugt.

Für *Österreich* vgl. OGH 25. 1. 1911 [8], wo der Zeugenbeweis für ein in Frankreich abgeschlossenes Rechtsgeschäft entgegen Art. 1341 C. c. zugelassen worden ist.

Umgekehrt GULDENER (oben Nr. 351 a. E.) 27 für das *Schweizer* Recht, der den Zeugenbeweis „nur dann, aber auch immer nur dann" ausschließt, wenn das Recht des Abschlußortes die Beschränkung des Zeugenbeweises vorschreibt [9].

---

[5] N. J. 1924, 118; vgl. die Nachweise NR IPR 14.

[6] NUSSBAUM 413; RIEZLER 464 ff.

[7] NUSSBAUM 413; RIEZLER 131; RAAPE, Lehrbuch 218 ff.; abweichend für Art. 1985 franz. C. c. BGH 30. 7. 1954, dagegen GAMILLSCHEG, JZ 9 (1955) 702.

Als verfahrensrechtlich wird Art. 1341 C. c. auch in der New Yorker Entscheidung *Mandelbaum* v. *Silberfeld,* 77 New York Supplement, 2 d Series 465 ff., qualifiziert und damit beiseitegeschoben; es handelte sich um einen in Frankreich erfüllten Dienstvertrag dort wohnhafter Parteien, der an sich französischem Recht unterworfen wurde.

[8] GLASER-UNGER, NF 14 (1911) 67 Nr. 5337; Beweislastregeln und gesetzliche Vermutungen unterliegen hingegen dem Wirkungsstatut: EHRENZWEIG 102.

[9] GULDENER übersieht jedoch, daß auch das Wirkungsstatut noch in den Kreis der zu berücksichtigenden Rechte einzubeziehen ist; schwerlich wird man den Zeugenbeweis zurückweisen dürfen, wenn er zwar von der lex loci actus, nicht aber vom Wirkungsstatut ausgeschlossen wird!

Der neue *italienische* Codice civile enthält über die Einordnung nichts, im Gegensatz zum früheren Recht, wo im (alten) Art. 10 II d. p. die Maßgeblichkeit der lex loci actus festgelegt worden war. Die italienische Rechtslehre ist geneigt, die Frage der Zulässigkeit der Beweismittel als verfahrensrechtlich zu qualifizieren; doch fehlt es nicht an Stimmen, die gerade die Zulässigkeit des Zeugenbeweises als Problem des sachlichen Rechts ansehen [10].

In *Frankreich* [11], *Belgien* [12] und den *Niederlanden* [13] herrscht ebenfalls die Ansicht von der materiellrechtlichen Einordnung vor.

Im Gegensatz hierzu hat die *englische* Rechtsprechung Vorschriften wie etwa s. 4 des statute of frauds, 1677, wonach Verträge mit einer Erfüllungsdauer von mehr als einem Jahr nur klagbar sind, wenn sie durch ein Schriftstück bewiesen wurden, als verfahrensrechtlich angesehen: *Leroux* v. *Brown* (1851), 12 C. B. 801 [14].

Es handelte sich um einen Dienstvertrag auf längere Dauer, der in Frankreich geschlossen und zu erfüllen war; die Klage des Arbeitgebers auf Schadenersatz wegen Vertragsbruchs wurde abgewiesen, weil der Vertrag mangels Schriftstück unbeweisbar war.

Das statute of frauds ist für das hier interessierende Gebiet durch den Law Reform (Enforcement of Contracts) Act, 1954, aufgehoben worden, so daß die Entscheidung nur mehr historisches Interesse beansprucht.

---

[10] Vgl. Monaco, Lehrbuch 635 f. und Nachweise 635 Anm. 2; Venturini, Lehrbuch 156; Morelli, Elementi 174 f.; ders., Lehrbuch 34 ff. (36) und zu Beweislastregeln, Umkehrungen der Beweislast und gesetzlichen Vermutungen 37 f.; Bellini, La legge regolatrice dei mezzi di prova nel d. i. p., Archivio Giuridico 135 (1948) 196 ff.

[11] Vgl. die Nachweise bei Batiffol, Traité 804 Anm. 6bis. Batiffol selbst will grundsätzlich die lex fori mit der Maßgabe anwenden, daß sich die Parteien auf die Beweisfreiheit gemäß der lex loci contractus berufen könnten. M. E. darf jedoch der favor negotii nicht soweit gehen, daß dadurch echte Formvorschriften außer Kraft gesetzt werden. Gewiß sind die Beweisvorschriften nach Art des Art. 1341 C. c. ursprünglich zu dem Zweck ergangen, die Freiheit der Meinungsbildung des – vielleicht in früheren Zeiten zu leicht fremdem Einfluß zugänglichen – Richters zu zügeln und einer gewissen Kontrolle zu unterwerfen; aber im Laufe der Entwicklung sind sie doch in die Rolle von Formvorschriften hineingewachsen und haben den Gesetzgeber damit auch vom Erlaß echter Formvorschriften abgehalten. Dem hat auch der ausländische Richter Rechnung zu tragen.

[12] S. de Vos II 694 ff. gegen einige Rechtsprechung, ebda. 695 Anm. 3, die die lex fori anwendet.

[13] S. Kosters 224 und die Nachweise aus der Rechtsprechung NR IPR 313. Auch die Entschließung des Instituts für internationales Recht (Tagung Lausanne 1947) unterwirft die Zulässigkeit der Beweismittel der lex loci, vgl. Niederer 230 Anm. 24.

[14] Vgl. zur Entscheidung Wolff, Private International Law 230 f.; Dicey-Kahn-Freund 779; Graveson 345 f.; kritisch Cheshire 54 f.; Dicey-Morris 54 Anm. 65; Falconbridge 98.

369. Zur Frage der *Sicherheitsleistung des Ausländers* für die *Prozeßkosten,* § 110 ZPO, gilt im arbeitsgerichtlichen Verfahren nichts Besonderes. In *Frankreich* wurde sie unterschiedlich beantwortet: ZG Seine 15. 11. 1929, G. P. 1930. I. 219 verneint, dasselbe Gericht in seiner Entscheidung vom 16. 1. 1934 bejaht die Sicherheitsleistungspflicht; ZG Toulon 8. 11. 1951 verneint sie wiederum, wenn beide Parteien Ausländer (hier: beide Italiener) sind.

370. Bestand Anlaß, daß ein Urteil sich über das anzuwendende Recht äußerte, unterblieb dies jedoch, so ist das Urteil aufzuheben: RAG 18. 1. 1930.

371. Im Gegensatz zum gewöhnlichen Zivilverfahren, § 549 ZPO [15], kann im arbeitsgerichtlichen Verfahren die Revision auch auf die Verletzung ausländischen Rechts gestützt werden [16]. RAG 20. 2. 1929 bietet Anlaß zu der Feststellung, daß die Ausführungen des Untergerichts über die Anknüpfung des streitbefangenen Rechtsverhältnisses, erfolge sie an seinem Schwerpunkt oder gemäß dem mutmaßlichen Willen der Parteien, nach ständiger höchstrichterlicher Praxis der Nachprüfung durch das Revisionsgericht unterliegen [17].

372. Wenn in Anwendung des maßgeblichen ausländischen Arbeitsstatuts vom Arbeitsgericht Maßnahmen gefordert werden, die von den Aufgaben abweichen, die dem Gericht vom eigenen Recht gestellt werden, so ist hier, wie bereits mehrfach in der Arbeit angedeutet, eine gewisse Wendigkeit zu wünschen, damit das ausländische Recht nicht an Bedenken scheitert, die sich bei näherem Zusehen doch nicht als stichhaltig erweisen. Zwar wird die Ansicht vertreten, ein Gericht könne eine Entscheidung oder eine Maßnahme nicht treffen, die den eigenen Aufgaben „*wesensverschieden*" sei [18]; und was noch wesenseigen und was schon wesensverschieden ist, wird vielfach in recht engherziger Weise festgelegt. Darin liegt jedoch eine Mißachtung des in der Verweisungsnorm dem Richter vom eigenen Gesetzgeber erteilten Befehls, das ausländische Recht so gut

---

[15] Die Nicht-Nachprüfbarkeit des ausländischen Rechts, die sich aus dem Wortlaut des § 549 nicht zwingend ergibt, ist ein beklagenswerter Mangel unseres Verfahrensrechts, vgl. mit Nachweisen Gamillscheg, RabelsZ 23 (1958) 154 f.

[16] RAG 28. 5. 1932 und zustimmend Dersch, ARS 15, 320; Dietz-Nikisch Anm. 6 zu § 73 AGG; Schnorr von Carolsfeld 491 Anm. 7; Dersch-Volkmar, Arbeitsgerichtsgesetz (6. Aufl. 1955) Anm. 11 zu § 73.

[17] RAG 20. 7. 1935; i. a. vgl. Raape, Lehrbuch 441; Nussbaum 223; Melchior 503; Lewald, Le contrôle des Cours suprêmes sur l'application des lois étrangères, Recueil des Cours de l'Académie de droit international 57 (1936 III) 252.

[18] Vgl. Riezler 233 ff.; Nussbaum 390; wie hier Schnorr von Carolsfeld 376.

und so vollständig wie möglich, so wie es im betreffenden Lande geschehen würde, anzuwenden. Es ist unglaubhaft, ein Gericht müsse eine ihm vom ausländischen Wirkungsstatut vorgeschriebene Maßnahme ablehnen, weil sie „wesensverschieden" ist, wenn demselben Gericht zur selben Zeit vom eigenen Gesetzgeber die allerverschiedensten Aufgaben erteilt werden (man denke etwa an die Hausratsauseinandersetzung, die Vertragshilfe, die Feststellung der Sozialwidrigkeit einer Kündigung); würden die gleichen Gerichte doch keinen Augenblick zögern, wenn ihnen solche Aufgaben am nächsten Tag von der lex fori gestellt würden.

So glaube ich, daß deutsche Arbeitsgerichte ohne weiteres bei einem Arbeitsverhältnis unter italienischem Recht die gerechte Lohnhöhe nach Art. 2099 II festsetzen oder statt des Einigungsamts die Zustimmung zur Entlassung erteilen können (oben Nr. 255, Nr. 299) usw.

373. Wo klagebegründende Tatsachen nach der lex fori nur durch ein gewisses förmliches Feststellungsverfahren bewiesen werden können – wie etwa die Feststellung der Ursache eines Arbeitsunfalls nach dem französischen Arbeitsunfallgesetz von 1898 – erhebt sich die Frage, ob die Klage deshalb scheitern muß, weil das Ereignis im Ausland stattgefunden hat, wo dieses förmliche Feststellungsverfahren nicht durchführbar ist. Sie wird von zwei *französischen* Entscheidungen verneint: Kassationshof 8. 5. 1907 wendet das französische Arbeitsunfallgesetz an, obwohl die Schadensfeststellung am ausländischen Unfallsort nach den besonderen Vorschriften nicht möglich war. Einen Schritt weiter geht HandG Le Havre 15. 4. 1913: Hier ging es um den Unfall eines französischen Seemanns auf einem englischen Schiff; das Arbeitsverhältnis unterlag englischem Recht, doch war das Gericht gemäß Art. 14 C. c. zuständig. Die Entscheidung wendet den englischen Workmen's Compensation Act an; daß nach englischem Recht ein Schiedsgericht für die Feststellung der Höhe des Schadens vorgeschrieben sei, sei unbeachtlich, da es sich hierbei um Verfahrensvorschriften handle, die den „fond" der Sache und damit die Zuständigkeit französischer Gerichte unberührt lasse, „Les formalités prescrites par la loi étrangère peuvent être remplacées par des formalités équivalentes et adaptées". Es handelt sich um ein, allerdings bereits extremes, Beispiel einer Anpassung fremden Rechts an die Verhältnisse des Forums. Allerdings wird man es auf die heutigen Verhältnisse, wo der Arbeitsunfallschutz im Sozialversicherungsrecht aufgegangen ist, nicht übertragen können.

§ 21

Exterritorialität – Gerichtsfreiheit fremder Staaten

374. Die *Exterritorialität* des Arbeitgebers, eine Frage des Völkerrechts, die hier nicht näher behandelt werden kann [1], hat an sich auf das anwendbare Recht, das Arbeitsstatut, keinen Einfluß. Es steht nichts im Wege,

[1] Vgl. neben den Lehrbüchern des Völkerrechts Riezler 341 ff.; Neumeyer II 301, 314; IV 514.

daß auf die Arbeitsverhältnisse deutscher Arbeitnehmer bei ausländischen diplomatischen Vertretungen in der Bundesrepublik deutsches Recht und entsprechend auf die Arbeitsverhältnisse einheimischer Arbeitskräfte bei Vertretungen der Bundesrepublik im Ausland das örtliche Recht angewandt wird. Daß die Eigenschaft des Arbeitgebers als Staat noch nicht auch die Anknüpfung an sein Recht beinhaltet, wurde oben Nr. 112 dargelegt. Da das Arbeitsstatut nicht nur im Verfahren bedeutsam wird, sondern täglich „gelebt" wird, ist obige Erkenntnis auch nicht ohne praktische Bedeutung; sie gewinnt sie zudem im Verfahren bei freiwilliger Unterwerfung unter die örtliche Gerichtsbarkeit [2].

Anders ist es mit allen Maßnahmen des Verwaltungszwangs. Die Gewerbeaufsicht hat die Exterritorialität zu achten, so daß die Durchführung der Gebote des Arbeitsschutzes vom Willen des exterritorialen Arbeitgebers abhängt [3]. Dies hindert nicht, daß dem Arbeitnehmer bei ihrer Verletzung u. U. ein Schadenersatzanspruch erwachsen kann, den er zumindest im Heimatstaat des Arbeitgebers geltend machen kann, oder daß er zur Verweigerung der Arbeit berechtigt wird. Denn der Inhalt der Fürsorgepflicht wird durch die Exterritorialität nicht geändert.

Der Exterritoriale ist auch den inländischen Einstellungsgeboten für Schwerbeschädigte usw. nicht unterworfen [4]; damit entfällt für trotzdem eingestellte Schwerbeschädigte usw. der Kündigungsschutz (oben Nr. 315), während die anderen Schutzvorschriften, die mit dem Einstellungszwang nicht in unlöslicher Verbindung stehen, wie etwa die Mindestkündigungsfrist, anwendbar sind.

375. *Gerichtsfreiheit fremder Staaten.* Fremde Staaten sind in Streitigkeiten nicht hoheitlicher Art – also auch in Arbeitsstreitigkeiten, wenn der Staat als Arbeitgeber auftritt – nach der sich immer stärker durchsetzenden zutreffenden Ansicht der örtlichen Gerichtsbarkeit nicht entzogen. Während das Reichsgericht früher Gerichtsbarkeit über fremde Staaten schlechthin verneinte, hat sich nach dem Krieg in der Bundesrepublik, ebenso aber auch in zahlreichen Staaten des Auslands, die gegenteilige Ansicht durchgesetzt [5].

---

[2] Vgl. Herschel-Steinmann, Anm. 12 vor § 1; RAG 6. 12. 1930.

[3] Zu weit geht Denecke, Anm. 1 zu § 1 AZO, der den Exterritorialen von der Geltung der AZO schlechthin ausnimmt.

[4] Beitzke, BB 1953, 684; Schnorr von Carolsfeld 57.

[5] Vgl. LAG München 16. 5. 1950 (keine Gerichtsfreiheit des ungarischen Staats als des Trägers einer staatlichen Gesellschaft mit Niederlassungen auf deutschem Boden; BGH 7. 6. 1955, Betrieb 1955, 919; OLG Hamm 14. 4. 1951, IPRspr. 1950/51 Nr. 131; LG

Die herrschende Meinung ist wohl begründet. Der Staat, der sich am Wirtschaftsleben beteiligt, kann sich nicht der Beurteilung seines Tuns durch die zuständigen Gerichte entziehen. Die Interessen seiner Souveränität sind genügend gewahrt, wenn Rechtssachen der ausländischen Gerichtsbarkeit entzogen bleiben, in denen er kraft dieser seiner Hoheitsgewalt gehandelt hat. Es ist auch nicht einzusehen, warum der gleiche Anspruch vor einem Gericht des Staates selbst verfolgbar, der Rechtsschutz im Ausland jedoch nicht durchsetzbar sein soll.

Das Institut für internationales Recht hat auf seinen Tagungen in Siena 1952 und Aix en Provence 1954 zum Thema folgende Entschließung ausgearbeitet:

„Art. 1: Les tribunaux d'un Etat ne peuvent connaître des litiges ayant trait à des actes de puissance publique accomplis par un Etat étranger, ou par une personne morale relevant d'un Etat étranger.

Art. 2: ...

Art. 3: Les tribunaux d'un Etat peuvent connaître des actions contre un Etat étranger et les personnes morales visées à l'article premier toutes les fois que le litige a trait à un acte qui n'est pas de puissance publique.

La question de savoir si un acte n'est pas de puissance publique relève de la lex fori."

Daß auch staatliche Organisationen und Gesellschaften nicht gerichtsfrei sind, wurde mehrfach ausgesprochen, vgl. RAG 10. 12. 1932 (staatlicher sowjetischer Trust); LAG Dortmund 18. 12. 1936 (staatliche sowjetische Handelsgesellschaft). Ebenso bestand nach dem deutsch-sowjetischen Vertrag von 1925 (RGBl. 1926 II 14) zwischen den beiden Kriegen Gerichtsbarkeit über die sowjetische Handelsniederlassung in Berlin [6].

376. Die Ansicht, daß ausländische Staaten in nichthoheitlichen Angelegenheiten der Gerichtsbarkeit des Forums unterworfen sind und sich nicht auf ihre Immunität berufen können, hat sich, abgesehen von England und in gewissem Maße von den Niederlanden, in den übrigen hier näher untersuchten Ländern [7] durchgesetzt [8].

Kiel 19. 3. 1953, IPRspr. 1952/53 Nr. 289 (die drei letzten Entscheidungen nicht arbeitsverweisungsrechtlich).

Riezler 387 ff.; Beitzke, RdA 4 (1951) 137; Rosenberg (oben Nr. 357 Anm. 49) 68; Rohlfing, Anm. 3 b zu § 1; Schwenk, Ausschluß fremder Staaten von der deutschen Gerichtsbarkeit, NJW 7 (1954) 1596.

Dagegen sprach sich kürzlich OLG Saarbrücken 9. 12. 1953, SaarlRStZ 1954, 42 (nicht arbeitsverweisungsrechtlich) gegen die Unterwerfung des französischen Staats unter die Gerichtsbarkeit des Saarlands aus.

[6] RAG 6. 12. 1930 (die Entscheidung ist in RAGE 7, 301 unter dem Datum 28. 1. 1931 abgedruckt); 21. 12. 1932; 22. 3. 1933; KG 19. 10. 1928, bestätigt durch RG 8. 10. 1929. LAG Berlin 17. 11. 1930; (implicite) 26. 10. 1931.

[7] Auch das *griechische* Recht anerkennt in Fiskussachen keine Gerichtsfreiheit ausländischer Staaten: vgl. OLG Athen 1690/1949 und 3641/1950, lt. Fragistas, RabelsZ 20 (1955) 154.

Dagegen gewährt absolute Gerichtsfreiheit das Obergericht Stockholm 14. 11. 1949, RabelsZ 22 (1957) 295.

[8] Vgl. aus dem umfangreichen Schrifttum in neuerer Zeit Abel, Immunity of foreign

Die *österreichische* Rechtsprechung hat sich bis vor kurzem gegenüber fremden Staaten stark zurückgehalten. Die Gerichtsbarkeit wurde in der Regel auch in privatrechtlichen Angelegenheiten abgelehnt, ausgenommen die Fälle, daß der ausländische Staat sich der Gerichtsbarkeit unterworfen hatte oder der Streit ein inländisches Grundstück betraf [9]. Neuerdings scheint sich hier jedoch ein Wandel anzubahnen, vgl. etwa Handelsgericht Wien 21. 6. 1948 [10], OGH 10. 5. 1950 [10a].

In der *Schweizer* Praxis [11] wird die Gerichtsbarkeit über fremde Staaten verneint, wenn den Streitgegenstand Rechtsverhältnisse bilden, die aus hoheitlichen Akten des fremden Staates herrühren, sie wird bejaht hinsichtlich von Rechtsverhältnissen, die jure gestionis begründet wurden; statt diese lateinischen Ausdrücke zu benützen, spricht das Bundesgericht zuweilen von der Gerichtsbarkeit in „privatrechtlichen" Sachen [12]. Aber auch in solchen ist eine Gerichtsbarkeit nur gegeben, wenn das Streitverhältnis auch eine gewisse enge örtliche Beziehung zum Schweizer Staatsgebiet aufweist: das zugrundeliegende Rechtsverhältnis muß in der Schweiz

states engaged in commercial operations, AJIL 55 (1951) 354 ff.; CAVARÉ, L'immunité de juridiction des états étrangers, Revue générale de droit international public 58 (1954) 177 ff.; FRANCESCAKIS, Revue critique de d. i. p. 37 (1948) 119 ff.; FREYRIA, Les limites de l'immunité de juridiction et d'exécution des États étrangers, Revue critique d. i. p. 40 (1951) 207 ff., 449 ff.; GMÜR. Zur Frage der gerichtlichen Immunität fremder Staaten und Staatsunternehmen, Schweizer. Jahrbuch für Internationales Recht 7 (1950) 9 ff.; LALIVE, L'immunité de juridiction des états et des organisations internationales, Recueil des Cours de l'Académie de droit international 84 (1953 III) 205 ff.; LAUTERPACHT, The problem of jurisdictional immunities of foreign states, British Yearbook of international law 28 (1951) 220 ff,; MIELE, L'immunità giurisdizionale degli stati stranieri (1947); NIBOYET, Immunité de juridiction et incompétence d'attribution, Revue critique d. i. p. 39 (1950) 137 ff. (hierzu die Besprechung von RIEZLER in RabelsZ 17 (1952) 716; QUADRI, La giurisdizione sugli stati stranieri (1939); SATTER, Grenzen der inländischen Gerichtsbarkeit über fremde Staaten, Giur. comp. d. i. p. 5 (1939) 9; SCHMITTHOFF, The claim of sovereign immunity in the law of international trade, International Comparative Law Quarterly 7 (1958) 452 ff.

[9] Vgl. zuletzt noch OLG Wien 23. 5. 1946, ÖJZ 1 (1946) 316 Nr. 351; 10. 10. 1946, ebda. 512 Nr. 611; 21. 11. 1946, ebda. 2 (1947) 30 Nr. 12 (alle nicht arbeitsverweisungsrechtlich); hierzu SEIDL-HOHENVELDERN, Revue critique d. i. p. 38 (1949) 50 und JBl. 71 (1949) 40 f.; RabelsZ 15 (1949/50) 484 f. Zur älteren Rechtsprechung, die die Gerichtsbarkeit über ausländische Staaten ausnahmslos abgelehnt hat, vgl. POLLACK (oben Nr. 350 Anm. 21) I 251; WOLFF (ebda.) 72; doch ist die Rechtsprechung nicht einheitlich, auch früher schon wurden Einschränkungen der Gerichtsfreiheit in privatrechtlichen Sachen gemacht, vgl. OGH 5. 1. 1920, SZ 2 (1920) 3 Nr. 1 (Bauarbeiten am Haus der Gesandtschaft) und SPERL (oben Nr. 350 Anm. 21) 32 f.

[10] RabelsZ 15 (1949/50) 479. [10a] Clunet 77 (1950) 748.

[11] Zum folgenden GMÜR (oben Anm. 8) 47 ff. (57 ff.); BG 6. 6. 1956, SIREY 1957, 320 mit Anm. VISCHER.

[12] Zu den Qualifikationsschwierigkeiten, die sich aus den unterschiedlichen begrifflichen Abgrenzungen ergeben, s. GMÜR a.a.O. 60, 74 f.

begründet worden oder dort durchgeführt sein, – so daß also anzunehmen ist, daß eine Klage etwa gegen die Bundesrepublik auf Zahlung von Arbeitslohn nur entgegengenommen werden wird, wenn der Arbeitsvertrag auch in der Schweiz begründet oder erfüllt wurde.

Die Grundsätze über die Immunität gelten nur hinsichtlich von Staaten, nicht für staatliche Anstalten, Unternehmungen u. dgl., wenn sie einen gewissen selbständigen Charakter haben [13].

Auch eine Zwangsvollstreckung wird gegen ausländische Staaten als zulässig angesehen.

Die kantonale Praxis folgt überwiegend dem Beispiel des Bundesgerichts, vgl. die Nachweise bei GMÜR a.a.O. 66 ff. und OG Zürich 9. 11. 1939, bestätigt durch BG 12. 4. 1940 [14].

377. *Italien.* Ob ein fremder Staat vor italienischen Gerichten beklagt werden kann, entscheidet die italienische Rechtslehre und Praxis einhellig dahingehend, daß für „atti privati", also Rechtsgeschäfte des Privatrechts, eine Befreiung von der Gerichtsbarkeit nicht gewährt wird. Ein Völkerrechtssatz (der über Art. 10 der italienischen Verfassung innerstaatliches Recht wäre) des Inhalts, daß fremde Staaten ausnahmslos von der Gerichtsbarkeit ausgenommen seien, besteht nicht [15].

Anstellungsverträge mit ausländischen Staaten oder ihnen gleichgestellten öffentlichrechtlichen Körperschaften wurden in der Vergangenheit jedoch meist zu den hoheitlichen Angelegenheiten gezählt und daher der italienischen Gerichtsbarkeit doch entzogen [16]. Im einzelnen zeigt die

---

[13] GMÜR a.a.O. 64. [14] BlfZürcherRechtspr. 39 (1940) 318 Nr. 139.

[15] Vgl. aus der Fülle der Äußerungen neben den bereits oben Anm. 8 genannten Abhandlungen von MIELE und QUADRI: MORELLI, Lehrbuch 187 ff. mit Nachweisen 190 Anm. 1; MARIA GRAZIA SEVERINI, Anm. zu Kassationshof 24. 5. 1956, F. I. 1956. I. 841.

Aus der neueren Rechtsprechung vgl. folgende, nicht zum Arbeitsrecht gehörende Entscheidungen: Kassationshof 21. 9. 1948, F. I. 1949. I. 460 (BARTOLOMEI) = Giur. ital. 1950 I/1. 184 = Giur comp. d. i. p. 11 (1954) 21 Nr. 10; 14. 8. 1953, Giur. ital. 1954. I/1. 440; 14. 6. 1954, Riv. d. i. 38 (1955) 352 (PAONE); 13. 3. 1957, M. T. 1957, 388; ZG Rom 28. 1. 1952, F. I. 1952. I. 796 (SPERDUTI) = Riv. d. i. 36 (1953) 227 (der diplomatische Vertreter eines Staates sei zwar selbst der Gerichtsbarkeit nicht unterworfen, sei aber als Vertreter seines Staates für Klagen gegen diesen der rechte Beklagte; wenn der Staat sich im Felde des Privatrechts bewege, werde er einem ausländischen Privatmann gleichbehandelt und sei aktiv und passiv prozeßfähig); ZG Rom 30. 1. 1955, Riv. d. i. 38 (1955) 376.

Irrig scheint mir jedoch die Ansicht des ZG Rom 15. 11. 1951, F. I. 1952. I. 808, es bedeute einen Verzicht auf die Immunität des Gerichtsfreien, wenn er auf die Arbeitsverhältnisse seiner Arbeiter und Angestellten die örtlichen Tarifverträge angewandt hat.

[16] S. die Übersicht bei RICHARD, Rassegna 78 ff.

Rechtsprechung, die sich vielfach auch mit Klagen von Angestellten der sowjetischen Handelsvertretung zu beschäftigen hatte, folgendes Bild:

Katzmann ./. HV der UdSSR: Es handelte sich um den Anstellungsvertrag eines sowjetischen Staatsangehörigen, „ersten Korrespondenten" der sowjetischen Handelsvertretung in Mailand. Während Mailand 23. 1. 1932 das Rechtsverhältnis als privatrechtlichen Anstellungsvertrag qualifizierte und seine Gerichtsbarkeit bejahte [17], wurde das Urteil vom Kassationshof 18. 1. 1933 aufgehoben und die italienische Gerichtsbarkeit verneint: Zwar sei über fremde Staaten bei privaten Vermögensangelegenheiten Gerichtsbarkeit gegeben; bei den Rechtsgeschäften der sowjetischen Handelsvertretung in Italien seien jedoch die privatrechtlichen Rechtsgeschäfte mit Dritten von den Geschäften im innern Bereich zu unterscheiden; zu diesen gehöre auch die Einstellung sowjetischer Staatsangehöriger als Angestellte, die zum Aufbau der Handelsvertretung gehöre und öffentlichrechtlicher Natur sei. An dieser öffentlichrechtlichen Qualifikation ändere auch der Umstand nichts, daß der Kläger nur untergeordnete Aufgaben wahrzunehmen gehabt habe; der italienische Staat sei an diesen Rechtsverhältnissen nicht interessiert.

Alexejew ./. HV der UdSSR: Hier handelte es sich um den Anstellungsvertrag des Verwalters des in Italien befindlichen Vermögens der russischen orthodoxen Kirche, der nach Verstaatlichung dieses Vermögens in den Dienst des sowjetischen Staates übernommen worden war. Nebenbei hatte er noch Aufgaben als Kanzleiangestellter in der sowjetischen Botschaft und als Sekretär des sowjetischen Generalkonsulats wahrgenommen. Alles dies gab seinem Dienstverhältnis „öffentlichrechtliches Gepräge", weshalb die italienischen Gerichte nicht darüber entscheiden konnten: so ZG Genua 17. 2. 1931 [18], bestätigt durch Genua 9. 2. 1932 und Kassationshof 6. 2. 1933.

Tani ./. HV der UdSSR, Kassationshof 12. 5. 1947: Gerichtsbarkeit über die Anstellungsverhältnisse der Angestellten der sowjetischen Handelsvertretung ist auch dann nicht gegeben, wenn der Angestellte Italiener ist und die Arbeit in Italien geleistet wurde [19].

Inzwischen ist diese Rechtsprechung durch einen Staatsvertrag zwischen Italien und der UdSSR vom 11. 12. 1948, Gesetz vom 24. 7. 1951 Nr. 1637, ausdrücklich bestätigt worden [20].

Dagegen hat ZG Rom 15. 11. 1951 das Arbeitsverhältnis eines Italieners mit der sowjetischen staatlichen Gesellschaft Sovexportfilm für privatrechtlich und daher italienischer Gerichtsbarkeit unterworfen erklärt.

Die italienische Gerichtsbarkeit wurde auch für die Klage eines Italieners gegen das amerikanische Konsulat in Neapel auf Zahlung einer Kündigungsentschädigung verneint, ZG Neapel 31. 12. 1930 und Neapel 7. 4. 1931. Aus der Berufungsentscheidung geht hervor, daß es für die Bejahung oder Verneinung der italienischen Gerichtsbarkeit darauf ankomme, welche Aufgaben der Kläger erfüllt hat – hier Mithilfe bei der Ausstellung von Pässen und langjährige Dienste in der Entlausungsstelle des Konsulats –,

---

[17] Ablehnend ANDREOLI, F. I. 1932. I. 747. Wie diese Entscheidung auch ZG Mailand 21. 6. 1932.

[18] Zustimmend PETRACCONE, Riv. ital. d. i. p. proc. 1 (1931) 83; RICHARD, Rassegna 78; SCERNI, Riv. d. i. 23 (1931) 561 ff.

[19] Ebenso Prätur Mailand 13. 2. 1936.

[20] Hierzu CAPOTORTI, Brevissimi rilievi in tema di immunità giurisdizionale degli Stati stranieri, Giur. comp. d. i. p. 11 (1954) 88 ff.

nicht, ob er nach dem Recht des Staates, dem das Konsulat angehört, die Stellung eines Beamten („impiegato") hatte (oben Nr. 42).

Ähnlich erging es dem italienischen Verwalter des zum englischen Konsulat in Neapel gehörenden Friedhofs: Anlage und Unterhaltung des englischen Friedhofs seien Tätigkeiten öffentlichrechtlicher Art, weil sie das allgemeine Interesse berührten und Zwecken der Gemeinschaft dienten; der Kläger sei kein gewöhnlicher Arbeitnehmer, sondern Vertrauensperson gewesen, der Arbeiter und Angestellte entlassen konnte und auch sonst Mitwirkungsrechte bei der Friedhofsverwaltung hatte: Neapel 10. 6. 1933 und Kassationshof 16. 6. 1934. Vgl. weiter Semenoff ./. Verwaltung der norwegischen Staatsbahnen, ZG Rom 28. 6. 1935: der Kläger war von einem Beamten der norwegischen Staatsbahnen nach Italien entsandt worden, um die Ausfuhr norwegischer Fische in Kühlwaggons der Staatsbahnen zu überwachen und zu fördern: „attività di vita economica avente ... carattere statale e pubblico ... " usw. Rom 18. 6. 1936 hob die Entscheidung allerdings auf, da das zugrundeliegende Verhältnis als Kommissionsgeschäft qualifiziert wurde. Aber auch für den Fall, daß es sich um einen Anstellungsvertrag gehandelt hätte, bejaht die Entscheidung die italienische Gerichtsbarkeit, da u. a. von einer Ausübung hoheitlicher Macht durch den Staat Norwegen innerhalb des italienischen Staatsgebietes keine Rede sein könnte.

Die jüngste Entscheidung des Kassationshofs vom 24. 5. 1956 macht jedoch mit der Unterscheidung von privaten und hoheitlichen Angelegenheiten auch bei Anstellungsverhältnissen ernst: Italienische Gerichte sind zuständig für die Klage eines Angestellten des dem ungarischen Staat direkt unterstellten ungarischen Kulturinstituts in Rom, da die Klägerin nur interne Aufgaben (Leitung des Gästeheims und ähnliches) zu erfüllen gehabt hätte.

ZG Neapel 2. 12. 1957 bejaht die italienische Gerichtsbarkeit für die Klage einer italienischen Angestellten des US Navy Clubs gegen die Vereinigten Staaten; die Klägerin hatte die Aufgaben einer Kassiererin, Dolmetscherin und Buchhalterin versehen. Auch hier wird aus diesen verhältnismäßig untergeordneten Aufgaben geschlossen, daß es sich um ein privatrechtliches Verhältnis gehandelt habe.

Vgl. schließlich ZG Venedig 26. 7. 1949: Gerichtsbarkeit gegenüber der städtischen Sparkasse Fiume bejaht.

Den Staaten werden gleichgestellt internationale Organisationen und Körperschaften:

Daher keine Gerichtsbarkeit über das Dienstverhältnis eines höheren Angestellten (economo-cassiere) des internationalen landwirtschaftlichen Instituts in Rom: Kassationshof 26. 2. 1931; die Unterentscheidung Rom 1. 2. 1930 hatte die Gerichtsfreiheit verneint, aber sich für sachlich unzuständig angesehen.

Lehrreich ist auch die Entscheidung des Kassationshofs 27. 5. 1955, Maida ./. Amministrazione per gli aiuti internazionali, die Nachfolgeorganisation der IRO. Der Kassationshof ruft zuerst die Unterscheidung in „atti privati" und „atti di natura pubblicistica" ins Gedächtnis zurück, stellt dann aber fest, daß die Funktionen des Klägers bei der IRO zweifellos zur Verwirklichung ihrer öffentlichrechtlichen Aufgaben gedient hätten. Die Vereinbarung über das Schiedsgericht, das über Streitigkeiten der IRO mit ihren Angestellten in letzter Instanz zu entscheiden hatte (s. oben Nr. 362) wird vom Kassationshof wegen Fehlens jeder Bestimmtheit für unanwendbar angesehen; daraus ergebe sich – um eine Rechtsverweigerung zu vermeiden – notwendigerweise die Zuständigkeit der italienischen ordentlichen Gerichte, um so mehr, als eine Zuständigkeit der italienischen Verwaltungsgerichtsbarkeit nicht in Frage komme [21].

Ob italienische Gerichte über Streitigkeiten der NATO mit ihren Angestellten entscheiden können, wurde vom ZG Livorno 3. 4. 1954 (vom italienischen Standpunkt zu unrecht) bejaht, von der in gleicher Sache ergangenen Entscheidung des Kassationshofs 17. 10. 1955 sowie von ZG Florenz 2. 1. 1954, bestätigt, durch Florenz 4. 8. 1955, verneint. ZG Florenz a.a.O. sagt jedoch in den Entscheidungsgründen, daß die Arbeitsverhältnisse von Handarbeitern, die gemäß Art. 9 Ziffer 4 des Vertrages über die Rechte der NATO in Italien italienischem Recht unterstellt seien, damit „wahrscheinlich" auch der italienischen Gerichtsbarkeit unterfallen würden [22].

378. Auch in *Frankreich* sind fremde Staaten in nicht hoheitlichen Sachen der Gerichtsbarkeit des Inlands unterworfen [23]. Während die Rechtsprechung ihnen früher vollständige Immunität gewährt hatte, hat sich zwischen den beiden Kriegen hier insbesondere im Hinblick auf Streitigkeiten mit der sowjetischen Handelsvertretung in Paris ein Wandel angebahnt, vgl. Kassationshof 19. 2. 1929 [24] und 15. 12. 1936 [25]. Die Gerichtsbarkeit wurde bejaht, wenn es sich um die Beurteilung eines „Handelsgeschäfts", „acte de commerce" handelte [26]. In einem neueren Fall Kassationshof 5. 2. 1946 wurde nunmehr als Kriterium genannt, daß der Staat „in den Formen, nach Art und innerhalb der Schranken des Privatrechts" gehandelt habe. Es ist dies die gleiche Abgrenzung, wie sie im inneren Recht für die Zuständigkeit der ordentlichen Gerichte zur Beurteilung von Verträgen der öffentlichen Hand benutzt wird [27]. Hoheitliche Angelegenheiten unterliegen dagegen nicht der Beurteilung durch französische Gerichte [28].

Zu diesen hoheitlichen Angelegenheiten wurden auch die Beziehungen

---

[21] Zweifelnd an der Entscheidung Bravo, Riv. d. i. 39 (1956) 550.

[22] Entsprechend den allgemeinen Grundsätzen ist die NATO hingegen der italienischen Gerichtsbarkeit unterworfen, wenn sie „more privatorum" am Rechtsverkehr teilnimmt: so für einen Kauf- und Werkvertrag Kassationshof 14. 6. 1954, Riv. d. i. 38 (1955) 352.

[23] Vgl. neben den oben Anm. 8 genannten insbesondere Batiffol, Traité 781 ff.

[24] Sirey 1930. 1. 49 (Niboyet) = Dalloz 1929. 1. 73 (Savatier) = Revue de d. i. p. 24 (1929) 266; ebenso Paris 28. 7. 1932, Revue critique d. i. p. 27 (1932) 671.

[25] Revue critique d. i. p. 32 (1937) 710.

[26] Niboyet, Traité VI/1, 347 ff. will die Unterwerfung unter die inländische Gerichtsbarkeit ebenfalls auf Streitigkeiten über „actes de commerce" beschränken, wodurch etwa Ansprüche aus Verkehrsunfällen, die durch den fremden Staat verursacht wurden, unter die Gerichtsfreiheit fallen würden.

[27] Vgl. auch ZG Seine 16. 6. 1955, G. Pal. 1955. II. 61.

[28] Vgl. statt vieler ZG Seine 19. 10. 1933, Revue critique d. i. p. 29 (1934) 156; Kassationshof 23. 1. 1933, ebda. 935; Paris 31. 10. 1956, J. C. P. 1956. II. 9605 (Anleihe des Staates Belgisch-Kongo); Paris 29. 1. 1957 J. C. P. 1957. II. 9779 (Bürgschaft des türkischen Staates für eine Anleihe der Stadt Konstantinopel).

der sowjetischen Handelsvertretung zu ihren Angestellten gerechnet: ZG Seine 15. 11. 1930 (Abteilungsleiter); Paris 30. 11. 1933 (Ingenieur)[29].

Die Gerichtsfreiheit wird nur souveränen Staaten, nicht etwa Ländern eines Bundesstaates zuerkannt; umgekehrt genießen sie auch öffentliche Anstalten, die als Ausdruck der Hoheitsgewalt des Staates angesehen werden[30]. Sie erstreckt sich weiter auf internationale Organisationen[31]. Vgl. ZG Versailles 27. 7. 1945: keine Gerichtsbarkeit für die Klage eines Rechners gegen das Internationale Amt für Maße und Gewichte. Vollstreckungsmaßnahmen gegenüber dem ausländischen Staat sind hingegen unzulässig[32].

379. *Belgien.* Die belgische Rechtsprechung hat zu den ersten gehört, die vom Grundsatz der völligen Gerichtsfreiheit fremder Staaten abgegangen sind und die Gerichtsbarkeit in Sachen jure gestionis anerkannt haben, vgl. die grundlegende Entscheidung Kassationshof 11. 6. 1903[33] und eine lange Kette von entsprechenden Urteilen[34], neuestens Handelsgericht Brüssel 14. 10. 1950[35].

ZG Léopoldville 15. 1. 1955 sieht die Gerichte für Klagen des Angestellten eines ausländischen Konsulats gegen den fremden Staat als Arbeitgeber für zuständig an; der Konsul sei hingegen persönlich nicht der rechte Beklagte.

Abweichend allerdings die (wohl schwerlich zutreffende) Entscheidung Léopoldville 29. 5. 1956: Keine Gerichtsbarkeit für die Kündigungsklage einer Bibliothekarin, Angestellten eines amtlichen Nachrichtendienstes der Vereinigten Staaten[36].

[29] Vgl. hierzu NIBOYET, Revue critique 39 (1950) 145 Anm. 1. FREYRIA (oben Anm. 8) 455 f. unterscheidet, ob es sich um das Dienstverhältnis eines Angestellten (Arbeiters) oder eines Beamten handelt; im zweiten Fall seien die inländischen Gerichte schon sachlich unzuständig, die Frage der Immunität stelle sich nicht. Was das eine und was das andere ist, soll nach der lex fori zu qualifizieren sein (so allgemein für die Abgrenzung des hoheitlichen zum privaten Akt, FREYRIA 765 im Anschluß an NIBOYET, Revue critique 39 [1950] 155 ff.).

[30] Vgl. Kassationshof 5. 5. 1885, G. Pal. 1885. II. 33 (elsässisch-lothringische Staatsbahnen); ZG Seine 30. 12. 1930, Clunet 58 (1931) 1040 (jugoslawische Monopolverwaltung); ZG Seine 17. 10. 1936, Revue critique d. i. p. 32 (1937) 187 (staatliches spanisches Reisebüro!) u. a.

[31] BATIFFOL, Traité a.a.O.

[32] Vgl Bordeaux 3. 11. 1950, Revue critique d. i. p. 40 (1951) 307 und weitere Nachweise bei FREYRIA (oben Anm. 8) 465 ff.

[33] Clunet 31 (1904) 417.

[34] Der Rechtszustand bis 1932 ist erschöpfend und rechtsvergleichend dargestellt in dem Gutachten von VAN HILLE zu ZG Antwerpen 8. 7. 1932, La Belgique Judiciaire 90 (1932) 482 ff.; s. auch FREYRIA a.a.O. 213 ff.

[35] Rechtskundig Weekblad 1950/51, 795, lt. Recueil annuel de jurisprudence belge 1951, 156 Nr. 3 (nicht arbeitsverweisungsrechtlich).

[36] Das Urteil läßt in den Gründen aber auch erkennen, daß die Klage unbegründet war, da das in Belgisch-Kongo für den Anstellungsvertrag einschlägige Dekret vom 25. 6. 1949 nicht „d'ordre public" sei und die Klägerin sich niemals darauf berufen

Vollstreckungs- und Zwangsmaßnahmen sind jedoch gegen den ausländischen Staat nicht zulässig, vgl. Handelsgericht Brüssel a.a.O., so daß die Wirksamkeit des Urteils auf seine moralische Kraft beschränkt bleibt[37].

380. *Niederlande.* In der Frage, ob niederländische Gerichte über fremde Staaten Gerichtsbarkeit haben, ist die allgemeine Haltung der Gerichte sehr zurückhaltend[38]. Sedes materiae ist Art. 13 a A. B., wonach die Gerichtsbarkeit des niederländischen Richters den durch das Völkerrecht gezogenen Grenzen unterliegt. Anlaß zu dieser Gesetzesbestimmung gab ein Versäumnisurteil, das während des ersten Weltkrieges gegen das Deutsche Reich erlassen worden war. In der Entscheidung Hof Amsterdam 30. 4. 1942[39] wird gesagt, wer mit einem fremden Staat Handel treibe, unterwerfe sich seiner Rechtsmacht; die Unterscheidung der acta jure gestionis und acta jure imperii wurde von Hof Amsterdam 3. 12. 1942[40] ausdrücklich verworfen, was jedoch nicht hinderte, daß das gleiche Gericht in seiner Entscheidung 29. 4. 1943[41] eine Wechselbegebung durch die sowjetische Handelsniederlassung in Berlin (aus Anlaß eines Kaufvertrages) als eine Handlung jure imperii bezeichnete. In allen drei (nicht arbeitsverweisungsrechtlichen) Entscheidungen wurde die Gerichtsbarkeit verneint.

381. *England.* Die englischen Gerichte stehen auf dem Standpunkt, daß ausländischen Staaten volle Gerichtsfreiheit zuzubilligen ist; dies selbst für Handelsgeschäfte, siehe neben zahlreichen Entscheidungen *Magdalena Steam Navigation Co.* v. *Martin* (1859), 2 E. & E. 94[42]; *Krajina* v. *The Tass Agency and Another,* [1949] 2 All E. R. 274; *Dollfus Mieg et Co. S. A.* v. *Bank of England,* [1949] 2 K. B. 369[43]; *Baccus S. R. L.* v. *Servicio Nacional del Trigo,* [1956] 3 W. L. R. 948[44]; *Rahimtoola* v. *The Nizam of Hyderabad,* [1957] 3 All E. R. 441[45].

habe; mittelbar ist damit gesagt, daß das amerikanische Recht (wohl das Recht des Bundesdistrikts, wie angenommen werden kann) Arbeitsstatut gewesen sein muß.

[37] Ablehnend jedoch VAN HILLE, Nachtrag zu POULLET 24, der auch Vollstreckungen gegenüber fremden Staaten zulassen will.

[38] Vgl. die Rechtsprechungsübersicht NR IPR 655 ff. und 2 Erg. 143 ff.

[39] N. J. 1942 Nr. 757. [40] N. J. 1943 Nr. 340. [41] N. J. 1943 Nr. 600.

[42] COOPER 23; DICEY-PARRY 129; WOLFF, Private International Law 56 ff.; GRAVESON 331 ff.; CHESHIRE 89; HONIG, Die Immunität ausländischer Staaten gegenüber der englischen Gerichtsbarkeit, Annales Universitatis Saraviensis (Rechts- und Wirtschaftswissenschaften) 5 (1956/57) 77 ff.

[43] Hierzu ABEL, JBl. 72 (1950) 372; CARTER, International Law Quarterly 3 (1950) 78 (zweifelnd).

[44] Law Quarterly Review 73 (1957) 26 mit Anm. von COHN und ebda. 286 ff. = AJiL 51 (1957) 427 und ABEL, JBl. 79 (1957) 501 f.

[45] Hierzu MANN, Modern Law Review 21 (1958) 165; BLAND, Int. Comp. Law Quarterly 7 (1958) 176 ff.

Die Gerichtsfreiheit kommt auch britischen Staatsangehörigen im Dienste ausländischer Mächte zugute: *Macartney v. Garbutt* (1890), 24 Q. B. 368. Der fremde Staat kann auf sein Vorrecht verzichten, doch muß dies deutlich erkennbar sein: Etwa durch Erscheinen vor Gericht auf Grund der Ladung.

Eine Ausdehnung der Gerichtsfreiheit auf internationale Organisationen und ihre Richter, Räte usw. brachte der International Organisation (Immunities and Privileges) Act, 1950 [46].

---

[46] Vgl. GRAVESON 333 f. mit Verzeichnis der internationalen Organisationen in Anm. h S. 334; WOLFF, Private International Law 55 Anm. 4; Übersicht in Intern. Comp. Law Quarterly 7 (1958) 119 f.

ANHANG

Der Entwurf des Instituts für Internationales Recht

Art. 1. – La capacité à l'effet de conclure un contrat de travail est régie par la loi personnelle de chacune des parties, sous réserve des règles prohibitives et de police de la législation du pays d'exécution.

Néanmoins, la lex loci executionis est applicable à la capacité du mineur et de la femme mariée, tant qu'une opposition expresse fondée sur leur loi personnelle n'a pas été formée par le représentant légal ou le mari.

Art. 2. – Les conditions générales d'existence et de validité du contrat de travail sont régies par la lex loci contractus.

Quant aux dispositions légales propres au contrat de travail qui restreignent la liberté des contractants ou frappent de nullité certaines clauses, il suffit, pour produire effet, qu'elles se trouvent insérées soit dans la loi du pays ou l'employeur a son centre d'activité industrielle, commerciale ou artistique ou sa résidence, soit dans la loi du pays où s'exécute le travail.

Il en est de même des dispositions relatives à la faculté pour le patron d'embaucher du personnel féminin ou des apprentis.

Art. 3. – Le contrat de travail est valable quant à la forme, lorsqu'il est établi suivant la loi du pays où il à été conclu.

Toutefois, les dispositions contenant des exigences particulières de forme qui sont en vigueur au pays d'exécution doivent être observées.

Art. 4. – Les effets du contrat de travail sont régis suivant les cas par la loi du pays de l'établissement principal ou accessoire ou de la résidence de l'employeur pour le compte duquel le travail s'exécute.

Dans les limites fixées par l'article 2, la volonté des parties reste autonome.

L'interprétation du contrat de travail quant aux effets qui

dépendent de la volonté des parties est régie par la loi qu'elles ont désignée expressément ou implicitement. A défaut de désignation expresse ou implicite de la loi applicable, la réglementation appartient à la loi visée au 1er alinéa du présent article.

Art. 5. – Les modalités d'exécution du contrat sont réglées par la lex loci executionis.

Art. 6. – La loi applicable à l'interprétation du contrat gouverne les causes de rupture prévues valablement par les parties ainsi que ses conséquences.

Si le contrat ne contient aucune disposition expresse sur les causes et sur les effets de la rupture, et si les parties ne se sont référées à aucune loi, il convient d'observer la lex loci executionis.

C'est également la loi du lieu d'exécution qui détermine les causes de rupture de jure.

Art. 7. – Le contrat de travail relatif à la navigation maritime est soumis à la loi du pavillon. Le contrat relatif à la navigation fluviale ou aérienne est soumis à la loi du pays d'immatriculation. Lorsque l'exploitation d'un bateau se fait exclusivement hors de l'État d'immatriculation, la loi du pays dans le domaine fluvial duquel le bateau circule principalement est compétente.

Toutefois, l'article 1 et l'article 3 ci-dessus restent applicables aux contrats de travail visés au présent article.

Art. 8. – Les rapports de la convention collective et du contrat individuel sont régis par la loi où le travail s'exécute.

Si la loi du pays d'exécution attribue aux conventions collectives de travail une force obligatoire générale, les contrats individuels qui doivent y être exécutés sont soumis à ce régime, quelle que soit la loi dont ils relèvent en vertu des articles précédents.

Si, au contraire, d'après la loi du pays d'exécution, la force obligatoire de la convention collective est restreinte aux personnes qui sont parties à cette convention, le contrat individuel de travail relevant d'un droit étranger, n'est pas soumis à cette convention collective.

ENTSCHEIDUNGSVERZEICHNIS

Die Zahlen verweisen auf die Nummern und Anmerkungen [1]

DEUTSCHE ENTSCHEIDUNGEN [2]

Reichsgericht

[1] In dieses Verzeichnis aufgenommen und dementsprechend im Text nur mit dem Datum bezeichnet sind nur Entscheidungen, die zum Arbeitsverweisungsrecht und internationalen Zivilprozeßrecht Bezug haben; die Fundstellen der anderen (arbeits- und internationalprivatrechtlichen) Entscheidungen befinden sich im Text.

[2] *Abkürzungen:* AP = Arbeitsrechtliche Praxis – Nachschlagewerk des Bundesarbeitsgerichts; AR = Arbeitsrecht; ARS = Arbeitsrechts-Sammlung, Entscheidungen des Reichsarbeitsgerichts, der Landesarbeitsgerichte und Arbeitsgerichte; BAGE = Entscheidungen des Bundesarbeitsgerichts, Amtliche Sammlung; BB = Der Betriebsberater; BlfIPR = Blätter für IPR, Beilage zur Leipziger Zeitschrift; Giur. comp. d. i. p. = Giurisprudenza comparata di diritto internazionale privato; Giur. comp. lav. = Giurisprudenza comparata di diritto corporativo, sindacale e del lavoro; HansGerichtsZ = Hanseatische Gerichtszeitung; HansRGZ = Hanseatische Rechts- und Gerichtszeitung; HRR = Höchstrichterliche Rechtsprechung; IPRspr. = Die deutsche Rechtsprechung auf dem Gebiete des internationalen Privatrechts; IzRspr. = Sammlung der deutschen Entscheidungen zum interzonalen Privatrecht; JW = Juristische Wochenschrift; JZ = Juristenzeitung; MDR = Monatsschrift für deutsches Recht; NiemZ = (Niemeyers) Zeitschrift für internationales Recht; NJW = Neue Juristische Wochenschrift; OLGR = Sammlung der Rechtsprechung der Oberlandesgerichte; RabelsZ = (Rabels)Zeitschrift für ausländisches und internationales Privatrecht; RAGE = Entscheidungen des Reichsarbeitsgerichts, Amtliche Sammlung; RdA = Recht der Arbeit; RGZ = Entscheidungen des Reichsgerichts in Zivilsachen, Amtliche Sammlung; RiW = Recht der internationalen Wirtschaft; Ruben = Die Rechtsprechung des LAG Berlin 1927–1932; WM = Wertpapier-Mitteilungen, Teil IV B.

Bundesgerichtshof

BGH 19. 3. 1956:	Wettbewerb in Recht und Praxis 2 (1956) 166: Nr. 116; 208[35]

Reichsarbeitsgericht

RAG 20. 2. 1929:	RAGE 3, 224 = ARS 5, 427 (NIPPERDEY) = IPRspr. 1929, 59 Nr. 42: Nr. 158; 208; 338; 371
RAG 29. 5. 1929:	ARS 6, 568 (DERSCH): Nr. 238 d; 339
RAG 23. 11. 1929:	ARS 8, 294 (DERSCH) = JW 1930, 1888 = HRR 1930, 532 = IPRspr. 1930, 136 Nr. 60: Nr. 18[25]; 91[3]; 157; 309
RAG 18. 1. 1930:	ARS 8, 51 = JW 1931, 159 = IPRspr. 1930, 5 Nr. 1 = HRR 1930 Nr. 716: Nr. 370
RAG 27. 8. 1930:	ARS 10, 44 = JW 1931, 159 = IPRspr. 1930, 103 Nr. 41: Nr. 104[60]; 109; 113[90]; 253
RAG 6. 12. 1930:	RAGE 7, 301 (hier unter dem Datum 28. 1. 1931) = ARS 11, 145 (FLATOW) = IPRspr. 1931, 111 Nr. 55: Nr. 344; 345; 374[2]; 375[6]
RAG 1. 4. 1931:	RAGE 8, 195 = ARS 12, 111 (FLATOW) = IPRspr. 1931, 105 Nr. 53 = JW 1932, 605 (KAHN-FREUND): Nr. 102[58]; 113[90]; 157; 317[78]; 339; 344; 344[14]; 345; 346
RAG 1. 7. 1931:	RAGE 9, 40 = ARS 13, 3 (DERSCH) = JW 1932, 2317 = IPRspr. 1931, 108 Nr. 54 = Recht 1931 Nr. 769: Nr. 6[31]; 100[56]; 157; 315[74]; 315
RAG 28. 5. 1932:	RAGE 11, 100 (hier Datum 25. 5.) = ARS 15, 308 (DERSCH) = IPRspr. 1932, 10 Nr. 4: Nr. 6[31]; 168[19]; 237 b; 238 d; 338; 339; 371[16]
RAG 4. 6. 1932:	ARS 15, 456 (NIPPERDEY): Nr. 116
RAG 1. 10. 1932:	ARS 16, 105 (GERSTEL) = IPRspr. 1932, 237 Nr. 130 = JW 1933, 349: Nr. 102[58]; 158; 357[49]
RAG 10. 12. 1932:	RAGE 12, 131 = ARS 17, 28 (VOLKMAR): Nr. 102[58]; 375
RAG 21. 12. 1932:	RAGE 12, 184 = ARS 17, 18 (VOLKMAR) = JW 1933, 1853 = IPRspr. 1933, 23 Nr. 13 = Giur. comp. d. i. p. 5 (1939) 94 (SCERNI, ECKSTEIN): Nr. 43; 59; 104[60]; 109[75]; 113[92]; 157; 283; 375[6]
RAG 11. 2. 1933:	RAGE 12, 296 = ARS 17, 492 (VOLKMAR): Nr. 104[60]; 105; 113[92]; 253; 357[49]
RAG 1. 3. 1933:	RAGE 12, 270 = ARS 17, 401 (HUECK): Nr. 2; 5[21]; 6; 102[58]; 104[60]; 109; 113[92]; 309
RAG 22. 3. 1933:	RAGE 12, 349 = ARS 18, 48 = JW 1933, 1953 = Giur. comp. d. i. p. 5 (1939) 107: Nr. 375[6]
RAG 1. 4. 1933:	ARS 19, 3 (HUECK): Nr. 102[58]; 104[60]; 109; 309
RAG 10. 5. 1933:	RAGE 13, 28 = ARS 18, 142 (VOLKMAR) = JW 1933, 2173 = NiemZ 49 (1934) 94: Nr. 359[8]; 359[10]; 359[14]
RAG 4. 11. 1933:	RAGE 13, 129 = ARS 19, 135 (VOLKMAR) = Giur. comp. d. i. p. 5 (1939) 89 (RHEINSTEIN, ECKSTEIN): Nr. 8[2]; 317[78]; 344; 345; 346
RAG 17. 2. 1934:	ARS 20, 166 (VOLKMAR) = IPRspr. 1934, 248 Nr. 127: Nr. 102[58]; 350[20]; 357[49]; 359[13]
RAG 25. 5. 1935:	RAGE 15, 147 = ARS 24, 140: Nr. 102[58]; 308[58]
RAG 20. 7. 1935:	RAGE 15, 247 = ARS 25, 3 = JW 1935, 3665: Nr. 104[60]; 105; 107[68]; 253; 371[17]
RAG 8. 4. 1936:	RAGE 16, 236 = ARS 26, 328 (VOLKMAR) = JW 1936, 2666 (JONAS): Nr. 104[60]; 109[78]; 357[49]; 359[14]
RAG 7. 4. 1937:	ARS 30, 41 = Giur. comp. lav. II (1941) 35 Nr. 5: Nr. 116
RAG 26. 11. 1940:	ARS 41, 9: Nr. 116

Bundesarbeitsgericht

BAG 5. 5. 1955:	BAGE 1, 18 = AP Nr. 4 zu § 242 BGB (BEITZKE) = JZ 10 (1955) 512 (GAMILLSCHEG): Nr. 91[5]; 104; 105; 111[82]; 114; 114[95]; 158[229]

Andere Gerichte

OLG Hamburg 21. 5. 1889:	Seufferts Archiv 44 (1889) 385 Nr. 240 = Clunet 18 (1891) 572: Nr. 104[60]; 116
OLG Hamburg 30. 10. 1902:	OLGR 6, 5: Nr. 116
OLG Dresden 25. 1. 1907:	OLGR 14, 345: Nr. 57; 104[60]; 105; 107[70]; 113[92]; 308[56]
OLG Hamburg 6. 4. 1907:	Seufferts Blätter 72, 672: Nr. 53; 208; 208[37]
OLG München 5. 4. 1909:	OLGR 23, 245: Nr. 91[5]; 104[60]; 107[71]; 111[82]; 114; 304; 308[58]; 359[10]
OLG Düsseldorf 5. 5. 1909:	OLGR 19, 43: Nr. 62[11]; 66[25]
OLG Hamburg 26. 6. 1909:	OLGR 21, 385 = NiemZ 21 (1911) 71: Nr. 104[60]; 116
KG 23. 11. 1910:	OLGR 23, 61: Nr. 5[18]; 104[60]; 105; 113[92]; 348[13]
OLG Hamburg 9. 6. 1916:	OLGR 34, 334: Nr. 109; 113[92]
OLG Hamburg 24. 2. 1919:	NiemZ 34 (1924) 453: Nr. 116; 270[222]
Gewerbegericht Lübeck 15. 9. 1926:	HansGerichtsZ 4 (1927) Arbeitsrecht S. 1: Nr. 250
Gewerbegericht Lübeck 15. 12. 1926:	HansGerichtsZ 4 (1927) Arbeitsrecht S. 2: Nr. 250; 338
KG 19. 10. 1928:	IPRspr. 1929, 42 Nr. 24: Nr. 8; 375[6]
LAG Berlin 23. 4. 1929:	Ruben Nr. 1196: Nr. 102[58]; 104[60]; 109; 113[92]
LAG Berlin 3. 5. 1929:	Ruben Nr. 1271: Nr. 108; 113[89]; 308[56]
LAG Berlin 2. 8. 1929:	Ruben Nr. 2445: Nr. 109; 238 d; 339
LAG Berlin 11. 11. 1929:	Ruben Nr. 245: Nr. 157, 338[23]
OLG Hamburg 4. 6. 1930:	IPRspr. 1930, 114 Nr. 47 = HansRGZ 1930, Abt. B Nr. 203: Nr. 98[46]; 116; 270[222]
LAG Berlin 17. 11. 1930:	IPRspr. 1930, 104 Nr. 42 = ZfOstrecht 4 (1930) 1195: Nr. 43; 104[60]; 109[76]; 113[92]; 163; 308[57]; 375[6]
LAG Berlin 6. 3. 1931:	Ruben Nr. 244: Nr. 102[58]; 339
LAG Berlin 13. 5. 1931:	Ruben Nr. 1197: Nr. 104[60]; 114; 308[56]
LAG Berlin 8. 6. 1931:	Ruben Nr. 125: Nr. 157
LAG Berlin 13. 7. 1931:	Ruben Nr. 1200: Nr. 104[60]; 105; 109[79]; 110[81]; 113[91]
LAG Berlin 24. 7. 1931:	Ruben Nr. 1198, 1456: Nr. 105; 113[92]
LAG Berlin 26. 10. 1931:	IPRspr. 1932, 83 Nr. 37 = ZfOstrecht 6 (1932) I, 223: Nr. 43; 57; 104[60]; 109[77]; 113[92]; 308[57]; 375[6]
LAG Berlin 15. 2. 1932:	Ruben Nr. 545, 1199: Nr. 107; 109[79]
OLG Hamburg 20. 5. 1932:	HansRGerZ 1932, 685: Nr. 286[274]
OLG Danzig 21. 7. 1932:	Giur. comp. d. i. p. 1 (1937) 229: Nr. 187[34]
LAG Berlin 4. 8. 1932:	JW 1932, 2829 = IPRspr. 1932, 239 Nr. 132 (VOLKMAR in: JW 1933, 2173): Nr. 358[2]; 359[11]
LAG München 29. 3. 1935:	ARS 24, 120: Nr. 338
LAG Frankfurt/M. 23. 12. 1935:	ARS 26, 62 (VOLKMAR): Nr. 104[60]; 107[68]; 109[74]; 109[78]; 113[92]; 250; 308[55]; 357[50]; 359; 359[14]
OLG Hamburg 16. 7. 1936:	JW 1936, 2939: Nr. 113[92]; 116; 270[222]
LAG Dortmund 18. 12. 1936:	JW 1937, 1187: Nr. 59; 104[60]; 109[74]; 109[79]; 113[92]; 283; 350[20]; 375
LAG Hamburg 22. 3. 1947:	MDR 1 (1947) 97 (BEITZKE) = RdA 1 (1948) 144 (NIKISCH) = IzRspr. 1945–1953, 322 Nr. 176: Nr. 114; 194 a. E.
ArbG Braunschweig 18. 7. 1947:	IzRspr. 1945–1953, 324 Nr. 177 a: Nr. 3[8]; 99[51]; 105; 114

LAG Hannover 17. 10. 1947:	IzRspr. 327 Nr. 177 b: Nr. 98; 99; 99[52]; 114
LAG Stuttgart 16. 12. 1947:	RdA 3 (1950) 116 (BEITZKE) = IzRspr. 328 Nr. 178: Nr. 3[8]; 99[52]; 104[60]; 144; 158[226]; 177 a[37]; 258
LAG Frankfurt/M. 13. 4. 1948:	AR in Stichworten II Nr. 40, 184, 186, 432 = IzRspr. 334 Nr. 180: Nr. 3[8]; 104[60]; 113[93]; 251
LAG Hessen 12. 5. 1949:	IzRspr. 350 Nr. 192: Nr. 104[60]; 105
ArbG Bremerhaven 24. 6. 1949:	IzRspr. 336 Nr. 180 a: Nr. 113; 244[161]
ArbG Göttingen 5. 8. 1949:	RdA 3 (1950) 117 (BEITZKE) = IzRspr. 337 Nr. 181: Nr. 106[67]; 113; 244[161]
LAG München 16. 5. 1950:	AP 1951 Nr. 114 (BEITZKE) = IPRspr. 1950/51, 55 Nr. 21: Nr. 2; 6; 100[55]; 105; 113[92]; 119[113]; 253; 271; 359; 359[9]; 360[17]; 375[5]
LAG Frankfurt/M. 14. 3. 1951:	AP 1951 Nr. 288 (BEITZKE) = IPRspr. 1950/51, 50 Nr. 20: Nr. 104[60]; 108; 113[92]; 182[14]; 253
LAG Bremen 18. 4. 1951:	AP 1951 Nr. 273 (BEITZKE) = BB 6 (1951) 643 = IzRspr. 330 Nr. 179: Nr. 3[8]; 98[45]; 100[55]; 104[62]; 113; 158; 158[227]; 251
LAG Hamburg 11. 8. 1951:	AP 1952 Nr. 98 (BEITZKE) = IzRspr. 342 Nr. 185: Nr. 105; 112[87]; 113[88]; 194 a. E.
LAG Berlin 27. 9. 1951:	AP 1952 Nr. 97 (BEITZKE) = IzRspr. 343 Nr. 186: Nr. 91[5]; 104[60]; 111[82]; 114; 158; 194 a. E.
LAG Stuttgart 19. 3. 1952:	AP 1952 Nr. 130 (BEITZKE) = BB 7 (1952) 690 = IzRspr. 338 Nr. 183: Nr. 6; 104[62]; 113; 177 a[37]; 308[56]
LG Hamburg 24. 4. 1952:	BB 7 (1952) 690 = IzRspr. 344 Nr. 187: Nr. 3[8]; 98[45]; 104[62]; 105; 113[92]; 317[77]; 317[78]
AG Offenburg 17. 2. 1955:	BB 10 (1955) 381 (MOLITOR) = AP Nr. 1 zu BGB § 269 (BEITZKE) = Betrieb 8 (1955) 435 = NJW 8 (1955) 1944: Nr. 98[45]; 113; 251; 350; 350[20]
LAG Stuttgart 31. 3. 1955:	II Sa 20/55 (unveröffentlicht): Nr. 105; 113[92]; 253; 265[205]; 270[222]; 271
LAG Stuttgart 29. 4. 1955:	AP Nr. 1 zu Interlokales Privatrecht (BEITZKE) = ARStW XV (1955) Nr. 299: Nr. 113; 177 a[37]; 244[161]
LAG Stuttgart 24. 1. 1956:	II Sa 210/55 (unveröffentlicht): Nr. 99; 102[58]; 105[64]; 308[57]
ArbG Heidelberg 28. 6. 1956:	II 202/56 (unveröffentlicht): Nr. 105; 114; 251
LAG Düsseldorf 12. 7. 1956:	AP Nr. 1 zu Internat. Privatrecht (BEITZKE) = RiW 2 (1956) 128 = ARStW 1956 Nr. 128: Nr. 99[47]; 104[60]; 105; 109[72a]; 112[84]; 113[92]; 311[66]
KG 16. 12. 1957:	WM 12 (1958) 87: Nr. 105; 113[92]; 114
KG 13. 2. 1958:	WM 12 (1958) 655: Nr. 114; 114[95]

AUSLÄNDISCHE ENTSCHEIDUNGEN

Österreich [3]

OGH 18. 3. 1913:	Sammlung von zivilrechtlichen Entscheidungen des OGH Bd. 50 (1915) 249 Nr. 6352; Spruchrepetitorium Nr. 219: Nr. 119; 146[182]
Einigungsamt Wien 13. 4. 1927:	Arb. 5 (1927) Nr. 3690, lt. ADLER-HÖLLER, Vorbemerkung III vor § 1153 Anm. 31: Nr. 344
OGH 19. 12. 1928:	SZ 10 (1928) 878 Nr. 359: Nr. 59; 119 a; 146[181]; 158
OGH 6. 3. 1929:	Rechtsprechung 11 (1929) 68 Nr. 116 (WAHLE) = RabelsZ 5 (1931) 976 = Clunet 57 (1930) 744: Nr. 18[35]; 119 b; 119[107]; 146[181]; 321
OGH 16. 9. 1930:	Rechtsprechung 12 (1930) 181 Nr. 389 = BlfIPR 25 (1931) 106 = Clunet 58 (1931) 193 = JBl. 59 (1930) 451: Nr. 59; 119 b; 146[181]; 154
OGH 13. 3. 1931:	SZ 13 (1931) 310 Nr. 84: Nr. 119[110]; 147[187]; 156
GewerbeG. Wien 13. 5. 1932:	Clunet 61 (1934) 1002 und bei LAUTNER 833: Nr. 119[108]; 146[182]; 158
OGH 24. 1. 1933:	Arb. 11 (1933) 137 Nr. 4289 = Öst. Richterzeitung 26 (1933) 146 = Clunet 60 (1933) 1026: Nr. 119 b; 119[107]; 321
OGH 18. 5. 1933:	Öst. Richterzeitung 27 (1934) 53 = Giur. comp. d. i. p. 4 (1938) 51 Nr. 44: Nr. 119; 146[181]; 156
LG Wien 4. 12. 1933:	J.Bl. 63 (1934) 303 = Clunet 62 (1935) 189: Nr. 119[108]; 146[182]; 349; 361
LG Wien 2. 2. 1934:	J.Bl. 63 (1934) 434 = Öst. Richterzeitung 27 (1934) 53: Nr. 119[113]
OGH 28. 5. 1934:	J.Bl. 63 (1934) 413 = Rechtsprechung 16 (1934) 151 Nr. 266 (WAHLE) = ders. in RabelsZ 10 (1936) 788: Nr. 59; 119; 147[187]; 156; 321
OGH 18. 9. 1934:	Rechtsprechung 16 (1934) 186 Nr. 307 (WAHLE) = Arb. 12 (1934) Nr. 4423 = J.Bl. 63 (1934) 454 = Clunet 62 (1935) 187 = Giur. comp. d. i. p. 4 (1938) 86 Nr. 97: Nr. 119; 146[182]; 158; 250; 321
OGH 12. 2. 1935:	Rechtsprechung 17 (1935) 61 Nr. 86 = Öst. Richterzeitung 28 (1935) 140: Nr. 59; 93[11]; 119; 147[187]; 156; 321
LG Wien 3. 12. 1935:	Arb. 14 (1936) Nr. 4606: Nr. 119[113]
OGH 9. 7. 1937:	Zentralblatt f. d. juristische Praxis 55 (1937) 748 Nr. 433: Nr. 119[113]
ArbG Wiener Neustadt 23. 7. 1947:	Arb. 16 (1938–1947) Nr. 4917: Nr. 119[108]; 146[182]
LG Wien 24. 2. 1948:	ÖJZ 3 (1948) 258 Nr. 453: Nr. 351[24]
LG Wien 30. 11. 1948:	Arb. 17 (1948) Nr. 5017: Nr. 351
LG Wien 30. 8. 1949:	Arb. 18 (1949) Nr. 5100: Nr. 119[108]
LG Wien 27. 10. 1949:	ÖJZ 5 (1950) 13 Nr. 1: Nr. 119[113]

[3] *Abkürzungen:* ArbG = Arbeitsgericht; LG = Landesgericht; OGH = Oberster Gerichtshof.

Arb. = Sammlung von Entscheidungen der Gewerbegerichte und Einigungsämter, ab Nr. 3014: Sammlung arbeitsrechtlicher Entscheidungen der Gerichte und Einigungsämter; BlfIPR = Blätter für Internationales Privatrecht (Beilage der Leipziger Zeitschrift); Giur. comp. d. i. p. = Giurisprudenza comparata di diritto internazionale privato; J.Bl. = Juristische Blätter; ÖJZ = Österreichische Juristenzeitung; Rechtsprechung = Die Rechtsprechung; SZ = Entscheidungen des österreichischen Obersten Gerichtshofes in Zivil- und Justizverwaltungssachen.

OGH 3. 10. 1951:	SZ 24 (1951) 597 Nr. 255: Nr. 50; 175[33]; 351[24]
OGH 8. 7. 1953:	Arb. 22 (1953) Nr. 5764: Nr. 351[24]
OGH 21. 9. 1953:	Arb. 22 (1953) Nr. 5818: Nr. 351[24]
OGH 13. 12. 1955:	J.Bl. 78 (1956) 214 (SCHIMA): Nr. 351[24]
OGH 25. 10. 1955:	J.Bl. 78 (1956) 132 (SCHWIND) = Clunet 84 (1957) 1010: Nr. 50; 175[33]
OGH 19. 12. 1956:	ÖJZ 12 (1957) 237 Nr. 166: Nr. 50; 267[211]; 351[24]
OGH 26. 3. 1957:	J.Bl. 79 (1957) 539 (SCHIMA) = ÖJZ 12 (1957) 552: Nr. 351[24]
OGH 22. 10. 1957:	J.Bl. 80 (1958) 186 (SCHWIND): Nr. 119 a. E.

Schweiz [4]

BG 9. 3. 1889:	BGE 15 (1889) 313: Nr. 122 d; 322
BG 10. 10. 1891:	BGE 17 (1891) 643: Nr. 122 a; 147[186]
BG 11. 12. 1891:	BGE 17 (1891) 702: Nr. 122 c; 149
BG 4. 3. 1892:	BGE 18 (1892) 357: Nr. 122[117]; 148[188a]; 157
BG 1. 12. 1893:	BGE 19 (1893) 862: Nr. 122 b; 150[191]
OG Zürich 5. 11. 1904:	Revue de d. i. p. et de droit pénal intern. 1 (1905) 384: Nr. 122[117]; 220[89]
Appellationshof Bern 12. 3. 1912:	SJZ 9 (1912) 49: Nr. 122 c; 146[181]; 208[38]
BG 12. 7. 1912:	BGE 38 II (1912) 731 = Pr 1 (1912) 538 Nr. 229: Nr. 122 a; 146[181]; 208
BG 15. 5. 1914:	Pr 3 (1914) 223 Nr. 94: Nr. 122 a; 146[181]
BG 22. 5. 1914:	Pr 3 (1914) 306 Nr. 123: Nr. 122 b; 147[186]; 150[191]; 154[198]
ZG Basel-Stadt 20. 3. 1929:	SJZ 25 (1928/29) 381: Nr. 122[117]
Appellationsgericht Basel-Stadt 14. 5. 1929:	SJZ 25 (1928/29) 381: Nr. 122[117]
OG Zürich 22. 6. 1933:	BlfZürchRspr 33 (1934) 260 = RabelsZ 9 (1935) 710: Nr. 122 c; 148[188]
BG 18. 9. 1934:	BGE 60 II (1934) 323 = Pr 23 (1934) 317 Nr. 117: Nr. 122 a; 146[181]; 156
BG 25. 10. 1939:	BGE 65 II (1939) 169 = Pr 28 (1939) 343 Nr. 140: Nr. 122 a; 146[181]; 156
BG 7. 3. 1950:	BGE 76 II (1950) 45 = Pr 39 (1950) 252 Nr. 85 = RabelsZ 19 (1954) 690 = Schweiz. Jahrbuch für Intern. Recht 8 (1951) 251 (GUTZWILLER): Nr. 122 b; 122 c; 124[121]; 150[191]

Italien [5]

Kassationshof Neapel 24. 3. 1908:	Clunet 36 (1909) 1206: Nr. 125[122]; 219
ZG Genua 19. 5. 1923:	Clunet 50 (1923) 1021 (VALÉRY): Nr. 155
BerG Palermo 2. 12. 1929:	RabelsZ 7 (1933) 152 = Riv. d. i. 23 (1931) 571 (Leitsatz): Nr. 352
BerG Rom 1. 2. 1930:	Riv. d. i. 22 (1930) 409 (SCERNI) = RabelsZ 5 (1931) 840: Nr. 42; 377
BerG Triest 11. 4. 1930:	M.T. 71 (1930) 824: Nr. 127[128]

[4] *Abkürzungen:* BG = Bundesgericht; OG = Obergericht; ZG = Zivilgericht. BGE = Entscheidungen des Bundesgerichts, Amtliche Sammlung; BlfZürchRspr = Blätter für zürcherische Rechtsprechung; Pr = Die Praxis des Bundesgerichts; SJZ = Schweizerische Juristenzeitung; ZbJurV = Zeitschrift des bernischen Juristenvereins.

[5] *Abkürzungen:* BerG = Berufungsgericht (Corte d'appello, meist als Magistratura del lavoro); ZG = Zivilgericht (Tribunale civile); Dir. lav. = Il diritto del lavoro; F.I. = Foro Italiano; Giur. comp. d. i. p. = Giurisprudenza comparata di diritto

BerG Mailand 12. 12. 1930:	Riv. d. i. 24 (1932) 438 (Baldoni) = Riv. ital. d. i. p. proc. 1 (1931) 326 = Dir. lav. 5 (1931) II 274 = Foro della Lombardia 1 (1931) 748 (Balladore Pallieri) = RabelsZ 7 (1933) 152: Nr. 4[15]; 219
ZG Neapel 31. 12. 1930:	Giur. ital. 1931 I/2.87 = F.I. 1931 I. 541 (Cavaglieri) = RabelsZ 7 (1933) 151 = Riv. d. i. 23 (1931) 573 (Leitsatz): Nr. 377
ZG Genua 17. 2. 1931:	Riv. d. i. 23 (1931) 558 (Scerni) = RabelsZ 9 (1935) 220 = Clunet 59 (1932) 518: Nr. 41; 377
Kassationshof 26. 2. 1931:	Riv. d. i. 23 (1931) 386 (Scerni) = RabelsZ 7 (1933) 142 =BrunsZ 4 (1934) 165
dieselbe Entscheidung mit Datum 13. 5. 1931:	F.I. 1931. I. 1424 (Morelli) und Riv. ital. d. i. p. proc. 1 (1931) 79 (Petraccone): Nr. 42; 377
Kassationshof 27. 2. 1931:	Riv. ital. d. i. p. proc. 1 (1931) 288 = RabelsZ 7 (1933) 152: Nr. 352
BerG Neapel 7. 4. 1931:	M.T. 12 (1931) 621 = RabelsZ 9 (1935) 222 = Clunet 59 (1932) 219: Nr. 42; 163[6]; 377
Kassationshof 13. 5. 1931:	s. unter dem Datum 26. 2. 1931
BerG Venedig 8. 8. 1931:	Riv. d. i. 25 (1933) 490 (Leitsatz) = Riv. ital. d. i. p. proc. 2 (1932) 51 = RabelsZ 9 (1935) 227 = Clunet 60 (1933) 234: Nr. 128; 362
ZG Varese 17. 10. 1931:	Mass. giur. lav. 9 (1933) 25 (Andreoli): Nr. 126; 147[187]
ZG Mailand 14. 1. 1932:	Mag. lav. 1 (1932) 17, lt. Vassalli-Monaco 247 Anm. 3: Nr. 127[135]
BerG Mailand 21. 1. 1932 und 23. 1. 1932:	Giur. ital. 1932. I/2.161 = F.I. 1932. I. 746 (Andrioli) = Riv. d. i. 24 (1932) 549 = Riv. ital. d. i. p. proc. 2 (1932) 64 = RabelsZ 9 (1935) 219: Nr. 42; 323; 377
ZG Rom 29. 1. 1932:	Riv. lav. 2 (1933) 313 (316): Nr. 126; 352[38]
ZG Rom 8. 2. 1932:	Riv. d. i. 25 (1933) 490 (Leitsatz): Nr. 127[128]; 134
BerG Genua 9. 2. 1932:	(unveröffentlicht): Nr. 377
ZG Mailand 21. 6. 1932:	M.T. 74 (1933) 397 = RabelsZ 9 (1935) 219 = Mag. lav. 2 (1933) 68: Nr. 377[17]
BerG Mailand 26. 11. 1932:	Riv. d. i. 25 (1933) 481 (Leitsatz) = Mag. lav. 2 (1933) 68: Nr. 127; 146[182]
BerG Bologna 30. 12. 1932:	Riv. lav. 4 (1935) 668 (Traverso): Nr. 352[38]
Kassationshof 18. 1. 1933:	F.I. 1933. I. 1520 = Giur. ital. 1933. I/1.274 = Temi Emiliana 1933 I/1.265 (Cansacchi) = Riv. d. i. 25 (1933) 240 = RabelsZ 9 (1935) 219 = Giur. comp. d. i. p. 3 (1938) 1 Nr. 1 (Makarov): Nr. 42; 152[196]; 323[83]; 377
Kassationshof 6. 2. 1933:	Giur. ital. 1933. I/1. 489 = RabelsZ 9 (1935) 220 = Temi Emiliana 1933. I/1.265 (285) (Cansacchi): Nr. 42; 253; 323; 377
ZG San Remo 2. 3. 1933	Riv. d. i. 25 (1933) 273 (Bosco) = RabelsZ 9 (1935) 226;
unter dem Datum 7. 3. 1933:	Mass. Giur. Lav. 9 (1933) 458: Nr. 5[18]; 126; 127; 146[182]; 148[188a]; 347[7]; 352; 352[34]
ZG Bologna 11. 4. 1933:	Riv. lav. 4 (1935) 672: Nr. 219[85]; 352[38]

---

internazionale privato; Giur. comp. lav. = Giurisprudenza comparata di diritto corporativo, sindacale e del lavoro; Giur. ital. = Giurisprudenza italiana; Mag. lav. = La Magistratura del lavoro; Mass. giur. lav. = Massimario di giurisprudenza del lavoro; M.T. = Monitore dei Tribunali; Riv. comp. lav. = Rivista di diritto internazionale e comparato del lavoro; Riv. d. i. = Rivista di diritto internazionale; Riv. dir. lav. = Rivista di diritto del lavoro; Riv. ital. d. i. p. proc. = Rivista italiana di diritto internazionale privato e processuale; Riv. lav. = Rivista del lavoro (mit Supplemento giuridico).

BerG Rom 29. 4. 1933:	Riv. d. i. 26 (1934) 421 = RabelsZ 9 (1935) 225: Nr. 352
ZG Mailand 15. 5. 1933:	Riv. d. i. 26 (1934) 560 (BALDONI) = Mag. lav. 2 (1933) 417 = RabelsZ 9 (1935) 204 = M.T. 74 (1933) 596: Nr. 20[8]; 46[14]; 127; 146[182]; 323; 362
BerG Neapel 10. 6. 1933:	Giur. ital. 1933. I/2.468 (SANDULLI) = Riv. d. i. 26 (1934) 110 = RabelsZ 9 (1935) 223: Nr. 377
BerG Bologna 28. 7. 1933:	Riv. d. i. 27 (1935) 409 (Leitsatz): Nr. 362 a. E.
BerG Rom 10. 8. 1933	Riv. lav. 4 (1935) 672 (TRAVERSO);
unter dem Datum 1. 8. 1933:	Giur. comp. lav. 1 (1938) 320: Nr. 352[38]
BerG Mailand 7. 9. 1933:	Mag. lav. 3 (1934) 62: Nr. 127; 362
ZG Görz 14. 10. 1933:	Riv. lav. 4 (1935) 676 (TRAVERSO): Nr. 219[85]; 352[38]
BerG Turin 6. 4. 1934:	Riv. d. i. 27 (1935) 416 (Leitsatz): Nr. 127[128]
Kassationshof 12. 5. 1934:	Riv. d. i. 26 (1934) 557 (BALDONI ebda. 563) = M.T. 75 (1934) 723;
unter dem Datum 18. 7. 1933:	Clunet 62 (1935) 445 (VALÉRY);
unter dem Datum 28. 7. 1934:	F.I. 1934. I. 1824: Nr. 20[6]; 127; 128; 323
Kassationshof 16. 6. 1934:	M.T. 75 (1934) 841 = RabelsZ 9 (1935) 223: Nr. 42; 377
Prätur Venedig 25. 6. 1934:	Riv. lav. 4 (1935) 69: Nr. 42; 126; 147[181]
ZG Rom 25. 7. 1934:	Riv. lav. 4 (1935) 676 = Giur. comp. lav. 1 (1938) 320: Nr. 219[87]
Kassationshof 28. 7. 1934:	Riv. lav. 3 (1934) 791 (CERETI): Nr. 20[6]; 127; 323; 362
Prätur Rom 8. 4. 1935:	F.I. 1935, II. 282 (LOSCHIAVO): Nr. 186[31]
ZG Genua 8. 1. 1935:	Riv. lav. 4 (1935) 622: Nr. 323
ZG Rom 28. 6. 1935:	Riv. d. i. 29 (1937) 224: Nr. 34; 377
Prätur Neapel 15. 7. 1935:	Mag. lav. 5 (1936) 174 (LOSCHIAVO): Nr. 186[31]
BerG Rom 18. 8. 1935:	F.I. 1936. I. 159 (SERENI) = Dir. lav. 10 (1935) II 282 (TRAVERSO) = Riv. d. i. 28 (1936) 295 (BALDONI) = Giur. comp. d. i. p. 3 (1938) 86 Nr. 36 (BALLADORE PALLIERI): Nr. 128[139]; 219; 352
BerG Triest 31. 10. 1935:	Riv. d. i. 30 (1938) 189 (Leitsatz): Nr. 352
Prätur Mailand 13. 2. 1936:	Riv. d. i. 30 (1938) 226 (Leitsatz): Nr. 152[196]; 377[19]
BerG Rom 18. 6. 1936:	Riv. d. i. 29 (1937) 226: Nr. 377
BerG Rom 20. 7. 1936:	Giur. ital. 1936. I/3.270 = Riv. lav. 6 (1937) suppl. giur. 15 (CANSACCHI) = Revue critique d. i. p. 39 (1950) 355 (DE NOVA): Nr. 33; 127; 128[145]; 158[227]; 158[234]; 323
Kassationshof 4. 8. 1936:	Dir. lav. 10 (1936) II 279 (TRAVERSO) = Giur. comp. d. i. p. 3 (1938) 136 Nr. 55 (Leitsatz) = Giur. comp. lav. 1 (1938) 320 (CORSO): Nr. 219; 267[213]; 352; 352[38]
ZG San Remo 7. 11. 1936:	Mag. lav. 5 (1936) 1383 = Riv. d. i. 30 (1938) 188 (Leitsatz): Nr. 116; 352
BerG Triest 10. 11. 1936:	Riv. d. i. 29 (1937) 409 (BASSANO) = Clunet 65 (1938) 933 = Revue critique d. i. p. 39 (1950) 358 (DE NOVA) = Mass. Giur. lav. 13 (1937) 557 (PERETTI-GRIVA): Nr. 18[31]; 18[33]; 18[34]; 116; 158
Prätur Mailand 12. 1. 1937:	Riv. lav. 7 (1938) suppl. giur. 49 (BATTAGLINI): Nr. 186[31]
Kassationshof 28. 1. 1937:	Riv. lav. 6 (1937) suppl. giur. 257 (BATTAGLINI): Nr. 186
ZG Mailand 9. 2. 1937:	Mag. lav. 6 (1937) 507: Nr. 158[232]; 323; 352[34]
ZG Bologna 2. 4. 1937:	Riv. lav. 8 (1939) 86 (TABARELLI) = Mag. lav. 6 (1937) 857: Nr. 340[30]
BerG Rom 3. 5. 1937:	Riv. lav. 8 (1939) suppl. giur. 5 (CANSACCHI) = Giur. ital. 1938 I/3.66 (BALDONI ebda. 115);
unter dem Datum 3. 3. 1937:	Mag. lav. 6 (1937) 1115 (DE AMICIS): Nr. 40[68]; 95[24]; 127; 128[144]; 323
BerG Rom 7. 5. 1937:	Mag. lav. 6 (1937) 1131 (SALA);
unter dem Datum 26. 6. 1937:	Mass. Giur. lav. 14 (1938) 32 (ZELBI): Nr. 95[21]; 95[26]; 126; 147[187]; 151[193]; 340[30]

ZG Monza 12. 5. 1937:	Mag. lav. 6 (1937) 1173 (Sala): Nr. 5[18]; 126; 146[181]; 340[30]; 352[34]
ZG Rom 15. 5. 1937:	Mag. lav. 6 (1937) 1187: Nr. 352; 362
Kassationshof 29. 12. 1937:	F.I. Massimario 8 (1937) 731 Nr. 3419 = Giur. comp. d. i. p. 7 (1941) 275 (Sperduti): Nr. 44; 126; 146[181]; 158[225]
BerG Rom 3. 1. 1938:	F.I. 1938. I. 210 = Riv. d. i. 30 (1938) 156 (Morelli): Nr. 35[29]
BerG Turin 7. 2. 1938:	Mass. Giur. Lav. 14 (1938) 588: Nr. 340[30]
Kassationshof 15. 7. 1938:	Mass. Giur. Lav. 15 (1939) 17 (Zelbi) = Giur. comp. d. i. p. 7 (1941) 324 Nr. 174 = Giur. comp. lav. 3 (1943) 160 (Corso; Lutz Richter): Nr. 95[21]; 126; 147[187]; 151[193]; 323
Kassationshof 3. 1. 1939:	Giur. comp. d. i. p. 8 (1942) 162 Nr. 85 (Cansacchi): Nr. 100[55]; 340
Kassationshof 27. 1. 1939:	Giur. comp. d. i. p. 8 (1942) 179 Nr. 99 (Marmo): Nr. 219
Kassationshof 19. 5. 1939:	F.I. 1939. I. 1399 = Giur. ital. 1939. I/3.178 (Salvatore Messina) = M.T. 80 (1939) 712 = Giur. comp. d. i. p. 8 (1942) 172 Nr. 91 (Marmo) = Giur. comp. lav. 3 (1943) 326 (Corso; Richter) = Revue critique d. i. p. 39 (1950) 356 (de Nova): Nr. 4[14]; 127; 311[67]; 323; 352
ZG Rom 15. 3. 1947:	Revue critique d. i. p. 39 (1950) 357 (de Nova): Nr. 340[30]
Kassationshof 12. 5. 1947:	F.I. 1948. I. 855 = Giur. comp. d. i. p. 11 (1954) 88 Nr. 48 (Capotorti): Nr. 42; 377
ZG Venedig 26. 7. 1949:	Temi 26 (1950) 291 (d'Aloja): Nr. 91[3]; 127 a. E.; 377
ZG Genua 8. 9. 1949:	Giur. it. 1950. Repertorio, Stichwort Competenza civile Nr. 329: Nr. 352[33]
ZG Rom 6. 10. 1949:	Dir. lav. 24 (1950) II 117 (Richard) = Revue critique d. i. p. 39 (1950) 357 (de Nova): Nr. 118[106]; 127 a. E.; 247 a. E.; 250; 323; 352
ZG Rom 15. 11. 1951:	F.I. 1952. I. 796 (808) (Sperduti) = Foro Padano 1952. I. 723 (Miele) = Riv. d. i. 36 (1953) 250: Nr. 377; 377[15]
BerG Genua 19. 11. 1952:	F.I. 1953. I. 1326: Nr. 352
ZG Florenz 2. 1. 1954:	Riv. d. i. 38 (1955) 354 (Paone): Nr. 377 a. E.
ZG Livorno 3. 4. 1954:	Giur. ital. 1954. I/2.632 (Cansacchi) = Foro Padano 1955. I. 372: Nr. 42; 377 a. E.
Kassationshof 27. 5. 1955:	F.I. 1956. I. 371 = Giur. ital. 1956. I/1.611 = Riv. d. i. 39 (1956) 546 (Bravo): Nr. 362; 377
BerG Rom 27. 7. 1955:	Riv. dir. lav. 7 (1955) II 519: Nr. 126
BerG Florenz 4. 8. 1955:	lt. Paone, Riv. d. i. 38 (1955) 358 Anm. 1: Nr. 377 a. E.
Kassationshof 17. 10. 1955:	Riv. d. i. 39 (1956) 91 (Pau): Nr. 377 a. E.
Kassationshof 24. 5. 1956:	F.I. 1956. I. 841 (Severini) = Riv. d. i. 39 (1956) 190: Nr. 42; 377
ZG Rom 17. 12. 1956:	Riv. d. i. 40 (1957) 246: Nr. 118[106]; 127 a. E.; 323
ZG Neapel 2. 12. 1957:	Riv. d. i. 41 (1958) 452: Nr. 377

Frankreich [6]

BerG Paris 21. 11. 1895:	Clunet 23 (1896) 371: Nr. 91[2]; 129; 324
HandG der Seine 24. 3. 1898:	Clunet 27 (1900) 569: Nr. 129
BerG Paris 12. 1. 1900:	Clunet 27 (1900) 569: Nr. 129; 146[182]; 324

---

[6] *Abkürzungen:* BerG = Berufungsgericht (Cour d'appel); HandG = Handelsgericht (Tribunal de commerce); StrafG = Strafgericht (Tribunal correctionnel); ZG = Zivilgericht (Tribunal civil).

Clunet = Journal de droit international; Gaz. Pal. = Gazette du Palais; Nouvelle

BerG Douai 5. 4. 1905 unter dem Datum 4. 4. 1905:	Sirey 1907. 2. 217; Clunet 32 (1905) 667: Nr. 49[28]; 220[89]
Kassationshof 8. 5. 1907:	Sirey 1907. 1. 463 = Revue de d. i. p. 3 (1907) 539: Nr. 220[89]; 373
Kassationshof 10. 3. 1913:	Sirey 1913. 1. 307 = Revue de d. i. p. 10 (1914) 425: Nr. 129; 220[89]
HandG Le Havre 15. 4. 1913:	Clunet 41 (1914) 214: Nr. 155; 220[89]; 373
Kassationshof 26. 5. 1921:	Sirey 1923. 1. 33 (Sachet) = Revue de d. i. p. 17 (1921) 501: Nr. 4[15]; 99[53]; 129; 149[190]; 220[89]
BerG Pau 28. 2. 1922:	Clunet 49 (1922) 406: Nr. 129; 283
Kassationshof 5. 5. 1924:	Clunet 52 (1925) 133 = Revue de d. i. p. 20 (1925) 277: Nr. 129
BerG Paris 16. 3. 1925:	Gaz. Pal. 1925. I. 701 = Revue de d. i. p. 20 (1925) 348 (Niboyet) = Clunet 53 (1926) 346: Nr. 58; 129; 149[189]
BerG Poitiers 2. 12. 1925:	Sirey 1925. 2. 115: Nr. 155
ZG Marseille 14. 1. 1926:	Clunet 53 (1926) 912: Nr. 220[91]
ZG der Seine 15. 11. 1929:	Gaz. Pal. 1930. I. 219: Nr. 369
ZG der Seine 8. 4. 1930:	Revue de d. i. p. 25 (1930) 461: Nr. 56; 76
Kassationshof 20. 5. 1930:	Revue des conseils de prud'hommes 1931, 253 = Int. ArbRspr. 7 (1931) 161 Nr. 7: Nr. 18
ZG der Seine 15. 11. 1930:	Clunet 58 (1931) 418 (Tager): Nr. 163[5]; 378
Kassationshof 19. 1. 1931:	Clunet 58 (1931) 1039 = Revue de d. i. p. 26 (1931) 517: Nr. 363
BerG Paris 30. 11. 1933:	Revue critique d. i. p. 31 (1936) 175: Nr. 163[7]; 378
ZG der Seine 16. 1. 1934:	Revue critique d. i. p. 30 (1935) 112: Nr. 369
HandG der Seine 26. 7. 1934:	Gaz. Pal. 1934. II. 655 = Rev. crit. d. i. p. 30 (1935) 144: Nr. 59; 129; 158[225]
BerG Kolmar 11. 10. 1934:	Revue critique d. i. p. 31 (1936) 691: Nr. 129; 220[89]
Kassationshof 27. 5. 1935:	Sirey 1935. 1. 245: Nr. 220[91]
BerG Kolmar 13. 6. 1935:	Clunet 63 (1936) 937 (Nast): Nr. 129; 146[181]
StrafG Lille 30. 12. 1935:	Nouvelle Revue d. i. p. 3 (1936) 133: Nr. 271
BerG Paris 29. 10. 1937:	Clunet 65 (1938) 50: Nr. 256
Kassationshof 11. 7. 1938:	Clunet 66 (1939) 644 (Nast) = Revue critique d. i. p. 34 (1939) 100 (Batiffol) = Nouvelle Revue d. i. p. 5 (1938) 811: Nr. 129; 130[180]; 146[181]; 220[89]
ZG Versailles 27. 7. 1945:	Gaz. Pal. 1945. II. 124: Nr. 378
Kassationshof 5. 2. 1946:	Sirey 1947. 1. 137: Nr. 377
ZG Toulon 8. 11. 1951:	Sirey 1954. 2. 57 (Carrias): Nr 353; 369
Kassationshof 9. 12. 1954:	Revue critique d. i. p. 45 (1956) 462: Nr. 220

Belgien [7]

Kassationshof 18. 3. 1895:	Clunet 22 (1895) 874: Nr. 5[21]
HandG Antwerpen 1. 12. 1904:	Jurisprudence du Port d'Anvers 49 (1904) 346: Nr. 364[33]
Friedensrichter Antwerpen 7. 4. 1909:	Revue de d. i. p. 7 (1911) 723: Nr. 133; 354[41]
ZG Antwerpen 30. 7. 1910:	Revue de d. i. p. 7 (1911) 723: Nr. 133; 147[187]; 354[41]

Revue d. i. p. = Nouvelle Revue de droit international privé; Revue de d. i. p. = Revue de droit international privé; Revue critique d. i. p. = Revue critique de droit international privé; Sirey = Recueil général des lois et arrêts Sirey.

[7] *Abkürzungen:* ArbG = Arbeitsgericht (Conseil de prud'hommes; Werkrechtersraad); BerArbG = Berufungsarbeitsgericht (Conseil du prud'hommes d'appel; Werkrechtersraad van beroep); s. im übrigen oben Anmerkung 6.

Giur. comp. d. i. p. = Giurisprudenza comparata di diritto internazionale privato; JLO = Jurisprudence du louage d'ouvrage; Jur. comm. Bruxelles = Jurisprudence commerciale de Bruxelles.

HandG Brüssel 4. 8. 1910:	Jur. comm. Bruxelles 1912, 244: Nr. 133
BerG Brüssel 22. 3. 1911:	Jur. comm. Bruxelles 1912, 244: Nr. 133; 325[90]
Kassationshof 28. 3. 1912:	Jur. comm. Bruxelles 1912, 244: Nr. 133; 147[187]
BerG Brüssel 12. 3. 1914:	Pasicrisie Belge 1914. II. 250: Nr. 132; 149[190]; 325[91]
HandG Gent 6. 3. 1922:	Jurisprudence commerciale des Flandres 1925, 13, lt. GEYSEN, Nr. 1190: Nr. 134; 146[181]
HandG Brüssel 15. 12. 1923:	Jur. comm. Bruxelles 1924, 16: Nr. 132; 149[190]
BerG Léopoldville 8. 1. 1924:	La Belgique Judiciaire 89 (1931) 118: Nr. 91; 131; 151[195]; 208
HandG Brüssel 8. 11. 1924:	Pasicrisie Belge 1925. III. 6: Nr. 354[41]
HandG Lüttich 6. 5. 1925:	Pasicrisie Belge 1925. III. 186: Nr. 354[41]
ZG Mons 30. 5. 1925:	Pasicrisie Belge 1925. III. 121 = Clunet 53 (1926) 499: Nr. 133; 147[187]; 221
HandG Brüssel 19. 3. 1926:	Jur. comm. Bruxelles 1926, 153: Nr. 49[30]; 132; 149[190]; 282; 325[89]
ArbG Mouscron 15. 11. 1928:	JLO 1 (1929) 12: Nr. 99; 132; 325[91]; 354[41]
BerArbG Lüttich 19. 12. 1928:	JLO 5 (1933) 114: Nr. 354[41]
BerArbG Brüssel 22. 6. 1929:	JLO 1 (1928) 184: Nr. 40[68]; 134; 154[198]
BerArbG Brüssel 31. 7. 1929:	JLO 2 (1930) 78: Nr. 364
BerArbG Brüssel 4. 1. 1930:	Journal des Tribunaux 45 (1930) 346 = Revue pratique des sociétés 35 (1930) 341: Nr. 134; 149[189]; 325[91]
BerArbG Brüssel 29. 1. 1930:	JLO 2 (1930) 78: Nr. 364
ArbG Antwerpen 1. 4. 1931:	JLO 4 (1932) 67: Nr. 267[215]
BerG Brüssel 23. 6. 1931:	Jurisprudence du Port d'Anvers 70 (1931) 228: Nr. 134
BerArbG Antwerpen 28. 9. 1931:	JLO 4 (1932) 51 = Clunet 61 (1934) 451: Nr. 267[215]
ArbG Brüssel 9. 12. 1931:	JLO 4 (1932) 158: Nr. 364[33]
BerArbG Mons 6. 2. 1932:	Journal des Tribunaux 47 (1932) 300: Nr. 49[30]; 132; 149[190]; 325[91]; 354[41]
ArbG Antwerpen 23. 3. 1932:	JLO 6 (1934) 11: Nr. 49[29]; 134; 354[41]
BerG Brüssel 29. 6. 1932:	Revue trimestrielle de droit civil 20 (1934) 64: Nr. 221; 223[104]
HandG Antwerpen 9. 12. 1932:	Jurisprudence du Port d'Anvers 71 (1932) 478: Nr. 49[30]; 132; 149[190]; 325[91]
ArbG Lüttich 21. 7. 1933:	Jurisprudence de la Cour d'Appel de Liège 1933, 295, lt. GEYSEN Nr. 782: Nr. 354[41]
ArbG Antwerpen 18. 10. 1933:	Rechstkundig Weekblad 1933/34, 732 lt. GEYSEN Nr. 1183: Nr. 49[29]; 134
HandG Brüssel 26. 1. 1935 unter dem Datum 9. 2. 1935:	Jur. comm. Bruxelles 1935, 361; Clunet 63 (1936) 195 = Giur. comp. d. i. p. 3 (1938) 328 Nr. 163: Nr. 131; 134; 146[181]; 325[90]
ZG Brüssel 1. 3. 1935:	Clunet 63 (1936) 195 = Giur. comp. d. i. p. 3 (1938) 329 Nr. 164: Nr. 132; 149[189]; 325[90]
BerG Brüssel 7. 12. 1935:	Jurisprudence du Port d'Anvers 75 (1936) 51 = Giur. comp. d. i. p. 3 (1938) 329 Nr. 165: Nr. 131
ArbG Brügge 10. 5. 1937:	Giur. comp. d. i. p. 5 (1939) 15 Nr. 15: Nr. 354
BerG Brüssel 26. 11. 1938:	Pasicrisie Belge 1940. II. 92 = Journal des Tribunaux 55 (1940) 87 = Giur. comp. d. i. p. 10 (1944) 205 Nr. 65: Nr. 134; 146[182]; 250; 325
BerArbG Lüttich 22. 4. 1942:	JLO 14 (1942) 193: Nr. 354[41]
ZG Léopoldville 15. 1. 1955:	Pasicrisie Belge 1956. III. 5: Nr. 379
BerG Léopoldville 29. 5. 1956:	Pasicrisie Belge 1957. II. 55 = Journal des Tribunaux 71 (1956) 670: Nr. 379

Niederlande [8]

Rb Amsterdam 30. 6. 1905:	Weekblad Nr. 8289, lt. NR IPR 221: Nr. 136; 137 c; 156
Hof Amsterdam 22. 11. 1907:	N.J. 1915, 1035: Nr. 135[166]; 139; 149[189]; 208
Kg Amsterdam 8. 7. 1910:	Weekblad Nr. 9048, lt. NR IPR 189 ff.: Nr. 138; 154[198]; 256; 365[37]
Rb Amsterdam 22. 12. 1911:	Weekblad Nr. 9300, lt. NR IPR 190: 135[166]; 137; 147[187]; 154[198]
Rb Rotterdam 8. 12. 1913:	N.J. 1914, 376: Nr. 49; 137 a; 139; 147[187]; 208; 209
Rb Utrecht 25. 3. 1914:	Weekblad Nr. 9754, lt. NR IPR 222: Nr. 135
Kg Rotterdam 28. 12. 1914:	N.J. 1915, 1065: Nr. 135[166]; 137; 147[187]; 155; 155[209]; 289[283]; 349
Rb Rotterdam 15. 2. 1915:	N.J. 1915, 1063: Nr. 139; 155
Rb Amsterdam 19. 3. 1915:	N.J. 1915, 1088: Nr. 135[166]; 138; 148[188]
Kg Amsterdam 19. 10. 1915:	N.J. 1915, 1108: Nr. 135[166]; 136; 139; 146[181]; 325
Kg Amsterdam 22. 12. 1916:	N.J. 1917, 132: Nr. 137 a; 139; 149[190]; 208
Kg Den Haag 12. 1. 1917:	N.J. 1924, 1181: Nr. 135[166]; 136
Rb Amsterdam 18. 1. 1918:	N.J. 1918, 625: Nr. 136; 139; 149[189]; 325
Rb Den Haag 11. 4. 1918:	N.J. 1924, 1180: Nr. 135[166]; 136; 138
Rb Maastricht 18. 3. 1920:	N.J. 1920, 581: Nr. 137 a; 139; 149[190]; 156
Kg Amsterdam 15. 3. 1921:	N.J. 1921, 713: Nr. 135; 135[166]; 137; 147[187]; 151[194]; 154[198]; 269
Kg Amsterdam 10. 3. 1922:	N.J. 1923, 467: Nr. 137 b; 147[187]; 325
Rb Amsterdam 3. 11. 1924:	N.J. 1924, 1230: Nr. 91; 135; 135[166]; 151[195]
Rb Den Haag 22. 4. 1926:	N.J. 1927, 321: Nr. 137; 147[187]
Hof Amsterdam 20. 3. 1928:	N.J. 1930, 66: Nr. 135
Kg Rotterdam 23. 2. 1931:	N.J. 1931, 898: Nr. 135[166]; 155; 155[209]
Rb Maastricht 28. 5. 1931:	N.J. 1932, 66: Nr. 91[2]; 135
Rb Rotterdam 1. 2. 1932:	N.J. 1932, 1418: Nr. 135[166]; 155[209]; 155
Kg Amsterdam 7. 4. 1932:	N.J. 1932, 1541: Nr. 136; 138; 146[182]
Hof Amsterdam 16. 5. 1935:	N.J. 1935, 1335 = RabelsZ 11 (1937) 229: Nr. 155; 286
Rb Amsterdam 27. 9. 1935:	N.J. 1935, 1337 = RabelsZ 11 (1937) 230: Nr. 136; 146[182]
Hof Den Haag 28. 6. 1937:	N.J. 1938 Nr. 47: Nr. 156[218]; 270
Kg Amsterdam 2. 12. 1938:	N.J. 1940 Nr. 676: Nr. 146[181]; 156
Kg Tilburg 13. 7. 1939:	N.J. 1940 Nr. 752: Nr. 137 c; 156; 182[14]
Kg Leiden 19. 2. 1947:	N.J. 1947 Nr. 625: Nr. 326
Rb Amsterdam 2. 1. 1951:	N.J. 1951 Nr. 444: Nr. 271
Rb Amsterdam 9. 1. 1952:	N.J. 1952 Nr. 747 = RabelsZ 20 (1955) 329 = Clunet 82 (1955) 902: Nr. 49[33]; 135[166]; 148[188]; 156; 270
Hoge Raad 5. 6. 1953:	N.J. 1953 Nr. 613: Nr. 138; 154[198]; 326
Rb Rotterdam 12. 6. 1953:	N.J. 1954 Nr. 627 = Nederlands Tijdschrift voor Intern. Recht 2 (1955) 303: Nr. 148[188]; 156
Kg Hertogenbosch 10. 8. 1954:	N.J. 1954 Nr. 544 = Nederlands Tijdschrift voor Intern. Recht 2 (1955) 211: Nr. 136; 146[182]; 267[216]
Rb Den Haag 22. 12. 1954:	N.J. 1956 Nr. 167: Nr. 263
Kg Amsterdam 24. 8. 1955:	N.J. 1956 Nr. 115: Nr. 135; 326
Rb Amsterdam 7. 5. 1957:	N.J. 1957 Nr. 646: Nr. 91[4]; 135; 136; 146[182]; 328

[8] *Abkürzungen:* Kg = Kantonsgericht (Kantongerecht); Rb = Rechtsbank (Rechtbank).
N.J. = Nederlandse Jurisprudentie; NR IPR = De Nederlandsche Rechtspraak betr. het Internationaal Privaatrecht; Weekblad = Weekblad voor Privaatrecht.

England

Vereinigte Staaten

VERZEICHNIS
DES ABGEKÜRZT ZITIERTEN SCHRIFTTUMS

ADLER-HÖLLER = Klangs Kommentar zum ABGB V (2. Aufl. 1954) §§ 1515 ff.

D'AMELIO = Codice Civile, Commentario, Libro primo (Persone e famiglia), Disposizioni sull'applicazione delle leggi in generale Art. 6–21, von BALLADORE PALLIERI (1940).

ANDREOLI = Le norme di diritto internazionale privato in rapporto ai contratti di lavoro, Mass. giur. lav. 9 (1933) 25 ff.

Annuaire = Annuaire de l'Institut de Droit international 39 (1936 I und II) und 40 (1937):

Bericht von YANGUAS MESSIA	1936 I	397–430
Antworten von AUDINET		433–440
„ „ NEUMEYER		440–446
„ „ UNDÉN		447–449
„ „ LEMONON		449–452
„ „ MAHAIM		453–456
„ „ GEMMA		456–460
„ „ DONNEDIEU DE VABRES		461–462
„ „ POULLET		462–463.

BALDONI = Il contratto di lavoro nel diritto internazionale privato, Riv. d. i. 24 (1932) 346 ff.;

— = La sfera di applicazione della legge italiana sull'impiego privato e la clausola compromissoria per arbitrato estero, Riv. d. i. 26 (1934) 563;

— = La législation corporative en Italie et le droit international privé, Revue critique de d. i. p. 31 (1936) 21 ff.;

BALLADORE PALLIERI = Diritto internazionale privato (2. Aufl. 1951; zitiert: Lehrbuch);

— = Diritto internazionale del lavoro, Trattato V 315 ff.

BARASSI = Il diritto di lavoro, 3 Bde. (2. Aufl. 1957);

— = Elementi di diritto del lavoro (6. Aufl. 1954).

BATIFFOL = Traité élémentaire de droit international privé (2. Aufl. 1955);

— = Les conflits de lois en matière de contrats (1938; zitiert: Contrats).

BATT-VAINES = The Law of Master and Servant (4. Aufl. 1950).

BATTAGLINI = Diritto penale del lavoro, Trattato V 215 ff.

BECKER = Schwerbeschädigtengesetz (1955).

BEITZKE = Räumliche Kollisionen arbeitsrechtlicher Normen, in: AR Blattei, Arbeitsrecht, D Rechtsquellen III;

— = Arbeitsverhältnisse bei inländischen Zweigstellen ausländischer Unternehmungen, RdA 4 (1951) 134 ff.;

— = Rechtsstellung des deutschen Montagearbeiters bei Montagen im Ausland, Recht der internat. Wirtschaft 1 (1954) 44;

BEITZKE	=	Interzonale Rechtskollisionen im Arbeitsrecht, BB 2 (1949) 489;
—	=	Zum räumlichen und persönlichen Geltungsbereich des Schwerbeschädigtengesetzes, BB 6 (1953) 684;
—	=	Normenkollisionen im Arbeitsrecht, Betrieb 11 (1958) 224.
BOBROWSKI	=	Das Arbeitsverhältnis von Montagearbeitern bei Auslandsmontagen, Betrieb 8 (1955) Beilage Nr. 14/15.
BOLLA	=	Grundriß des österreichischen IPR (1952).
BOSCO	=	Corso di diritto intern. privato (3. Aufl. 1939).
BRAAS	=	Précis de procédure civile (3. Aufl. 1944/45).
VAN BRAKEL	=	Grondslagen en Beginselen van Nederlands Internationaal Privaatrecht (3. Aufl. 1953).
BRESLAUER	=	Agency in Private International Law, Juridical Review 50 (1938) 282 ff.
BRUN-GALLAND	=	Droit du Travail (1958).
CANSACCHI	=	Il contratto di impiego privato nel diritto intern. privato italiano, Riv. lav. 6 (1937) Supplemento giuridico 15 ff.
—	=	Gli stranieri, i contratti collettivi di lavoro e l'inquadramento sindacale in Italia, Dir. lav. 13 (1939) 102 ff.
CHESHIRE	=	Private International Law (5. Aufl. 1957);
—	=	International Contracts (1949).
CHIARELLI	=	Gli organi di elaborazione, di applicazione e di controllo del diritto del lavoro, Trattato III 3 ff.
DE LA CUEVA	=	Derecho mexicano del trabajo II. Bde. (4. Aufl. 1954).
DENECKE	=	Arbeitszeitordnung (3. Aufl. 1955).
DICEY	=	Conflict of Laws (7. Aufl. 1958), besorgt von MORRIS, KAHN-FREUND, PARRY, TREITEL u. a.
DIETZ	=	Betriebsverfassungsgesetz mit Wahlordnung (1953).
DIETZ-NIKISCH	=	Arbeitsgerichtsgesetz (1954).
DURAND	=	Traité de droit du travail, Bd. I in Zusammenarbeit mit JAUSSAUD (1946), Bd. II mit VITU (1949), Bd. III mit VITU (1957).
EHRENZWEIG	=	System des österreichischen allgemeinen Privatrechts Bd. I/1: Allgemeiner Teil (2. Aufl. 1951).
EICHHOLZER	=	Kommentar zu den Bundesvorschriften über die Arbeit in den Fabriken (1937).
Entwurf	=	Vorarbeiten für ein Bundesgesetz über die Arbeit in Industrie, Handwerk, Handel, Verkehr und verwandten Wirtschaftszweigen (Arbeitsgesetz) Gesetzesentwurf und Bericht des Bundesamts für Industrie, Gewerbe und Arbeit.
ERDMANN	=	Das Recht des Arbeitnehmers auf Beteiligung an der Verwaltung der Betriebe der gewerblichen Wirtschaft (1952).
D'EUFEMIA	=	L'orario di lavoro ed i riposi, Trattato III 157 ff.
FALCONBRIDGE	=	Essays on the Conflict of Laws (2. Aufl. 1954; kanadisch).
FEDOZZI	=	Il diritto internazionale privato, Teorie generali e diritto civile (2. Aufl. 1939; zitiert Lehrbuch);
—	=	De l'efficacité extraterritoriale des lois et des actes de droit public, Recueil des Cours de l'Académie de droit international 27 (1929 II) 145 ff.
FICKER	=	Grundfragen des deutschen interlokalen Rechts (1952).
FRANKENSTEIN	=	IPR (Grenzrecht) Bd. II (1929).
FRÉDÉRICQ	=	Traité de droit commercial belge Bd. I (1946).
FREYRIA	=	Bericht zum 2. internationalen Kongreß für Arbeitsrecht, Genf 1957.

FRITZSCHE	=	Die örtliche Rechtsanwendung auf dem Gebiete des Obligationenrechts, ZSchwR 44 (1925) 220 a ff.
GAMILLSCHEG	=	Zu einigen Fragen des internationalen Arbeitsrechts, AcP 155 (1956) 49 ff.
GEMMA	=	Diritto internazionale del lavoro (1938).
GEYSEN	=	Jurisprudence du travail (1922–1948) – Arbeitsrechtspraak (1922–1948) (1949).
—	=	Les Novelles: Corpus Juris Belgici, Droit social I (1953; zitiert: Novelles);
—	=	L'evoluzione della legislazione sociale nel Belgio, Riv. dir. law. 6 (1954) 51 ff.;
—	=	Il contratto di lavoro degli impiegati e degli operai nel Belgio, Riv. dir. lav. 7 (1955) 169 ff;
GIESKER-ZELLER	=	Beiträge zum schweizerischen IPR, SJZ 14 (1917/18) 61 ff., 133 ff., 171 ff.
GIULIANO	=	Rapporti di lavoro e diritto intern. privato, Rivista giuridica di lavoro 3 (1952) 1 ff.
GOETHEM-GEYSEN	=	Droit du travail (1950).
GRAVESON	=	The Conflict of Laws (3. Aufl. 1955);
—	=	Cases on the Conflict of Laws (1949).
GRINTEN-HAAKMAN	=	Buitengewoon Arbeidsrecht (1949).
GUIDOTTI	=	Il lavoro delle donne e dei fanciulli e la tutela delle lavoratrici madre, Trattato III 209 ff.
GUTZWILLER	=	Internationalprivatrecht (1931).
GYSIN	=	Arbeitsrecht (1943).
HAAN	=	De jurisdictie van den nederlandschen Rechter in privaatrechtelijke Aangelegenheden (1930).
HÄMMERLE	=	Grundriß des Arbeitsrechts, Bd. I: Arbeitsvertrag (1949);
—	=	Bericht aus Österreich, Riv. comp. lav. 1 (1953) 640 ff.
HALSBURY	=	The Laws of England Bd. 7 (3. Aufl. 1954), Bd. 17 (3. Aufl. 1956).
VAN HASSELT	=	Droit international privé des Pays-Bas, Répertoire de droit international, herausg. von NIBOYET u. a., Bd. VI 592 ff.
HEFERMEHL	=	Das neue Recht des Handelsvertreters, RdA 6 (1953) 406 ff.
HERSCHEL-STEINMANN	=	Kommentar zum Kündigungsschutzgesetz (4. Aufl. 1958).
HUECK-NIPPERDEY	=	Lehrbuch des Arbeitsrechts 2 Bde. (6. Aufl. 1955 ff.).
JACOBI	=	Grundlehren des Arbeitsrechts (1927).
JAEGER	=	Diritto processuale del lavoro (controversie individuali), Trattato V 127 ff.
KAPFER	=	Das Allgemeine Bürgerliche Gesetzbuch (25. Aufl. 1955), Bd. 2 der Manzschen Ausgabe der Österreichischen Gesetze (Große Ausgabe).
KAUFFMANN	=	Gedanken zum Internationalen Arbeitsrecht, in: Die Betriebsverfassung 4 (1957) 5 ff.
KASKEL-DERSCH	=	Arbeitsrecht (5. Aufl. 1958).
KOLLEWIJN	=	American-Dutch Private International Law (1955).
KOSTERS	=	Het internationaal burgerlijk Recht in Nederland (1917).
KRONHEIM	=	Les conflits de lois en matière de contrat de travail (1938).
LAUTNER	=	Arbeitsvertrag und Abfertigungsanspruch nach internationalem Privatrecht, Zentralblatt für die juristische Praxis 51 (1933) 833 ff.
LEGA	=	Il contratto d'opera, Trattato I 395 ff.
LENHOFF	=	Zwischenstaatliches Arbeitsrecht, Zentralblatt für die juristische Praxis 54 (1936) 769 ff.

LEON-VAN PRAAG = Literatur en Rechtspraak betr. de niet in de Wet houdende Algemeene Bepalingen opgenomen Regelen van International Privaat-, Proces- en Faillissementsrecht (1928).

LEREBOURS-PIGEONNIÈRE = Précis de droit international privé (5. Aufl. 1948).

LEVENBACH = Fixation des salaires et organisation des relations industrielles aux Pays-Bas après la guerre, Riv. comp. lav. 2 (1955) 105 ff.

— = Het nieuwe burgerlijkrechtelijke Ontslagsrecht (1954).

LEVI = La tutela dell'igiene e della sicurezza del lavoro, Trattato III 297 ff.

LEWALD = Das deutsche IPR auf Grundlage der Rechtsprechung (1931).

DE LITALA = Contratti speciali di lavoro, Trattato II 317 ff.

LYON-CAEN = Manuel du droit du travail et de la sécurité sociale (1955).

MAKAROV = Quellen des Internationalen Privatrechts (2. Aufl. 1953 bis 1954).

MASSART = La tutela economica del lavoratore nel diritto intern. privato italiano, Archivio di Studi Corporativi 11 (1940) 391 ff.

MAZZONI = Il contratto di lavoro nel sistema del diritto italiano del lavoro (1952; zitiert MAZZONI);

— = La disciplina della domanda e dell'offerta di lavoro e dell'emigrazione, Trattato III 47 ff.

MELCHIOR = Die Grundlagen des deutschen IPR (1932).

MOLENAAR = Arbeidsrecht Bd. I: Algemeen Gedeelte (1953); Bd. II: Het geldende Recht, Teil A (1957), Teil B (1958).

MONACO = Manuale di diritto internazionale pubblico e privato (1950; zitiert: MONACO; s. auch VASSALLI-MONACO).

MORELLI = Diritto processuale civile internazionale (2. Aufl. 1954; zitiert: Lehrbuch);

— = Elementi di diritto internazionale privato italiano (4. Aufl. 1955).

MOSER = Vertragsabschluß, Vertragsgültigkeit und Parteiwille im internationalen Obligationenrecht (St. Galler Wirtschaftswissenschaftliche Forschungen Bd. 6 1948).

MULDER = Inleiding tot het Nederlandsch Internationaal Privaatrecht (2. Aufl. 1947).

De Nederlandsche Rechtspraak = betr. het Internationaal Privaatrecht, Rechtspraak en Literatuur (1936), mit erster Ergänzung 1938 und 2. Ergänzung 1952 (zitiert: NR IPR).

NEUMEYER = Internationales Verwaltungsrecht II (1922), IV (1936).

NIBOYET = Traité de droit international privé français, 6 Bände (1938–1950).

NIEDERER = Einführung in die allgemeinen Lehren des internationalen Privatrechts (2. Aufl. 1956).

NIKISCH = Arbeitsrecht Bd. I (2. Aufl. 1955).

DE NOVA = La Jurisprudence italienne en matière de conflits de lois de 1935 à 1949, Revue critique d. i. p. 39 (1950) 341 ff.

Novelles = s. bei GEYSEN.

NUSSBAUM = Deutsches internationales Privatrecht (1932).

— = American-Swiss Private International Law (1951).

OSER-SCHÖNENBERGER = Kommentar zum Schweizerischen Zivilgesetzbuch Bd. V/1 und 2: Obligationenrecht (2. Aufl. 1936).

VAN OVEN = Partijautonomie en Localiseering van Overeenkomsten, Weekblad voor Privaatrecht, Notarisambt en Registratie Nr. 3915–3917.

PAROLI = La législation italienne du travail depuis la guerre, Riv. comp. lav. 1 (1953) 216 ff.

PERGOLESI = Introduzione al diritto del lavoro, Trattato I 3 ff.

— = Diritto comparato, diritto commune e diritto internazionale del lavoro, Riv. comp. lav. 2 (1955) 3 ff.

POULLET = Manuel de droit international privé belge (3. Aufl. 1947) mit Nachtrag von VAN HILLE.

RAAPE = Internationales Privatrecht (4. Aufl. 1955); s. auch STAUDINGER.

RABEL = The Conflict of laws: a comparative study 3 Bde. (Ann Arbor 1945–1950).

REDGRAVE-OWNERS: Factories, Trucks and Shops Acts (16. Aufl. 1945) mit Nachträgen 1948 und 1949.

RICHARD = Osservazioni in tema di ordine pubblico internazionale e diritto privato del lavoro, Dir. lav. 25 (1951) 122 ff. und Atti del primo congresso internazionale del lavoro (1952; zitiert: Ordine pubblico);

— = Sull'applicabilità della legge italiana ad un rapporto di lavoro fra stranieri eseguito in Italia, Dir. lav. 24 (1950) II 120 ff. (zitiert: „Anmerkung");

— = Rassegna di giurisprudenza su questioni di diritto internazionale (1930–1950), Riv. dir. lav. 3 (1951 II) 1 ff. (zitiert: Rassegna).

RIEZLER = Internationales Zivilprozeßrecht und prozessuales Fremdenrecht (1949).

RIVA SANSEVERINO = Il contratto individuale del lavoro, Trattato II 1 ff;

— = Commentario del Codice Civile; libro quinto: Del lavoro Art. 2060–2246, herausg. von SCIALOJA u. a. (1943).

RIVÉRO-SAVATIER = Droit du Travail (1956).

ROUAST = Les conflits de lois relatifs au contrat de travail, in: Festschrift Antoine Pillet (1929) 195 ff.;

— = Contrats civils, in: Traité pratique de droit civil français, begründet von PLANIOL und RIPERT, Bd. 11 (2. Aufl. 1954; zitiert: ROUAST, Traité);

— = La loi sur les comités d'entreprise et la société étrangère, Droit social 10 (1947) 67 ff.

ROUAST-DURAND = Précis de droit du travail (1957).

ROWNTREE = Common Law Liability for Accidental Injuries or Damage (7. Aufl. 1951).

ROHLFING = Kündigungsschutzgesetz (1951).

RUBEN = Die Rechtsprechung des Landesarbeitsgerichtes Berlin 1927–1932.

SACHERS = Das Arbeitsrecht in Österreich, Riv. comp. lav. 1 (1953) 359 ff.

SACHET-GAZIER = Traité théorique et pratique de la législation sur les accidents du travail et les maladies professionnelles, Bd. III (8. Aufl. 1937).

SAMUELS = Factory Law (5. Aufl. 1951 mit Nachtrag 1953);

— = The Law relating to Shops (2. Aufl. 1952).

SANTORO-PASSARELLI = Nozioni di diritto del lavoro (6. Aufl. 1952).

SATTER = Internationalprivatrechtliche Normen (örtliche Grenznormen) für das Arbeitsvertragsrecht, Arbeitsrecht 13 (1926) 913 ff.

SAVATIER = Cours de droit international privé (2. Aufl. 1953).

SCHNITZER = Handbuch des IPR (4. Aufl. 1957) II Bde.;

Schnitzer = Le droit international privé suisse, Revue hellénique de droit intern. 7 (1954) 143 ff.

Schönenberger = Das Verhältnis des Arbeitnehmerschutzrechts zum Dienstvertrag, Verhandlungen des Schweizerischen Juristenvereins 1933.

Schottländer = Die belgische Rechtsprechung auf dem Gebiete des IPR 1936–1954 im Vergleich mit der französischen Praxis (Tübinger maschinenschriftliche Dissertation 1955).

Schweingruber = Das Arbeitsrecht der Schweiz (2. Aufl. 1951; zitiert: Schweingruber);

— = Die Entwicklung des Dienstvertragsrechts durch die Gerichtspraxis, Zeitschrift des bernischen Juristenvereins 68 (1932) 201 ff.;

— = Kommentar zum Dienstvertragsrecht des schweizerischen OR (1951; zitiert: Kommentar);

— = Sozialgesetzgebung der Schweiz (zitiert: Sozialgesetzgebung);

— = Le droit du travail en Suisse, Riv. comp. lav. 1 (1953) 282 ff.

Schnorr von Carolsfeld = Arbeitsrecht (2. Aufl. 1954).

Secrétan = L'évolution récente de la jurisprudence suisse relative aux conflits de lois en matière de contrats, Rev. hellénique de droit intern. 7 (1954) 137 ff.

Simon-Dépitre = Les conflits des lois en matière de droit du travail: Normes internationales et principes généraux, Hauptbericht zum 2. internationalen Kongreß für Arbeitsrecht, Genf 1957 = (gekürzt) Revue critique d. i. p. 47 (1948) 285 ff.

Sitzler-Goldschmidt = Der Kündigungsschutz für Angestellte, mit eingehender Erläuterung des Gesetzes über die Fristen für die Kündigung von Angestellten (Kündigungsschutzgesetz) (1930).

Spanoghe = Examen de jurisprudence: Droit international privé, Revue critique de jurisprudence belge 4 (1950) 338 ff. und 8 (1954) 49 ff.

Stanzl = Arbeitsgerichtliches Verfahren (1954).

— = Österreichische Arbeitsrechtsprechung 1954, RdA 1955, 274.

Star Busmann = Hoofdstukken van burgerlijke Rechtsvordering.

Staudingers = Kommentar zum BGB Bd. VI Einführungsgesetz 2. Teil, bearb. von Raape (9. Aufl. 1931; zitiert: Raape, Kommentar).

Trattato = Trattato di diritto del lavoro, herausg. von Borsi und Pergolesi, 2. Aufl. I (1955) II (1953) III (1953) IV (1954) V (1954).

Tschudi = Neue Entwicklungen im schweizerischen Arbeitsrecht, SJZ 43 (1947) 33 ff., 56 ff.

Vassalli = Trattato di diritto civile italiano, Teil 1 Bd. IV: Monaco, L'efficacia della legge nello spazio (diritto internazionale privato) (1952; zitiert: Vassalli-Monaco).

Venturini = Diritto internazionale privato – Diritti reali ed obbligazioni (1956; zitiert: Lehrbuch);

— = La disciplina di diritto internazionale privato del rapporto di lavoro, Studi Parmensi 1950, 327 ff.

De Visscher = Les conflits de lois en matière de travail, Revue de droit int. et de législation comparée 20 (1939) 150 ff.

Völlmar = Nederlandsch Burgerlijk Recht Bd. III: Verbintenissen (1947);

— = Inleiding tot de studie von het Nederlands burgerlijk recht (3. Aufl. 1952).

De Vos	=	Le problème des conflits de lois, 2 Bde. (Brüssel 1946).
Vroonen	=	Le Code Civil, Titre préliminaire u. a., in: Les Novelles, Droit civil I (1938).
Wahle-Dittrich-Veit	=	Das Angestellten- und Arbeiterrecht, Band X der Manzschen Ausgabe der Österreichischen Gesetze (Große Ausgabe) I (1953) mit Nachtrag (1955), II (1955).
Walker	=	Internationales Privatrecht (5. Aufl. 1934).
Walker-Verdross-Drossberg-Satter	=	Klangs Kommentar zum ABGB Bd. I (2. Aufl. 1949) §§ 33–37.
Wilrodt-Gotzen	=	Schwerbeschädigtengesetz (1953).
Wolff	=	Private International Law (2. Aufl. 1950).
—	=	Das IPR Deutschlands (3. Aufl. 1954);
Zigan	=	Kommentar zum Schwerbeschädigtengesetz (1953).

ABKÜRZUNGEN

A. A.	=	Anderer Ansicht
A.B.	=	Algemeene Bepalingen
ABGB	=	Allgemeines Bürgerliches Gesetzbuch
AcP	=	Archiv für die civilistische Praxis
AG	=	Arbeitsgericht; Amtsgericht; Aktiengesellschaft
AGG	=	Arbeitsgerichtsgesetz
AJIL	=	American Journal of International Law
AngG	=	Angestelltengesetz
AOG	=	Gesetz zur Ordnung der nationalen Arbeit
AP	=	Arbeitsrechtliche Praxis, jetzt: Nachschlagewerk des Bundesarbeitsgerichts
ARAlf	=	Arbeitsrecht und Arbeitslosenfürsorge, Mitteilungen des Bundesamts für Industrie, Gewerbe und Arbeit Bern
Arb.Entsch.	=	Sammlung von Entscheidungen der Gewerbegerichte und Einigungsämter, jetzt: Sammlung arbeitsrechtlicher Entscheidungen der Gerichte und Einigungsämter
ArbG	=	Arbeitsgericht; Arbeitergesetz
ArbGB	=	Arbeitsgesetzbuch
ARStW	=	Arbeitsrecht in Stichworten
ARS	=	Arbeitsrechtssammlung
Atti	=	Atti del primo Congresso internazionale del lavoro (1952)
AusfVO, AVO	=	Ausführungsverordnung
AVAVG	=	Gesetz über Arbeitsvermittlung und Arbeitslosenversicherung
AZO	=	Arbeitszeitordnung
BAG	=	Bundesarbeitsgericht
BB	=	Der Betriebsberater
BBA	=	Buitengewoon Besluit Arbeidsverhoudingen
BerArbG	=	Berufungsarbeitsgericht (conseil de prud'hommes d'appel – Werkrechtersraad van beroep)
BFinH	=	Bundesfinanzhof
BGBl.	=	Bundesgesetzblatt
BG	=	(Schweizer) Bundesgericht
BGE	=	Entscheidungen des Bundesgerichts, Amtliche Sammlung
BGH	=	Bundesgerichtshof
BlfIPR	=	Blätter für internationales Privatrecht, Beilage zur Leipziger Zeitschrift
BRG	=	Betriebsrätegesetz
BVG	=	Betriebsverfassungsgesetz
BW	=	Burgerlijk Wetboek
C.c.	=	Code civil; Codice civile
C. com.	=	Code de commerce; Codice di commercio
Clunet	=	Journal de droit international, begründet von Clunet
C. pr. c.	=	Code de procédure civile; Codice di procedura civile

C. Trav.	=	Code du Travail
C. Trav. marit.	=	Code du travail maritime
D.	=	Recueil Dalloz
d. i. p.	=	droit international privé
Dir. lav.	=	Il diritto del lavoro
d. p.	=	disposizioni preliminari
DVO	=	Durchführungsverordnung
FGG	=	Gesetz über die Angelegenheiten der freiwilligen Gerichtsbarkeit
F.I.	=	Foro italiano
G.	=	Gesetz
Gaz. Pal., G.P.	=	La Gazette du Palais
GewO	=	Gewerbeordnung
GG	=	Grundgesetz für die Bundesrepublik Deutschland
Giur. comp. d. i. p.	=	Giurisprudenza comparata di diritto internazionale privato
Giur. comp. lav.	=	Giurisprudenza comparata di diritto corporativo, sindacale e del lavoro
Giur. ital.	=	Giurisprudenza italiana
Glaser-Unger N.F.	=	Sammlung von zivilrechtlichen Entscheidungen des Obersten Gerichtshofs, Neue Folge
GmbHGes	=	Gesetz betreffend die Gesellschaften mit beschränkter Haftung
GRUR, Ausl.	=	Gewerblicher Rechtsschutz und Urheberrecht, Auslands- und internationaler Teil
HandG	=	Handelsgericht (tribunal de commerce)
HandwO	=	Handwerksordnung
HausgehG	=	Hausgehilfengesetz
HeimkG	=	Heimkehrergesetz
HGZ	=	Hanseatische Gerichtszeitung
HRR	=	Höchstrichterliche Rechtsprechung
IPRspr.	=	Die deutsche Rechtsprechung auf dem Gebiete des internationalen Privatrechts
IzRspr.	=	Sammlung der deutschen Entscheidungen zum interzonalen Privatrecht
Jb.	=	Jahrbuch
JBl.	=	Juristische Blätter
J.C.P.	=	Jurisclasseur Périodique, La semaine juridique
JLO	=	Jurisprudence du louage d'ouvrage, jetzt: Revue de droit social
JN	=	Jurisdiktionsnorm
JournG	=	Journalistengesetz
JugSchG	=	Jugendschutzgesetz
JW	=	Juristische Wochenschrift
JZ	=	Juristenzeitung
KG	=	Kammergericht
KG, Kg	=	Kantonsgericht
KJBG	=	Gesetz über die Beschäftigung von Kindern und Jugendlichen
KSchG, KüSchG	=	Kündigungsschutzgesetz
KVG	=	Kollektivvertragsgesetz
LAG	=	Landesarbeitsgericht
LG	=	Landgericht, Landesgericht
LTV	=	Lohntarifvertrag

Mag. lav.	=	La Magistratura del lavoro
Mass. giur. lav.	=	Massimario di giurisprudenza di lavoro
MSchG, MuSchG	=	Mutterschutzgesetz
M.T.	=	Monitore dei Tribunali
NAG	=	Bundesgesetz betreffend die Niedergelassenen und Aufenthalter
NiemZ	=	Zeitschrift für internationales Recht, herausg. von Niemeyer
N.J.	=	Nederlandse Jurisprudentie
N.J.B.	=	Nederlandse Juristenblad
NJW	=	Neue Juristische Wochenschrift
NR IPR	=	De Nederlandsche Rechtsspraak betr. het internationaal Privaatrecht
ÖJZ	=	Österreichische Juristenzeitung
OGH	=	Oberster Gerichtshof (Österreich)
OGH BrZ	=	Oberster Gerichtshof für die Britische Zone
OGHZ	=	Entscheidungen des Obersten Gerichtshofs für die Britische Zone in Zivilsachen, Amtliche Sammlung
OR	=	Obligationenrecht
Ord.	=	Order
RabelsZ	=	Zeitschrift für ausländisches und internationales Privatrecht, begründet von Ernst Rabel
RAG	=	Reichsarbeitsgericht
RAGE	=	Entscheidungen des Reichsarbeitsgerichts, Amtliche Sammlung
Rb	=	Rechtsbank
RdA	=	Recht der Arbeit
Recueil des Cours	=	Recueil des Cours de l'Académie de droit international
Revue crit. d. i. p.	=	Revue critique de droit international privé
RG	=	Reichsgericht
RGBl.	=	Reichsgesetzblatt
RGZ	=	Entscheidungen des Reichsgerichts in Zivilsachen, Amtliche Sammlung
Riv. comp. lav.	=	Rivista di diritto internazionale e comparato di lavoro
Riv. d. i.	=	Rivista di diritto internazionale
Riv. dir. lav.	=	Rivista di diritto del lavoro
Riv. lav.	=	Rivista di lavoro
RiW	=	Recht der internationalen Wirtschaft
Rv	=	Wetboek van burgerlijk Rechtsvordering
Rvgl. HWB	=	Rechtsvergleichendes Handwörterbuch
RVO	=	Reichsversicherungsordnung
S.	=	Recueil Sirey
s., sec.	=	section
SchauspG	=	Schauspielergesetz
SchwBG	=	Schwerbeschädigtengesetz
SeemG	=	Seemannsgesetz
SJZ	=	Schweizerische Juristenzeitung
StGB	=	Strafgesetzbuch
SZ	=	Entscheidungen des österreichischen Obersten Gerichtshofs in Zivil- und Justizverwaltungssachen
TO A	=	Tarifordnung A (Angestellte des öffentlichen Dienstes)
Trattato	=	Trattato di diritto del lavoro, herausg. von Borsi und Pergolesi
TVG	=	Tarifvertragsgesetz
UWG	=	Gesetz gegen den unlauteren Wettbewerb

VO	=	Verordnung
WCA	=	Workmen's Compensation Act
WM	=	Wertpapier-Mitteilungen, Teil IV B
ZG	=	Zivilgericht (tribunal civil, tribunale civile)
ZGB	=	Zivilgesetzbuch
ZPO	=	Zivilprozeßordnung
ZSchwR	=	Zeitschrift für schweizerisches Recht.

SACHVERZEICHNIS[1]

[1] Verweisungen auf Anmerkungen (hochgestellte Zahlen) bedeuten auch Verweisung auf den Text zu der genannten Anmerkung.

Kolibri 360 GmbH
Ferdinand-Jühlke-Straße 7
99095 Erfurt, Deutschland
produktsicherheit@kolibri360.de